DEUTSCHE DEMOKRATISCHE REPUBLIK
DEUTSCHE AKADEMIE DER LANDWIRTSCHAFTSWISSENSCHAFTEN ZU BERLIN
INSTITUT FÜR LANDWIRTSCHAFTLICHE INFORMATION UND DOKUMENTATION

Landwirtschaftliches Zentralblatt

ABTEILUNG II

PFLANZLICHE PRODUKTION

13. JAHRGANG
1968

AKADEMIE-VERLAG · BERLIN

LZ. II PFLANZLICHE PRODUKTION · JG. 1968 · NR. 10 · SEITE 2249—2520 · BERLIN, OKTOBER 1968

LANDWIRTSCHAFTLICHES ZENTRALBLATT

ABTEILUNG PFLANZLICHE PRODUKTION

LANDWIRTSCHAFTLICHES ZENTRALBLATT
ABTEILUNG PFLANZLICHE PRODUKTION

1968 NR. 10 OKTOBER

I. ALLGEMEINES

B. Biographien, Persönliches und Nachrufe

2-68/10-0001 Klemm, Volker. **Albrecht Daniel Thaer, Begründer der landwirtschaftlichen Hochschulpädagogik in Deutschland.** Wiss. Z. Humboldt-Univ. Berlin, math.-naturwiss. R. **16** (1967) Nr. 5. S. 723-727. — 37 Lit. Zus. in Russ., Engl., Franz. — nach Zus.
Zu den bedeutendsten Leistungen Albrecht Daniel Thaers (1752—1828) um den gesellschaftlichen Fortschritt zählte die Gründung der akademischen landwirtsch. Lehrinstitute in Celle (1802) und Möglin (1806). Die hier gewonnenen Erfahrungen verallgemeinerte er und legte damit den Grundstein für das Entstehen einer landwirtschaftlichen Hochschulpädagogik in Deutschland. Wichtigste Prinzipien seines Ausbildungssystems bildeten die Einheit der Theorie und Praxis und die Erziehung der Studenten zum selbständigen Denken, Handeln und wissenschaftlichen Arbeiten. Viele seiner Gedanken haben auch nach 150 Jahren kaum etwas an Aktualität eingebüßt und können daher auch der sozialistischen landwirtsch. Hochschulpädagogik noch Anregungen geben. Erst die sozialistische Gesellschaftsordnung in der DDR schuf die Bedingungen, um die wegweisenden Vorstellungen Thaers auf diesem Gebiet endgültig zu realisieren. 50.

D. Ausbildung, Unterricht

2-68/10-0002 Dagnelie, Pierre. L'enseignement de la statistique pour les biologistes et les agronomes en Belgique: situation présente et avenir. (**Die Ausbildung in Statistik für Biologen und Agronomen in Belgien. Der derzeitige Stand und die Zukunft.**) Biométrie-Praximétrie, Bruxelles 8 (1967) Nr. 2. S. 59-68. — 1 Tab., 7 Lit.
Die Untersuchung behandelt Gegenwart und Zukunft der statistischen Ausbildung der Biologen und Landbauwissenschaftler in Belgien. Die Arbeit basiert auf den Ergebnissen einer von Mathematik- und Statistikprofessoren der Natur- und Landwirtschaftswissenschaften veranstalteten Umfrage. Organisatorisch imponiert die Stundenzahl, die an Belgischen Universitäten und Hochschulen hierfür aufgewendet wird. Bei den Biologen sind es insgesamt 160 h, von denen 120 der Mathematik und 40 der Statistik und Biometrie gewidmet werden. Bei den Agronomen beträgt die Stundenzahl 320, wovon 180 der Mathematik und 140 den genannten beiden anderen Wissenschaftsrichtungen vorbehalten bleiben. In Mathematik werden Differential- und Integralrechnung sowie analytische Geometrie in 2…3 Dimensionen, in manchen Kursen auch deskriptive Geometrie und höhere Algebra behandelt. In der Statistik gehören deskriptive Statistik in ein und zwei Dimensionen, Wahrscheinlichkeitsrechnung, Varianzanalyse, Kovarianz, Unabhängigkeitstest, Regression und Korrelation und evtl. Vielfachkorrelationen zum Lehrstoff. Neben den Lücken in der didaktischen Methodik gibt es für statistische Ausbildung auch noch andere Schwierigkeiten. Diese beruhen vor allem auf den traditionellen Methoden der Ausbildung in den biol. Wissenschaften. Das führt bei vielen Wissenschaftlern auch an den Universitäten zu äußerster Zurückhaltung gegenüber der Anwendung statistischer Methoden. Die Hauptursache hierfür ist der Mangel an Fachleuten, die für die notwendigen Grundlagen der Mathematik und die Biologie in gleichem Maße kompetent sind. Bemühungen um eine Verbesserung der statistischen Ausbildung stellen einen langwierigen Prozeß dar. H. Busse. 120.

E. Statistik, Länderberichte, Dokumentation u. a.

2-68/10-0003 Gray, Peter. The dictionary of the biological sciences. (**Wörterbuch der biologischen Wissenschaften.**) New York; Amsterdam; London: Reinhold Publishing Corp. 1967. (XX, 602 S.) 8°. $ 16,25.
Der Wortschatz der Biologen ist sehr groß und sehr spezialisiert. Viele Begriffe werden nur von oft wenigen Spezialisten benutzt, viele Worte haben mehrere Bedeutungen. Ein Wörter-

buch der Biologie darf deshalb mit großem Interesse rechnen. Auf etwa 600 zweispaltig — sehr übersichtlich — bedruckten Seiten werden etwa 40000 Definitionen gegeben. Die Auswahl der definierten Begriffe ist sehr umfassend. Bes. gut sind offenbar anatom. und genetische Begriffe berücksichtigt. Ob es allerdings notwendig war, Bezeichnungen von Mutanten und Genen in diesem Umfang auszunamen, erscheint zweifelhaft. Etwas stiefmütterlich kommen Namen weg: Aus Lieberkühn wird an einer Stelle Leiberkühn, Billroth erhält den englischen Vornamen Theodore. Auch bei chem. Erläuterungen ist man nicht immer sehr geschickt, z.T. werden Summenformeln gegeben, die wenig oder gar nichts aussagen, z.T. werden überflüssige Dinge erwähnt. Auch gibt es mehr als nur 39 Aminosäuren, wenn auch nur einige 20 von biol. Bedeutung sind. Man hätte auf die chem. Begriffe gut verzichten können. Sehr schön sind die Erläuterungen zu vielen volkstümlichen Namen für Tiere und Pflanzen aus dem englischen Sprachgebiet. Leider sind Phytopathologie und Physiologie etwas kurz gekommen. Man sucht vergeblich nach Begriffen wie Pestizid, chlorotisch und Rost. Diffusion ist falsch, etioliert schief definiert. Die Behandlung molekularbiol. Begriffe ist unterschiedlich. Zwar wird Operon erläutert, es fehlt aber Repressor. Trotz dieser kleinen Mängel ist dieses Buch aber als sehr gut zu bewerten. Manches wird man nur hier so übersichtlich zusammengestellt finden. Als Beispiel möge der Begriff „law" dienen: Es wird zunächst erläutert, was darunter zu verstehen ist, wie er von anderen Begriffen abgegrenzt wird (oder auch nicht) und dann folgen fast zwei Spalten, beginnend bei Allee's law bis zum Weber-Fechnerschen Gesetz. Die Erläuterungen zum Begriff Spore füllen 3 Spalten, zu berry fast fünf. Das Buch ist ganz sicher ein wertvolles Nachschlagewerk. Die Ausstattung ist vorzüglich. H. Wolffgang. 150.

2-68/10-0004 Sugar-beet glossary including lists of diseases, pests and weeds. (**Zuckerrüben-Wörterbuch mit Verzeichnissen von Krankheiten, Schädlingen und Unkräutern.**) In Engl., Franz., Dtsch. und Latein. Zusammengest. vom Inst. Internat. de Recherches Betteravières (I.I.R.B.), Tienen. Amsterdam; London; New York: Elsevier Publishing Co. 1967. (178 S.) 8° = Glossaria Interpretum. Dfl. 30,—.

In der Reihe „Glossaria Interpretum" erschien als 13. Band das vom I.I.R.B. zusammengestellte und bearbeitete Wörterbuch der Zuckerrübe. Basierend auf der ersten, vorläufigen Ausgabe (1960) wurde die vorliegende Ausgabe (1967) wesentlich erweitert. Für die Gebiete Zuckerrübenforschung und -anbautechnik wurden 1500 Wörter bzw. Begriffe in dreifacher Gliederung (engl.-franz.-dt.; franz.-engl.-dt.; dt.-engl.-franz.) zusammengestellt, wobei einige Termini der allgemeinen Landwirtschaft (teilweise jedoch deplaziert!) sowie der Zuckerindustrie mit einbezogen sind. Im englischsprachigen Teil sind auch Amerikanismen berücksichtigt. Als Anhang liegen Verzeichnisse — die keinen Anspruch auf Vollständigkeit erheben — der Namen von Virosen, anderen Krankheiten, tierischen Schädlingen und Unkräutern (mit entspr. lat. Bezeichnungen) vor, die durch ein zusammenfassendes Register für die 3 lebenden Sprachen erschlossen werden. Den Bearbeitern gebührt Dank für diese Zusammenstellung, die allerdings gleichzeitig sehr deutlich werden läßt, wie viel Arbeit noch zu leisten sein wird, bis ein Thesaurus „Zuckerrüben" für den möglichen Einsatz in der Datenverarbeitung vorliegt. Für das deutschsprachige Wortgut ist dies besonders deutlich bei den Begriffen Saatgut und Samen (einschl. ihrer Zusammensetzungen und Verbindungen), für die eine einheitliche klare Linie vermißt wird. Botanisch sind Rübenknäuel oder einzelne Früchte keine Samen (!); deshalb sollte von dem Begriff Rübensamen auf Rübensaatgut verwiesen und nur davon zusammengesetzte oder abgeleitete Termini gebildet werden (Normalsaatgut, segmentiertes Saatgut usw.). Ebenso sollte einheitlicher Sprachgebrauch für die Begriffe Traktor (Schlepper), Aussaat (Saat), pilliertes Saatgut (Pillensaat) u.a. angestrebt werden. Vermißt werden Begriffe wie Ausdünnen, dikarp, bärtige Rübe, Heterosis, kalibriertes Saatgut, Laboraufgang (Saatgut), Melasse, monokarp, Naßschnitzel, polykarp, Rübenhals, Rübenkörper, Striegeln, Trockenschnitzel, Unkrautstriegel, Zuckerschnitzel u. a. m. Z. T. dürfte dies darauf zurückzuführen sein, daß der Rahmen des Wörterbuchs rel. eng gefaßt wurde und den immer weiter gehenden Verflechtungen und Wechselbeziehungen nicht voll Rechnung trägt. Aus diesem Grund wäre auch zu empfehlen, eine Neuauflage mit dem in Vorbereitung befindlichen Wörterbuch für die Zuckerindustrie zu einer Einheit zusammenzufassen. Darüber hinaus ist im Zuge der internationalen Verständigung und als Erleichterung für Übersetzer die Einbeziehung weiterer Sprachen empfehlenswert, zumal für einige dieser Sprachen bereits entspr. Material vorliegt.

W. Eichholz/Kleinwanzleben. 150.

II. NATURWISSENSCHAFTLICHE GRUNDLAGEN

2-68/10-0005 Kysela, F. Využití radioizotopů a ionizujícího záření v zemědělství a potravinářském výzkumu. (**Anwendung der Radioisotope und ionisierenden Strahlung in der Landwirtschaft und der Nahrungsmittelforschung.**) Věstník výzkumných Ústavů zemědělských **14** (1967) Nr. 12. S. 527-528.
Die Landwirtschaft war eines der ersten Gebiete, in dem die Radioaktivität angewendet wurde. Die Wirkung radioaktiver Stoffe auf das Wachstum, der genetische Einfluß der Röntgenstrahlen und die Entstehung von Mutationen bei Pflanzen, die Gewinnung künstlicher Mutanten mit Hilfe der ionisierenden Strahlung bei Kulturpflanzen usw. wurden untersucht. Derzeit kann man Radioisotope mit Erfolg zur Erforschung induzierter Mutationen und zur Mutationszüchtung, ferner zu Untersuchungen der Wirkungen der γ-Strahlung auf Kulturpflanzen, zur Feststellung der Sensibilität und Resistenz verschiedener Arten der Kulturpflanzen gegen die Ionisationsstrahlung, beim Schutz der Feldkulturen gegen radioaktive Verseuchung und gegen schädliche Insekten, ferner in der Pflanzenernährung und bei Forschungen auf dem Gebiet der Physiologie, Pathologie und Genetik landwirtsch. Nutztiere benutzen. In der Nahrungsmittelindustrie bieten sich Möglichkeiten zur Anwendung der Radioisotope bei Untersuchungen der Betriebsautomation. ČSSR/ÚVTI. 200.

2-68/10-0006 Unger, K. und Markgraf, G.; Berlin, Kommiss. für Isotopenforsch. der Dtsch. Akad. der Landwirtsch.-Wiss. **Anwendung radioaktiver und stabiler Isotope in der Agrarwissenschaft der DDR (Zusammenfassender Bericht).** Isotopenpraxis, Berlin **4** (1968) Nr. 2. S. 45-52. — 189 Lit.
Die Entwicklung der Forschungsarbeiten mit Nukliden in der Agrarforschung der DDR wird skizziert und ein Überblick über die bisher unter Verwendung radioaktiver und stabiler Isotope erarbeiteten Forschungsergebnisse auf dem Gebiet der Ertrags- und Züchtungsforschung, der Pflanzenernährung und Bodenkunde, des Pflanzenschutzes, der Forstwissenschaft, der landw. Vorratspflege, der Landtechnik, der Tierernährung, der Veterinärmedizin und der Landeshygiene gegeben. H. E. Freytag. 200.

2-68/10-0007 Kössel, Hans. **Molekulare Biologie.** Stuttgart: Klett. 1966. (116 S.) 8°. (1968 A 579) 200.

2-68/10-0008 Plesoianu, R., Toma, I. und Plesoianu, G. Indrumător pentru folosirea produselor petroliere in agricultură. (**Leitfaden für die Verwendung von Erdölerzeugnissen in der Landwirtschaft.**) Bucureşti: Ed. Agro-Silv. 1967. (114 S.) 8°. (DA 2976) 200.

2-68/10-0009 Wieland, Theodor und Pfleiderer, Gerhard, Hrsg. **Molekularbiologie. Bausteine des Lebendigen. 20 Wissenschaftler berichten verständlich über die wichtigsten Entdeckungen.** Mit einem Geleitwort von M. F. Perntz. Frankfurt/M.: Umschau-Verl. 1967. (296 S.) 8°. 1968 A 465) 200.

A. Systematik der Pflanzen

2-68/10-0010 MacKey, James. Genetičeskie osnovy sistematiki pšenic. (**Genetische Grundlagen der Weizensystematik.**) Sel'skochozjajstvennaja biologija, Moskva **3** (1968) Nr. 1. S. 12-25. — 2 Abb., 4 Tab., 83 Lit. Zus. in Engl.
Vf. gibt eine ausführliche Analyse der Linnéschen Weizensystematik, die nach bisheriger Einteilung 23 Arten zählt. Auf Grund seiner genetischen Vorstellungen kommt er zu dem Ergebnis, daß der Differenzierungsprozeß nicht so früh eingesetzt haben kann, um 23 verschiedene Arten herauszubilden. Er erkennt als artbildend nur Polyploidisierung und den Mechanismus der Desynapsis bei *T. timopheevi* an, alle anderen Unterschiede sind rein genischer Natur. Daß eine Rekonstruktion durch einfache Rekombination möglich ist, beweist, daß die meisten nicht als autonome Einheit mit festgelegter Position im phylogenetischen System zu betrachten sind. Er schlägt vor, sich bei *Triticum* (L.) Dumont auf 5 Arten zu beschränken: *monococcum*, *timopheevi*, *turgidum*, *zhukovskyi*, *aestivum*.
U. Bandlow/Kleinwanzleben. 201.

2-68/10-0011 Clifford, H. T. und Goodall, D. W. A numerical contribution to the classification of the Poaceae. (**Ein numerischer Beitrag zur Klassifikation der Poaceae.**) Austral. J. Bot. **15** (1967) Nr. 3. S. 499-519. — 12 Tab., 16 Lit. 201.

2-68/10-0012 Mannetje, L.'t. A comparison of eight numerical procedures applied to the classification of some African Trifolium taxa based on Rhizobium affinities. (**Ein Ver-**

gleich von acht numerischen Verfahren bei Anwendung für die Klassifikation einiger afrikanischer Trifolium-Taxa auf Grund der Rhizobium-Affinität.) Austral. J. Bot. 15 (1967) Nr. 3. S. 521-528. — 3 Abb., 2 Tab., 16 Lit. 201.

B. Morphologie und Histologie der Pflanzen

2-68/10-0013 Sharman, B. C. Interpretation of the morphology of various naturally occurring abnormalities of the inflorescence of wheat (Triticum). **(Interpretation der Morphologie verschiedener natürlich verursachter Abnormitäten der Infloreszenz des Weizens [Triticum].)** Canad. J. Bot. 45 (1967) Nr. 11. S. 2073-2080. — 21 Abb., 8 Lit.
Bei der Anlage der Ähre bildet der Vegetationskegel Blattprimordien, in deren Achseln Knospen entstehen. Diese entwickeln sich zu seitlichen Ährchen, die unter ihnen befindlichen Blattprimordien bleiben rudimentär. Von dieser normalen Ausbildung wurden verschiedene Abweichungen gefunden. Bildet sich z. B. das unter dem Ährchen vorhandene Blattprimordium nicht zurück, entwickelt sich daraus ein kleines Blatt. Diese Abnormität tritt öfter an Ähren der Seitentriebe auf und wird als „subtending leaves" bezeichnet. — Verzweigte Ähren entstehen durch das Auswachsen seitlicher Knospen in Ähren anstatt in ein einzelnes Ährchen. Diese Art kommt nur in tetraploidem Weizen oder seinen Kreuzungen vor. — Wächst jede Knospe in eine Ähre aus, entstehen „Wunderähren". — Bei „Bananen-Zwillings-Ährchen" bilden sich zwei Ährchen anstelle eines. Sie sitzen übereinander. Das untere ist weniger entwickelt. — „Ausgezogene oder Vavilovoid-Ährchen" tragen die Deckspelze an einem oder mehreren Ährchen etwas abgesondert. — „Gegabelte, Y-förmige" Ährchen entstehen durch die Zweigabeligkeit der Achsen, wenn die Ährchen auf einer Seite entfernt werden. G. Misselwitz. 211.

2-68/10-0014 Nečas, J., Zrůst, J. und Partyková, B. Determination of the leaf area of potato plants. **(Bestimmung der Blattfläche der Kartoffelpflanzen.)** Photosynthetica, Praha 1 (1967) Nr. 1/2. S. 97-111. — 7 Abb., 6 Tab., 7 Lit. Zus. in Russ.
Bei den Kartoffelsorten 'Rajka' (früh), 'Kardinal' (mittel) und 'Blaník' (spät) wurde eine hohe Korrelation (0,94) zwischen der Blattfläche und der Masse der frischen Blätter oder nur der Blätter ohne die Hauptblattstiele sowie zwischen der Blattfläche und der Blattlänge, gemessen von der Insertion des letzten Blattpaares zur Spitze des Gipfelblattes (0,83···0,98 je nach Sorte, Standort und Insertion der Blätter) festgestellt. Anstelle der frischen Blätter kann man auch ihre Kopien wägen. Am wenigsten genau ist die Regression zu der Masse aus den Blättern ausgestanzter Scheibchen von bestimmter Fläche. Zur praktischen Anwendung ist es vorteilhaft, die entspr. Regressionsgleichung für die gegebene Sorte und Lokalität zu berechnen und mit Hilfe des hologarithmischen oder linearen Koordinatensystems zu überprüfen. ČSSR/ÚVTI. 211.

2-68/10-0015 Květ, J., Svoboda, J. und Fiala, K. A simple device for measuring leaf inclinations. **(Eine einfache Vorrichtung zur Messung der Neigung von Blättern.)** Photosynthetica, Praha 1 (1967) Nr. 1/2. S. 127-128. — 2 Abb., 5 Lit. Zus. in Russ.
Die Neigung der Blätter des Rohrkolbens u. a. hochstengeliger Pflanzen, bes. Gräser, läßt sich mit Hilfe einer Vorrichtung messen. Längs eines senkrechten 20 cm langen Stabes sind verschiebbare waagerechte Arme mit Zentimeterskala und Winkelmesser angebracht. Das Gerät wird unmittelbar neben der zu messenden Pflanze aufgestellt, und es werden die Neigungen der Blätter für jedes einzelne Geschoß der Pflanze gemessen und berechnet. ČSSR/ÚVTI. 211.

2-68/10-0016 Braune, Wolfram, Leman, Alfred und Taubert, Hans. **Pflanzenanatomisches Praktikum.** Zur Einführung in die Anatomie der Vegetationsorgane der höheren Pflanzen (Spermatophyta). Jena: VEB Gustav Fischer Verl. 1967. (331 S. m. Abb. u. Schemata) 8°. M 26,30.
Der erste Teil dieser modernen Praktikumsanleitung vermittelt die technischen Grundlagen des Mikroskopierens, wobei für den Anfänger die eingehenden Unterweisungen im mikroskopischen Beobachten und Zeichnen bes. wertvoll sein dürften. Es wird auf die verschiedenen Darstellungsmöglichkeiten, aber auch auf typische Fehler eingegangen. Die Abschnitte über den Aufbau des Mikroskops, die Präparationstechnik und Mikrophotographie vermitteln den neuesten Stand der im Praktikum üblichen Hilfsmittel. Die Mikrotomtechnik wird nicht behandelt. Dieses Kapitel wird am Schluß des Buches durch ein Register der Chemikalien (Rezepte), Färbemittel und Arbeitstechniken ergänzt. Der zweite Teil des

Buches über die „Arbeit am Objekt" ist nicht nach Praktikumskomplexen, sondern nach den Beobachtungszielen vom Bau der Zelle bis zum Bau der vegetativen Organe der Spermatophyta gegliedert. Größeren Abschnitten wird ein theoretischer Teil vorangestellt, der in seiner kurzgefaßten Form eine Brücke zu Vorlesungsstoff und Lehrbüchern darstellt. Für jedes Beobachtungsziel wird ein typisches Objekt in den Vordergrund gestellt. Zusätzlich werden aber weitere Objekte unter Angabe ihrer Besonderheiten empfohlen. Wichtig, vor allem für das Selbststudium, sind die Hinweise auf Fehler, die bei den Beobachtungen auftreten können, sowie auf Besonderheiten, die neben dem eigentlichen Beobachtungsziel an einem Objekt wesentlich sein können. Die Abbildungen stellen meist das mikroskopische Bild (Foto) der danach gefertigten Zeichnung gegenüber. Das Verständnis des Organaufbaus wird durch räumliche Darstellungsweise sehr erleichtert. Lernhilfen sind auch die schematischen Darstellungen auf den Randleisten der Seiten. Die didaktisch gut durchdachte Praktikumsanleitung dürfte nicht nur den Studierenden viel Gewinn bringen, sondern auch den Lehrkräften wertvolle Anregungen vermitteln. K. Arlt. 211.

C. Physiologie der Pflanzen

2-68/10-0017 Darkanbaev, T. B. und Dobrunov, L. G. Fiziologija i biochimija rastenij v Kazachstane. (**Physiologie und Biochemie der Pflanzen in Kasachstan.**) Izvestija Akademii nauk Kazachskoj SSR. Serija biologičeskaja, Alma-Ata **1967** Nr. 6. S. 29-35. 220.

2-68/10-0018 Nitsch, J. P. Multicellular physiology: the role of plant hormones. (**Multizelluläre Physiologie: die Rolle der Pflanzenhormone.**) Wiss. Z. Univ. Rostock, math.-naturwiss. R. **16** (1967) Nr. 4/5. S. 395-405. — 20 Abb., 28 Lit. Zus. in Russ., Franz., Dtsch. — nach Zus.
Im Gegensatz zu Bakterien bestehen höhere Pflanzen aus mehr als einer Zelle. Diese Zellen beeinflussen einander und bilden verschiedene Gewebe, die dennoch in einer physiol. Einheit verbleiben. Mit Hilfe von Hormonen üben Zellen eine Kontrolle auf andere Zellen über eine gewisse Distanz aus („remote control"). Die multizelluläre Physiologie ist die Disziplin, die diese Wechselwirkungen untersucht. Beispiele dieser Wirkungen sind: 1. die Stolonenbildung bei *Solanum andigena* durch eine Kombination von Auxin und Gibberellin, 2. die Aufhebung der Apikaldominanz bei *Helianthus annuus* durch Applikation von Kinetin + Gibberellin, 3. die Aufhebung der durch Überfluten des Wurzelsystems hervorgerufenen Epinastie durch Dekapitation. In vielen Fällen ist die Richtung des Hormonstromes entscheidend, z. B. bei der Wirkung von Auxin auf den Blattabwurf oder bei der Hemmung des Vergilbens von Blättern durch eine teilweise Unterbrechung der Verbindung mit der Pflanze. Eine Analyse des Einflusses von Zellen auf Nachbarzellen bei *Cichorium intybus* zeigte, daß im Gehalt und im rel. Verhältnis von Auxinen und Zytokininen eine Änderung während des Regenerationsprozesses in Wurzelstecklingen erfolgt. Die Rolle der Auxine und Zytokinine während der Zellteilung wurde außerdem an Tabakmarkgewebe untersucht. Auxin muß ständig vorhanden sein, während Kinetin nur in den ersten 2 d der Kultur geboten werden muß. Auxin verursacht zahlreiche Pinozytosen entlang der ektoplasmatischen Membran. 221.

2-68/10-0019 Mériaux, Suzanne (unter techn. Mitarb. von Perrey, C. und Verniquet, Anne-Marie). Signification physiologique de la pression de succion des feuilles en relation avec l'écologie de la plante. (**Physiologische Bedeutung des Druckes des Saftstroms in den Blättern in Zusammenhang mit der Ökologie der Pflanze.**) Ann. agronom. **18** (1967) Nr. 6. S. 639-651. — 3 Abb., 3 Tab., 9 Lit. Zus. in Russ., Engl., Dtsch. — nach Zus.
Um die klimatischen und hydrolytischen Faktoren, die die Druckveränderung des Saftstroms in den Knaulgrasblättern bedingen, zu kontrollieren, wurden Versuche in einer Gewächshausanlage durchgeführt. Der Druck des Saftstroms, der mit einer Präzision von 0,5···2 atm gemessen wurde, wächst mit der potentiellen Evapo-Transpiration, ohne daß es jedoch möglich war, hierbei die Häutchenausdünstung zugrunde zu legen. Mit zunehmendem Wassermangel im Boden steigt der Druck des Saftstroms. Der die Porenregulierung hervorrufende kritische Wert des Druckes übertrifft ein wenig die kritische Feuchtigkeit der Ausdünstungsverminderung. Die in Gewächshausanlagen durchgeführten Versuche ermöglichen sehr schwache Druckwerte, während die auf offenem Felde erfolgten Messungen von den vorhergehenden Witterungsverhältnissen abhängig sind. Die

Bestimmungsmethode des Saftstrom-Druckes hat eine viel zu geringe Genauigkeit, um daraus endgültige Schlüsse zu ziehen. 221.

2-68/10-0020 Cooper, Clee S. und Qualls, Mickey. Morphology and chlorophyll content of shade and sun leaves of two legumes. (**Morphologie und Chlorophyllgehalt von Schatten- und Sonnenblättern zweier Leguminosen.**) Crop Sci. 7 (1967) Nr. 6. S. 672–673. — 1 Abb., 1 Tab., 13 Lit.
Medicago sativa und *Lotus corniculatus* wurden auf bewässerten Parzellen angebaut, wobei die Lichtvariante (A) die gesamte Vegetationsdauer dem normalen Tageslicht ausgesetzt war, die Schattenvariante (B) dagegen ab Juni nur 8% des Lichtes durch Beschatten mit einer grünen Folie erhielt. Gegenüber A erhöhte sich bei B die Blattfläche gegenüber der Blatt-Tr.-Substanz. Die Stomataanzahl pro cm^2 Blattoberfläche war dagegen bei A immer höher. Bei beiden Spezies waren die Sonnenblätter dicker und fleischiger als die Schattenblätter. Auch die Palisadenzellen und das Mesophyll waren bei A besser differenziert und größer als bei B. Der nach Mac Kinney bzw. Arnon bestimmte Chlorophyllgehalt war bei B, bezogen auf die Blatt-Tr.-Subst. höher als bei A; bezogen auf die Blattfläche lagen die Verhältnisse umgekehrt. G. Meinl/Groß-Lüsewitz. 221.

2-68/10-0021 Procenko, D. F. Sostojanie pokoja u ozimych kul'tur i zimostojkost'. (**Der Ruhezustand beim Wintergetreide und die Winterfestigkeit.**) V kn.: Rost i ustojčivost' rastenij, Kiev **1966** S. 186–201.
1963 bis 1965 untersuchte man den Zustand des Protoplasmas, die Atmungsintensität sowie die Aktivität der Oxydations- und Reduktions-Fermente von Pflanzen, die sich im Ruhezustand befanden. Verwendet wurden a) die winterfesten Weizensorten 'Odesskaja 16' (O.) und 'Mironovskaja 808' (M.) sowie der Roggen 'Žitomirskaja' (Ž). und b) die weniger winterfesten Weizen 'Bezostaja 1' (B.) und Roggen 'Taraščanskaja 4'. Den Ruhezustand bestimmte man am Charakter der Plasmolyse nach Henkel und Oknina. Bei Verringerung der Temperaturen und den Übergang der Pflanze in den Ruhezustand erschienen Zellen mit Konvex-Plasmolyse zuerst bei a und später bei B. Z. Z. der Beendigung des Ruhezustandes beobachtete man Konkav-Plasmolyse zuerst bei B. und dann bei den übrigen Sorten. Kurzfristige Erwärmung in der Mitte des Winters rief Konkav-Plasmolyse nur bei B. hervor. Die Atemintensität bestimmte man nach der Aufnahme von O_2 durch die Bestockungsknoten des Roggens und des Weizens. Sie sank bei abnehmender Temperatur. Bei a war die Atmung in der Winterperiode stärker als bei weniger winterfesten Sorten. Bei Ž. betrug die O_2-Aufnahme (in ml/100 g Frischsubst.) am 14. Dez. 17,85, 15. Jan. 21,07; bei B. 13,40 bzw. 16,92. Die Aktivität der Peroxydase (P.) und der Katalase (K.) wuchs entsprechend dem Sinken der Temperatur. Winterfestere Sorten zeigten in der Überwinterungsperiode größere Aktivität von P. und K. SSSR/VINTISCh. 221.

2-68/10-0022 Musič, V. N. Morozostojkost' kornevoj sistemy različnych sortov ozimoj pšenicy. (**Die Frosthärte des Wurzelsystems verschiedener Winterweizensorten.**) V kn.: Rost i ustojčivost' rastenij, Kiev **1966** S. 224–228.
Pflanzen der Weizensorten 'Odesskaja 16' (O.), 'Mironovskaja 808' (M.) und 'Bezostaja 1' (B.) wurden Ende Febr. 24 h in Gefäßen —12, —14, —16 oder —18 °C ausgesetzt. Bei der nicht frostharten B. begann die Zerstörung der Wurzeln bei —12 °C. Bei dieser t blieben von O. unbeschädigt 54,17% Wurzeln, bei M. 30,78, bei B. 15,38%, bei —14 °C 43,33; 26,66 bzw. 9,86%, bei — 16 °C 18,05; 13,20 und 4,59. Bei —18 °C gingen die Wurzeln aller Sorten gänzlich zugrunde. Primär- und Sekundärwurzeln wurden nicht gleichmäßig geschädigt. Bei B. kamen 74,28% der Primär- und 51,72% der Sekundärwurzeln um. Bei M. 2,36 bzw. 10,70%, bei O. 14,16 bzw. 4,76%. Bei allen Sorten kamen Sek.-Wurzeln bis 5 cm Länge um. Bei längeren Wurzeln wurde nur der distale Teil beschädigt. Es wurde eine Korrelation zwischen Frostbeständigkeit der Wurzelsysteme und der Bestockungsknoten beobachtet. Bei völliger Zerstörung des Wurzelsystems (—18 °C) und unbedeutenden Beschädigungen der Bestockungsknoten behielten O. und M. die Fähigkeit zur Regeneration von Sek.-Wurzeln. Nach 20 d Nachwachsen zeigten sich bei diesen Sorten im Schnitt 1,8…2 Würzelchen je Pflanze. SSSR/VINTISCh. 221.

2-68/10-0023 Toman, Frank R. und Mitchell, H. L. Soluble proteins of winter wheat crown tissues and their relationship to cold hardiness. (**Lösliche Proteine aus Winterweizen-**

kronen-Gewebe und ihre Beziehungen zur Kälteresistenz.) Phytochemistry 7 (1968) Nr. 3. S. 365-373. — 6 Abb., 1 Tab., 15 Lit.
Von 'Minturki' (winterhart) und 'Ponca' (weniger hart) wurden in 2 Wintern von Nov. bis März etwa alle 14 d Kronen (vgl. LZ 2-65/04-0014) entnommen und untersucht. Die Frostresistenz wurde mit abgeändertem Exosmosetest geprüft: 5 g Kronengewebe werden 4 h auf —12 °C gekühlt, dann ≧ 12 h in 50 ml redestilliertem Wasser ausgelaugt. Die elektrische Leitfähigkeit wird gemessen. Dann werden die Proben homogenisiert, so daß die Elektrolyte vollständig in Lösung gehen, und die Leitfähigkeit des Wassers wird nochmals gemessen. Der zuletzt gefundene Wert wird gleich 100 gesetzt und der zuvor gemessene als Prozente auf ihn bezogen. Gereinigte Lösungen der wasserlöslichen Proteine wurden durch Zentrifugieren und Dialyse hergestellt und durch Ionenaustauscher und gestaffelte Phosphatpuffer-NaCl-Lösungen fraktioniert. Die Menge der einzelnen Fraktionen wurde mit Absorptionsmessung bestimmt, ihr N-Gehalt nach Neßler. Die Menge der einzelnen Fraktionen nahm bei beiden Sorten gleichsinnig ab und zu, aber ohne Beziehung zum Resistenz-Unterschied der Sorten. Die Menge der mit $<$ 0,3 mol. NaCl-Lösung eluierten Fraktionen zeigte keine Korrelation zur Frostresistenz. In der 0,3-Mol-Fraktion nahm die Menge der Proteine während der Abhärtung zu, in der 1-Mol-Fraktion nahm sie ab. Die Gesamtmenge der eluierten Proteine zeigte keine Korrelation mit der Resistenz. Die 1-Mol-Fraktion wurde an 5 Terminen auf Aminosäuren analysiert. 17 wurden nachgewiesen. Die Anteile der einzelnen Aminosäuren an der Gesamtmenge waren bei allen Proben ziemlich gleich. Die wenigen Abweichungen zeigten keinerlei Beziehung zur Frostresistenz.
G. Kretschmer. 221.

2-68/10-0024 Pîrjol, Liana, Milică, C. I. und Varga, P. Modificări fiziologice şi biochimice în cursul iernii la principalele soiuri şi linii de lucernă. (**Physiologische und biochemische Veränderungen bei den hauptsächlichen Sorten und Linien der Luzerne im Winter.**) An. Inst. Cercetări Cereale şi Plante Tehn., Fundulea, Bucureşti, Ser. C **34** (1966, hrsg. 1967) S. 473-489. — 4 Abb., 38 Lit. Zus. in Russ., Engl. — nach engl. Zus.
Zur Ermittlung der Frostresistenz von Luzerne unter den Bedingungen eines strengen Winters in Rumänien wurden rum. Sorten, z. B. 'H 652', 'F 27/55', 'De Banat', 'Slobozia', ausländische Sorten, wie 'Atlantic', 'Buffalo', 'Provence', 'Du Puits', 'Gigante', und vielversprechende Linien, wie 12/55/18, 18/55/2, 21/56/26, 24/55/5, 2/55/15 und 27/55/12, untersucht. Im Winter 1965-66 wurden zu unterschiedlichen Zeiten, die für die Wetterentwicklung kennzeichnend waren, und auch auf Grund der biologischen Eigenschaften der Luzernepflanzen u. a. die Katalaseaktivität, der Gehalt an Askorbinsäure, der Säuregrad des Zellsaftes, der Anteil der Tr.-Subst. und der Gehalt an Gesamt- und red. Zucker in der Wurzel, im Stengel und in den Trieben bestimmt, um die Anhäufung der in den Pflanzen gelagerten Nährstoffe und die Stoffwechselprozesse im Winter zu untersuchen. Das unterschiedliche biol. Potential hinsichtlich der Frostresistenz wurde mittels der angewandten Analysen erklärt. Die Linien 27/55, 27/55/12, 18/55/2, 2/55/15 und 12/55/18 zeichneten sich bes. dadurch aus, daß bei ihnen im Winter der Verlauf der physiol. Prozesse in den Speicherorganen einer besseren Resistenz gegen ungünstige Temperaturen entsprach. Von den ausländischen Sorten zeigten 'Du Puits' und 'Provence' das beste Verhalten. Im Vergleich zu Kontrollpflanzen zeichneten sie sich durch geringe Katalaseaktivität, erhöhten Säuregrad des Zellsaftes, hohen Anteil an Askorbinsäure, Tr.-Subst. und Zucker aus. 221.

2-68/10-0025 Jung, G. A., Shih, S. C. und Shelton, D. C. Seasonal changes in soluble protein, nucleic acids, and tissue pH related to cold hardiness of alfalfa. (**Jahreszeitliche Änderungen bei löslichen Proteinen, Nukleinsäuren und dem Gewebe-pH von Luzerne mit Beziehung zur Frostresistenz.**) Cryobiology, Rockville, Md. 4 (1967) Nr. 1. S. 11-16. — 2 Abb., 2 Tab., 18 Lit.
Von Luzernepflanzen der Sorten 'Vernal' (V., winterhart) und 'Caliverde' (C., nicht hart) wurden von Ende Sept. bis Mitte April 18mal Proben (10 g) aus Kronen- und Wurzelstükken hergestellt und für Bestimmungen folgender Eigenschaften benutzt: I. Frostresistenz bzw. Elektrolytabscheidung nach 4 h bei —8 °C; II. pH; III. Gehalt an RNS und DNS; IV. Gehalt an wasserlöslichen Proteinen in den ohne und mit Erhitzen mit Trichloressigsäure ausgefällten Sedimenten. Für II-IV wurde das Material homogenisiert. I. Von den im Gewebe vorhandenen Elektrolyten wurden im Sept. bei beiden Sorten 95% ausgeschieden. Der Anteil nahm kontinuierlich ab und betrug im Jan. bei V. bis 30%, bei C. bis 50%. Im Febr.-März gab es Schwankungen um 55···65% bei V., 75···80% bei C. Im April schie-

den beide Sorten 85% aus. II. Alle pH-Werte lagen zwischen 5,2 und 6,3. Der Gang der pH-Kurven war bei V. dem der Resistenzkurven ähnlich, bei C. abweichend durch einen erneuten Anstieg im Februar. III. Die Nukleinsäuren nahmen zunächst kontinuierlich zu. Ende Jan. gab es $1^1/_2 \cdots 2^1/_2$ mal so viel wie im September. Bis April gingen sie bis etwas unter die Sept.-Werte zurück. Der Bereich zwischen den Extremen war bei V. größer als bei C. und bei DNS größer als bei RNS. IV. Derselbe Trend wie bei der Frostresistenz war auch bei den ohne Hitze ausgefällten Proteinen vorhanden, wobei die Menge bei V. auf das 6fache, bei C. auf das 3fache der ursprünglichen stieg. Die Menge der mit Hitze ausgefällten Proteine veränderte sich gleichfalls beträchtlich, aber ohne irgend einen einheitlichen Trend und bei den Sorten ungleich. Aus den Ergebnissen wird die Hypothese abgeleitet, daß Abhärtung gegen Frost in Stabilisierung der Zytoplasmastruktur und in Veränderungen der Enzymaktivitäten besteht. G. Kretschmer. 221.

2-68/10-0026 Gerloff, Eldean D., Stahmann, Mark A. und Smith, Dale. Soluble proteins in alfalfa roots as related to cold hardiness. (**Lösliche Proteine in Luzernewurzeln in Beziehung zur Kälteresistenz.**) Plant Physiol. **42** (1967) Nr. 7. S. 895-899. — 1 Tab., 4 Abb., 13 Lit.

3 Luzernesorten mit der Frostresistenz-Rangordnung 'Caliverde' < 'Buffalo' < 'Vernal' wurden im Mai der Jahre 1961-64 ausgesät. Ab August wurden wiederholt von je 500 bis 1000 Wurzeln die obersten, 10 cm langen Abschnitte präpariert, in flüssigem N_2 gefroren und dann bis zur Analyse bei -20 °C aufbewahrt. Im Nov. wurden die Wurzeln z. T. vor der Tiefkühlung während ca. 30 d bei $-2{,}5$ °C abgehärtet. Zu den Analysen wurden Kontrollen, tiefgekühlte und gefriergetrocknete Wurzeln benutzt. Konz. und Zusammensetzung der Proteine und die Peroxydase-Aktivität wurden mit bewährten Methoden untersucht. Der Gehalt an löslichen Proteinen pro Gramm Tr.-Subst. war immer im Dez. größer als im August. Im Okt. lag er meist, aber nicht immer zwischen den Aug.-und Dez.-Werten. Die Unterschiede zwischen den Sorten waren geringer als die von Jahr zu Jahr und sie waren nicht gleichsinnig in den einzelnen Jahren. Im ganzen bestätigt sich, daß Ab- und Enthärtung mit einer Zu- und Abnahme löslicher Proteine Hand in Hand gehen. Enzyme sind dabei wesentlich beteiligt. Im einzelnen sind die Zusammenhänge kompliziert und unübersichtlich. Der Stoffwechsel der Pflanzen wird während der Abhärtung tiefgreifend verändert. Vielleicht sind die resistentesten Sorten diejenigen, die auf abhärtende Milieubedingungen dank ihrer erblichen Eigenschaften am raschesten und intensivsten mit der Umstellung des Stoffwechsels reagieren. G. Kretschmer. 221.

2-68/10-0027 Conger, B. V., Nilan, R. A. und Konzak, C. F. Post-irradiation oxygen sensitivity of barley seeds varying slightly in water content. (**Sauerstoffempfindlichkeit von Gerstensamen bei unterschiedlichem Wassergehalt nach Bestrahlung.**) Radiation Bot. 8 (1968) Nr. 1. S. 31-36. — 2 Abb., 16 Lit. Zus. in Franz., Dtsch. — nach Zus.

Körner von Himalaya-Gerste mit 9…12% Wassergehalt wurden im Vakuum mit 25 krad aus einer ^{60}Co-γ-Strahlenquelle behandelt. Nach Bestrahlung wurden sie sofort (innerhalb 1 min.) 16 h bei 0 °C in Wasser, das mit O_2 oder N_2 versetzt war, gebracht. Die Ergebnisse, soweit sie sich auf die Schädigung der Keimlinge beziehen, wiesen auf eine kritische Region hin, in der eine geringe Änderung des Wassergehalts den von O_2 abhängigen Schaden beträchtlich verändert. Bei einer Abweichung von nur 0,3% des Wassergehalts, d. h. zwischen 10,7 und 11,0%, ging die Reaktion auf O_2 um einen Faktor von mehr als 2,5 zurück. Die von O_2 unabhängige Schädigung wurde nicht von einer Änderung des Wassergehalts der Keime beeinflußt, soweit es sich um die zwischen 9 und 12% liegende Region handelt. Auf Grund der Hypothese, daß O_2 und strahleninduzierte freie Radikale in gegenseitiger Wechselwirkung zumindest einen Teil der biol. Schädigung hervorrufen, wäre es möglich, daß die Mobilität und damit die Wechselwirkung der sauerstoffreaktiven Radikale einen spezifischen Bedarf an Wasser haben. 221.

2-68/10-0028 Maštakov, S. M. und Ščerbakov, V. N. Dejstvie otečestvennogo chlorcholinchlorida (CCC) na načal'nyj rost i soderžanie chlorofilla u rastenij pšenicy. (**Die Wirkung inländischen Chlorcholinchlorids [CCC] auf das Anfangswachstum und den Chlorophyllgehalt der Weizenpflanzen.**) Dokl. AN BSSR **11** (1967) Nr. 2. S. 169-173.

Unter Laborbedingungen wurde die Wirkung von CCC auf die lagerfeste Sorte 'Lutescens 154' (L.) und auf die lageranfällige Sorte 'Minskaja' (M.) untersucht. Die Samen ließ man auf Filtrierpapier keimen, das mit einer CCC-Lösung von 10^{-7} bis 10^{-2} Mol/l oder mit

Wasser (Kontrolle) angefeuchtet war. Nach 10 d wurden die Länge des Sprosses, der Wurzel und der Chlorophyllgehalt gemessen. Es stellte sich heraus, daß CCC das Wachstum der Keimpflanzen in Abhängigkeit von der CCC-Konz. hemmt. Bei 10^{-3} Mol/l CCC war die Länge des Sprosses am geringsten, bei 10^{-2} wurde das Wachstum der Sprosse und Wurzeln völlig unterdrückt. L. erwies sich als empfindlicher gegen CCC. Die Verkürzung der Sproßlänge betrug bei L. bei CCC 10^{-3} 47%, bei M. 34%. Mit zunehmender CCC-Konz. vergrößerte sich das Längenwachstum der Wurzeln, wobei die Wurzeln bei M. intensiver wuchsen als bei L. Roh- und Tr.-Subst.-Masse der Sprosse veränderten sich unter der Wirkung von CCC nicht. CCC bewirkte eine Erhöhung des Gehaltes an Chlorophyll a und b in der Frisch- und in der Tr.-Substanz. Die Menge des Chlorophylls a (in mg/l) betrug bei CCC 10^{-7} 6,85; bei 10^{-5} 7,98; bei 10^{-3} 8,32 (Kontrolle 6,5). Die Vergrößerung der Summe von Chlorophyll a und b verlief proportional. Bei beiden Sorten stieg die Chlorophyllmenge je dm^2 unter der Einwirkung von CCC um 11%. SSSR/VINTISCh. 221.

2-68/10-0029 Ljaskovskij, M. Processy biosinteza kletočnoj stanki v prisutstvii chlorcholinchlorida i bořba s poleganiem ozimoj pšenicy. **(Die Prozesse der Biosynthese der Zellwand in Gegenwart von Chlorcholinchlorid und die Bekämpfung des Lagerns von Winterweizen.)** Tezisy dokladov na sessii Otdelenija biochimi, biofiziki i fiziologii AN USSR, posvjaščennoj probleme „Fiziologija i biochimija reguljacii rosta rastenij" **1966** S. 30-31.
In Feld- und Gefäßversuchen im Laufe von 2 Jahren mit der Wi.-Weizensorte 'Mironovskaja 808' sank bei Behandlung der Pflanzen mit CCC die Länge der Zellen um 16…20%. Die Behandlung der Pflanzen im 2…3-Blattstadium verringerte die Länge der unteren Internodien und verhinderte vollkommen das Lagern. Nach Behandlung mit 5 kg/ha CCC war der Gehalt an Kohlenhydraten höher als bei der Kontrolle. Außerdem enthielten die Pflanzen mehr Chlorophyll und Karotinoide. Ferner bewirkte das CCC eine Neuverteilung verschiedener Gruppen von Kohlenhydraten, auch verstärkten sich die Prozesse der Biosynthese einiger Komponenten der Zellwand. Das führt zu einer Erhöhung der Festigkeit des Halmes. Die Hemmung der Wachstumsprozesse wirkt nicht nachteilig auf die Entwicklung der Ertragsfaktoren. SSSR/VINTISCh. 221.

2-68/10-0030 Cervigni, T., Caserta, G. und Bassanelli, C. Preliminary investigations on thermoluminescence and radiosensitivity in seeds. **(Vorläufige Untersuchungen über die Thermolumineszenz und die Radiosensitivität von Samen.)** Radiation Bot. **8** (1968) Nr. 1. S. 71-79. — 7 Abb., 1 Tab., 15 Lit. Zus. in Franz., Dtsch. — nach Zus.
Bei Pflanzensamen unterschiedlicher Strahlenempfindlichkeit wurden Thermolumineszenz-Messungen durchgeführt, um eine Beziehung zwischen den Lumineszenzkurven und der mittleren letalen Strahlendosis (LD_{50}) zu finden. Lyophiles Pulver, das man aus Samen von 11 Arten und Varietäten von Angiospermen erhielt, wurde bei 77 °K mit 250 kVp, 15 mA Röntgenstrahlen behandelt. Die Proben wurden mit einer Gesamtstrahlung von 20 kR in Vakuum von weniger als 10^{-3} mm Hg behandelt. Nach der Bestrahlung wurden die Lumineszenzkurven aufgezeichnet und ihre Felder gemessen. Es wurde eine Beziehung zwischen Lumineszenzkurven-Feld und LD_{50} festgestellt, die annähernd mit $A = a\,(LD_{50})^n$ ausgedrückt wurde. Für 3 Arten mit sehr unterschiedlichen LD_{50}-Werten wurden mehrere Extraktionen von Samen vorgenommen, um diejenigen Komponenten abzutrennen, die für die gefundene Korrelation verantwortlich sind. Man stellte fest, daß die Lipoid-Komponenten beinahe im selben Maße mit den LD_{50} -Werten korrelieren wie die ganzen Samen. 221.

2-68/10-0031 Karsten, U. **Untersuchungen zur Vergilbungshemmung durch Phytokinine.** Wiss. Z. Univ. Rostock, math.-naturwiss. R. **16** (1967) Nr. 4/5. S. 645-646. — 9 Lit. 221.

2-68/10-0032 Risch, H. **Die Isolierung und Identifizierung der indolessigsäure-produzierenden und -zerstörenden Bakterien von Erbsenpflanzen.** Wiss. Z. Univ. Rostock, math.-naturwiss. R. **16** (1967) Nr. 4/5. S. 465-466. — 2 Abb., 7 Lit. 221.

2-68/10-0033 Kausch, Walter; Bonn, Univ., Inst. für Landwirtsch. Bot. **Das Wurzelwerk der Pflanzen als Organ für die Wasseraufnahme.** Umschau Wiss. Techn. **68** (1968) Nr. 2. S. 38-44. — 11 Abb., 11 Lit.
Vf. berichtet zunächst allg. über das Sproß/Wurzel-Verhältnis sowie über die Bodenstruktur und Wasserbewegung und den Zusammenhang zur Transpiration der Pflanzen einschl. dem Wasserquertransport in der Pflanze. Er geht dann auf eigene ökolog. Unter-

suchungen in der Sahara-Wüste an über 20 Pflanzenarten ein. Es wurden Wurzeln gefunden, die über 6 m tief in den Boden eingedrungen waren; in vielen Fällen wuchsen sie durch Gesteinsspalten weiter, der Beobachtung entzogen. In bestimmten Bodenhorizonten traten streng lokal faustgroße „Wurzelnester" auf. Abschließend diskutiert der Vf. die möglichen physiol. Ursachen für die oft hohe Wurzelwachstumsgeschwindigkeit.

I. Frommhold. 222.

2-68/10-0034 Tooming, H. Mathematical model of plant photosynthesis considering adaptation. **(Mathematisches Pflanzenphotosynthesemodell mit Berücksichtigung der Adaptation.)** Photosynthetica, Praha 1 (1967) Nr. 3/4. S. 233–240. — 5 Abb., 25 Lit. Zus. in Russ.

Vf. beschreibt ein Modell der Photosynthese, welches für auf genügend feuchten Böden angebaute Kulturpflanzen anwendbar sein soll. Zum Unterschied von anderen Modellen rechnet er mit der Anpassung des Photosyntheseapparates an die Strahlungsintensität und die durch Atmung verursachten Verluste. Mit Hilfe der in der Arbeit angeführten Gleichungen kann man die Adaptationsdichte der Strahlung (d. h. die Dichte, bei welcher die Umwandlung der photosynthetisch wirksamen Strahlung am höchsten ist), die Abhängigkeit der Photosynthese von der Strahlung, die Atmungsintensität und den Kompensationspunkt berechnen.

ČSSR/ÚVTI. 222.

2-68/10-0035 Meinl, G. **Assimilationsvermögen als Sortenmerkmal. 1. Mitt. Vergleich der apparenten Assimilation von Kartoffelsorten verschiedener Reifezeit.** Photosynthetica, Praha 1 (1967) Nr. 1/2. S. 51–56. — 2 Abb., 2 Tab., 17 Lit. Zus. in Russ., Engl.

Mit Hilfe eines IR-Analysators wurde alle 2···4 d während der gesamten Vegetationsperiode die Photosyntheseintensität bei den Kartoffelsorten 'Erstling', 'Amsel', 'Kastor', 'Ora', 'Zeisig' und 'Gerlinde', gezogen in Gefäßen, gemessen. Nach der Methode von Engel wurden dann die Photosyntheseintensität und das Alter der Pflanzen in rel. Einheiten ausgedrückt, wobei die höchste gemessene Intensität der Photosynthese und die zur Erlangung der Höchstmasse der Tr.-Subst. erforderliche Zeitdauer gleich 100% gesetzt wird. Diese Umrechnung zeigte, daß ohne Rücksicht auf die Zeitdauer der Vegetationsperiode und auf die Frühreife der Sorten die höchste Photosyntheseintensität stets während der Blüte auftritt, in welcher Periode auch ungünstige äußere Bedingungen den verhältnismäßig am wenigsten ungünstigen Einfluß auf den Ertrag an Pflanzen-Tr.-Subst. haben.

ČSSR/ÚVTI. 222.

2-68/10-0036 Kazarjan, V. O. und Davtjan, V. A. O zavisimosti aktivnosti fotosinteza rastenij ot moščnosti i metaboličeskoj dejatel'nosti kornej. **(Über die Abhängigkeit der Photosyntheseaktivität der Pflanzen von dem Ausmaß und der metabolischen Aktivität der Wurzeln.)** Biologičeskij žurnal Armenii, Erevan **20** (1967) Nr. 11. S. 49–58. — 2 Abb., 8 Tab., 25 Lit. Orig.: russ. Ausz.: armen.

Durch kurzfristige (12 d) Versorgung der Wurzeln von Mais- und Sonnenblumenpflanzen mit Saccharoselösungen (2···3,5%) während des Wachstums wird die Ausbildung des Wurzelsystems begünstigt: es ändert sich das Verhältnis von aufnehmender Wurzeloberfläche zur Blattfläche. Die Veränderung dieses Verhältnisses zugunsten der Wurzelbildung erhöht die Photosyntheseintensität im Vergleich zu den Kontrollen. Es besteht eine Parallelität zwischen metabolischer Funktion der Wurzeln und der Photosyntheseaktivität der Blätter, wie Untersuchungen des Gesamt- und Eiweiß-N sowie des Aminosäuregehaltes, ferner der Gesamt- und org. P-Menge im Blutungssaft von Sonnenblumen zeigten. Eine Erklärung für den aktivierenden Einfluß von Metaboliten aus der Wurzel auf die Photosyntheseaktivität steht noch aus. Durch die Saccharoseversorgung der Wurzeln mit gleichzeitiger Stimulation der aufnehmenden Wurzeloberfläche einjähr. Pflanzen kann auch die Vegetationszeit nach der Samenreifung noch verlängert werden.

K.-H. Köhler. 222.

2-68/10-0037 Nátr, L. und Gloser, J. Carbon dioxide absorption and dry weight increase in barley leaf segments. **(Kohlendioxidaufnahme und Zunahme der Trockensubstanzmasse in Gerstenblattsegmenten.)** Photosynthetica, Praha 1 (1967) Nr. 1/2. S. 19–27.

In eine spezielle Kammer wurden Blattsegmente der Gerstensorte 'Valtický' eingelegt und gleichzeitig die photosynthetische Aufnahme von CO_2 mit Hilfe von IR-Analysatoren sowie die Zunahmen der Tr.-Subst. gemessen. Die CO_2-Aufnahme stieg während der ersten Stunde der Photosynthese bis zum Maximalwert, welcher weitere 1···2 h andauerte, wonach sie langsam abnahm und nach 15 h etwa 50% ausmachte. Das Verhältnis der gebildeten Tr.-

Subst. und des aufgenommenen CO_2 erhöht sich mit der Dauer der Gewebeexposition am Licht, und bei Exposition > 3 h erreicht es das theoretische stöchiometrische Verhältnis. Deshalb kann man die Zunahme der Tr.-Subst.-Masse der isolierten Gerstenblattgewebe, gemessen unter unveränderten Bedingungen, als einen verläßlichen Maßstab der Photosyntheseintensität nutzen. ČSSR/ÚVTI. 222.

2-68/10-0038 Nátr, L. Time-course of photosynthesis and maximum figures for the accumulation of assimilates in barley leaf segments. **(Zeitverlauf der Photosynthese und maximale Werte der Assimilatenanhäufung in Gerstenblattsegmenten.)** Photosynthetica, Praha 1 (1967) Nr. 1. S. 29-36. — 3 Abb., 21 Lit. Zus. in Russ.
Isolierte Gerstenblattsegmente (Sorte 'Valtický') bilden bei ausreichender Versorgung mit Wasser, CO_2 und Licht eine sehr lange Zeit Assimilate, welche im Gewebe angehäuft werden. Die Abnahme der Photosynthesesschnelligkeit wird eher als durch die Anhäufung der Assimilate durch irreversible Beschädigung des Photosyntheseapparates verursacht, wie z.B. durch Behandlung mit Benzimidazollösungen, welche das Gelbwerden der Blätter verlangsamt, nachgewiesen wurde. Innerhalb von 96 h häuften die Segmente z.B. 354 mg Assimilate je dm^2 Blattfläche an, und ihre Tr.-Subst.-Masse erhöhte sich um 246%. Die Schnelligkeit der Assimilatanhäufung verlangsamt sich erst nach 6···24 h (ausnahmsweise nach 78 h) ununterbrochener Belichtung, wo die Gewebe bereits 30···100% (ausnahmsweise 200%) der ursprünglichen Tr.-Subst.-Masse gebildet haben. ČSSR/ÚVTI. 222.

2-68/10-0039 Čatský, J., Nováková, J. und Šesták, Z. Daily carbon dioxide balance and its changes with age in a fodder cabbage plant grown in controlled conditions. **(Kohlendioxid-Tagesbilanz und ihre vom Alter beeinflußten Veränderungen bei Markstammkohlpflanzen, gezogen unter kontrollierten Bedingungen.)** Photosynthetica, Praha 1 (1967) Nr. 3/4. S. 215-218. — 1 Abb., 13 Lit. Zus. in Russ.
Die Markstammkohlpflanzen wurden in einem Klimaraum bei einer photosynthetisch wirksamen Bestrahlungsdichte von 0,1 cal cm^{-2} min^{-1}, 16 h Tageslänge, 22 oder 24 °C Tagestemperatur, 16 oder 18 °C Nachttemperatur, 70···90% rel. Luftfeuchte sowie bei ausreichender NPK-Beidüngung oder ohne diese herangezogen. Nach 35···45 d wurden dann Tr.-Subst.-Masse, Blattfläche sowie Photosynthese- und Atmungsintensität getrennt bei Blättern, Stengeln und Wurzeln ermittelt. Der tägl. Überschuß des bei der Photosynthese aufgenommenen gegenüber dem durch Atmung erzeugten CO_2 war im Verlauf der linearen Wachstumsphase gleichbleibend. Das Verhältnis Photosynthese: Atmung war am höchsten zu Beginn der linearen Wachstumsphase, wonach es allmählich abnahm.
ČSSR/ÚVTI. 222.

2-68/10-0040 Fousová, S. und Avratovščuková, N. Hybrid vigour and photosynthetic rate of leaf disks in Zea mays L. **(Hybridkraft und Photosyntheseintentität von Maisblattscheibchen.)** Photosynthetica, Praha 1 (1967) Nr. 1/2. S. 3-12. — 3 Abb., 12 Tab., 15 Lit. Zus. in Russ.
An 4 Inzuchtlinien der Maissorte 'Lednická raná' und 6 Linien aus der Pflanzenzuchtstation Čejč (A-34, A-166, A-188, R-3, W-9 und 2-D), ihren F_1- und F_2-Generationen der reziproken Kreuzungen, den B_1- und B_2-Rückkreuzungen und einer Doppelkreuzung wurde 5 Jahre hindurch die Photosyntheseintensität mit Hilfe der Blattscheibchenmethode bei 40 klx, 25 °C und 1% CO_2-Konz. verfolgt. In der F_1 wurde in bezug auf die Photosyntheseintensität Heterosis festgestellt mit nachfolgender Abnahme der Intensität in der F_2. Die Rückkreuzungen zeigen wiederum eine Erhöhung der Photosyntheseintensität. Die allgemeine und die spezifische Photosynthesefähigkeit sind bei den einzelnen Linien unterschiedlich. Das gute Wachstum und die hohen Erträge der Hybriden wurden von einer hohen Photosyntheseintensität begleitet, während die niedrige Photosyntheseintensität der Inzuchtlinien sich durch schlechtes Wachstum und unbefriedigende Erträge äußerte. ČSSR/ÚVTI. 222.

2-68/10-0041 Hunt, L. A., Impens, Ivan I. und Lemon, E. R.; Ithaca, Cornell Univ., Dep. of Agron. Preliminary wind tunnel studies of the photosynthesis and evapotranspiration of forage stands. **(Orientierende Windkanaluntersuchungen der Photosynthese und Evapotranspiration von Futterpflanzenbeständen.)** Crop Sci. 7 (1967) Nr. 6. S. 575-578. — 2 Abb., 1 Tab., 23 Lit.
In einem Windkanal, dessen Windgeschwindigkeiten zwischen 26 und 165 cm· s^{-1} variiert wurden, testeten Vff. bei unterschiedlicher Strahlungsintensität von 0,05···0,7 cal·cm^{-2}·min^{-1} im sichtbaren Bereich Photosyntheseintensität und Evapotranspiration zwischen 25 und

27 °C. Als Testobjekte dienten Luzerne und Knaulgras, die in Vermiculitsubstrat angezogen und mit Nährlösung versorgt wurden. Die Windbremsung wurde in den Grasbeständen langsamer wirksam als bei Luzerne. Die Netto-Assimilation stieg bei beiden Arten mit steigender Windgeschwindigkeit an, nicht dagegen die Evapotranspiration. Bei hohen Windgeschwindigkeiten war demnach die Wasserausnutzung am besten. Die günstigste Strahlungsintensität bezüglich der apparenten Photosynthese lag bei etwa 0,18 cal·cm^{-2}·min^{-1} FAR = 0,6 cal·cm^{-2}·min^{-1} Globalstrahlung. Bei max. Strahlungsintensität stiegen die Evapotranspiration und der Transpirationskoeffizient. Weitere Versuche werden angekündigt, wobei Vff. auf die gute Übereinstimmung der Windkanalergebnisse mit jenen in Pflanzenbeständen verweisen. G. Meinl/Groß-Lüsewitz. 222.

2-68/10-0042 Meister, A. **Untersuchung der Chlorophyllbildung kurzzeitig belichteter etiolierter Blätter von Phaseolus vulgaris mit Hilfe der derivativen Spektrophotometrie.** Photosynthetica, Praha 1 (1967) Nr. 3/4. S. 149-156. — 5 Abb., 11 Lit. Zus. in Russ., Engl.
Nach kurzer Belichtung der etiolierten Blätter bildet sich Chlorophyll a. Dieses macht einige Übergangszustände durch, welche sich voneinander augenscheinlich durch die Typen der Bindung mit Eiweißstoffen, die feine Unterschiede in den Spektraleigenschaften aufweisen, unterscheiden. Zu den Untersuchungen dieser bedeutenden Veränderungen wurde bisher die derivative Spektrophotometrie, welche die erste Derivation des Absorptionsspektrums mißt, benutzt. Vf. konstruierte und überprüfte an Gerstenbohnenblättern ein Spektrophotometer, welches die zweite Spektralderivation mißt, nach deren Form zusammen mit dem Absorptionsspektrum eine leichtere Orientierung und Bewertung der Resultate möglich ist. ČSSR/ÚVTI. 222.

2-68/10-0043 Shlyk, A. A. und Prudnikova, I. V. Dark biosynthesis of chlorophyll b by fractions of barley chloroplasts. (**Biosynthese des b-Chlorophylls in der Dunkelheit durch die Gerstenchloroplastfraktionen.**) Photosynthetica, Praha 1 (1967) Nr. 3/4. S. 157-170. — 3 Abb.
Gerstenblätter der Sorte 'Partyzán', welche photosynthetisch radioaktives CO_2 assimilierten, wurden nach Homogenisierung durch Zentrifugieren in Sediment und Überstand getrennt, in welchen der Gehalt und die spezifische Radioaktivität der a- und b-Chlorophylle ermittelt wurden. Kleinere Partikeln des Überstands enthielten mehr Chlorophyll a, wiesen eine höhere, spezifische Aktivität auf und verwandelten das Chlorophyll a weniger schnell in Chlorophyll b. Der Überstand enthielt offensichtlich einen größeren Anteil neu gebildeter Chloroplastenteile, welche metabolisch aktiver sind. Der Überstand und das Sediment, d.h. die leichteren und schwereren Chloroplastenpartikeln, beteiligten sich aber im Dunkeln an der Umwandlung des Chlorophylls a in Chlorophyll b. ČSSR/ÚVTI. 222.

2-68/10-0044 Shlyk, A. A., Fradkin, L. I. und Savchenko, G. E. Synthesis of plastid pigments in corn mutants of increased light sensitivity. (**Synthese der Plastid-Pigmente in Maismutanten mit erhöhter Lichtsensitivität.**) Photosynthetica, Praha 1 (1967) Nr. 3/4. S. 241 bis 248. — 1 Tab., 43 Lit. Zus. in Russ.
Normale Maispflanzen sowie außergewöhnliche, die Karotinoide Lykopen oder Karoten enthaltende Mutanten synthetisieren Protochlorophyllid im Dunkeln anfangs gleich intensiv (bei Umrechnung auf den Chlorophyllgehalt), und bei schwacher Belichtung bildet sich aus Chlorophyllid verhältnismäßig gleich intensiv Chlorophyll. Im grellen Licht aber erhöht sich der Chlorophyllgehalt bei normalen Pflanzen, während er bei Mutanten jäh absinkt. Die Absorptions- und Fluoreszenzspektren beweisen, daß in den Mutanten bestimmte Formen der Chlorophylle in vivo labil und durch das Licht leicht zerstörbar sind. Die Chlorophylle werden vor der Zerstörung durch die Bindung mit Eiweiß, durch Aggregation der Moleküle oder durch die Wirkung der Karotinoidmoleküle geschützt. ČSSR/ÚVTI. 222.

2-68/10-0045 Kursanov, A. L. Les bases biochimiques de la translocation et de l'accumulation du saccharose chez la betterave sucrière. (**Biochemische Grundlagen von Saccharosetransport und -speicherung in der Zuckerrübe.**) J. internat. Inst. Sugar Beet Res., Tienen 2 (1967) Nr. 3. S. 162-183. — 21 Abb., 39 Lit. Zus. in Engl., Dtsch.
Die Ableitung der in den Zuckerrübenblättern gebildeten Assimilate in den Rübenkörper erfolgt vorwiegend als Saccharose. Beim Übergang der Assimilate vom Mesophyll in die äußersten Enden der Leitbündel scheint der Saccharosefluß wegen der an dieser Stelle vorhandenen bedeutenden Konzentrationsstufe vorübergehend unterbrochen zu sein. Geringe Invertase-Aktivität, Saccharose resynthetisierende Enzyme sowie die gemeinsame Glukosid-

Fruktosid-Bindung mit für die Karbonylgruppen der beiden Saccharose-Komponenten abschirmender Wirkung in den Leitbündeln gewährleisten einen praktisch verlustlosen Saccharose-Transport aus den Leitbündeln in das Speicherparenchym des Rübenkörpers, wo die Verteilung auf Interzellularräume, Zytoplasma und Zellvakuolen erfolgt. Die Saccharose-Bildung im Rübenkörper ist relativ gering. W. Wöhlert/Kleinwanzleben. 222.

2-68/10-0046 Svešnikova, I. N. und Asikritova, M. A. Lokalizacija i nakoplenie zapasnych veščestv v plodach i semenach masličnych rastenij. (**Lokalisation und Speicherung von Reservestoffen in Früchten und Samen von Ölpflanzen.**) Vsesojuznyj ordena Trudovogo Krasnogo Znameni naučno-issledovatel'skij institut masličnych kul'tur. Sbornik naučnych trudov, Majkop **2** (1967) S. 140-157. — 6 Abb., 3 Tab., 17 Lit.
Eingangs wird ein Fixierungs- und Färbungsschema für Aleuron und Fette gegeben. Die Untersuchungen umfassen die Lokalisation und Dynamik der Fettbildung in Sonnenblumenfrüchten, Kreuzblütlersamen und in Lein. a) Sonnenblumenachänen: Fettbildung beginnt 5···7 d nach Blühbeginn in Plastiden, zunächst in Epidermiszellen, später (nach 8 d) folgen noch andere Gewebe. Zugleich vermehrt sich das übrige Gewebe der Kotyledonen. Aleuronbildung setzt nach Fettsynthese ein. Nach 14 d sind die Plastiden mit Fett gefüllt und ordnen sich an der Zellwand an, entlassen dann am 18. Tag das Fett ins Plasma. Die Aleuronkörner werden damit imprägniert und bilden einen Fett-Aleuron-Komplex. Entwicklung der Aleuronkörner der Sonnenblume: In den ersten Tagen klein, Fettanlagerung am 19.—20. Tag, Vergrößerung ihres Ausmaßes um das Doppelte, am 30. Tag: größter Teil der Zelle wird ausgefüllt. b) Cruciferen am Beispiel des Weißen Senfs: 3 d nach dem Aufblühen Stärke in den Integumenten, nach 9 d auch im Embryo. Nach 16 d im Endosperm und Embryo beginnende Fettbildung. 18. Tag: Auftreten von Aleuronkörnern. 23. Tag: intensive Fettspeicherung im Embryo. Nach 33 d füllt das Aleuron die Zellen aus. Ab 43. Tag keine Stärke mehr nachweisbar: c) Leinsamen: 4 d nach dem Aufblühen befindet sich Stärke in den Integumenten und in der Samenkapsel. Nach 8···9 d Einsetzen der Fettbildung in den Plastiden. Das Fett füllt nach 12···14 d die Plastiden aus und tritt ca. ab 23. bis 27. Tag ins Plasma über. Zu diesem Zeitpunkt ist in den Integumenten keine Stärke mehr vorhanden.
K.-H. Köhler. 222.

2-68/10-0047 Ždanova, L. P. Rol' list'ev v formirovanii urožaja semjan u nekotorych masličnych kul'tur. (**Die Rolle der Blätter bei der Ertragsbildung von Samen einiger Ölkulturen.**) Vsesojuznyj ordena Trudovogo Krasnogo Znameni naučno-issledovatel'skij institut masličnych kul'tur. Sbornik naučnych trudov, Majkop **2** (1967) S. 158-176. — 6 Abb., 11 Tab., 37 Lit.
Verschiedene Pfropfungen von Pflanzen, die sich in ihrem Ölgehalt unterscheiden, wurden untersucht, u.a. *Sinapis alba* auf *Brassica juncea* und umgekehrt, ferner verschiedene Sorten von Sonnenblumen. Einige Untersuchungen wurden auch an Mohn und an Lein vorgenommen. Die Ölsynthese in den Samen wird sowohl von der Stoffwechselaktivität der Samen als auch von dem Blattapparat der Pflanze bestimmt. Die teilweise (Sonnenblume, Senf) oder völlige Entfernung der Blätter (Senf) etwa 10 d vor dem Reifen der Samen führt zu einer rel. Erhöhung des Ölgehaltes, da wegen des nicht mehr erfolgenden Abstromes N-haltiger Verbindungen aus älteren Blättern der Eiweißgehalt gleichzeitig abnimmt. Insgesamt wird durch Entfernung der Blätter der Gesamtertrag erniedrigt. Bei der Versorgung der reifenden Samen spielen offenbar die Blätter der mittleren Wirtel die entscheidende Rolle, während die niedriger inserierten weniger aktiv sind und die in höheren Wirteln befindlichen den Samen sogar noch aus dem Nährstoffstrom Material entziehen. Während des Reifens erfolgen in den Samen erhebliche chem. Umstellungen. Zunächst sind sie reich an Kohlenhydraten und org. Säuren, dann aber folgt ein Abfall. Gleichzeitig damit ändert sich die Aktivität einiger Fermente: die Aldolaseaktivität sinkt ab, während die Lipaseaktivität zunimmt. Gerade diese Veränderungen unterliegen großen Sortenschwankungen. Vf. fand außerdem einen Transport organischer Säuren aus den Blättern in die Samen.
K.-H. Köhler. 222.

2-68/10-0048 Prokof'ev, A. A. und Cholodova, V. P. O postuplenii assimiljatorov v korzinku podsolnečnika. (**Über den Eintritt von Assimilaten in das Körbchen der Sonnenblume.**) Vsesojuznyj ordena Trudovogo Krasnogo Znameni naučno-issledovatel'skij institut masličnych kul'tur. Sbornik naučnych trudov, Majkop **2** (1967) S. 196-214. — 4 Abb., 9 Tab., 29 Lit.

Die Versorgung der Früchte im Pseudanthium der Sonnenblume ist außerordentlich unterschiedlich. Während die Früchte in den Randbezirken rel. schnell austrocknen, sind die im Zentrum befindlichen noch ziemlich feucht. Das bedingt zugleich eine zunächst intensivere Fettsynthese in den peripheren Partien. Demzufolge ist während der ersten 20 d der Assimilatzustrom in diese peripheren Früchte groß, sie wachsen schneller, haben zu dieser Zeit einen höheren Ölgehalt und sind wasserärmer als die Früchte im Zentrum. Dann verlangsamt sich die Fettsynthese in den peripheren Samen beträchtlich, während sie in den zentralen Teilen nun sehr intensiv wird und auch der Assimilatstrom nach dorthin gerichtet ist. Im Endeffekt können — etwas abhängig von den Witterungsbedingungen während der Reifung — die zentralen Früchte den gleichen Ölgehalt wie die peripheren erreichen. Die Hüllblätter des Blütenbodens sind zur Assimilation befähigt, so daß sie mit ^{14}C-Verbindungen versorgt werden konnten, um Schlüsse auf den Assimilattransport zu ziehen. Viele markierte Verbindungen befinden sich nach kurzer Zeit im Schwammparenchym des Blütenbodens, von wo aus offenbar ein bevorzugter Weitertransport in die peripheren Partien erfolgt. K.-H. Köhler. 222.

2-68/10-0049 Prokof'ev, A. A. Nekotorye fiziologičeskie osobennosti plodov i semjan masličnych rastenij. (**Einige physiologische Besonderheiten der Früchte und Samen von Ölpflanzen.**) Vsesojuznyj ordena Trudovogo Krasnogo Znameni naučno-issledovatel'skij institut masličnych kul'tur. Sbornik naučnych trudov, Majkop **2** (1967) S. 112-139. — 10 Abb., 11 Tab., 46 Lit.

Während in vegetativen Pflanzenorganen, vor allem in den Chloroplasten, nur rel. wenig Fette mit 18-C-Säuren (Linolsäure, Linolensäure, selten Ölsäure) vorkommen, unterscheiden sich die Samen durch die Vielfalt ihrer Fette. Es gibt demnach Besonderheiten des Fettstoffwechsels in Samen und Früchten, was u.a. auch eine Regulierung des Assimilattransports bedingt. Die größtenSchwankungen betreffen zumeist den Eiweißgehalt der Samen und Früchte. Zwischen Transpirationsintensität der Körbchen der Sonnenblumen sowie der Mohnkapseln und ihrem Ölbildungsvermögen besteht eine umgekehrte Korrelation, d.h. ölreiche Pflanzen transpirieren nicht so intensiv wie ölärmere. Diese Differenzen treffen in gleichem Maße für verschiedene Sorten zu, etwa die ölreiche Sonnenblume 'Peredowik' und die ölärmere 'Fuksinka'. Insgesamt ist die Transpirationsintensität der Körbchen wesentlich höher als die der Blätter! In reifenden Früchten (Pflaume) bzw. in Kapseln (Mohn) überwog der CO_2-Gehalt den O_2-Gehalt bei weitem. Mit Hilfe einer Kanüle in Mohnkapseln injizierte Gasgemische führten zu dem Ergebnis, daß O_2 die Reifung beschleunigt. Ferner wurde festgestellt, daß im Zuge der Assimilation gebildete Produkte in die Samen inkorporiert werden, d.h. aus den Blättern, vor allem aber auch aus den Geweben der noch grünen Kapselwand des Mohns oder aus den Hüllblättern der Sonnenblumenblütenböden in die sich entwickelnden Samen transportiert werden. K.-H. Köhler. 222.

2-68/10-0050 Popov, P. S. Dinamika rastvorimych uglevodov u posolnečnika v svjazi s masloobrazovaniem. (**Die Dynamik löslicher Kohlenhydrate in der Sonnenblume im Zusammenhang mit der Ölbildung.**) Vsesojuznyj ordena Trudovogo Krasnogo Znameni naučno-issledovatel'skij institut masličnych kul'tur. Sbornik naučnych trudov, Majkop **2** (1967) S. 380-389. — 6 Tab., 12 Lit.

Mit Hilfe der Papierchromatographie wurde die Dynamik einzelner löslicher Kohlenhydrate, die als Ausgangsmaterial für die Fettbiosynthese dienen, in Sonnenblumensorten mit unterschiedlichem Ölertrag untersucht. Als wichtigste lösliche Kohlenhydrate wurden nachgewiesen Fruktose, Glukose, Saccharose, Raffinose und ein nicht identifiziertes Oligosaccharid. In den frühen Entwicklungsstadien waren mehrere Oligosaccharide vorhanden, die während der Reife verschwanden. Im Stengel war weniger Saccharose als Glukose oder Fruktose nachweisbar. Das dominierende lösliche Kohlenhydrat der Samen war Saccharose, dagegen waren Monosaccharide kaum nachzuweisen. Die Samen und vegetativen Organe schwach ölhaltiger Sorten enthielten weniger lösliche Kohlenhydrate als die ölreichen, obgleich der Gehalt der Kohlenhydrate in diesen unterschiedlichen Sorten bei gleichen Kulturbedingungen nicht als die Ursache für die ungleiche Ölanreicherung angesehen wird. Sowohl bei ölarmen als auch ölreichen Sorten beginnt die Zunahme der rel. und abs. Menge der löslichen Kohlenhydrate zwischen dem 20. und 28. Tag nach der Blüte d.h. geht bis zum Ende der Ölbildung. Die vegetativen Organe, bes. der ölarmen Sorten, enthielten bis zum Ende der Vegetation noch bedeutende Mengen dieser Kohlenhydrate. Die Kohlenhydratanreicherung in den Samen ließ eine Tagesperiodizität erkennen. H. Weber. 222.

2-68/10-0051 Pontovič, V. Ė. Okislitel'no-vosstanovitel'nyj režim plodov maka i ego rol' v razvitii semjan. (**Das Redoxregime in den Mohnfrüchten und seine Rolle bei der Samenentwicklung.**) Vsesojuznyj ordena Trudovogo Krasnogo Znameni naučno-issledovatel'skij institut masličnych kul'tur. Sbornik naučnych trudov, Majkop **2** (1967) S. 259-294. — 20 Abb., 16 Tab., 59 Lit.

Die Redoxbedingungen in den Geweben der sich entwickelnden Mohnkapsel stehen in unmittelbarem Zusammenhang mit den Gasverhältnissen der Früchte und beeinflussen den Charakter der Stoffumwandlungen. Die Photosynthese der Kapseln stellt einen der stärksten Faktoren dar, die auf ihren Stoffwechsel wirken. Die Gasverhältnisse in „saftigen" und „trockenen" Kapseln unterscheiden sich durch einen höheren Gehalt an CO_2 und verringerten an O_2 in letzteren sowie durch zwei getrennte Gasräume (Interzellularräume der Plazenta und Höhlung der Kapsel selbst), die anaerobe bzw. aerobe Bedingungen aufweisen. In Abhängigkeit vom Alter der Kapseln änderte sich die Gaszusammensetzung, was die Fermentaktivität beeinflußt. Die Aktivität der Zytochromoxydase war in den Samen höher als in der Plazenta, die der Polyphenoloxydase umgekehrt. Die künstliche Veränderung der Gaszusammensetzung war von Bedeutung für das Reifen der Samenkörner. Höhere O_2-Konz. förderten die Reifung, niedrige (2···3%) führten zum Absterben der Samen. Obwohl die Kapseln eine hohe Photosyntheseintensität zeigten, unterschied sich die Zusammensetzung der Assimilate von der der Blätter. Durch Verdunkeln der Kapseln wurde die Photosynthese ausgeschaltet. Dabei verringerten sich Größe und Masse der Kapseln stark, der Gehalt an Kohlenhydraten, org. Di- und Trikarbonsäuren, freien Aminosäuren und Eiweiß in den Plazentageweben war bedeutend erhöht. Die verstärkte Synthese dieser Verbindungen steht in enger Verbindung zum Dunkeleinbau von CO_2. Die Verdunkelung hatte auch eine Verringerung der Samenanzahl zur Folge. H. Weber. 222.

2-68/10-0052 Ėngel' O. S. und Feofanova, N. B. O vlijanii vnutrennich i vnešnich faktorov na mobilizaciju' zapasnych veščestv pri prorastanii semjan masličnych rastenij. (**Über den Einfluß innerer und äußerer Faktoren auf die Mobilisierung von Reservestoffen beim Keimen von Ölfrüchten.**) Vsesojuznyj ordena Trudovogo Krasnogo Znameni naučno-issledovatel'skij institut masličnych kul'tur. Sbornik naučnych trudov, Majkop **2** (1967) S. 355 bis 371. — 8 Abb., 7 Tab., 35 Lit.

Mit Hilfe der Papierchromatographie wurde die Abhängigkeit zwischen dem Grad der Hydrophilie der Samen, den Temperaturbedingungen und dem Charakter der Mobilisierung der Reservestoffe von Sonnenblumensamen untersucht. Dabei ließ sich zeigen, daß die Wachstumsprozesse und der Charakter der Reservestoffmobilisierung stark vom Grad der Hydrophilie der Gewebe abhingen und mit steigendem Wassergehalt zunahmen. Bei keimenden Samen kam es unter Bedingungen niedriger Plus-Temperaturen zur Verlangsamung des Wachstums und zur Hemmung der Mobilisierung. In den Keimblättern von Sonnenblume und Kürbis erfolgte die Umwandlung der Reservestoffe unabhängig vom Vorhandensein der Stengel- und Wurzelanlagen, sie wurde jedoch durch ihre Bildung gefördert.
H. Weber. 222.

2-68/10-0053 Feldman, N. L.; Leningrad, UdSSR, Acad. of Sci., Inst. of Cytol. The effect of heat hardening on the heat resistance of some enzymes from plant leaves. (**Der Einfluß einer Hitzeabhärtung auf die Hitzeresistenz einiger Enzyme aus Pflanzenblättern.**) Planta, Berlin 78 (1968) Nr. 3. S. 213-225. — 6 Abb., 4 Tab., 36 Lit.

Blätter von *Cucumis sativus* L. und *Triticum aestivum* L. wurden 18 h bei 35···40 °C, Blätter von *Caragana arborescens* L. bei 42 °C in einer feuchten Kammer abgehärtet. Anschließend wurden aus ihnen und Kontrollblättern Urease, Säurephosphatase und ATPase extrahiert und ihre Aktivität bestimmt. Als Bezugsgröße diente der Proteingehalt (Mikro-Kjeldal-Methode). Anschließend wurde der Abhärtungseffekt der behandelten und Kontrollextrakte getestet, indem beide Parallelen bei verschieden hohen Temperaturen erwärmt wurden. Bezugsgröße für die gesteigerte Hitzeresistenz der Fermente aus den behandelten Blättern war die jeweilige Aktivität der vorher nicht behandelten Extrakte (Kontrollblätter). Die Hitze-Abhärtung führte zu einer erhöhten Hitzeresistenz der Zellen, die auf einer gesteigerten Resistenz der untersuchten Enzyme beruht. Bei Temperaturen, die die Aktivität der Urease und der Säurephosphatase normalerweise um 50% reduzieren, war nach Abhärtung die Resistenz dieser Enzyme bei *Cucumis* um 6 bzw. 4 grd, bei *Triticum* um 7 grd angestiegen. Für die ATPase von *Caragana* ergaben sich 1,5 grd. Die gesteigerte Hitzeresistenz der Säurephosphatase sowie der ATPase war jedoch mit einer Aktivitätsabnahme gekoppelt. Nicht dagegen die der Urease. Vf. vermutet als Ursache der Abhärtung eine Stabilisierung des Eiweiß-Makromoleküls während der Hitzebehandlung. G. Meinl/Groß-Lüsewitz. 222.

2-68/10-0054 Kaldewey, H. **Auxintransport in ungereizten Pflanzen.** Wiss. Z. Univ. Rostock, math.-naturwiss. R. **16** (1967) Nr. 4/5. S. 487-494. — 3 Abb., 1 Tab., 36 Lit. Zus. in Russ., Engl., Franz. — nach Zus.

Untersuchungen über den Einfluß der Temperatur auf den basipetalen Auxintransport in Fruchtachsen von *Fritillaria maleagris* L. ergaben, daß apikal applizierte IES bei gleicher Transportdauer mit steigender Temperatur (bis 30 °C) tiefer in die Achsenstümpfe eindringt. Die Temperaturabhängigkeit der aus Eindringtiefe und Transportdauer berechneten Transportgeschwindigkeit zeigte sich sowohl bei jüngeren als auch bei älteren Achsenabschnitten. Die jüngeren Organe waren bei allen Versuchstemperaturen durch größere Transportgeschwindigkeit ausgezeichnet. Mit anderer Methode wird die Geschwindigkeit des Auxinstromes durch Ermittlung der Transportintensität kurzer Organabschnitte in aufeinanderfolgenden Zeitabschnitten bestimmt. Da die Transportintensität dem Produkt aus Geschwindigkeit und Dichte des Wuchsstoffstromes (= Transportkapazität) entspricht, läßt sich aus den experimentellen Befunden auch die Transportdichte berechnen. — Darüber hinaus wurde die aus den Donatoren abgewanderte Auxinmenge bestimmt. — Kriterium für die altersmäßige Einstufung der Testserien bildete die Länge der Subepidermiszellen der 2,5 mm langen Achsenzylinder (Kaldewey 1957). Ergebnis: Jüngere Achsenabschnitte mit kürzeren Zellen nehmen viel Auxin auf, transportieren es schnell basipetal, geben wenig Auxin an die Rezeptoren ab (ca. 20% der aufgenommenen Menge) und besitzen eine kleine Transportdichte. Ältere Achsenabschnitte mit längeren Zellen nehmen weniger Auxin auf, transportieren es langsamer, geben aber mehr Auxin an die Rezeptoren ab (ca. 35% der aufgenommenen Menge) und besitzen eine entspr. größere Transportkapazität. 222.

2-68/10-0055 Pilet, P. E. Variations of the auxin transport in the stems: action of several effectors. (**Variationen des Auxintransports in den Stengeln: Wirkungen verschiedener Effektoren.**) Wiss. Z. Univ. Rostock, math.-naturwiss. R. **16** (1967) Nr. 4/5. S. 479-486. — 7 Abb., 8 Tab., 51 Lit. Zus. in Russ., Franz., Dtsch. — nach Zus.

In Stengelsegmenten von *Lens culinaris* ist der Transport von radioaktiver IES (markiert mit ^{14}C im Karboxyl- oder im Indolring) vorwiegend basal. Für eine Diffusionszeit von 6 h oder weniger entspricht der Transport der Radioaktivität exakt dem Transport der IES. Die Geschwindigkeit der ^{14}C-Translokation — gemessen durch eine „Abfang-Methode" — betrug 6,4 mm/h. Beziehungen zwischen IES-Transport und IES-Stoffwechsel in vivo werden diskutiert. Wenn ein negativer Effektor des IES-Oxydasesystems (wie Chlorogensäure), der eine Hemmung des IES-Stoffwechsels in vivo verursacht, zu den Stengelsegmenten zugegeben wurde, war die Geschwindigkeit des IES-Transports nicht verändert, aber die Menge der IES nahm zu. Wurde dagegen ein positiver Effektor der IES-Oxydase (wie p-Hydroxybenzoesäure), der eine Förderung des IES-Abbaus in vivo bewirkt, den Stengelsegmenten zugeführt, war die Geschwindigkeit der IES nicht verändert, aber die Menge der transportierten IES nahm ab. Es wird ein Modell für aktive IES-Translokation — basierend auf der Annahme von endogenen Carriern — entworfen. 222.

2-68/10-0056 Blinn, Roger C.; Princeton, N. J., Amer. Cyanamid Co., Agric. Div., Metabolism Labor. Plant growth regulant. Biochemical behavior of 2-chloroethyl trimethylammonium chloride in wheat and in rats. (**Pflanzenwachstumsregulator. Biochemisches Verhalten von 2-Chloräthyltrimethylammoniumchlorid in Weizen und in Ratten.**) J. agric. Food Chem. **15** (1967) Nr. 6. S. 984-988. — 3 Abb., 5 Tab., 8 Lit.

^{14}C-markiertes CCC wurde Weizenblättern durch Eintauchen appliziert und Ratten oral zugeführt. Danach wurde nach eventuellen Metaboliten in Extrakten der verschiedenen pflanzlichen oder tierischen Organe gesucht. CCC war in beiden Objekten metabolisch inert, außer gebotenem CCC wurden keine anderen markierten Stoffwechselprodukte nachgewiesen. CCC wurde durch Weizenblätter langsam aufgenommen, und verblieb dort, denn nur geringe Mengen ließen sich in Wurzeln nachweisen. Die CCC-Aufnahme bei Ratten erfolgte schnell, die Hauptmenge wurde mit dem Urin wieder ausgeschieden, geringe Mengen mit der Atemluft oder dem Kot. G. Ballin. 222.

2-68/10-0057 Chrispeels, Maarten J. und Varner, J. E.; East Lansing, Michigan State Univ., MSU/AEC Plant Res. Labor. Hormonal control of enzyme synthesis: On the mode of action of gibberellic acid and abscisin in aleurone layers of barley. **(Hormonale Kontrolle der Enzymsynthese: Über die Reaktionsweise von Gibberellsäure und Abszisin in Aleuronschichten von Gerste.)** Plant Physiol. **42** (1967) Nr. 7. S. 1008-1016. — 5 Abb., 7 Tab., 26 Lit.

Gibberellsäure (GS) förderte die Synthese von α-Amylase und Ribonuklease in isolierten Aleuronschichten von Gerste nach einer Verzögerungsperiode von 9 h. Abszisin hemmte die Stimulation sowohl bei gleichzeitiger Applikation als auch bei Zusatz nach der Verzögerungsperiode. Das Auswaschen von GS aus der Aleuronschicht nach 9 h verminderte die α-Amylasesynthese, woraus auf das Erfordernis eines kontinuierlichen GS-Angebotes für die Enzymsynthese geschlossen wird. Applikation von 6-Methylpurin oder 8-Azaguanin nach der Verzögerungsperiode bewirkte ebenfalls eine Hemmung der α-Amylaseaktivität nach 3···4 h, während Aktinomyzin D nur bei gleichzeitiger Zugabe die Stimulation durch GS hemmte. Ein Zusatz 4 h nach der GS-Gabe ergab nur eine geringe und 8 h danach keine Hemmung der Enzymaktivität. Die Hemmwirkung des Abszisins trat 2···3 h nach Applikation ein, während Zykloheximid sofort hemmend wirkte. Die Ergebnisse stehen in Übereinstimmung mit der Hypothese, daß die Auslösung der GS-Wirkungen eine Synthese enzymspezifischer RNS-Moleküle erfordert. Die Ähnlichkeit in der Kinetik der Hemmung zwischen Abszisin und 6-Methylpurin bzw. 8-Azaguanin läßt den Schluß zu, daß die Abszisinwirkung entweder auf einer Hemmung der Synthese enzymspezifischer RNS-Moleküle oder auf der Hemmung ihrer Inkorporation in aktive enzymsynthetisierende Moleküle beruht.

W. Franzke. 222.

2-68/10-0058 Hurduc, N. und Ţerbea, Maria. Modificarea ciclului respirator în frunzele de porumb sub influenţa giberelinei. **(Veränderungen des Respirationszyklus in Maisblättern unter dem Einfluß von Gibberellin.)** An. Inst. Cercetări Cereale şi Plante Tehn., Fundulea, Bucureşti, Ser. C **34** (1966, hrsg. 1967) S. 299-305. — 4 Abb., 14 Lit. Zus. in Russ., Engl. — nach engl. Zus.

Die enzymatischen Systeme jedes beliebigen Organismus sind immer sehr empfänglich für den Einfluß von Umweltfaktoren, und daher kann die Aktivität der verschiedenen Enzyme ein sehr genaues Anzeichen für die durch diese Faktoren bewirkten metabolischen Veränderungen sein. Die Wirkung von Gibberellin auf Maispflanzen bei Bodendüngung mit 1- und 3fachen N-Gaben wurde 1964—65 in Fundulea untersucht. Die Aktivität der Endoxydase (Katalase und Peroxydase) war je nach der Behandlungsdauer, dem Pflanzenalter und der N-Menge im Boden unterschiedlich. Die Ergebnisse zeigen einige neue Aspekte der biochem. Veränderungen in den Maispflanzen auf Grund der Behandlung mit Gibberellin und ermöglichen bis zum gewissen Grade, die Angaben über den Wirkungsmechanismus von Gibberellin zu bestimmen und zu ergänzen. Außerdem werden neue Angaben über die Wechselwirkung zwischen der Gibberellinbehandlung und N-Versorgung gemacht. 222.

2-68/10-0059 Chrjanin, V. N. Nekotorye fiziologičeskie osobennosti dejstvija gibberellina na konoplju. **(Einige physiologische Besonderheiten der Wirkung von Gibberellin auf Hanf.)** Moskovskij obl. pedagogičeskij institut im. N.K. Krupskoj. Učenye zapiski. Reguljatory rosta i ich dejstvie na rastenija **163** (1967) Nr. 3. S. S. 40-52.

Gibberellin steigerte die Intensität der Photosynthese. Während die Intensität der Photosynthese an den Blättern der Kontrollpflanzen 1 d nach dem Spritzen 12,16 mg CO_2 je dm^2/h betrug, betrug sie an den Blättern, die mit Gibberellin behandelt worden waren, 16,68, an den Blättern, die mit NPK behandelt worden waren, 13,43 und nach Behandlung mit NPK + Gibberellin 20,78 mg $CO_2/dm^2 \cdot h$. Das Spritzen der Pflanzen mit Gibberellin sowie mit einem Gemisch aus Gibberellin mit mineral. Düngemitteln steigerte den Faserertrag um 64 bis 67% im Vergleich zur Kontrolle, es verbesserte außerdem Faserqualität und -ausbeute.

SSSR/VINTIS Ch. 222.

2-68/10-0060 Chinoy, J. J.; Ahmedabad, Gujarat Univ., Univ. School of Sci. Role of ascorbic acid in crop production. **(Einfluß von Askorbinsäure auf die Ertragsbildung.)** Poona agric. Coll. Mag. **57** (1967) Nr. 1/3. S. 1-6. — 3 Abb., 2 Lit.

Vorbehandlung des Saatgutes der Weizensorten 'N.P. 718', 'Maxican' und 'N.P. 710' mit wäßriger Askorbinsäurelösung beschleunigte Keimung und Wachstum und steigerte den Ertrag um 7, 20 bzw. 33%. Pro kg Saatgut wurden 10 mg Askorbinsäure in 400 ml Wasser gegeben, das Korn bis zur Flüssigkeitsaufnahme durchgerührt und 6 h danach im Schatten unter natürlichen Bedingungen getrocknet. Die Vorbehandlung wurde 2mal wiederholt. Nach Vorratsberegnung vor der Aussaat wurde 15 d nach der Keimung mit 50 kg/acre und während des Schossens nochmals mit 25 kg/acre $(NH_4)_2SO_4$ gedüngt und mehrmals beregnet. Die beschriebene Vorbehandlung des Saatgutes erübrigte die Anwendung von Fungiziden. W. Franzke. 222.

2-68/10-0061 McKee jun., W. H.; Blacksburg, Va., Polytechn. Inst., Dep. of Agron., Res. Div. Effect of nitrogen on accumulation of ketone bodies in orchardgrass. (**Die Wirkung von Stickstoff auf die Akkumulation von Ketonkörpern in Knaulgras.**) Crop Sci. 7 (1967) Nr. 6. S. 677-678. — 1 Abb., 2 Tab., 8 Lit.

Knaulgras wurde in Sandkultur im Gewächshaus herangezogen. Danach wurden die Pflanzen auf 2,5 cm zurückgeschnitten und in einem Kleinphytotron untergebracht, nachdem die eine Hälfte der Gefäße zwecks Verarmung der Pflanzen an Kohlenhydraten 24 h dunkel gehalten worden waren. Beiden Varianten wurde Essigsäure als Ketonkörper-Precursor in den Konz. 0,1; 0,05 und 0,01 Mol/l geboten, sowie ergänzend Glukose (0,03; 0,017 und 0,003 Mol/l) zugeführt. Beide Lösungen wurden mit einer Kanüle an die Blattscheidenbasis zugeführt. Bei einheitlicher NH_4NO_3-Versorgung (336 kg N/ha) standen die behandelten Pflanzen 3 d im Kleinphytotron bei 26,7 °C Tag- und 32,2 °C Nachttemperatur. Bei niedrigen Glukosevorräten traten sehr hohe Ketonraten auf und bei hohen Glukosevorräten geringe Mengen an Ketonen. In einem zweiten Versuch wurden die Pflanzen mit unterschiedlichen N-Gaben (I 112 kg/ha; II 448 kg/ha) versorgt und bei 2 Lichtintensitäten (30000, 15000 lx) in Kleinphytotronen kultiviert. Bei niedrigem Kohlenhydratvorrat war der Gehalt an reduzierenden Zuckern (%) niedriger als bei hohem Kohlenhydratvorrat, jedoch rel. unabhängig von der Höhe der N-Gabe und dem Lichtregime. I verursachte gegenüber II stets höheren Gehalt an wasserlöslichen Kohlenhydraten. Zwischen dem Gehalt an Ketonen und red. Zuckern bestand eine negative Korrelation. Möglichkeiten der Beeinflussung des Trikarbonsäurezyklus durch Blockierung von Kohlenhydraten, durch die N-Gaben bzw. Zufuhr von Metaboliten werden diskutiert. G. Meinl/Groß-Lüsewitz. 222.

2-68/10-0062 Izmenenie ėfirnogo masla pri prorastanii plodov koriandra. (**Veränderung des ätherischen Öls beim Keimen der Früchte des Korianders.**) Pasport zakončennogo naučnogo issledovanija, rekomendovannogo v proizvodstvo, SIF, VINTISCh **1967** Nr. 213.

Nach Ergebnissen von Versuchen mit der Sorte 'A-247' wird das ätherische Öl beim Keimen des Korianders nicht verbraucht und qualitativ nicht verändert. Die erschienenen Keimlinge synthetisieren ihr eigenes Öl, das sich in der Zusammensetzung von dem Öl in den Früchten unterscheidet. So betrug zum Beispiel der Gehalt an Aldehyden im ätherischen Öl in der Kontrolle (ohne Keimlinge) 0,95%, an Linalool 73,60%, nach 7 d Keimdauer 1,51 bzw. 73,15%, nach 14 d 1,42 bzw. 73,00%, nach 21 d 1,25 bzw. 73,57%. Somit wird beim Keimen des Korianders in den Keimlingen ätherisches Öl geringerer Qualität mit erhöhtem Gehalt an Aldehyden gebildet. SSSR/VINTISCh. 222.

2-68/10-0063 Hoffmann, Paul. **Zur Physiologie der Photosynthese bei höheren Pflanzen.** Jena: VEB Gustav Fischer Verl. 1968. (151 S. m. 49 Abb. u. 17 Tab.) 8° = Bot. Studien Nr. 18. M 35,—.

Neben einer umfassenden Bearbeitung der zum Thema erschienenen neueren Literatur werden viele eigene Untersuchungsergebnisse mitgeteilt und im Hinblick auf die Analyse der physiol. Grundlagen der Stoffproduktion und Ertragsbildung diskutiert. An *Arabidopsis*-Pflanzen, Bohnen- und Weizenprimärblättern wurde u.a. festgestellt, daß Herabsetzung der Beleuchtungsstärke die Photosyntheseaktivität junger Blätter stärker als die älterer Blätter beeinträchtigt. Die höchsten Assimilationsleistungen wurden vor der vollen Ausdifferenzierung der Blätter beobachtet. Es besteht eine enge Korrelation zwischen der Entwicklung des Organs, der Zellen, ihren Organellen und deren physiol. Funktionen. Temperaturerhöhung bis auf 30 °C bewirkte bei hoher CO_2-Konz. Steigerung der Photosynthese. An prostaten Formen von *Salicornia brachystachya* wurde am natürlichen Standort durch Harnstoffdüngung fast normale Wuchsform in Verbindung mit höheren Chlorophyll- und Tr.-Subst.-Bildungen hervorgerufen. Bei den oben erwähnten Versuchspflanzen förderten Wachstumsregulatoren die Photosynthese nicht direkt. Gesamt-Chlorophyll- und Karotinoidgehalt zeigten in keinem Entwicklungsstadium eine direkte Beziehung zur Intensität der Photosynthese. Der Atmung wird unter den produktivitätsbestimmenden Faktoren der Photosynthese die größte Bedeutung zugeschrieben. Am Beispiel von Polyploidie und Heterosis werden die genetischen Grundlagen der Stoffproduktion diskutiert. Erhöhter Chlorophyllgehalt und gesteigerte Photosynthese sind nicht Ursache des Heterosisphänomens. Ferner werden Ergebnisse elektronenmikroskopischer Untersuchungen an Chloroplasten mitgeteilt. K. Arlt. 222.

2-68/10-0064 Brugovitzky, E. und Domocoş, Th. **Die Gibberellinsäurewirkung auf die Katalase-Aktivität bei Paprika und Tomaten.** Wiss. Z. Univ., Rostock, math.-naturwiss. R. 16 (1967) Nr. 4/5. S. 611-613. — 4 Abb., 15 Lit. 222.

2-68/10-0065 Dahlhelm, H. und Hübner, G. **IES-induzierte Reaktionen in pflanzlichen Geweben unter dem Einfluß von schwerem Wasser.** Wiss. Z. Univ. Rostock, math.-naturwiss. R. 16 (1967) Nr. 4/5. S. 527-528. — 8 Lit. 222.

2-68/10-0066 Rongine de Fekete, Maria Alejandra. **Die Rolle der Phosphorylase im Stoffwechsel der Stärke in den Plastiden.** Planta, Berlin 79 (1968) Nr. 3. S. 208-221. — 2 Abb. 5 Tab., 53 Lit. Zus. in Engl. 222.

2-68/10-0067 Hoffmann, P. **Zur Physiologie der Gibberellinsäurewirkung bei Weizenkeimpflanzen.** Wiss. Z. Univ. Rostock, math.-naturwiss. R. 16 (1967) Nr. 4/5. S. 609-610. — 1 Abb., 1 Tab., 4 Lit. 222.

2-68/10-0068 Leike, H. **Beeinflussung des Auxintransports durch Kinetin.** Wiss. Z. Univ. Rostock, math.-naturwiss. R. 16 (1967) Nr. 4/5. S. 501-502. — 1 Abb., 2 Tab., 7 Lit. 222.

2-68/10-0069 Neumann, St. und Jacob, F. **Aufnahme von α-Aminoisobuttersäure durch die Blätter von Vicia fabia L.** Naturwissenschaften 55 (1968) Nr. 2. S. 89-90. — 1 Abb., 8 Lit. 222.

2-68/10-0070 Polevoy, V. V. The action of auxin on electropotential, growth, respiration and synthesis of RNA in sections of corn seedlings. Order of reactions. **(Die Wirkung von Auxin auf das Elektropotential, das Wachstum, die Respiration und die RNS-Synthese von Maissämlingen. Reihenfolge der Reaktionen.)** Wiss. Z. Univ. Rostock, math.-naturwiss. R. 16 (1967) Nr. 4/5. S. 477-478. — 3 Abb., 6 Lit. 222.

2-68/10-0071 Courduroux, Jean-Claude. Étude du mécanisme physiologique de la tubérisation chez le topinambour (Helianthus tuberosus L.). **(Untersuchung des physiologischen Mechanismus der Knollenbildung bei Topinambur (Helianthus tuberosus L.).)** Ann. Sci. natur., Bot. Biol. végétale [12] 8 (1967) Nr. 2. S. 215-356. — 38 Abb., 34 Tab., 205 Lit. Zus. in Engl., Span., Dtsch.
Versuche im Freiland, in Klimakammern und in vitro ergaben, daß die Knollenbildung durch eine Hemmung des Sproßwachstums induziert wird. Dabei ist unwesentlich, wie diese Hemmung hervorgerufen wird (Erhöhung des osmotischen Wertes des Kulturmediums, Zugabe synthetischer oder natürlicher Inhibitoren). Das zur Knollenbildung führende radiale Wachstum der Markzellen wird durch eine allen Knollengewächsen eigentümliche Substanz stimuliert, die dem Phytokinin verwandt zu sein scheint. K. Arlt. 230.

2-68/10-0072 Sobolev, N. A. O zavjazyvanii plodov i semjan u gorocha bez oplodotvorenija. **(Über den Ansatz von Früchten und Samen bei der Erbse ohne Befruchtung.)** Naučn. trudy VNII zernobobovych kul'tur 1966 Nr. 1. S. 77-82.
An den Erbsensorten 'Kapital' (K.) und 'Neistoščimyj G-0195' (N.) wurde im Gewächshaus und im Freiland die Apomixis untersucht. Die Knospen wurden bei Beginn des Weißwerdens der Kronenblätter kastriert und isoliert. Bei den Feldversuchen wurden 1000, 3000, 5000 und 7000 r einer γ-Bestrahlung angewendet. Der größte Anteil Pflanzen mit Apomixis (5,3%) wurde bei Behandlung der Samen von N. mit 3000 r γ-Strahlen erzielt. Ohne Bestrahlung betrug der Anteil der Apomixis bei N. 0,31 und bei K. 0,42. Die Gefäßversuche wurden auf Sandkultur mit a) $^1/_1$ und b) $^1/_{10}$ Knopscher Lösung angestellt. Bei a wurde nur eine apomiktische Hülse festgestellt, bei b gar keine, der Anteil der Parthenokarpie erreichte jedoch bei den isolierten Pflanzen 20···50%. Die aus apomiktischen Samen hervorgegangenen Pflanzen waren diploid. SSSR/VINTISCh. 230.

2-68/10-0073 Zabluda, G. V. und Prosteva, M. I. Osobennosti razvitija ozimych pšenic i rži na fone predposevnoj jarovizacii semjan i raznych svetovych uslovij v period vegetacii. **(Besonderheiten der Entwicklung von Winterweizen und -roggen auf Grund einer vorange-**

gangenen Jarowisation der Körner und verschiedener Belichtungsbedingungen während der Vegetationsperiode.) Doklady Akademii nauk SSSR, Moskva **178** (1968) Nr. 3. S. 731–734. — 1 Abb., 1 Tab., 10 Lit.

Zur Untersuchung wurden die Wi.-Weizensorten 'Bezostaja 1' und 'Lutescens 329' sowie der Wi.-Roggen 'Saratovskaja' ausgewählt, wobei der Einfluß verschiedener Belichtungen auf im Herbst ausgesätes sowie jarowisiertes und nicht jarowisiertes, im Frühjahr in den Boden gebrachtes Getreide im Freiland und im Gewächshaus festgestellt wurde (KT = Kurztag; LT = Langtag, durch zusätzliches Glühlampenlicht). Bei den im Herbst ausgesäten Körnern erfolgte im Freiland eine Kältebehandlung der Pflanzen, sie entwickelten sich wie üblich. Pflanzen aus jarowisiertem, im Frühjahr ausgebrachten Saatgut begannen 2 Wochen später mit dem Ährenschieben, diese Phase erstreckte sich über einen längeren Zeitraum als normal. Im Gewächshaus erfolgte bei KT ein gleichzeitiges und gleichmäßiges Ährenschieben der Pflanzen aus jarowisiertem und nicht jarowisiertem Saatgut. LT hemmte dagegen das Ährenschieben unjarowisierter Proben und beschleunigte die Entwicklung der jarowisierten. Der Übergang des Wi.-Getreides vom vegetativen zum generativen Zustand erfolgt offenbar, wenn auf die grünen Pflanzen solche Licht- und Temperaturbedingungen einwirken, wie sie im Herbst herrschen (niedrige Temperatur, KT). Ferner besteht eine Beziehung zwischen Blattanzahl am Hauptstengel und dem Gehalt an Gesamt-N und löslichen Kohlenhydraten. Je größer die Blattzahl, um so höher der Gehalt an diesen Verbindungen. Die Anzahl der Blätter ist wiederum um so größer, je länger die Zeit des Übergangs vom vegetativen zum generativen Stadium dauert (also nicht die Tageslänge ist entscheidend!). Die Entwicklung des Wi.-Getreides ist innerhalb weiter Grenzen unter verschiedenen Entwicklungsbedingungen möglich. K.-H. Köhler. 230.

2-68/10-0074 Cook, D. J.; Oxford, Coll. of Technol., School of Sci., Biol. Sect. Controlling plant growth. Part 1. Rooting compounds. **(Kontrolle des Pflanzenwachstums. 1. Mitt. Stoffe zur Bewurzelung.)** Wld. Crops **20** (1968) Nr. 1. S. 24–30. — 4 Abb., 54 Lit.

In einem Übersichtsreferat werden in 5 Kapiteln die wichtigsten Maßnahmen und die dabei wirksamen chem. Verbindungen zur Beeinflussung der Bewurzelung und der vegetativen Vermehrung, des Pfropfens, des Fruchtansatzes, der Hemmung des Fruchtabwurfes und der Interaktion von Stoffwechselregulatoren abgehandelt. Das vorliegende Kap. I umfaßt die Besprechung der wichtigsten Grundsubstanzen (NES, IBS, IES), ihre chem. Konstitution und die vermutlichen Ursachen ihrer strukturbedingten Wirksamkeit bei der Förderung der Wurzelbildung. Neben den Applikationsmethoden der Wuchsstoffe werden jedoch auch andere Verfahren der Bewurzelung von Sproß und Blatt beschrieben. Anschließend gibt Vf. eine Übersicht über wichtige Nutzpflanzen (Obstgehölze, Sträucher, Stauden und krautige Pflanzen) mit Hinweisen auf erprobte Bewurzelungsverfahren und auf die Anwendung von Wuchsstoffen bei den einzelnen Species.
G. Meinl/Groß-Lüsewitz. 230.

2-68/10-0075 Wareing, P. F., El-Antably, H. M. M., Good, J. und Manuel, J. The possible role and mode of action of abscisin (dormin) in the regulation of plant growth and development. **(Die mögliche Rolle und die Art der Wirkung von Abszisin [Dormin] bei der Regulierung von Pflanzenwachstum und -entwicklung.)** Wiss. Z. Univ. Rostock, math.-naturwiss. R. **16** (1967) Nr. 4/5. S. 667–672. — 1 Tab., 28 Lit. Zus. in Russ., Franz., Dtsch. — nach Zus.

Die Ansicht, daß endogene Inhibitoren verschiedene Wachstums- und Entwicklungsprozesse regulieren, wird kritisch überprüft. Vf. berücksichtigt dabei sowohl Untersuchungen an endogenen Inhibitoren als auch die Wirkungen exogen applizierten Abszisins (Dormin). Es wird gezeigt, daß Abszisin die Ruheperiode bei Gehölzen und Kartoffelknollen sowie die Abszission von Blättern und Früchten regulieren könnte. Abszisin hemmt auch das Blühen einiger Langtagpflanzen, z.B. *Lolium temulentum*, und fördert das Blühen gewisser Kurztagpflanzen, z. B. *Ribes nigrum*. Die Knollenbildung der Kartoffeln im Langtag wird durch Applikation exogenen Abszisins ebenfalls gefördert. Die mögliche Wirkungsweise des Abszisins wird diskutiert. Es gibt keinen Beweis für eine direkte kompetitive Wechselwirkung zwischen Abszisin und Auxinen oder Gibberellinen; aber Abszisin hemmt in einigen Geweben die Biosynthese dieser Hormone. Es hemmt außerdem die Bildung bestimmter Enzyme, wie Amylase und Invertase. Es wurde nachgewiesen, daß Abszisin in Blattscheiben von *Taraxacum* die Synthese der RNS reduziert. 230.

2-68/10-0076 Vardar, Y. Auxin factor in apical dominance. (**Auxinfaktor bei der apikalen Dominanz.**) Wiss. Z. Univ. Rostock, math.-naturwiss. R. **16** (1967) Nr. 4/5. S. 505 bis 513. — 10 Abb., 66 Lit. Zus. in Russ., Franz., Dtsch. — nach Zus.
Im vorliegenden Beitrag sind die Natur und die Bedeutung von Korrelationen, bes. der Apikaldominanz unter Berücksichtigung der gewonnenen Erkenntnisse dargelegt. Darüber hinaus werden Einzelheiten der Erklärung dieser Erscheinungen analysiert. Dabei wird die Ansicht, die auf Auxinfaktoren aufbaut, bes. betrachtet und die Probleme unter diesem Gesichtspunkt dargestellt. Außerdem werden die Rolle von Auxin, die Auxin-Kinetin-Verhältnisse und die zugrundeliegenden Mechanismen dieser Verhältnisse diskutiert. Dabei wurden die Resultate, die Vf. erhalten hat, mit denen anderer Autoren verglichen. Mit Hilfe dieser Vergleiche werden verschiedene problematische Gesichtspunkte aufgezeigt. 230.

2-68/10-0077 Fries, K.; Kiel, Univ., Bot. Inst. **Phenole und Wachstum. I. Ein Vergleich der primären und sekundären Phenylpropane auf der Basis ihrer fördernden und hemmenden Aktivität auf das Streckungswachstum im Avena-Koleoptilzylindertest.** Beitr. Biol. Pflanzen 44 (1968) Nr. 2. S. 289–318. — 11 Abb., 46 Lit.
2···3 cm lange, im Dunkeln gezogene Koleoptilen von *Avena sativa* der Sorte 'Svalöfs Victory I' wurden in 6 mm lange Segmente zerlegt. Das 2. Segment hinter der Spitze kam im Test zur Verwendung, wobei jeweils 10 Segmente, auf der Testlösung flotierend, am Ende der Inkubationszeit (24 h) ausgemessen und die Werte der jeweils 10 Wiederholungen statistisch verrechnet wurden. In Abhängigkeit von der Konz. und vom Hydroxylierungsgrad vermochten die geprüften Phenylpropane bei simultan gebotener IES je nach deren Konz. den Wachstumsumfang in Richtung einer Hemmung oder Förderung erheblich zu beinflussen. L-Phenylalanin, L-Tyrosin und L-3,4-Dihydroxyphenylalanin förderten im Vergleich zur Kontrolle bei Gegenwart unteroptimaler IES-Konz. das Wachstum. Zimtsäure und p-Kumarsäure als sek. Phenylpropane hemmten in solchen Fällen. Wurden überoptimale IES-Konz. geboten, wirkten Phenylalanin und DOPA in allen Konz.-Stufen, Zimtsäure und p-Kumarsäure bei niedrigen Konz.-Stufen fördernd. Hemmend wirkten hier Kaffeesäure und Tyrosin in geringer, Zimtsäure und p-Kumarsäure in hoher Konzentration. Offenbar wird der Wirkstoffcharakter des jeweiligen Phenylpropans durch die Art der „Propan"-Seitenkette bestimmt. Er kann durch Einführen von Hydroxylgruppen in 4- oder in 3,4-Position am aromatischen Ring modifiziert werden. Vf. kommt zu dem Schluß, daß der vermutete Reaktionsweg der Phenylpropane über die IES bzw. IES-Oxydase nicht allen Beobachtungen gerecht wird. Ihre Eigenwirkung wird für wahrscheinlich gehalten.
G. Meinl/Groß-Lüsewitz. 230.

2-68/10-0078 Pillai, K. M.; Coimbatore, India, Agric. Coll., Res. Inst. Studies on the combined effect of 2,3,5-triiodobenzoic acid and certain micronutrients on the flowering and fruiting habits of chillies (Capsicum annuum L.). (**Untersuchungen zum Kombinationseffekt von 2,3,5-Trijod-Benzoesäure und einigen Mikronährstoffen auf das Blühen und die Fruchtbeschaffenheit von Paprika [Capsicum annuum.].**) Indian J. agric. Sci. **37** (1967) Nr. 5. S. 413–418. — 1 Abb., 1 Tab., 12 Lit.
Paprikapflanzen der Sorte 'Sattur samba' wurden in Gefäßen, die im Gewächshaus standen und täglich gegossen wurden, kultiviert. Cu, Zn und Mn wurden als Sulfate zu Beginn des Versuches in einer Menge von 11,22 kg/ha dem Boden appliziert. Trijodbenzoesäure (TJBS) kam in den 6 Konz.-Stufen von 10···60 ppm als Spray (Blätter) zur Anwendung. Bonituren und Bestimmung der Blütenzahl, Fruchtzahl und -masse, Endertrag und Pflanzenhöhe wurden durchgeführt. Gegenüber den unbehandelten Kontrollen war nur die Blütenzahl bei den niedrigeren TJBS-Konz. erhöht. In allen anderen geprüften Merkmalen lagen die Werte unter denen der Kontrollen. Bei Betrachtung der Absolutwerte des Fruchtertrages behandelter Pflanzen wirkten steigende TJBS-Konz. mit $MgSO_4$ fördernd auf den Ertrag, mit $CuSO_4$ etwa neutral, mit $ZnSO_4$ ertragssenkend. Vf. sieht darin seine Theorie bestätigt, daß Mn für Paprika ein außerordentlich wichtiges Spurenelement ist und TJBS die Blühfreudigkeit zu steigern vermag. G. Meinl/Groß-Lüsewitz. 230.

2-68/10-0079 Hemberg, T. The action of endogenous growth-inhibiting substances and gibberellins on the rest-period of the potato tuber. (**Die Wirkung endogener Wuchshemmstoffe und Gibberelline auf die Ruheperiode der Kartoffelknolle.**) Wiss. Z. Univ. Rostock, math.-naturwiss. R. **16** (1967) Nr. 4/5. S. 661–666. — 42 Lit. Zus. in Russ., Franz., Dtsch. — nach Zus.

Die Arbeit berichtet von den Untersuchungen über die Ruheperiode der Kartoffelknolle von Hemberg und Mitarbeiter am Bot. Inst. der Univ. Stockholm in den letzten 20 Jahren. Nach den Ergebnissen besteht eine gute Korrelation zwischen dem Vorkommen des sauren Inhibitor-Komplexes in der Kartoffelschale und der Ruheperiode der Kartoffelknolle. Boo (1961) fand, daß 6···10 d nach einer Gibberellinbehandlung, die die Ruhe der Kartoffelknolle beendet, der Inhibitor β in der Schale verschwand. Er stellte außerdem fest (1962, nicht publiziert), daß der Gehalt an endogenen Gibberellinen in der Kartoffelschale unmittelbar nach der Ernte sehr niedrig war, aber dann bis zu einem Max. anstieg, einige Wochen bevor die Ruhe endete. Es liegt nahe, anzunehmen, daß der hohe Gehalt endogenen Gibberellins ein Verschwinden des Inhibitors verursacht und dadurch zur Beendigung der Ruheperiode führt. Einige Untersuchungen wurden gemacht, um festzustellen, ob der Inhibitor-Komplex eine spezifische physiologische und biochemische Wirkung habe. Marinos und Hemberg (1960) fanden, daß der Inhibitor β vermutlich als Entkoppler von Oxydation und Phosphorylierung wirkt. Tillberg und Kylin (1966) und Kylin und Tillberg (im Druck) zeigten, daß der Inhibitor β ein wirksamer Energieüberträger bei der Photophosphorylierung von *Scenedesmus* ist. Hemberg und Larsson (1961) wiesen nach, daß sowohl der Inhibitor β als auch Salizylsäure und Transzimtsäure die Aktivität der α-Amylase hemmen. 230.

2-68/10-0080 Chailakhyan, M. Kh. The role of gibberellins in photoperiodism and vernalization processes of plants. (**Die Rolle der Gibberelline bei dem Photoperiodismus und den Vernalisationsprozessen der Pflanzen.**) Wiss. Z. Univ. Rostock, math.-naturwiss. R. **16** (1967) Nr. 4/5. S. 569-575. — 4 Abb., 49 Lit. Zus. in Russ., Franz., Dtsch. — nach Zus.

Für alle untersuchten Arten wurde gefunden, daß der Gehalt an natürlichen Gibberellinen im Langtag höher als im Kurztag ist. Diese Gesetzmäßigkeit hängt von ihren photoperiodischen Reaktionen ab. Langtageinfluß erhöht den Gehalt an nativen Gibberellinen in den Blättern von Lang- und Kurztagarten. In Blättern dieser zwei Gruppen, die über einige Tage kontinuierlichem Licht ausgesetzt werden, wird die Synthese von Gibberellinen fortgesetzt. Dagegen wurde unter kontinuierlicher Dunkelheit Gibberellinzerstörung beobachtet. Es gibt keine Korrelation zwischen der gegebenen Lichtmenge und der Gibberellinmenge während des Tages. Der Gibberellingehalt im 8-h-Tag ist viel niedriger als im 16-h-Tag. Werden die 8 h Licht des Kurztages so verteilt, daß 6 h Licht hintereinander und 2 h Licht in der Mitte der 16-h-Dunkelperiode gegeben werden, nimmt der Gibberellingehalt stark zu und erreicht fast den Gehalt bei Langtag. Bei Langtag ist die Menge der nativen Gibberelline in Blättern von vernalisierten Formen etwas höher als in Blättern von Winterformen. Unter Kurztagbedingungen haben alle diese Formen einen gleich niedrigen Gibberellingehalt, d.h. bei Vernalisation werden einige Gibberellinvorstufen gebildet, die nur unter Langtagbedingungen zu Gibberellinen umgesetzt werden können. Die Werte über den Gibberellingehalt, die mit Hilfe analytischer Methoden gewonnen wurden, stimmen vollkommen mit den Werten überein, die in Versuchen über den Einfluß von exogen zugeführten Gibberellinen auf Wachstum und Entwicklung von Pflanzen gewonnen wurden. Das ist ein Beweis für die Annahme, daß Gibberelline als physiol. aktive Substanzen von hormonalem Charakter eine bedeutende Rolle in Prozessen des Photoperiodismus und der Vernalisation von Pflanzen spielen. 230.

2-68/10-0081 Reinert, J. und Besemer, J. **Gibberellinsäure, ein Inhibitor morphogenetischer Prozesse.** Wiss. Z. Univ. Rostock, math.-naturwiss. R. **16** (1967) Nr. 4/5. S. 599-604. — 12 Abb., 13 Lit. Zus. in Russ., Engl., Franz. — nach Zus.

Gibberelline fördern i. allg. das Wachstum und die Morphogenese. Hemmungen dieser Prozesse durch Gibberellin sind dagegen seltener und entspr. auch weniger untersucht worden. Durch Untersuchungen über Hemmung der Wurzel- und Sproßbildung aus Blättern von *Begonia rex* konnten schon früher veröffentlichte Daten ergänzt werden. Gibberellsäure hemmt die normalerweise regelmäßig eintretende Wurzelbildung an den Blattscheiben schon in Konz. zwischen 10^{-9} und 10^{-8} g/ml, während die Knospenbildung erst durch Konz. über 10^{-7} g/ml verhindert wird. Diese Effekte treten nach kurzfristiger Behandlung (55 h) der Objekte mit GA_3 ein; sie lassen sich nur während der ersten 6 d nach der Isolierung der Blattscheiben induzieren. Im Gegensatz zu dem Verhalten der Blattscheiben wird die Regeneration von Sprossen an isolierten, in vitro wachsenden Gewebekulturen aus der Wurzel von *Cichorium* nicht gehemmt, wenn dem flüssigen Nährmedium für diese Kulturen nur GA_3

(10^{-9}... 10^{-4} g/ml) zugesetzt wird. Sobald aber in den Medien außer der Gibberellsäure auch noch Kinetin vorliegt, ergibt sich eine ähnliche Hemmung der Morphogenese, wie bei den Begonienblattscheiben. Verschiedene allgemeine und spezielle Fragen, die sich aus diesen Beobachtungen ergeben, werden diskutiert. 230.

2-68/10-0082 Scott, Peter C. und Leopold, A. C.; Lafayette, Ind., Purdue Univ., Dep. of Horticult. Opposing effects of gibberellin and ethylene. **(Entgegengerichtete Wirkungen von Gibberellin und Äthylen.)** Plant Physiol. **42** (1967) Nr. 7. S. 1021–1022. — 1 Tab., 17 Lit.

Vff. konnten an 3 Beispielen entgegengerichtete Wirkungen von Äthylen und Gibberellin beobachten. Salatsamen wurden 48 h nach der Keimung in 50-ml-Kolben mit 10 ppm Äthylen begast und 0,1, 1 bzw. 10 mg/l Gibberellin appliziert. Die Messung des Salathypokotyls nach weiteren 72 h ergab, daß Äthylen die Wachstumsstimulation des Gibberellins bei allen Konz. verminderte. Außerdem hemmten 10 ppm Äthylen die durch 0,1…10 mg/l Gibberellin induzierte Invertaseaktivität in Zuckerrübengewebe und die α-Amylaseaktivität im Gerstenendosperm. In beiden Fällen war die Enzymaktivität der Kontrolle durch Äthylen ebenfalls gehemmt. W. Franzke. 230.

2-68/10-0083 Blesa, A. Carlos und Gómez, Manuel; Granada, Spain, Exper. Stat. Zaidin, C.S.I.C. A study of the action of gibberellic acid on wheat seedlings. **(Eine Studie zur Wirkung von Gibberellsäure auf Weizenkeimpflanzen.)** Indian J. Plant Physiol. **9** (1966) Nr. 2. S. 114–121. — 2 Abb., 22 Lit.

Weizenkaryopsen wurden 2 h gewaschen und anschließend zum Keimen in spezielle Glasrohre eingeführt, in denen sie auch mit der zu testenden Gibberellsäurelösung (GS) der Konz. 1, 10 und 20 ppm in Berührung gebracht wurden. Messungen der Wurzel- und Halmlänge wurden nach 50, 54, 58, 68, 73 und 76 h Behandlungszeit vorgenommen. Die Wirkung auf das Halmwachstum war am stärksten. Das Wurzelwachstum wurde nur bei den kürzesten Behandlungen gefördert, bei den längsten dagegen gehemmt. Das Gesamtwachstum der Keimpflanzen wurde ebenfalls nur bei kurzen Behandlungszeiten gefördert. Vff. schließen auf eine spezifische endogene, aber altersabhängige Wuchsstoffsteuerung, die ihrerseits zu bestimmten Zeiten durch das gebotene Gibberellin beeinflußt wird. Eine Wachstums- oder Ertragssteigerung konnte insgesamt nicht erreicht werden. G. Meinl/Groß-Lüsewitz. 230.

2-68/10-0084 Blesa, A. Carlos und Gómez, Manuel; Granada, Spain, Exper. Stat. Zaidin C.S.I.C. The effect of pre-sowing treatments with gibberellic acid on the root growth of cotton seeds. **(Der Einfluß einer Vorsaat-Behandlung mit Gibberellsäure auf das Wurzelwachstum von Baumwollsämlingen.)** Indian J. Plant Physiol. **9** (1966) Nr. 2. S. 122–127. — 2 Abb., 5 Lit.

Baumwollsamen wurden 2 min. in Schwefelsäure getaucht, gewaschen und dann für 1, 3, 5 und 6 h in Gibberellsäurelösungen (GS) der Konz. 0,5; 1,0; 2,5; 5,0; 10 und 20 ppm übergeführt. Nach dieser Zeit keimten sie in einer feuchten Kammer. Die Wurzellänge wurde nach 17, 24, 41 und 48 h gemessen. Es ergab sich eine zeit- und konzentrationsabhängige fördernde oder hemmende Wirkung der gebotenen GS. Ganz generell war nach 3 h Behandlung die hemmende Wirkung bei allen Konz. über 2,5 ppm am deutlichsten. 6 h Behandlung führte in fast allen Konz.- und Zeitstufen wiederum zur Förderung oder zur Näherung an die Kontrolle. Eine Ertragsbeeinflussung durch GS war nicht feststellbar.
G. Meinl/Groß-Lüsewitz. 230.

2-68/10-0085 Hurduc, N. und Ţerbea, Maria. Influenţa giberelinei asupra morfologici plantelor de porumb. **(Der Einfluß von Gibberellin auf die Morphologie der Maispflanzen.)** An. Inst. Cercetări Cereale şi plante Tehn., Fundulea, Bucureşti, Ser. C **34** (1966, hrsg. 1967) S. 285–297. — 4 Abb., 3 Tab., 26 Lit. Zus. in Russ., Engl. — nach engl. Zus.

Ausgehend von der Voraussetzung, daß die morphol. und funktionellen Veränderungen sich gegenseitig bedingen, wird der Einfluß von Gibberellin auf die Morphologie der Maispflanzen beschrieben. Es wird über die Wechselbeziehung zwischen Dauer der Behandlung mit Gibberellin und der Höhe der Maispflanzen, der max. Blattbreite und der Morphologie der Narbenfäden berichtet. Hinsichtlich der Korrelation zwischen der N-Menge und dem Einfluß von Gibberellin auf die Pflanzenhöhe zeigen die Angaben das Vorhandensein einer max. Grenze der N-Düngung, über der Gibberellin negativ wirkt. Es wird auch gezeigt, daß die Wirkung der Behandlung von der Behandlungsdauer und dem Wachstumsstadium der Pflanze abhängig ist. 230.

2-68/10-0086 Johnson, R. E. und Addicott, F. T.; Davis, Univ. of California, Agron. Dep. Boll retention in relation to leaf and boll development in cotton (Gossypium hirsutum L.). (**Nichtabwerfen der Fruchtkapseln bei Baumwolle [Gossypium hirsutum L.] in Beziehung zu Blatt- und Kapselentwicklung.**) Crop Sci. **7** (1967) Nr. 6. S. 571–574. — 4 Abb., 3 Tab., 14 Lit.

Untersucht wurde der Einfluß der Blattfläche und der Gibberellsäure (GS)-Applikation auf das Verbleiben der Fruchtkapseln an der Pflanze. Anfänglich war das Verhältnis Blätter/Fruchtkapseln sehr hoch, nahm dann zur Mitte der Blühperiode auf 2,5···3,5 ab und blieb danach konstant. Bei partiell entblätterten Pflanzen waren Samenertrag und Anzahl der verbliebenen Kapseln verringert. GS steigerte den Anteil sich entwickelnder Fruchtkapseln nicht. Das wird darauf zurückgeführt, daß alle Blüten mit GS behandelt wurden. Bei allen Behandlungen war die Zahl der Samen je Kapsel gering und stieg erst z. Z. des stärksten Blattabwurfs auf ein Maximum. Das Verbleiben der Fruchtkapseln an der Pflanze hängt ab von der Verfügbarkeit von Assimilaten sowie einer ausreichenden Zahl sich entwickelnder Samen je Kapsel, die durch eine Hormonproduktion für die Mobilisierung und den Transport von Nährstoffen zur Frucht sorgen. G. Ballin. 230.

2-68/10-0087 Tuttle, Donald und Skinner, Charles G.; Denton, Texas, North Texas State Univ., Dep. of Chem. Effect of pretreatment of corn seed with 6-(substituted) purines on growth of plants. (**Einfluß einer Vorbehandlung von Maiskaryopsen mit 6-substituierten Purinen auf das Wachstum der Pflanzen.**) J. agric. Food Chem. **15** (1967) Nr. 6. S. 982–983. — 2 Tab., 16 Lit.

Maiskaryopsen wurden in Lösungen verschiedener 6-(ω-Phenylalkyl)-aminopurine (1,10, 30 μg/ml) 12 h eingequellt. An den Keimlingen wurden nach 10 d Wasserkultur die Länge der Primärwurzel und die Gesamt-Tr.-Subst.-Masse der Pflanze bestimmt. Vorbehandlung mit Phenyläthyl-bis-Phenylpentylaminopurin steigerte Wurzelwachstum und Tr.-Subst.-Bildung. Weniger oder nicht wirksam waren Benzyl- und Phenylheptylaminopurin. Vorbehandlung des Saatgutes mit Kinetin oder -analogen (Benzyl-, Thionyl-, Phenylbutyl- oder Benzylthioaminopurin) steigerte den Ertrag bei Freilandkultur nicht, der Kornertrag der behandelten Serien war sogar geringer als der der Kontrollen. G. Ballin. 230.

2-68/10-0088 Turian, G. Action de l'actinomycine D sur la différenciation sexuelle du concombre. (**Wirkung des Aktinomyzins D auf die geschlechtliche Differenzierung der Gurke.**) Ber. schweiz. bot. Ges. 77 (1967) S. 57–60. — 16 Lit. Zus. in Engl., Dtsch. — nach Zus.

Actinomycin D bewirkte in Pflanzen von *Cucumis sativus* L. eine Verminderung des Verhältnisses männlicher zu weiblicher Blüten, vermutlich durch selektive Hemmung der Differenzierung männlicher Blüten. Thymidin zeigte keine Wirkung. 230.

2-68/10-0089 Huffman, C. W., Godar, E. M. und Torgeson, D. C.; Libertyville, Ill., Internat. Mineral and Chem. Corp., Growth Sci. Centre; Yonkers, N.Y., Boyce Thompson Inst. for Plant Res. Inhibition of plant growth by halogenated benzoic acids. (**Hemmung des Pflanzenwachstums durch halogenierte Benzoesäuren.**) J. agric. Food Chem. **15** (1967) Nr. 6. S. 976–981. — 3 Tab., 26 Lit.

Jungpflanzen von *Phaseolus vulgaris*, *Glycine max* und *Lycopersicum esculentum* wurden mit Lösungen von 34 verschiedenen substituierten Benzoesäuren unterschiedlicher Konz. besprüht. Von den dreifach halogenierten Derivaten hemmten die 2,3,5-substituierten das Wachstum am stärksten und wirkten auch stärker phytotoxisch als an anderen Positionen substituierte. Neben den Wachstumshemmungen wurden auch formative Änderungen beobachtet, die bei *Glycine* nicht so ausgeprägt waren. Di- und mono-halogenierte Derivate waren rel. inaktiv. Mit Ausnahme des Methylesters hatten von 8 untersuchten Derivaten der 2,3,5-Trijodbenzoesäure (TJBS) alle eine geringere wachstumshemmende Aktivität als TJBS. TJBS ist am geeignetsten, das vegetative Wachstum zu unterdrücken und den Ertrag bei Bohnen zu erhöhen, da sie bereits in geringen Konz. wirksam und nur schwach phytotoxisch ist. G. Ballin. 230.

2-68/10-0090 Davies, C. R. Effects of gamma irradiation on growth and yield of agricultural crops. I. Spring sown wheat. (**Einfluß von γ-Bestrahlung auf Wachstum und Ertrag landwirtschaftlicher Kulturpflanzen. 1. Mitt. Sommerweizen.**) Radiation Bot. 8 (1968) Nr. 1. S. 17–30. — 3 Abb., 9 Tab., 18 Lit. Zus. in Franz., Dtsch. — nach Zus.

Man untersuchte die Wirkung hoher Dosen von γ-Strahlung (250···2000 rad) auf Weizen während verschiedener Wachstumsstadien. Vor der Bestockung verursachten Dosen von

2000 rad vorzeitiges Absterben, wohingegen 750…1250 rad die Anzahl der Halme und Ähren um Faktoren bis zu 3 ansteigen ließen. Die Halmbildung ließ sich auch steigern durch Dosen von 500 rad während des 2-Blatt-Stadiums. Man konnte zeigen, daß diese Wirkungen von den durch das Apikalmeristem aufgenommenen Dosen abhängig waren; forcierte Bestokkung ging immer Hand in Hand mit einem verspäteten Einsetzen der Entwicklung der Hauptachse. Wenn dagegen die Pflanzen erst nach der Bestockung bestrahlt wurden, war bei Dosen bis zu 2000 rad weder auf die Zahl der Halme noch auf die Zahl der Ähren ein Einfluß festzustellen. Die Samenmasse pro Pflanze blieb ebenfalls unbeeinflußt bei Dosen bis zu 500 rad. Die Wirkungen von 1000 rad erwiesen sich als unterschiedlich, der durchschnittliche Ertrag war jedoch auf ungefähr 60% reduziert gegenüber der Kontrolle; bei Bestrahlung der Pflanzen war keine konsequente Beziehung zwischen den Wirkungen dieser Dosis und dem Entwicklungsstadium ersichtlich. Die Wirkung war bei 2000 rad während der Wachstumsperiode sogar sehr unterschiedlich; vom Schossen an verhindert die Bestrahlung jegliche Entwicklung der Ähren, z. Z. der Ährenbildung wurde der Ertrag im Vergleich zur Kontrolle auf weniger als $^1/_4$ reduziert; wenn dagegen die Bestrahlung bis zur Zeit der Anthese verschoben oder noch später angesetzt wurde, wurde der Ertrag weit weniger beeinträchtigt. Jede Bestrahlung, die den Samenertrag pro Pflanze reduzierte, verursachte auch eine Abnahme der Masse. 230.

2-68/10-0091 Stan, S. und Jinga, Amelia. Influenţa dozelor mici de radiaţii gama (^{60}Co) asupra plantelor de fasole şi soia. **(Die Einwirkung geringer Dosen an γ-Strahlen [^{60}Co] auf Bohnen- und Sojabohnenpflanzen.)** An. Inst. Cercetări Cereale şi Plante Tehn., Fundulea, Bucureşti, Ser. C **34** (1966, hrsg. 1967) S. 369-376. — 2 Abb., 2 Tab., 14 Lit. Zus. in Russ., Engl. — nach engl. Zus.
Die Einwirkung geringer Dosen γ-Strahlen (^{60}Co) auf Keimung, Blühen und Ertrag von Garten- und von Sojabohnenpflanzen, die man aus bestrahlten Samen erhielt, wurde untersucht. Die Samen wurden in trockenem Zustand mit 25, 100, 500, 1000 und 2000 R bestrahlt und danach in Gefäße in einer Mischung aus Boden und Sand ausgesät. Die Bestrahlung bewirkte bedeutende Veränderungen der genannten Faktoren. Die Keimung wurde bei beiden Arten in den ersten 5 d durch Bestrahlung mit 500 R festgestellt. Die Gartenbohnen gaben bei allen Bestrahlungsdosen bessere Resultate als die Kontrollpflanzen, während die Sojabohne bei geringen Bestrahlungsdosen die gleichen Resultate wie die Kontrollen zeigte und bei großen Bestrahlungsdosen den Kontrollen unterlegen war. Eine geringe Blühförderung bewirkten bei der Gartenbohne Dosen bis zu 500 R, während hohe Dosen, bes. 2000 R, das Blühen verzögerten. Bei Sojabohnen zeigten geringe Bestrahlungsdosen keine deutliche Einwirkung auf das Blühen. Eine offensichtliche Verzögerung des Aufblühens trat bei Dosen zwischen 500 und 2000 R auf. Ertragssteigerungen wurden bei beiden Arten durch 25-500 R bewirkt; 100 R erwiesen sich als beste Bestrahlungsdosis. Die Ertragssteigerungen betrugen bei den Gartenbohnen 3…14% und bei den Sojabohnen 2…5%. 230.

2-68/10-0092 Bachelard, E. P. Effects of gibberellic acid, kinetin, and light on the germination of dormant seeds of some eucalypt species. **(Einfluß von Gibberellsäure, Kinetin und Licht auf die Keimung ruhender Samen einiger Eukalyptusarten.)** Austral. J. Bot. **15** (1967) Nr. 3. S. 393-401. — 2 Abb., 6 Tab., 18 Lit. 230.

2-68/10-0093 Bastin, M. The mechanism of gibberellin action in morphogenesis. **(Der Mechanismus der Gibberellinwirkung bei der Morphogenese.)** Wiss. Z. Univ. Rostock, math.-naturwiss. R. **16** (1967) Nr. 4/5. S. 605-606. — 2 Abb., 1 Tab., 8 Lit. 230.

2-68/10-0094 Dörffling, K. **Blattfallbeschleunigende Eigenschaft zweier „Hemmstoffe" aus Erbsenpflanzen. Nachweis von (+)-Abszisin II (Dormin).** Wiss. Z. Univ. Rostock, math.-naturwiss. R. **16** (1967) Nr. 4/5. S. 673-674. — 3 Abb., 5 Lit. 230.

2-68/10-0095 Engelbrecht, L. **Die Bedeutung verschiedener Cytokinine für die Überwindung der apikalen Dominanz bei Nicotiana glauca.** Wiss. Z. Univ. Rostock, math.-naturwiss. R. **16** (1967) Nr. 4/5. S. 647-649. — 7 Abb., 3 Lit. 230.

2-68/10-0096 Fellenberg, G. **Beeinflussung der Auxinwirkung durch Glucose bei der Wurzelneubildung.** Wiss. Z. Univ. Rostock, math.-naturwiss. R. **16** (1967) Nr. 4/5. S. 535 bis 536. — 3 Abb., 2 Tab., 5 Lit. 230.

2-68/10-0097 Günther, G. **Untersuchungen über den Wachstumsverlauf isolierter Getreidekoleoptilzylinder.** Wiss. Z. Univ. Rostock, math. -naturwiss. R. **16** (1967) Nr. 4/5. S. 519 bis 521. — 5 Abb., 16 Lit. 230.

2-68/10-0098 Krelle, E. **Untersuchungen über die Wirkung des „Antigibberellins" 2-Chlor-9-fluorenol-9-carbonsäure-Methylester.** Wiss. Z. Univ. Rostock, math.-naturwiss. R. **16** (1967) Nr. 4/5. S. 691-692. — 2 Abb., 6 Lit. 230.

2-68/10-0099 Libbert, E. **Wirkungsorte eines nativen Inhibitors aus Pisum sativum im Stoffwechsel von Indolderivaten.** Wiss. Z. Univ. Rostock, math.-naturwiss. R. **16** (1967) Nr. 4/5. S. 679-681. — 4 Abb., 1 Tab., 4 Lit. Zus. in Engl. 230.

2-68/10-0100 Reimers, F. E. **Der Einfluß der Lichtperioden auf die Richtung der Wachstumsprozesse.** Wiss. Z. Univ. Rostock, math.-natuwiss. R. **16** (1967) Nr. 4/5. S. 547-548. 230.

2-68/10-0101 Vince, D. The effect of growth regulating substances on anthocyanin synthesis and elongation in excised internodes of Sorghum vulgare. **(Der Einfluß wachstumsregulierender Substanzen auf die Anthozyansynthese und auf die Elongation abgetrennter Internodien von Sorghum vulgare.)** Wiss. Z. Univ. Rostock, math.-naturwiss. R. **16** (1967) Nr. 4/5. S. 543-545. — 4 Abb., 1 Tab., 8 Lit. 230.

2-68/10-0102 Wareing, P. F. und Seth, A. K. The role of growth hormones in plant senescence. **(Die Rolle der Wachstumshormone bei der Alterung der Pflanzen.)** Wiss. Z. Univ. Rostock, math.-naturwiss. R. **16** (1967) Nr. 4/5. S. 643-644. — 2 Tab., 8 Lit. 230.

2-68/10-0103 Zinsmeister, H. D. **Über die mögliche Beteiligung von Gerbstoffen am Längenwachstum höherer Pflanzen.** Wiss. Z. Univ. Rostock, math.-naturwiss. R. **16** (1967) Nr. 4/5. S. 685-686. — 6 Lit. 230.

2-68/10-0104 Oshima, Eiji; Sapporo, Hokkaido, Agric. Exper. Stat. A method of measurement for transpiration of sugar beet plant. **(Methode zur Transpirationsmessung an Zuckerrüben.)** Proc. Crop Sci. Soc. Japan **36** (1967) Nr. 4. S. 468-471. — 1 Abb., 1 Tab., 3 Lit. Orig.: jap., Ausz.: engl.

Die Transpiration von Zuckerrüben wurde als Massenverlust abgetrennter Blätter gemessen. Ein wahllos vom Feldbestand entnommenes Rübenblatt (100···200 cm²) wurde sofort nach Abnahme gewogen, 5 min horizontaler Sonnenbestrahlung ausgesetzt und erneut gewogen. In früheren Versuchen wurde festgestellt, daß sich Stomata und Temperatur abgetrennter Blätter bis 20 min nach Abtrennung kaum veränderten, so daß die Differenz zwischen der 1. und 2. Wägung als ein Transpirationsverlust angesehen werden kann. Die horizontale Sonneneinstrahlung scheint vorherrschenden Einfluß auf die Transpiration zu haben. Eintragungen der Ergebnisse wiederholter Wägungen in ein Schaubild ergaben eine Meßpunktordnung linearer Relation. Das Verhältnis der Transpiration zur horizontalen Sonnenausstrahlung entspricht folgender Gleichung: a) t/dm² 5 min $= 0{,}35\ x + 0{,}02$, wobei t = Transpirationsverlust; x = mittlere horizontale Sonnenausstrahlung [cal] während 5 min. Diese Gleichung wurde zur Transpirationsberechnung ganzer Pflanzen (b) und von Pflanzen in Feldbeständen c) angewendet: b) t/Pflanze 5 min $= (0{,}35 \cdot x \cdot R + 0{,}02)$ L/Pflanze; (c) t/Feldfläche 5 min $= (0{,}35\ x \cdot R + 0{,}02)$ L/Feldfläche, wobei L = dem Licht ausgesetzte Blattfläche; R = mittlere Sonnenausstrahlung aller dem Licht ausgesetzter Blätter/horizont. Sonnenausstrahlung. W. Wöhlert/Kleinwanzleben. 239.

2-68/10-0105 Czopek, M., Starzecki, W., Lagisz, J. und Motyka, B. An automatic registrator as a supplement of an electronic integrator of photosynthetically active radiation and their adaptation to ecophysiological studies. **(Ein automatischer Registrator als Ergänzung des elektronischen Integrators der photosynthetisch wirksamen Strahlung und seine Anwendung zu ökophysiologischen Untersuchungen.)** Photosynthetica, Praha **1** (1967) Nr. 1/2. S. 65-68. — 3 Abb., 10 Lit. Zus. in Russ.

Es werden ein Schema der Einschaltung und ein Muster der Konstruktion des 24 kanaligen Registrators gegeben, welcher alle Std. die Anzahl der Impulse, gemessen mit Hilfe des Integrators der photosynthetisch wirksamen Strahlung nach Kubín und Hládek, aufzeichnet. Mit diesem Apparat kann demnach der tägliche Verlauf der Gesamtheit der für die Photosynthese der Pflanzen nutzbaren Strahlungsenergie verfolgt und ihre photosynthetische Leistung berechnet werden. ČSSR/ÚVTI. 239.

2-68/10-0106 Šetlík, I., Avratovščuková, N. und Křítek, J. An annular irradiation chamber for photosynthetis measurements in leaf disks. **(Runde Bestrahlungskammer zu Messungen der Photosynthese von Blattscheibchen.)** Photosynthetica, Praha 1 (1967) Nr. 1/2. S. 89-95. — 4 Abb., 21 Lit. Zus. in Russ.
Die Schnelligkeit der Photosynthese läßt sich mit Vorteil an aus Blättern isolierten Scheibchen messen, welche bei konstanter Temperatur gleichmäßig mit ausreichend Licht, CO_2 und Wasser versorgt werden. Es wird ein Apparat beschrieben, welcher die Stabilität aller dieser äußeren Faktoren sichert, und zwar für die gleichzeitige Messung bei 90 Proben von je 6 Blattscheibchen sowie bei langfristigen Messungen und kontinuierlichem Betrieb. Die Expositionskammer ist kreisförmig. Die Scheibchen sind auf einem Ring angebracht, welcher sich unter einem aus Leuchtkörpern gebildeten Kreis langsam dreht. Dadurch werden die Gradienten aller Faktoren ausgeglichen. Der kleine Radialgradient ist für alle gleichzeitig gemessene Scheibchengesamtheiten gleich und demnach ohne Bedeutung.
ČSSR/ÚVTI. 239.

2-68/10-0107 Klueter, H. H., Downs, R. J., Bailey, W. A. und Krizek, D. T.; Beltsville, Md., U.S. Dep. of Agric. A.R.S., Agric. Engng. Res. Div.; Raleigh, N.C., Univ. Phytotron; Beltsville, U. S. Dep. of Agric., A. R. S., Crops Res. Div. To record plant growth. **(Registrierung des Wachstums von Pflanzen.)** Agric. Engng. 48 (1967) Nr. 12. S. 720–721. — 2 Abb.
Vff. entwickelten ein Gerät zur kontinuierlichen Messung und Registrierung von Wachstumsvorgängen bei Pflanzen. Dabei steht die Pflanze mit einem in der Länge verstellbaren Stab mit einem Überträger in Verbindung, dessen Ausgang über einen Spannungsteiler zur Regulierung der Empfindlichkeit zu einem Schreiber führt. G. Ballin. 239.

D. Chemie der Pflanzen

2-68/10-0108 Strel'nikova, M. M. K poznaniju biochimizma sil'nych pšenic. **(Zur Kenntnis der Biochemie der starken Weizen.)** Selekcija i semenovodstvo, Kiev 6 (1967) S. 99-108. — 10 Tab., 23 Lit.
Als starke Weizensorten wurden 'Belozerkovskaja 198', 'Charkovskaja 4' und 'Lutescens 266', als mittelstarke 'Odesskaja 3' und als schwache 'Veselopodoljanskaja 499' ausgewählt. Bei den starken Sorten ist die Hydratation des Klebers geringer als bei den anderen. Die Sorteneigenschaften und -unterschiede bleiben ungeachtet der meteorol. Bedingungen und der Düngung erhalten. Bei starken Weizensorten ist ferner die Elastizität des Klebers geringer als bei den übrigen; die Viskosität des Klebers verringert sich bei Änderung der Feuchtigkeit, eine Eigenschaft, die für die mittelstarken und schwachen Sorten nicht zutrifft. Diese Unterschiede treten nur in nativem Zustand auf, ist der Kleber denaturiert, verschwinden die Differenzen. Offensichtlich spielt bei diesen Prozessen das Redoxpotential eine große Rolle. In der Tat haben die starken Sorten den höchsten Askorbinsäuregehalt. Die Veränderungen sind auf Unterschiede im Gehalt an reduzierter und oxydierter Form gerichtet; der spezifische Anteil der Dehydroform der Askorbinsäure an der (bei starken Sorten ohnehin höheren) Gesamt-Askorbinsäuremenge ist bei starken Sorten größer als bei schwachen, was sich offenbar auf die Oxydation der SH-Gruppen des Klebers auswirkt.
K.-H. Köhler. 240.

2-68/10-0109 Malyševa, A. G. Izmenenie biochimičeskich svojstv semjan masličnych kul'tur v processe ich chranenija. **(Veränderung der biochemischen Eigenschaften der Samen von Ölpflanzen während der Lagerung.)** Vsesojuznyj ordena Trudovogo Krasnogo Znameni naučno-issledovatel'skij institut masličnych kul'tur. Sbornik naučnych trudov, Majkop 2 (1967) S. 345-354. — 11 Tab., 7 Lit.
Beim Lagern von Ölfrüchten unter normalen Bedingungen laufen die biochem. Prozesse im Gelanteil langsam ab. Darauf weisen die geringe Lipaseaktivität sowie die unbedeutenden Veränderungen im Gehalt an wasserlöslichen Kohlenhydraten und Eiweiß hin. Die Hydrophilie der Samen verringert sich parallel mit der Abnahme der Feuchtigkeit und der Lipaseaktivität. Wesentlich bemerkenswertere Veränderungen erfolgen dagegen in der Lipoidfraktion, in der sich die Säurezahl und der Refraktionskoeffizient erhöhen, die Jodzahl abnimmt. Während die Summe der nicht verseifbaren Stoffe erhöht wird, verringert sich der Tokopherolgehalt. Dies weist auf die Hydrolyse- und Oxydationsprozesse hin, die in enger Verbindung zur Keimfähigkeit stehen. Diese wird im Verlaufe der Lagerung in sehr unterschiedlichem Maße verringert. Am frühesten verlieren von den untersuchten

Ölfrüchten *Perilla* und *Arachis* die Keimfähigkeit (3 Jahre). Rhizinussamen erwiesen sich selbst nach 5 Jahren noch als keimfähig. H. Weber. 240.

2-68/10-0110 Jaroš, N. P. Izmenenija chimičeskogo sostava semjan podsolnečnika pri vyraščivanii v različnych zonach. **(Veränderungen der chemischen Zusammensetzung von Sonnenblumenachänen bei Anzucht in verschiedenen Zonen.)** Vsesojuznyj ordena Trudovogo Krasnogo Znameni naučno-issledovatel'skij institut masličnych kul'tur. Sbornik naučnych trudov, Majkop **2** (1967) S. 222-233. — 5 Tab., 12 Lit.

Die Sonnenblumensorten 'Gigant 549', 'Saratovskij rannij 989', 'Voronežskij karlik 816' und 'Stepnjak 1686' wurden in verschiedenen geographischen Zonen unter unterschiedlichen klimatischen Bedingungen angebaut. Die Sorteneigenschaften blieben trotz der durch die Kulturbedingungen bewirkten quantitativen und qualitativen Veränderungen im Öl- und Eiweißgehalt erhalten. Im NW und im Fernen Osten war die Intensität der Ölbildung in den Sonnenblumenfrüchten nicht so stark wie bei den im S oder SO angebauten Pflanzen. Insbes. schwankt im Öl der Anteil an gesättigten Fettsäuren und an Öl- bzw. Linolsäure: Im Kubangebiet haben die Früchte niedrigen Ölsäuregehalt; im Fernen Osten fällt der hohe Linolsäureanteil auf (auch im Gebiet Poltawa). In wärmeren Gegenden ist i. a. der Gehalt an gesättigten Fettsäuren geringer. Für den Eiweißgehalt gilt folgende allgemeine Gesetzmäßigkeit: Beim Vergleich gemäßigter feuchter Anbaugebiete (z. B. Litauen) mit trockenen Gegenden (etwa Kubangebiet) fällt für die im N angebauten Kulturen der erhöhte Albumin- und Globulingehalt auf, desgleichen ist die Menge an löslichen N-haltigen Verbindungen höher; im S steigt dagegen der Glutelingehalt. Bei der Aufbereitung der Ölkuchen werden infolge Temperatur- und Feuchtigkeitseinwirkung Umgruppierungen im Eiweißgehalt verursacht, die auf eine Erhöhung des Anteils an alkali- und alkohollöslichen Eiweißen hinauslaufen. K.-H. Köhler. 240.

2-68/10-0111 Selsjord, Ivar. Kjemiske analyser av beiteplanter. **(Chemische Analysen von Weidepflanzen.)** Forskn. Forsøk Landbruket **19** (1968) Nr. 1. S. 1-7. — 1 Tab., 8 Lit. Zus. in Engl.

In der Hauptsache wurden die Pflanzen der Bergweiden sowie bes. Rasenschmiele (*Deschampsia caespitosa*) und Drahtschmiele (*D. flexuosa*) untersucht. Letztere war sehr arm an Protein (ca. 10% der Tr.-Subst.), während z. B. die dort häufige Krautweide (*Salix herbaceae*) 21,6% enthielt. Der Proteingehalt sank bei späterer Ernte, bei Drahtschmiele auch der Gehalt an Zellulose. Dafür nahm der Gehalt an N-freien Extraktstoffen zu. An sonnigen Plätzen war der Gehalt an Protein, Fett, Asche und Zellulose geringer an N-freien Extraktstoffen und Saccharose höher als an Schattenplätzen. Rasenschmiele hatte auf den höheren Bergweiden ziemlich hohen SiO_2-Gehalt, aber geringeren Ca-Gehalt als in niedrigeren Lagen. Vereinzelt wurden auch Proben von *Carex*, *Festuca*, *Agrostis* und einigen anderen Arten analysiert. *Festuca* glich etwa der Rasenschmiele. W. Warwel. 240.

2-68/10-0112 Bretzloff, C. W. Some aspects of cooked potato texture and appearance. I. Translucency. **(Einige Aspekte der Textur und des Aussehens gekochten Kartoffelgewebes. 1. Mitt. Transparenz.)** Amer. Potato J. **45** (1968) Nr. 1. S. 17-32. — 11 Abb., 4 Tab., 16 Lit. Zus. in Span. 240.

2-68/10-0113 Baijal, B. D. und Vliet, W. F. van. The chemical composition in different parts of the potato tuber during storage. **(Die chemische Zusammensetzung verschiedener Teile der Kartoffelknolle während der Lagerung.)** Wageningen: I. B. V. L. 1966. (S. 179 bis 192.) 8° = Inst. voor Bewaring en Verwerking van Landbouwprodukten, Publ. 153. (SR 3402, 153) 240.

2-68/10-0114 Blackman, Elizabeth und Parry, D. Wynn; Bangor, Univ. Coll. of North Wales, Dep. of Agric. Bot. Opaline silica deposition in rye (Secale cereale L.). **(Ablagerung von opalähnlicher Kieselsäure in Roggen [Secale cereale L.].)** Ann. Bot., London [N. S.] **32** (1968) Nr. 125. S. 199-206. — 22 Abb., 19 Lit.

In Boden- und in Wasserkultur wurden Pflanzen der Wi.-Roggensorte 'Petkuser' und des So.-Roggens 'Charles' im Gewächshaus herangezogen. Die Kieselkörper wurden je nach Größe und Gewebeart aus der Epidermis, der Koleoptile, den Primär- und Folgeblättern (getrennt nach Blattscheide und -spreite) sowie aus Halm (Nodien-Internodien) und Spelzen präpariert. Differenziert wurden ferner die Bereiche der Interkostalfelder und der Gefäßbündelregion. Kieselsäuregebilde fehlten in der Koleoptile, in der adaxialen Epidermis der Primärblätter, den Blattscheiden und den Spelzen. Die typisch geformten Kieselsäuregebilde werden in der Regel erst in Zellen voll ausgewachsener Blätter u.a. Organe abgelagert, wobei bestimmte Zellen als „Kieselzellen" auffallen. Die Einschlüsse sind rel. leicht nach Einbetten der Gewebeschnitte in Kanadabalsam wegen ihres unterschiedlichen Lichtbrechungsindexes zu erkennen. Vff. diskutieren abschließend die bisher vorliegenden Meinungen zur Aufnahme, Ablagerung und Formung der Kieselsäure in der pflanzlichen Zelle. G. Meinl/Groß-Lüsewitz. 241.

2-68/10-0115 Blackman, Elizabeth; Bangor, Univ. Coll. of North Wales, Dep. of Agric. Bot. The pattern and sequence of opaline silica deposition in rye (Secale cereale L.). **(Verteilungsmuster und Sequenz von opalähnlichen Kieselsäureablagerungen in Roggen [Secale cerceale L.].)** Ann. Bot., London [N. S.] **32** (1968) Nr. 125. S. 207-218. — 5 Abb., 5 Tab., 16 Lit.
So.-Roggen der Sorte 'Charles' wurde in Gefäßen im Gewächshaus kultiviert. Alle 14 d entnommene Proben wurden in Halm, Blattspreiten und Blattscheiden getrennt und deren Epidermen auf Kieselablagerungen unter dem Mikroskop sowie der Gesamtkieselsäuregehalt chem. untersucht. In den Blättern trat das Max. an Kieselsäureablagerungen nach dem Auswachsen des Blattes auf, Blattscheide und Basis der Spreite waren am reichsten mit Ablagerungen versehen. Andererseits zeigten die apikalen Blätter höheren Kieselsäuregehalt als die basalen. Die Zahl der Kieselsäurekörper streute zwischen den Ernteterminen und Blattregionen von ~ 5···400 pro mm². Nur für die obersten Blätter und das vorletzte Internodium wurden Werte von 600 pro mm² Epidermis erreicht. „Freie" Kieselsäure ließ sich chem. in allen Geweben nachweisen. Überlegungen über den Zusammenhang von Altern und Kieselsäureablagerung in den Zellen werden diskutiert.
G. Meinl/Groß-Lüsewitz. 241.

2-68/10-0116 Sterling, Clarence. Crystalline silica in plants. **(Kristalline Kieselsäure in Pflanzen.)** Amer. J. Bot. **54** (1967) Nr. 7. S. 840-844. — 4 Abb., 1 Tab., 22 Lit. 241.

2-68/10-0117 Nevins, Donald J., English, Patricia D. und Albersheim, Peter; Boulder, Colo., Univ., Dep. of Chem. The specific nature of plant cell wall polysaccharides. **(Die spezifische Natur der Polysaccharide pflanzlicher Zellwände.)** Plant Physiol. **42** (1967) Nr. 7. S. 900-906. — 6 Abb., 22 Lit.
Phaseolus vulgaris L. (3 Sorten), *P. aureus* Roxb., *Glycine max* Merr. (2), *Hordeum vulgare* L. (2) und *Zea mays* L. wurden im Gefäß (Vermiculite, 25 °C, 14 h Licht/d) herangezogen, nach 18 d (Gerste nach 12 d) am Ende der Dunkelphase geerntet und die einzelnen Pflanzenorgane getrennt untersucht. Nach Extraktion der löslichen Zucker mit Phosphatpuffer vom pH 7,0 wurden die Zellwandpolysaccharide mit 2 n Trifluoressigsäure hydrolysiert, die Monosaccharide zu Altidolen reduziert und nach Azetylierung als Altidolazetate gaschromatographisch getrennt. Als Bausteine der Polysaccharide wurden Rhamnose, Fukose, Arabinose, Xylose, Mannose sowie Glukose isoliert und quantitativ bestimmt. Die Zusammensetzung der Zellwandpolysaccharide war im wesentlichen unabhängig von der Sorte. Unterschiede traten zwischen den Spezies einer Gattung und den verschiedenen Gattungen auf. Aus der Tatsache, daß keine Sortenunterschiede bestanden, wird auf eine genetische Steuerung der Biosynthese geschlossen. Die Polysaccharide verschiedener Pflanzenorgane von Bohnen (Wurzeln, Hypokotyl, erstes Internodium, Primärblätter) zeigten eine charakteristische Zusammensetzung. — Bei Kultivierung von Ahornzellen (*Acer pseudoplatanus* L.) in Suspension änderte sich die Zusammensetzung der Polysaccharide in Abhängigkeit des Zusatzes von Saccharose, Maltose, Glukose, Galaktose, Mannose oder Glyzerin zum Nährmedium, wobei Galaktose die größte Wirkung zeigte. Es schwankte aber auch die Menge an hydrolysierbaren Polysacchariden in Abhängigkeit von der Zuckerquelle zwischen 24% (Mannosemedium) und 62% (Saccharose).
W. Franzke. 242.

2-68/10-0118 Goldovskij, A. M. O chimičeskom stroenii prirodnych žirov. **(Über den chemischen Aufbau natürlicher Fette.)** Vsesojuznyj ordena Trudovogo Krasnogo Znameni naučno-issledovatel'skij institut masličnych kul'tur. Sbornik naučnych trudov, Majkop 2 (1967) S. 72-111. — 10 Abb., 93 Lit.
Eine Literaturübersicht: a) Allgemeine Charakteristik über die Vielfalt der Fette; daneben Angaben über die Verbreitungshäufigkeiten: Wasserpflanzen enthalten z. B. viel ungesättigte C_{16}-C_{24}-Säuren, Landpflanzen wenig ungesättigte C_{20}-und C_{22}-Säuren, dagegen viel

C_{18}-Säuren. Linol- und Linolensäure sind für Tiere essentiell. b) Besprechung ungewöhnlich gebauter Fettsäuren, u. a. Chaulmoograsäure, Epoxysäuren der *Malvaceae*, Säuren mit Zyklopropangruppierung bei *Lactobacillus arabinosus*. Fettsäuren in Organismen haben meist 1 COOH-Gruppe, ausgenommen z. B. Sumachfrüchte. c) Charakteristik der Anordnung der Doppelbindungen: Diensäuren sind selten, z. B. Samen von *Sebastiana linguistina*; Dreifachbindungen in Fettsäuren z. B. bei Fettsäuren der Samen von *Picramnia* und Ölen von *Ximenia* und *Santalum*. d) Quantitative Verhältnisse der Fettsäuren in den Glyzeriden zueinander; niedermolekulare Fettsäuren sind bes. in Milch, Palmfetten, allgemein in Fetten tropischer Pflanzen (außerdem in Algen und Pilzen enthalten). Zwischen den Doppelbindungen liegen zumeist 3 C-Atome; konjugierte Doppelbindungen sind selten (*Sambucus nigra* $<1\%$; Samen von *Nymphaea alba* ca. 5%). Fette tropischer Pflanzen haben i. a. eine niedrige Jodzahl und eine hohe Verseifungszahl. Pflanzen aus nördlichen Gebieten sind reich an C_{18}-Säuren. Charakter der Triglyzeride: Fast stets sind alle Hydroxylgruppen des Glyzerins verestert, in Pflanzen sind durchweg gemischte Glyzeride, bei Tieren häufig nur eine Fettsäure. e) Vf. diskutiert verschiedene Verknüpfungsmöglichkeiten: gleichmäßige Verteilung oder statistische Verteilung oder nur teilweise statistische Verteilung. K.-H. Köhler. 243.

2-68/10-0119 Dubljanskaja, N. F. Biosintez žirnych kislot v sozrevajuščich semenach podsolnečnika. **(Die Biosynthese von Fettsäuren in reifenden Sonnenblumenachänen.)** Vsesojuznyj ordena Trudovogo Krasnogo Znameni naučno-issledovatel'skij institut masličnych kul'tur. Sbornik naučnych trudov, Majkop **2** (1967) S. 177-195. — 7 Abb., 10 Tab., 32 Lit.

In Sonnenblumenfrüchten ist der Öl- und Linolsäuregehalt hoch, gesättigte Fettsäuren liegen nur in geringer Menge vor. Die Sorteneigenschaften bleiben bezüglich der Ölzusammensetzung unter den verschiedensten geographischen Bedingungen erhalten. In ölreichen Sorten ist der Linolsäuregehalt höher als der der Ölsäure. Die Züchtung ölreicher Sorten bedeutet praktisch eine Vergrößerung des Gehaltes an ungesättigten Fettsäuren. Sonnenblumen nehmen insofern eine Ausnahmestellung ein, als sie die einzigen ölreichen Früchte sind, in denen keine Linolensäure nachgewiesen werden konnte. Die Vegetationsdauer hat erheblichen Einfluß auf die Zusammensetzung des Sonnenblumenöls: kurze Kulturdauer bedingt rel. niedrigen Gehalt an Linolsäure (z. B. Sorte 'Wostok': Ölgehalt $47{,}3\%$; Vegetationsdauer 86 d; prozentualer Linolsäuregehalt $44{,}3\%$; Sorte 'Armavirskij': $47{,}5\%$; 92 d; $51{,}9\%$.). Mit der Reifung der Achänen nimmt die Jodzahl zu, ebenso erhöht sich der Linolsäureanteil. Die Dynamik der Ölbildung verläuft wie folgt: Einsetzen der Ölbildung 10 d nach dem Aufblühen, intensivste Synthese vom 10.-25. Tag, danach langsames Abklingen. Niemals werden größere Mengen freier Fettsäuren beobachtet. Während der Reifung ändert sich das Verhältnis von Öl- zu Linolsäure zugunsten letzterer; auch dann noch, wenn die Synthese bereits eingestellt wurde. Die Temperatur ist ein weiterer, die Ölbildung beeinflussender Faktor: niedrige Temperaturen verlangsamen die Fettsynthese und vergrößern den rel. Linolsäureanteil. Offenbar wird die Linolsäure auf Kosten der Ölsäure gebildet. Vf. meint, daß die Biosynthese gesättigter und ungesättigter Fettsäuren zwei unabhängige Prozesse sind. K.-H. Köhler. 243.

2-68/10-0120 Conev, Dragomir und Ivanova, Marija. Vŭrchu aminokislinnija sŭstav na beltŭčini na različni sortove zelen fasul. **(Über die Aminosäurezusammensetzung der Eiweiße verschiedener Schnittbohnensorten.)** Gradinarska i lozarska nauka, Sofija **27** (1968) Nr. 1. S. 17-26. — 4 Abb., 3 Tab., 15 Lit. Zus. in Russ., Engl. 244.

2-68/10-0121 Libbert, E. **Die Bedeutung epiphytischer Bakterien für den Auxinstoffwechsel höherer Pflanzen.** Wiss. Z. Univ. Rostock, math.-naturwiss. R. **16** (1967) Nr. 4/5. S. 457-462. — 1 Abb., 3 Tab., 27 Lit. Zus. in Russ., Engl., Franz. — nach Zus.

Pflanzen sind von epiphytischen Bakterien besiedelt (58 Stämme isoliert), die Tryptophan zu IES umsetzen können. Die Umwandlung von Tryptophan zu IES durch Rohenzyme oder Teile aus unsterilen Pflanzen ist deshalb 10mal intensiver als solche aus sterilen Pflanzen. Darüber hinaus kann weit weniger IES aus sterilen Pflanzen (*Zea*, *Pisum*; nicht mit Tryptophan gefüttert) extrahiert werden als aus unsterilen Pflanzen oder solchen sterilen Pflanzen, die mit geeigneten Bakterien re-infiziert wurden (Dünnschichtchromatographie, Segmenttest). Ein Teil der aus unsterilen Pflanzen extrahierbaren zusätzlichen IES wird während der Extraktion durch Bakterien gebildet, der größte Teil ist jedoch schon vorher in den Pflanzen vorhanden. Der Auxingehalt im Gewebe selbst ist in unsterilen oder reinfizierten Pflanzen ebenfalls höher (Agar-diffusion, Krümmungstest). Unsterile und reinfizierte Pflanzen haben höhere Frisch- und Tr.-Subst.-Masse sowie stärkeres Streckungswachstum. In sterilen Segmenten der Erbsenpflanze ist eine geringe IES-Synthese aus Tryptophan unter bestimmten experimentellen Bedingungen und Vorsichtsmaßnahmen nachzuweisen. Die Stoffwechselwege der IES-Synthese aus Tryptophan bei höheren Pflanzen und epiphytischen Bakterien werden verglichen. Beiden gemeinsam ist der Hauptweg über Indol-3-brenztraubensäure und Indol-3-azetaldehyd (IAc). Rein bakteriell ist der Weg vom Tryptophan zum Tryptamin (TNH_2) und die intensive Umwandlung von TNH_2 zu Indol-3-aldehyd und Indol-3-karboxylsäure. Gemeinsam ist wieder die Fähigkeit der TNH_2-Umwandlung zu IES sowie die Hemmbarkeit dieser Reaktion (und auch der IAc-Oxydation zu IES) durch einen nativen Inhibitor. Diese und andere Fakten werden unter Berücksichtigung der folgenden Probleme diskutiert: 1. Signifikanz der bisherigen Berichte über die IES-Bildung aus Tryptophan durch die Pflanze. 2. Zweifelhafte Bedeutung des Tryptophans als allgemeiner Auxin-Präkursor. 3. Signifikanz der bisherigen Ergebnisse über den IES-Gehalt der höheren Pflanze. Die Frage der möglichen Bedeutung der epiphytischen Bakterien für die Pflanze wird diskutiert; einige phylogenetische Spekulationen, die dieses Problem berühren, werden vorgetragen. 245.

2-68/10-0122 Harada, H. und Nitsch, J. P. The isolation of four growth substances from Althaea rosea Cav. **(Die Isolierung von vier Wuchsstoffen aus Althaea rosea Cav.)** Wiss. Z. Univ. Rostock, math.-naturwiss. R. **16** (1967) Nr. 4/5. S. 591–597. — 11 Abb., 1 Tab., 16 Lit. Zus. in Russ., Franz., Dtsch. — nach Zus.

Vier biol. aktive Substanzen (X_1, X_2, Y und Z) wurden aus der sauren Äthylazetatfraktion der Methanolextrakte von Sproßspitzen vernalisierter *Althaea-rosea*-Pflanzen kristallin isoliert. Alle 4 fördern die Streckung von *Avena*-Mesokotylsegmenten, und 3 von ihnen (X_1, X_2, Y) waren im Zwergmais-d_3-Test aktiv. X_1 und X_2 waren auch im Salathypokotyl-Test aktiv und förderten die Keimung von Salatsamen ('Grand Rapids') in völliger Dunkelheit. Physikalische Analysen (Massenspektrographie, Fluoreszenz, Schmelzpunkt) und die Ergebnisse der biol. Tests zeigen, daß die Substanz Y mit Gibberellin A_1 identisch, X_2 wahrscheinlich Gibberellin A_3 und Y Gibberellin A_9 ist. 245.

2-68/10-0123 Kutáček, M. **Indolderivate in Pflanzen der Familie Brassicaceae.** Wiss. Z. Univ. Rostock, math.-naturwiss. R. **16** (1967) Nr. 4/5. S. 417–426. — 18 Abb., 2 Tab., 36 Lit. Zus. in Russ., Engl., Franz. — nach Zus.

Seit Entdeckung des Indolglukosinolats Glukobrassizin (G.) gelten nur G. (Hauptindolderivat), Neoglukobrassizin und Tryptophan (T.) als native Indole in *Brassicaceae*. Das natürliche Vorkommen von Indolazetonitril (IAN) und IES bedarf noch experimenteller Bestätigung, da die geringen Mengen durch Zersetzung von nativem G. bei Extraktion und chromatographischer Trennung entstehen könnten. Für die Anwesenheit von IAN sprechen Nachweise durch Dünnschichtchromatographie und biol. Tests. Jedoch gelang es noch nicht, eine IAN-Bildung aus markierten Vorstufen (Indol, T.) nachzuweisen. Außer in *Brassicaceae* ist G. in *Tovariaceae*, *Capparidaceae* und *Resedaceae* vorhanden und gehört damit zu den am meisten verbreiteten Glukosinolaten. G. entsteht aus T., wie Versuche mit T.-3-^{14}C und T.-^{15}N ergaben. ^{35}S wird in die Sulfatgruppe und langsamer in die Isothiozyanatgruppe eingebaut. In vivo ist G. sehr stabil, wird aber bei Verletzung des Gewebes enzymatisch in viele Indolderivate gespalten. Niedrige G.-Konz. zeigen Auxinaktivität, höhere hemmen Keimung und Wachstum bei Weizen und Klee, bes. das Wachstum der Wurzeln, γ-Bestrahlung von *Brassica*-Samen senkt den G.-Gehalt daraus gezogener Pflanzen nicht. Die gegenwärtigen Forschungsergebnisse kennzeichnen die Pflanzen der Familie *Brassicaceae* in bezug auf ihren Indolstoffwechsel als sehr interessante, jedoch auch sehr heikle Objekte. 245.

2-68/10-0124 Vázquez, A., Méndez, J., Gesto, M. D. V., Seoane, E. und Vieitez, E.; Santiago de Compostela, Spain, C.S.I.C., Plant Physiol. Dep. and Org. Chem. Labor. Growth substances isolated from woody cuttings of Salix viminalis L. and Ficus carica L. **(Isolierung wachstumsfördernder Substanzen aus Stecklingen von Salix viminalis L. und Ficus carica L.)** Phytochemistry 7 (1968) Nr. 2. S. 161–167. — 3 Abb., 3 Tab., 9 Lit.

Die Methanolextrakte der Stecklinge wurden in eine saure, eine phenolische und eine neutrale Fraktion getrennt, die Fraktionen papierchromatographisch (Whatman No. 1, Isopropanol /NH_3/H_2O 10:1:1 v/v, absteigend) oder dünnschichtchromatographisch getrennt und die Substanzen durch UV-, IR- und Fluoreszenzspektroskopie identifiziert sowie ihre wachstumsstimulierende Wirkung an *Avena*-Koleoptilen getestet. — Die saure Fraktion von *S. viminalis L.* enthielt p-Oxybenzoe-, Protokatechu- und 2 Oxyzimtsäuren sowie Brenzkatechin. Davon wirkten p-Oxybenzoe- und Protokatechusäure stimulierend. In Hydrolysaten der sauren Fraktion wurden außerdem Syringa,- Vanillin- und p-Kumarsäure nachgewiesen. Die Neutralfraktion enthielt ebenfalls wachstumsfördernde Substanzen, die nicht identifiziert werden konnten. Syringa-, Vanillin- und p-Kumarsäure wurden aus der Säurefraktion des Methanolextraktes von *F. carica L.* isoliert. Die Ursache der starken wachstumsstimulierenden Aktivität dieser Fraktion konnte nicht ermittelt werden. W. Franzke. 245.

2-68/10-0125 Street, H. E., Bullen, P. M. und Elliott, M. C. The natural growth regulators of roots. (**Die natürlichen Wachstumsregulatoren der Wurzeln.**) Wiss. Z. Univ. Rostock, math.-naturwiss. R. **16** (1967) Nr. 4/5. S. 407-416. — 5 Abb., 4 Tab., 55 Lit. Zus. in Russ., Franz., Dtsch. — nach Zus.

Der gegenwärtige Stand der Kenntnisse über native Auxine bei Pflanzen wird besprochen. Die zur Trennung, Isolierung und Charakterisierung nativer pflanzlicher Indole benutzten Techniken werden kritisch eingeschätzt. Durch Papierchromatographie, Dünnschichtchromatographie und Elektrophorese werden die mit Ehrlich-Reagens reagierenden Substanzen, die in der sauren Ätherfraktion von Methanolextrakten steriler Keimlingswurzeln und kultivierter Wurzeln vorhanden sind, getrennt und gereinigt. Mit verschiedenen Tests und durch Untersuchung der UV-Absorptionsspektren kann gezeigt werden, daß es sich bei einem Teil der Ehrlich-positiven Subst. um Indole handelt. Die Gegenwart von freiem Tryptophan und von Indolen, die nach milder alkalischer Hydrolyse Tryptophan liefern, wird nachgewiesen. Untersuchungen der Rf-Werte in mehreren Laufmitteln, der Absorptionsspektren, der Stabilität und der Farbreaktionen stützen die Ansicht, daß IES nicht in nachweisbaren Mengen vorliegt. Die vorhandenen Indole, die immer vorkommen, stimmen mit den bisher als in Pflanzen vorkommend beschriebenen nicht überein. 245.

2-68/10-0126 Larsen, P. The biogenesis of indole auxins. (**Die Biogenese der Indolauxine.**) Wiss. Z. Univ. Rostock, math.-naturwiss. R. **16** (1967) Nr. 4/5. S. 431-438. — 2 Abb., 78 Lit. Zus. in Russ., Franz., Dtsch. — nach Zus.

Nach Ansicht des Vf. sind an den wahrscheinlichsten Stoffwechselwegen zur Umwandlung von Tryptophan in verschiedene Indolauxine oder Auxinprecursoren die folgenden Reaktionen beteiligt: Die Bildung von IBrS durch Transaminierung mit einer α-Ketosäure (welche jedoch nicht α-Ketoglutarsäure sein muß), die Dekarboxylierung von IBrS zu Indolazetaldehyd (IAc) und die Umwandlung des Aldehyds entweder zu IES durch Oxydation oder zu Tryptophol durch Reduktion. IAN entsteht möglicherweise aus IBrS nach Kondensation dieser Säure mit Hydroxylamin und nachfolgender Dekarboxylierung und Dehydratisierung. Das Nitril wird von mehreren Pflanzen zu IES umgewandelt. Indolazetamid ist bei dieser Umwandlung kein Intermediat. Tryptamin wird in höheren Pflanzen nicht durch Dekarboxylierung des Tryptophans gebildet. Falls vorhanden, kann das Amin aber von einigen Pflanzen oxydativ zu IAc desaminiert werden. Demgegenüber wird 5-OH-Tryptophan durch Pilze und tierisches Gewebe zu Serotonin dekarboxyliert, welches dann oxydativ zu 5-OH-IAc desaminiert wird. Dieser Aldehyd kann dann zu 5-OH-IES oxydiert werden. Es liegen jedoch auch Berichte über Transaminierungen zwischen 5-OH-Tryptophan und α-Ketosäuren durch tierische Gewebe vor. 245.

2-68/10-0127 Adatthody, Kumaran Kozhikot und Racusen, David; Burlington, V., Univ., Dep. of Agric. Biochem. On the extraction of peroxidase isozymes from bean leaves. (**Über die Extraktion von Peroxydase-Isozymen aus Bohnenblättern.**) Canad. J. Bot. 45 (1967) Nr. 12. S. 2237-2242. — 2 Abb., 2 Tab., 7 Lit.

Primärblätter von Bohnen (Anzucht im Gefäß 14 d bei 24 °C, 16 h Lichtphase, Fluoreszenzlicht 1000 foot-candles) wurden bei 4 °C mit Borat-Zitrat-Phosphat-Puffern vom pH 2···12 und bei verschiedenen Ionenstärken der Extraktionslösung homogenisiert und die Peroxydase nach Zentrifugation durch Gelfiltration abgetrennt. Das Enzym wurde außerdem an Phosphozellulose in eine kationische und eine neutral-anionische Fraktion getrennt. Bei niedrigen Ionenstärken und neutralem pH des Extraktionsmediums wurde die Hauptmenge der kationischen Peroxydase an im Blatt natürlich vorkommende unlösliche Polymere adsorbiert, die wie Ionenaustauscher reagierten, denn das Enzym konnte durch NaCl-

Lösungen eluiert und nach Verminderung der Ionenstärke wieder am Blattgewebe adsorbiert werden. W. Franzke. 245.

2-68/10-0128 Saburov, N. V. und Jasajtiene, D. K. Izmenenie aktivnosti okislitel' no-vosstanovitel'-nych fermentov u belokočannoj kapusty pri chranenii i poraženii ee tečečnym nekrozom. (**Die Veränderung der Aktivität der Redoxfermente bei Weißkohl während der Lagerung und bei Befall mit einer Tüpfelnekrose.**) Izvestija Timirjazevskoj sel'skochozjajstvennoj akademii, Moskva **1968** Nr. 1. S. 156-165. — 6 Abb., 3 Tab., 37 Lit.
Die Gewebe des Kohlkopfes sind gekennzeichnet durch die hohe Aktivität Hämin-oxydierender Enzyme, wie Peroxydase und Katalase, und durch die niedrigere Aktivität Cu-haltiger, oxydierender Enzymsysteme, wie Askorbinsäure-Oxydase und Polyphenoloxydase. Die Aktivität der Zytochromoxydase und der Dehydrogenasen ist niedriger als die der oben erwähnten Enzyme. Wenn der Kohl durch die Tüpfelnekrose befallen wird, steigt die Aktivität der Peroxydase, Katalase, Askorbinsäureoxydase und der Zytochromoxydase im Homogenat der Gewebe im oberen Teil des Kopfes scharf an, auch der O_2-Verbrauch durch die Blätter steigt. Die Gesamtaktivität der Dehydrogenasen sinkt, die Aktivität der Adenosintriphosphatase steigt. E.-M. Ardelt. 245.

2-68/10-0129 Thomas, T. H. Studies on senescence-delaying substances extracted from Brassica oleracea gemmifera L. (**Untersuchungen an aus Brassica oleracea gemmifera L. gewonnenen Substanzen, die das Altern verzögern.**) J. horticult. Sci. **43** (1968) Nr. 1. S. 59 bis 68. — 2 Abb., 4 Tab., 12 Lit.
Zwischen der Geschwindigkeit des Alterns von Rosen der Rosenkohlhybridsorten 'Jade Cross' und 'Avoncross' und der Höhe des Gehaltes von Substanzen in den Rosen, die sich in einem Test mit Gerstenblattstücken als alterungsverzögernd erwiesen hatten, bestand ein quantitativer Zusammenhang. Durch Behandlung der Rosen mit Benzyladenin (BA) und 1-Naphthylessigsäure (NES) konnte das Altern der Rosen ebenfalls verzögert werden. Die Rosen der schneller alternden Sorte 'Jade Cross' reagierten auf diese Behandlung bes. kräftig. Gleiche Versuche mit Kotyledonen und Blattstücken von jungen Sämlingen der beiden Sorten waren erfolglos. Hier kontrollieren offenbar andere Faktoren das Altern. Ein Frühtest für Rosenhaltbarkeit kann auf dieser Grundlage nicht entwickelt werden. M. Kummer. 245.

2-68/10-0130 Buffel, K. und Vendrig, J. C. **Auxinaktivität aus Phytosterinen.** Wiss. Z. Univ. Rostock, math.-naturwiss. R. **16** (1967) Nr. 4/5. S. 429. — 3 Lit. 245.

2-68/10-0131 Gaspar, Th. und Dinant, M. Phenoloxidase, catalase and peroxidase in plant extracts in relation to the auxin catabolism. (**Phenoloxydase, Katalase und Peroxydase in Pflanzenextrakten in Beziehung zum Auxinkatabolismus.**) Wiss. Z. Univ. Rostock, math.-naturwiss. R. **16** (1967) Nr. 4/5. S. 441-442. — 3 Abb., 20 Lit. 245.

2-68/10-0132 Libbert, E. **Extraktion einer RNS-Fraktion, die nach Auxinbehandlung entsteht und Wurzelbildung induziert.** Wiss. Z. Univ. Rostock, math.-naturwiss. R. **16** (1967) Nr. 4/5. S. 475-476. — 1 Abb., 1 Tab. Zus. in Engl. 245.

2-68/10-0133 Rajagopal, R. Enzymatic conversion of indole-3-acetaldehyde to indole-3-acetic acid in Avena seedlings. (**Enzymatische Umwandlung von Indolyl-3-azetaldehyd zu Indolyl-3-Essigsäure in Avena-Sämlingen.**) Wiss. Z. Univ. Rostock, math.-naturwiss. R. **16** (1967) Nr. 4/5. S. 439-440. — 1 Abb., 2 Tab., 1 Lit. 245.

2-68/10-0134 Zenk, M. H.; München, Univ., Bot. Inst. **Biochemie und Physiologie sekundärer Pflanzenstoffe.** Ber. dtsch. bot. Ges. **80** (1967) Nr. 9. S. 573-591. — 20 Abb., 56 Lit.
An Beispielen werden moderne Auffassungen über die Biosynthese, Funktion, Regulation der Synthese, Kompartimentierung und Wiederverwendung sekundärer Pflanzenstoffe dargestellt. Neben dem allg. Schema des Primär- und Sekundärstoffwechsels der Pflanzen werden die Synthese der Oxalsäure aus dem Zitronensäurezyklus und der Phenole wiedergegeben sowie die verschiedenen Wege der Anthrachinonbildung in Pilzen und in höheren Pflanzen. Die Funktion sekundärer Pflanzenstoffe im Stoffwechsel wird am Galaktinol (Galaktosyldonator in der Saccharidsynthese), an p-Hydroxybenzoesäure (Vorstufe des Ubichinons) und am Oxalyl-Homoserin (Biosynthesekette des Methionins) aufgezeigt und auf ihre insektenabweisende Wirkung hingewiesen. Die Regulierung ihrer Synthese durch Aktivierung von Enzymsystemen konnte am Methyltyramin und Hordein in Gerstenwurzeln (Methyltransferase), bei der Päonidinbildung in Petunienpetalen (Induktion durch Ferulasäure) und der Anthozyansynthese (Lichtinduktion) aufgeklärt werden. Durch die

Möglichkeit zur Kompartimentierung steht den Pflanzen eine weitere Kontrolle der Synthese zur Verfügung wie am Beispiel der Katechinbildung in Chloroplasten und der Äpfelsäuresynthese in Maiswurzeln gezeigt werden konnte. Die Lehrbuchmeinung, höhere Pflanzen könnten Benzolkerne nicht zerlegen, ist irrig. An Katechinen, Tyrosin, p-Hydroxybenzoesäure und Oxalsäure konnte nachgewiesen werden, daß sie im Gewebe einem ständigen Auf- und Abbauprozeß unterliegen können. Sie brauchen also keine Stoffwechselendprodukte zu sein. W. Franzke. 246.

2-68/10-0135 Sparrow, A. H., Furuya, M. und Schwemmer, Susan S. Effects of X- and gamma radiation on anthocyanin content in leaves of Rumex and other plant genera. **(Einfluß von Röntgen- und von γ-Strahlung auf den Anthozyangehalt in Blättern von Rumex und anderen Pflanzengattungen.)** Radiation Bot. 8 (1968) Nr. 1. S. 7-16. — 4 Abb., 4 Tab., 17 Lit. Zus. in Franz., Dtsch. — nach Zus.
Nach Bestrahlung mit Röntgen- oder γ-Strahlen (^{60}Co) ließ sich ein Ansteigen der Konz. der Anthozyane in Blättern der Keimlinge von *Rumex crispus* L., *R. hydrolypathum* Huds. und *R. sanguineus* L. feststellen. Der Zeitpunkt der Bildung und die Zunahme von extrahierbaren Anthozyanen waren abhängig von Art, Dosierung sowie vom Alter der Blätter z. Z. der Bestrahlung. Der Maximalgehalt war annähernd 20 mal größer als in unbehandelten Pflanzen. Starkes Ansteigen des Anthozyangehalts nach Bestrahlung war i. allg. zurückzuführen auf letale oder nahezu letale Dosierungen. Chromatographische Untersuchungen des Anthozyans erbrachten keinen Anhalt für eine strahleninduzierte Veränderung der Struktur der Pigmentmoleküle. In den Blättern von 16 Arten anderer chronisch bestrahlter Gattungen und von 21 stark bestrahlten Arten kam es zu einer sichtbar stärkeren roten Pigmentierung. Es hat somit den Anschein, daß verstärkte Pigmentbildung (vermutlich Anthozyan) eine allgemeine Reaktion höherer Pflanzen auf ionisierende Strahlung ist. Die für ein merkliches Ansteigen benötigten Dosen waren weitgehend von der jeweiligen Art abhängig. 246.

2-68/10-0136 Džamić, Milomir, Pantelić, Miodrag und Popović, Života. Prilog ispitivanju kiselinskog sistema u plodu šljive požegače. **(Ein Beitrag zur Untersuchung des Säuresystems in den Früchten der Pflaumensorte 'Požegača'.)** Zbornik radova Poljoprivrednog fakulteta, Beograd **14** (1966) Nr. 430. 9 S. — 4 Abb., 5 Tab., 8 Lit. Zus. in Engl. — nach engl. Zus.
Die Gesamtsäuremenge in den Früchten der Pflaumensorte 'Požegača' nimmt mit der Bildung und Reifung der Früchte ab, und zwar bei Früchten von Bäumen in Nordlage langsamer. Es bestanden keine statistisch signifikanten Unterschiede im Gesamtsäuregehalt in Abhängigkeit vom Standort. Der Gesamtsäuregehalt in den Früchten der Sorte 'Požegača' sank von 2,51 auf 0,46%. Nachgewiesen wurden Äpfelsäure, Chinasäure und Chlorogensäure. Außerdem traten einige andere Säuren auf, die nicht bestimmt wurden. Das Verhältnis von Gesamtzucker zu Gesamtsäure steigt mit der Reife der Früchte. Die Werte dieses Verhältnisses waren bei den Früchten auf Wurzelschößling größer als bei den auf *Prunus cerasifera* gepfropften Bäumen. Diese Unterschiede waren statistisch nicht signifikant. Die aus Wurzelschößlingen gezogenen Bäume unterschieden sich von den durch Pfropfung auf *Prunus cerasifera* entstandenen in den ersten Tagen der Fruchtbildung hinsichtlich des Gehaltes an Zucker und org. Säuren stärker als z. Z. der Vollreife der Früchte. 246.

2-68/10-0137 Floss, H. G. **Die Biosynthese der Mutterkornalkaloide.** Ber. dtsch. bot. Ges. **80** (1967) Nr. 10. S. 705-711. — 5 Abb., 2 Tab., 33 Lit. 246.

2-68/10-0138 Kreyger, J. Behoud van caroteen in kunstmatig gedroogde groenvoeders. **(Erhaltung von Karotin in künstlich getrocknetem Grünfutter.)** Wageningen: I.B.V.L. 1966. (S. 33-37.) 8° = Inst. voor Bewaring en Verwerking van Landbouwprodukten, Publ. 149. (SR 3402, 149) 246.

2-68/10-0139 Paulus, K. **Methoden zur künstlichen Kontamination von Gemüse und Obst mit Radionukliden.** Landwirtsch. Forsch. **20** (1967) Nr. 4. S. 293-301. — 2 Abb., 5 Tab., 13 Lit. Zus. in Engl., Franz. — nach Zus.
Um Pflanzen und pflanzliche Lebensmittel künstlich mit Radionukliden zu verseuchen, muß der Mechanismus der natürlichen Kontamination bekannt sein. Die künstliche Kontamination muß gewisse Bedingungen erfüllen, um hinsichtlich der Verteilungsmatrix der natürlichen Kontamination so weit wie möglich zu entsprechen. Unter Berücksichti-

gung dieser Bedingungen wurden verschiedene Methoden künstlicher Kontamination sowie ihre Vor- und Nachteile beschrieben. Dabei wurde unterschieden zwischen Verfahren an der wachsenden Pflanze und Verfahren an geernteten Pflanzenteilen. Diese Unterteilung ist notwendig, da es Produkte gibt, die eine Kontamination ohne allzu großen Aufwand erst nach dem Ernten zulassen. Die pflanzlichen Lebensmittel wurden in Gruppen unterteilt und hierfür geeignete Kontaminationsverfahren vorgeschlagen. 247.

2-68/10-0140 Šesták, Z. Thin layer chromatography of chlorophylls. (**Dünnschichtchromatographie der Chlorophylle.**) Photosynthetica, Praha **1** (1967) Nr. 3/4. S. 269-292. — 5 Tab., 59 Lit. Zus. in Russ.
Der Bericht faßt die Literatur über die Trennung der Chlorophylle, ihrer Spaltprodukte und Gemische mit Karotinoiden in Extrakten von Pflanzenmaterialien zusammen. In Tabellen werden Einzelheiten der verschiedenen Methoden angeführt: Adsorbens, Vorbereitung der Dünnschicht, Trocknen, Aktivierung und Lagerung, Ausmaße der Schichten und ihre Dicke, Lösungsmittel zum Auftragen der Probe, Entwicklungssystem, Reihenfolge der getrennten Flecke, Entwicklungsbedingungen, Pigmentelution und analysierte Pflanzen. ČSSR/ÚVTI. 248.

2-68/10-0141 MacLean, K. S., Byers, D. L. und Brown, M. H. Spectrographic determination of lead in agricultural and related materials. (**Spektrographische Bestimmung von Blei in landwirtschaftlichen und verwandten Materialien.**) J. Assoc. off. analyt. Chemists **50** (1967) Nr. 6. S. 1366-1369. — 4 Tab., 13 Lit.
Zur Bestimmung von Pb in Böden, Pflanzengewebe u. a. biol. Subst. wird die Probe 2,5 h im Muffelofen bei 450 °C verascht. 20 mg der Probe werden mit 40 mg eines Li_2CO_3/Graphit-Gemisches (2:1) mit 0,015% Bi als innerem Standard gemischt. 60 mg dieses Gemischs werden mit 1 Tropfen Äthylalkohol und 1 Tropfen Rohrzuckerlösung in eine Graphitelektrode gebracht, 1 h bei 105 °C getrocknet und unter atmosphärischen Bedingungen 40 s bei 8 A (Gleichstrom) abgefunkt. Als Standard diente ein $SiO_2/Al_2O_3/Na_2CO_3$ (4:1,5:1)-Gemisch mit 5···1000 ppm Pb und Bi als innerem Standard. In Pflanzengewebe, Bodenproben und tierischen Geweben (Leber) lag die untere Nachweisgrenze bezogen auf Tr.-Subst., bei 0,2; 2,5 bzw. 0,05 ppm Pb. Als obere Nachweisgrenze konnten nach entspr. Verdünnung des Materials noch 16% Pb genau bestimmt werden. Der rel. durchschnittl. Fehler für mehrere Proben betrug 5,2%. P. Stoß. 248.

F. Pflanzensoziologie

2-68/10-0142 Ambrož, Z. und Balátová-Tučková, E. K poznání biologické a humusové složky půdy u fytocenos řádů Magnocaricetalia a Molinietalia v oblasti jihozápadního Slovenska (Záhorie). (**Zur Kenntnis der biologischen und Humusbodenkomponente bei Phytozönosen der Ordnungen Magnocaricetalia und Molinietalia in der Südwestslowakei [Záhorie].**) Preslia, Praha **40** (1968) Nr. 1. S. 80-93. — 5 Tab., 14 Lit.
In der Südwestslowakei (Záhorie) wurden die gegenseitigen Beziehungen zwischen den Pflanzengemeinschaften auf Niederungsmoorböden sowie Böden mit niedrigem Humusgehalt und der Zusammensetzung des Humus sowie der mikrobiellen Aktivität des Bodens verfolgt. Der 1. Teil des Berichtes ist der pflanzensoziol. Analyse der untersuchten Pflanzengemeinschaften gewidmet, während im 2. Teil die Bodeneigenschaften in ihrer Beziehung zur Qualität und mikrobiellen Charakteristik des Humus untersucht werden. Auf Grund der angewendeten Kriterien und der abnehmenden Bodenqualität wurden die Verbände und Pflanzengemeinschaften klassifiziert. In der Diskussion wurden die Standorte auf den früher untersuchten schlesischen Lokalitäten mit den Eigenschaften des südwestslowakischen Standortes verglichen. Aus diesem Vergleich ergab sich, daß die Qualität der org. Bodensubst. auf allen untersuchten Standorten ihren chem., mikrobiolog. und teilweise auch enzymatischen Eigenschaften entspricht. ČSSR/ÚVTI. 250.

2-68/10-0143 Jakrlová, J. Plant production, chlorophyll content and its vertical distribution in inundated meadows. (**Pflanzenproduktion, Chlorophyllgehalt und seine vertikale Verteilung bei überschwemmten Wiesenbeständen.**) Photosynthetica, Praha 1 (1967) Nr. 3/4. S. 199-205. — 4 Abb., 20 Lit. Zus. in Russ.
Bei 3 ausgewählten Pflanzengemeinschaften südmährischer Wiesen, welche regelmäßig überschwemmt werden und sich voneinander durch den Bodenwassergehalt und Artenzusammensetzung des Pflanzenbestandes unterscheiden, wurden während der Vegetationsperiode Tr.-Subst.-Produktion und Chlorophyllgehalt in 20-cm-Höhenzonen des Bestan-

des ermittelt. Der Chlorophyllgehalt bestimmte die photosynthetische Leistung der einzelnen Zonen. Je nach bot. Zusammensetzung des Bestandes war die Leistung verschieden. ČSSR/ÚVTI. 253.

2-68/10-0144 Pilát, A. Chlorophyll content and dry matter production in five meadow communities. (**Chlorophyllgehalt und Trockensubstanzproduktion von fünf Wiesenpflanzengemeinschaften.**) Photosynthetica, Praha **1** (1967) Nr. 3/4. S. 253-257. — 1 Abb., 11 Lit. Zus. in Russ.
In den durch die klimatischen Verhältnisse sich unterscheidenden Jahren 1965 und 1966 wurde bei 5 Wiesenpflanzengemeinschaften im Tal der unteren Dyje in Südmähren das Verhältnis zwischen dem Chlorophyllgehalt und der Tr.-Subst.-Produktion verfolgt. Eine signifikante Korrelation zwischen der max. Tr.-Subst.-Produktion und dem Integral des Chlorophyllgehaltes bei normalen klimatischen Bedingungen wurde festgestellt bei den Gemeinschaften *Alopecuretum pratensis*, *Arrhenatheretum elatioris* und *Mesobrometum erecti stipetosum* zum Unterschied von der Pflanzengemeinschaft *Glycerietum maximae*. Unter extremen ökolog. Bedingungen (bes. bei Überschwemmungen) zeigte der Gesamtchlorophyllgehalt größere Abweichungen als die Tr.-Subst.-Produktion, und es bestand keine Korrelation. ČSSR/ÚVTI. 253.

K. Agrarmeteorologie

2-68/10-0145 Valuš, G. Premŕzanie pôdy na Slovensku. (**Bodendurchfrierung in der Slowakei.**) Meteorol. Zprávy **20** (1967) Nr. 6. S. 151-154. — 1 Abb., 6 Tab., 3 Lit.
Die Arbeit enthält eine Übersicht über die durchschnittlichen, max. und min. Bodentemperaturen in 5, 10, 20, 50 und 100 cm Tiefe, ferner über die Anzahl Tage mit Minustemperaturen, der Zeitdauer und der Summe der Minustemperaturen in 5, 10 und 20 cm Tiefe und der durchschnittl., max. und min. Bodenfrosttiefe. Die Angaben wurden auf Grund der Aufzeichnungen von 10 Stationen aus Bodentemperaturmessungen in den Wintermonaten 1956/57 und 1965/66 zusammengestellt. Der Bodendurchfrierungsprozeß wurde von Koloskov in 4 Stadien eingeteilt. Die vorliegende Abhandlung beschränkt sich nur auf das erste Stadium, d. h. den Beginn der Durchfrierung. Die Tiefe des Durchfrierens hängt bes. von den Minustemperaturen der Luft, den Schneeverhältnissen, der Pflanzendecke und dem Bodenrelief ab. ČSSR/ÚVTI. 295.

2-68/10-0146 Fitzpatrick, E. A., Slatyer, R. O. und Krishnan, A. I.; Canberra, Australia, Austra. C.S.I.R.O, Div. of Land Res. Incidence and duration of periods of plant growth in central Australia as estimated from climatic data. (**Einsetzen und Dauer von Zeiten des Pflanzenwachstums in Zentral-Australien, nach Klimadaten veranschlagt.**) Agric. Meterol., Amsterdam 4 (1967) Nr. 6. S. 389-404. — 9 Abb., 2 Tab., 17 Lit.
Es werden 2 Modelle der Berechnung des Bodenwasservorrates mittels der Evapotranspiration vorgeführt. Vff. untersuchen, wie weit die Modelle geeignet sind für die Bestimmung des Bodenwasserhaushaltes und seines Einflusses auf den Bestand von Futterpflanzen verschiedener Standorte in aridem Klima. Hilfsmodelle dienen der Kennzeichnung der Beziehungen von Niederschlagsmengen zur Bodenfeuchtezunahme. Die Wahrscheinlichkeit von Wuchsperioden und Perioden ohne Zuwachs und ihre Dauer wird auf Grund des berechneten Wasservorrates anhand langjähr. Klimamaterials festgestellt.
T. v. Wilamowitz-Moellendorf. 296.

2-68/10-0147 Welbank, P. J., Witts, K. J. und Thorne, Gillian N.; Rothamsted, Harpenden, Exper. Stat. Effect of radiation and temperature on efficiency of cereal leaves during grain growth. (**Der Einfluß von Strahlung und Temperatur auf die Leistungsfähigkeit von Getreideblättern während des Körnerwachstums.**) Ann. Bot., London [N. S.] **32** (1968) Nr. 125. S. 79-95. — 3 Abb., 4 Tab., 31 Lit.
Das Verhältnis Kornertrag zu Blattfläche bei Gerste und Weizen wurde für verschiedene Zeitabschnitte zwischen der ersten Blattbildung und der Reife zu verschiedenen meteorol. Faktoren in Beziehung gesetzt. Es zeigte sich bei diesen, im englischen Klima vorgenommenen Untersuchungen eine hohe Korrelation von täglicher Strahlung, Tagesmitteltemperatur und täglicher mittlerer Maximumtemperatur während der Zeit des Körnerwachstums. Die Beziehung des Kornertrag: Blattflächenverhältnisses zur mittleren täglichen Strahlung war hochgesichert. Noch mehr trat die Wirkung der Temperatur hervor; bes. ragte die Wirkung der täglichen Maxima heraus, wozu Vff. annehmen, daß in der Maximaltemperatur die Wirkung von Strahlung und Temperatur ihren gemeinsamen Ausdruck findet. In einer 2. Versuchsvariante wurde die Strahlung in einem warmen und einem

weniger warmen Jahre durch Beschatten von Weizen teilweise ausgeschaltet. Dadurch wollte man den Einfluß von Temperatur und Strahlung getrennt erfassen. In dem Jahr mit übernormaler Temperatur und Strahlung schien der Temperatureinfluß auf die Ertragsbildung unter Berücksichtigung der Kornertrag:Blattflächenverhältnisse den Ertrag bevorzugt zu beeinflussen. Dieser positive Einfluß der Temperatur legt den Schluß nahe, daß andere Einflüsse als die Strahlung bei hoher Wärme größere Wirkung auf die Stoffbildung bekommen. T. v. Wilamowitz-Moellendorf. 296.

2-68/10-0148 Stock, Hans-Georg. **Prüfung der phänometrischen Arbeitsweise zur Erfassung des Witterungseinflusses auf die Ertragsbildung von Rotklee und Luzerne.** Thaer-Arch. **12** (1968) Nr. 8. S. 769-772. — 4 Abb., 3 Lit. Zus. in Russ., Engl. — nach Zus.
Es wird gezeigt, daß durch phänometrische Erfassung der Triebhöhe, die sehr gut mit der Triebmasse und befriedigend mit dem Ertrag korreliert, der Witterungseinfluß auf die Ertragsbildung von Rotklee und Luzerne untersucht werden kann. Zur biomathematischen Analyse werden die Zuwachswerte des ungestört annähernd linear verlaufenden mittleren Teils der Wachstumskurve verwendet. Für 1966 werden Korrelationen zwischen Zuwachs und Lufttemperatur dargestellt. 296.

2-68/10-0149 Bätjer, Dietrich. **Windschutz in der Landwirtschaft. T. 1. Ergebnisse von Untersuchungen in der Weser-Marsch.** Berlin (W.); Hamburg: Parey. 1967. (m. Abb. u. 53 Übers.) = Aktuelle Fragen des Landbaues H. 2. (SR 3538, 2) 296.

III. BODENKUNDE

A. Allgemeine Literatur, Berichte, Statistiken u. a.

2-68/10-0150 Čižikov, P. N. O ponjatijach „počvoobrazujuščaja poroda" i „podpočva". (**Über die Begriffe „bodenbildendes Gestein des Bodens" und „Untergrund."**) Počvovedenie, Moskva **1968** Nr. 3. S. 120-124. — 25 Lit. Zus. in Engl.
Vf. gibt einen Abriß über die Begriffsfassung verschiedener Autoren zu o. g. Termini. Dokučaev 1883, Sibircev 1900, Glinka 1902 u. a. legten eindeutige Definitionen vor. Später herrschte Unklarheit über die Begriffe. Muttergestein (Synoym zu Ausgangsgestein) wurde als unterlagerndes Material aufgefaßt, das nicht von bodenbildenden Prozessen erfaßt wurde, also als Untergrund. Diese Verwirrung hat ihre Ursache in einer unzureichenden Kenntnis der ersten Werke der Begründer der Bodenkunde. Um terminologische Klarheit erst wieder zu erreichen, werden vom Vf. die Auffassungen o. g. und anderer Bodenkundler wiedergegeben und erläutert. R. Diemann. 301.

2-68/10-0151 Koehler, F. E. und Moodie, C. D.; Washington, State Univ., Dep. of Agron. Society policy on obligatory use of metric units questioned. (**Gesellschaftliche Überwachung des verbindlichen Gebrauchs metrischer Maßsysteme ist zweifelhaft.**) Proc. Soil Sci. Soc. America **31** (1967) Nr. 5. S. 712. — 1 Lit.
Nach Betonung des Wertes der weltweiten Verwendung eines Maßsystems wird Kritik an der Vorschrift einiger amerikanischer Zeitschriften und Ges. geübt, das metrische Maßsystem zu verwenden. Es soll das Verständnis der Artikel in der Praxis, die tägl. mit nichtmetrischen Maßen arbeitet, erschweren und den Leserkreis vermindern.
G. Schönberg/Pillnitz. 301.

2-68/10-0152 **3. Kolloquium über Fragen des Bodenwasserhaushaltes vom 3. bis 4. März 1966 in München.** Mitt. Dtsch. bodenkundl. Ges. 7 (1967) 302 S. — 135 Abb., 21 Tab., 134 Lit. Bayer. landwirtsch. Jb., Sonderh. **44** (1967) Nr. 3.
Auf dem Colloquium wurden Referate zu folgenden Problemkreisen gehalten: Dränung, Dränung und Lockerung, Kartierung, Wasserhaushalt und Standort, Wasserhaushalt und Waldbau, methodische Fragen, Bodengefüge, Bodenfeuchte, Moorböden, Grundwasser, Grundwasserfragen, Oberflächenabfluß und Wasserhaushalt. 301.

2-68/10-0153 Anonym. **Professor Dr. Richard Koch †.** Zbl. Bakteriol., Parasitenkunde, Infektionskrankh. Hyg., II. Abt. **122** (1968) Nr. 1. S. 1-2. — 1 Abb. 301.

2-68/10-0154 Törne, Ekkehard von. **Hermann Gisin 1917-1967.** Pedobiologia, Jena 7 (1968) Nr. 4. S. 382-386. — 1 Abb. 301.

2-68/10-0155 Loub, W. **Prof. Dr. phil. Dipl.-Ing. Herbert Franz zum 60. Geburtstag.** Bodenkultur, Wien **19** (1968) Nr. 1. S. I-II. — 1 Abb. 301.

B. Grundlagen zur Bodenkunde

2-68/10-0156 Funabiki, Shingo, Masui, Jun'ichi, Wada, Koji und Watanabe, Yutaka. Progress review. Division 3: Soil minerals and colloid complexes. **(Fortschrittsbericht. Abteilung 3. Bodenminerale und Kolloidkomplexe.)** J. Sci. Soil Manure, Japan/Nippon Dojohiryogaku Zasshi/ **39** (1968) Nr. 1. S. 17-27. — 1 Tab., 299 Lit. Orig.: jap. 325.

C. Bodenchemie

2-68/10-0157 Shingte, A. K., Leley, V. K., Narayana, N. und Kibe, M. M.; Poona, Coll. of Agric., Div. of Chem. A comparative study of the behaviour of dicalcium phosphate in soils. **(Eine Vergleichsuntersuchung über das Verhalten von Dikalziumphosphat im Boden.)** Poona agric. Coll. Mag. **57** (1967) Nr. 1/3. S. 35-42. — 3 Tab.
Diese Untersuchungen wurden mit 6 verschiedenen Bodenarten auf alkalischen Böden mit Superphosphat und auf sauren Böden mit Knochenmehl durchgeführt. Während des Untersuchungszeitraumes von 5 Mon. wurden die Böden feucht gehalten. Durch P-Fixierung war das Phosphat im 1. Mon. nach Verabreichung unlösl., später löste es sich nur langsam. Die P-Fixierung war in der Form des Superphosphats stärker als in der Form des Dikalziumphosphats ausgeprägt und außerdem abhängig von der Bodenart. H. Masche. 330.

2-68/10-0158 Nebe, W. **Der Phosphorgehalt sächsischer Grundgesteine und einiger daraus entstandener Waldböden.** Fortschr. d. Wasserchem. **1968** Nr. 8. S. 117-130. — 4 Abb., 2 Tab., 18 Lit. Zus. in Russ., Engl. — nach Zus.
Die wichtigsten waldbodenbildenden Grundgesteine des sächsischen Mittelgebirges werden nach ihrem P-Gehalt beurteilt und in Gruppen gleicher P-Versorgung gegliedert. Es folgen Angaben zur P-Konz. in Waldbodenprofilen über unterschiedlich ausgestatteten Gesteinen. Zwischen dem P-Gehalt im Grundgestein und im Boden besteht ein korrelativer Zusammenhang, der durch Fremdmaterialbeimengungen, biol. Akkumulation und bodentypol. bedingte Profildifferenzierung gestört sein kann. Abschließend werden Bindungsform, Löslichkeit und Wanderungsmöglichkeiten des P in Waldböden erörtert. 330.

2-68/10-0159 Haveraaen, Oddvar und Steenberg, Kjell. Nedvasking av næ ringsstoffer i myrjord. Noen resultater ved bruk av radiaktive isotoper. **(Nährstoffauswaschungen aus Torfboden. Einige Ergebnisse durch Anwendung radioaktiver Isotope.)** Meld. Norges Landbrukshøgskole **46** (1967) Nr. 21. 25 S. — 12 Tab., 13 Lit. Zus. in Engl.
Mit Hilfe von ^{42}K-markiertem KCl und K_2CO_3, ^{32}P-markiertem Superphosphat und ^{86}Rb-markiertem RbCl wurde die Auswaschung von K, P und Rb aus Torfböden untersucht. Die K-Auswaschung vergrößerte sich mit der Menge des durchsickernden Wassers. Sie war höher bei KCl- als bei K_2CO_3-Düngung und ungefähr proportional der angewandten Düngermenge. Qualität des Torfbodens und Verwendung von KCl mit $CaCO_3$ hatten keinen sichtbaren Einfluß auf die Höhe der K-Auswaschung. Die P-Auswaschung hing von Torfqualität und Wassermenge ab. Die Rb-Auswaschung verhielt sich ähnlich der K-Auswaschung. K. Robowsky/Paulinenaue. 330.

2-68/10-0160 Andruszczak, E. Zawartość i rozmieszczenie w profilu glebowym przyswajalnego fosforu i potasu. **(Gehalt und Verteilung des aufnehmbaren Phosphors und Kaliums im Bodenprofil.)** Nowe Rolnictwo **16** (1967) Nr. 24. S. 20-23. — 3 Tab.
Die Untersuchungen umfaßten 201 Bodenprofile des Podsol- und Braunerdetyps. In allen Proben wurden mechanische Zusammensetzung, pH sowie Gehalt an K, P und Humus bestimmt. Die untersuchten Böden zeigten in ihrer typol. Zugehörigkeit keine Unterschiede im K- und P-Gehalt. Der Gehalt an aufnehmbarem K und P war im Humushorizont höher als in den tiefer liegenden Schichten. Sandige Podsolböden hatten im Humushorizont eine saure und in den tiefer liegenden Horizonten eine schwach saure Reaktion. Ton- und schluffhaltige Podsolböden zeigten in ihrem ganzen Bodenprofil eine leicht saure Reaktion. Sandige Braunerden waren sauer, ton- und schluffhaltige in ihrem ganzen Profil schwach sauer. PRL/CBR. 330.

2-68/10-0161 Knauer, N. **Über die Abhängigkeit des lactatlöslichen Nährstoffgehaltes des Bodens von der Nährstoffanreicherung durch die Düngung.** Z. Acker- u. Pflanzenbau **127** (1968) Nr. 2. S. 89-102. — 9 Abb., 4 Tab., 14 Lit.
Vf. wertet Bodenuntersuchungsergebnisse von den Kieler Dauerdüngungsversuchen aus. Zwischen laktatlösl. und gedüngtem P bestand mit $r = + 0{,}85$ eine recht gute Korrelation. Für K war sie mit $r = + 0{,}47$ wesentlich weniger straff. Der laktatlösl. P_2O_5-Gehalt

stieg um 1 mg/100 g Boden, wenn 126 kg P_2O_5/ha mehr gedüngt wurden, als die Pflanzen aus dem Boden aufnahmen. Dies konnte in einem Vorratsdüngungsversuch bestätigt werden. Unterschiedliche Phosphatform war dabei ohne Einfluß. Stärkerer P-Mangel trat bei einem Heidepodsol unter 7 mg, bei einer Braunerde unter 4 mg P_2O_5/100 g Boden auf. Unterlassung der P-Düngung senkte auf dem Heidepodsol den Gehalt auf einen standortstypischen Wert von 5···6 mg P_2O_5/100 g Boden, weiterer Phosphatentzug durch die Ernten änderte diesen Wert während 10 Jahren praktisch nicht. Bei Unterlassung der K-Düngung wurden standortstypische Gehalte von 3···4 mg K_2O/100 g Boden beim Heidepodsol und von 6···14 mg K_2O in der Braunerde beobachtet. Bei Berücksichtigung der verschiedenen, die Laktatwerte beeinflussenden Faktoren sind mit der Laktatmethode Betrachtungen zur Nährstoffbilanz möglich. F. Hoffmann. 330.

2-68/10-0162 Mortvedt, J. J. und Giordano, P. M. Zinc movement in soil from fertilizer granules. (**Die Beweglichkeit von Zn aus granuliertem Dünger im Boden.**) Proc. Soil Sci. Soc. America **31** (1967) Nr. 5. S. 608-613. — 5 Abb., 1 Tab., 15 Lit.

Die Bewegung von Zn in einem sandigen Lehm (pH 5,2) aus Granulaten mit einem Gehalt an 2% Zn (als ^{65}Zn markiert) nimmt in folgender Reihenfolge ab: Ammoniumnitrat (AN) > direkte Gabe, (ohne Träger) = konz. Superphosphat (CSP) > Monoammoniumphosphat (MAP) = Triammoniumpyrophosphat (TPP). In einem Kalkboden (pH 7,1) war die Bewegung des Zinks aus MAP geringer als bei allen anderen Trägern, generell geringer als beim sandigen Lehm. Die größte Bewegung des Zn aus P-Trägern verlief während der 1. Woche. Sowohl die Reaktionen zwischen Träger und Zn als auch zwischen Boden und Zn beeinflußten die Bewegung aus dem Granulat. Die Menge an Zn, die durch eine Extraktion mit 2 n $MgCl_2$-Lösung aus dem Boden im Abstand von weniger als 0,5 cm nach 1 Woche wiedergefunden wurde, variierte mit dem Träger, war jedoch nach 8 Wochen für alle Träger gleich. Die Aufnahme durch die Pflanze war bei Anwendung von AN größer als bei anderen Trägern. H. Schößler. 330.

2-68/10-0163 Kubota, Joe, Lazar, Victor A., Simonson, G. H. und Hill, W. W. The relationship of soils to molybdenum toxicity in grazing animals in Oregon. (**Die Beziehung von Böden zur Molybdän-Toxizität von Weidetieren in Oregon.**) Proc. Soil Sci. Soc. America **31** (1967) Nr. 5. S. 667-671. — 4 Abb., 6 Tab., 14 Lit.

Die Mo-Toxizität in Wiederkäuern ist ein Ernährungsproblem auf einigen kleinen Überschwemmungsflächen in Oregon, das eng mit dem Ausgangsmaterial der Böden zusammenhängt. Die Böden enthalten große Mengen an Mo (2···6 ppm). Auf kalkreichen Böden, die aus alluvialem granitischem Ausgangsmaterial entstanden, erhöht sich der Mo-Gehalt von Leguminosen mit dem Mo-Gehalt des Bodens. Auf stark ausgelaugten sauren Schieferböden erhöht sich dagegen der Gehalt an Mo der Pflanzen nicht mit Erhöhung des Mo-Gehaltes der Böden, bewegt sich jedoch mit 10···20 ppm noch innerhalb des Toxizitätsbereiches für Weidetiere. H. Schößler. 330.

2-68/10-0164 Aomine, Shigenori, Kawasaki, Hiroshi und Inoue, Katsuhiro. Retention of mercury by soils. I. Mercury residues of paddy and orchard soils. (**Retention von Quecksilber durch Böden. 1. Mitt. Quecksilberrückstände in Reis- und Obstplantagenböden.**) Soil Sci. Plant Nutrit., Tokyo **13** (1967) Nr. 6. S. 186-188. — 1 Tab., 7 Lit. Orig.: engl.

Es wurden 7 Reis- und 8 Obstplantagenböden (Lehm bis Ton) auf ihren Hg-Gehalt untersucht. Die gefundenen Werte lagen im Oberboden zwischen 0 und 0,5 ppm; in einem Fall wurde bei einem Humusgehalt von 13,7% sogar ein Gehalt von 2,2 ppm ermittelt. Infolge Auswaschung wurden auch in tieferen Bodenschichten häufig deutliche Hg-Mengen festgestellt; in 3 Fällen nahm die Hg-Konz. mit der Bodentiefe erheblich zu. Nach Anwendung Hg-haltiger Fungizide verbleibt für eine beträchtliche Zeit Hg im Boden. Die Hg-Retention hängt von den Permeabilitäts- und Adsorptionseigenschaften des Bodens ab. F. Hoffmann. 330.

2-68/10-0165 Aomine, Shigenori und Inoue, Katsuhiro. Retention of mercury by soils. II. Adsorption of phenylmercuric acetate by soil colloids. (**Retention von Quecksilber durch Böden. 2. Mitt. Adsorption von Phenylquecksilberazetat durch Bodenkolloide.**) Soil Sci. Plant Nutrit., Tokyo **13** (1967) Nr. 6. S. 195-200. — 6 Abb., 9 Lit. Orig.: engl. 1. Mitt. vgl. vorst. Ref.

3 Böden sowie Montmorillonit, Allophan und Kaolinit wurden mit Lösungen von Phenylquecksilberazetat (PMA) und z. T. auch $HgCl_2$ geschüttelt. Die Adsorption des PMA war bei Montmorillonit bzw. montmorillonitreichem Boden sehr stark, bei Allophan wesentlich

geringer, noch kleiner war sie bei Kaolinit. Vom adsorbierten PMA ließ sich um so mehr auswaschen, je kleiner das Adsorptionsvermögen des Tons bzw. Bodens war. Der pH-Wert hatte auf die Adsorption praktisch keinen Einfluß. Die PMA-Adsorption führte bei Montmorillonit zu einer Aufweitung der Schichtpaketabstände von 12,3 auf 14,3 Å in lufttrockenen Proben; PMA befand sich als monomolekulare Schicht zwischen den Schichtpaketen. Die unterschiedliche Hg-Retention der Böden erklärt sich z. T. aus der unterschiedlichen PMA- und Hg-Adsorption ihrer Tonminerale. F. Hoffmann. 330.

2-68/10-0166 Kobo, Kenzo, Kumada, Kyoichi, Shiga, Hitoichi, Matsuo, Yoshio und Mori, Nobuyuki. Progress review. Division 2: Soil organic and inorganic constituents. **(Fortschrittsbericht. Abteilung 2. Organische und anorganische Bodenbestandteile.)** J. Sci. Soil Manure, Japan [Nippon Dojohiryogaku Zasshi] **39** (1968) Nr. 1. S. 10-16. — 151 Lit. Orig.: jap. 330.

2-68/10-0167 Lipkind, I. M. und Trošina, E. F. Kalij v počvach Tadžikistana. **(Kalium in Böden Tadshikistans.)** Doklady Akademii nauk Tadžikskoj SSR, Dušanbe **10** (1967) Nr. 12. S. 45-47. — 1 Abb., 1 Tab., 6 Lit. Orig.: russ. 330.

2-68/10-0168 Obuchov, A. I. Soderžanie i raspredelenie mikroėlementov v počvach suchoj tropičeskoj zony Birmy. **(Gehalt und Verteilung der Mikroelemente in den Böden der trockenen tropischen Zone Burmas.)** Počvovedenie, Moskva **1968** Nr. 2. S. 93-102. — 5 Tab., 12 Lit. Zus. in Engl. 330.

2-68/10-0169 Aderichin, P. G. und Kopaeva, M. T. Cink v počvach Central'no-Černozemnoj oblasti. **(Zink in den Böden des Zentralen Schwarzerdegebietes.)** Agrochimija, Moskva **1968** Nr. 3. S. 88-92. — 2 Tab., 11 Lit. 330.

2-68/10-0170 Andersson, Arne. Mercury in Swedish soils. **(Quecksilber in schwedischen Böden.)** Oikos, Copenhagen, Suppl. **1967** Nr. 9. S. 13-14. — 1 Lit. 330.

2-68/10-0171 Alešin, S. N. und Kručinina, Z. A. Issledovanie form pogloščenija vody montmorillonitovoj glinoj. **(Untersuchungen der Formen der Wassersorption an Montmorillonit.)** Izvestija Timirjazevskoj sel'skochozjajstvennoj akademii, Moskva **1968** Nr. 1. S. 208-211.

Mit Hilfe eines Derivatographen wurde an unterschiedlich vorbehandelten Proben festgestellt, daß Montmorillonit Wasser in 3 Formen enthält: 1. Adsorptionswasser zwischen den Schichtpaketen und an der Oberfläche, das bei 100···140 °C entfernt wird; 2. Hydratationswasser, das von den positiv hydratisierten Kationen und negativ geladenen Teilflächen der Mineraloberfläche gebunden wird. Es befindet sich zumeist an den inneren Oberflächen der Schichtpakete und wird bei 140···300 °C entfernt; 3. Konstitutionswasser, das bei 620···720 °C entfernt wird. G. Graul. 332.

2-68/10-0172 Kobayashi, Yoshiyuki und Aomine, Shigenori; Fukuoka, Japan, Kyushu Univ., Fac. of Agric. Mechanism of inhibitory effect of allophane and montmorillonite on some enzymes. **(Mechanismus des Hemmeffekts von Allophan und Montmorillonit hinsichtlich einiger Enzyme.)** Soil Sci. Plant Nutrit., Tokyo **13** (1967) Nr. 6. S. 189-194. 4 Abb., 4 Tab., 14 Lit. Orig.: engl.

Die Fraktionen $< 2\,\mu m$ von Allophan aus einem Andosol-B-Horizont von Choyo und von Gumna-Bentonit wurden Ca-gesättigt, in Na-Azetatpufferlösung suspendiert und mit *Streptomyces-griseus*-Proteinase, Bakterien-α-Amylase und Gerste-β-Amylase im schwach sauren Bereich gemischt. Als Substrate dienten Hämoglobin, das synthetische Dipeptid Karbobenzoxy-L-glutamyl-L-tryosin sowie Amylose aus Kartoffelstärke. — Die Aktivität der Protease und β-Amylase wurde durch Montmorillonit (Bentonit) stärker reduziert als durch Allophan. Für α-Amylase traf das Gegenteil zu. Vff. nehmen an, daß sowohl Enzym als auch Substrat unter Bildung von Enzym-Substrat-Komplexen an äußeren Tonmineraloberflächen sorbiert werden. Die Ergebnisse lassen weiterhin vermuten, daß Allophan eine partielle Hemmung der Enzym-Substrat-Komplexbildung bewirkt. Daneben ist anzunehmen, daß Montmorillonit einen Teil von Enzymen durch Zwischenschichtsorption aus dem Reaktionsmedium herausfiltert. H. Kretschmer. 332.

2-68/10-0173 Beutelspacher, H. und Marel, H. W. van der. Atlas of electron microscopy of clay minerals and their admixtures. **(Atlas der Elektronenmikroskopie der Tonminerale und ihrer Beimengungen.)** Engl. u. Dtsch. Amsterdam; London; New York: Elsevier Publ. Co. 1968. (333 S. m. 262 Abb.) 4°. Dfl. 110. —.

Der vorliegende Bildatlas ist der 1. einer nacheinander erscheinenden Serie über Elektronenmikroskopie, IR-Spektroskopie, Röntgenbeugungsanalyse und Thermoanalyse der Tonminerale. Die Notwendigkeit zur Realisierung eines solchen Vorhabens ist gegeben durch den Aufschwung der Tonmineralforschung infolge verbesserter Gerätetechnik — in den vergangenen Jahren erschienen ca. 450 Publikationen in etwa 160 Zeitschriften — und durch wachsendes Interesse von Landwirtschaft und Industrie an Tonmineralen. — Nach zweckmäßig illustrierten und daher leicht faßlichen Darlegungen über die Funktionsweise des Durchstrahlungs-Elektronenmikroskops und über die Präparationstechnik werden die einzelnen Tonminerale hinsichtlich Struktur, Formel, Vorkommen und Benennungsursprung beschrieben und elektronenmikroskopisch hervorragend abgebildet. Im einzelnen bezieht sich das auf folgende Mineralgruppen: Kaoline, Montmorine, Glimmer, Pyrophyllit und Talk, Chlorite, Wechsellagerungsminerale, Attapulgit, Sepiolith und verwandte Minerale mit Kettenstruktur, Fe- und Al-Minerale, Quarz, Kristobalit und Tridymit, Karbonate und Sulfate, org. und anorg. Beimengungen sowie verschiedene andere Stoffe (Glazialtone, Gleitschlick, Diatomeenreste u. a.). Innerhalb der Gruppen werden auch seltenere Minerale dargestellt, so z. B. bei den Kaolinen die Serpentine mit den Vertretern Serpentinit, Chrysotil, Antigorit, Lizardit, Unst-Typ-Mineral, Hydro-Antigorit und Deweylith (Gymnit.) — Vff. betonen abschließend, daß das Elektronenmikroskop ein geeignetes Instrument zur Identifizierung von Tonmineralen ist, daß aber trotzdem noch ein großer Teil uncharakteristischer Minerale verbleibt, der durch andere Verfahren gekennzeichnet werden muß. Die Zahl der gut definierten Tonminerale beträgt heute bereits annähernd 200. — Ein umfangreiches Literaturverzeichnis, geordnet nach den unterschiedenen Tonmineralgruppen, beschließt den Bildatlas. H. Kretschmer. 332.

2-68/10-0174 Kul'čickij, L. I., Orlov, D. S. und Al'zubajdi, A. Ch. Poverchnostnaja dissociacija glinistych mineralov v vodnoj srede. **(Oberflächige Dissoziation bei Tonmineralen in wäßrigem Medium.)** Vestnik Moskovskogo universiteta. Serija VI. Biologija, počvovedenie 23 (1968) Nr. 1. S. 103–114. — 2 Abb., 2 Tab., 21 Lit. 332.

2-68/10-0175 Czerney, Peter. **Über den Einfluß der Kalkdüngung auf die chemischen Eigenschaften von Fichtenhumus.** Arch. Forstwes. 17 (1968) Nr. 5. S. 513–530. — 1 Abb., 8 Tab., 42 Lit. Zus. in Russ., Engl. — nach Zus.

Es wurde die Wirkung verschiedener Kalkarten und -mengen auf die chem. Eigenschaften von Fichtenhumus geprüft. Dabei wurde an Hand von 3 Kalkversuchsflächen nachgewiesen, daß Kalkdüngungen regelmäßig zu erhöhten pH-, $T_{(Gv)}$-, S- und V-Werten sowie zu erhöhten $N_{(Gv)}$-Gehalten bzw. zu engeren C/N-Verhältnissen führen. Zwischen den einzelnen Kalkarten und -mengen bzw. der Länge ihrer Einwirkungsdauer ergaben sich gewisse Unterschiede. In dem bes. ausführlich untersuchten Beispielen führte die Kalkdüngung ferner zu einer Zunahme des Zersetzungsgrades sowie der Huminsäuren im A_0- und A_1-Horizont, während Fulvosäuren und strukturiertes Material abnahmen. Die Huminsäuren selbst besaßen höhere Aschegehalte, Zersetzungsgrade und KUK-Werte; im F/H-Horizont war ihre Farbtiefe bei gleichzeitig vermindertem Farbquotienten angestiegen. Die Extraktionsrückstände waren N-reicher bzw. besaßen ein engeres C/N-Verhältnis als vor der Kalkung. Weiterhin wurde nachgewiesen, daß die Kalkdüngung zu einer Abnahme in äther-, alkohol- und wasserlösl. Subst. sowie an Zellulose geführt hat, während die Hemizellulosen und der in 78%iger H_2SO_4 nicht hydrolysierbare Rückstand zugenommen haben. 333.

2-68/10-0176 Czerney, Peter und Fiedler, Hans-Joachim. **Uber korrelative Beziehungen zwischen Humuskennzahlen.** Thaer-Arch. 12 (1968) Nr. 7. S. 559-568. — 6 Abb., 4 Tab., 15 Lit. Zus. in Russ., Engl. — nach Zus.

Der durchgeführte Vergleich verschiedener Verfahren zur Ermittlung von Humuskennzahlen gestattet es, nach unterschiedlichen Methoden ermittelte Humus- bzw. C-Gehalte, Sorptionswerte (T-, H-, S- und V-Wert) und Humusfraktionen besser zu beurteilen und für ein geeignetes Versuchsmaterial entspr. Umrechnungen vorzunehmen. Für ein umfangreiches Zahlenmaterial, das an A_0–A_1-Horizonten von Waldbodenprofilen vorwiegend unter Fichten gewonnen wurde, ließen sich zwischen 22 Humuskennzahlen gesicherte positive Korrelationen nachweisen. Weiterhin ergaben sich zwischen 10 Humuskennzahlen gesicherte negative Korrelationen. Einschl. des Methodenvergleiches wurden damit 38 gesicherte Korrelationen nachgewiesen. Da das Fichtenwachstum in unserem Gebiet vor allem vom N-Gehalt bestimmt wird, interessieren bes. die mit der N-Komponente des Humus im Zusammenhang stehenden Korrelationen. 333.

2-68/10-0177 McKeague, J. A.; Ottawa, Ontario, Canada, Dep. of Agric. Humic-fulvic acid ratio, Al, Fe und C in pyrophosphate extracts as criteria of A and B horizons. (**Huminsäure-Fulvosäure-Verhältnis, Al, Fe und C in Pyrophosphatextrakten als Kriterien für A- und B-Horizonte.**) Canad. J. Soil Sci. **48** (1968) Nr. 1. S. 27-35. — 5 Tab., 16 Lit.

Als wirksame Kriterien zur Unterscheidung von A- und B-Horizonten erwiesen sich das Verhältnis von Huminsäure-C zu Fulvosäure-C im 0,1 mol. Pyrophosphatextrakt (Ch/Cf), das Verhältnis von C im Pyrophosphatextrakt zum Gesamt-C (*Cextr*/C) sowie das Verhältnis von Fulvosäure-C zu Gesamt-C (Cf/C). Für die B-Horizonte von sauren Brunisol-, Podsol- und humosen Podsolböden waren Ch/Cf < 50%, *Cextr*/C > 50% und Cf/C > 30%; für die A-Horizonte Ch/Cf > 50%, *Cextr*/C < 50% und Cf/C < 30% charakteristisch. Für Bm-Horizonte gelten diese Grenzwerte nicht. Das mol. Verhältnis von Fe + Al zu Fulvosäure im Extrakt lag für alle B-Horizonte mit 3...10 innerhalb der für unlösl. synthetische Fe- und Al-Fulvosäurekomplexe angegebenen Größenordnungen oder darüber.

K. Koepke. 333

2-68/10-0178 Wildenhain, Wolfgang und Henseke, Günter. **Autoxydation gelfiltrierter Fulvosäuren.** Thaer-Arch. **12** (1968) Nr. 8. S. 679-680. — 1 Abb., Zus. in Russ., Engl. — nach Zus.

Die rel. Stabilität der Fulvosäuren ist auf Komponenten zurückzuführen, die den Humifizierungsprozeß inhibieren. Mittels Gelfiltration gelingt ihre Verteilung auf 2 eng begrenzte Fraktionierungsbereiche, wodurch die übrigen Fraktionen einer raschen Autoxydation unterliegen. 333.

2-68/10-0179 Fotiev, A. V. O prirode gumusovych veščestv vody. (**Über die Natur der Humusstoffe des Wassers.**) Doklady Akademii nauk SSSR, Moskva **179** (1968) Nr. 2. S. 443-446. — 9 Lit.

Vf. untersucht mit verschiedenen Methoden (Dünnschicht-, Papier-, Säulenchromatographie, Elektrophorese, Spektrophotometrie, Fluoreszenz) Humusstoffe, die durch Ausfrieren aus kleinen Moorflüssen isoliert wurden. Bei den Untersuchungen wurden 3 Fraktionen gefunden, wobei verschiedene chromatograph. Methoden eine gute Übereinstimmung zeigten. Die Fraktionen unterschieden sich durch Färbung, optische Dichte und C-Gehalt (zunehmend von Fraktion **I** — **III**). Nach Vf. ist die Zunahme von C-Gehalt, optischer Dichte und Intensität der Färbung auf eine Vergrößerung der Moleküle der Humusstoffe zurückzuführen. **I** wies im Gegensatz zu **II** und **III** hohen Aschegehalt und hohen H-Anteil auf und ist als beweglichster und chem. einfachster Vertreter der Humin- und Fulvosäuren aufzufassen. — Ausführliche methodische Hinweise werden gegeben.

G. Graul. 333.

2-68/10-0180 McGrath, D.; Wexford, Ireland, Agric. Inst., Dep. of Soil Fertility. Nature and distribution in Irish soils of a new soil pigment. (**Beschaffenheit und Verbreitung eines neuen Bodenpigments in irischen Böden.**) Nature, London **215** (1967) Nr. 5108. S. 1414. — 2 Abb., 6 Lit.

Vf. extrahierte sowohl mit Chloroform als auch mit einer Mischung aus Azeton und n NaOH-Lösung (1:1) aus einer großen Zahl irischer Böden einen Farbstoff, der aus Chloroform auskristallisierte (Schmelzpunkt > 360 °C) und den Absorptionsspektren im sichtbaren und IR-Bereich entspr. dem Hydroxyanthrachinon ähnelte. Diese Verbindung war auch in konz. Schwefelsäure lösl., unlösl. dagegen u. a. in Wasser, Natronlauge, verdünnter Schwefelsäure, Azeton und Äthanol. Aus 13 kg Boden konnten 170 mg dieser Verbindung in kristalliner Form gewonnen werden. H. Igel. 333.

2-68/10-0181 Courpron, C. Détermination des constantes de stabilité des complexes organo-métalliques des sols. (**Bestimmung der Stabilitätskonstanten metallorganischer Komplexe der Böden.**) Ann. agronom. **18** (1967) Nr. 6. S. 623-638. — 3 Abb., 5 Tab., 31 Lit. Zus. in Russ., Engl., Dtsch. — nach Zus.

Die mol. Zusammensetzungen und die Stabilitätskonstanten metallorg. Komplexe, die zwischen den rotbräunlichen und humushaltigen Anteilen des aus dem A_0-Horizont eines Podsols feuchter Heide extrahierten org. Materials und Cu sowie Zn bestehen, wurden bestimmt. Diese Untersuchungen beruhen einerseits auf der Methode des Ionengleichgewichtes eines kationischen Harzes und andererseits auf der spektrophotometrischen Methode der kontinuierlichen Variationen von Job.

Man erhielt die folgenden Werte:

Humussäure-Cu	log K = 3,23;
Humussäure-Zn	log K = 2,83;
Huminsäure-Cu	log K = 7,00;
Huminsäure-Zn	log K = 2,87.

Diese Ergebnisse zeigen, daß das org. Material stabilere Komplexe mit Cu als mit Zn bildet, woraus auf eine ausgeprägtere Zurückhaltung des Cu als des Zn in mit Humus angereicherten Böden zu schließen ist. 333.

2-68/10-0182 Oberländer, H.-E. **Einige Beobachtungen über die isotopische Meßbarkeit des labilen („pflanzenverfügbaren") Bodenphosphates im Laufe einer Vegetationsperiode.** Bodenkultur, Wien **19** (1968) Nr. 1. S. 10-15. — 1 Abb., 1 Tab., 20 Lit. Zus. in Engl. — nach Zus.

In Gefäßversuchen mit Hafer wurde die zeitliche Änderung des isotopisch meßbaren („pflanzenverfügbaren") P-Anteils von 3 niederösterreichischen Böden im Verlaufe einer 14wöchigen Vegetationsperiode untersucht. Als ^{32}P-markierte Vergleichsdünger dienten teils granuliertes Superphosphat, teils pulverisiertes primäres Kaliumphosphat. Die P-Werte fielen bis zur 6. Woche ab, offenbar deshalb, weil die von den Jungpflanzen aus dem Samen aufgenommene P-Menge einen bis zu diesem Zeitpunkt abnehmenden Anteil des für sie verfügbaren Gesamt-P darstellt, und stiegen dann, je nach Bodenart, stetig oder bis zu einem Maximum in der 11. Woche an. Wenn man als Ursache dieses Anstieges Wechselwirkungen zwischen Boden und Dünger (Isotopenaustausch und P-Fixierung) ansieht, so folgt daraus, daß die angewendete Methode vor Erreichung konstanter P-Werte nur dann gültige Aussagen liefert, wenn Böden von sehr ähnlichem Verhalten verglichen werden. 335.

2-68/10-0183 Koloskov, I. A., Pisarev, V. V. und Sinicyna, Z. L. Vymyvanie stroncija-90 iz nekotorych počv i gruntov. (**Auswaschung von Strontium-90 aus einigen Böden und Schichten.**) Počvovedenie, Moskva **1968** Nr. 2. S. 87-92. — 3 Abb., 4 Tab., 11 Lit..

Die Auswaschung von ^{90}Sr aus verschiedenen Bodentypen wurde labormäßig untersucht, wobei die gewählten Bedingungen denen der natürlichen Desorption weitgehend angeglichen waren. Monolithische Bodenproben (13 · 14 · 13 cm bei vertikaler bzw. 54 · 19 · 15 cm bei horizontaler Durchströmung) wurden portionsweise mit Flußwasser (a: 54,2 mg Ca und 17,9 mg Mg/l) oder aqua. dest. (b) durchströmt. Der Desorptionskoeffizient K_d wurde aus dem Verhältnis von in Lösung gegangenem und vor Versuchsbeginn im Boden vorhandenem ^{90}Sr errechnet. Bei vertikaler Durchströmung wurde ^{90}Sr aus Rasenwiesenböden schneller ausgewaschen als aus sumpfigen Torfböden. Bei nahezu allen Bodentypen wurden mit a ca. 2mal höhere Werte für K_d erreicht als mit b. Ähnliche Ergebnisse wurden auch bei horizontaler Auswaschung gefunden, hier erwies sich jedoch die Schichtdicke der Probe als begrenzender Faktor. Bei mit Sand, Ton und Torf gemischten Bodenproben nahm bei kontinuierlicher Auswaschung K_d gleichsinnig ab. Die Desorption von ^{90}Sr korrelierte mit dem Gehalt der Proben an Ca^{2+} und Mg^{2+}. Mit steigendem Gehalt an diesen Kationen verringerten sich die Werte für K_d. H. Nürnberger. 335.

2-68/10-0184 Abdel Salam, M. A. Ca-45 izotop kicserélődésének vizsgálata kalciumkarbonaton, kalciumszulfáton és kalciummal telitett agyagokon. (**Untersuchung des Isotop-Austausches von Ca-45 mit Kalziumkarbonat, Kalziumsulfat und mit durch Kalzium gesättigten Tonen.**) Agrokém. és Talajtan [Agrochem. u. Bodenkunde] **16** (1967) Nr. 3. S. 357-365. — Ung. Agrar-Rdsch. **1968** Nr. 3. 335.

2-68/10-0185 Finck, Arnold. **Bodenreaktion und Pflanzenwachstum.** Schriftenr. landwirtsch. Fak. Univ. Kiel **1966** Nr. 41. S. 5-30. — 25 Abb.

Bei den im niedrigen pH-Bereich auftretenden „Säureschäden" leiden die Pflanzen sowohl unter Nährstoffmangel (Ca, Mg) als auch unter toxischen Überschüssen (z. B. Al-Vergiftung). In Schleswig-Holstein, wo ohnehin alle Böden wegen des feuchten Klimas zur Versauerung neigen, sind schätzungsweise noch $^2/_3$ aller Ackerböden und $^1/_4$ aller Grünlandböden unzureichend mit Ca versorgt. Um so unverständlicher erscheint der (im Gegensatz zu den übrigen Düngemitteln) stetige Rückgang des Ca-Verbrauches. — Die bei hohen pH-Werten auftretenden „Ca-Schäden" können entweder durch den natürlichen Ca-Gehalt des Bodens oder durch eine (meist stellenweise) „Überkalkung" verursacht sein. Übermäßige Kalkung kann eine Festlegung bestimmter Spurenelemente im Boden mit entspr. Mangelschäden bei Pflanzen (häufig Mn und B) bewirken. Solche Mangelstellen sind aber flächenmäßig von untergeordneter Bedeutung. Der mittlere, optimale pH-Bereich der jeweiligen Bodenart liegt dort, wo einerseits möglichst viele Nährstoffe ihre beste Verfügbarkeit zeigen und wo andererseits die bes. auf schweren Böden wichtige gefügestabilisierende Wirkung des Kalkes am höchsten ist. Nur hier können höchste Erträge mit bester Qualität erzielt werden. H. Masche. 337.

2-68/10-0186 Boskma, K. Deinvloed van het gehalte aan afslibbare delen en andere factoren op de optimale pH van kleingrond. (**Der Einfluß des Gehalts an abschlämmbaren Teilchen und anderen Faktoren auf den optimalen pH-Wert von Tonböden.**) Versl. landbouwkund. Onderz. **1967** Nr. 692. 47 S. — 12 Abb., 12 Tab., 12 Lit. Zus. in Engl.
38 Feldversuche in den Niederlanden aus den Jahren 1947-63 werden besprochen. Betarüben sind bodensäureempfindlich, von den Getreidearten sind Weizen und Gerste empfindlicher als Hafer. Die Kartoffelerträge waren bei niedrigem pH-Wert höher, bei pH 5,6 traten Ertragsdepressionen auf. Für Getreide wurde eine signifikante Beziehung zwischen dem Tongehalt und der Wirkung des Boden-pH auf den Ertrag festgestellt. Die Wirkung des pH-Wertes auf den Ertrag stieg mit dem Tonanteil des Bodens. Ein starker Anteil an org. Subst. im Boden schwächte den Einfluß des pH-Wertes auf den Ertrag. Die Ergebnisse zeigten, daß ganz allg. Tongehalt des Bodens die Empfindlichkeit der Kulturpflanzen gegenüber Änderungen des pH-Wertes erhöht, während org. Subst. die Empfindlichkeit gegenüber niedrigem pH herabsetzt. E.-M. Ardelt. 337.

2-68/10-0187 Chamura, Shugo und Mizusima, Toyohei. Studies on the relation between the tolerance of crops to soil acidity and that to low pH. 14. The effects of fertilization on acidic soils with different pH values. (**Untersuchungen über die Beziehungen zwischen der Toleranz von Kulturpflanzen gegenüber Bodenazidität und gegenüber niedrigem pH-Wert. 14. Mitt. Düngerwirkungen auf sauren Böden mit unterschiedlichen pH-Werten.**) Proc. Crop. Sci. Soc. Japan **36** (1967) Nr. 4. S. 346--353. — 1 Abb., 5 Tab., 12 Lit. Orig.: jap., Ausz.: engl.
Ein humusreicher Vulkanascheboden wurde auf verschiedene Aziditätsstufen aufgekalkt, außer einer Standarddüngung wurden Düngungen mit Kalkstickstoff, ohne P, ohne K und ohne Mg geprüft. Versuchspflanzen waren *Lolium italicum* (**I**) und *Astragalus sinicus* (**II**). Bei **II** bestanden Beziehungen zwischen der Zeit bis zum Auflaufen der Saat, dem Prozentsatz der aufgelaufenen Samen und dem ersten Wachstum, wobei Kalkstickstoff während des Auflaufens nachteilig wirkte, bei **I** ergaben sich keine solchen Beziehungen. Das Jugendwachstum korrelierte mit dem Ertrag bei beiden Arten. Im pH-Bereich zwischen 4,2 und 4,5 wurden durch Kalkung starke Ertragssteigerungen ausgelöst. Im pH-Bereich zwischen 4,5 und 6,5 änderte sich der Ertrag durch Kalkung bei **I** nur wenig, bei **II** nahm er ab. Oberhalb von pH 4,5 wirkte Düngung mit P, K und Mg stärker als Steigerung des pH-Wertes. Bes. starke Düngerwirkungen wurden bei **II** beobachtet. F. Hoffmann. 337.

2-68/10-0188 Chamura, Shugo. Studies on the relation between the tolerance of crops to soil acidity and that to low pH. 15. The effects of aluminum, hydrogen ion, lime, magnesium, nitrate, and nitrite of varying concentrations on the growth of Italian ryegrass and milk vetch. (**Untersuchungen über die Beziehungen zwischen der Toleranz von Kulturpflanzen gegenüber Bodenazidität und gegenüber niedrigem pH-Wert. 15. Mitt. Die Wirkungen von Aluminium, Wasserstoff-Ionen, Kalk, Magnesium, Nitrat und Nitrit verschiedener Konzentration auf das Wachstum von welschem Weidelgras und von Milchwicke.**) Proc. Crop. Sci. Soc. Japan **36** (1967) Nr. 4. S. 361-368. — 4 Abb., 7 Tab., 21 Lit. Orig.: jap., Ausz.: engl. — 14. Mitt. vgl. vorst. Ref.
Lolium italicum (**I**) und *Astragalus sinicus* (**II**) wurden in Nährlösungen kultiviert. Das Wachstum beider Arten war bei pH 4,3 gegenüber 5,3 vermindert, **II** wuchs auch bei pH 6,3 schlechter. 0,5 ppm Al förderten **I** und hemmten **II**. 5 ppm Al beeinträchtigten bei beiden Arten in starkem Maße Wachstum und P-Gehalt. Konz. von 5 ppm Ca und 2 ppm Mg waren für optimales Wachstum beider Arten zu niedrig. **II** hatte größeren Ca- und geringeren Mg-Bedarf als **I**. Hohe Mg-Konz. in der Nährlösung (130 ppm) senkte den Ca-, K- und P-Gehalt der Pflanzen. **II** war empfindlich gegen Nitrat, steigende Konz. verschlechterten das Wachstum beträchtlich. Bei **I** lag das Optimum der NO_3-Konz. wesentlich höher; im Gegensatz zu **II** waren stärkere Schwankungen im Stärkegehalt der Blätter bei unterschiedlicher NO_3-Versorgung kaum zu bemerken. Eine Nitritkonz. von 2 ppm förderte **I** und beeinträchtigte **II** in gewissem Maße. F. Hoffmann. 337.

D. Bodenphysik

2-68/10-0189 Džangaliev, A. D. und Adrianova, G. P. Vlijanie sistemy soderžanija počvy v sadu na ee agrofizičeskie svojstva. **(Einfluß verschiedener Bearbeitungssysteme auf Obstplantagenböden und ihre agrophysikalischen Eigenschaften.)** Izvestija Akademii nauk Kazachskoj SSR. Serija biologičeskaja, Alma-Ata **1967** Nr. 5. S. 10-24.
Auf Schwarzerden im Vorgebirge und in der Gebirgszone des Zalijski Altau in Kasachstan wurden in Zwischenreihen von Apfelplantagen verschiedene Kulturen angebaut, verschieden bearbeitet und genutzt. — Die günstigsten agrophys. Eigenschaften stellten sich bei geschlossener Pflanzendecke, die ungünstigsten bei Brache ein. Die Verbesserung der agrophys. Eigenschaften führte u. a. zur Erhöhung des Regenwurmbesatzes und der Apfelerträge. E. Büchner. 340.

2-68/10-0190 Kapljuk, L. F. Fizičeskie i vodno-fizičeskie svojstva počv Krymskoj Jajly. **(Physikalische und wasserphysikalische Eigenschaften der Böden des Jaila-Gebirges auf der Krim.)** Počvovedenie, Moskva **1968** Nr. 2. S. 72-82. — 7 Tab., 12 Lit. Zus. in Engl. 340.

2-68/10-0191 Yoneda, Shigeo, Misono, Shigeru und Yokoi, Hajime. Progress review. Division 1: Soil physics. **(Fortschrittsbericht. Abteilung 1. Bodenphysik.)** J. Sci. Soil Manure, Japan [Nippon Dojohiryogaku Zasshi] **39** (1968) Nr. 1. S. 1-9. — 238 Lit. Orig.: jap. 340.

2-68/10-0192 Volkova, V. Ja. Vlijanie polimerov i podvižnych kationov na processy agregacii častic počvy. **(Einwirkung von Polymeren und beweglichen Kationen auf die Bodenaggregierung.)** Doklady Vsesojuznoj ordena Lenina akademii sel'skochozjajstvennych nauk imeni V. I. Lenina, Moskva **1968** Nr. 2. S. 2-4. — 2 Tab., 4 Lit.
Bei Bearbeitung von Grauerden mit Polyakrylamid und K-4 koagulierten Teilchen $<$ 0,01 mm Dmr., die wiederum durch aktive Radikale der Kohlenwasserstoffseitenketten der Polymere verklebt wurden. Hierbei bildeten sich org.-mineral. Komplexe, die schwer wasserlösl. sind. Die Bindungen können mit der Zeit durch chem. Reaktionen oder durch mechanischen Einfluß zerstört werden. H. Hergenhan. 344.

2-68/10-0193 Griffiths, Ellis und Burns, R. G. Effects of gamma irradiation on soil aggregate stability. **(Wirkungen der Gammastrahlung auf die Aggregatstabilität des Bodens.)** Plant & Soil, The Hague **28** (1968) Nr. 1. S. 169-172. — 2 Tab., 9 Lit.
An 4 Böden wurde die Wirkung einer γ-Strahlung (2,5 Megarad) auf die Aggregatstabilität bestimmt. Natürliche und synthetische Aggregate zeigten dabei keine wesentliche Beeinflussung. Wenn die synthetischen Aggregate jedoch einen Anteil von 0,5% mikrobiell gebildeten Polysacchariden enthielten, war die Stabilität der Krümel zwar größer, sie ging aber nach Bestrahlung bei den einzelnen Böden um 9,8···52,2% zurück. Der Tongehalt der Böden wirkte als Schutz gegen die schädlichen Strahlungswirkungen. Wäßrige Lösungen von bestrahlten Polysacchariden waren weit weniger viskos als unbehandelte; dies wurde auf eine „Degradierung" der Polysaccharide zurückgeführt. W. Schulze. 344.

2-68/10-0194 Patil, N. D. Role of organic matter in soil aggregation. A review. **(Die Rolle des Humus bei der Bodenaggregation. Ein Überblick.)** Poona agric. Coll. Mag. **57** (1967) Nr. 1/3. S. 61-76. — 2 Tab., 87 Lit.
Die Kenntnisse über die Mechanismen der Bildung stabiler Bodenaggregate durch Humus sind bislang lückenhaft. Kolloidale org. Subst. vermögen auf vielfältige Weise in Wechselbeziehungen mit den Bodenteilchen zu treten und bewirken dadurch eine Aggregation. Nicht das bloße Vorhandensein des Humus, sondern dessen stetige Umsetzungen durch Mikroorganismen (Freisetzung bestimmter Stoffe, Schleimbildung, Autolyseprodukte) bedingen ein stabiles Bodengefüge. Dagegen ist die direkte Einflußnahme durch lebende Mikroorganismen (z. B. Pilzhyphengeflecht) geringer einzuschätzen. Pflanzenwurzeln tragen durch die Produktion org. Kolloide und durch Sekretion sowie durch den ausgeübten Druck wachsender Wurzeln auf den umgebenden Boden zur Aggregation bei. Der im Boden zugeführtie Kalk wirkt sich vorwiegend indirekt auf die Aggregation aus; er fördert die Rhizoflora sowe die Produktion und Zersetzung von Humus. Sowohl der Feuchtigkeitsgehalt des Bodens als auch die Menge und Qualität der zugeführten frischen org. Subst. sind genauso entscheidend für die Aggregationsprozesse wie die Gestaltung der Fruchtfolgen. In der Zukunft muß unbedingt ein größerer Forschungsaufwand zur exakten Klärung der Mechanismen einer stabilen Aggregatbildung in den Böden betrieben werden.
A. Kullmann. 344.

2-68/10-0195 Gupta, G. C. und Dutta, A. K. Water stability of aggregates in a heated black cotton soil. (**Wasserstabilität von Aggregaten in einem erhitzten schwarzen Baumwollboden.**) Soil Sci. **104** (1967) Nr. 3. S. 210-216. — 6 Tab., 14 Lit.
In Laborversuchen wurde der Einfluß des Erhitzens (4 h bei 60; 150; 225; 360; 600; 800 und 1000 °C) eines an Montmorillonit reichen, schwarzen Baumwollbodens (1,3% Humus, 1,75% $CaCO_3$, 7,2% Fe-Hydroxide) auf die Aggregation und Wasserdurchlässigkeit untersucht. Zwischen diesen Größen wurde keine lineare Beziehung gefunden. Beim Erhitzen auf 150 °C trat eine durch Trockensiebung nachweisbare Aggregation der halbhydratisierten Tonteilchen durch Adhäsions- und Kohäsionskräfte ein. Diese Aggregate erwiesen sich in Wasser als äußerst instabil, da sie sehr schnell Wasser aufnahmen, momentan quollen und zerfielen. Wesentlich sind die bei 360 °C eintretenden Veränderungen wie Abnahme der trocken ausgesiebten und beträchtliche Zunahme der wasserstabilen Aggregatfraktionen, spontanes Ansteigen der Sandfraktion und Abnahme der Ton- und Schlufffraktion, drastisches Ansteigen der Wasserdurchlässigkeit sowie Verschiebung der Atterberg-Grenzen; die Ursachen werden diskutiert. Bei weiterem Erhitzen auf 1000 °C traten nur noch geringfügige Änderungen der genannten Eigenschaften auf. A. Kullmann. 344.

2-68/10-0196 Miloserdov, N. M. Režim vlažnosti počvy pod ozimoj pšenicej po različnym predšestvennikam v mežpolosnych poljach juga Ukrainy. (**Wasserhaushalt unter Winterweizen bei verschiedener Fruchtfolge im Süden der Ukraine.**) Počvovedenie, Moskva **1968** Nr. 1. S. 42-51. — 2 Tab., 15 Lit. Zus. in Engl.
Die höchsten Feuchtigkeiten wurden während der Aussaat auf Schwarzbrache beobachtet, während auf dem Nichtbrachland weniger hohe Feuchtigkeiten gemessen wurden. In der Herbst- und Winterperiode wurde unter Winterweizen ein starker Anstieg der Feuchtigkeit beobachtet, jedoch blieb die Signifikanz zwischen Brach- und Nichtbrachland bestehen. Die Feuchtigkeiten wurden in einer Schicht von 1 m bestimmt.
H. Hergenhan. 346.

2-68/10-0197 Facek, Z. Dynamika hydrofyzikálních vlastností půdy pod vlivem hnojení a plodin. (**Dynamik der hydrophysikalischen Eigenschaften des Bodens unter Einfluß der Düngung und der Feldfrüchte.**) Rostlinná Výroba **13**(40) (1967) Nr. 12. S. 1241-1256. — 6 Abb., 5 Tab., 19 Lit. Zus. in Russ., Engl.
Bei Parabraunerde auf lehmigem Sand beeinflußte u. a. auch die Witterung das Gesamtvolumen. Für die Ackerkrume bestand im Bereich bis zu 53% Porenvolumen, für den Unterboden bis zu 50% Porenvolumen eine positive Beziehung zur Kapillarwasserkapazität. Mineral. Düngemittel setzten die Kapillarwasserkapazität herab, org. Düngung erhöhte die Bodenfeuchtespeicherung in der Krume. ČSSR/ÚVTI. 346.

2-68/10-0198 Fritton, D. D., Kirkham, Don und Shaw, R. H. Soil water and chloride redistribution under various evaporation potentials. (**Neuverteilung des Bodenwassers und der Chloride unter verschiedenen Evaporationspotentialen.**) Proc. Soil Sci. Soc. America 31 (1967) Nr. 5. S. 599-603. — 5 Abb., 2 Tab., 10 Lit.
An Bodensäulen eines Schlufflehms wurden die Auswirkungen verschiedener Evaporationspotentiale untersucht, die durch Einstrahlung unterschiedlicher Energiemengen hergestellt wurden. Der Boden wurde vorher mit $CaCl_2$-Lösung angefeuchtet, um Cl^- zuzuführen und Ausflockung zu erhalten. Man bestimmte die Menge des verdunsteten Wassers, Wasser-, Cl-Verteilung und Dicke der trockenen Oberschicht, soweit sich eine solche bildete. In Abhängigkeit von den Evaporationspotentialen (0,5; 0,75; 1,0; 2,0 cm je 24 h) und einer Dauer von 1···25 d lagen die Evaporationszonen zwischen 0 und 7 cm Tiefe.
G. Schönberg/Pillnitz. 346.

2-68/10-0199 Hanks, R. J., Gardner, H. R. und Fairbourn, M. L. Evaporation of water from soils as influenced by drying with wind or radiation. (**Einfluß der Trocknung durch Wind oder Strahlung auf die Verdunstung des Wassers von Böden.**) Proc. Soil Sci. Soc. America **31** (1967) Nr. 5. S. 593-598. — 12 Abb., 3 Tab., 10 Lit.
Der Einfluß von Wind und Wärmestrahlung auf die Evaporation von 3 Bodenarten wurde untersucht, indem man die Wind- und Strahlungsintensität so einstellte, daß die Evaporationsmengen der Bodensäulen gleich waren. Anfangs verursachte die Windbehandlung eine Temperaturabnahme, die aber nach 5 d verschwand. Die Strahlung führte zu einer Temperaturerhöhung an der Bodenoberfläche, die mit der Zeit zunahm. In Abhängigkeit von der Zeit zeigte die Windbehandlung nahe der Bodenoberfläche einen höheren Bodenwassergehalt als die Strahlungsvariante. Die Komponenten des Wasserflusses im Boden werden

auf Grund der gemessenen Bodentemperaturen und Saugdruckgradienten analysiert und zur Erklärung herangezogen. G. Schönberg/Pillnitz. 346.

2-68/10-0200 Lebedinova, N. S. Režim vlažnosti temno-burych počv pod pologom raznych tipov orechovych lesov v Fergane. (**Der Feuchtigkeitshaushalt der dunkelbraunen Böden unter der Decke unterschiedlicher Nußwäldertypen in Fergana.**) Počvovedenie, Moskva 1968 Nr. 1. S. 32-41. — 2 Abb., 5 Tab., 10 Lit. Zus. in Engl. 346.

2-68/10-0201 Richard, Felix. **Zur Frage der Wasserspiegelabsenkung in Hangböden.** Bayer. landwirtsch. Jb., Sonderh. 44 (1967) Nr. 3. S. 142-147. — 4 Abb., 2 Lit. 346.

2-68/10-0202 Günther, K.-H. **Auswirkungen von Grundwasserabsenkungen auf das Baumwachstum.** Bayer. landwirtsch. Jb., Sonderh. 44 (1967) Nr. 3. S. 139-141. — 1 Abb. 346.

2-68/10-0203 Blume, H.-P., Münnich, K.-O. und Zimmermann, U. **Der Wasserhaushalt einer Parabraunerde aus Löß unter Laubwald.** Bayer. landwirtsch. Jb., Sonderh. 44 (1967) Nr. 3. S. 148. 346.

2-68/10-0204 Czeratzki, W. **Korrelative Beziehungen zwischen Kennwerten des Bodenwasserhaushaltes von sandigen Böden im Beregnungsgebiet der Lüneburger Heide.** Bayer. landwirtschaft. Jb., Sonderh. 44 (1967) Nr. 3. S. 201-202. — 1 Abb. 346.

E. Bodenbiologie

2-68/10-0205 Myers, Margaret G. und McGarity, J. W. The urease activity in profiles of five great soil groups from northern New South Wales. (**Die Ureaseaktivität in Profilen von fünf großen Bodengruppen im nördlichen Neu-Süd-Wales.**) Plant & Soil, The Hague 28 (1968) Nr. 1. S. 25-37. — 3 Abb., 3 Tab., 16 Lit.
Es wurde die Ureaseaktivität (U) von 5 Böden in 9 verschiedenen Tiefen bis zu einer Tiefe von 122 cm nach Hoffmann-Teicher bestimmt. Parallel dazu wurden C- und pH-Wert-Bestimmungen vorgenommen. Die U nahm von der Oberfläche nach der Tiefe zu ab. In Podsolböden war sie in Tiefen unterhalb 46 cm häufig sehr niedrig oder gar nicht meßbar. Zwischen U und C-Gehalt bestand im Mittel der 5 geprüften Böden eine hochsignifikante Korrelation ($r = +0{,}875$), die Korrelation zwischen U und pH war nicht signifikant. Die Korrelation zwischen U und C-Gehalt war nur bei 3 Böden signifikant ($r = +0{,}929$; $r = +0{,}918$ und $r = +0{,}777$), bei 2 Böden nicht signifikant ($r = +0{,}594$; $r = -0{,}234$). F. Naglitsch. 350.

2-68/10-0206 Kühne, Heinz. **Untersuchungen über den Einfluß von Stroh und Torf auf die biologische Aktivität des Bodens im Gewächshaus.** Gartenbauwissenschaft 32(14) (1967) Nr. 2. S. 143-171. — 3 Abb., 5 Tab., 65 Lit. Zus. in Engl., Franz. — nach Zus.
In einem 1955 angelegten Gewächshausversuch wurde der Einfluß von Stroh und Torf auf die biol. Aktivität des Bodens untersucht. Als Maßstab hierfür diente die Bestimmung der Enzymaktivität der Saccharase, Glukosidase und Urease nach Hofmann. Die während der Vegetationsperiode 1960 durchgeführten Enzymbestimmungen hatten folgendes Ergebnis: 1. In den mit Stroh gedüngten Parzellen ist die Abbauintensität in den ersten Mon. der Vegetationsperiode erheblich höher als in den mit Torf gedüngten Parzellen. Dagegen liegt die Enzymaktivität in den Torfparzellen in den ersten Mon. der Vegetationsperiode nur geringfügig höher als in den nicht org. gedüngten Parzellen, deren Enzymaktivität deutlich den Abbau der Wurzelteile bzw. Wurzelreste der einzelnen Kulturen widerspiegelt. 2. Vor allem bei den Strohparzellen läßt sich erkennen, daß der Abbau der org. Subst. im Boden offensichtlich in den nicht mit N gedüngten Parzellen schneller einsetzt als in den mit Kalkammonsalpeter gedüngten Parzellen. Deutlich ist auch die durch den Rotteverlust des Strohes bedingte geringere Abbauintensität in der Parzelle Stroh + N zu erkennen. 3. Mit zunehmender Bodentiefe nimmt die Enzymaktivität in allen Parzellen sichtlich ab. Dieses macht sich bes. deutlich wieder bei den Strohparzellen bemerkbar. 4. Während in den Strohparzellen im Verlauf einer Vegetationsperiode der Strohabbau die Höhe der Enzymaktivität bestimmt und erst gegen Ende der 2. Kultur (Tomaten) von dem Abbau der absterbenden Wurzeln abgelöst wird, zeichnet sich bei den Torf- und nicht org. gedüngten Parzellen von Anfang an deutlich die Wurzelentwicklung der einzelnen Kulturen ab. 5. Durch das Dämpfen des Bodens werden bei in etwa 30…40 cm Tiefe verlegten Dämpfrohren die Enzyme bis in ungefähr 50 cm Tiefe großenteils inaktiviert. 6. In tieferen Bodenschichten wurde mehrfach eine recht hohe Enzymaktivität festgestellt, die nicht

durch den Gehalt des Bodens an org. Subst. zu erklären ist. Wahrscheinlich wurden die Enzyme mit dem Gießwasser aus der Krume in die unteren Bodenschichten transportiert. 350.

2-68/10-0207 McLaren, A. Douglas und Peterson, George H., Ed. Soil biochemistry. **(Bodenbiochemie.)** London: Edward Arnold Ltd.; New York: Marcel Dekker. 1967. (509 S. m. zahlr. Abb. u. Tab.) 8°.
Einleitend führen McLaren und Peterson den Leser in die Bodenbiochemie ein, indem sie u. a. einige Stoffumsetzungsprozesse, Gruppen org. Verbindungen sowie Bemerkungen über den Nachweis von Leben im Boden darlegen. Der 1. Teil des Buches ist der Isolierung und dem Nachweis bodenbiochem. Stoffe gewidmet (N-haltige Verbindungen [Bremner]; Nukleinsäuren und org. Phosphate [Anderson]; Kohlenhydrate [Gupta]; org. Säuren [Stevenson]; freie Radikale [Steelink und Tollin]). Im 2. Teil wird der Umsatz dieser Stoffe im Boden besprochen (energetische Verhältnisse allg. [Delwiche]; N-Zyklus [Campbell und Lees]; org. Phosphate [Cosgrove]; S-haltige Stoffe [Freney]; Lignin und Huminsäuren [Hurst und Burges]; mikrobieller Umsatz der Phenole [Dagley]; Biochemie der Herbizidumsetzung im Boden [Kearney, Kaufmann und Alexander]; oberflächenaktive Agenzien [Huddleston und Allred]; Enzyme [Skujins]). Der 3. Teil des Buches ist den Beziehungen der Mikroorganismen untereinander sowie zwischen Mikroorganismen und Pflanzen in Rhizosphäre und Rhizoplane vorbehalten (Rovira und Dougall). Er beinhaltet abschließend auch einen rel. spekulativen Abschnitt, der sich mit der Übertragung der Bodenbiochemie auf andere Planeten befaßt (Vishniac).
H. Kretschmer. 350.

2-68/10-0208 Čulakov, Š. Uspechi počvennoj mikrobiologii v Kazachskoj SSR. **(Die Erfolge der Bodenmikrobiologie in der Kasachischen SSR.)** Izvestija Akademii nauk Kazachskoj SSR. Serija biologičeskaja, Alma-Ata **1967** Nr. 6. S. 21-28. 350.

2-68/10-0209 Furusaka, Choseki, Takai, Yasuo, Suzuki, Tatsuhiko und Yamaguchi, Masuro. Progress review. Division 4: Soil microbiology. **(Fortschrittsbericht. Abteilung 4. Bodenmikrobiologie.)** J. Sci. Soil Manure, Japan [Nippon Dojohiryogaku Zasshi] **39** (1968) Nr. 1. S. 28-36. — 1 Abb., 1 Tab., 95 Lit. Orig.: jap. 350.

2-68/10-0210 Stenina, T. A. Fermentativnaja aktivnost' nekotorych počv Srednej Tajgi. **(Enzymatische Aktivität einiger Böden des mittleren Taigagebietes.)** Počvovedenie, Moskva **1968** Nr. 2. S. 109-113. — 2 Tab., 16 Lit. Zus. in Engl. 350.

2-68/10-0211 Munns, D. N. Nodulation of Medicago sativa in solution culture. I. Acid-sensitive steps. **(Die Knöllchenbildung bei Medicago sativa in Flüssigkeitskulturen. 1. Mitt. Säureempfindliche Phasen.)** Plant & Soil, The Hague **28** (1968) Nr. 1. S. 129-146. — 7 Abb., 2 Tab., 18 Lit.
An in Flüssigkeitskultur im Gewächshaus aufgezogenen *Medicago-sativa*-Pflanzen wurde der Einfluß des pH-Wertes der Nährlösung auf die Knöllchenbildung untersucht. Mit sinkendem pH-Wert wurde im Bereich von pH 5,5···4,6 die Anzahl der Knöllchen geringer, unterhalb 4,6 wurden keine Knöllchen mehr gebildet. Das Wurzelwachstum und die Anzahl der Wurzelhaare wurden im Bereich 5,5···4,5 nicht unterschiedlich beeinflußt. Bei einem pH-Wert von 6,0 nach der Rhizobiumbeimpfung wurden 10···13 Knöllchen/Pflanze, bei einem pH-Wert von 4,9 dagegen höchstens 1 Knöllchen/Pflanze gebildet. Wurde nach der Beimpfung ein pH-Wert von 5,7 über mindestens 2 Tage gehalten, so kam es trotz späterer pH-Wert-Senkung auf 4,7 zur Knöllchenbildung. Auch Zeitpunkt sowie Dauer der Einwirkung höherer pH-Werte waren von Einfluß auf Anzahl und Lage der ausgebildeten Knöllchen. Der pH-Wert hatte einen Einfluß auf die Rhizobienvermehrung, wenn eine schwache Beimpfung der Nährlösung vorgenommen wurde, jedoch nicht mehr bei starker Beimpfung ($10^8 \cdots 10^9$ Rhizobien/l). Die Dauer der säureempfindlichen Entwicklungsphase betrug bei vorliegenden Untersuchungen weniger als 12 h.
F. Naglitsch. 352.

2-68/10-0212 Strijdom, B. W. und Allen, O. N.; Rustenburg, South African Tobacco Res. Inst. Studies with strains of Rhizobium meliloti cultivated on media supplemented with amino acids. **(Untersuchungen mit Stämmen von Rhizobium meliloti, welche auf aminosäurehaltigen Medien kultiviert wurden.)** South African J. agric. Sci. **10** (1967) Nr. 3. S. 623-630. — 3 Tab., 9 Lit. Zus. in Franz., Niederl.
Ein Stamm von *Rh. meliloti*, der über 8 Wochen auf Medien mit D-Alanin periodisch kultiviert wurde, zeigte zunehmende Verringerung der Effektivität bei gleichzeitig auftretender Zunahme der Zahl der unwirksamen Knöllchen nach Verimpfung an *Medicago sativa.*

Nach Erreichen einer D-Alanin-Konz. von 0,3% gegen Ende der Serie bildete dieser Stamm nur noch unwirksame Knöllchen. 13 weitere Stämme wurden ebenfalls über 8 Wochen periodisch auf Medien mit verschiedenen Aminosäuren kultiviert. Nach anschließender 32wöchiger Haltung auf Medien, die mit den entspr. AS-Konz. versehen waren, verloren einige Stämme völlig die Fähigkeit zur Knöllchenbildung. 11 Stämme, deren N-Bindungsfähigkeit während der 8wöchigen periodischen Kultivierung auf AS-haltigen Medien stark reduziert wurde, gewannen diese nach 32wöchiger Kultur auf normalen Hefewasser-Mannit-Nährböden ohne Aminosäuren nicht zurück. K. E. Lindner. 352.

2-68/10-0213 Nozu, Mikio; Matsue, Shimane Univ., Coll. of Agric. Cytological studies on soybean root nodule by means of electron microscopy. (**Zytologische Untersuchungen an Sojawurzelknöllchen mit Hilfe der Elektronenmikroskopie.**) Proc. Crop Sci. Soc. Japan **36** (1967) Nr. 4 . S. 472-480. — 14 Abb., 13 Lit. Orig.: jap., Ausz.: engl.
Ultradünnschnitte der mit *Rhizobium japonicum* infizierten Wurzelknöllchen von *Glycine max* wurden elektronenoptisch untersucht. Die Behandlung des Materials erfolgte mit Glutaraldehyd und Osmiumtetroxid. In der Initialphase der Infektion waren die Bakterien in weniger dichtem Material eingelagert und von der Pflanzenzellwand umgeben. Infizierte Zelluloseschichten zeigten sich dicker als die normale Pflanzenzellwand, zur Spitze des Infektionsschlauches zu wurde die Zelluloseschicht dünner. Vom Infektionsschlauch freigelassene Bakterien waren von einer Membran umgeben, welche von der Wirtszellmembran stammte. Diese verblieb auch um die Bakterien, nachdem das Wirtszytoplasma zerstört war. Kompaktes Zytoplasma, Kerne, Golgi-Körperchen und Mitochondrien konnten in jungen Knöllchenzellen gefunden werden; das periphäre Gewebe der Knöllchen enthielt viele Amyloplasten. In den Vakuolen der Knöllchenzellen konnten nadelähnliche Strukturen beobachtet werden, deren Bedeutung nicht genau geklärt werden konnte. Die Bakterien der Knöllchenzellen besaßen Stäbchenform und zeigten Kernregionen mit Mikrofibrillen. In diesen Nuklearregionen konnten elektronendichte Körperchen beobachtet werden. An beiden Enden der Knöllchenbakterien ließen sich elektronendurchlässige Teile erkennen. K. E. Lindner. 352.

2-68/10-0214 Aronovitch, J. und Grossowicz, N.; Jerusalem, Israel, Hebrew-Univ. Hadassah Med. School, Dep. of Bacteriol. Nutrition and vitamin B_{12}-metabolism of a soil bacterium. (**Ernährung und Vitamin B_{12}-Stoffwechsel eines Bodenbakteriums.**) J. gen. Microbiol. **50** (1968) Nr. 2. S. 195-206. — 3 Abb., 6 Tab., 32 Lit.
Ein von Lochhead isoliertes Bodenbakterium (Stamm 544) wurde auf seine physiol. Eigenschaften sowie auf Nährstoff- und Vitamin-B_{12}-Bedarf geprüft. Durch Zusatz von Vitamin B_{12} zu Mangelkulturen und dem damit erreichten stimulativen Effekt auf die Biosynthese des Methionins, die Oxydation von Propionat, Valerat, Isoleuzin und Valin gelang der Nachweis hoher Vitamin B_{12}-Spezifität des Teststammes. Die durch das Anilid und Äthylamid der Monokarboxylsäure des Vitamins ausgelöste Wachstumshemmung von Stamm 544 wurde durch B_{12} aufgehoben. Das Isolat 544 wurde vorläufig als *Arthrobacter* sp. klassifiziert. H. Unger. 352.

2-68/10-0215 Slezák, K. Niektoré výsledky sledovania činnosti pôdnych mikroorganizmov pri hraničných hodnotách využitel'nej pôdnej vlahy. (**Einige Ergebnisse der Untersuchung der Tätigkeit von Bodenmikroorganismen bei Grenzwerten des nutzbaren Bodenwassers.**) Rostlinná Výroba **13**(41) (1968) Nr. 1. S. 105-114. — 5 Abb., 1 Tab., 3 Lit. Zus. in Russ., Engl., Dtsch.
1962-65 wurde bei Mais, Zuckerrüben, Soja, Frühgemüse und Luzerne der Einfluß der Grenzwerte nutzbarer Bodenfeuchte auf Bakteriengesamtzahl, anaerobe Bakterien, Ammonifikanten, Azotobakter und zellulolytische Bakterien überprüft. Bei allen Früchten und in fast allen Jahren reagierten die Anaerobier günstig auf Bewässerungen. Die größten Unregelmäßigkeiten zeigte Azotobakter, jedoch wurde durch Bewässerungen insgesamt eine Erhöhung der biol. Tätigkeit erreicht. ČSSR/ÚVTI. 352.

2-68/10-0216 Vraný, J. Rhizosférní mikroflóra po listové aplikaci močoviny. (**Mikroflora der Rhizosphäre nach Blattdüngung mit Harnstoff.**) Rostlinná Výroba **13** (40) (1967) Nr. 12. S. 1277-1286. — 7 Tab., 24 Lit. Zus. in Russ., Engl., Dtsch.
Bei Blattdüngung mit 1,2%iger Harnstofflösung in Gefäßversuchen zu Weizen, Mais und Tomaten konnte nach 7 d eine erhöhte Bakterienzahl im Wurzelraum festgestellt werden. Bei Weizen vermehrten sich Aminosäuren und reduzierende Zucker in den Wurzelexsudaten, bei Mais nur Aminosäuren bei verringertem Anteil an reduzierenden Zuckern. Durch

Chromatographie konnte generell eine für jede Pflanzenart unterschiedliche Veränderung von Aminosäuren, Zuckern und org. Säuren in den Wurzelexsudaten ermittelt werden.
ČSSR/ÚVTI. 352.

2-68/10-0217 Oswald, E. T. und Ferchau, H. A. Bacterial associations of coniferous mycorrhizae. (**Bakteriengesellschaften der Koniferenmykorrhiza.**) Plant & Soil, The Hague 28 (1968) Nr. 1. S. 187-192. — 2 Tab., 15 Lit.
Mykorrhiza- und Nichtmykorrhiza-Wurzeln von *Picea engelmanni*, *P. pungens*, *P. aristata*, *P. flexilis* und *Pseudotsuga menziesii* wurden auf ihre Besiedlung mit aeroben Bakterien untersucht. Von 369 Bakterienisolaten wurden 51 Arten identifiziert. Davon traten 22 Arten nur in Mykorrhiza- und 7 Arten nur in Nichtmykorrhiza-Wurzeln auf. Das größte Artenspektrum wurde bei *P. engelmanni* und *P. aristata* festgestellt. Die isolierten Bakterienarten wuchsen am besten auf Glukosenährboden. Der Grad der Mykorrhizabildung wurde nach grob-morphol. Merkmalen in Verbindung mit der Färbung der Wurzeln in 8 Bonitierungsstufen eingeordnet. F. Naglitsch. 352.

2-68/10-0218 Balasooriya, I. und Parkinson, D. Studies on fungi in a pine-wood soil. II. Substrate relationships of fungi in the mineral horizons of the soil. (**Untersuchungen über die Pilze eines Kiefernwaldbodens. 2. Mitt. Substratbeziehungen der Pilze in den mineralischen Bodenhorizonten.**) Rev. Écol. Biol. Sol 4 (1967) Nr. 4. S. 639-643. — 4 Tab., 6 Lit.
Nach einer Waschmethode (vgl. Rev. Écol. Biol. Sol 4 [1967] S. 463.) wurde der Boden in org. und mineral. Partikel getrennt und deren Besiedlung durch Pilze untersucht. Von 39 aus dem A_1- und C-Horizont eines Kiefernwaldbodens isolierten Pilzarten fand man 20 Arten sowohl auf den org. als auch mineral. Teilchen (0,25···0,5 mm); 16 Arten besiedelten nur org. und 3 Arten nur mineral. Teilchen. Der Besiedlungsindex (Produkt aus der Gesamtzahl der pilzbesiedelten Teilchen und der mittleren Koloniezahl um ein auf Nähragar ausgelegtes Teilchen) erhöhte sich im Bereich des A_0-Horizontes mit zunehmender Tiefe bis zum H-Horizont, um dann im Bereich der mineral. Horizonte von A über C_1 und C_2 deutlich abzufallen. Im A_1- und den C-Horizonten ergab sich, wie erwartet, sowohl ein höherer Besiedlungsindex für die org. als auch für die mineral. Teilchen.
G. Kaunat. 352.

2-68/10-0219 Ghabbour, Samir I. und Mishriky, Armia G. Fungi isolated from earthworm cultures. (**Aus Regenwurmkulturen isolierte Pilze.**) Rev. Écol. Biol. Sol 4 (1967) Nr. 4. S. 645-648. — 11 Lit.
Aus einem Aufzuchtbeet von *Allolobophora caliginosa* konnten *Aspergillus elegans*, *A. flavus*, *Fusarium solani* und *Cylindrocarpon radicicola* isoliert werden, während Erde, in der *Pheretima californica* kultiviert wurde, andere Pilzarten (*Cladosporium sphaerospermum*, *Penicillium fellutanum*, *Fusarium sambucinum*) enthielt. Die Wechselbeziehungen zwischen Regenwürmern und Pilzen scheinen enger zu sein, als bisher vermutet wird.
G. Kaunat. 352.

2-68/10-0220 Byzova, J. B. Respiratory metabolism in some millipedes (Diplopoda). (**Atmungsstoffwechsel von einigen Tausendfüßern [Diplopoda].**) Rev. Écol. Biol. Sol 4 (1967) Nr. 4. S. 611-624. — 4 Abb., 4 Tab., 18 Lit.
Für *Julidae* und *Leptodesmidae* ergaben sich höhere O_2-Aufnahmen als für *Polydesmidae*. Bei *Chromatoiulus rossicus* war von 0,055···0,23 g Körpergewicht die O_2-Aufnahme vom Gewicht abhängig: das Verhältnis lag bei 0,5. Bei *Sarmatiulus kessleri* wurde dieses Verhältnis nur bei Tieren bis zu 0,2 g gefunden; zwischen 0,2···0,6 g Körpergewicht bestand keine Abhängigkeit der Atmung vom Gewicht. Männchen und Weibchen zeigten gleiche Atmungsgrößen. In der Übersommerungsperiode, während der keine Nahrung aufgenommen wird, und auch während der Nachhäutung war die O_2-Aufnahme geringer. Das Verhältnis zwischen O_2-Verbrauch und Temperatur (6···20 °C) war bei den verschiedenen Arten unterschiedlich (Q_{10} = 1,7···3,3). Sehr niedrige Atmungskoeffizienten zeigten sich während der Häutungsperiode (Speicherung von Atmungs-CO_2 im Integument?). G. Kaunat. 352.

2-68/10-0221 Bouché, Marcel B. Observations sur les lombricidés. (**Beobachtungen an Lumbriziden.**) Rev. Écol. Biol. Sol 4 (1967) Nr. 4. S. 597-609. — 1 Abb., 1 Tab., 10 Lit.
In der vorliegenden Arbeit, die am Anfang einer Serie von Veröffentlichungen über Vorkommen und Systematik der *Lumbricidae* steht, werden 2 neue Regenwurmarten, *Eophila occidentalis chicharia* n. subsp. und *Eophila velox* n. sp., eingehend beschrieben.
G. Kaunat. 352.

2-68/10-0222 Mishra, R. R. Studies on ecological factors governing distribution of soil mycoflora. **(Untersuchungen über die Verteilung der Bodenmykoflora bedingende Faktoren.)** Proc. nat. Acad. Sci., India, Sect. B **36** (1966) Nr. 2. S. 205-222. — 8 Abb., 5 Tab., 24 Lit. 352.

2-68/10-0223 Mishra, R. R. Influence of soil enviroment and surface vegetation on soil mycoflora. **(Einfluß des Bodenstandorts und der Oberflächenvegetation auf die Bodenmykoflora.)** Proc. nat. Acad. Sci., India, Sect. B **36** (1966) Nr. 2. S. 117-123. — 6 Tab., 6 Lit. 352.

2-68/10-0224 Gupta, S. C., Raizada, B. B. S., Kashyap, A. K. und Srivastava, O. P. Physico-chemical and mycofloral studies on rhizosphere of Cucurbita maxima Dusch. **(Physikochemische und mykofloristische Untersuchungen über die Rhizosphäre von Cucurbita maxima Dusch.)** Proc. nat. Acad. Sci., India, Sect. B **36** (1966) Nr. 4. S. 570-576. — 1 Abb., 3 Tab.. 26 Lit. 352.

2-68/10-0225 Neunylov, B. A. und Chavkina, N. V. Izučenie skorosti razloženija i processov prevraščenija v počve organičeskogo veščestva, mečennogo C^{14}. **(Untersuchung der Zersetzungsgeschwindigkeit und der Umwandlungsprozesse von mit ^{14}C markiertem organischem Material im Boden.)** Počvovedenie, Moskva **1968** Nr. 2. S. 103-108. — 7 Tab., 6 Lit. Zus. in Engl.
Die Zersetzung der mit ^{14}C markierten Grünmasse von Sojabohnen in podsolierter Wiesen-Braunerde bei verschiedener Bodenfeuchtigkeit wurde unter Laborbedingungen untersucht. Jedes Kompostierungsgefäß (2 l) enthielt 600 g abs. trockenen Bodens, der mit 3,75 g luftgetrockneter und auf eine Teilchengröße von $< 0{,}25$ mm zerkleinerter Grünmasse vermischt war. Die Pflanzen waren vor Versuchsbeginn in einer $^{14}CO_2$-Atmosphäre radioaktiv markiert worden. Die intensivste Zersetzung der org. Bestandteile wurde im Verlauf der ersten 3 Mon. beobachtet. Bei der Humusbildung entstanden vor allem Fulvosäuren. Die Radioaktivität verteilte sich auf alle Humusfraktionen, jedoch verblieben mehr als 60% in den nicht hydrolysierten Rückständen. Die Humifikation war bei 60 und 90% der max. Feuchtigkeitskapazität des Bodens intensiver als bei 30 oder 120%.
H. Nürnberger. 354.

2-68/10-0226 Ross, D. J.; Lower Hutt, New Zealand, S.I.R., Soil Bureau. Some observations on the oxidation of glucose by enzymes in soil in the presence of toluene. **(Einige Beobachtungen über die Oxydation der Glukose durch Enzyme im Boden in Gegenwart von Toluol.)** Plant & Soil, The Hague **28** (1968) Nr. 1. S. 1-11. — 4 Tab., 35 Lit.
Die 4 hier untersuchten Böden zeigten beachtliche Saccharosehydrolyse-Aktivitäten, hingegen nur rel. geringe Aktivitäten gegenüber Maltose. Nach 24std. Inkubation von Systemen [frischer Boden + Pufferlösung + Glukose + Toluol] bei 37 °C wurden titrimetrisch nur nichtsignifikante Änderungen der Glukosekonz. festgestellt. Da die Zahl lebender Bakterien nach Inkubation in Gegenwart von Glukose + Toluol abgenommen hatte, dürfte demnach eine eventuelle Beeinflussung der Glukosekonz. nicht infolge des Metabolismus neusynthetisierter Enzyme oder der Assimilationstätigkeit der Mikroorganismen zu erklären sein. Die Sauerstoffaufnahme wurde durch Toluol stark herabgesetzt und war aber (auch in Anwesenheit von Toluol und trotz der titrimetrisch nicht nachweisbaren Unterschiede) bei 37 °C jeweils höher als bei 25 °C (sowohl mit als auch ohne Kohlenhydrat resp. im getrockneten als auch feuchten Boden). Als Stoffwechselprodukte konnten trotz Toluolbehandlung sehr geringe Mengen Glukonsäure und 2-Ketoglukonsäure chromatograph. nachgewiesen werden, die bei Abwesenheit von Toluol sehr schnell im Boden abgebaut wurden. Trotz der offensichtlich bei Toluolzusatz anfangs noch ablaufenden metabolischen Vorgänge sind aber die insgesamt bewirkten Änderungen der Glukosekonz. so gering, daß sie den Variationskoeffizienten (1,4%) der titrimetrischen Bestimmung nach Schaffer-Hartmann [vgl. J. biol. Chemistry **45** [1921] S. 365.] nicht übersteigen.
H. E. Freytag. 354.

2-68/10-0227 Grabert, Dietrich. **Bodenatmungsmessungen in einem Modellversuch zur Krumenvertiefung.** Thaer-Arch. **12** (1968) Nr. 8. S. 681-689. — 4 Abb., 3 Tab., 8 Lit. Zus. in Russ., Engl. — nach Zus.
Der Modellversuch auf anlehmigem Sandboden enthielt folgende Varianten: 1. 24 cm bearbeitet; 2. 32 cm bearbeitet, Krume und Unterboden vermischt; 3. 40 cm bearbeitet, Krume und Unterboden vermischt; 4. 60 cm bearbeitet, Krume und Unterboden nicht vermischt. Luzerneheu wurde bei 1.-3. in die gesamte bearbeitete Tiefe eingemischt, bei 4. als Schicht

zwischen 25 und 40 cm eingebracht. Die Bodenatmung wurde kontinuierlich mit einem Ultrarotabsorptionsschreiber gemessen. Tiefere Bodenbearbeitung steigerte die biol. Aktivität, eine Vermischung von Krume und Unterboden wirkte sich bei gleichzeitiger Zufuhr von org. Subst. am stärksten fördernd auf die Bodenatmung aus, die höchsten Bodenatmungswerte traten in Variante 3 auf. Wurde die org. Subst. in den keimärmeren Unterboden eingebracht (4.), so nahm die Bodenatmung nur geringfügig zu. Durch Steigerung der Bearbeitungstiefe von 24 auf 32 cm wurde die Intensität der Bodenatmung nicht beeinflußt, zwischen 1. und 2. traten keine Unterschiede auf. 354.

2-68/10-0228 Funke, B. R. und Harris, J. O.; Fargo, N. Dak., State Univ., Dep. of Bacteriol.; Manhattan, Kansas State Univ., Dep. of Bacteriol. Early respiratory responses of soil treated by heat or drying. (**Frühe Respirations-Reaktionen von getrocknetem oder mit Hitze behandeltem Boden.**) Plant & Soil, The Hague **28** (1968) Nr. 1. S. 38–48. – 7 Abb., 14 Lit.
Mit Hilfe der Warburg-Technik wird der Respirationsverlauf (O_2-Aufnahme) von unterschiedlich vorbehandelten Proben eines alluvialen Bodens (3% org. Subst.) verfolgt: Gegenüber dem „Lufttrocknen" wurde durch Trocknung der Proben bei 80 °C (4 h) während der folgenden Inkubation (Wiederbefeuchtung und Respirationsmessungen bei 30 °C) mehr Sauerstoff aufgenommen. Nachfolgende Untersuchungen mit feuchter Warmluft bei gleicher Temperatur (80 °C) zeigten, daß insbes. die Hitzeeinwirkung (gegenüber dem einfachen Abtrocknen) für den nach 4···6 h gefundenen starken Respirationsanstieg verantwortlich zu machen war. Wahrscheinlich werden die Sporenbildner vor allem durch die Wärmewirkung zur Keimung gebracht; sie nehmen in ihrer Zahl danach jedoch ab, wenn keine Nährstoffe zur Verfügung stehen. Über O_2-Messungen im Abstand von je 10 min ließ sich erkennen, daß bereits 20 min nach Inkubationsbeginn die volle Respirationsgeschwindigkeit erreicht wird. H. E. Freytag. 354.

2-68/10-0229 Wetselaar, R.; Canberra, C.S.I.R.O., Div. of Land Res. Estimation of nitrogen fixation by four legumes in a dry monsoonal area of North-Western Australia. (**Schätzung der Stickstoffbindung durch vier Leguminosen in einem trockenen Monsungebiet Nordwest-Australiens.**) Austral. J. exper. Agric. Animal Husbandry 7 (1967) Nr. 29. S. 518–522. – 2 Abb., 1 Tab., 14 Lit.
Die Leguminosen *Stylosanthes sundaica, Arachis hypogaea* L., *Cyamopsis tetragonoloba* L. (Taub.) und *Vigna sinensis* wurden über 3 Jahre bez. der Gesamtmenge an gebundenem und dem Boden-Pflanzen-System zugeführten N nach folgender Beziehung geprüft: $N_f = (N_o + N_i + N_s + N_p + N_r)_{(L)} - (N_o + N_i)_{(B)}$. Dabei ist N_f = der durch Leguminosen dem Boden-Pflanzensystem zugeführte N, N_o = org. N der oberen Bodenschicht, N_i = Nitrat im Bodenprofil, N_s = N im eingebrachten Leguminosensamen, N_p = N der Pflanzenrückstände, B = für Bracheparzellen, L = für Leguminosenparzellen.
K. E. Lindner. 356.

2-68/10-0230 Brownell, P. F. und Nicholas, D. J. D.; Adelaide, Univ. of South Austral. Some effects of sodium on nitrate assimilation and N_2 fixation in Anabaena cylindrica. (**Einige Wirkungen von Natrium auf die Nitratassimilation und N_2-Fixierung in Anabaena cylindrica.**) Plant Physiol. 42 (1967) Nr. 7. S. 915–921. – 2 Abb., 9 Tab., 19 Lit.
Na-Mangel führte bei *Anabaena cylindrica* in Kulturen mit KNO_3 zur Bildung von NO_2^- und zur Chlorose. Die Zellen enthielten mehr Nitratreduktase als mit Na ernährte. Aus Versuchen mit Chloramphenicol-Zusatz wird gefolgert, daß Na die Nitratreduktase über einen Proteinfaktor steuert. Der Einbau von $^{15}NO_3^-$, $^{15}NO_2^-$, $^{15}NH_3$ oder ^{14}C-Glutamat in Protein erfolgte intensiver als bei ausreichender Na-Zufuhr. Die N_2-Fixierung war bei Na-Mangel vermindert. Da der Einbau von NH_3 nicht gehemmt wurde, wird Na vermutlich für die Umwandlung von N_2 in NH_3 benötigt. V. Koepke. 356.

2-68/10-0231 Khan, M. F. A. und Moore, A. W.; Edmonton, Alberta, Univ., Dep. of Soil Sci. Denitrifying capacity of some Alberta soils. (**Denitrifikationsleistung einiger Böden von Alberta.**) Canad. J. Soil Sci. 48 (1968) Nr. 1. S. 89–91. – 2 Tab., 1 Lit.
Proben von 6 jungfräulichen Mineralböden und 1 Torfboden wurden nach Zusatz von Nitrat und Glukose unter Argon bei 30 °C bebrütet. Über den Mineralbodenproben aus 0···15 cm wurden aus dem NO_3^- 2,3···3,4 µl/g/h N_2 entwickelt, über dem Torf 1,4 µl/g/h. 75···94%, über Torf 65% des NO_3^- wurden als N_2 wiedergefunden. Mit zunehmender Tiefe der Profilproben nahm die Denitrifikationsleistung ab, in Schwarz- und Braunerden traten allerdings auch in Proben aus dem C-Horizont noch erhebliche N_2-Mengen auf. Die Denitrifikations-

leistung war mit der Lag-Periode in den verschiedenen Proben korreliert. Vff. folgern, daß in den oberen, gut durchlüfteten Horizonten in der Natur hohe Denitrifikationsverluste nicht wahrscheinlich seien. In den unteren Horizonten sei dagegen nach Verlagerung von Nitrat durch Niederschläge bes. auf den Schwarz- und Braunerden mit Verlusten zu rechnen. V. Koepke. 356.

2-68/10-0232 Martin, A. E. und Ross, P. J.; St. Lucia, Brisbane, Australia, Cunningham Labor.; C.S.I.R.O. Div. of Soils. A nitrogen-balance study using labelled fertilizer in a gas lysimeter. **(Eine Stickstoffbilanzuntersuchung unter Verwendung von markiertem Dünger in einem Gas-Lysimeter.)** Plant & Soil, The Hague **28** (1968) Nr. 1. S. 182–186. — 1 Tab., 12 Lit.

Mit Hilfe von gasdichten Wuchskammern wurden die ^{15}N-Verluste eines Gras-Boden-Systems (Rhodes-Gras: *Chloris gayana*) aus appliziertem Ammonium- bzw. Nitratdünger gemessen. Nur sehr geringe ^{15}N-Mengen wurden über die Ammoniumform flüchtig und ließen sich in der Lysimeter-Atmosphäre nachweisen [ca. 0,6% des als $(^{15}NH_4)_2SO_4$ bzw. 0,1% des als $K^{15}NO_3$-Dünger verabreichten N]. Die Gesamt-^{15}N-Bilanz als Summe aller bestimmten ^{15}N-Komponenten des Systems lag mit 100,5 [bei + $(NH_4)_2SO_4$] bzw. 98,5% [bei + $NaNO_3$] sehr nahe 100%. H. E. Freytag. 356.

2-68/10-0233 Williams, W. A., Mikkelsen, D. S., Mueller, K. E. und Ruckman, J. E.; Davis, Univ. of California, Dep. of Agron. Nitrogen immobilization by rice straw incorporated in lowland rice production. **(Stickstoff-Immobilisation durch Reisstroh bei der Reiserzeugung auf überfluteten Feldern.)** Plant & Soil, The Hague **28** (1968) Nr. 1. S. 49 bis 60. — 4 Abb., 2 Tab., 10 Lit.

In 3 Feldversuchen wird die N-Nachlieferungsfähigkeit von Reisstroh aus überfluteten Produktionsflächen untersucht. Ohne zusätzliche N-Düngung ergab sich eine lineare Abhängigkeit des Reisertrages vom jeweiligen N-Gehalt des eingearbeiteten Reisstrohs, der bei 0,46; 0,55 und 0,70% der Trockenmasse lag (Stroh mit 0,46% N erbrachte Ertragsminderung, Stroh mit 0,70% Ertragserhöhung gegenüber den Kontrollen ohne Stroheinmischung). Über die lineare Korrelation (im untersuchten N-Bereich des Reisstrohs) ließ sich auf eine N-Immobilisation von 0,54% (Ertragsänderung $\pm$ 0) in den untersuchten überfluteten Böden schließen. Zum Abbau von Reisstroh unter aeroben Bedingungen ist hingegen ein N-Gehalt von 1,5% erforderlich. Dies bedeutet, daß rel. N-reiche Reis-Ernterückstände, die nach Anbau auf gut mit N versorgten Böden anfallen, nach ihrer Einarbeitung in den Boden bei der Überflutung unter dann anaeroben Bedingungen keine zu hohe N-Immobilisation befürchten lassen, sondern die N-Bilanz im Boden vielmehr in Richtung einer höheren Verfügbarkeit für die Pflanzen lenken. H. E. Freytag. 356.

2-68/10-0234 Webster, S. R., Youngberg, C. T. und Wollum II, A. G. Fixation of nitrogen by bitterbrush (Purshia tridentata [Pursh] D. C.). **(Stickstoffbindung durch Purshia tridentata [Pursh] D. C.)** Nature, London **216** (1967) Nr. 5113. S. 392–393. — 1 Tab., 6 Lit. 356.

F. Bodensystematik und Bodengenese

2-68/10-0235 Ogleznev, A. K. Novoobrazovanija tjaželych gidromorfnych dernovo-podzolistych počv i ich značenie dlja diagnostiki. **(Neubildungen in schweren hydromorphen rasenpodsoligen Böden und ihre Bedeutung für die Diagnostik.)** Počvovedenie, Moskva, **1968** Nr. 3. S. 27–39. — 3 Abb., 4 Tab., 12 Lit., Zus. in Engl.

Vf. untersuchte eine Katena im Moskauer Gebiet (Körnungsarten: Lehme und schwere Lehme [Moränenmaterial]). Ziel war die Kennzeichnung der Böden, um den Wasserhaushalt zu erfassen. Die Kennzeichnung des Hydromorphiegrades erfolgte durch Feststellungen über die Konkretionen. Der Umfang der Neubildungen und ihre Verteilung war abhängig von Körnung und Wasser, ihre morphol. und chem. Eigenschaften vom Grad der Wasserbeeinflussung. Die Neubildungen erscheinen in nicht vergleiten dernopodsoligen Böden nur als kleine Konkretionen und Flecke. Sie nehmen in Anzahl und Größe mit der Hydromorphie zu. Stärkere Vernässung ist durch ihr Auftreten auch in höheren Profilteilen erkenntlich. — Chem. wurden die Zusammensetzung der Neubildungen und des Humus sowie Fe-, P-, Mg-, Mn-Gehalt festgestellt. Nach Farbe, Humusgehalt und Elementverteilung wurden 3 Gruppen der Fe-Mn-Bildungen ausgeschieden, die verschiedenen Entwicklungsstadien entsprechen. Die Fe-Mn-Konz. dient somit als kennzeichnender Indikator. Die Mikromorphologie der Konkretionen bzw. Eisenneubildungen wird beschrieben und in Dünnschliffbildern abgebildet. R. Diemann. 360.

2-68/10-0236 Kmoch, H. G. und Hanus, H. **Zum Einfluß der Horizontgrenzen auf die Wurzelverteilung.** Z. Acker- u. Pflanzenbau 127 (1968) Nr. 2. S. 103–113. — 3 Abb., 32 Lit.

Die Bodendurchwurzlung bei Winterweizen und Winterroggen wurde im Laufe von 5 Jahren auf folgenden Bodentypen untersucht: Lößrohboden, Sand-, Lößbraunerde, Parabraunerden auf Hochflutlehm und auf Löß, Löß-Pseudoglei-Parabraunerde sowie Pseudoglei auf Graulehm und auf Löß. Die Wurzelmassen in den obersten 10 cm unterschieden sich nur wenig. Eine stärkere Differenzierung zwischen den Bodentypen trat in tieferen Bodenschichten ein. Zur Erfassung des Einflusses von Horizontgrenzen wurden Regressionen zwischen den Wurzelmengen benachbarter Bodenschichten berechnet. Die Wurzelmassen der obersten 10 cm zeigten keine Beziehung zu denen der darunter liegenden Schicht. Zwischen den übrigen Schichten bestanden mehr oder weniger deutliche Regressionen. Stärkere Änderungen der Regressionskoeffizienten traten mehrfach an den Horizontgrenzen auf, und zwar bes. in tieferen Bodenschichten. Roggen und Weizen reagierten auf die verschiedenen Bodentypen wie auch auf die Horizontgrenzen nicht ganz einheitlich. Die Gesamt-Wurzelmassen unter Weizen waren größer als unter Roggen. F. Hoffmann. 360.

2-68/10-0237 Rohdenburg, H. **Eiskeilhorizonte in südniedersächsischen und nordhessischen Lößprofilen.** Mitt. dtsch. bodenkundl. Ges. 5 (1966) S. 137–170. — 20 Abb., 43 Lit. — nach Zus.

Im Arbeitsgebiet konnten in würmkaltzeitlichen Lößserien 7 (bei Einbeziehung von Nachbargebieten 10) Eiskeilhorizonte festgestellt werden. Daraus ergibt sich ein mehrfacher Auf- und Abbau des Permafrostbodens im Verlaufe von Klimawellen 2. Ordnung. Die wärmeren Phasen mit tiefem Auftauboden sind durch ausgeprägte Bodenbildung gekennzeichnet. 360.

2-68/10-0238 Rohdenburg, H. und Meyer, B. **Zur Feinstratigraphie und Paläopedologie des Jungpleistozäns nach Untersuchungen an südniedersächsischen und nordhessischen Lößprofilen.** Mitt. dtsch. bodenkundl. Ges. 5 (1966) S. 1–135. — 25 Abb., 12 Tab., 66 Lit.

Nach Ausführungen über die Bedeutung sedimentpetrograph. und pedol. Methoden für stratigraph. Untersuchungen werden Aufschlüsse beschrieben und Vergleiche mit Profilen in Nachbargebieten gezogen. Die Labormethoden dienen vor allem der Erfassung von Karbonatmetabolik, Mineralverwitterung und phys. Zustand. Mobilisierung des $CaCO_3$ und Bildung von sekundärem Karbonat werden durch Dünnschliffuntersuchungen nachgewiesen. Bilanztypen der Karbonatmetabolik von Böden in Jungwürm-Lössen werden aufgestellt. Glimmer des Schluffkorns verwittern chem. zur Tongröße, außerdem phys. durch Bodenfrost. Letzterer Prozeß wirkt auch auf alle anderen Minerale. Die chem. Glimmerverwitterung kann am besten mit Hilfe des freien Fe_2O_3 verfolgt werden. Die Umformung der Lösse ist mit Gefügeänderung verbunden, die im einzelnen durch Feststellung der phys. Verhältnisse untersucht und genetisch gedeutet wurden. Vff. stellen abschließend ihre Ergebnisse dar: Differenzierung der Lößeigenschaften entspr. dem Sedimentationsmilieu der Lösse; epigenetische Beeinflussung, bes. des Karbonatanteils; tiefreichende chem. Verwitterung mit Verbraunung als Folge und gering wirksame kryoklastische Verwitterung ohne Verbraunung; Ausscheidung fossiler Bodenkomplexe und Vergleich mit denen in benachbarten Gebieten; klimatische Deutung der Befunde; Lößprovinzen mit einheitlichem Bodenaufbau konnten im Untersuchungsraum nicht nachgewiesen werden. R. Diemann. 360.

2-68/10-0239 Ilves, E., Sarv, A. und Valk, U. **Über C^{14}-Datierungen zur Entwicklungsgeschichte der Wälder an Hand von Materialien aus dem Hochmoor Teosaare (Estnische SSR).** Pedobiologia, Jena 7 (1968) Nr. 4. S. 329–334. — 1 Abb., 1 Tab., 27 Lit. Zus. in Russ., Engl. — nach Zus.

Durch radiometrische Untersuchungen von 15 Proben aus einem Profil im Hochmoor Teosaare (Ostteil des mittelestnischen Moorgebietes Endla) wurden charakteristische Grenzen der Entwicklungsstadien der holozänen Wälder, klimatische Stadien und Kulminationen gewisser Baumarten datiert. Die Daten der Pollenanalyse und der bot. Analyse des Torfmaterials wurden graph. dargestellt; die Ergebnisse der radiometrischen Datierung wurden sowohl in dem Pollendiagr. als auch in einer Übersichtstab. wiedergegeben. 360.

2-68/10-0240 Altermann, Manfred und Mania, Dietrich. **Zur Datierung von Böden im mitteldeutschen Trockengebiet mit Hilfe quartärgeologischer und urgeschichtlicher Be-**

funde. Thaer-Arch. 12 (1968) Nr. 7. S. 539-557. — 7 Abb., 3 Tab., 32 Lit. Zus. in Russ., Engl. — nach Zus.
An 2 Profilen im mitteldeutschen Trockengebiet (Weinberg bei Schadeleben, Salziger See) wurden quartärgeol. und bodenkundliche Untersuchungen durchgeführt, die Hinweise für den Ablauf von Bodenbildungsprozessen in diesem Raum gestatten. Danach begann die Entwicklung der Tschernoseme bereits im Alleröd und war im Atlantikum abgeschlossen. Außerdem konnte eine holozäne Tondurchschlämmung nachgewiesen werden. 360.

2-68/10-0241 Yamada, Shinobu, Sasaki, Seiichi, Kato, Yoshiro, Otowa, Michizo, Ito, Masao und Miyazawa, Kazuo. Progress review. Division 9: Soil genesis, classification and survey. (**Fortschrittsbericht. Abteilung 9. Bodenentwicklung, -klassifikation und -aufnahme.**) J. Sci. Soil Manure, Japan [Nippon Dojohiryogaku Zasshi] **39** (1968) Nr. 1. S. 83-92. — 152 Lit. Orig.: jap. 360.

2-68/10-0242 Aderichin, P. G., Čigirincev, I. P., Voronin, V. I., Gubanov, P. und Šibanov, V. M. Mineralogičeskij sostav nekotorych pesčanych i supesčanych počv Central'no-Černozemnoj oblasti. (**Mineralische Zusammensetzung einiger sandiger und Sandböden im Zentralen Schwarzerdegebiet.**) Počvovedenie, Moskva **1968** Nr. 2. S. 114 bis 123. — 3 Tab., 30 Lit. Zus. in Engl.
Die sandigen und Sandböden am mittleren und oberen Don unterscheiden sich nach ihrer mineral. Zusammensetzung, bedingt durch phys.-geograph. Besonderheiten.
H. Hergenhan. 362.

2-68/10-0243 Roberts, G. T. und Till, M. R. What is pleistocene clay? And how does it affect us? (**Was ist pleistozäner Ton? Und wie wirkt er sich auf unsere Maßnahmen aus?**) J. Agric., South Australia 71 (1968) Nr. 7. S. 236-239. — 4 Abb.
In Südaustralien, bes. im Gebiet des Murray-Flusses befindet sich unter einer Deckschicht (vielfach Decksand) eine Tonschicht pleistozänen Ursprungs mit verschiedentlich kräftig ausgeprägtem Mesorelief. Diese Tonschicht bedingt bes. in Mulden einen Wasserstau, so daß die landwirtsch. Nutzung beeinträchtigt wird. Da sie nahe Blanchetown zuerst entdeckt wurde, nennt man sie Blanchetown-Ton. Ihre Entstehung wird im zeitigen Pleistozän (vor ca. 1 Mill. Jahren) vermutet. Der Ton ist braun bis rotbraun gefärbt und teils rot-grün marmoriert. Seine Mächtigkeit schwankt zwischen wenigen und 60···70 ft. mit teilweiser Zwischenschichtung von Kalkstein. Diese Schwankungen treten auf engem Raum auf. Vff. empfehlen, vor der Einrichtung gärtnerischer Intensivnutzung einschl. Bewässerung die Substratlagerungsverhältnisse eingehend zu prüfen. H. Kretschmer. 362.

2-68/10-0244 Jamagne, M. Notes sur quelques sols d'Espagne et du Portugal. À l'occasion de la conférence et de l'excursion de la Société Internationale de la Science du Sol — Madrid 1966. (**Bemerkungen über einige Böden Spaniens und Portugals. Bericht anläßlich der Konferenz und Exkursion der Internationalen Bodenkundlichen Gesellschaft in Madrid 1966.**) Bull. Assoc. franç. Étude Sol **1967** Nr. 5. S. 13-31. — 10 Abb., 9 Lit. 362.

2-68/10-0245 Zjuź, N. S. Rel'ef i stroenie počvo-grunta v bugristych peskach Srednego Dona. (**Das Relief und der Aufbau des hügeligen Sandbodens des mittleren Don-Gebietes.**) Počvovedenie, Moskva **1968** Nr. 2. S. 29-35. — 2 Abb., 3 Tab., 10 Lit. Zus. in Engl. 362.

2-68/10-0246 Lukšin, A. A., Rumjanceva, T. I. und Kovrigo, V. P. Magnitnaja vospriimčivost' osnovnych tipov počv Udmurtskoj ASSR. (**Die Magnetanfälligkeit der Hauptbodentypen in der Udmurtischen ASSR.**) Počvovedenie, Moskva **1968** Nr. 1. S. 93 bis 98. — 2 Abb., 15 Lit. Zus. in Engl. 362.

2-68/10-0247 Jones, Robert L., Ray, B. W., Fehrenbacher, J. B. und Beavers, A. H. Mineralogical and chemical characteristics of soil in loess overlying shale in northwestern Illinois. (**Mineralogische und chemische Eigenschaften des Bodens aus Löß über Schiefer in Nordwest-Illinois.**) Proc. Soil Sci. Soc. America **31** (1967) Nr. 6. S. 800-804. — 1 Abb., 4 Tab., 12 Lit. 362.

2-68/10-0248 Thiere, Jürgen und Laves, Detlef. **Untersuchungen zur Entstehung der Fahlerden, Braunerden und Staugleye im nordostdeutschen Jungmoränengebiet.** Thaer-Arch. 12 (1968) Nr. 8. S. 659-677. — 2 Abb., 63 Lit. Zus. in Russ., Engl. — nach Zus.
Den makro- und mikromorphol. untersuchten Fahlerden, Bänderbraunerden und Staugleien des nordostdeutschen Jungmoränengebietes ist eine primäre Korndifferenzierung gemeinsam, die im wesentlichen unter periglazialen Umweltbedingungen abgelaufen ist.

Es wird die Auffassung vertreten, daß die wandständige, orientierte Tonsubst. erst nach der primären Korndifferenzierung als Ergebnis einer innerhalb der lehmigen Unterbodenhorizonte abgelaufenen Tonverlagerung entstanden ist. Die braunen Bänder der Braunerden sind eine den braunen Tonhäutchenhorizonten der Fahlerden entspr. Bildung in der sandigen Fazies. Die Verbraunung im oberen tonärmeren Profilteil hat sekundären Charakter. An lehmigen Unterbodenhorizonten und Braunbänderhorizonten wurden kryoturbate Erscheinungen beobachtet, die als Beweise für eine in einem früheren Entwicklungsstadium erfolgte entscheidende Vorprägung der untersuchten Böden herangezogen werden. Eine Dichtschlämmung der Unterböden durch Tonsubst. ist im Untersuchungsgebiet nicht Voraussetzung für das Auftreten einer Stauvergleiung. Der eigentliche Staukörper der Staugleie und stauvergleiten Fahlerden aus jungpleistozänem Geschiebemergel ist der Karbonathorizont. 364.

2-68/10-0249 Schmid, G. **Über genaue Kalkauenböden (Kalkpaternia) aus Hochflutlehmablagerungen der südbayerischen Urstromtäler.** Bodenkultur, Wien **19** (1968) Nr. 1. S. 1-9. — 4 Tab., 7 Lit. Zus. in Engl. — nach Zus.
In den Urstromtälern Südbayerns, der Alpenflüsse Iller, Lech, Isar, Inn, Salzach und Donau werden 29 Bodenprofile vom Typ der grauen Kalkauenböden aus rezenten flußbegleitenden Hochflutlehmablagerungen auf Standorteigenschaften und Basensättigungsverhältnisse untersucht. Als wesentliche Merkmale der Bodenfruchtbarkeit liegen bei allen untersuchten Profilen die Ca- und Mg-Sättigung und damit das Ca/Mg-Verhältnis annähernd im idealen Bereich. Ein größeres Sättigungsdefizit ist bei allen Böden in der K- und Na-Sättigung gegeben. Der K_2O-Fehlbetrag liegt je nach Austauschkapazität und vorhandenem austauschbaren K bei 2,9...38,9 dt/ha. Nachdem ein Ca- und Mg-Bedarf nicht besteht, können die Basensättigungsverhältnisse nur über einen Ausgleich des K-Fehlbetrages verbessert werden. Die unter Auenwaldnutzung stehenden grauen Kalkauenböden eignen sich bei den vorliegenden Standort- und Basensättigungsverhältnissen und bei entspr. K-Zufuhr vorwiegend für eine Ackernutzung. Für eine Auenwaldnutzung sind die standortlichen Voraussetzungen infolge Grundwassersenkung nicht mehr gegeben. Eine erfolgreiche Grünlandnutzung ist nur bei Jahresniederschlägen über 900 mm möglich. 364.

2-68/10-0250 Szabolcs, I. Szikes talajok a Nyirségen. I. Szikesek Ujfehértö környékén. (**Alkaliböden im „Nyirség". 1. Mitt. Alkaliböden in der Umgebung von Ujfehértó.**) Agrokém. és Talajtan [Agrochem. u. Bodenkunde] **16** (1967) Nr. 3. S. 295-326. — Aus: Ung. Agrar-Rdsch. **1968** Nr. 2.
Die Alkaliböden bei Ujfehértó enthalten hohe Mengen an $CaCO_3$ und lösl. Salzen. Bei ihrer Entstehung — sie kommen in den Tiefenlagen zwischen Sandrücken vor — spielte in ausschlaggebender Weise das Wasser, namentlich das salzreiche Grundwasser eine Rolle. Dies wird daraus erhellt, daß der Salzgehalt im Grundwasser und in den Bodenprofilen nicht nur mengenmäßig, sondern auch qualitativ der gleiche ist. 364.

2-68/10-0251 Várallyay, Gy. Vitatható megállapitások dr. H. Franz „Adatok a negyedkori rétegződéshez és a szikes talajok genezişéhez a Hortobágyon és annak peremvidékén" c. dolgozatában. (**Anfechtbare Feststellungen in der Abhandlung von Dr. H. Franz: „Beiträge zur quartären Schichtung und zur Genesis der Alkaliböden im Hortohágy und dessen Randgebieten."**) Agrokém. és Talajtan [Agrochem. u. Bodenkunde] **16** (1967) Nr. 3. S. 448 bis 458. — Aus: Ung. Agrar-Rdsch. **1968** Nr. 3.
Die in der zitierten Arbeit enthaltenen Feststellungen und Folgerungen werden im Hinblick auf 2 Hauptfragen bestritten: Entstehung der Alkaliböden des Hortobágy und dessen Umgebung einerseits und Bildung derselben zwischen der Donau und der Theiß andererseits. 364.

2-68/10-0252 Darab, K. Megjegyzések dr. H. Franz „Adatok a negyedkori rétegződéshez és a szikes talajok genezişéhez a Hortobágyon és annak peremvidékén" c. tanulmányához. (**Bemerkungen zur Arbeit von Dr. H. Franz: „Beiträge zur quartären Schichtung und zur Genesis der Alkaliböden im Hortobágy und dessen Randgebieten".**) Agrokém. és Talajtan [Agrochem. u. Bodenkunde] **16** (1967) Nr. 3. S. 459-476. — Aus: Ung. Agrar-Rdsch. **1968** Nr. 2.
Im wesentlichen behauptet Franz in seiner Abhandlung, daß die Alkalisierung des Bodens durch das Fehlen der Auslaugung von während der Verwitterung an Ort und Stelle gebildeten Na-Salzen bedingt ist. Ausgehend von den morphol. Eigenschaften der Solonetz- und Solodböden setzt er voraus, daß der A-Horizont der erwähnten Böden durch nach-

trägliche Anschwemmung auf die ursprüngliche, salzhaltige oder salzfreie Bodenoberfläche entstanden ist; auch stellt er die Rolle des Grundwassers bei der Bildung von Alkaliböden in Abrede. Demgegenüber weisen Angaben der einschlägigen ungarischen Lit. und Untersuchungen des Vf. eindeutig darauf hin, daß der gelöste Salzgehalt des Grundwassers und dessen Einfluß auf die Alkalisierungsvorgänge ausschlaggebend bei der Entstehung der Alkaliböden im ungarischen Tiefland ist. 364.

2-68/10-0253 Pokotilo, A. S. Nekotorye fizičeskie svojstva frakcij mechaničeskich ėlementov obyknovennogo i južnogo černozemov. **(Einige physikalische Eigenschaften der Fraktionen einer normalen und einer südlichen Schwarzerde.)** Vestnik Moskovskogo universiteta. Serija VI. Biologija, počvovedenie **22** (1967) Nr. 6. S. 101-106. — 2 Tab., 8 Lit. 364.

2-68/10-0254 Kalnina, V. A. Značenie dešifrirovanija počv pri sostavlenii i korrektirovke krupnomasštabnych počvennych kart. **(Die Bedeutung der Luftbilddechiffrierung der Böden bei Zusammenstellung und Korrektur großmaßstäbiger Bodenkarten.)** Počvovedenie, Moskva **1967** Nr. 3. S. 3-9. — Zus. in Engl.
Luftbilder können bei Bodenuntersuchungen als topograph. Grundlage und als Dokument der Struktur der Bodendecke und einiger Bodeneigenschaften verwendet werden. Bes. wird die Eignung für die Erfassung der Struktur der Bodendecke und ihrer Elemente hervorgehoben, vor allem dienen sie zur Feststellung der Konturen, die in den Karten erscheinen. Durch den Informationswert der Luftbilder für die Struktur der Bodendecke und die Verwendung für die Kartographie ergeben sich einige aktuelle methodische Fragen, die die Dechiffrierung betreffen. Im weiteren Text wird auf diese Auswertung und ihre Verbindung mit der Feldarbeit eingegangen. Die Auswertung ist abhängig von der Luftbildtechnik (Kamera, Objektive, Filmmaterial, Maßstab, Aufnahmezeit). Damit beschäftigen sich zahlreiche Arbeiten, die sich auch auf rationellen und wirtsch. Einsatz erstrecken. In Zusammenhang mit den aerophotograph. Arbeiten zur Struktur der Bodendecke stehen Untersuchungen zur Landschaft. Diese Landschaftsmethode wird kurz dargestellt. Abschließend wird auf die Erarbeitung o. g. Karten eingegangen. R. Diemann. 368.

2-68/10-0255 Franz, Gottfried und Grusser, J. **Die Bodenschätzung und die Auswertung ihrer Ergebnisse zur weiteren Intensivierung und Spezialisierung der Feldwirtschaft.** Empfehl. Wiss. u. Prax. für d. sozialist. Landwirtsch. Bezirkes Dresden **1967** Nr. 10/12. S. 1-26. — 3 Abb., 10 Tab., 13 Lit. 368.

2-68/10-0256 Uspanov, U. U. Počvenno-geografičeskie zony i zemel'nye resursy Kazachskoj SSR. **(Die geographischen Bodenzonen und die Bodenressourcen in der Kasachischen SSR.)** Izvestija Akademii nauk Kazachskoj SSR. Serija biologičeskaja, Alma-Ata **1967** Nr. 6. S. 10-20. — 1 Tab. 368.

G. Bodenuntersuchung

2-68/10-0257 Karmanov, I. I. O primenenii spektrofotometričeskich koėfficientov k izučeniju počvoobrazovatel'nych processov. **(Zur Anwendung spektrophotometrischer Koeffizienten bei der Untersuchung von Bodenbildungsprozessen.)** Počvovedenie, Moskva **1968** Nr. 2. S. 13-28. — 3 Tab., 11 Lit.
Verschiedene Bodenproben < 0,25 mm werden im lufttrockenen Zustand im Spektrophotometer SF-10 untersucht. Form und Lage der Kurven der Spektralhelligkeit sind eng mit den grundlegendsten Bodenbildungsprozessen verbunden, die im gegebenen Boden vor sich gegangen sind. Sie können mit Hilfe des Farbkoeffizienten, Helligkeitskoeffizienten usw. gekennzeichnet werden. Die Bestimmung der spektrophotometrischen Koeffizienten ist einfach und nicht aufwendig. H. Hergenhan. 370.

2-68/10-0258 Holt, R. F. und Timmons, D. R.; Morris, Minn., A.R.S. A method for investigating the chemical heterogeneity of soil material within natural soil aggregates. **(Eine Methode zur Untersuchung der chemischen Heterogenität des Bodenmaterials in natürlichen Bodenaggregaten.)** Proc. Soil Sci. Soc. America **31** (1967) Nr. 5. S. 704-705. — 1 Abb., 1 Tab., 5 Lit.
Ziel der Arbeit war es, eine Methode zur Trennung des äußeren und inneren Bodenmaterials von Bodenaggregaten zu entwickeln und zu bestimmen, ob chem. Unterschiede zwischen diesen Materialien bestehen. Durch einen Gefrier- und Auftauprozeß wurde das Bodenmaterial von der Oberfläche abgetrennt und in einem spez. Schüttelgerät in Wasser abge-

spült. Bei den zwei untersuchten Böden hatte das äußere Material eine höhere Konz. wasserlösl. Elemente. Das innere Material besaß eine gleiche oder wenig größere Menge an extrahierbaren Elementen. G. Schönberg/Pillnitz. 370.

2-68/10-0259 Krammes, J. S. und Bano, L. F. de. Leachability of a wetting agent treatment for water-resistant soils. (**Die Auswaschbarkeit eines Befeuchtungsmittels bei wasserresistenten Böden.**) Proc. Soil Sci. Soc. America **31** (1967) Nr. 5. S. 709-711. — 2 Abb., 1 Tab., 5 Lit.
In Südkalifornien gibt es Böden, die der Befeuchtung einen Widerstand entgegensetzen, der durch Zusatz von Benetzungsmitteln vermindert werden kann. Es wurde die Auswaschbarkeit eines Benetzungsmittels untersucht, indem behandelte und unbehandelte Bodenproben 80mal mit Wasser gesättigt und wieder bei niedrigen Temperaturen getrocknet wurden. Auswirkungen des Benetzungsmittels waren noch zu beobachten, nachdem etwa 400 mm Wasser durch die Proben durchgelaufen waren. G. Schönberg/Pillnitz. 370.

2-68/10-0260 Carmean, Willard H. Soil survey refinements for predicting black oak site quality in Southeastern Ohio. (**Verbesserungen der Bodenaufnahme zur Festsetzung der Eignung für Schwarzeichen in Südost-Ohio.**) Proc. Soil Sci. Soc. America **31** (1967) Nr. 6. S. 805-810. — 3 Abb., 4 Tab., 17 Lit. 370.

2-68/10-0261 Methods of soil-analysis. Part. 1. Physical and mineralogical properties including statistics of measurement and sampling. (**Methoden der Bodenanalyse. Teil 1. Physikalische und mineralische Eigenschaften einschließlich Meßmethodik und Probenahme.**) Madison: Amer. Soc. of Agronomy. 1965. (XLII, 770 S.) 8°. (1968 A 538, 1) 370.

2-68/10-0262 Teicher, K. **Über die Bestimmung der pflanzenverfügbaren Phosphorsäure mit verschiedenen Extraktionsmethoden in Böden von Dauerdüngungsversuchen.** Landwirtsch. Forsch. **20** (1967) Nr. 4. S. 241-250. — 3 Abb., 2 Tab., 19 Lit. Zus. in Engl., Franz. — nach Zus.
Neben verschiedenen P-Fraktionen wurde in Böden aus statischen Felddüngungsversuchen pflanzenverfügbarer P mit einigen der gebräuchlichsten Extraktionsmittel untersucht. Saure, gepufferte Extraktionslösungen (Ca-Laktat, Ammoniumlaktat und Formiat) unterschieden sich in ihrem Lösungsvermögen teilweise wesentlich von Wasser und bes. von Ammoniumfluorid. Die P-Werte in Ausschüttelungen mit sauren Lösungsmitteln korrelierten sehr eng mit den Gehalten an Ca-Phosphaten. Bei der Extraktion mit Ammoniumfluorid war diese Abhängigkeit weniger ausgeprägt. Es müssen damit z.T. auch Sesquioxidphosphate in Lösung gebracht werden. 372.

2-68/10-0263 Baker, Dale E. und Hall, Jon K. Measurements of phosphorus availability in acid soils of Pennsylvania. (**Messungen der Verfügbarkeit von Phosphor in sauren Böden von Pennsylvania.**) Proc. Soil Sci. Soc. America **31** (1967) Nr. 5. S. 662-667. — 5 Abb., 7 Tab., 14 Lit.
Es sollten Extraktionsmethoden zur Charakterisierung des P-Zustandes von Böden in Pennsylvania verglichen werden, welche dem Morgan-Test überlegen sind. Vom Gesichtspunkt der aus dem Boden extrahierten Menge ergab sich folgende Reihenfolge: Purdue > Bray Nr. 1 > Morgan > eigene Methode > $CaCl_2$. Es wurden in dieser Reihe 52; 83; 8; 4 und 1% des zugegebenen P extrahiert. Die Methoden lieferten untereinander wenig vergleichbare Werte. Die beste Übereinstimmung mit der Pflanzenverfügbarkeit erreichte die Methode Bray Nr. 1, die geringste die Methode Purdue. Die Untersuchungen wurden unter Verwendung von ^{32}P in Gewächshausversuchen mit Mais als Versuchspflanze durchgeführt. H. Schößler. 372.

2-68/10-0264 Ehlers, W., Meyer, B. und Scheffer, F. **Beitrag zur Bestimmung der Kalium-Fixierung im Boden.** Landwirtsch. Forsch. **20** (1967) Nr. 4. S. 251-261. — 3 Abb., 17 Lit. Zus. in Engl., Franz. — nach Zus.
Beim konventionellen Versuch zur Ermittlung der K-Fixierung gibt es so viele Abwandlungsmöglichkeiten, daß die mitgeteilten Versuchsergebnisse nur selten direkt vergleichbar sind. Die möglichen Modifikationen und ihre Auswirkungen werden zusammengestellt. Bes. wird auf die Bedeutung der sich einstellenden Ca-Konz. (durch K-Ca-Ionenumtausch) in der Gleichgewichtslösung hingewiesen. Während der konventionelle Versuch einen Kurzzeit-Fixierungsprozeß beschreibt, erfaßt die geschilderte Methode nach Matthews und Beckett einen zeitabhängigen (Langzeit-) Fixierungsvorgang. Bedeutung und Schwierigkeiten dieser Methode werden erörtert. Eine auch bei dieser Versuchsanordnung evtl.

auftretende Kurzzeit-Fixierung darf nicht unberücksichtigt bleiben (Prüfung auf Hysterese). Dreischichttonminerale hoher Ladung zeigen bei starkem K-Angebot eine Kurzzeit-Fixierung durch Kontraktion ihrer Elementarschichten (Klathrierung). Durch Einschluß von K-Ionen in ihren Zwischenschichtraum erreichen diese Tonminerale einen rel. stabilen Gitterzustand. Die Langzeit-Fixierung beruht auf einem Diffusionsvorgang, bei dem K- und z. B. Ca-Ionen im teilweise hydratisierten Zwischenschichtraum in entgegengesetzten Richtungen wandern. Die K-Ionen nehmen Zwischenschichtpositionen ein, aus denen sie nur in Langzeitversuchen wieder freigesetzt werden können. Die Langzeitfixierung wird von keiner bedeutenden Änderung der Tonmineral-Basisabstände begleitet. 372.

2-68/10-0265 Bachler, W. **Gegenüberstellung von Methoden zur Bestimmung des austauschbaren Calciums in Böden.** Bodenkultur, Wien **19** (1968) Nr. 1. S. 16–22. — 4 Tab., 6 Lit. Zus. in Engl. — nach Zus.
In Proben von A_p-Horizonten aus oberösterreichischen Obstgärten wurde das austauschbare Ca nach 3 Methoden bestimmt: nach Mehlich sowie durch Ausschüttelung mit n KCl- und 1%iger NH_4Cl-Lösung. Auf die Standardmethode Mehlich bezogen konnten durch Ausschüttelung mit n KCl-Lösung im Mittel 66,9% bzw. mit 1%iger NH_4Cl-Lösung 31,6% des austauschbaren Ca erfaßt werden. Die Analysendaten wurden außerdem korrelationsstatistisch ausgewertet mit dem Ergebnis, daß für die Beurteilung des Ca-Versorgungsgrades der Böden die 3 angewandten Methoden den nahezu gleichen Aussagewert hatten. 372.

2-68/10-0266 Mokady, R. S. und Zaslavsky, D.; Technion, Haifa, Israel Inst. of Technol. On the use of radioactive tracers in diffusion experiments. (**Über die Verwendung radioaktiver Tracer in Diffusionsversuchen.**) Proc. Soil Sci. Soc. America **31** (1967) Nr. 5. S. 604–608. — 2 Abb., 5 Lit.
Bei Verwendung radioaktiver Isotope in Diffusionsversuchen gibt es verschiedene Schwierigkeiten. Am Beispiel der Diffusion von stabilem und radioaktivem P werden der Einfluß der Adsorption oder Festlegung und die Gleichheit der Fließbewegung zwischen Tracer und Trägerstoff analysiert. Bei adsorptiven Vorgängen, wie sie im Boden auftreten, kann die erforderliche mathematische Analogie fehlen. Die Begrenzung durch die Festlegung ist zeitabhängig und wird z. B. stärker, wenn der radioaktive Tracer eine lange Halbwertszeit im Vergleich zur Versuchsdauer besitzt. G. Schönberg/Pillnitz. 372.

2-68/10-0267 Gribovskaja, I. F. Podgotovka prob počv i rastenij dlja spektral'nogo opredelenija soderžanija v nich mikroėlementov. (**Vorbehandlung von Boden- und Pflanzenproben für die spektralanalytische Bestimmung ihres Gehaltes an Mikroelementen.**) Naučnye doklady vysšej školy. Biologičeskie nauki, Moskva **11** (1968) Nr. 1. S. 137–144. — 46 Lit.
In einer Übersichtsarbeit befaßt sich Vf. mit der Ausschaltung von Fehlerquellen bei der Probenvorbereitung für die spektralanalytische Bestimmung von Mikroelementen in Böden und Pflanzen. Behandelt werden die Verunreinigung der Boden- und Pflanzenproben während der Aufarbeitung, bes. während Transport, Trocknung und Zerkleinerung. Ausführlich wird auf die Verunreinigung mit und den Verlust an Mikroelementen bei der Zerstörung der org. Substanz von Bodenproben und der Veraschung des Pflanzenmaterials eingegangen. Die verschiedenen Methoden der nassen (mit Säuren) und trockenen Veraschung werden besprochen, ebenso Methoden zur spektralanalytischen Bestimmung ohne vorherige Veraschung der Pflanzensubstanz. Th. Schikora. 372.

2-68/10-0268 Zyrin, N. G. und Obuchov, A. I. Spektrochimičeskoe opredelenie soderžanija podvižnych form mikroėlementov v počvach. (**Spektrochemische Bestimmung des Gehalts an beweglichen Formen der Mikroelemente in Böden.**) Naučnye doklady vysšej školy. Biologičeskie nauki, Moskva **11** (1968) Nr. 1. S. 131–136. — 1 Abb., 3 Tab., 15 Lit.
Nach einer Literaturübersicht über Methoden zur Anreicherung von Mikroelementen in Extrakten befassen sich Vff. mit der Anreicherung durch Mitfällung an einem „Träger". Vff. bestimmten bewegliche Formen von Cu, Co, Zn, Mo und Ni in Böden, die nach Mitchell aus 20 g Boden mit einem Ammoniumazetat-Puffer bei pH 3,5 extrahiert wurden. Der Extrakt wurde zur Trockene eingedampft, dessen org. Subst. mit H_2O_2 oder durch Erhitzen auf 450 °C zerstört und der Rückstand in verdünnter HCl gelöst. Die Ausfällung der Mikroelemente erfolgte mit 8-Oxychinolin bei pH 5,1…5,2. Das Filter mit dem Niederschlag wurde gewaschen, bei 450 °C verascht und der Rückstand mit Al_2O_3 zu 40 mg ergänzt,

bzw. es wurden 40 mg des Rückstandes verwendet. Dieser wurde mit Kohlepulver vermengt (1:2), das als inneren Standard GeO_2 enthielt. Die Eichproben wurden durch Mischung von Fe_2O_3 und Al_2O_3 mit Salzen der Mikroelemente hergestellt. Die Bestimmung erfolgte mit einem Quarzspektrographen mit mittlerer oder hoher Dispersion im Wechselstrom-Bogen. Einzelheiten werden angegeben. — Testversuche mit künstlichen Proben ergaben einen mittleren rel. Fehler von $\pm 7 \cdots 12\%$. Die Analysendaten von 4 Böden werden wiedergegeben. Th. Schikora. 372.

2-68/10-0269 Bakaev, N. M. und Popkov, S. N. Uskorennoe opredelenie vlažnosti počvy vesovym metodom. (**Eine gravimetrische Schnellbestimmung der Bodenfeuchtigkeit.**) Počvovedenie, Moskva **1968** Nr. 1. S. 106-112. — 4 Tab., 14 Lit. Zus. in Engl.
Proben eines schwerlehmigen Bodens müssen bei einer Temperatur von 100-105 °C 16 h getrocknet werden: Die Trocknung wird durch Erhöhung der Temperatur auf 150 °C (!) beschleunigt. Dabei verbrennt das org. Material nicht und die Trockenzeit wird auf 4 h verkürzt. H. Hergenhan. 374.

2-68/10-0270 Lepşi, Vasilica und Brici, I. Contribuţii la determinarea conţinutului de apă din sol, după gradul de plasticitate al solului. (**Beiträge zur Bestimmung des Bodenwassergehalts an Hand der Bodenplastizität.**) Inst. agron. Timişoara, Lucrări ştiinţ., Ser. Agron. **9** (1966) S. 39—45. — 7 Tab., 2 Lit. Zus. in Russ., Engl.
Die Arbeit bringt die Ergebnisse der Untersuchung einer wirksamen Methode bei der quantitativen Bestimmung des Bodenwassergehalts, die auf der qualitativen Beobachtung bei Anwendung organoleptischer Mittel beruht. Bei Anwendung zu einigen Böden des Banats erlaubte die Methode die Bestimmung der Bodenfeuchte mit $\pm 2\%$ Genauigkeit (Vergleich mit Trocknung in der Trockenkammer). Es werden Tab. für jeden der untersuchten Böden gegeben, mit Hilfe derer die Bodenfeuchte in Intervallen von $< 5\%$ bestimmt werden kann. Durch die erwähnten Tab. ist die Möglichkeit zur Steigerung der Genauigkeit dieser Methode für jeden Boden gegeben. Die Anwendung der Methode für die Böden des Banats wird empfohlen, weil sie einfach, wirksam und ausreichend genau zur Bestimmung des optimalen Zeitpunktes für die Bewässerung der Pflanzenkulturen ist. E.-M. Ardelt. 374.

2-68/10-0271 White, John W. und Mastalerz, John W. Soil moisture as related to „container capacity". (**Die Bodenfeuchtigkeit in Beziehung zu der in Gefäßen ermittelten Wasserkapazität.**) Proc. Amer. Soc. horticult. Sci. **89** (1966) S. 758-765. — 3 Abb., 2 Tab., 19 Lit.
Vff. schildern eine Labormethode zur Ermittlung der Wasserkapazität („Gefäßkapazität") verschiedener gesättigter Medien, die zur Berechnung des pflanzenverfügbaren Wassers im Boden herangezogen wird. Das zu untersuchende Bodenmaterial wird lose in Gefäße (10,5 cm Dmr., 17,2 cm Höhe) mit perforiertem Boden, welcher mit Filterpapier bedeckt ist, eingefüllt und durch leichtes Aufschlagen der Gefäße auf eine Unterlage verdichtet bis keine Setzung mehr zu beobachten ist und der Boden mit dem oberen Gefäßrand abschließt. Die Proben werden danach in Plastebehältern von 1 gall. (3,78 l) Fassungsvermögen bis 1 cm unter den oberen Rand mit Wasser angestaut und zur Einstellung des Gleichgewichtszustandes stehengelassen. Nach 24 h wird das Wasser aus den Plastebehältern abgelassen. Es folgt eine 24std. Entwässerungsphase, während der das „Gravitationswasser" aus den Bodenproben abfließen kann. Der gesamte Vorgang wird 3mal wiederholt. Nach der letzten Entwässerung wird die Probe gewogen und der Wassergehalt auf das Trockengewicht (Trocknung bei 105 °C) bezogen (Angabe in Vol.-%). Zur Berechnung des Gehaltes an pflanzenverfügbarem Wasser wird folgende Formel mitgeteilt: $W_v = 100 \frac{W_{330\,\mathrm{cm\,WS}} - W_{\mathrm{pwp}}}{W_{\mathrm{Gk}} - W_{\mathrm{pwp}}}$. Hierin bedeuten: W_v das pflanzenverfügbare Wasser in %, $W_{330\,\mathrm{cm\,WS}}$ den Wassergehalt bei 330 cm WS Saugspannung, gemessen mit dem Druckmembranapparat nach Richards, W_{pwp} den Wassergehalt beim permanenten Welkepunkt (Sonnenblumen-Test nach Briggs und Shantz) und W_{Gk} die „Gefäßkapazität". H. Abdank. 374.

2-68/10-0272 Reynolds, E. R. C. und Veer, L. ter. Water-potential control by colloidal gels. (**Kontrolle des Wasserpotentials durch kolloidale Gele.**) Plant & Soil, The Hague **28** (1968) Nr. 1. S. 158-160. — 1 Abb., 7 Lit.
Vf. beschreibt eine Methode, die es erlaubt, das Wasserpotential des Bodens zu bestimmen. Die Methode ist auch anwendbar bei physiol. Untersuchungen an Pflanzen, Tieren und

Mikroorganismen. Grundlage der Methode ist die Eigenschaft von Kolloiden, Wasser zu adsorbieren. Die bes. Anwendung des Verfahrens besteht darin, daß verschiedene elektrische Widerstände zur Messung des Bodenfeuchtepotentials geeicht werden. Verwendet wurde Gelatine. Zur Verhinderung störender Mikroorganismenentwicklung wurde der Gelatine 0,2% $HgCl_2$ zugesetzt. Es ergab sich eine deutliche lineare Beziehung zwischen % Gelatine und den log. Werten des Wasserpotentials (Druck). Agar ist als Gel für diese Methode nicht geeignet. F. Naglitsch. 374.

2-68/10-0273 Zalivadnyj, B. S. Primenenie dinamičeskogo teploemkostnogo vlagomera v počvovedenii. (**Anwendung eines dynamischen Wärmekapazitätsfeuchtigkeitsmessers in der Bodenkunde.**) Počvovedenie, Moskva **1968** Nr. 2. S. 149–158. — 3 Abb., 7 Lit. Zus. in Engl.
Die z. Z. bekannten Geräte zur Bestimmung der Bodenfeuchtigkeitsdynamik sind noch unvollkommen. Bes. Schwierigkeiten treten bei der Bodenfeuchtigkeitsbestimmung unter Einfluß verschiedener Bodendichten auf. Die Methode beruht auf der Abhängigkeit der Feuchtigkeit von der spez. Wärmekapazität des feuchten Bodens.
H. Hergenhan. 374.

2-68/10-0274 Steiner, Abram A. Apparatus for the measurement of oxygen consumption by the root system of a plant. (**Apparat zur Messung des Sauerstoffverbrauchs durch das Wurzelsystem einer Pflanze.**) Plant & Soil, The Hague **28** (1968) Nr. 1. S. 173–176. — 2 Abb., 4 Lit.
An einem Fühler, der eine polarograph. Elektrode nach Clark darstellt (Kathode aus Au, Anode aus Ag bestehend) und in die bewegte Nährlösung eintaucht, wird O_2 zu H_2O reduziert. Dabei wird die Kathode depolarisiert und ein Stromfluß ermöglicht, der dem O_2-Druck direkt proportional ist. Dieser wird außerhalb einer Membran (Teflon, eingebettet in einen Methakrylatblock) gemessen. Apparatur — Hauptbestandteile : 4 Plastikgefäße, Tank, Pumpe, Volumenmesser, Ventile — und Arbeitsweise werden beschrieben. An Tomaten und Gurken konnten erfolgreich Messungen ausgeführt werden. Eine reife Tomatenpflanze kann 50% des in 3,2 l vorhandenen O_2 innerhalb von 15 min verbrauchen. Auch bei nicht konstanter Temperatur ist eine O_2-Bestimmung möglich.
W. Schulze. 374.

2-68/10-0275 Kanno, Ichiro und Arímura, Shizuoki; Chikugo, Fukuoka Pref., Kyushu Agric. Exper. State M.A.F. Dispersion of humic allophane soils with supersonic vibration. (**Dispersion von humosen Allophanböden mit Ultraschwingungen.**) Soil Sci. Plant Nutrit., Tokyo **13** (1967) Nr. 6. S. 165–170. — 4 Abb., 3 Tab., 12 Lit. Orig.: engl.
Nach der Dispersion von humosen Allophanböden vulkanischen Ursprungs mit Hilfe von Ultraschwingungen läßt sich der Tongehalt genauer als bei Anwendung der Schüttelmethode bestimmen. Die Ultraschwingungen zerkleinern jedoch auch gleichzeitig primäre Minerale, so daß die Bestimmung des Sand- und Schluffgehaltes beträchtlich gestört wird. Mit Hilfe der Vibrationsmethode läßt sich also nur der max. Tongehalt bestimmen. Um eine max. Dispersion zu erreichen, muß je nach Herkunft des Tons die Auswahl des Dispersionsmittels erfolgen. Ein saures Medium ist bei Bodenproben mit hohem Allophangehalt vorzuziehen, während Bodenproben mit einem hohen Gehalt an Kaolin und Sesquioxiden besser in einem alkalischen Medium dispergiert werden. Eine max. Dispersion wird nach etwa 30···45 min erhalten. J. Lehfeldt. 374.

2-68/10-0276 Schreiber, H. A. Digital computer program for particle-size distribution and textural classification of soils. (**Digitalrechnerprogramm für die Korngrößenverteilung und Körnungsklassifikation der Böden.**) Soil Sci. **104** (1967) Nr. 3. S. 225–226. — 1 Tab., 5 Lit.
Korngrößenbestimmungen nach der Hydrometermethode erfordern eine graph. Auswertung, die zeitaufwendig ist und rel. schwer von den Laboranten erlernt wird. Diese Arbeit kann durch Benutzung eines Computers wesentlich vereinfacht werden. Das aufgestellte Fortran-II-Programm gestattet neben der Korngrößenverteilung auch die Körnungsklassifikation der Bodenproben zu ermitteln. Die Berechnungsmethode wird aus der Zwei-Punkt-Gleichung abgeleitet. Außerdem wird eine Korrektur vorgenommen. Die Gestaltung der Datenkarten wird beschrieben. A. Kullmann. 374.

2-68/10-0277 Manučarov, A. S. Statističeskij pasport na mikroagregatnyj analiz počv svetlo-kaštanovogo kompleksa. (**Statistischer Weg für Boden-Mikroaggregatanalysen in der**

hellkastanienfarbigen Region.) Naučnye doklady vysšej školy. Biologičeskie nauki, Moskva 10 (1967) Nr. 12. S. 137-141. — 3 Tab., 6 Lit. 374.

2-68/10-0278 Sproule, R. A. Soil salinity and its control by liquid feed concentration meters. (**Bodenversalzung und ihre Überwachung durch Salzkonzentrationsmeßgeräte.**) Grower, London **69** (1968) Nr. 17. S. 976-977. — 3 Abb. 374.

2-68/10-0279 Jones, D. und Webley, D. M. A new enrichment technique for studying lysis of fungal cell walls in soil. (**Eine neue Anreicherungstechnik zum Studium der Lysis von Pilzzellwänden im Boden.**) Plant & Soil, The Hague **28** (1968) Nr. 1. S. 147-157. — 8 Abb., 3 Tab., 19 Lit.
Zur Untersuchung der Lysis von Zellwänden der Pilzhyphen wurden 3 Pilzstämme (*Fusarium culmorum*, *Mucor ramannianus* und ein nichtsporulierender Pilz) in Reinkultur gezüchtet, eine wäßrige Suspension der Pilzhyphen mit Kaolinit hergestellt und aus diesem Gemisch Aggregate geformt. Nach Autoklavieren wurden die Aggregate bei 20 °C auf feuchtem Boden bebrütet und zur Erfassung der an der Zersetzung der Zellwände der Pilze beteiligten Mikroorganismen nach 2, 4 und 6 Wochen Versuchszeit mit sterilem Wasser aufgeschwemmt. Parallel dazu wurden C-Gehalt und Glukanaseaktivität der künstlichen Aggregate bestimmt. Die aus den Aggregaten isolierten Mikroorganismen waren in der Lage, in Reinkulturen die Zellwände als alleinige C-Quelle zu nutzen. Die Enzymaktivität in den Kulturen korrelierte gut mit der in den Aggregaten. Elektronenmikroskopische Aufnahmen vermitteln einen Einblick in den Lysisprozeß. F. Naglitsch. 376.

2-68/10-0280 Glathe, H. und Singh-Verma, S. B. **Glucose-Pepton-Agar, ein geeigneter Nährboden für Isolierung und Kultivierung der bakteriellen Antagonisten aus dem Boden sowie antibakterielle Wirkung einiger Bodenbakterien gegen andere apathogene bzw. pathogene Keime.** Zbl. Bakteriol., Parasitenkunde, Infektionskrankh. Hyg., II. Abt. **122** (1968) Nr. 1. S. 3-21. — 14 Abb., 5 Tab., 11 Lit. Zus. in Engl. — nach Zus.
Die durchgeführten antagonistischen Testversuche zeigten, daß Glukose-Pepton-Agar ein geeigneter Nährboden für die Isolierung und Kultivierung der Bodenantagonisten ist, hingegen nicht zur Bakterienzählung. Die Ergebnisse der Stammprüfung zeigten, daß es sich bei den antagonistischen Stämmen A, B und C um Kulturen von *Bac. megaterium*, bei den Teststämmen Ia und Ib um Kulturen von *Bac. subtilis* und bei Teststamm II um eine Kultur von *Bac. cereus var. mycoides* handelte. Der Antagonismus der verschiedenen Stämme ist einmal von der Herkunft und der vorhandenen Nährstoffversorgung (d. h. von der jeweiligen Zusammensetzung des Nährmediums) und zum anderen von den physiol. Eigenschaften der Stämme selbst (wirksame und nicht wirksame Stämme) abhängig. So waren z. B. Stamm A und Stamm B aus Basaltboden wirksamer als Stamm C aus Tonschieferboden. Die Wirksamkeit der Antagonisten stieg mit zunehmender Bebrütungsdauer vor der Impfung der Testorganismen an. Die 3 Antagonisten können entspr. ihrer Hemmwirkung wie folgt eingestuft werden: Stamm B > Stamm A > Stamm C, obwohl es sich in allen Fällen um Reinkulturen von *Bac. megaterium* handelte. Testorganismus Stamm I (*Bac. subtilis*) wurde stärker als Stamm II (*Bac. cereus* var. *mycoides*) gehemmt. Die Stämme A und B von *Bac. megaterium* zeigten eine starke antibiotische Wirkung gegen grampositive pathogene Organismen (*Streptococcus faecalis* und *Staphylococcus aureus* var. *haemolyticus*), wobei die Enterokokken stärker als die Staphylokokken gehemmt wurden. Gegen gramnegative pathogene Organismen waren die gebildeten antibiotischen Wirkstoffe unwirksam. Der Vergleichsstamm von *Bac. megaterium* sowie Stamm C wiesen keinerlei Hemmwirkung auf. 376.

2-68/10-0281 Coûteaux, Marie-Madeleine. Une technique d'observation des thécamoebiens du sol pour l'estimation de leur densité absolue. (**Eine Beobachtungstechnik für Boden-Thekamöben an Stelle der Bestimmung ihrer absoluten Dichte.**) Rev. Écol. Biol. Sol 4 (1967) Nr. 4. S. 593-596. — 1 Tab., 7 Lit.
250 mg Frischboden werden in 1 ml Bouin-Hollande-Mischung fixiert, in 3 ml „ponceau de xylidine" 30 min gefärbt und in 250 ml Wasser unter längerem Schütteln suspendiert. Während des Schüttelns werden 5 ml Suspension entnommen und durch ein „Millipore-Filter" (RAWPO 2500) filtriert, wobei die gesamte Bodenfraktion auf dem Filter zurückbleibt. Nach Lufttrocknung und Tränkung mit Xylol wird das transparente Filter in Kanadabalsam eingebettet. Danach können die auf einer Filterfläche von ca. 2,5 cm² verteilten

Thekamöben und deren leere Gehäuse gezählt werden. Es ergaben sich wesentlich höhere Protozoenzahlen als nach der bisherigen Methode. G. Kaunat. 376.

2-68/10-0282 Demerec, M., Adelberg, E. A., Clark, A. J. und Hartman, P. E. A proposal for a uniform nomenclature in bacterial genetics. **(Ein Vorschlag für eine einheitliche Nomenklatur in der Bakteriengenetik.)** J. gen. Microbiol. **50** (1968) Nr. 1. S. 1-14. — 25 Lit.
Ein Nomenklatursystem, das seit 1964/65 in die Lit. eingeführt werden soll, wird in seinem Prinzip näher beschrieben. Loci bzw. Gene werden ihrer Bedeutung entspr. mit 3 kursiv geschriebenen Kleinbuchstaben bezeichnet. Sind mehrere Gene gleicher Wirksamkeit vorhanden, werden sie durch Zusatz eines ebenfalls kursiv gesetzten Großbuchstabens unterschieden. Z. B. bedeuten *araA*, *araB* und *araD* 3 verschiedene Gene *A*, *B* und *D*, von denen jedes für sich den Arabinose-Metabolismus mit entspr. phänotypischen Auswirkungen zu kontrollieren vermag. Diese Bezeichnungen werden nach Lage und Anzahl der bekannten Loci benannt (z. B. 17 verschiedene Coli-Mutanten, die durch verschiedene Enzymdefekte die Fähigkeit, Arabinose als C-Quelle zu benutzen, verloren haben, werden mit *araA*2, *ara C*3, *araA*4 usw. bezeichnet). Für die Kennzeichnung von Plasmiden und Episomen sollten die eingeführten Buchstaben und Zeichen nicht kursiv verwendet werden. Eigenschaften, die nur den Phänotyp betreffen, sollten ebenfalls nicht kursiv geschrieben werden, z. B. Pen-r10 heißt, der Stamm zeigt Resistenz gegen 10 Einheiten Penicillin/ml; *penA*, *penB*, usw. bezeichnet Gene, die eine gewisse Penizillinresistenz regieren bzw. kontrollieren. Für jede Stammbezeichnung sollte der Grundsatz gelten, daß sie bei ihrer ersten Nennung in einer Arbeit erläutert wird. Werden mehrere Stämme besprochen, empfiehlt sich tab. Anordnung. — Ein Anhang A gibt eine Liste zu empfehlender 3 buchstabiger Abkürzungen, ein Anhang B das Beispiel einer listenmäßigen genotypischen und phänotypischen Beschreibung von 3 Bakterienstämmen, der Anhang C bringt eine Zusammenfassung der in der Arbeit gegebenen Nomenklaturempfehlungen. G. Zipplies. 376.

2-68/10-0283 Ruschke, Rainer und Köhn, Karin. **Ein neuer Nährboden zum Erkennen von Fluoreszenten auf Grund der Farbstoffbildung.** Zbl. Bakteriol., Parasitenkunde, Infektionskrankh. Hyg., II. Abt. **122** (1968) Nr. 1. S. 22-24. — 8 Lit. Zus. in Engl. 376.

2-68/10-0284 Dostál, A. und Pešák, M. Vliv skladovacích podmínek na spontánní změny hladiny přijatelných živin vody a pH v půdní jemnozemi. **(Einfluß der Lagerungsbedingungen auf spontane Veränderungen des Niveaus der aufnehmbaren Nährstoffe, des Wassers und des pH-Wertes in Feinerdeböden.)** Rostlinná Výroba **13(40)** (1967) Nr. 12. S. 1307-1318. — 5 Tab., 4 Lit. Zus. in Russ., Engl., Dtsch.
In Feinerdeproben können bei längerer Lagerung spontane Änderungen im Gehalt an aufnehmbarem P, im Wassergehalt wie auch im pH(KCl)-Wert auftreten. Kalkhaltige Böden scheinen davon bes. betroffen zu werden. Die Feinerdeproben sollten deshalb nicht zu lange aufbewahrt und nicht in Igelit verpackt werden. Aus diesem Grund ist es auch vorteilhafter, die Funktion der Laborgeräte an reinen Standardproben zu überprüfen, als in die tägl. Serie die sog. ständige Kontrollprobe einzureihen. ČSSR/ÚVTI. 378.

2-68/10-0285 Peck, T. R. View on soil test interpretation. **(Einige Gesichtspunkte zur Interpretation von Bodenuntersuchungsergebnissen.)** Commerc. Fertilizer **116** (1968) Nr. 1. S. 18. 20. — 6 Tab.
Die Bodenuntersuchung ist für den Landwirt eine Art Beratungsdienst und eine der Methoden zur Aufstellung eines Düngungs- und Bodenfruchtbarkeitsprogrammes. Der wesentlichste Gesichtspunkt bei der Bodenuntersuchung ist die Voraussage hinsichtlich des Bodenfruchtbarkeitszustandes für einen längeren Zeitraum. Innerhalb des Bodenuntersuchungsprogrammes kann man 4 Sachgebiete unterscheiden: 1. Probenahme, 2. Bodenentstehung und -bewirtschaftung, 3. Durchführung der Analysen und 4. Interpretation der Ergebnisse. Für P und K erfolgt die Bestimmung der Versorgung der Böden in Illinois nach der Methode von Bray, einer modifizierten Mitscherlich-Baule-Methode. Es wird gezeigt, welcher prozentuale Ertrag vom Höchstertrag bei veränderter P- und K-Versorgung des Bodens von verschiedenen Früchten erzielt wird. Am Beispiel von P und Zn wird gezeigt, wie bei niedrigem Pflanzen-P-Gehalt bei Mais bei steigendem Zn-Gehalt kein, bei hohem Pflanzen-P-Gehalt jedoch ein merklicher Ertragsanstieg nachweisbar ist.
W. Bergmann. 378.

H. Bodenfruchtbarkeit

2-68/10-0286 Raskutin, O. A. Ob izmenenii agrochimičeskich uslovij plodorodija staropachotnogo suglinka pri povtornoj kul'ture kukuruzy i uglublenii pachotnogo sloja. **(Die Veränderung der agrochemischen Bedingungen für die Fruchtbarkeit von altem Kulturlehmboden bei wiederholtem Maisanbau und Vertiefung der Ackerkrume.)** Doklady TSChA. Moskovskaja ordena Lenina sel'skochozjastvennaja akademija imeni K. A. Timirjazeva 1968 Nr. 136. S. 71-76. — 3 Tab., 5 Lit.
Im südlichen Teil des Gebietes Moskau betrugen die Humusverluste im Boden bei 4jähr. Maisanbau ohne Düngungen auf altem Kulturlehmboden 8%. Die jährl. Einbringung von 20 t/ha Stallmist trug zur Erhaltung des vorherigen Humusgehaltes und sogar zu einer gewissen Erhöhung desselben bei. Im Ergebnis des Maisanbaues in Monokultur veränderte sich der P-Haushalt des Bodens: Es erhöhten sich Gehalt und Beweglichkeitsgrad des pflanzenverfügbaren P. Die Einbeziehung von 10 cm Dernopodsol-Illuvial-Horizont ermöglichte die Beseitigung des Unterschiedes im Humusgehalt in der Schicht von 0···35 cm und erhöhte die Mächtigkeit der von Wurzeln durchzogenen Schicht. 380.

2-68/10-0287 Trutnev, A. G. Biologičeskie aspekty sovremennoj agrotechniki. **(Biologische Aspekte moderner ackerbaulicher Methoden.)** Sel'skochozjastvennaja biologija, Moskva 3 (1968) Nr. 1. S. 57-63. — 3 Tab. Zus. in Engl. — nach engl. Zus.
Die ökonomischen Ergebnisse sind nicht das einzige Kriterium für die Einschätzung verschiedener Anbaumethoden. Jedes Verfahren sollte unter Berücksichtigung der biol. Aspekte der Nutzung der Bodenfruchtbarkeit beurteilt werden, weil gesunde Fruchtfolgen die biol. Spezifität der Pflanzen in Betracht ziehen. Die Ansammlung einer schädlichen Mikrofauna, die mit dem jahrelangen Anbau der einen oder der anderen Pflanze auf dem gleichen Feld einhergeht, führt zur Erschöpfung des Bodens. Vf. vermittelt einen Überblick über heutige Anschauungen hinsichtlich der mineral. Ernährung der Pflanzen. Er schlägt die biol. Begründung von ackerbaulichen Maßnahmen bei der Kultivierung oder Nutzbarmachung von Brachland oder Neuland im Gebiet der Nichtschwarzerde vor. 380.

2-68/10-0288 Smukalski, Martin. **Wasserhaushalt und Stickstoffmobilisierung einer Sand-Braunerde unter dem Einfluß von Fruchtfolgen mit unterschiedlichem Futterpflanzenanteil. 1. Mitt. Untersuchungen über den Wasserhaushalt.** Thaer-Arch. 12 (1968) Nr. 7. S. 607-618. — 4 Abb., 6 Tab., 27 Lit. Zus. in Russ., Engl. — nach Zus.
3jähr. Untersuchungen ergaben, daß lehmunterlagerte Sand-Braunerde bei Müncheberg je dm Bodenschicht eine max. ausschöpfbare Bodenfeuchte (m.a.B.) von 13 mm in der Krume und 12 mm im Unterboden aufweist. Die Feldkapazität (FK) beträgt je dm 16 mm bzw. 14,5 mm, der Welkepunkt (PWP) liegt bei 2,7 mm bzw. 2,5 mm. 83% des bei FK vorhandenen Wassers sind pflanzenverfügbar. Als Quotient aus Bodenfeuchte-Minima und Hygroskopizität wurde ein mittlerer Faktor von 1,42 (für Getreide 1,32, für Kartoffeln 1,62) errechnet. Eine signifikante Veränderung des Gehaltes an m.a.B. durch erhöhten Futterbau konnte nicht festgestellt werden. Mit steigendem C-Gehalt stieg die Hygroskopität. Zeitreihenmessungen der aktuellen Bodenfeuchte ergaben im Folgejahr nach 2jähr. Luzernegras vorübergehend eine verminderte Wasserhaltefähigkeit. Durch den Anbau von Winterzwischenfrüchten wurde der Wasservorrat stärker beansprucht als durch die unproduktive Evaporation der Hackfruchtbrache. Ein Angleichen der Wassergehalte trat bis spätestens Ende Juni ein. 380.

2-68/10-0289 Smukalski, Martin. **Wasserhaushalt und Stickstoffmobilisierung einer Sand-Braunerde unter dem Einfluß von Fruchtfolgen mit unterschiedlichem Futterpflanzenanteil. 2. Mitt. Der Nitrat- und Ammoniakgehalt.** Thaer-Arch. 12 (1968) Nr. 7. S. 619-631. — 6 Abb., 4 Tab., 14 Lit. Zus. in Russ., Engl. — nach Zus. — 1. Mitt. vgl. vorst. Ref.
Neben der Nitrat- und Ammoniakdynamik wurde die Nitratmobilisierung nach Bebrütung von Substraten ohne und mit Zusatz von $(NH_4)_2SO_4$ gemessen. 3jähr. Untersuchungen ergaben, daß der Anbau von 2jähr. Luzernegras, 1jähr. Bokharaklee und Wickroggen-Winterzwischenfrucht bis zur Profiltiefe von 40 cm eindeutig stimulierend auf die N-Bereitstellung wirkte. Nach Lupinen-Serradella-Stoppelsaat wurde die N–Freisetzung anfangs gehemmt; ab Juni aber verstärkt. Neben dem reinen Vorfruchteinfluß konnte in den futterbetonten Rotationen eine Fruchtfolgewirkung nachgewiesen werden. Trat in den Varianten mit Futterbau Wassermangel als Hemmfaktor auf, so konnte die im Normalfall positive Wirkung in das Gegenteil umschlagen. Im Verlaufe ungünstiger Mobilisierungsbedingungen

kam es mehrfach zu einer Anreicherung von Ammoniak. Signifikante Beziehungen zwischen den Bebrütungsergebnissen und dem im Freiland ermittelten Effekt der Fruchtfolgen oder dem Gesamt-N-Gehalt des Bodens konnten nicht festgestellt werden. 380.

2-68/10-0290 Jassó, F. A genetikus üzemi talajtérképek felhasználása a hegy- és dombvidéki talajok termékenységének fokozásában. **(Die Anwendung der genetischen Betriebsbodenkarten zur Erhöhung der Fruchtbarkeit von Böden des Berg- und Hügellandes.)** Agrártudományi Közlemények, Budapest **26** (1967) Nr. 3/4. S. 499-503. — Aus: Ung. Agrar-Rdsch. **1968** Nr. 2. 380.

2-68/10-0291 Park, Y. D. und Tanaka, A. Studies of the rice plant on an „akiochi" soil in Korea. **(Untersuchungen an Reis auf einem „Akiochi"-Boden in Korea.)** Soil Sci. Plant Nutrit., Tokyo **14** (1968) Nr. 1. S. 27-34. — 2 Abb., 9 Tab., 7 Lit. Orig.: engl. 380.

2-68/10-0292 Suzuki, Shin'ichi, Sakai, Hiroshi und Dei, Yoshimitsu. Progress review. Division 7: Fertility of paddy soils. **(Fortschrittsbericht. Abteilung 7. Fruchtbarkeit von Reisböden.)** J. Sci. Soil Manure, Japan [Nippon Dojohiryogaku Zasshi] **39** (1968) Nr. 1. S. 55-62. — 97 Lit. Orig.: jap. 380.

2-68/10-0293 Nomoto, Kameo, Yamamoto, Takeshi, Ohara, Michiro und Sekiya, Kozo. Progress review. Division 8: Fertility of upland, grassland and orchard soils. **(Fortschrittsbericht. Abteilung 8. Fruchtbarkeit von Hochland-, Grünland- und Obstanlagenböden.)** J. Sci. Soil Manure, Japan [Nippon Dojohiryogaku Zasshi] **39** (1968) Nr. 1. S. 63-82. — 403 Lit. Orig.: jap. 380.

2-68/10-0294 Le colloque sur la fertilité des sols tropicaux (Tananarive [Madagascar]) 19 au 20 novembre 1967. **(Das Kolloquium über die Fruchtbarkeit tropischer Böden [Tananarive] (Madagaskar)] am 19.—20. November 1967.)** Agronom. trop. **23** (1968) Nr. 2. S. 151-240. 380.

2-68/10-0295 Dodonov, N. P., Fesenko, I. P. und Snajderman, M. A. Ėkonomičeskaja ocenka zemel' v Moldavii. **(Ökonomische Bewertung der Böden in Moldawien.)** Kišinev: Izd. Kartja Moldovenjaske. 1967. (77 S.) 8°. (1968 A 632) 380.

IV. BODENBEARBEITUNG

2-68/10-0296 Milojić, Budimir. Razmatranje i predlog nekih termina iz obrade zemljišta. **(Betrachtung und Vorschlag für einige Ausdrücke zur Bodenbearbeitung.)** Savremena Poljoprivreda, Novi Sad **16** (1968) Nr. 1. S. 43-46. — 2 Lit. Zus. in Engl.
Art und Tiefe der Stoppelbearbeitung und verschiedene Methoden der Minimalbearbeitung, die sich untereinander und von der klassischen Form der Grundbodenbearbeitung in der Intensität und Zahl der Bearbeitungsgänge unterscheiden und bis zum Wegfall der Bearbeitung bei Anwendung von Herbiziden führen, werden charakterisiert. R. Herzog. 420.

C. Spezielle Fragen der Bodenbearbeitung

2-68/10-0297 Vogt, C. **Breiter oder schneller in der Bodenbearbeitung?** Mitt. dtsch. Landwirtsch.-Ges. **83** (1968) Nr. 7. S. 165-166. 168. — 3 Abb.
Vf. diskutiert Leistungsfähigkeit, Eignung und Einsatzbedingungen schwerer und daher teurer Traktoren hoher Zugkraft mit Geräten großer Arbeitsbreite sowie leichterer, motorstarker Traktoren mit hoher Arbeitsgeschwindigkeit und -intensität. Beim Pflügen ist es nach Vf., auch wenn spezielle Schnellpflugkörper verwendet werden, schwer möglich, die Arbeitsgeschwindigkeit über 6 km/h bei schweren und über 8 km/h bei leichten Böden zu steigern, ohne die Bodenstruktur zu schädigen. Außerdem steigt mit höherer Geschwindigkeit der Schlupf an. Beim Fräsen liegt die qualitätsabhängige Grenze schon bei 5 km/h, allerdings kann die Fräse in größeren Bodenfeuchtebereichen arbeiten. Bei Zinken- u. a. Nachbearbeitungsgeräten ist eine hohe Arbeitsgeschwindigkeit für die Qualität günstiger als große Arbeitsbreiten. Auch Wälzeggen leisten erst bei 10···12 km/h die beste Arbeit. Leichte Traktoren verursachen weniger Spuren als schwere Traktoren mit breiten Geräten, die für die Grundbodenbearbeitung besser geeignet sind. R. Herzog. 430.

2-68/10-0298 Schwerdtle, Friedhelm. **Direktsaat — äußerste Form der Minimal-Bodenbearbeitung.** Mitt. dtsch. Landwirtsch.-Ges. **83** (1968) Nr. 7. S. 184-187.

Vf. erläutert — nach Betrachtung mehrerer Verfahren der Minimalbodenbearbeitung — die Methode der direkten Einsaat in die von der Vorfrucht geräumten Flächen. Bisher wurden Wi.-Weizen, So.-Gerste, Hafer, Mais, Ackerbohnen, Markstammkohl und So.-Raps geprüft. Die Behandlung mit Herbiziden ohne Dauerwirkung ist nur bei starkem Unkrautwachstum oder Besatz mit austriebsfähigen Vorfruchtstoppeln nötig und kann u. U. auch mit anderen Herbiziden erfolgen. Schwierig ist die Bekämpfung von Wurzelunkräutern nach mehrmaliger Direktsaat. Die Einsaat erfolgt in die von speziellen Scheiben- oder Frädrillaggregaten gezogenen, 2···3 cm breiten Rillen oder Spalten, während die übrige Bodenfläche unbearbeitet bleibt. Die gleichmäßige Saatablage und -bedeckung kann durch die vorläufig noch ungenügende Bodenanpassung der Geräte (Fahrspuren!) und die bei Ernterückständen (Strohdüngung) und starkem Wurzelunkrautbesatz auftretende Verstopfungsneigung gestört sein. Neben Mindererträgen bei einigen Kulturen wurden auf Böden guter Struktur durch Direktsaat Mehrerträge und erhebliche Arbeitseinsparungen erzielt und Raddruckschäden vermieden. Die Anwendbarkeit des Verfahrens auch auf steinigen Flächen wird betont. R. Herzog. 430.

2-68/10-0299 Subbiah, B. V., Mannikar, N. D. und Dakshinamurti, C. Nutrient uptake from compacted zones simulating pan-formations. (**Nährstoffaufnahme aus sohlenähnlichen verdichteten Zonen.**) Internat. J. appl. Radiat. Isotopes **19** (1968) Nr. 3. S. 293 bis 296. — 2 Abb., 2 Tab., 11 Lit.

Sandiger humusarmer Lehmboden mit einem pH-Wert von 7,8 wurde in Gefäßen auf 4 verschiedene Dichtestufen eingestellt. Die untersten 5 der am Gefäßboden liegenden 10 cm Boden wurden mit ^{32}P markiert. Der darüber 14,6 cm hoch aufgefüllte Boden blieb unverdichtet. ^{32}P wurde durch Alexandrinerklee und einen weiteren Tiefwurzler bei der Dichte 1,34 und 1,51 g/cm³ verstärkt, bei 1,68 g/cm³ dagegen vor allem von Alexandrinerklee in geringeren Mengen aufgenommen. Die Fähigkeit der Wurzeln, verdichtete Schichten zu durchdringen und Nährstoffe aus dem Unterboden zu nutzen, ist bei verschiedenen Pflanzen unterschiedlich und sollte weiter untersucht werden, um die das Wurzelwachstum begrenzende Dichtestufe zu ermitteln. R. Herzog. 430.

2-68/10-300 Ábrahám, L. und Ginál, I. Genetikai szintenként alkalmazott kis adagu javítóanyagok hatásának vizsgálata szolonyec talajon. (**Untersuchung der Wirkung der in genetischen Horizonten in kleinen Gaben angewendeten Verbesserungsmittel.**) Agrokém. és Talajtan [Agrochem. u. Bodenkunde] **16** (1967) Nr. 3. S. 365-378. — Aus: Ung. Agrar-Rdsch. **1968** Nr. 3.

Die Wirkung von Bodenverbesserungsmitteln (BVM) wurde 3 Jahre lang auf einem versteppenden Wiesensolonetzboden geprüft. Die Versuchsfaktoren waren folgende: 1. Bodenbearbeitung: a) Pflugtiefe bis 15 cm (A-Horizont), b) Pflugtiefe bis 15 cm + Lockerung bis 30 cm; 2. BVM, in den B-Horizont eingearbeitet: a) Kontrolle, b) Kalziumnitrat 8 dt/ha, c) Gips 8 dt/ha; 3. BVM, in den A-Horizont eingearbeitet: a) Kontrolle, b) Scheideschlamm 120 dt/ha, c) Scheideschlamm 18 dt/ha, in die Reihen unter die Samen gegeben, d) Kalziumnitrat 8 dt/ha, in die Reihen unter die Samen gegeben. Die BVM wurden mit Hilfe eines nach Plänen des Vf. hergestellten Pfluges mit Untergrundlockerer in den B-Horizont gebracht. Durch die gleichmäßig ausgeführte Lockerung des B_1-Horizontes und die BVM wurde der Wasserhaushalt des Bodens verbessert, und der Ertrag der angebauten Pflanzen stieg an. In dem Bodenprofil derjenigen Varianten, wo der Boden gelockert wurde, war der Feuchtigkeitsgehalt im Frühjahr höher als in den Varianten, die nur gepflügt wurden. Die Ackerkrume des gelockerten Bodens enthielt aber i. allg. weniger Feuchtigkeit als diejenige des nur gepflügten Bodens. Am Ende der Vegetationsperiode erwies sich die Feuchtigkeit im Bodenprofil der gelockerten Parzellen im Durchschnitt als geringer. Der Ertrag des Wickroggens sowie des Wi.-Weizens war dort am höchsten, wo die BVM nicht nur in den gepflügten A-Horizont, sondern auch in den gelockerten B-Horizont eingebracht wurden. 430.

2-68/10-0301 Dew, D. A. Effect of summerfallow tillage on soil physical properties and yield of wheat. (**Wirkung der Sommerbrachbearbeitung auf bodenphysikalische Eigenschaften und den Ertrag von Weizen.**) Canad. J. Soil Sci. **48** (1968) Nr. 1. S. 21-26. — 4 Tab., 14 Lit.

Auf lehmiger Schwarzerde wurde die Wirkung von 0, 2, 4 und 12 Brachbearbeitungsgängen auf Unkrautbesatz, Bodenfeuchte- und Nitratgehalt, Erosion und Ertrag von Weizen untersucht. Mit 4 Bearbeitungen war eine ausreichende Unkrautbekämpfung gesichert, bei

2 und 0 Arbeitsgängen vermehrten sich vor allem Quecke und Flughafer. Die Bodenfeuchtigkeit wurde nach fehlender Bearbeitung durch starkes Unkrautwachstum reduziert, der Nitratgehalt im Herbst und Frühjahr ebenfalls. Bodendichte und -erosion zeigten wegen des hohen Humusgehalts keine Unterschiede zwischen den Varianten. Die Weizenerträge wurden durch 12 Arbeitsgänge nicht mehr gesteigert, nach 2 und 0 Bearbeitungen waren sie am niedrigsten. 4 malige Bearbeitung wird deshalb empfohlen. R. Herzog. 430.

2-68/10-0302 Tret'jakov, N. N., Smirnova, V. I. und Ivanov, V. K. Vlijanie intensivnych priemov obrabotki na plodorodie slabookul'turennoj dernovo-podzolistoj počvy i urožaj kukuruzy. **(Der Einfluß einer intensiven Bodenbearbeitung auf die Fruchtbarkeit schwachkultivierter Rasenpodsolböden und den Maisertrag.)** Izvestija Timirjazevskoj sel'-skochozjajstvennoj akademii, Moskva **1968** Nr. 1. S. 47-57.
Bearbeitungsvarianten: Tiefpflügen 45···50 cm (a), Fräsen 15···16 cm (b), streichblechloses Pflügen mit Vorschäler 30···35 cm (c), normale Pflugfurche 15···16 cm (Kontrolle). a verschlechterte nicht die agrotechn. und phys. Eigenschaften des Bodens. In Variante a wurde im 0···32 — cm-Horizont der höchste *Azotobacter*-Besatz festgestellt. Insgesamt enthielten A_2-, B_1- und B_2-Horizont jedoch sehr wenig Bakterien (<32000/g Boden) gegenüber dem A_1-Horizont (267000). Tief in den Boden eingebrachte org. Masse schafft erst Voraussetzungen für Maiserträge um 400···450 dt/ha Grünmasse. G. Jury. 430.

2-68/10-0303 Galeva, V. und Dilkova, R. Vlijanie različnoj glubiny obrabotki na aėraciju vyščeločennogo černozema-smolnicy. **(Einfluß verschiedener Bearbeitungstiefen auf die Durchlüftung degradierter Smolnitza-Schwarzerden.)** Počvovedenie, Moskva **1968** Nr. 2. S. 82–86.
Schwere bulg. Smolnitza-Schwarzerdeböden mit hohem Feinerdegehalt, Verdichtungen, schlechter Luftführung und Übernässung vor allem im Frühjahr wurden auf 60 cm Tiefe gepflügt und nach 4-6 Jahren auf die im Boden eingetretenen Veränderungen untersucht. Im Vergleich zur 25 cm tiefen Bearbeitung wurden höheres Porenvolumen, bessere Luftführung, größere Durchwurzelung, geringere Verkrustung und zeitweilig selbst in 50 cm Tiefe höherer CO_2-Gehalt festgestellt, der auf größere biol. Aktivität hindeutet. Die Bodentemperatur war nach tiefem Pflügen ausgeglichener, die Anzahl an N-Bindern, der Feuchtigkeitsgehalt und die Erträge waren höher als nach flacher Bearbeitung. Die positiven Effekte der Bearbeitung wurden durch Stallmist- und Kalkgaben vergrößert. R. Herzog. 435.

2-68/10-0304 Canarache, A., Florescu, C. I. und Pintilie, C. Contribuţii metodologice la studiul proprietăţilor fizice ale solului arat la diferite adîncimi. **(Zur methodologischen Untersuchung der physikalischen Eigenschaften des Bodens bei unterschiedlichen Pflugtiefen.)** Ştiinţ. Solului, Bucureşti **5** (1967) Nr. 4. S. 319-329. — 2 Abb., 5 Tab., 18 Lit. Zus. in Russ., Engl., Franz. — nach engl. Zus.
Die Ergebnisse der bodenphys. Untersuchungen hinsichtlich der Bodenbearbeitung, die 1963/64 auf Feldversuchsflächen durchgeführt wurden, werden mitgeteilt. Keine bedeutenden Unterschiede hinsichtlich der phys. Eigenschaften wurden zwischen der Bearbeitung bei 20 und 30 cm Tiefe verzeichnet. Die Erträge der Versuchsflächen standen mit den untersuchten Bodeneigenschaften nicht im Zusammenhang. 435.

V. MELIORATIONSWESEN

A. Zusammenfassende Darstellungen über das Gesamtgebiet des Meliorationswesens

2-68/10-0305 Askočenskij, A. N. Rol' nauki v razvitii gidrotechničeskich melioracij. **(Die Rolle der Wissenschaft bei der Entwicklung hydrotechnischer Meliorationen.)** Gidrotechnika i melioracija, Moskva **20** (1968) Nr. 2. S. 1-5.
Innerhalb von 50 Jahren konnten in der SU die meliorierten Flächen von 7 bis auf 19 Mio ha vergrößert werden. Davon entfallen 10 Mio ha auf Be- und 9 Mio auf Entwässerungsflächen. Viele Zweige der Wissenschaft, von der Klimatologie über Bodenkunde bis zur Ökonomik und zahlreiche technische Disziplinen, arbeiteten zusammen, um die Meliorations- und bes. Bewässerungsverfahren der Großflächenbewirtschaftung unter modernsten Aspekten anzupassen. Die ingenieurtechnischen Einrichtungen an den Flüssen Syr-Darja, Amu-Darja, Kura, Wolga, Don und Dnepr entsprechen dem technischen Höchststand. Die Grundlagenforschung wird intensiv betrieben, z. B. werden untersucht: Filtrationstheorie, Theorie des Wasser- und Salzhaushaltes, System Wasser-Pflanze-Boden-Luft usw. Die ein-

wiss. Institutionen sind den Ministerien für Melioration und Wasserwirtschaft, für Landwirtschaft, für Energetik und Elektrifizierung und der Akademie der Wiss. unterstellt.
D. Findeisen. 501.

2-68/10-0306 Berdyšev, V. D. Na jubilejnoj sessii VASChNIL. (**Auf der Jubiläums-Sitzung der Lenin-Akademie der Landwirtschaftswissenschaften – VASChNIL.**) Gidrotechnika i melioracija, Moskva **20** (1968) Nr. 2. S. 104–109.
Vom 28.–29. Nov. 1967 fand in Moskau o. g. Sitzung statt, auf der die Entwicklung der Landwirtschaftswiss. während der Jahre der Sowjetmacht ausgewertet wurde. Am 30. Nov. fand eine Jubiläums-Sitzung der Abteilung Hydrotechnik und Melioration der VASChNIL statt, die sich mit der Entwicklung der Forschung auf dem Gebiet der Bewässerung und Wasserversorgung in den vergangenen 50 Jahren befaßte. A. Barchmann. 501.

2-68/10-0307 Sakovič, F. I. Problemy melioracii i osvoenija meliorirovannych zemel' v Belorussii. (**Probleme der Melioration und der Nutzbarmachung meliorierter Flächen in der Belorussischen SSR.**) Gidrotechnika i melioracija, Moskva **20** (1968) Nr. 2. S. 110 bis 113.
Am 24. und 25. Okt. 1967 fand in Minsk eine dem 50. Jahrestag der Oktoberrevolution gewidmete wiss.-betriebliche Konferenz statt, die von den Ministerien für Melioration und Wasserwirtschaft sowie Landwirtschaft der Beloruss. SSR sowie anderen wiss. Institutionen einberufen worden war und an der über 350 Fachleute aus Wasser- und Landwirtschaft teilnahmen. Zu Gehör kamen 18 Vorträge, sie sich u. a. mit folgenden Problemen befaßten: rationelle Nutzung der meliorierten Böden, Entwicklung der Meliorationsarbeiten im Polessje-Gebiet; theoretische Grundlagen der Bodenmelioration in den verschiedenen Boden-Klimagebieten der Beloruss. SSR, Projektierung moderner Meliorationssysteme, Wasserressourcen der Beloruss. SSR und ihre effektive Nutzung, hydrologische Begründung der Meliorationssysteme, opt. Wasserhaushalt der landwirtsch. Kulturen auf meliorierten Flächen, Methoden zur Regulierung der Flüsse, der Vorfluter der Entwässerungssysteme.
A. Barchmann. 501.

2-68/10-0308 Vovk, I. F. XVI mežvuzovskaja naučno-techničeskaja konferencija po voprosam melioracii. (**XVI. Wissenschaftlich-technische Konferenz mehrerer Hochschulen zu Fragen der Melioration.**) Gidrotechnika i melioracija, Moskva **20** (1968) Nr. 2. S. 113 bis 114.
Vom 10.–13. Okt. 1967 fand in Rowno o. g. Konferenz statt, an der 300 Vertreter von Hochschulen, Institutionen der Forschung und der Praxis aus Moskau, Leningrad, Kiew, Minsk u. a. Städten teilnahmen. Die Arbeit der Konferenz erfolgte nach einer Plenartagung in folgenden Sektionen: Landwirtsch. Melioration, Meliorationsackerbau und -bodenkunde; Hydrologie und Hydrogeologie, Ingenieur-Hydraulik, hydrotechnische Einrichtungen und Nutzung der Wasserenergie, Baukonstruktionen, Bauproduktion und allgemeine Technik. A. Barchmann. 501.

2-68/10-0309 Sucharev, V. G. und Dombrovskij, V. M. Pjatigorskomu filialu Južgiprovodchoza 40 let. (**40 Jahre Zweigstelle Pjatigorsk des Staatlichen Projektierungs- und Forschungsinstituts für Wasserwirtschaft Süd.**) Gidrotechnika i melioracija, Moskva **20** (1968) Nr. 2. S. 115–117.
Die Geschichte der Zweigstelle beginnt mit dem Bau des Terek-Kanals (Stawropol), an dem damals eine Projektierungsgruppe von 5 Mann arbeitete. Heute zählt die Zweigstelle 800 Mitarbeiter. Zu den Hauptarbeiten, die die Zweigstelle ausführte, gehören: das Bewässerungssystem Terek-Kuma, der Bewässerungs- und Wasserversorgungsplan von Stawropol, der Nutzungsplan für die Wasser- und Landressourcen des Flusses Terek, das Bewässerungs- und Wasserversorgungssystem Kuban-Jegorlyk, das System Kuban-Kalaus, der Terek-Kuma-Kanal, der Deichbau am Terek und die Arbeiten am Terek-Delta.
A. Barchmann. 501.

2-68/10-0310 Sedov, I. V. Na mežrespublikanskom seminare po provedeniju kul'turtechničeskich rabot. (**Seminar zur Durchführung kulturtechnischer Arbeiten mehrerer Republiken.**) Gidrotechnika i melioracija, Moskva **20** (1968) Nr. 2. S. 118–120.
Im Juli 1967 fand in Pskow o. g. Seminar statt, auf dem Vertreter aus verschiedenen Bezirken der RSFSR, der Lett., Beloruss. und Estn. SSR teilnahmen. Zur Debatte standen die Themen: Gesträuch- und Baumrodung, Entsteinung der nutzbarzumachenden Flächen. Die Teilnehmer berichteten über die verschiedenen Verfahren und unterschiedlichen Er-

folge, arbeiteten eine Empfehlung zur Durchführung kulturtechnischer Arbeiten in der Zone mit übermäßiger Durchfeuchtung aus und besichtigten im Anschluß an das Seminar die Maschinen-Meliorationsstation von Pskow. A. Barchmann. 501.

B. Komplexmelioration einschl. Mechanisierung. Urbarmachung. Ödlandkultur.

2-68/10-0311 Gvozdev, V. P. Betonnyj truboprovod dlja orošenija i drenaža. (**Eine Betonrohrleitung zur Be- und Entwässerung.**) Gidrotechnika i melioracija, Moskva 20 (1968) Nr. 2. S. 72–78. — 3 Abb., 4 Tab., 7 Lit.
Nach einem erstmalig in den USA angewendeten Verfahren können Niederdruck- und drucklose Betonrohrleitungen unmittelbar in einem ausgehobenen Graben entweder mit gleitender Metallverschalung oder vermittels eines aufzublasenden Schlauchstücks aus dafür geeignetem Gewebe vergossen werden. Letztere Methode wurde speziell in der UdSSR untersucht, weil die ausländische Praxis erwiesen hat, daß diese monolithischen Betonrohrleitungen sehr billig sind. Das Betongemisch besteht aus Portlandzement und den örtlich vorhandenen Zuschlagstoffen. Das Herstellungsverfahren für die Rohrleitungen ist vollmechanisiert. Die Betonqualität wird unmittelbar in den Rohren mit Ultraschall kontrolliert. Die mittlere Festigkeit der so hergestellten Rohre ist um 10···20% niedriger als die der Kontrollkörper, was auf die Elastizität der Gewebeeinlage zurückzuführen ist. Die Wandstärke richtet sich nach dem Wasser-Zement-Verhältnis, dem Druck des Betongemisches und der Herstellungsgeschwindigkeit. D. Findeisen. 510.

2-68/10-0312 Belák, S. A lápterületek kutatási és hasznositási kérdései. (**Fragen der Erforschung und der Nutzbarmachung von Moorflächen.**) Agrártudományi Közlemények, Budapest **26** (1967) Nr. 3/4. S. 541-551. — Aus.: Ung. Agrar-Rdsch. **1968** Nr. 2.
Die Moore Ungarns sind überwiegend Flachmoore mit einer Gesamtausdehnung von 100000 ha. Sie befinden sich in der Nähe der Hauptflüsse, der Donau und der Theiss, sowie am Plattensee und Neusiedlersee. In bezug auf den Gehalt an Asche und im Zusammenhang damit an org. Subst. weisen die ung. Moorgebiete bedeutende Unterschiede auf. Der höchste Gehalt an org. Stoffen sowie an Huminsäuren ist in den Mooren in der Nähe des Plattensees anzutreffen. Der Torf-Heizwert schwankt zwischen 2200 und 2750 kcal/kg. Recht unterschiedlich sind auch die Raumgewichte und die spez. Gewichte sowie die Aschengehalte. Die größten Unterschiede weist der Kalkgehalt auf (5···52%). Bei hohem Kalkgehalt sind die Oxydationsvorgänge intensiv, und die org. Subst. wird schnell zersetzt. Der N-Gehalt ist stets hoch, der K- und P-Gehalt gering. Auch sind die Moore arm an Spurenelementen; Cu, B, Mg und Co fehlen. In landbaulicher Hinsicht können die Moore auf zweierlei Art nutzbar gemacht werden: 1. Moorerde eignet sich — als ein an org. Stoffen reicher Dünger — unmittelbar zur Düngung von Mineralböden sowie zur Anreicherung sonstiger Düngemittel mit org. Substanz. Die unmittelbare Verwendung des gestochenen Torfes zur Bodenverbesserung ist jedoch nicht wirtschaftlich. Eine charakteristische Ursache dafür ist das hohe Bindungsvermögen des Torfes für Kationen. Eine Ausnahme macht der von unterhalb der Torfschicht geförderte Moorkalkschlamm, der zuweilen 80 bis 90% $CaCO_3$ enthält und getrocknet zur Kalkung saurer Böden verwendet werden kann. 2. Bei Ackernutzung muß auf die zusagende Fruchtfolge — Wechselwirtschaft mit Grünland — und auf die richtige Reihenfolge der Kulturen geachtet werden. Nach dem Umbruch des Urrasens verändern sich die Eigenschaften des Moorbodens unter Ackerkultur im ungünstigen Sinne. 515.

2-68/10-0313 Drozd, P. A. und Zajac, V. N. Rasčet osadki nasypej na bolotach. (**Die Berechnung der Sackung von Aufschüttungen auf Moor.**) Gidrotechnika i melioracija, Moskva 20 (1968) Nr. 3. S. 59-64. — 3 Abb., 1 Tab.
Aufschüttungen (Dämme, Wegekörper usw.) auf Moor sind Deformationen ausgesetzt, die für verschiedene Moorböden berechnet werden müssen. Wenn der Zersetzungsgrad des Torfs unter 60% liegt, ist die Torfart nicht ausschlaggebend, wenn nur die Aufschüttung hoch genug ist. Bei Faulschlamm und Mudden genügen Schütthöhen bis 10 m. Druckprüfungen werden an Proben aus natürlicher Lagerung durchgeführt. Eine gegebene Formel (6) kann für alle Torfmächtigkeiten benutzt werden, die nicht größer als die halbe Basisbreite der Aufschüttung sind. Bei größerer Mächtigkeit müssen Druckverteilung auf die Basis und Seitenspannungen (seitl. Herausdrücken) untersucht werden. R. Teipel. 515.

2-68/10-0314 Pereverzev, V. N. und Golovko, É. A. Vlijanie okul'turivanija na fizikochimičeskie svojstva i biologičeskuju aktivnost' torfjano-bolotnych počv. (**Einwirkung der**

Kultivierung von torfigen Sumpfböden auf physikalisch-chemische Eigenschaften und auf die biologische Aktivität.) Počvovedenie, Moskva **1968** Nr. 3. S. 60-69. — 4 Tab., 19 Lit. Zus. in Engl.
Durch längere landwirtsch. Nutzung nimmt die Bodenazidität zu, evtl. durch falsche Bearbeitung, und verringern sich die beweglichen Formen von Ca und Mg. Bei Bearbeitung steigt die Anzahl der verschiedensten Mikroorganismen stark an. Die Bodenfermentaktivität ist in den obersten Schichten am größten. Die Kultivierung dieser Böden reduziert den Gehalt an Urease, Protease, Katalase und Invertase. H. Hergenhan. 515.

2-68/10-0315 Várallyay, Gy. A dunavölgyj talajok sófelhalmozódási folyamatai. **(Salzanhäufungsvorgänge in Böden der Donauniederung.)** Agrokém. és Talajtan [Agrochem. u. Bodenkunde] **16** (1967) Nr. 3. S. 327-356. — Aus: Ung. Agrar-Rdsch. **1968** Nr. 2.
Primäre Ursache der Entstehung und der sehr geringen Fruchtbarkeit der Alkaliböden in derDonauniederung war bzw. ist ihr hoher Gehalt an wasserlöslichen Salzen, bes. an $NaHCO_3$ und Na_2CO_3. Die Verbesserung dieser Böden ist nur möglich, wenn entweder der Grundwasserspiegel unter das kritische Niveau gesenkt oder das Entstehen von Staunässe verhindert wird. Die chem. Bodenverbesserung vermag — nach Regelung der Wasserverhältnisse in Verbindung mit Bewässerungswirtschaft — die Bodeneigenschaften im günstigen Sinne zu verändern. Das läßt sich allerdings nur mit Hilfe eines geeigneten Entwässerungskanalnetzes verwirklichen. Bes. gilt dies für Flächen des Reisanbaus und für Fischteiche. 515.

2-68/10-0316 Kornbljum, E. A., Slavnyj, Ju. A., Smirnova, S. F. und Sudarikova, N. N. Vsesojuznoe soveščanie po melioracii zasolennych počv. **(Unionstagung über die Melioration versalzter Böden.)** Počvovedenie, Moskva **1968** Nr. 1. S. 128-130. 515.

2-68/10-0317 Lorenz, Wolfgang-Dieter. **Untersuchungen über die Wiederurbarmachung von kulturfeindlichen Kippen nach dem Domsdorfer Verfahren.** Diss. Humboldt-Univ. Berlin, Inst. für Landschaftspflege **1968** 191 S. — 43 Abb., 25 Tab., 169 Lit.—nach Zus.
Die Arbeit berichtet über mehrjähr. Versuche zur Melioration vegetationsfeindlicher, S-haltiger, meist kohlenschluffiger Tertiärkippen nach dem Domsdorfer Verfahren. Dabei wird als Meliorationsmittel basenhaltige, S-arme Braunkohlenasche verwendet, die zusammen mit mineral. Düngern in den Rohboden eingearbeitet wird. Der Meliorationserfolg wird in erster Linie durch die entsäuernd wirkenden basischen Verbindungen in den Aschen verursacht. Je nach dem Basengehalt der Aschen und ihrem Anteil an freiem und leicht hydrolysierbarem Kalk wird ein unterschiedliches Reaktionsverhalten der behandelten Rohböden hervorgerufen, was bei der Bemessung der Aschegaben berücksichtigt werden muß. In den feinkörnigen, kohlehaltigen Rohböden wird der Kalk nur sehr langsam in den Untergrund verlagert. Daher ist eine tiefgreifende Melioration anzustreben. Hierbei erwies sich eine 2schichtige Bodenbearbeitung in mehreren Arbeitsgängen am wirkungsvollsten. Auf den nach dem Domsdorfer Verfahren meliorierten tertiären Rohböden konnten mit land- und forstwirtsch. Kulturen beachtliche Erträge erzielt werden. Sie setzten allerdings eine kräftige Mineraldüngung im Zusammenhang mit der Melioration voraus. 519.

C. Entwässerung. Dränung

2-68/10-0318 Zacharkin, F. G. Ėffektivnost' melioracii zemel' na Dal'nem Vostoke. **(Die Wirksamkeit der Bodenmeliorationen im Fernen Osten.)** Gidrotechnika i melioracija, Moskva **20** (1968) Nr. 3. S. 81-87. — 7 Tab.
1966-70 sollen im Fernen Osten 290000 ha Ackerböden entwässert und 396100 ha Wiesen und Weiden verbessert werden. Die Ackerfläche umfaßte 1966 2466600 ha. Die schwer durchlässigen Böden leiden in dem Monsunklima an periodischer Überfeuchtung. Um die Entwässerung voll wirksam werden zu lassen, muß rechtzeitig und in guter Qualität gepflügt und nachgearbeitet werden. Ferner müssen auf neu kultivierten Flächen die richtigen Kulturen angebaut werden. Saure Böden sind unbedingt zu kalken und entsprechend zu düngen. In den Tab. werden Ernteerträge bei verschiedenen Dränabständen, Aussaatterminen usw. angegeben. R. Teipel/Berlin. 521.

2-68/10-0319 Kostjukovič, P. N. O dviženii gruntovych vod k drenam. **(Die Grundwasserbewegung in Richtung der Dränstränge.)** Doklady AN BSSR **10** (1966) Nr. 8. S. 586-589.

Die erhaltenen Schlußfolgerungen über die Bewegung des Grundwassers zu den Dränsträngen gestatten es, die Theorie der Druckfiltration mechanisch auf die Lösung der Aufgaben der drucklosen Filtration nach den Formeln von Dupuis zu übertragen.
SSSR/VINTISCh. 525.

2-68/10-0320 Malyšev, L. I. Dinamika gruntovych vod pri osušenii verchovych bolot. **(Die Grundwasserdynamik bei der Entwässerung von Hochmooren.)** Avtoreferat na soisk. učenoj stepeni kand. techn. nauk, Moskva **1967**.
Als die wichtigste Methode der Entwässerung von Hochmooren gilt eine tiefe Horizontaldränage. Moore von geringer Mächtigkeit über gut wasserdurchlässigem Untergrund werden aber zweckmäßig durch eine Vertikaldränage entwässert. Ein Modell der Dynamik des Grundwasserspiegels zwischen den Dränsträngen wurde ausgearbeitet.
SSSR/VINTISCh. 525.

2-68/10-0321 Voroncov, V. I. und Mjasnikova, A. F. Chimiceskaja stojkost' fil'trov iz stekloplastika. **(Chemische Widerstandsfähigkeit von Glasfaserplastfiltern.)** Gidrotechnika i melioracija, Moskva **20** (1968) Nr. 3. S. 67–71. — 4 Abb., 2 Tab., 3 Lit
Vom Inst. f. Bergbauentwässerung wurden für Entwässerungsbrunnen neue Filter (etwa 500 mm lang, Dmr. 50 ± 1 mm) aus Glasfaserplast (GFP) entwickelt. Das Glasfasergewebe aus basenfreiem Alumoborsilikatglas wird mit synthetischen, thermoaktiven Harzen und verschiedenen Zusätzen verkittet. Da die Filterstrecke meist mit Mineralsäuren und Kondensatwasser (Abfallprodukt, Wasser mit niedermolekularen Säuren, wie Essig-, Butter-, Ameisen- und Propionsäure in 25%iger Konz., NMK_{25}) durchgewaschen wird, wurde die chem. Widerstandsfähigkeit der GFP-Filter in Säuren und auch in Basen verschiedener Konz. 2, 6 und 24 h lang bei 18 °C geprüft (als Gewichtsverlust und auf Zerreißfestigkeit). Die GFP-Filter waren gegen 7···10%ige Mineralsäuren und gegen 25%ige org. Säuren (NMK_{25}) gut, gegen 2n Basenlösungen weniger widerstandsfähig, während 0,5n Basenlösungen die Widerstandsfähigkeit erhöhten. Die Durchlässigkeit wird durch Säuren und Basen praktisch nicht verändert. R. Teipel/Berlin. 525.

2-68/10-0322 Šilejka, S. V. Technologija stroitel'stva plastmassovogo tranšejnogo drenaža. **(Technologie der Plastrohrdränung.)** Gidrotechnika i melioracija, Moskva **20** (1968) Nr. 3. S. 64–67. — 3 Abb.
1967 wurden in der Lit. SSR 1064 ha mit Plastrohren gedränt. Die noch nicht ausreichend produzierten und noch zu teuren Plastdränrohre (PR) werden z. Z. nur in Fließerden und Moorböden verlegt, in denen sich die Tonrohre leicht verschieben und verstopfen. Die flexiblen PR werden in Bundlängen von 200···250 m mit Pferdewagen (je 5···6 Bunde) ausgefahren, durch 1 Ak von flach auf dem Boden liegenden Trommeln abgezogen und entweder neben den Saugergräben abgelegt und dann abgesenkt bzw. laufend während der Fahrt durch eine Führungsöse hinter dem Eimerkettenbagger sofort verlegt. Die Leistung ist dann 4mal höher als bei der Tonrohrdränung. Die Glaswollefilter mußten bisher von Hand um das PR gelegt werden. Es wurde jetzt eine Verlegetechnologie entwickelt, bei der das 17 cm breite Glaswollband von einer Rolle abgespult und während des Verlegens automatisch um das PR, mit der Naht nach unten, gelegt wird. Zunächst wird mit Hilfe eines Tondränrohrs die Saugereinmündung in den Sammler hergestellt. Der Anfang des Filterbandes wird am PR befestigt. Dann werden 8···10 m von Hand ausgelegt. Danach beginnt die automatische Verlegung, da nunmehr das PR nicht mehr mit herausgezogen wird. Das Glaswollfilterband muß je nach Rohrdmr. verschieden breit, 0,8 mm (± 0,2 mm) dick und mit Glas- oder anderen Fäden verstärkt sein. Es muß fest auf die Rolle aufgewickelt werden, die Ränder müssen ganz glatt sein. R. Teipel/Berlin. 525.

D. Bewässerung

2-68/10-0323 Koškin, V. V. und Zeman, G. G. Mineralizacija orositel'noj vody i meliorativnoe sostojanie orošaemoj territorii. **(Mineralisierung von Bewässerungswasser und meliorativer Zustand der bewässerten Flächen.)** Počvovedenie, Moskva **1968** Nr. 2. S. 52–56. — 3 Tab.
Über 1964–66 durchgeführte Untersuchungen der Wasser-Salz-Bilanz auf Bewässerungsflächen im Bereich des Matschinsker Bewässerungssystems (gespeist aus dem Syr-Darja) wird berichtet. Die Untersuchungen waren in Anbetracht der Verschlechterung des meliorativen Zustandes und der Versalzung dieser Böden erforderlich geworden. Der Boden-

versalzung wird durch Überbewässerung (ca. 20···25% der Bewässerungsnorm) entgegengewirkt. Bei Berechnung und Bewertung des Betriebes von Dränsystemen müssen Menge des abzuführenden Wassers, Grundwasserstand sowie die mit dem Entwässerungswasser abzuführenden Salzmengen berücksichtigt werden. Unter Produktionsbedingungen ist die Mineralisierung im Be- und Entwässerungswasser zu bilanzieren, um notwendig werdende Meliorationsmaßnahmen rechtzeitig einzuleiten. D. Findeisen. 532.

2-68/10-0324 Fiedler, Reinhold. **Wieviel Wasser steht für die Bewässerung zur Verfügung.** Agrar-Inform., Potsdam **1968** Nr. 4. S. 10-11. 533.

2-68/10-0325 Seibert, P. **Eine Grundwasserstufenkarte mit Darstellung der Wassereigenschaften.** Bayer. landwirtsch. Jb., Sonderh. **44** (1967) Nr. 3. S. 100-103. — 13 Lit. 533.

2-68/10-0326 Solopov, G. S. Režim gruntovych vod Izobil'nenskogo massiva Pravo-Egorlykskoj orositel'noj sistemy. (**Der Grundwasserhaushalt des Isobilnoje-Massivs des Bewässerungssystems des rechten Jegorlyk.**) Počvovedenie, Moskva **1968** Nr. 2. S. 57-71. — 3 Abb., 2 Tab., 2 Lit. Zus. in Engl. 533.

2-68/10-0327 Brici, I. und Lepşi, Vasilica. Adaptarea unei metode expeditive de determinare a umidităţii actuale a solului în vederea aplicării udărilor la momentul optim. (**Anpassung einer wirksamen Methode zur Bestimmung des augenblicklichen Wassergehalts einiger Böden des Banats für die Bewässerung zum optimalen Termin.**) Inst. agron. Timişoara, Lucrări ştiinţ., Ser. Agron. **9** (1966) S. 49-60. — 6 Abb., 5 Tab., 5 Lit. Zus. in Russ., Engl.
Unter Anwendung der Methode von V. E. Kabajev zur Bestimmung des Wassergehalts im Boden wurde festgestellt, daß zwischen dem Wassergehalt des Bodens und dem Durchmesser einer Bodenkugel eine lineare (direkt proportionale) Beziehung bei der untersten Grenze der Bodenplastizität mit einem Korrelationskoeffizienten von 0,93···1,0 besteht. Beim Vergleich mit der Trocknung von Bodenproben ist die Genauigkeit der geprüften Methode sehr hoch, wenn die vom Vf. angegebenen Vorschriften genau eingehalten werden. Die an zahlreichen Wiederholungen gewonnenen Beobachtungen zeigten einen sehr kleinen Variationskoeffizienten der Ergebnisse (0,6). Nach den Untersuchungen kann die Kabaev-Methode in die Praxis eingeführt werden, um eine rationelle Bewässerung unter nützlichen Bedingungen und die Einführung von Spezialisten in kurzer Zeit zu gewährleisten. E.-M. Ardelt. 534.

2-68/10-0328 Kolesnik, F. I. Ocenka kačestva iskusstvennogo doždja. (**Bewertung der Qualität der Wasserverteilung bei der Beregnung.**) Gidrotechnika i melioracija, Moskva **20** (1968) Nr. 2. S. 22-31. — 5 Abb., 2 Tab.
Vf. stellt eine neue Methode der Regnerprüfung vor, nach der an Mittelstrahlregnern U 05-25 bei nacheinanderfolgendem Umsetzen in alle Arbeitsstellungen alle erforderlichen Kennzahlen ermittelt werden. Der zu prüfende Regner arbeitet bei opt. Wasserzufluß und Betriebsdruck und einer für das betr. Gebiet vorherrschenden Windstärke und -richtung. Die Regenmesser werden symmetrisch zur Regnerachse aufgestellt. Die Aufstellungsdauer der Regner richtet sich nach der vorgegebenen Bewässerungsnorm. Der Arbeitszeitaufwand für die Regnerprüfung ist wesentlich geringer als bei dem sonst üblichen Prüfverfahren. Für andere Regnertypen wurde die Prüfmethode entspr. abgewandelt. D. Findeisen. 536.

2-68/10-0329 Ulanov, A. P. O chozjajstvennom rasčete na orositel'nych sistemach. (**Zur wirtschaftlichen Rechnungsführung bei Bewässerungssystemen.**) Gidrotechnika i melioracija, Moskva **20** (1968) Nr. 2. S. 82-86.
Als Ergänzung zum gleichlautenden Artikel von Bilik fordert Vf., daß in den Wasserpreis außer den Selbstkosten auch Anteile für den Grundmittelfonds der Wasserwirtschaftsorganisationen eingehen müssen, von dem zu erwarten ist, daß er sich in Zukunft durch höhere Investitionen und mechanisierte Bewässerung noch wesentlich erhöhen wird. Die hohen Wasserpreise sind ein wirksamer ökon. Hebel für opt. Wassernutzung. Da Selbstkosten und Wasserpreis für die verschiedenen Bewässerungssysteme stark schwanken, müssen in einem längeren Zeitraum (3-4 Jahre) Berechnungsgrundlagen für eine gerechte Verteilung geschaffen werden. D. Findeisen. 536.

2-68/10-0330 Danieljan, A. E. K voprosu o chozrasčete. (**Zur Frage der wirtschaftlichen Rechnungsführung.**) Gidrotechnika i melioracija, Moskva **20** (1968) Nr. 2. S. 86 bis 89.

Obwohl seit 1949 das Bewässerungswasser nicht mehr kostenlos zur Verfügung gestellt wird, ist der erwartete Effekt ausgeblieben, weil nach Meinung des Vf. die wirtsch. Rechnungsführung nicht umfassend genug war. Im Gegensatz zu der in dem Aufsatz von Bilik vertretenen Auffassung fordert Vf. feste Preise für Bewässerungswasser im Bereich einer Unionsrepublik, wobei sich der Preis nach der Art der Wasserzuführung richten sollte. Für Entwässerungswasser, das durch Überbewässerung anfällt, ist der gleiche Preis wie für das Bewässerungswasser anzusetzen, damit das Wasser wirtschaftlich verwendet, der Abfluß reguliert und artesische Wasserquellen weitgehend genutzt werden. Zwischen Wirtschaftsorganen und landwirtsch. Wassernutzern muß ein Rahmenvertrag gelten.
D. Findeisen. 536.

2-68/10-0331 Cherc, M. N. und Chavronin, K. I. Ėffektivnee ispol'zovat' orositel'nuju vodu. (**Wirksamere Nutzung des Bewässerungswassers.**) Gidrotechnika i melioracija, Moskva **20** (1968) Nr. 2. S. 90–95. — 3 Abb.
In der Mold. SSR wird den landwirtsch. Wassernutzern das Bewässerungswasser kostenlos gestellt. Obgleich die Wasserreserven beschränkt sind, gibt es im Gegensatz zu anderen Unionsrepubliken keine gesetzlich festgelegte materielle Verantwortlichkeit für unrationelle und nachlässige Wassernutzung. Dank der bewässerungswürdigen Böden und Kulturen erzielen die Kolchosen hohe Reingewinne, aber ein materieller Anreiz zur sparsamen Wassernutzung fehlt. Die Folge ist oft eine Verschlechterung des Bodenzustandes bis zur Versumpfung und Versalzung. Eine Änderung dieser Situation kann nur durch Festlegung eines Preises für das Bewässerungswasser erwartet werden. Weitere, allerdings untergeordnete Faktoren sind Verbesserung der Projektierungs- und Bauarbeiten an Bewässerungssystemen und der allg. Agrikultur. D. Findeisen. 536.

2-68/10-0332 Li, Č. Chozjajstvennyj rasčet i cenoobrazovanie v vodnom chozjajstve. (**Wirtschaftliche Rechnungsführung und Preisbildung in der Wasserwirtschaft.**) Gidrotechnika i melioracija, Moskva **20** (1968) Nr. 2. S. 96–101. — 4 Tab.
Eine wichtige Voraussetzung zur Umstellung aller Bewässerungssysteme auf wirtsch. Rechnungsführung ist ein richtig kalkulierter Wasserpreis. Zur Hebung der materiellen Interessiertheit und weitgehenden Ausschaltung der natürlichen Gegebenheiten wird vorgeschlagen, für die Wasserbereitstellung differenzierte Berechnungspreise festzulegen, denen die realen Kosten zugrunde liegen, während für die Wassernutzer pauschale Gebietstarife am günstigsten sind. Vermittels dieser beiden Preisebenen kann der Widerspruch zwischen den wirtsch. Interessen auf Seiten der Wasserbereitsteller und -nutzer am besten überwunden und können gleiche ökon. Ausgangsbedingungen für beide geschaffen werden.
D. Findeisen. 536.

2-68/10-0333 Kozlov, B. I. Za vodu platit' differencirovanno. (**Differenzierte Preise für Bewässerungswasser.**) Gidrotechnika i melioracija, Moskva **20** (1968) Nr. 2. S. 102–103.
Vf. schlägt vor, den durch Bewässerung erzielten Gewinn auf die landwirtsch. Betriebe einerseits und die das Wasser bereitstellenden Institutionen andererseits proportional den Produktionskosten des Wassers aufzuteilen. Vertragsgemäß liefert die Verwaltung des Bewässerungssystems eine bestimmte Menge Wasser mit differenzierten Selbstkosten je m³. Danach richtet sich die vorläufige Bezahlung seitens der Wassernutzer. Nach Abschluß des Rechnungsjahres wird der Gewinn jedes landwirtsch. Betriebes berechnet und den Gesamtkosten einschl. der vorausbezahlten Wasserkosten gegenübergestellt. Der Gewinn wird dann proportional aufgeteilt und damit die Nachzahlung für das in Anspruch genommene Wasser festgelegt. D. Findeisen. 536.

2-68/10-0334 Meagher, J. W. Observations on the transport of nematodes in sub-soil drainage and irrigation water. (**Beobachtungen über den Transport von Nematoden in Drän- und Bewässerungswasser.**) Austral. J. exper. Agric. Animal Husbandry **7** (1967) Nr. 29. S. 577–579. — 1 Abb., 2 Tab., 13 Lit.
Im Bereich des Red Cliffs Bewässerungsbezirkes wird das in den Dränsystemen aufgefangene und gesammelte Versickerungswasser über Pumpen in Bewässerungskanäle gepumpt und wieder zur Bewässerung von Wein- und Zitrusplantagen verwendet. Dieses Bewässerungswasser wurde untersucht, ob es als Transportmedium die Verbreitung von Nematoden fördert. Im Wasser des Murray River, das ebenfalls zur Bewässerung verwandt wurde, konnte vor dem Zupumpen des Dränwassers eine große Anzahl von nichtparasitären Nematoden ermittelt werden. Mit dem Dränwasser gelangten 7 parasitäre Nematodenarten in

unterschiedlichen Mengen in das Bewässerungswasser. Deshalb sollte bei Neuerrichtung solch einfacher Bewässerungssysteme die Möglichkeit der Nematodenverbreitung und -verseuchung der Böden in die Betrachtungen einbezogen werden. H. Hölting. 538.

2-68/10-0335 Petrasovits, I. Az öntözővizigény megállaptitásának problémái. (**Probleme der Bestimmung des Bedarfs an Bewässerungswasser.**) Hidrol. Közlöny [Hydrol. Ber.] 47 (1967) Nr. 10. S. 456-461. — Aus: Ung. Agrar-Rdsch. **1968** Nr. 2. 538.

2-68/10-0336 Gouny, P. und Brachet, J. La qualité des eaux d'irrigation. (**Die Qualität der Wässer zu Bewässerungszwecken.**) Bull. techn. Inform., Paris **1967** Nr. 224. S. 819-827. — 6 Lit. 538.

2-68/10-0337 Neveux, M. Réflexions sur l'utilisation agricole des eaux usées. (**Betrachtungen über die landwirtschaftliche Nutzung von Brauchwasser.**) Bull. techn. Inform., Paris **1967** Nr. 224. S. 829-832. — 3 Lit. 539.

2-68/10-0338 Casays, L. und Surun, J. L'épandage par aéro-aspersion des eaux résiduaires d'industries agricoles. (**Die Verteilung landwirtschaftlicher Abwässer mittels Beregnung.**) Bull. techn. Inform., Paris **1967** Nr. 224. S. 833-840. 539.

E. Melioration des Bodengefüges und Bodenchemismus

2-68/10-0339 Neumann, R. und Schmidt, H. **Untersuchungen zur Verbesserung des Wasserhaushaltes leichter Böden durch Anwendung von Aminoplastschaum. 1. Mitt.** Wiss. Z. Martin-Luther-Univ. Halle-Wittenberg, math.-naturwiss. R. **16** (1967) Nr. 5. S. 773-788. — 14 Abb., 7 Tab., 24 Lit. — nach Zus.

Aus den Ergebnissen einiger Laboruntersuchungen von Aminoplastschaumstoffen wurden Schlußfolgerungen auf die Anwendbarkeit des Schaumstoffes Piatherm zur Beeinflussung des Wasserhaushaltes leichter Sandböden gezogen und am Beispiel eines Feldversuches demonstriert. Bei Einsatz eines Aminoplast-Schaumes zur Verbesserung des Wasserhaushaltes landwirtsch. genutzter Sandböden sollten folgende Erwägungen in Betracht gezogen werden: 1. Der Schaumstoff sollte eine höhere Wasserkapazität als der Boden haben. Das gespeicherte Wasser muß dabei weitestgehend pflanzenverfügbar sein. 2. Schaumstoff und Boden müssen ein günstiges Feuchtigkeitsgleichgewichtsverhalten aufweisen. Ferner sollte grundsätzlich gefordert werden: 3. ein indifferentes Verhalten des Schaumstoffes, der frei sein muß von pflanzenschädigenden Sekundärbestandteilen, 4. eine möglichst hohe Lebensdauer sowie ausreichende Strukturfestigkeit des Schaumstoffes im Boden, 5. daß der Schaumstoff in landwirtsch. Sicht rentabel nutzbar sein muß. Dem handelsüblichen Piatherm kann danach bis jetzt nur eine bedingte Brauchbarkeit zugesprochen werden. Dieser Schaumstoff entspricht zwar Punkt 1, jedoch wird der ebenso wichtige Punkt 2 zumindest in Verbindung mit den untersuchten leichten Sandböden nicht erfüllt. Damit rechtfertigt die beobachtete Wirksamkeit noch nicht eine Anwendung in größerem Maßstabe, da auch die Sperrschichtwirkung nach den bisherigen Ergebnissen noch nicht befriedigte. Auf die obenerwähnten grundsätzlichen Forderungen konnte im Rahmen dieser Veröffentlichungen nicht eingegangen werden. 550.

F. Landwirtschaftlicher Wegebau

2-68/10-0340 Sauer, Günther. **Rasenansaat ohne Mutterboden an Straßen.** Natur u. Landschaft 43 (1968) Nr. 3. S. 51-54. — 6 Abb., 3 Lit.

Verfahren, die ohne Mutterboden eine Begrünung der Flächen garantieren, sind nicht neu. Vf. berichtet über die sog. „Anspritzmethode", die in 3 Formen möglich ist: der Bitusprit-Saat, der Brecht'schen-Naßsaat und der Finn-Saat. Außerdem wird das Fastrosa-Verfahren aus Österreich und die Wego-Saat aus Schweden besprochen. Die Verfahren unterscheiden sich hinsichtlich der Zuschlagstoffe, der Einsatzmöglichkeiten, der Kapazität und der Preise voneinander. Derartige Rasenansaaten sind z. Z. beim Straßenbau, wo Mutterboden nicht vorhanden ist, im Einsatz. Außerdem erfolgte ihre Anwendung auf Böschungen, beim Kanal- und Eisenbahnbau, auf Halden und Spülsandflächen. Diese Ansaatmethoden gewähren einen schnelleren Schutz gegen Erosion und sind in der Anwendung praktisch. H. Groth/Rostock. 560.

2-68/10-0341 Sauer, Günther. **Von der Grasnutzung zur chemischen Wuchshemmung auf Rasenflächen an Straßen.** Natur u. Landschaft 43 (1968) Nr. 3. S. 54-56. — 3 Abb., 2 Lit.

Grasflächen an Straßen und Autobahnen verursachen einen erheblichen Pflegeaufwand und behindern außerdem durch ihren Hochwuchs die Sicht. Spezielle Untersuchungen zur chem. Wuchshemmung auf Testparzellen zeigten, daß die Mittel Maleinsäurehydrazid(MH_{30}) — beeinflußt das Wachstum der Gräser — und Flurenol-Derivat (CF 125) gegen 2 keimblättrige Pflanzen einzeln als auch in der Kombination bestens geeignet sind. — Wesentlich für eine erfolgreiche Wuchshemmung ist eine sachgemäße Ausbringung. Über die Ausbringtechnik, evtl. Nebenwirkungen usw. wird noch gesondert berichtet.

K. Groth/Rostock. 560.

G. Meliorative Landschaftsgestaltung

2-68/10-0342 Haber, Wolfgang. **Landschaftspflege als wissenschaftliche, wirtschaftliche und politische Aufgabe.** Bayer. landwirtsch. Jb., Sonderh. 44 (1967) Nr. 2. S. 35-45.

Um die Wende vom 18. zum 19. Jh. erhielt der Gedanke der Landschaftsverschönerung eine bewußte Förderung. Die notwendigen Anregungen kamen z. B. von Vorherr und Lenné. Hieraus resultiert später der eigentliche Naturschutzgedanke. In der Folgezeit kam es aber trotzdem zu erheblichen Eingriffen in die Landschaft, die stets als Gesamtheit, als System mit bestimmten Funktionen, betrachtet werden sollte. — Naturnahe „Ökosysteme" sind für eine Landschaft unentbehrlich. Vf. warnt vor „Großkahlschlägen". Die Existenz der Land- und Forstwirtschaft sowie jegliche Landnutzung hängt heute von jeder Landschaftspflegemaßnahme ab. Die hieraus resultierende politische Aufgabe fordert für die Gesellschaft, die Landschaft als nationales Eigentum zu pflegen und zu schützen.

K. Groth/Rostock. 570.

2-68/10-0343 Bohte, H. G. **Landentwicklung und Dorferneuerung.** Z. Kulturtechn. u. Flurbereinig. 8 (1967) Nr. 2. S. 65-66. 571.

2-68/10-0344 Stefanovits, P. A talajpusztulás és a talajvédelem témakörében folytatott kutatások helyzete. (**Der Stand der Forschungsarbeit im Themenkreis Bodenabtragung und Bodenschutz.**) Agrártudományj Közleményck, Budapest **26** (1967) Nr. 3/4. S. 471-474. — Aus: Ung. Agrar-Rdsch. **1968** Nr. 2.

Unmittelbar nach der Befreiung begannen die Kartierungsarbeiten, die von 1951-59 dauerten. Die Ausdehnung der in verschiedenem Ausmaß erodierten Gebiete wurde in Karten veranschaulicht. Ausgeführt wurde diese Arbeit durch Mitarbeiter des Forschungsinstituts für Bodenkunde und Agrochemie. Die Flächenmessungen wurden durch Ertragszahlen ergänzt. Fachleute für Geomorphologie verfertigten die geomorphologische Karte des Landes. Das in der Karte der Bodenerosion niedergelegte Tatsachenmaterial wurde im Rahmenplan der Landes-Wasserwirtschaft ausgewertet. Dabei wurden die Flächen gekennzeichnet, auf denen Bodenschutz vordringlich ist. Diese Arbeit erfuhr eine Ausweitung, indem Bodenschutzplanungen für einzelne Landwirtschaftsbetriebe angefertigt wurden. Das Landesinstitut für Landwirtschaftliche Qualitätsprüfung arbeitete dafür die entspr. Methodik aus. 573.

2-68/10-0345 Duck, T. Az erózió pusztitó hatása barna erdőtalajon. (**Der zerstörende Einfluß der Erosion auf braune Waldböden.**) Agrártudományi Közlemények, Budapest **26** (1967) Nr. 3/4. S. 505-512. — Aus: Ung. Agrar-Rdsch. **1968** Nr. 2.

Die Untersuchungen brauner Waldböden ließen erkennen, daß der A- und C-Horizont in nur sehr geringem, der B-Horizont dagegen in sehr hohem Maße der Erosion Widerstand leistet. Bei dem untersuchten Bodentyp wird der Humusgehalt nur auf stark erodierten Flächen erheblich herabgesetzt, in mittelmäßig bis schwach erodierten Böden bleibt er unverändert erhalten. Mit der Abnahme des Humusgehaltes verringert sich auch der N-Gehalt beträchtlich. In bezug auf P und K sind keine wesentlichen Unterschiede zwischen den verschieden stark erodierten Böden zu verzeichnen. Das Vermögen der Wasseraufnahme und Wasserspeicherung ist im stark verdichteten B-Horizont geringfügig, die Menge des auf der Oberfläche abfließenden Wassers daher recht hoch. Wasseraufnahme und Wasserspeicherung des verdichteten B-Horizontes lassen sich durch Untergrundlockerung günstig gestalten oder doch verbessern. 573.

2-68/10-0346 Švebs, G. I. Materialy k izučeniju ėrodirujuščego dejstvija kapel'vody. (**Beitrag zum Studium der erodierenden Wirkung von Wassertropfen.**) Počvovedenie, Moskva **1968** Nr. 2. S. 133-140. — 3 Abb., 4 Tab., 9 Lit.

Bericht über eine theoretische und experimentelle Prozeßanalyse zur Kausaldefinierung der Regentropfenwirkung auf Hangböden. A.-F. Bauer/Rostock. 573.

2-68/10-0347 Arnold, K.-H. **Nährstoffabtrag von landwirtschaftlich genutzten Flächen.** Fortschr. d. Wasserchem. **1968** Nr. 8. S. 131-142. — 5 Abb., 6 Lit. Zus. in Russ., Engl. — nach Zus.
Obwohl die durch Bodenerosion bedingten Veränderungen auf den landwirtsch. Nutzflächen mit den besprochenen Methoden sicher nachweisbar sind, sollten diese Vorgänge in ihrem Einfluß auf die Eutrophierung der Gewässer im Erzgebirge nicht überschätzt werden. Die Starkniederschläge, die Bodenerosion verursachen, sind verhältnismäßig selten. Vorwiegend treten sie im Sommerhalbjahr auf, wo der Boden durch die Vegetationsdecke verhältnismäßig gut geschützt ist. Der größte Teil des abfließenden Wassers nimmt seinen Weg durch den Boden. Die Phosphat-Phosphor- und Nitrat-Gehalte des Wassers schwanken auch bei Starkregen nur wenig. In dem Einzugsgebiet der Saidenbachtalsperre beträgt im Durchschnitt die weggeführte Menge Phosphat-Phosphor 38 g/a ha und Nitrat 56,8 kg/a ha. Demgegenüber ist der Einfluß der ländlichen Siedlung auf den Nährstoffgehalt der Gewässer beträchtlich. 573.

2-68/10-0348 Bisal, Frederick. Influence of plant residue on sand flow in a wind tunnel. (**Der Einfluß von Pflanzenrückständen auf den Sandflug in einem Windkanal.**) Cand. J. Soil Sci. **48** (1968) Nr. 1. S. 49-52. — 1 Abb., 1 Tab., 6 Lit.
Die nach dem Halmschnitt (Ernte) beim Weizen an der Ackeroberfläche zurückgebliebenen Pflanzenreste (Stoppeln) schränken die Bodendeflation ein. Vf. prüfte experimentell die quantitativen Beziehungen zwischen dem Erosionsbetrag (Flugsand) und der Stoppelausbildung bei Wechsel verschiedener Windgeschwindigkeitsstufen (5,36 m/sec, 6,26 m/sec, 7,15 m/sec, 8,49 m/sec und 10,28 m/sec). Die im Windkanal differenziert getestete Weizenstoppel (Länge: 15 cm) stockte auf Dünensand mit einer texturell konstanten Erodierbarkeit. Die Ergebnisse werden aus einer Funktionsgleichung errechnet und tabellarisch sowie graphisch belegt. A.-F. Bauer/Rostock. 573.

2-68/10-0349 Peukert, V. **Die natürliche Eutrophierung durch Abflüsse aus Hochmooren.** Fortschr. d. Wasserchem. **1968** Nr. 8. S. 107-116. — 2 Abb., 12 Lit. Zus. in Russ., Engl., — nach Zus.
In den Hochmooren sind im Laufe der Zeit mit den verrotteten Pflanzen große Mengen Pflanzennährstoffe abgelagert worden. Auch der Gehalt an P und N ist sehr hoch. Der Gesamt-P-Gehalt des getrockneten Torfes beträgt durchschnittlich 2,5‰. Die Nährstoffe liegen jedoch überwiegend organisch gebunden vor. In dystrophen Bächen war der Gesamt-P-Gehalt der Gesamtmenge an org. Substanz direkt proportional. Es wurden Kulturversuche mit Algen durchgeführt. Dabei konnte eine Wachstumsstimulierung durch Huminstoffe beobachtet werden. Die möglichen Ursachen dafür werden diskutiert. Durch den Nährstoffgehalt und durch die zu erwartenden reduktiven Verhältnisse im Hypolimnion dystropher Speicher sind die Voraussetzungen für die „rasante Eutrophierung" gegeben. Das Licht als Minimumfaktor und der Fe- und Humingehalt wirken dem Vorgang entgegen. 573.

2-68/10-0350 Oelschläger, W., Wöhlbier, W. und Menke, K. H. **Über Fluor-Gehalte pflanzlicher, tierischer und anderer Stoffe aus Gebieten ohne und mit Fluoremissionen. II. Mitt. Fluor-Gehalte menschlicher Nahrungsmittel aus Gebieten ohne Fluoremissionen und von Getränken.** Landwirtsch. Forsch. **20** (1967) Nr. 4. S. 285-292. — 4 Tab., 10 Lit. Zus. in Engl., Franz. — nach Zus.
Bei Untersuchungen über F-Wirkungen auf den menschlichen Organismus ist es wichtig zu wissen, wie hoch die F-Gehalte in Nahrungsmitteln pflanzlicher und tierischer Herkunft sowie in Getränken sind. Hierzu wurden pflanzliche Nahrungsmittel wie Obst, Gemüse, Salate, Kartoffeln und Hülsenfrüchte, ferner Nahrungsmittel tierischer Herkunft sowie eine Anzahl Brotsorten und eine Reihe von Getränken auf deren F-Gehalt untersucht. Die Untersuchungsergebnisse zeigen, welche erheblichen F-Gehalte einige Getränke haben. Ferner kann man aus den Untersuchungen ersehen, daß ebenso wie bei den der tierischen Ernährung dienenden Futtermitteln (1. Mitt.) auch einige Nahrungsmittel bei deren industrieller Verarbeitung mit erheblichen F-Mengen angereichert werden. Aus diesem Grunde dürften diese Untersuchungen auch bezüglich der Frage der Fluoridierung des Trinkwassers von Interesse sein. 573.

2-68/10-0351 Karl, J. Einige Untersuchungen über Bodenabtrag und Ablagerung im alpinen Bereich. Bayer. landwirtsch. Jb., Sonderh. 44 (1967) Nr. 3. S. 279-281. 573.

2-68/10-0352 Surun, J. Qualité des eaux nécessaires aux industries agricoles et alimentaires. (Qualität der für Landwirtschaft und Ernährung benötigten Wässer.) Bull. techn. Inform., Paris 1967 Nr. 224. S. 841-844. — 1 Lit. 573.

2-68/10-0353 Viel, G. L'usage agricole des pesticides et sa conséquence pour la pollution des eaux. (Die landwirtschaftliche Anwendung von Pestiziden und ihr Einfluß auf die Verunreinigung der Wässer.) Bull. techn. Inform., Paris 1967 Nr. 224. S. 845-850. — 2 Abb. 4 Tab., 5 Lit. 573.

2-68/10-0354 Lerenard, A. und Prat, J. La pollution des eaux par les pesticides. (Die Verunreinigung der Gewässer durch Pestizide.) Bull. techn. Inform., Paris 1967 Nr. 224. S. 851-856. — 12 Lit. 573.

2-68/10-0355 Hellmann, Hubert. Die Belastung des Rheins mit ungelösten organischen Stoffen im Jahre 1967. Dtsch. gewässerkundl. Mitt. 12 (1968) Nr. 2. S. 39-43. — 4 Abb., 4 Tab., 17 Lit. 573.

2-68/10-0356 Boden-Erosion, Boden-Melioration, Grundwasser. Hrsg: TU Dresden. (Titelanzahl: 63. Ber.-Zeit: 1950-65.) 573.

2-68/10-0357 Bohte, H. G. Flurbereinigung und Wiederzersplitterung. Z. Kulturtechn. u. Flurbereinig. 8 (1967) Nr. 2. S. 67. 575.

H. Planung und Nutzung von Meliorationsmaßnahmen

2-68/10-0358 Alekseevskij, V. E. Metody opredelenija pokazatelej fiziko-techničeskich svojstv gruntov. (Methoden zur Ermittlung der Kennzahlen für die physikalisch-technischen Baugrundeigenschaften.) Gidrotechnika i melioracija, Moskva 20 (1968) Nr. 2. S. 55-66. — 4 Abb., 6 Tab.
Für große wasserwirtsch. Bauvorhaben müssen die phys.-techn. Gesteinseigenschaften anhand zahlreicher Untersuchungen in Kennzahlen ausgedrückt werden, die mathematisch-statistisch bearbeitet werden, um zu garantierten Kennzahlen zu kommen. Für die mathematisch-statistische Auswertung werden im einzelnen 3 Methoden vorgestellt. Je höher die Klasse des Bauvorhabens eingestuft ist, eine desto größere Anzahl von Analysen muß vorausgehen. Bei kleineren Objekten kann man sich auf die Kennzahlen beschränken, die sich aus dem arithmetischen Mittel ergeben, bzw. Grenzwerte angeben. Die empfohlenen Richtzahlen müssen mit den Kennzahlen eines genau untersuchten Baugrundes verglichen werden, der analogen Aufbau und Gesteinsverband aufweist. D. Findeisen. 580.

2-68/10-0359 Pernack, Heinz. Meliorationssysteme — strukturbestimmend für die sozialistische Landwirtschaft. Agrar-Inform., Potsdam 1968 Nr. 4. S. 1-5. 580.

2-68/10-0360 Seidel, Ernst. Meliorationen schaffen die Voraussetzungen für industriemäßige Produktionsmethoden. Agrar-Inform., Potsdam 1968 Nr. 4. S. 5-7. 580.

2-68/10-0361 Drescher, Rudolf. Investitionen für Meliorationsmaßnahmen zahlen sich mehrfach aus. Agrar-Inform., Potsdam 1968 Nr. 4. S. 11. 580.

2-68/10-0362 Tietzsche, Günter. Meliorationsmaßnahmen im Komplex durchführen. Agrar-Inform., Potsdam 1968 Nr. 4. S. 12. 580.

2-68/10-0363 Bentz, Rudolf. Ökonomische Beziehung zwischen der Landwirtschaft und Wasserwirtschaft herstellen. Agrar-Inform., Potsdam 1968 Nr. 4. S. 14-15. 580.

2-68/10-0364 Neye, Fritz. Meliorationsverband im Bereich Untere Havel-Dosse bilden. Agrar-Inform., Potsdam 1968 Nr. 4. S. 15-16. 580.

VI. PFLANZENERNÄHRUNG UND DÜNGUNG

A. Allgemeine Literatur, Berichte, Statistiken u. a.

2-68/10-0365 Cassidy, N. G. The effect of cyclic salt in a maritime environment. I. The salinity of rainfall and of the atmosphere. (Die Wirkung von zyklischem Salz in maritimer Umwelt. 1. Mitt. Der Salzgehalt des Regenwassers und der Atmosphäre.) Plant & Soil, The Hague 28 (1968) Nr. 1. S. 106-128. — 8 Abb., 6 Tab., 11 Lit.

Untersuchungen in der meteorol. Station Suva auf Fiji in den Jahren 1950-52 brachten folgende Ergebnisse: Bei niedriger Windgeschwindigkeit war der Chloridgehalt des Regenwassers umgekehrt proportional der Niederschlagsmenge. Bei erhöhter Windgeschwindigkeit erhöht sich auch der Chloridgehalt, der außerdem an der Küste höher ist als im Inland. Die mit dem Flugzeug entnommenen Proben zeigen, daß die Salzaerosolwolke mit zunehmender Höhe abnimmt und 2500 m Höhe nicht überschreitet. Unter maritimen Bedingungen kann die kontinuierliche Salzzufuhr aus den Aerosolen auf eine gegebene Fläche des Bodens mehr als das 1000fache der durch das Regenwasser zugeführten Menge darstellen. H. Schößler. 601.

2-68/10-0366 Egorova, L. A. Soveščanie po diagnostike potrebnosti rastenij v udobrenijach. (**Tagung über die Diagnostik des Düngerbedarfs bei Pflanzen.**) Chimija v sel'skom chozjajstve, Moskva **6** (1968) Nr. 3. S. 72-73. 601.

B. Pflanzenernährung

2-68/10-0367 Ruf jun., Robert H., Eckert jun., Richard E. und Gifford, Richard O. Components of osmotic adjustment of plants to rapid changes in root medium osmotic pressure. (**Komponenten der osmotischen Anpassung der Pflanzen an schnelle Veränderungen des osmotischen Druckes im Wurzelsubstrat.**) Soil Sci. **104** (1967) Nr. 3. S. 159-162. — 2 Abb., 1 Tab., 8 Lit.

Durch Zusatz von Polyäthylenglykol wurde der osmotische Wert der Nährlösung schnell verändert und durch Bestimmung des osmotischen Druckes im Zellsaft die Anpassung von *Solanum tuberosum* und *Agropyron desertorum* untersucht. Bei Veränderungen des osmotischen Druckes in der Nährlösung, die über 15 b in 12 h hinausgingen, trat kein Ausgleich im Zellsaft ein. Bei 15 b in 48 h reagierten die beiden Pflanzenarten unterschiedlich stark. Beim Ausgleich von 14b durch *S. tuberosum* ergaben sich 41% aus der Gewebedehydration (34%) und der Polyäthylenglykolaufnahme (7%). G. Schönberg/Pillnitz. 625.

2-68/10-0368 Lott, J. R. und Wall jun., M. J. A potometric determination of the effects of X-irradiation on water, K and Ca flux in isolated roots. (**Potometrische Bestimmung der Einflüsse von Röntgenstrahlung auf Wasser-, K- und Ca-Fluß in isolierten Wurzeln.**) Radiation Bot. **8** (1968) Nr. 1. S. 37-44. — 1 Abb., 4 Tab., 19 Lit. Zus. in Franz., Dtsch. — nach Zus.

Um die Wirkung von Röntgenstrahlung auf den Efflux von Wasser, Ca und K bei Zwiebelwurzeln (*Allium cepa*) zu bestimmen, wurde eine mikropotometrische Methode angewandt. Ca- und K-Flux wurden mit Hilfe eines Atom-Absorptions-Spektrophotometers bestimmt. Der Wasser-Efflux war bedeutend geringer, nachdem die Pflanzen an der Luft Strahlungen von 75 und 100 kR ausgesetzt wurden; wohingegen bei 50 kR der Wasser-Efflux zunahm. Gleichzeitig riefen 50 kR einen erhöhten Influx und Efflux von K und Ca in den Wurzeln hervor. Interessanterweise hatten die Dosen 75 und 100 kR einen erhöhten Efflux von Ca ausschließlich an den abgeschnittenen basalen Enden. Kein Ca wurde in das Lösungsmittel abgegeben. Die Ergebnisse zeigen voneinander unabhängige Wirkungen der Strahlen auf den Wasser- und Kationen-Flux in den Wurzelsystemen. 625.

2-68/10-0369 Oertli, J. J. Effects of external salt concentrations on water relations in plants. III. Concentration dependence of the osmotic differential between xylem and external medium. (**Auswirkungen äußerer Salzkonzentrationen auf den Wasserhaushalt der Pflanzen. 3. Mitt. Konzentrationsabhängigkeit des osmotischen Differentials zwischen Xylem und äußerem Medium.**) Soil Sci. **104** (1967) Nr. 1. S. 56-62. — 6 Abb., 1 Tab., 11 Lit.

Pflanzen von Tomaten und Sonnenblumen wurden in Hoagland-Lösung herangezogen und dann in Nährlösungen mit verschiedener Konz. weiterkultiviert, um nach Abschneiden der Pflanzen den osmotischen Druck des Blutungssaftes zu bestimmen. Das osmotische Differential $\Delta\Pi$ ergibt sich als Differenz des osmotischen Druckes im Blutungssaft und in der Außenlösung. $\Delta\Pi$ steigt mit zunehmender Konz. der Außenlösung bis zu einem Maximum an, nimmt dann wieder ab und kann dabei sogar negativ werden. Die Ergebnisse können zur Erklärung von Schädigungen dienen, die an Pflanzen auf Böden mit hohem Salzgehalt auftreten. G. Schönberg/Pillnitz. 625.

2-68/10-0370 Ševjakova, N. I. Narušenie obmena sery u rastenij v uslovijach zasolenija. (**Störung des Schwefelstoffwechsels von Pflanzen unter Bedingungen der Bodenversalzung.**) Fiziologija rastenij, Moskva **15** (1968) Nr. 2. S. 209-217. — 5 Tab., 39 Lit. Zus. in Engl.

Der Vorgang der schrittweisen Reduktion des Sulfats und sein Einbau in S-haltige Aminosäuren wird während der Versalzung des Mediums mit Na_2SO_4 und NaCl gehemmt. Vielleicht ist diese Hemmung eine Ursache für die Störung der korrelativen Beziehung zwischen Auf- und Abbau der Proteine unter solchen abnormen Bedingungen. Es ist möglich, daß die Hemmung der Sulfatreduktion zum Sulfhydryl-Status durch die Salze mit einem Mangel an Energie für diesen Prozeß und mit einem Mangel an Aktivität der geeigneten Enzyme verbunden ist sowie mit einer Änderung der normalen Konfiguration der Proteinkomponente. Bei Chloridversalzung werden die Sulfhydrylverbindungen oxydiert, und es werden Disulfide angereichert. Bei Sulfatversalzung schreitet die Oxydation tiefer fort, führt zur Bildung von Sulfoxiden und Sulfonen und ist mit einem spez. Effekt von Na_2SO_4 auf den S-Stoffwechsel verbunden. Der Charakter der Änderung von SH-Gruppen im Proteinmolekül ist mit den konformativen Änderungen des Proteinmoleküls bei plötzlichem Salzeinfluß verbunden. E.-M. Ardelt. 625.

2-68/10-0371 Matuchin, G. R., Žukovskaja, N. V. und Gomžina, S. I. Vlijanie raznokačestvennogo zasolenija na nakoplenie svobodnych nukleotidov u jačmenja. (**Einfluß von Versalzung verschiedener Qualität auf die Akkumulation freier Nukleotide in Gerste.**) Fiziologija rastenij, Moskva **15** (1968) Nr. 2. S. 197–202. — 2 Abb., 25 Lit. Zus. in Engl.

Der Gehalt an Nukleotiden in Wurzeln und Blättern von Gerste nach Anbau auf Böden verschiedenartiger Versalzung wurde untersucht, um den Energiestoffwechsel der Pflanze zu charakterisieren. Mit Hilfe der Ionenaustauschchromatographie wurden GMP, UMP, AMP, UDPG, GDP, UDP, CDP und 4 Peaks von Nukleosid-3-Phosphaten aus Gerstenblättern isoliert. GMP, UMP, AMP + ADP, UDP und GDP wurden aus Gerstenwurzeln isoliert. Bei Chloridversalzung stieg der Gehalt an Nukleosid-Monophosphaten, ADP und Uridyl-Diphosphaten. Bei Sulfatversalzung stieg merklich der Gehalt der Gerstenblätter an Guanylphosphaten sowie an Di- und Triphosphaten der Adenylsäure. Der Gehalt der Wurzeln an Nukleotiden stieg bei Versalzung weniger stark an. E.-M. Ardelt. 625.

2-68/10-0372 Strogonova, L. E. O veličine raschoda organičeskich veščestv na dychanie v različnych uslovijach mineral'nogo pitanija rastenij. (**Über den Wert organischer Substanzen, verbraucht bei der Respiration der Pflanzen bei Kultur unter unterschiedlichen Ernährungsbedingungen.**) Fiziologija rastenij, Moskva **15** (1968) Nr. 2. S. 272–280. — 1 Abb., 4 Tab., 27 Lit. Zus. in Engl.

Der Abbau org. Subst. bei der Atmung unterschiedlich ernährter Pflanzen wurde untersucht. Dabei wurde der CO_2-Austausch an den oberirdischen Teilen und an den Wurzeln bestimmt. Die rel. Werte des Verbrauchs org. Subst. bei der Respiration (CO_2 der Respiration/CO_2 der Photosynthese) waren für verschiedene Pflanzen unter verschiedenen Bedingungen der mineral. Ernährung ähnlich und betrugen ca. 20%. Nur starker Mineralstoffmangel zusammen mit Licht hoher Intensität steigerte den Verbrauch org. Subst. bei der Respiration auf 25···30% in Abhängigkeit von der Wurzelrespiration. Wenn das Verhältnis der Nutzung der org. Subst. bei der Respiration und der Intensität der Photosynthese sehr eng war, entsprachen die Unterschiede in der Tr.-Subst.-Masse der Pflanzen (bei unterschiedlichem Mineralstoffangebot) dem ungleichen Assimilatverbrauch beim Wachstum der Blätter u. a. Organe. Die Entwicklung einer größeren Blattfläche bei Pflanzen unter normaler Nährstoffversorgung führt zur Bildung höherer Erträge als bei hungernden Pflanzen. E.-M. Ardelt. 625.

2-68/10-0373 Linser, H. und Herwig, K.; Gießen, Justus Liebig-Univ., Inst. für Pflanzenernähr. **Zusammenhänge zwischen Bewindung, Transpiration und Nährstofftransport bei Lein unter besonderer Berücksichtigung einer variierten Wassergabe und Kalidüngung.** Kali-Briefe, Fachgeb. 2 **9** (1968) Nr. 2. 14 S. — 1 Abb., 7 Tab., 28 Lit.

Gefäßversuche (Mitscherlich-Gefäße) mit Lein als Versuchsfrucht. Variiert wurden a) Wasserversorgung (40 und 80% Sättigung der WK) sowie b) K-Düngung (ohne bzw. 2,4 g K_2O/Gefäß). Die Versuchspflanzen wurden in einem kontinuierlichen Luftstrom von 2,5 m/s gehalten. — Durch den Wind ging der Ertrag (oberirdische Tr.-Subst.) zurück. Blatt- und Kapselerträge blieben weitgehend unbeeinflußt, während die Wurzelsubstanz — bes. bei 40% Sättigung der WK — deutlich anstieg. Die K-Düngung erhöhte generell die Gesamterträge und zwar bei niedriger Wassergabe um 12···15% und bei hoher Wassergabe um ca. 24% (Ausnahme Wind bei Tag). Weitere Untersuchungen umfaßten Veränderungen der Transpiration und des Wasserverbrauchs. P. Schäfer. 625.

2-68/10-0374 Lejsle, V. F., Nikulin, A. V. und Omel'čenko, L. Vlijanie različnych form azotnogo pitanija na sootnošenie i svojstva l- i d-bioform plodov sacharnoj svekly. **(Der Einfluß verschiedener Stickstoffdünger auf das Verhältnis und die Eigenschaften von l- und d-Formen der Früchte von Zuckerrüben.)** Naučnye doklady vysšej školy. Biologičeskie nauki, Moskva 11 (1968) Nr. 1. S. 82–84. — 2 Tab., 13 Lit.

Vff. untersuchten in den Jahren 1964 — 1966 den Einfluß verschiedener N-Dünger ($NaNO_3$ und $[NH_4]_2SO_4$) auf Anteile, Saatguteigenschaften und Rübenmasse von linken (l) und rechten (d) Modifikationen der Früchte bei den Zuckerrübensorten 'R-09' (monokarp) und 'R-06' (polykarp). Die Eingruppierung in l- und d-Formen richtete sich nach der Lage des Embryos in den Früchten. Witterungsbedingungen und N-Formen hatten keinen wesentlichen Einfluß auf das Mengenverhältnis von l- und d-Früchten. Es wird angenommen, daß dieses Verhältnis den Charakter eines konstanten Erbmerkmals hat, das der Art *Beta vulgaris* L. eigen ist. In allen geprüften Merkmalen (Tausendknäuelmasse, Tausendsamenmasse, ausgebildete Samen in %, Keimschnelligkeit, Keimfähigkeit, Rübenmasse) waren die l-Früchte besser als die d-Früchte. Bei N-Düngung in Nitratform hatten die l-Früchte höhere Tausendknäuelmasse als bei N-Düngung in Ammoniakform, bedingt durch größeres Perikarp. Gleichen Einfluß hatten die unterschiedlichen N-Formen auf Keimeigenschaften und Rübenmasse. K. Herzog/Kleinwanzleben. 625.

2-68/10-0375 Tonkal', E. A. und Naumova, E. P. Vlijanie mineral'nych udobrenij na nakoplenie gljutaminovoj i asparaginovoj kislot i ich amidov v sacharnoj svekle. **(Der Einfluß von Mineraldünger auf die Speicherung von Glutamin- und Asparaginsäure sowie ihrer Amide in Zuckerrüben.)** Chimija v sel'skom chozjajstve, Moskva **6** (1968) Nr. 3. S. 7–10. — 3 Tab., 20 Lit.

Vff. führten 1964 und 1965 auf Schwarzerdeboden Gefäß- und Feldversuche mit Zuckerrüben durch. In den Feldversuchen wurden Reinnährstoffmengen von je 45 kg/ha N, K_2O und P_2O_5 verabreicht. Der Gehalt an Gesamt-Glutamin- (G.) und Gesamt-Asparaginsäure (A.) steht in direkter Beziehung zum Gesamt-N in den Zuckerrübenblättern. Dieser ist am höchsten in den Anfangsphasen der Pflanzenentwicklung. Fehlen von N in der Grunddüngung bewirkte Senkung des Gehalts an Gesamt-N sowie G. und A. In den Blättern und Rübenkörpern war G. größer als A., wobei der Unterschied in den Rüben größer als in den Blättern war. Freie Aminodikarbonsäuren enthalten die Blätter mehr als die Rüben; bei Amiden, bes. bei Glutamin, ist es umgekehrt. Der Ausschluß von K_2O aus der Grunddüngung führte zur Erhöhung des Gehalts an G. und A. Je höher der Gehalt an Gesamt-Monoaminodikarbon-Säuren in den Rüben, desto niedriger ist ihr Zuckergehalt und umgekehrt.
K. Herzog/Kleinwanzleben. 625.

2-68/10-0376 Naumann, Wolf-Dietrich. **Die Entwicklung und Mineralstoffversorgung von Obstunterlagen unter dem Einfluß von Hydrogencarbonaten, Carbonaten und Kohlendioxid im Substrat. III. Die Wirkung von Kohlendioxid in der Bodenluft in Abhängigkeit vom O_2-Partialdruck.** Gartenbauwissenschaft **32**(14) (1967) Nr. 1. S. 1–17. — 5 Abb., 50 Lit. Zus. in Engl., Franz. — nach Zus.

Junge Apfelsämlinge der Sorte 'Bittenfelder' wurden in Kies-Staukulturen mit gasdichtem Wurzelraum kultiviert. Beim Rückfließen der Nährlösung nach dem Anstauen strömten künstliche Gasgemische in die Kulturgefäße ein, in denen 2,5, 5, 10 und 20% O_2 mit 0, 2,5, 5 und 10% CO_2 kombiniert waren, wobei mit N_2 auf 100% aufgefüllt wurde. Die für Tr.-Subst.-Bildung und Aufnahme von N, P, K, Ca und Mg vorteilhaftesten O_2-Konz. lagen um so niedriger, je höherer CO_2-Partialdruck appliziert wurde. Das gleiche galt weitgehend auch für den Mineralstoffgehalt der Blätter und Triebe. Je mehr Tr.-Subst. die Pflanzen unter dem Einfluß der Behandlungen gebildet hatten, desto höher lag in ihren Wurzeln der K- und desto niedriger der N-Gehalt. P- und Ca-Spiegel der Wurzeln waren am höchsten bei geringen O_2- und niederen CO_2-Konz., die Mg-Spiegel bei hohen O_2- und niederen CO_2-Partialdrucken der Wurzelatmosphäre. Der K-Gehalt junger und mittlerer Blätter wurde sowohl durch CO_2- als auch durch O_2-Steigerung erhöht. Bei allen anderen Mineralstoffen überwogen die Wechselwirkungen zwischen O_2 und CO_2, wobei i. allg. die höchsten Werte auftraten, wenn mit zunehmenden O_2-Partialdrucken sinkende CO_2-Konz. gegeben wurden und umgekehrt. Auf die Verteilung der aufgenommenen Mineralstoffe innerhalb der Pflanze hatten die Behandlungen starken Einfluß. In Wurzeln und alten Blättern verblieb bei jenen Gaskombinationen ein bes. geringer Anteil, die zu kräftiger Tr.-Subst.-Bildung geführt hatten. Bei steigendem O_2-Angebot wurden die jungen Blätter auf Kosten der alten begünstigt. Die 16 Behandlungen wirkten hinsichtlich Aufnahme und Verteilung der Mineralstoffe für jedes Element spezifisch, auch wenn vielfach gemeinsame Tendenzen erkennbar wurden. Zwischen dem Fe-Gehalt der Blätter und Triebe und dem Tr.-Subst.-Ertrag bestanden negative Korrelationen. Bei herabgesetzter O_2-Versorgung der Wurzel konnten Wuchsdepressionen durch entspr. Erhöhung des CO_2-Partialdrucks erheblich vermindert werden. Dagegen wirkte sich eine Steigerung des CO_2-Gehalts bei gleichzeitig hohem O_2-Angebot auf Wachstum und Mineralstoffaufnahme der Testpflanzen sehr nachteilig aus. 625.

2-68/10-0377 Okamoto, Saburo; Kobe, Japan, Hyogo Univ. of Agric. Glycolic acid oxidase activity in crop plant leaves. (**Die Aktivität der Glykolsäureoxydase in den Blättern von Nutzpflanzen.**) Soil Sci. Plant Nutrit., Tokyo **13** (1967) Nr. 5. S. 133–142. — 1 Abb., 21 Tab., 22 Lit. Orig.: engl.
Die Glykolsäureoxydase-Aktivität in den Blättern von Reis-, Gersten-, Bataten- und Taropflanzen, die bei unterschiedlicher K-Versorgung angezogen worden waren, wurden mit Hilfe der Warburg-Methode untersucht. Die Enzymaktivität bzw. Qo(N) dieser Blätter zeigte eine signifikante Lichtempfindlichkeit. In den Pflanzen von K-Mangelparzellen waren die Aktivität, die Aktivierung durch FMN sowie die Toleranz gegenüber Inhibitoren (Bisulfit und Azetaldehydbisulfit) allgemein erhöht. Diese Aktivitäts- und Toleranzsteigerung war bei Batate und Taro in den jüngeren Blättern stärker nachweisbar als in ausgereiften Blättern. Bei der Fraktionierung des Saftes von Gerstenblättern mit $(NH_4)_2SO_4$ nach der Methode von Mitsui fand sich die max. Glykolsäureoxydase-Aktivität in der zu 30…40% mit $(NH_4)_2SO_4$ gesättigten Fraktion. G. Loßner. 625.

2-68/10-0378 Hutchinson, T. C. A physiological study of Teucrium scorodonia ecotypes which differ in their susceptibility to lime-induced chlorosis and iron-deficiency chlorosis. (**Eine physiologische Untersuchung an Ökotypen von Teucrium scorodonia, welche in ihrer Empfindlichkeit gegenüber kalkinduzierter Chlorose und Eisenmangel-Chlorose differieren.**) Plant & Soil, The Hague **28** (1968) Nr. 1. S. 81–105. — 4 Abb., 12 Tab., 40 Lit.
Es wurden edaphische Ökotypen von *Teucrium scorodonia* gefunden, welche sich in ihrer Empfindlichkeit gegen kalkinduzierte Chlorose unterscheiden. Pflanzen mit spezieller Resistenz oder Empfindlichkeit gegen kalkinduzierte Chlorose zeigen diese Eigenschaften auch gegenüber Fe-Mangel-Chlorose. Chlorotische Blätter besaßen weniger Chlorophyll, bezogen auf den Gehalt an Fe, jedoch mehr Tr.-Subst., bezogen auf den Chlorophyllgehalt, als grüne Pflanzen. Sie hatten geringere Blattfläche und geringere Tr.-Subst-Masse als grüne Pflanzen. Es wurde gezeigt, daß Chloroseresistenz oder -empfindlichkeit der Pflanzen durch die Eigenschaften der in der Wurzel gebildeten Fe-Transportverbindungen bestimmt werden. Bikarbonatbehandlung vermindert die Aufnahme und den Transport von Fe. Die gleiche Rolle könnte das Bikarbonat-Ion auch bei der kalkinduzierten Chlorose spielen. H. Schößler. 625.

2-68/10-0379 Fischer, Hermann. **Phloemtransport und Stoffaufnahme.** Z. Pflanzenernähr. u. Bodenkunde **118** (1967) Nr. 2. S. 100–111. — 64 Lit. Zus. in Engl. — nach Zus.
Während N, P und K durch die Wurzeln junger Pflanzen bes. rasch aufgenommen und im Phloem allg. leicht weiterverteilt werden, ist der sekundäre Ca-Transport unbedeutend und die Aufnahme durch die Wurzel viel gleichmäßiger. Bei Aufnahme und Verteilung gleichen sich unter den Alkalielementen K, Rb und Cs, unter den Erdalkalielementen Ca, Sr und Ba; dagegen weicht Li hinsichtlich der Aufnahme und der Beweglichkeit im Phloem von den übrigen Alkalielementen ab, vielmehr ähnelt es Ca, Sr und Ba. Da eine kompetitive Hemmung bei der Aufnahme von K, Rb und Cs einerseits und Ca, Sr, Ba und Li andererseits mehrfach belegt worden ist, kann als Ursache der unterschiedlichen Phloemmobilität der genannten Stoffe ihre selektive Aufnahme in die Siebelemente angesehen werden, welche Ca, Sr, Ba und Li weitgehend aus diesen Leitbahnen ausschließt. Damit stimmt auch überein, daß Na und Mg, die in der Wurzel über spezifische Trägersysteme aufgenommen werden dürften, beim Phloemtransport eine Zwischenstellung zwischen den oben erwähnten Stoffgruppen einnehmen. 630

2-68/10-0380 Levi, E.; Wageningen, Inst. for Atomic Sci. in Agric. The distribution of mineral elements following leaf and root uptake. (**Die Verteilung von Mineralelementen im**

Anschluß an die Aufnahme durch Blatt und Wurzel.) Physiol. Plantarum, Copenhagen **21** (1968) Nr. 1. S. 213-226. — 6 Abb., 5 Tab., 34 Lit.
Die Anfangs- und Nachverteilung von ^{22}Na, ^{43}K, ^{86}Rb, ^{134}Cs, ^{32}P, ^{35}S, ^{45}Ca, ^{65}Zn und ^{85}Sr in Bohnenpflanzen nach Aufnahme durch Blatt und Wurzel wurde unter kontrollierten Umweltbedingungen untersucht. Autoradiographische und Zählmethoden offenbaren eine vaskuläre Verbindung zwischen Blättern und Wurzeln. Bei Blattbehandlung zeigten Na, K, Rb, Cs und P eine starke Bewegung auch abwärts zu den Wurzeln, während Ca, Sr, S und Zn an der Auftragsstelle des Blattes blieben. Alle Elemente außer Na wurden durch die Wurzeln schnell absorbiert. Autoradiogramme zeigten nach der Wurzelaufnahme zwei mögliche Verteilungsmuster. Ca, Sr, Zn und Cl konzentrierten sich zuerst im Gefäßsystem der Blätter und drangen dann in das Mesophyll ein, während P, Rb, Cs und S sehr schnell das Mesophyll durchdrangen. Bei der Neuverteilung nach Wurzelaufnahme wurde P noch reichlich in unbehandelten Wurzelteilen gefunden, während Ca in den Wurzeln nicht mehr vorhanden war. Ein mögliches Zirkulationsmuster für einige Ionen wird diskutiert.
K. Robowsky/Paulinenaue. 630.

2-68/10-0381 Lüttge, Ulrich und Bauer, Katharina. Evaluation of ion uptake isotherms and analysis of individual fluxes of ions. (**Bestimmung der Ionenaufnahmeisothermen und Analyse des individuellen Ionenfluxes.**) Planta, Berlin **80** (1968) Nr. 1. S. 52-64. — 9 Abb., 25 Lit. Zus. in Dtsch. — nach Zus.
Mit Hilfe der von Pitman (1963) beschriebenen Methode wurde die Abhängigkeit der einzelnen Ionenfluxe am Plasmalemma und am Tonoplasten und des Ionengehaltes im Plasma und in der Vakuole von der Außenkonz. untersucht. Die erhaltenen Kurven wurden mit Ionenaufnahmeisothermen aus der Literatur verglichen. Dabei zeigte sich, daß der Flux aus der Außenlösung in das Zytoplasma dem sogenannten System 1 und der Flux aus dem Zytoplasma in die Vakuole dem System 2 der Isothermenkinetik entspricht. Dies ist ein weiterer Beleg für die Richtigkeit der Theorie von Torii und Latics über die Lokalisierung von System 1 und System 2 innerhalb der Zelle. Die Veränderung der im Zytoplasma und in der Vakuole enthaltenen Ionenmenge mit steigender Außenkonz. läßt deutlich werden, daß das Plasmalemma seine Barrierenfunktion bei Konz. über 1 Mol/l verliert. Es wird diskutiert, welche Aussagen über Transportprozesse mit den beiden Methoden der Isothermenkinetik und der Effluxanalyse gemacht werden können. 630.

2-68/10-0382 Weigl, Josef. **Austausch-Mechanismus des Ionentransports in Pflanzen am Beispiel des Phosphat- und Chloridtransports bei Maiswurzeln.** Planta, Berlin **79** (1968) Nr. 3. S. 197-207. — 4 Abb., 18 Lit. Zus. in Engl. — nach Zus.
Der Efflux von Phosphat und Chlorid aus Maiswurzeln in Abhängigkeit von der Außenkonz. dieser Ionen wurde durch Schütteln der Maiswurzeln in Erlenmeyer-Kolben mit PO_4^{3-}- oder KCl-Lösungen verschiedener Konz. untersucht. Es wurde gefunden, daß der Efflux (bei höheren Außenkonzentrationen) eine Funktion der Außenkonz. ist. Die Stimulierung des Effluxes ist spezifisch und währt mindestens 8 h. Bei niedrigen Außenkonz. (unter $\sim 10^{-5}$ Mol/l) verschwindet der spezifische Einfluß externer Ionen auf den Efflux. Es wird wie in einer früheren Arbeit angenommen, daß die Stimulierung des Effluxes durch Ionenaustausch in einer Membran zustandekommt und daß sich die Austauschstellen (Bindungsstellen) an Membraneinheiten befinden, durch deren „Bewegung" sie durch die Diffusionsschranke geführt werden. Die Gründe für diese Annahme werden erörtert. Eine alternative Theorie wäre, daß das Protoplasma als ganzes als Ionen-Carrier mit vielen spezifischen Bindungsstellen fungiert. Diese Theorie, die die Rolle von Membranen einschränkt, wird gegenwärtig von wenigen Forschern verfochten. 630.

2-68/10-0383 Kato, Yasumasa; Ueda, Nagano, Shinshu Univ., Fac. of Textile Sci. and Technol. Studies on the import and re-export of minerals by foliage leaves of soybean plant. 2. Changes in daily import and export of phosphorus, potassium and calcium during the development of a single leaf. (**Untersuchungen über die Einwanderung und den Rücktransport von Mineralstoffen in Laubblättern der Sojabohne. 2. Mitt. Änderungen der täglichen Einwanderung und des Rücktransports von Phosphor, Kalium und Kalzium während der Entwicklung eines einzelnen Blattes.**) Proc. Crop Sci. Soc. Japan **36** (1967) Nr. 4. S. 414 bis 421. — 4 Abb., 1 Tab., 6 Lit. Orig.: engl., Ausz. jap.
Die Versuche wurden an einzelnen 3teiligen Laubblättern durchgeführt, deren Stiel von einem Heizring umgeben war. Die Versuchsdauer umfaßte 19 d, die jeweils von 6···18 h und von 18···6 h in eine Tages- und eine Nachtperiode geteilt waren. Das in der Blatt-

spreite oberhalb des Ringes akkumulierte P, K und Ca wurde bestimmt. Die Menge an Mineralstoffen stieg bis zum mittleren Reifestadium des Blattes an und war anschließend vermindert. In unausgereiften Blättern war tagsüber eine höhere Mineralstoffeinwanderung vorhanden als in reifen. Unreife Blätter zeigten während des Tages keinen Rücktransport, dieser trat jedoch mit zunehmendem Blattalter auf und fiel mit dem Zeitpunkt der vollen Blattausdehnung zusammen. In späteren Stadien war er nahezu im Gleichgewicht mit der Tages-Einwanderung. Der Nacht-Rücktransport begann zeitlich etwas früher. Ein aktiver Nacht-Rücktransport von P und K wurde länger als eine Woche beobachtet, während Ca nachts nicht abtransportiert wurde. G. Loßner. 630.

2-68/10-0384 Golovatyj, V. G. Vlijanie temperatury kornevoj sistemy na pogloščenie pšenicej raznych form azota. **(Einfluß der Temperatur des Wurzelsystems auf die Aufnahme verschiedener Stickstofformen bei Weizen.)** Izvestija Akademii nauk Kazachskoj SSR. Serija biologičeskaja, Alma-Ata **1967** Nr. 5. S. 38–41. — 2 Tab., 10 Lit.

Weizenkeimlinge wurden in $^1/_1$ Nährlösung nach Knop aufgezogen. Nach bestimmten Entwicklungsetappen wurden sie 4 h in 3 Nährlösungen unterschiedlicher Temperatur (5, 15 und 30 °C) gebracht. Danach bestimmte man die Aufnahme von NH_4^+ und NO_3^-. Während die NO_3^--Aufnahme mit steigender Temperatur zunahm, erreichte die NH_4-Aufnahme bei 15 °C ihr Max. und verringerte sich bei höheren Temperaturen wieder. Diese Feststellung gilt für alle untersuchten Entwicklungsetappen des Weizens. Die Untersuchung des NO_3^-/NH_4^+-Verhältnisses bei der Nährstoffaufnahme im Laufe der ontogenetischen Entwicklung zeigte, daß N bis zur Ausbildung der Geschlechtszellen in den generativen Organen hauptsächlich in Form von NH_4^+ aufgenommen wird, während die Pflanze in der folgenden Vegetationsperiode mehr NO_3^- verbraucht. Ein Versuch mit entfernten Seitentrieben veranschaulicht dieses Ergebnis. G. Kley. 630.

2-68/10-0385 Becker, Karl Heinz. **Untersuchungen über die ^{32}P-Phosphat- und ^{45}Calcium-Absorption der Wurzeln von Vicia faba nach verschiedener Salzvorbehandlung.** Biol. Zbl. 87 (1968) Nr. 1. S. 71–89. — 6 Abb., 1 Tab., 41 Lit. Zus. in Engl. — nach Zus.

Die Phosphat-Aufnahme durch *Vicia-faba*-Wurzeln wird durch Vorbehandlung mit Salzen gehemmt. Diese Hemmung ist auf Austausch-Vorgänge und Quellungsveränderungen im Plasma zurückzuführen. Bei Versuchen mit verschiedenen Salzen ergab sich eine zunehmende Hemmung entspr. der Kationenreihe $Li^+ < Na^+ < K^+$ und der Anionen-Reihe $Cl^- < NO_3^- < SO_4^{2-}$. Zusatz von Inhibitoren (2,4-Dinitrophenol, Natriumazid) erniedrigt die Phosphat-Aufnahme; dabei bleiben bei Salz-Vorbehandlung die Ioneneffekte zunächst erhalten; erst wenn durch erhöhte Inhibitor-Konz. das Absorptionsniveau auf 10···15% der ungehemmten Absorption erniedrigt wird, ist die Salz-Vorbehandlung ohne Einfluß auf die Phosphat-Aufnahme. Die Ca-Aufnahme durch die Wurzeln zeigt eine sehr lebhafte Initial-Absorption und führt während 4 h Absorption zu Werten, die deutlich über der Konz. der Außenlösung liegen. Die Ca-Absorption der Wurzeln wird durch Salz-Vorbehandlung gefördert. Die Förderung ist nur gering (7···17%); Ionen-Reihen treten dabei nicht deutlich in Erscheinung. In Gegenwart von Stoffwechsel-Inhibitoren wird die Ca-Aufnahme deutlich erhöht, nach Salz-Vorbehandlung in Gegenwart von Inhibitoren ist die Ca-Aufnahme bes. hoch und kann über das Doppelte der normalen Aufnahme erreichen. Die Ergebnisse werden auf der Grundlage der gegenwärtigen Vorstellungen über den Mechanismus der Anionen- und Kationen-Aufnahme diskutiert. Aus dem Absorptionsverlauf wurde der „apparent free space" (AFS) für Phosphat mit 6···17%, für Ca mit 66···76% ermittelt. Allerdings kann die Größe der Initial-Absorption durch viele Faktoren beeinflußt werden. Die Brauchbarkeit der Initial-Absorption zur Ermittlung des AFS ist deshalb problematisch. 630.

2-68/10-0386 Sadeghian, E. und Linser, H. **Der Wirkungswert „c" des Pflanzennährstoffes Calcium.** Z. Pflanzenernähr. u. Bodenkunde **118** (1967) Nr. 2. S. 112–116. — 1 Tab., 5 Lit. Zus. in Engl. — nach Zus.

Der Wirkungswert des Ca wurde nach der aufgenommenen und verabreichten Ca-Menge aus den Gefäßversuchsergebnissen mit Hilfe der Formel von Mitscherlich ermittelt. Die Wirkungswerte stellten sich bei den einzelnen Pflanzenarten auf Grund physiol. Eigenschaften als verschieden heraus. Als Wirkungswert wurden für *Cruciferae* 6···8, für Gramineen und Leguminosen 10···14 errechnet. Eine Ausnahme bildeten die Lupinen, welche den Wirkungswert von 6···7 zeigten. 635.

2-68/10-0387 Lachanov, A. P. Sostojanie vody v list'jach sacharnoj svekly v svjazi s uslovijami vodosnabženija. (**Wasserstatus in Zuckerrübenblättern in Verbindung mit unterschiedlichen Bedingungen des Wasserangebots.**) Fiziologija rastenij, Moskva **15** (1968) Nr. 2. S. 352-357. — 1 Abb., 2 Tab., 13 Lit. Zus. in Engl.
Der Wasserstatus in der Pflanze wurde durch Anwendung graduell steigender wasserentziehender Kräfte untersucht. Die optimale Bodenfeuchte (60% Sättigung der WK) bewirkte Ansteigen des freien Wassers und Absinken der Menge gebundenen Wassers. Blätter solcher Pflanzen besitzen wasserentziehende Kraft (removing) und niedrige Wasserspannung. Abweichung der Bodenfeuchte vom Optimalwert nach unten (30%) oder nach oben (90%) bewirkten eine Änderung im Verhältnis von gebundenem zu freiem Wasser. In diesem Falle sank die Menge freien Wassers zugunsten des gebundenen Wassers bei allen Werten der wasserentziehenden Kräfte. E.-M. Ardelt. 640.

2-68/10-0388 Szöke Molnár, L. Az öntözetlen növények termésátlagának kapcsolata az öntözött termésátlagokkal és az öntözés többletho zamával. (**Zusammenhang zwischen dem Ertragsdurchschnitt der unbewässerten Pflanzen und dem der bewässerten bzw. dem Mehrertrag durch Bewässerung.**) Öntözéses Gazdálkodás/Irrigated Farming/, Szarvas **5** (1967) Nr. 1. S. 89-103. — Aus: Ung. Agrar-Rdsch. **1968** Nr. 2.
Zu den gegebenen Werten des ohne Bewässerung erzielten Ertragsmittels gehört ein in funktionsmäßigem Zusammenhang bestimmbarer Ertragsdurchschnitt und ein Mehrertrag bei Bewässerung. Je besser die ertragsbestimmenden Faktoren gesichert sind, desto mehr nähert sich die Erntemenge der potentiellen Ertragsfähigkeit der Sorte. In diesem Fall wird der Mehrertrag infolge der Bewässerung kleiner. 640.

2-68/10-0389 Šatilov, I. S. und Aleksašova, V. S. Potreblenie pitatel'nych veščestv semennym kleverom. (**Assimilation von Nährstoffen durch Samenklee.**) Izvestija Timirjazevskoj sel'skochozjajstvennoj akademii, Moskva **1968** Nr. 1. S. 58-68. — 3 Tab., 3 Lit.
Vff. bestimmten die max. und die min. Menge der Hauptelemente der Mineralernährung in den Organen des Rotklees während der Entwicklung. Die Anwendung von Mo und von Handelsdüngern steigert den Prozentgehalt der hauptsächlichen mineral. Nährstoffe. Entspr. der Alterung der Kleepflanze nimmt gegen Ende der Vegetation der rel. Gehalt an mineral. Nährstoffen ab. Die Anwendung der Handelsdünger und des Mo steigert den abs. Gehalt an mineral. Nährelementen in allen Organen der Pflanze, bes. den an K in den Blättern, Wurzeln und Blütchen. Die Wirkung von Mo und Handelsdüngern ist bes. hoch bei Samenklee. Der Samenertrag war bei den gedüngten Parzellen um 140...300% höher als bei der Kontrolle. E.-M. Ardelt. 645.

2-68/10-0390 Asana, R. D., Ramaiah, P. K. und Rao, M. V. K. The uptake of nitrogen, phosphorus and potassium by three cultivars of wheat in relation to growth and development. (**Die Stickstoff-, Phosphor- und Kaliumaufnahme dreier Weizensorten in bezug auf Wachstum und Ertrag.**) Indian J. Plant Physiol. **9** (1966) Nr. 2. S. 95-107. — 8 Tab., 17 Lit.
In 2jähr. Gefäßversuchen mit verschiedenen Weizensorten und Saatzeiten prüften Vff. die NPK-Aufnahme. — Die Anzahl der gebildeten Sprosse, der NPK-Gehalt je Pflanze und der Tr.-Subst.-Gehalt variierten in Abhängigkeit von der Sorte, die Nährstoffaufnahme des Hauptsprosses jedoch nicht. Sortenunterschiede bezüglich der Sproßanzahl werden nicht direkt durch die NPK-Aufnahme bestimmt. Es wird angenommen, daß die Sproßbildung durch Hormonaktivität gesteuert wird. Harnstoffsprühungen und K_2SO_4-Gaben verringerten das Absterben der sekundären Sprosse. Diese Sprosse besitzen gut entwickelte Ährchen, aber geringer entwickelte Wurzeln als die der primären. Wahrscheinlich wird das Wurzelwachstum durch die sehr schnelle Entwicklung der reproduktiven Phase der sekundären Halme gehemmt. Die Pflanzen der späteren Aussaat nahmen die gleiche Menge Nährstoffe auf wie die der ersteren. Dabei verringerte sich die Halmlänge mehr als der Ertrag. G. Misselwitz. 645.

2-68/10-0391 Semichova, O. D. Nekotorye osobennosti obmena veščestv v list'jach kartofelja pri različnych sootnošenijach azota, fosfora i kalija v udobrenijach. (**Einige Besonderheiten des Stoffwechsels in den Kartoffelblättern bei verschiedenen NPK-Relationen im Dünger.**) Agrochimija, Moskva **1968** Nr. 3. S. 28-34.
In Gefäßversuchen mit einer Boden-Sand-Kultur (pH 4,6) wurden folgende Varianten geprüft: a) ungedüngt, b) N1P1K1, c) N2P2K2, d) N2P1K1; e) N2P1K3, f) N1P2K1,

g) N1P1K2. Die Stufe 1 entsprach 1 g Reinnährstoff/Gefäß. Die Varianten hatten auf den Gehalt an NPK, Kohlenhydraten, Rohprotein und P-Verbindungen sowie das Redox-Potential der Blätter großen Einfluß. Das Überwiegen von PK führte zur Beschleunigung des Stoffwechsels, zu früherem Altern und zu niedrigem Knollenertrag. Das Überwiegen von N führte zu einer Entwicklungsverzögerung, zu üppigerer Krautentwicklung, niedrigen Erträgen und hohem Rohproteingehalt der Knollen. Die Variante c schien insgesamt am günstigsten zu wirken. H. Grieß/Groß-Lüsewitz. 645.

2-68/10-0392 Lopatník, J. und Rúčka, M. Vplyv závlah na koncentráciu a dynamiku prijímania živín u cukrovej repy. **(Einfluß der Bewässerung auf die Konzentration und Dynamik der Pflanzennährstoffaufnahme bei der Zuckerrübe.)** Rostlinná Výroba **14**(41) (1968) Nr. 1. S. 17-28. — 4 Tab., 26 Lit. Zus. in Russ., Engl., Dtsch.

In den Jahren 1962 bis 1964 wurde in einem Feldversuch der Einfluß der Bewässerung und der Düngung auf die Nährstoffkonz. in der Pflanze, die Nährstoffaufnahme während der Ontogenese, den Produktionseffekt des N und den Nährstoffaufwand je Produktionseinheit verfolgt. Bewässerungen erhöhten die Konz. der Nährstoffe in den Zuckerrübenpflanzen. Höhere Düngergaben hatten keinen wesentlichen Einfluß auf die Nährstoffkonz. in der Pflanze. Die bewässerte Zuckerrübe erfordert einen guten Vorrat an aufnehmbaren Nährstoffen im Boden von der Junihälfte bis zum Ende der Vegetation. Das gilt vor allem für P. Höhere Nährstoffgaben brachten keinen entspr. Effekt (N 100, P 100, K 250). Die bewässerte Zuckerrübe fordert zur Bildung einer Ertragseinheit eine kleinere N- und K-Menge, aber etwas mehr P. Sie muß intensiver gedüngt werden. ČSSR/ÚVTI. 645.

2-68/10-0393 Poděšva, J. Sledování příjmu vápníku a fosforu vojěškou setou v prvém rocc ontogeneze u tří různých půdních typů, studováno z části metodou radioaktivních izotopů ^{32}P a ^{45}Ca. **(Untersuchung der Kalzium- und Phosphoraufnahme bei der im ersten Jahre der Ontogenese gesäten Luzerne auf drei Bodentypen unter teilweiser Anwendung der Methode der radioaktiven Isotope ^{32}P und ^{45}Ca.)** Rostlinná Výroba **13**(40) (1967) Nr. 12. S. 1287—1298. — 10 Abb., 4 Tab., 17 Lit. Zus. in Russ., Engl.

Bei der Luzerne wurde die Ca- und P-Resorption nach Vermischen der angewendeten Düngemittel mit unverdünntem Ackerboden unmittelbar vor der Füllung der Gefäße untersucht. Es wurden 3 Bodentypen mit unterschiedlichen physikalischen Eigenschaften und unterschiedlicher chem. Zusammensetzung verwendet. Der Wassergehalt des Bodens wurde bei 60···70% Sättigung der Kapillar-WK gehalten. Die Applikation von aktivem und nichtaktivem $CaCO_3$ führte zu einer Erhöhung der Ca-Resorption bei der Luzerne im ersten Jahre der Ontogenese und zu einer signifikanten Erhöhung des Ertrages der ober- und unterirdischen Biomasse nur in Böden des Parabraunerdetyps mit niedrigerem pH-Wert. Die Resorption des aktiven und nichtaktiven P war bes. intensiv in Sandböden mit einem natürlichen niedrigen Vorrat an aufnehmbarem P. Auch bei weiteren untersuchten Bodentypen (Schwarz- und Parabraunerde) verursachte trotz einem mittleren bis höheren Vorrat an aufnehmbarem P die Beidüngung mit Superphosphat aktiver und nichtaktiver Natur eine Erhöhung des Grünfutter- und Wurzelertrages bes. beim 2. und 3. Schnitt. ČSSR/ÚVTI. 645.

2-68/10-0394 Vretta-Kouskoleka, H. und Ohlrogge, A. J. Fertilizer-putilization by corn and wheat as affected by boron and copper in the fertilizer band. **(Der Einfluß von Bor und Kupfer auf die Ausnutzung des Düngerphosphors durch Mais und Weizen bei Einbringung der Dünger in Schichten.)** Bull. Documentat., London-Paris **21** (1968) Nr. 49. S. 23-34. — 7 Abb., 2 Tab., 41 Lit.

Durch steigende B- und Cu-Gaben wurde die P-Aufnahme aus den Düngemitteln (Monokalziumphosphat und Monoammoniumphosphat) durch Mais und Weizen sowohl im Gefäß als auch im Feldversuch herabgesetzt. Der Gesamt-P-Gehalt der Pflanzen veränderte sich dabei nur unbedeutend. — Während durch die B-Düngung der B-Gehalt der Pflanzen stark erhöht wurde, blieb der Cu-Gehalt auch bei steigenden Cu-Gaben unbeeinflußt. Monoammoniumphosphat hatte in allen Fällen eine höhere P-Aufnahme zur Folge als Monokalziumphosphat. G. Watzke/Paulinenaue. 645.

2-68/10-0395 Rathsack, K. und Alt, D. **Über die entgiftende Wirkung von Magnesiumsulfat in Nährlösungen.** Gartenbauwissenschaft **32**(14) (1967) Nr. 2. S. 135-142. — 8 Tab., 7 Lit. Zus. in Engl., Franz. — nach Zus.

Die durch höhere Konz. NH_4^+ in Nährlösungen ausgelösten Giftwirkungen wurden durch zusätzliche $MgSO_4$-Gaben durchweg vermindert, was in teilweise signifikanten Ertragssteigerungen zum Ausdruck kam. Durch steigende $MgSO_4$-Gaben wurden der NH_4^+- und der Ca-Gehalt der Tr.-Subst. wesentlich und der Cl-Gehalt in etwas schwächerem Maße gesenkt. Demgegenüber war die Senkung des K-Gehaltes nur angedeutet. Der physiol. Wirkungsmechanismus des $MgSO_4$ in höheren Nährlösungskonz. ist ungeklärt. 645.

2-68/10-0396 Martin-Prével, Pierre. Étude dynamique des éléments minéraux dans la nutrition d'une plante cultivée: le bananier. (**Dynamische Untersuchung der Mineralelemente in der Ernährung einer Kulturpflanze: Banane.**) Bull. Soc. franç. Physiol. végétale 13 (1967) Nr. 1. S. 3-17. — 3 Abb., 3 Tab., 12 Lit. Zus. in Engl. 645.

2-68/10-0397 Henzell, E. F., Martin, A. E., Ross, P. J. und Haydock, K. P.; St. Lucia, Queensland, C.S.I.R.O., Cunningham, Labor. Div. of Trop. Pastures. Isotopic studies on the uptake of nitrogen by pasture plants. IV. Uptake of nitrogen from labelled plant material by Rhodes grass and Siratro. (**Isotopische Untersuchungen über die Aufnahme von Stickstoff durch Weidepflanzen. 4. Mitt. Die Stickstoffaufnahme aus markiertem Pflanzenmaterial durch Rhodesgras und Bohne.**) Austral. J. agric. Res. **19** (1968) Nr. 1. S. 65-77. — 4 Abb., 6 Tab., 17 Lit.

In Gefäßversuchen mit einem Boden, der ^{15}N-markiertes Rhodesgrasmaterial enthielt, wurde die N-Aufnahme durch Rhodesgras (*Chloris gayana* Kunth.) und Bohne (*Phaseolus atropurpureus* D.C. cv. 'Siratro'), die getrennt und zusammen im Gefäß wuchsen, untersucht. Das zugefügte markierte Pflanzenmaterial erniedrigte die Gesamt-N-Aufnahme durch Rhodesgras sehr stark, während sie bei der Leguminose kaum beeinflußt wird. Trotz der Festlegung von unmarkiertem Boden-N nahmen das Gras und die Leguminose ^{15}N während des ganzen Experimentes auf. Bei getrenntem Aufwuchs war die ^{15}N-Aufnahme gleich, während im Gemisch ungefähr $^1/_3$ des aufgenommenen ^{15}N von der Leguminose und $\frac{2}{3}$ vom Gras aufgenommen wurde. Die ^{15}N-Anreicherung in der Leguminose war in der oberirdischen Pflanzensubst. geringer als in den Wurzeln, beim Gras war sie in der oberirdischen Pflanzensubst. höher als in den Wurzeln. Es wurde berechnet, daß nach 3 Wochen 43…50% des aufgenommenen N in der Leguminose und nach 15 Wochen nur 2…4% aus dem Boden stammte. R. Robowsky/Paulinenaue. 654.

2-68/10-0398 Gardner, B. R. und Tucker, T. C. Nitrogen effects on cotton. I. Vegetative and fruiting characteristics. (**Stickstoffeinflüsse auf Baumwolle. 1. Mitt. Charakteristiken des Wachsens und Fruchtens.**) Proc. Soil Sci. Soc. America **31** (1967) Nr. 6. S. 780-785. — 5 Abb., 3 Tab., 11 Lit. 654.

2-68/10-0399 Gardner, B. R. und Tucker, T. C. Nitrogen effects on cotton. II. Soil and petiole analyses. (**Stickstoffeinflüsse auf Baumwolle. 2. Mitt. Boden- und Blattstielanalysen.**) Proc. Soil Sci. Soc. America **31** (1967) Nr. 6. S. 785-791. — 7 Abb., 3 Tab., 18 Lit. 1. Mitt. vgl. vorst. Titel. 654.

2-68/10-0400 Titova, Z. V. und Andreenko, S. S. Pogloščenie P^{32} i vključenie ego v organičeskie soedinenija pri različnoj temperature. (**Die Absorption von ^{32}P und sein Einbau in organische Substanzen bei unterschiedlichen Temperaturen.**) Sel'skochozjajstvennaja biologija, Moskva **3** (1968) Nr. 1. S. 84-90. — 5 Tab., 17 Lit. Zus. in Engl. — nach engl. Zus.

Vf. untersuchte die Absorption und Metabolisierung von P (^{32}P) bei Mais und Hafer in der Wurzelzone bei unterschiedlichen Temperaturen. Die Absorptions- und Metabolisierungsprozesse waren bei niedrigen Temperaturen (8…10 °C), bes. bei den wärmeliebenden Maispflanzen stark gehemmt. Der Temperaturkoeffizient (Q_{10}) der ^{32}P-Absorption beträgt 3,0 bei Mais und 1,4 bei Hafer. Der Einbau von ^{32}P in org. Subst. (Nukleotide und phosphorylierte Zucker) wird sogar noch stärker gehemmt. Der Temperaturkoeffizient der Aufnahme von ^{32}P in Nukleotide und phosphorylierte Zucker beträgt 6,1 und 7,8 für Mais und 2,5 und 2,7 für Hafer. Der Einbau von ^{32}P in Nukleinsäuren wird nicht sehr stark gehemmt. Der Einfluß niedriger Temperaturen wurde nicht nur im Augenblick ihrer direkten Einwirkung, sondern auch während eines längeren Zeitraumes danach beobachtet. Der Übertragungseffekt ist bei Mais stärker und bei Hafer schwächer. Die Frostresistenz von Pflanzen (wie am Beispiel des Hafers gezeigt) ist nicht nur auf die höhere Widerstandsfähigkeit des P-Stoffwechsels gegenüber ungünstigen Temperaturen, sondern auch auf die Fähigkeit zurückzuführen, den gestörten Stoffwechsel unter günstigen Verhältnissen sehr rasch wieder aufzunehmen. 656.

2-68/10-0401 Samuilov, F. D. und Gordon, L. Ch. Izmenenie nekotorych storon dychatel'nogo metabolizma rastenij pri narušenii fosfornogo pitanija. **(Die Veränderung einiger Faktoren des Atmungsstoffwechsels bei Pflanzen bei gestörter Phosphaternährung.)** Doklady Akademii nauk SSSR, Moskva **179** (1968) Nr. 1. S. 228-230. — 2 Tab., 18 Lit.
Als Versuchsobjekt dienten Maispflanzen der Sorte 'Sterling' im Stadium des 5. bis 8. (9.) Blattes. Variante I als Kontrolle erhielt die volle Menge P, Variante II wurde anfangs wie I behandelt, dann aber 7 (oder 15 oder 30) d ohne P kultiviert. Die Atmungsintensität wurde nach Warburg bestimmt, die Gesamtenergieausbeute nach Šolkevič, (vgl. Fiziologija rastenij, Moskva 8 [1961] S. 407.) berechnet; ferner wurden die Geschwindigkeit der Phosphorylierung und das P/O-Verhältnis ermittelt. 7 d alte Mangelpflanzen zeigten eine gehemmte Atmung, eine verringerte Energieausbeute, ein Sinken des P/O-Verhältnisses von 1,36 auf 1,11, eine Verzögerung der Phosphorylierung und eine Verschiebung des Verhältnisses von Glykolyse zu Pentosephosphatzyklus zugunsten des letzteren. In 15 d alten Mangelpflanzen war die Atmung etwas angestiegen, aber dennoch geringer als bei der Kontrolle, was zugleich für die Energieausbeute gilt. Das P/O-Verhältnis fiel auf 1,05 ab und es entwickelte sich ein ATP-Defizit. Nach 30 d war die Atmung noch weiter abgesunken, das P/O-Verhältnis noch niedriger und die Energieausbeute noch geringer; die Verschiebung des Stoffwechsels zum Pentosephosphatzyklus war erheblich. Mit 2,4-DNP ließ sich gegenüber der Kontrolle die Atmung nunmehr um das 2fache steigern. P-Mangel hat demzufolge starken Einfluß auf die Atmung der Pflanzen; er hemmt die Reaktionen der Glykolyse und des Krebs-Zyklus, stört den Elektronenfluß in der Atmungskette und vermindert die oxydative Phosphorylierung. K.-H. Köhler. 656.

2-68/10-0402 McLean, E. O. und Balam , B. S. Partially acidulated rock phosphate as a source of phosphorus to plants. III. Uptake by corn from soils of different calcium status. **(Partiell mit Säure umgesetztes Rohphosphat als Phosphorquelle für Pflanzen. 3. Mitt. Aufnahme durch Mais aus Böden mit unterschiedlichem Kalziumstatus.)** Proc. Soil Sci. Soc. America **31** (1967) Nr. 6. S. 811-814. — 2 Abb., 3 Tab., 12 Lit.
Florida-Rohpohosphat wurde mit soviel durch ^{32}P markierter H_3PO_4 umgesetzt, daß rel. zu Tripelsuperphosphat 5, 10, 50 und 100%ige Ansäuerung erhalten wurde. Nach dem Trocknen, Verdampfen bei 70 °C und anschließendem Mahlen wurden die so erhaltenen Produkte auf 3 verschiedenen Böden Ohios mit unterschiedlichem Versorgungsgrad und unter Verwendung von Mais als Testpflanze auf ihre Eignung als P-Dünger geprüft. Zu $\frac{1}{3}\cdots\frac{3}{4}$ Ca-gesättigte Böden lieferten allg. bessere Erträge und ermöglichten höhere P-Aufnahme sowie P-Düngerrücklieferung als andere Ca-Sättigungsgrade. Bei Einsatz der durch 10, 50 und 100%ige Säuerung erhaltenen P-Dünger wurden höhere Erträge als bei Verwendung von Rohphosphat oder des mit 5% H_3PO_4 umgesetzten Materials erzielt, die Ertragsdifferenzen der höheren Stufen waren jedoch nicht signifikant. Vergleich von Düngern mit gleichem Gehalt an lösl. Phosphat, aber ungleichen Anteilen an unlösl. Rohphosphat, zeigten, daß von solchen Düngern 1,3···1,5mal soviel des zugesetzten löslichen Phosphats rückgeliefert wurde, die die höheren Anteile unlöslichen Phosphats aufwiesen. G. Loßner. 656.

2-68/10-0403 Latkovics, Gy. und Máté, F. A fiatal kukoricanövény foszforfelvételének tanulmányozása P-32 izotóp jelzéssel. **(Beitrag über die Aufnahme von ^{32}P durch junge Maispflanzen.)** Agrokém. és Talajtan [Agrochem. u. Bodenkunde] **16** (1967) Nr. 3. S. 403 bis 407. — Aus.: Ung. Agrar-Rdsch. **1968** Nr. 2.
Auf braunem Waldboden, lehmigen Tschernosem und nährstofffreiem Sand wurde im Gefäßversuch die P-Aufnahme durch junge Maispflanzen studiert. Die P-Mineraldüngergabe allein steigerte die Tr.-Subst.-Zunahme nicht und hatte nur bei Sand auf die P-Aufnahme durch die Pflanzen Einfluß. Die N-Mineraldüngung erhöhte in jedem Fall die Tr.-Subst.-Masse, den N-Gehalt (%) und die aufgenommene Nährstoffmenge in der Tr.-Subst. Durch Anwendung von N-Mineraldünger wurde die Ausnutzung der P-Mineraldünger auf dem Sand gemindert, auf dem Waldboden und dem Tschernosem jedoch gesteigert. 656.

2-68/10-0404 Edwards, D. G.; Nedlands, Univ. of Western Australia, Inst. of Soil Sci. and Plant Nutrit. Cation effects on phosphate absorption from solution by Trifolium subterraneum. **(Einfluß des Kations auf die Phosphatabsorption aus Lösungen durch Tri-**

folium subterraneum.) Austral. J. biol. Sci. **21** (1968) Nr. 1. S. 1-11. — 1 Abb., 4 Tab., 25 Lit.
Durch Erhöhung der Ca-Konz. von Nährlösungen von ca. 0 auf 25 bzw. 250 μMol/l wurde die Phosphatabsorption der in diesen, 20 μMol Phosphat enthaltenden Lösungen kultivierten Pflanzen von *Trifolium subterraneum L.* cv. 'Mt. Barker' deutlich aktiviert. Eine ähnliche Wirkung wurde, bei Abwesenheit von Ca, durch Steigerung der Mg-Konz. von 10 auf 100 μMol erzielt, ohne daß jedoch das Ca durch Mg für das allg. Wachstum der Pflanzen ersetzt werden konnte, da Ca-Mangel schwere, typische Ca-Mangelsymptome verursachte. Beziehungen zwischen dem K-Gehalt der Nährlösungen und der gemessenen Phosphatabsorption waren nicht zu ermitteln. G. Loßner. 656.

2-68/10-0405 Hendrix, John E.; Columbus, Ohio State Univ., Dep. of Bot. and Plant Pathol. The effect of pH on the uptake and accumulation of phosphate and sulfate ions by bean plants. **(Wirkung des pH auf die Aufnahme und Akkumulation von Phosphat- und Sulfationen durch Bohnenpflanzen.)** Amer. J. Bot. **54** (1967) Nr. 5. S. 560-564. — 3 Abb., 1 Tab.
Für die Versuche wurden 'Black Valentine'-Bohnen (*Phaseolus vulgaris*) verwendet, die im Gewächshaus auf Sand in Hydrokultur aufwuchsen. — Die durchgeführten Versuche ergaben, daß die P-Aufnahme der Pflanzen bei pH $>$ 6,0 von der $H_2PO_4^-$-Konz. der Lösung abhängig ist. Gleichzeitig durchgeführte SO_4^{2-}-Bestimmungen waren für die P-Bestimmung notwendig. Bei pH 4,0 war die P-Absorption der Transpiration nahezu linear proportional, bei pH 8,7 stieg die P-Absorption mit zunehmender Transpiration. Daraus muß gefolgert werden, daß die Phosphate als $H_2PO_4^-$-Ionen in die Pflanzenwurzeln eintreten.
H. Masche. 656.

2-68/10-0406 Savić, Stanoje. Prilog izučavanju prometa ^{32}P u različitim organima jabuke zlatni delišes, šljive požegače i breskve haleove pozne. **(Ein Beitrag zum Studium des ^{32}P-Stoffwechsels in verschiedenen Organen und Geweben der Apfelsorte 'Golden Delicious', der Pflaumensorte 'Pošegača' und der Pfirsichsorte ' I. H. Hale'.)** Savremena Poljoprivreda, Novi Sad **16** (1968) Nr. 1. S. 77-82. — 1 Abb., 6 Tab., 13 Lit.
Zur Untersuchung der Aufnahme und der Akkumulation von ^{32}P in Organen und Geweben der im Titel genannten Sorten wurden Blätter der Bäume mit ^{32}P-haltiger Lösung behandelt und danach entspr. radiometrische Untersuchungen mit den üblichen Methoden angestellt. Auf der Basis statistisch bearbeiteter Daten können folgende Schlußfolgerungen gezogen werden: Die Apfelbäume nahmen ^{32}P unvergleichlich stärker durch die Blätter auf als Pflaume und Pfirsich. Die P-Akkumulation in verschiedenen Geweben aller 3 Arten ist unterschiedlich. Im Xylem ist der ^{32}P-Gehalt höher als in unbehandelten Blättern (und beim Apfel hoch in den Samen, niedriger im Saft und am geringsten in der Schale). Die Apfelbäume können über die Blätter besser ernährt werden als die Pflaumen- und Pfirsichbäume. E.-M. Ardelt. 656.

2-68/10-0407 Černij, A. M. Os fosfornom obmene v molodych rastenijach jabloni. **(Über den Phosphorstoffwechsel junger Apfelbäume.)** Agrochimija, Moskva **1968** Nr. 3. S. 49-54. — 5 Tab., 14 Lit.
Auf grauem Rasenpodsolboden (ohne Düngung und mit Verabreichung von je 90 kg N, P und K/ha und Jahr) untersuchte man an 3- und 8jähr. Apfelbäumen die Aufnahme von ^{32}P (Einführung von 0,5···1,5 mCi $KH_2{}^{32}PO_4$ in isolierten Wurzeln (Bestimmung der P-Formen in Wurzel, Stamm, Blatt und Blüte) in den P-Stoffwechsel. Bereits nach wenigen Std. lag der eingeführte P in den Wurzeln schon zu 34···40% in org. Form vor. In den Holzfasern des Stammes überwogen die anorg. P-Formen (95···98%), während ^{32}P in der Rinde (anorg. Anteil 65···70%) erst rel. spät auftrat. In Blättern und Blüten war ^{32}P etwa zur Hälfte in anorg. Form enthalten. Der in org. Subst. eingebaute P wurde vor allem in der Gruppe der Phosphatide und Nukleoproteide, in geringerem Maße in Phytin wiedergefunden. Die gedüngten Versuchsvarianten nahmen ^{32}P intensiver auf als die ungedüngten, wobei im wesentlichen die gleiche Verteilung gefunden wurde. Damit werden frühere Ergebnisse bestätigt, wonach absorbierter P schon in der Wurzel in den Stoffwechsel einbezogen, in anorg. Form in die Gefäße abgegeben und dort transportiert wird.
P. Stoß. 656.

2-68/10-0408 Torii, Kenji und Fujiwara, Akio. Physiology of sulfate in higher plants. III. Sulfate uptake and metabolism in barley as influenced by light and dark. **(Physiologie**

des Sulfats in höheren Pflanzen. 3. Mitt. Sulfataufnahme und Metabolismus in Weizenpflanzen in ihrer Beeinflussung durch Licht und Dunkelheit.) Tohoku J. agric. Res. 18 (1967) Nr. 2. S. 155-166. — 6 Tab., 24 Lit. Orig.: engl.
Mit Hilfe von ^{35}S wurde der Einfluß von Licht und Dunkelheit auf die Physiologie des Sulfats in grünen und etiolierten Weizensämlingen untersucht. Dunkelheit vermindert den Transport von Sulfat von der Wurzel in den Sproß. Der transportierte ^{35}S wurde bei Licht in etiolierten Weizenpflanzen mehr in Zytoplasmaprotein-Fraktionen, bei Dunkelheit mehr in die lösliche Nichtproteinfraktion eingebaut. — Grüne Pflanzen, welche bereits ^{35}S aufgenommen hatten, wurden in eine normale Nährlösung überführt. Im Dunkeln wurde ^{35}S hauptsächlich in junge Blätter, bei Licht mehr in alte Blätter transportiert.
H. Schößler. 658.

2-68/10-0409 Jones, R. G. Wyn und Lunt, O. R.; Bangor, Univ. Coll. of North Wales, Dep. of Biochem. and Soil Sci.; Los Angeles, Univ. of California, Dep. of Bot. Sci. The function of calcium in plants. **(Die Funktion des Kalziums in Pflanzen.)** Bot. Rev. **33** (1967) Nr. 4. S. 407-426. — 2 Tab.
Vff. bringen eine Zusammenstellung der biol. und der biochem. Literatur über die Verteilung und Funktion des Ca in Membranen, Chromosomen, Zellwänden und bei der Aktivierung bestimmter Enzyme, welche als Grundlage für spätere Forschungen dienen soll. Kalkmeidende *Agrostis*-Arten können max. 0,125 mMol Ca^{2+} aufnehmen, während bei kalkliebendenArten die Grenze bei 1mMol liegt. *A.tenuis* wächst selbst auf toxischen Standorten mit 1% Pb-Gehalt und 0,03% Zn-Gehalt, während Ca- und P-Gehalt sehr niedrig liegen. Ca spielt bei der Stabilisierung des Plasmalemmas unter diesen Bedingungen eine große Rolle, der Mechanismus der Anpassung ist aber noch unbekannt. Ca wird in den Zellmembranen durch P-Lipoide gebunden. Während K^+ die Durchdringbarkeit der Membranen erhöht, kann ein vergleichbarer Einfluß des Ca^{2+} nicht festgestellt werden. Ca-Mangel bewirkt in den Geweben einen Zerfall der Mitochondrien und des endoplasmatischen Retikulums sowie eine Auflösung des Zytoplasmas. Der günstige Einfluß des Ca auf das Zytoplasma wurde bereits vor 40 Jahren in der Literatur erwähnt. Ca oder Mg lösen den sogenannten Viets-Effekt aus, der die ATPase aktiviert. — Trotz dieser Erkenntnisse bleibt die Frage ungeklärt, welchen Einfluß der extrem niedrige Ca-Gehalt in den Wurzelverlängerungen gesunder Wurzeln besitzt. H. Masche. 660.

2-68/10-0410 Dornbusch, J. **Einfluß einer Kalkdüngung auf den Calciumgehalt von Apfelblättern.** Erwerbsobstbau **10** (1968) Nr. 1. S. 11-14. — 4 Abb., 1 Tab., 8 Lit.
In 5 rheinischen Obstanlagen wurden im Winter 1965 Düngungsversuche mit Hüttenkalk angestellt und in den folgenden 2 Jahren der Einfluß der Ca-Düngung auf die Neigung der Sorten 'Cox Orange' (M IV) und 'James Grieve' (M IV) zur Stippigkeit untersucht. Als Nachweis dienten die Ergebnisse der Ca-Analyse (in % der Tr.-Subst.) von an 8 Terminen der Vegetationsperiode entnommenen Blattproben. I. allg. bestätigte sich die bereits bekannte Tendenz des Anstiegs der Ca-Werte mit zunehmender Wachstumszeit, jedoch ist in beiden Jahren (1965 und 1966) ab Anfang Juli eine deutliche Unterbrechung der Gehaltszunahme beobachtet worden. Nach der Kalkdüngung zeigten die Blätter unabhängig von der Sorte durchweg eine Steigerung des Ca-Gehaltes, die jedoch statistisch nicht nachgeprüft wurde. Auf Standorten mit schlechter Ca-Versorgung waren die Spiegelwerte der Blätter deutlicher angehoben. Es wird festgestellt, daß die Kalkdüngung zunächst nur zögernd, später aber etwas mehr auf den Ca-Gehalt der Apfelblätter einwirkt.
W. Fiedler/Pillnitz. 660.

2-68/10-0411 Bange, G. G. J. und Schaminée-Dellaert, A. A comparison of the effect of calcium and magnesium on the separate components of alkali cation uptake in excised barley roots. **(Ein Vergleich der Wirkung von Ca- und Mg auf verschiedene Komponenten der Alkali-Kationenaufnahme durch abgeschnittene Wurzeln von Weizenpflanzen.)** Plant & Soil, The Hague **28** (1968) Nr. 1. S. 177-181. — 2 Abb., 9 Lit.
Die Gegenwart von Ca und Mg in abgeschnittenen Wurzeln von Weizen verringert die weitere Aufnahme von Na innerhalb der ersten Std. nach dem Umwechseln in eine Na-Lösung, wahrscheinlich infolge Blockierung des freien Durchgangs von Na durch die äußere Zellwand. Aber nur Ca verändert das Verhältnis der Rb/Na-Aufnahme aus deren gemeinsamer Lösung. Die Rb-Aufnahme wird begünstigt. Ca übt darüber hinaus noch eine direkte, wenn auch noch ungeklärte Wirkung aus, die nicht mit seinem Einfluß auf die Zellpermeabilität zusammenhängt. H. Schößler. 660.

2-68/10-0412 Okamoto, Saburo; Kobe, Japan, Hyogo Univ. of Agric. Effects of potassium nutrition on the glycolysis and the Krebs cycle in taro plants. (**Wirkung der Kaliumernährung auf die Glykolyse und den Krebs-Zyklus in Taropflanzen.**) Soil Sci. Plant Nutrit., Tokyo **13** (1967) Nr. 5. S. 143–150. — 11 Tab., 11 Lit. Orig.: engl.
Wurzelsegmente und Blattscheiben wurden in verschiedenen Entwicklungsstadien und z. T. zu verschiedenen Tageszeiten von solchen Taropflanzen abgetrennt und untersucht, die in Wasserkultur entweder ohne K oder mit 67,2 ppm K_2O wuchsen. K-Mangel steigerte signifikant die Blatt- und Wurzelatmung; der Gehalt an löslichen N-Verbindungen, Amino-N und reduzierenden Zuckern war in den K-Mangel-Wurzeln erhöht. Die weiteren Reaktionen der untersuchten Pflanzenteile gegenüber Atmungsstimulatoren oder -inhibitoren lassen den Schluß zu, daß durch mäßigen K-Mangel Glykolyse und Krebs-Zyklus der Pflanzen verstärkt werden, während starke K-Mangelzustände diese Wege blockieren.
G. Loßner. 660.

2-68/10-0413 Brownell, P. F. Sodium as an essential micronutrient element for some higher plants (**Natrium — ein essentielles Mikronährstoffelement für einige höhere Pflanzen.**) Plant & Soil, The Hague **28** (1968) Nr. 1. S. 161–164. — 1 Tab., 8 Lit.
23 Spezies höherer Pflanzen wurden auf ihre Na-Reaktion getestet. Sie wurden in Nährlösungen mit einem Gehalt von 0,08 μval Na_2SO_4/l herangezogen und mit 0,1 mval/l versetzt. Alle 9 australischen Spezies von *Atriplex* zeigten typische Na-Mangelerscheinungen. Ihre Tr.-Subst.-Masse wurde nach Verabreichung von Na signifikant erhöht. Bei einer der 4 nichtaustralischen Spezies von *Atriplex* erhöhte sich nach Na-Zusatz ebenfalls die Tr.-Subst.-Masse, Mangelerscheinungen traten aber nicht auf; gleiches gilt für *Hordeum vulgare* cv. 'Pallidium'. Alle anderen Spezies reagierten nicht unter diesen Bedingungen. Sie haben entweder keinen Bedarf an Na oder decken ihn aus der geringen Konz. von 0,08 μval Na_2SO_4/l.
H. Schößler. 660.

2-68/10-0414 Komizerko, E. I. und Butenko, R. G. Dejstvie vysokich koncentracij NaCl i Na_2SO_4 na kul'turu tkani tabaka. (**Einfluß hoher NaCl- und Na_2SO_4-Konzentrationen auf die Kultur von Tabakgewebe.**) Doklady Akademii nauk SSSR, Moskva **178** (1968) Nr. 3. S. 735–736. — 1 Abb., 1 Tab., 4 Lit.
Markgewebe von *Nicotiana tabacum* L. der Sorte 'Samsun' wurde zunächst auf White-Medium mit Spurenelementzusatz nach Heller und Zugabe von 0,1 mg/l IES kultiviert. Die Kulturen wurden später auf Murashige-Skoog-Medium mit entspr. Spurenelementzusatz und Zugabe von 1 mg/l Kinetin, 2 mg/l α-Naphthylessigsäure sowie 1 g/l Kaseinhydrolysat dunkel bei 26 $\pm$ 1 °C und 70% rel. Luftfeuchte fortgeführt. Ein Teil des Gewebes wurde dann auf einem gleichen Agarmedium, das mit einer solchen Menge NaCl bzw. Na_2SO_4 versehen war, daß der osmotische Wert 1,4; 2,9; 5,0 oder 7 atm betrug, kultiviert. Parallel dazu wurde eine Gewebesuspension in einem flüssigen Medium mit entspr. Salzmengen angesetzt. In Suspensionskulturen war die Empfindlichkeit des Gewebes gegen hohe NaCl-Dosen geringer als auf dem Agar-Medium (1,4 und 2,9 atm bewirkten bei Suspensionskulturen noch keinerlei Wachstumshemmungen). Auf dem festen Medium bewirkten dagegen schon geringe NaCl- (1,4 atm) oder Na_2SO_4-Konz. (0,75 atm) eine starke Herabsetzung des Wachstums. Vff. vermuten eine schnellere Entfernung von hemmenden Produkten in Suspensionskulturen; evtl. spielt auch das Vermögen des Agars, Wasser zu binden, eine Rolle.
K.-H. Köhler. 660.

2-68/10-0415 Cseh, E. Calcium uptake and translocation by intact wheat seedlings. (**Aufnahme und Translokation von Kalzium in unversehrten Weizenkeimpflanzen.**) Acta bot. Acad. Sci. hung. **13** (1967) Nr. 1/2. S. 11–20. — Aus.: Ung. Agrar-Rdsch. **1968** Nr. 2.
660.

2-68/10-0416 Gribovskaja, I. F., Letunova, S. V. und Romanova, S. N. Mikroėlementy v organach bobovych rastenij. (**Mikroelemente in den Organen von Hülsenfrüchten.**) Agrochimija, Moskva **1968** Nr. 3. S. 81–87. — 3 Tab., 13 Lit.
Vff. bestimmten die Verteilung von Cu, Mo, V, Ni, Cr, Ba, Mn, Zr und Ti sowie (an einigen Proben) Ag, Be, Ga und Pb in den Organen (Stempel, Blatt, Blüte, Frucht, Wurzel) von 12 Arten Hülsenfrüchten in Gebieten der Armen. und der Usbek. SSR. Bei einigen Arten fand man, unabhängig von den äußeren Verhältnissen, eine gewisse Gesetzmäßigkeit in der Verteilung bestimmter Mikronährstoffe. So waren Cu, Cr, Ba, Zr und Ti in Wurzeln und Ni in Blüten in max. Mengen angereichert, während die Konz. von Mo und Ba in Blüten

sowie von Cr und Ti in Stengeln am niedrigsten war. Andererseits unterlag die Verteilung der Mikronährstoffe auch innerhalb einer Art aus dem gleichen Gebiet bedeutenden Schwankungen. Vff. schließen aus den Ergebnissen, daß bestimmte Organe von Hülsenfrüchten in der Blühphase die für die normale Entwicklung notwendigen Elemente anreichern, wobei die Cu- und Ni-Konz. in Blüten und Früchten auf die Beteiligung dieser Elemente an der reproduktiven Funktion der Pflanzen hinweist. Die Wurzel spielt dabei die Rolle des Depots zur Versorgung sowie der Barriere zur Verhinderung des Eintritts überhöhter Mengen in die Pflanzenorgane. P. Stoß. 665.

2-68/10-0417 Tanaka, Hirofumi; Boron adsorption by plant roots. (**Bor-Adsorption durch Pflanzenwurzeln.**) Plant & Soil, The Hague **27** (1967) Nr. 2. S. 300-302. — 1 Abb., 1 Tab., 5 Lit.

12 Pflanzenarten wurden in Gefäßen mit Quarzsand kultiviert und mit Arnon-Lösung versorgt. Nach 30 d wurden die oberirdischen Teile abgetrennt und die Wurzeln nach einem vom Vf. beschriebenen Verfahren behandelt, wonach die Adsorptionskapazität der Wurzeln für B bestimmt werden kann. Die Wurzeln zweikeimblättriger Pflanzen adsorbierten mehr B als die Wurzeln Einkeimblättriger. Die geringste B-Adsorptionskapazität hatte Gerste mit 3 μg, die höchste Gurken mit 30 μg und Sonnenblumen mit 28 μg/g trockenener Wurzelsubstanz. A. Schrader/Paulinenaue. 665.

2-68/10-0418 Filimonov, P. N. Sravnitel'noe vlijanie kobal'ta i vitamina B_{12} na rost, ravitie i urožaj kartofelja. (**Vergleichende Einwirkung von Kobalt und Vitamin B_{12} auf das Wachstum, die Entwicklung und Ertragsbildung der Kartoffel.**) Doklady Vsesojuznoj ordena Lenina akademii sel'skochozjajstvennych nauk imeni V. I. Lenina, Moskva **1968** Nr. 2. S. 15-19. — 5 Tab., 8 Lit.

Vitamin B_{12} und Co^{2+} beeinflussen das Wachstum, die Entwicklung und Ertragsbildung bei Kartoffeln gleichsinnig. Vitamin B_{12} wirkt jedoch von Anfang an beschleunigend auf die Stolonenbildung und das Blühen und somit auf die Ertragsbildung. Co verzögerte dagegen zunächst das Wachstum der Stolonen gegenüber den Kontrollen etwas (ebenso das Einsetzen des Blühens) und wirkte erst später beschleunigend. Die Erträge liegen zwar höher als bei den Kontrollen, erreichen aber nicht die mit Vitamin B_{12} erzielten. Vf. nimmt an, daß Co^{2+} durch Mikroorganismen erst in Vitamin B_{12} eingebaut wird und dann seine Wirkung entfaltet. Der Effekt der Co-Salze ist unterschiedlich: $CoCl_2 < Co(NO_3)_2 < CoSO_4$. K.-H. Köhler. 665.

2-68/10-0419 Bertrand, Didier und Wolf, André de; Paris, Inst. Pasteur, Labor. de Chim. Biol. Le nickel, oligoélément dynamique pour les végétaux supérieurs. (**Nickel, ein dynamisches Spurenelement für die höheren Pflanzen.**) C. R. Acad. Sci., Paris, Sér. D **265** (1967) Nr. 15. S. 1053-1055. — 1 Abb., 7 Lit.

Es handelt sich um die Fortführung von Vegetationsversuchen, die ursprünglich unter Freilandbedingungen an höheren Pflanzen durchgeführt wurden. Die hier mitgeteilten Ergebnisse wurden an *Chlorella vulgaris* Beijer erzielt. In der verwendeten Nährlösung (Mengen und Bestandteile sind aufgeführt) wurde Ni von 0…7 μg gesteigert. Dabei zeigte sich, daß die Optimalgabe bei ca. 3 μg Ni liegt (Ertragssteigerung von 87,7 auf 132,4 mg Tr.-Subst. pro Kultur). Bei Glukose-Zugaben zum Nährmedium erhöhten sich zwar generell die Erträge, aber auch dann ist nach den Versuchsergebnissen eine mäßige Ni-Versorgung in allen Fällen ausreichend. P. Schäfer. 665.

2-68/10-0420 Tanaka, A., Mulleriyawa, Ranjit P. und Yasu, T. Possibility of hydrogen sulfide induced iron toxicity of the rice plant. (**Möglichkeit einer durch Schwefelwasserstoff induzierten Eisentoxizität bei der Reispflanze.**) Soil Sci. Plant Nutrit., Tokyo **14** (1968) Nr. 1. S. 1-6. — 8 Tab., 10 Lit. Orig.: engl. 665.

2-68/10-0421 Fox, R. L., Silva, J. A., Younge, O. R., Flucknett, D. L. und Sherman, G. D. Soil and plant silicon and silicate response by sugar cane. (**Silizium in Boden und Pflanze und Silikatreaktion des Zuckerrohrs.**) Proc. Soil Sci. Soc. America **31** (1967) Nr. 6. S. 775-779. — 2 Abb., 7 Tab., 15 Lit. 665.

2-68/10-0422 Oprişan, N., Turcu, V., Lupulescu, M. und Anghel, C. Metode grafice de interpretare a rezultatelor din experientele cu îngrăşăminte. (**Graphische Methoden zur Interpretation der Ergebnisse von Düngungsversuchen.**) Inst. agron. Timişoara, Lucrări ştiinţ., Ser. Agron. **9** (1966) S. 17-25. — 3 Abb., 2 Tab. Zus. in Russ., Engl.

Die Arbeit bringt ein mathemat. Modell zum Studium des Einflusses von Mineraldüngemitteln auf die landwirtsch. Produktion. Die ökonom. Effektivität wird unter folgenden Gesichtspunkten untersucht: a) Erzielung des höchsten Ertrags je ha auf den gedüngten Flächen, b) des höchsten Ertrags je Düngemitteleinheit, c) Erzielung eines hohen mittleren Ertrags pro ha durch Verteilung der Düngemittel in den landwirtsch. Betrieben und d) Senkung der Kosten. Die erwähnten Fragen werden graphisch gelöst (interpretiert) und die entspr. Düngermengen festgelegt. Die Methode wurde angewendet zur Interpretation der Ergebnisse von Versuchen mit Wi.-Weizen, angebaut auf einem Smolniza-Boden und auf einem nassen Wiesenboden. Die von den Vff. erarbeitete Methode kann zur Interpretation jedes Düngungsversuches angewendet werden, unabhängig von Pflanzenart und Bodentyp. E.-M. Ardelt. 667.

2-68/10-0423 Bould, C. Leaf analysis as a diagnostic method and advisory aid in crop nutrition. **(Die Blattanalyse als diagnostische Methode und Beratungshilfe in der Pflanzenernährung.)** Exper. Agric., London 4 (1968) Nr. 1. S. 17–27. — 4 Tab., 117 Lit.
Die allg. Prinzipien der Blattanalyse zur Beurteilung des Nährstoffzustandes von Pflanzen werden dargelegt und diskutiert. Faktoren, die neben der Verabreichung von Nährstoffen die Zusammensetzung der Blätter beeinflussen, werden berücksichtigt, sowie die Methoden der Probenahme, der Probenvorbereitung und Probenlagerung beschrieben. Die praktische Anwendung der Blattanalyse bei Obst, Blumen, Gemüse, Bäumen u. a. Pflanzen wird erklärt und Hinweise zur Verwendung dieser Ergebnisse im Beratungsdienst gegeben. Die Blattanalyse ist gegenwertig offenbar die beste Methode zur Beschreibung des Nährstoffzustandes von Pflanzen, und es dürfte keine Gründe (außer ökonom.) geben, daß nicht auch Ernährungsprobleme bei Pflanzen mit Hilfe von automatischen Methoden der chem. Analyse sowie der elektronischen Verarbeitung der Analysendaten schnell und exakt diagnostiziert werden können. H. Schößler. 667.

2-68/10-0424 Boldyrev, N. K. Listovaja diagnostika uslovij pitanija i veličiny urožaja sel'skochozjajstvennych kul'tur. **(Blattdiagnose und Zustand des Nährstoffbedarfs sowie Ertrag landwirtschaftlicher Kulturpflanzen.)** Fiziologija rastenij, Moskva **15** (1968) Nr. 2. S. 368–379. — 9 Tab., 28 Lit. Zus. in Engl.
Eine mathematische Beziehung zwischen Ertrag und der Menge der balanzierten Elemente (%N =. 12 %P ≈ %K) in den Blättern wurde auf der Basis von Versuchen mit So.-Weizen und Mais aufgestellt. Die aufgestellten Formeln für das Blatt der Kulturpflanzen (4 Formeln) erlauben die Bestimmung der Nährstoffbedingungen und die Vorhersage des Ertrags für verschiedene Kulturarten (So.-Weizen, Mais, Erbse, Sonnenblume, Kartoffel, Kohl u. a.) 1···1,5 Mon. vor der Ernte mit einem Standardfehler von max. 5···8% des wirklichen Wertes. E.-M. Ardelt. 667.

2-68/10-0425 Drews, M.; Großbeeren, Inst. für Gemüsebau der Humboldt-Univ. zu Berlin. **Eine vereinfachte Anwendung der Ammoniummolybdat-Ascorbinsäuremethode zur Bestimmung unterschiedlich hoher Phosphorgehalte.** Arch. Gartenbau **16** (1968) Nr. 3. S. 239–249. — 5 Abb., 4 Tab., 9 Lit. Zus. in Russ., Engl. — nach Zus.
Es wird ein Verfahren auf der Grundlage der Ammoniummolybdat-Askorbinsäuresmethode zur Bestimmung geringen sowie hohen P-Gehalts beschrieben, das zur Anwendung in Betriebslaboratorien für Gewächshauswirtschaften geeignet ist. 0,2···225 mg P/l Lösung können bestimmt werden. Die Erfassung der verschiedenen Meßbereiche wird bei Verwendung gleicher Reagenslösungen durch Wahl verschiedener Verhältnisse von Untersuchungs- und Reagenslösung erreicht. Die Methode kann zur Untersuchung von Freilandböden, unter Glas genutzter Erden, Nährlösungen und Gießwässern verwendet werden. Das Ansetzen der Proben und das Messen am Spektralkolorimeter „Spekol" erfolgt direkt im Reagenzglas, so daß der Arbeitsaufwand sehr gering ist. Bei der Bestimmung stören Nitritionen bei geringem P-Gehalt ab 0,5 mg, bei hohem P-Gehalt ab 2 mg N/l und Nitrationen ab 80 mg N/l. Die störende Wirkung kann durch Zugabe von Sulfaminsäure beseitigt werden, sie erübrigt sich bei Bodenuntersuchungen in der Regel, da in Erden und Böden die angegebene Grenzkonz. selten überschritten wird. Es wird eine genaue Arbeitsvorschrift angeführt. 667.

2-68/10-0426 Kuznecov, V. I., Basargin, N. N. und Mjasiščeva, L. G. Usoveršenstvovanie metoda opredelenija sery v rastitel'nych ob-ektach pi Senigeru. **(Vervoll-**

kommnung der Methode zur Bestimmung von Schwefel in pflanzlichen Substanzen nach Schöniger.) Agrochimija, Moskva **1968** Nr. 3. S. 134–137. — 3 Tab., 14 Lit.
Vff. modifizierten die von Schöniger (vgl. Microchim. Acta **1956** Nr. 4/6) beschriebene S-Bestimmung wie folgt: Die Probe (10···70 mg entspr. dem S-Gehalt) wird in aschefreiem Papier in ein Körbchen aus Cr/Ni-Draht (0,5···0,9 mm Dmr.) gebracht. Nach Anzünden des Papiers wird die Probe schnell in einen mit O_2 gefüllten Kolben (250···500 ml) eingehängt, der 10 ml 3%iges H_2O_2 enthält. Nach 30 min (Verschwinden der SO_3-Nebel) spült man Stopfen und Cr/Ni-Draht sorgfältig ab und engt auf 10 ml ein. Die abgekühlte Lösung wird mit 1 Tropfen 0,2% wäßriger Nitrochromazo-Lösung, 1 ml 0,1 n HCl sowie dem gleichen Vol. Azeton versetzt und mit 0,02 n oder 0,04 mol. $BaCl_2$-Lösung bis zum Umschlag violett nach hellblau titriert. — Bei 0,5···2% S beträgt der Fehler der Bestimmung ±0,05 abs. %. Bei < 0,5% S ist die photometrische Bestimmung (vgl. Basargin u. a., Žurnal analitičeskoj chimii **23**(5) [1968].) vorzuziehen. P. Stoß. 667.

2-68/10-0427 Theisen, A. A. und Pinkerton, A. Volume-reduction technique for the X-ray spectrographic determination of micronutrients in plant tissues. **(Volumen-Reduktions-Technik für die röntgenspektrographische Bestimmung von Mikronährstoffen in pflanzlichem Gewebe.)** J. Sci. Food Agric. **19** (1968) Nr. 1. S. 5–9. — 3 Abb., 5 Tab., 10 Lit.
Es wird eine Volumen-Reduktions-Technik bei der röntgenspektrographischen Analyse von Mn, Fe, und Zn in pflanzlichem Gewebe beschrieben. Sie ist geeignet, die Interferenzen verschiedener Elemente zu beseitigen, wobei nicht die Massen, sondern die Volumina variiert werden. Das geschieht durch Einschieben oder Herausnehmen von Volumenkernen an der Probeküvette. Die Methode hat einige Vorteile bei der Bestimmung von Mn und Fe. H. Schößler. 667.

C. Düngemittel, ihre Gewinnung und Anwendung

2-68/10-0428 Anonym. Fertilizer trends. **(Düngemitteltrends.)** Agric. Chemicals **22** (1967) Nr. 10. S. 32–34.
Der Düngemittelverbrauch der USA erhöhte sich 1966 gegenüber 1965 um 8% auf ca. 34,532 Mill. t, wobei der Anteil von Mischdüngemitteln um 6,9%, der der direkt verabreichten Düngemitttel um 12% und der Nährstoffgehalt von 34,5 auf 36% stieg. Der Nährstoffverbrauch erhöhte sich damit um 13% auf ca. 12,4 Mill. t, d. h. um 58% in den letzten 5 und um 105% in den letzten 10 Jahren. 1980 wird ein Anstieg um 108% auf ca. 24,5 Mill. t erwartet. Der N-Anteil der verbrauchten Nährstoffe betrug 43% und wird sich bis 1970 auf 46% erhöhen. Ende 1967 waren 33 NH_3-Anlagen > 200 kt/Jahr in Betrieb, die Gesamtkapazität betrug 12,2 Mill. t/Jahr und wird Ende 1968 17,9 Mill. t/Jahr erreichen. Die Gewinnung von Rohphosphat erreichte 1966 31 Mill./t, d. s. 4,5 Mill. t mehr als 1965, bei einem Exportanteil von 29%. Die gegenwärtige Rohphosphatkapazität beträgt 39 Mill. t, ein Ausbau um 11 Mill. t ist geplant. Der Verbrauch an P-Düngemitteln erreichte 1966 ca. 3,897 Mill. t P_2O_5 bei einem Anteil der Naßprozeß-Phosphorsäure von fast 80%. Für 1968 wird eine Zunahme der Produktionskapazität um > 1 Mill. t/Jahr erwartet. Die K_2O-Produktion Nordamerikas belief sich 1966 auf 5,3 Mill. t (USA 3,3 Mill. t), wobei sich der weitere Ausbau der Kapazitäten in Saskatchewan konzentriert (1970/72 10,9 Mill. t/Jahr K_2O-Produktionskapazität). Der K_2O-Verbrauch der USA erreichte 1966 3,22 Mill. t und lag damit gegenüber dem Vorjahr um 13,6% höher. Die Frasch-S-Produktion der USA betrug 1966 ca. 7 Mill. t, hinzu kamen 1,2 Mill. durch S-Rückgewinnung. Die Erschließung weiterer S-Reserven wird intensiv betrieben (insgesamt 1969 ca. 17,2 Mill. t). Die Wachstumsrate des Weltverbrauchs an Düngemitteln lag 1950 bis 1960 bei 6%/Jahr und erreichte danach fast 10%/Jahr. Die Welt-Produktionskapazität wird 1971 109,36 Mill. t Nährstoff (49,28 Mill. t N, 33,33 Mill. t P_2O_5, 26,75 Mill. t K_2O) betragen. P. Stoß. 670.

2-68/10-0429 Gericke, S. **Nährstoffbilanzen.** Landwirtsch. Forsch. **20** (1967) Nr. 4. S. 213–220. — 2 Abb., 2 Tab., 8 Lit. Zus. in Engl. Franz. — nach Zus.
Nach 70jähriger Düngerwirtschaft ist nunmehr mit den heute angewendeten Düngemittelmengen eine ausgeglichene Nährstoffbilanz erreicht. Aus der für den Ausgleich des Nährstoffentzugs durch die Ernten notwendigen Nährstoffzufuhr von rund 90 kg N, 90 kg P_2O_5 und 150 kg K_2O/ha durch Stallmist und Handelsdünger kann jedoch nicht der Schluß gezogen werden, daß diese Nährstoffmengen zur Erzielung von Höchsterträgen ausreichend sind. Aus tausenden von Düngungsversuchen mit den 3 Nährstoffen ist bekannt, daß die

heute vorhandenen Erträge im Bundesgebiet durch Verstärkung der Düngergaben noch beträchtlich zu erhöhen sind. Dies trifft in erster Linie für N zu. Aber auch für P zeigen die zahlreichen Düngungsversuche, daß mit einer Erhöhung der P-Düngung über den heutigen Stand hinaus bedeutende Ertragssteigerungen zu erzielen sind. Außerdem ist bei P und K die über den Entzugsbedarf hinausgehende Nährstoffzufuhr zur Anreicherung der noch immer zahlreichen ungenügend versorgten Böden dringend erforderlich. Aus Bodenuntersuchungen ergibt sich für das Bundesgebiet ein anzustrebender Durchschnittsverbrauch von 90 kg/ha P_2O_5 und 160 kg/ha K_2O bei einer Leistung von 40 dt/ha GE und von 110 kg/ha P_2O_5 und 180 kg/ha K_2O für 50 dt/ha GE in Form von Handelsdüngemitteln. Nach umfangreichen Düngungsversuchen ist bei Erhöhung der heutigen Nährstoffzufuhr durch Handelsdünger um $\frac{1}{3}$ eine Leistungssteigerung im Bundesgebiet um wenigstens 15% zu erwarten. Bei Verstärkung des Düngeraufwandes von heute (1964/66) mit rund 200 kg/ha Nährstoffeinheiten (N + P + K) auf rund 300 kg/ha kann mit einer Verbesserung der allg. Ertragsleistung um 20% gerechnet werden. Mit der in Zukunft notwendigen erhöhten Nährstoffzufuhr durch Handelsdüngemittel ergibt sich für die 3 Nährstoffe eine positive Bilanz, die keine Verschwendung von Düngemitteln bedeutet, sondern für erhöhte Erträge erforderlich ist. 670.

2-68/10-0430 Anonym. Developments in the French nitrogen industry 1959–1969. **(Entwicklungen in der französischen Stickstoffindustrie 1959-1969.)** Nitrogen, London **1968** Nr. 51. S. 16–17. — 1 Abb., 3 Tab.

Die französische N-Produktionskapazität erhöhte sich bei etwa gleichbleibender Auslastung (93···94%) von 730 kt/Jahr (1959/60) auf 1,3 Mill. t/Jahr (1964/65) und wird 1969/70 2,6 Mill. t erreichen. Diese Entwicklung ist durch zunehmende Anlagengröße und Verringerung der unabhängigen kleinen Produzenten gekennzeichnet. 1969/70 werden 6 Anlagen mit je 2000 kt Na Jahresproduktion den Hauptanteil der Produktion bringen. Weiterhin werden bis dahin alle 1000-t/d-Einheiten einsträngig betrieben werden. Die Konz. in der franz. N-Industrie (Einzelheiten sind aufgeführt) wird durch entspr. Maßnahmen der franz. Regierung gefördert, wobei die direkte Staatsbeteiligung am Ende des gegenwärtigen 5-Jahresplanes ca. 400 kt/Jahr N betragen wird. Abgesehen von einigen bedeutenden westdeutschen Beteiligungen in Ostfrankreich ist auf dem N-Sektor kein ausländischer Einfluß vorhanden. Bis Ende der 50er Jahre überwog Koksofengas (53,8% Anteil) als Rohstoffbasis, dessen Anteil zwischen 1960/65 auf 38,6% zurückging. Gegenwärtig überwiegt Erdgas, jedoch wird trotz Erdgas-Importen (Holland) die Steigerung vorwiegend auf Basis Rohbenzin erfolgen. P. Stoß. 670.

2-68/10-0431 Peterburgskij, A. V. Agrochimija i primenenie udobrenij v Čechoslovakii. **(Agrochemie und Anwendung von Düngemitteln in der Tschechoslowakei.)** Agrochimija, Moskva **1968** (Nr. 3. S. 168–172. — 2 Tab.

Vf. gibt einen Überblick über die an den landwirtsch. wissenschaftl. Institutionen der ČSSR bearbeiteten Themen. Seit 1951 besteht in der ČSSR ein agrochemischer Dienst, der sich u. a. mit Sorten- und Samenkontrolle, Pflanzenschutz und Bodenuntersuchungen befaßt. Die landwirtsch. Nutzfläche der ČSSR umfaßt 7,213 Mill. ha, der Waldbestand 4,437 Mill ha. 1937/38 wurde mit 14,7 kg Mineraldünger/ha Nutzfläche, 1965 mit 125,6 kg/ha Nutzfläche gedüngt. Der Düngemittelverbrauch erhöhte sich in den letzten 30 Jahren um das 10,5- (N), 5,2- (P) und 12,7fache (K). Die mittleren Getreideerträge stiegen im gleichen Zeitraum auf 114···118%. Die Ertragsentwicklung weiterer Kulturen ist angegeben. Für 1970 ist vorgesehen, den Verbrauch an Mineraldüngern auf 200 kg NPK/ha zu steigern, d. h. um 59% gegenüber 1966. P. Stoß. 670.

2-68/10-0432 Anonym. The sulphur outlook. **(Die Aussichten für Schwefel.)** Agric. Chemicals **22** (1967) Nr. 11. S. 36–37.

Die jüngsten Preiserhöhungen für S (auf 39 bis 49 $/t) verstärkten das Interesse an S-sparenden Düngemittel-Herstellungsverfahren. Obgleich mit Beginn der 50er Jahre verschiedene Produzenten in Europa solche Verfahren anwenden, bleiben viele US-Produzenten bei der H_2SO_4-Basis, selbst wenn Alternativen vorhanden sind, da die H_2SO_4-Verfahren sehr einfach und ökonom. sind. Die S-Preissteigerungen führten weiterhin zu intensivem Ausbau bestehender Produktionen und neuen Erkundungsprogrammen, so daß die Weltproduktion (ohne soz. Länder) 1970 33,2 Mill. long tons, (7,2 Mill. t mehr als 1966) betragen wird. Der Anteil der Aufarbeitung von H_2S- und SO_2-haltigen Gasen (Erdgas, Raffineriegas, Rauchgas) sowie die Röstung von $CaSO_4$ und sulfidischen Erzen wird einen größeren Anteil als bisher einnehmen, da bisher trotz intensiver Bemühungen keine neuen bedeutenden S-Lager entdeckt wurden. Beispielsweise werden gegenwärtig vorwiegend in Westdeutschland und Japan 10 Verfahren zur Rauchgasentschwefelung (durch katalytische Oxydation, Adsorption und Absorption) in Pilotanlagen untersucht, womit auch dem Problem der Luftverunreinigung Rechnung getragen wird. P. Stoß. 670.

2-68/10-0433 Schäfer, P. **Zur biometrischen Auswertung mehrjähriger Düngungsversuche zu Dauergrünland mit Schnittnutzung. II. Mitt. Zusammenfassende Auswertung über alle Jahre.** Landwirtsch. Forsch. **20** (1967) Nr. 4. S. 229-240. — 8 Tab., 12 Lit. Zus. in Engl., Franz. — nach Zus.

6jähr. Heuerträge eines PK-Düngungsversuches zu Grünland mit Schnittnutzung wurden variationsstatistisch ausgewertet. Die Jahr-für-Jahr-Auswertungen zeigen ab 2. Versuchsjahr gute bis sehr gute K-Wirkungen auf den Heuertrag. Die K-Wirkungen sind vorwiegend linearer Natur, so daß daraus ein statistisch gesicherter Ertragsanstieg bis zur Gabe von 240 kg/ha K_2O abgeleitet werden kann. In einigen Fällen zeigt die Signifikanz der quadratischen oder nichtlinearen Komponente an, daß der lineare Ertragsanstieg im oberen K-Anwendungsbereich verlangsamt wird. Daraus ist abzuleiten, daß nicht 240 kg/ha K_2O das Optimum darstellen, sondern wahrscheinlich eine Düngermenge, die darunter liegt. Die mehrfach berechnete Signifikanz der kubischen Komponente besagt, daß nach einer Ertragsdepression ein erneuter Anstieg der Erträge einsetzt. Dies deutet auf eine Korrekturbedürftigkeit der geprüften PK-Kombinationen hin. Zusätzliche Informationen über die K-Wirkung erhält man aus dem „Kontrast" P/PK = K. Die teilweise starken und statistisch hoch gesicherten Wirkungen sind so zu interpretieren, daß die K-Düngung generell das Ertragsniveau der PK-Kombinationen hebt, auf dem dann steigende K-Gaben zusätzlich zur Wirkung gelangen. P-Wirkungen sind auf Grund des Versuchsplanes exakt nicht zu ermitteln. Sie können aus dem Vergleich K/PK = P geschätzt werden. Im vorliegenden Fall sind keine P-Wirkungen zu erkennen. Durch eine zusammengefaßte Auswertung über alle Jahre lassen sich folgende statistisch gesicherte Zusammenhänge erkennen: — Schwankungen der linearen K-Wirkungen in den Jahren — hohe Signifikanz von K_{linear} und $K_{quadr.}$, so daß die optimale Düngung zwischen 120 und 240 kg/ha K_2O liegen dürfte. Mitentscheidend über signifikante oder nicht signifikante Düngerwirkungen ist das Testvorgehen. Bei einer genügend großen Zahl von Versuchsjahren wird den Jahreseinflüssen die Hypothese „zufällig" unterstellt, wodurch der Düngereinfluß gegen die Interaktion „Düngung × Jahre" (nicht gegen den gepoolten Fehler) getestet wird. Signifikanz besagt dann, daß die gefundenen Beziehungen auch künftig zu unterstellen sind. Mit Hilfe der quadratischen Regressionsgleichung $\hat{y} = 58{,}6178 + 0{,}1723\ K - 0{,}0044\ k^2$ lassen sich die gefundenen K-Wirkungen hinreichend genau beschreiben. 670.

2-68/10-0434 Haberfellner, Franz. **Überlegungen zum Subventionsabbau bei Mineraldüngern.** Im Blickfeld, Linz **19** (1968) Nr. 6. S. 8-9. 670.

2-68/10-0435 Rothansl, Herbert. **Seit fünf Jahrtausenden wird gedüngt.** Im Blickfeld, Linz **19** (1968) Nr. 6. S. 16-17. 670.

2-68/10-0436 Abell, Nelson D. The liquid outlook. (**Die Aussichten für Flüssigdüngemittel.**) Agric. Chemicals **22** (1967) Nr. 11. S. 24-26.

Die leichte und erfolgreiche Handhabung der Flüssigdüngemittel und die Möglichkeit ihrer gemeinsamen Verabreichung mit Mikronährstoffen und Schädlingsbekämpfungsmitteln haben die Popularität der Flüssigdüngemittel begründet. Dem stehen die hohen Verteilungskosten (Saisongeschäft, Korrosion, geringe Tonnage pro Installation) entgegen. Vf. diskutiert die Probleme der Ausrüstung (korrosionsfeste Applikatoren und Tanks, Hinweise auf letzte Verbesserungen bei Konstruktionsmaterialien), der Verteilungssysteme (Ammonierung im Zentrum der landwirtsch. Gebiete oder zentrale Ammonierung beim Hersteller, Entscheidung hängt von vielen örtlichen Faktoren ab), der Produktion (Einsatz von Naßprozeß-Superphosphorsäure, Mg-Problem) und der Wirksamkeit (Gehalt an Polyphosphaten, lösliche K-Verbindungen für hochkonz. Dünger). Es wird eine weitere kontinuierliche Ausdehnung des Flüssigdüngemittel-Anteils vorhergesagt. P. Stoß. 671.

2-68/10-0437 Lehne, Ingeburg. **Zur Quantifizierung der Gesamtwirkung von Düngungsmaßnahmen (Pflanze + Boden) auf einem Sandstandort mit Hilfe der Differenzmethode.**

Thaer-Arch. **12** (1968) Nr. 8. S. 717-731. — 8 Abb., 7 Tab., 9 Lit. Zus. in Russ., Engl. — nach Zus.
Am Beispiel eines Müncheberger Dauerdüngungsversuches auf trockenem, anlehmigem Sandboden wurde eine komplexe Betrachtung der Gesamtwirkung von Düngungsmaßnahmen auf Pflanze und Boden nach 8- bzw. 10jähriger Versuchsdauer angestellt. Außerdem erfolgte eine hierbei notwendige Quantifizierung der Dünger- und Bodenleistung, die als Grundlage für den wirksamen und ökonom. Einsatz mineral. und org. Düngemittel sowie für eine reale ökonom. Bewertung der einzelnen Dünger angesehen werden muß. Es wird nachgewiesen, daß alleinige Mineraldüngung sowie Gründüngung mit und ohne NPK vor allem wegen der ungenügenden Humusersatzwirkung, alleinige org. Düngung mit Stallmist wegen der unzureichenden Menge an leicht verfügbaren Pflanzennährstoffen keine Höchsterträge ermöglichen. Erst die spezifischen Wirkungen beider Düngungskomponenten ergeben bei deren gemeinsamer Anwendung dauerhaft hohe Erträge bei gleichzeitiger Erhaltung bzw. Vergrößerung der Humusvorräte des Bodens. Im vorliegenden Dauerversuch sind für die erweiterte Reproduktion im Durchschnitt pro Jahr 150 dt/ha Stallmist sowie eine Mineraldüngung in Höhe von 80 kg N, 30 kg P und 140 kg K/ha erforderlich. 671.

2-68/10-0438 Rauhe, Kurt, Dittrich, Gustav und Kunze, Anton. **Die Wirkung verschiedener langjähriger Düngungsmaßnahmen auf Pflanzenertrag und Humusversorgung des Bodens in einem Dauerversuch auf Lößlehmboden.** Thaer-Arch. **12** (1968) Nr. 8. S. 733-745. — 3 Abb., 7 Tab., 12 Lit. Zus. in Russ., Engl. — nach Zus.
Auf dem guten Versuchsstandort (sächsisches Vorgebirgsland) wurden im 8jähr. Durchschnitt ohne Düngung 50,9 GE/ha erzielt. Durch die NPK-Düngung in Höhe von 45 kg N, 18 kg P und 75 kg K/ha wurden 15,3 GE/ha mehr geerntet. Eine Erhöhung dieser Gabe um 50% bewirkte einen weiteren Mehrertrag von 2,4 GE. Der höchste Ertrag (76,1 GE/ha) wurde bei der Kombination von Stallmist- und Gründüngung sowie hoher NPK-Düngung erzielt. Die Ertragsentwicklung zeigte, daß bei ausschließlich mineral. oder org. Düngung die Erträge nicht auf gleicher Höhe gehalten werden konnten. Erst bei Kombination von org. und mineral. Düngung blieb das Ertragsniveau konstant. Nach Untersuchungen des C- und des N-Gehalts im Boden waren bei Mineraldüngung allein 2···3% mehr Humus gegenüber „ungedüngt" vorhanden, bei „Stallmist + NPK erhöht" 20% mehr. Die Gründüngung, zusammen mit Stallmist verabreicht, hatte nur geringe Humuswirkung. 671.

2-68/10-0439 Rauhe, Kurt und Bornhak, Helge. **Quantifizierung der Gesamtwirkung von Mineralstickstoff auf Pflanze und Boden mit Hilfe von ^{15}N im Feldversuch.** Thaer-Arch. **12** (1968) Nr. 8. S. 701-716. — 6 Abb., 4 Tab., 31 Lit. Zus. in Russ., Engl. — nach Zus.
In einem Feldversuch auf sandigem Lehmboden wurde 1965 und 1966 nach Düngung mit ^{15}N-markiertem $(NH_4)_2SO_4$ der Einbau des mineral. N in die Ernteprodukte von Wi.-Roggen (Korn und Stroh), in die Wurzelrückstände sowie in verschiedene Boden-N-Fraktionen ermittelt und die Nachwirkung des nach der Ernte im Boden verbliebenen N über 2 Jahre verfolgt. Die Aufnahme von markiertem Dünger-N durch die oberirdischen Pflanzenteile war in sämtlichen Versuchsgliedern geringer als der gemäß der Differenzmethode berechnete Düngungseffekt. Die Mineraldüngung (40 kg N/ha) verursachte gegenüber der Nullvariante eine zusätzliche Mineralisierung des bodenbürtigen N, die bei Düngungssteigerung (80 kg N/ha) wesentlich vergrößert wird. Ebenso erhöhte die Mineraldüngung deutlich die Stallmistwirkung. Der zusätzlichen Mineralisierung stand ein verstärkter Einbau von Dünger-N in die Bodensubstanz gegenüber. Die Differenz zwischen akkumuliertem und mineralisiertem Boden-N betrug 10···24% und konnte in beide Richtungen weisen. Die N-Verluste betrugen bei Düngung mit 40 kg N/ha in beiden Jahren ca. 25%, bei gesteigerter N-Düngung (80 kg/ha) 35%. 671.

2-68/10-0440 Vološin, A. S. Vlijanie dlitel'nogo primenenija udobrenij i vozdelyvaemych kul'tur na raspredelenie azota v profile počvy. (**Der Einfluß einer dauernden Anwendung von Düngemitteln und der angebauten Kulturen auf die Stickstoffverteilung im Bodenprofil.**) Doklady TSChA. Moskovskaja ordena Lenina sel'skochozjajstvennaja akademija imeni K. A. Timirjazeva **1968** Nr. 136. S. 77-82. — 3 Tab., 6 Lit. — nach Zus.
Bei der systematischen N-Düngung steigt der Gesamt-N-Gehalt sowohl in Dauerbrache als auch in der Fruchtfolge bedeutend im Vergleich zum N-Gehalt der Kontrollparzellen im gesamten Profil bis 60 cm Tiefe. Neben dem Gesamtgehalt an N beim Anbau der Kulturen und langandauernder Anwendung von Düngemitteln steigt auch die Menge des

leichthydrolysierbaren N. Bei systematischer N-Düngung in der Fruchtfolge verändert sicht das Verhältnis der verschiedenen Formen von N-Verbindungen im Bodenprofil. Der Anteil an beweglichen hydrolisierbaren org. Verbindungen infolge der intensiveren Mineralisierung nimmt im Vergleich zur Kontrolle ab, der Gehalt an zersetzungsresistenten org. Verbindungen dagegen zu. Unter Hackfrüchten ist die Bodenbilanz bei längerer N-Düngung besser als bei Getreide in Monokultur. Langes Brachliegen des Bodens hatte keine Wirkung auf die Anhäufung beweglicher N-Formen. 671.

2-68/10-0441 Šajmuchametov, M. Š. und Šajmuchametova, A. A. Vlijanie dlitel'-nogo primenenija udobrenij na gruppovoj sostav mineral'nych fosfatov dernovo-podzolistoj počvy. (**Einfluß der langfristigen Anwendung von Düngemitteln auf die gruppenmäßige Zusammensetzung der Mineralphosphate von Podsolrasenboden.**) Doklady TSChA. Moskovskaja ordena Lenina sel'skochozjajstvennaja akademija imeni K. A. Timirjazeva **1967** Nr. 131. S. 155-161. — 1 Abb., 1 Tab., 13 Lit. — nach Zus.
Die langfristige Düngung von Podsolrasenboden verursacht keine wesentlichen Veränderungen im Verhältnis der Kalziumphosphate und Phosphate der Sesquioxide. Dieser Kennwert ist im Bereich eines Bodentyps ausreichend konstant und nicht vom Kulturzustand des Bodens abhängig. Der Kulturzustand des Bodens ist dadurch gekennzeichnet, bis zu welcher Tiefe die einzelnen Phosphatformen vorhanden sind. Nichtkultivierter Podsolrasenboden ist durch erhöhten Fe- Ca-Phosphatgehalt in den niedriger gelegenen Schichten gekennzeichnet. Bei langfristiger Anwendung org. und mineral. Düngemittel sammeln sich alle Formen der Mineralphosphate systematisch in der Krume an. 671.

2-68/10-0442 Schröder, G. **Aktuelle Fragen der Mikronährstoffdüngung hinsichtlich des Ertrages und der Qualität der Ernteprodukte.** Inform. sozialist. Landwirtsch. Bez. Schwerin 5 (1967) Nr. 1. S. 23-35. — 10 Abb., 18 Tab., 19 Lit.
In einer allg. Übersicht werden Probleme der Mikronährstoffdüngung verschiedener Pflanzenarten behandelt. A. Schrader/Paulinenaue. 671.

2-68/10-0443 Rotini, Orfeo Turno. Concimazzioni e qualita dei prodotti. (**Der Einfluß der Düngung auf die Qualität der Produkte.**) Colocviul interuniversitar Romăno-Ital. pe Teme Agric., Bucureşti, Ref. **1966** (hrsg. 1967) S. 15-44. — 162 Lit. Zus. in Franz., Rum. — nach rum. Zus.
Der Einfluß der Nährstoffe hängt nicht nur von der Menge jedes einzelnen Nährstoffs, sondern bes. vom Nährstoffgleichgewicht ab. Die Nährstoffe haben unmittelbaren Einfluß auf die chem. Zusammensetzung der Pflanzen und damit auf den Gehalt an Zucker, Stärke, Rohfaser, Ligninen, Fetten, Proteinen, Alkaloiden, Anthozyanen, Glukosiden usw. Der Einfluß der Nährstoffe zeigt sich auch in Veränderungen der Anatomie und Morphologie der Pflanzen. Bei den Faserpflanzen hängen die Bildung der Fasern und das Stadium der Verholzung sehr stark von den spez. Ionen im Boden ab. Düngemittel können weiterhin den Pflanzenbestand der Wiesen und Weiden verändern. Bei manchen Industriepflanzen kann die Mineraldüngung pathologische Erscheinungen vermindern und das Endprodukt verbessern, z. B. den Gehalt der Kartoffelknollen an Chlorogensäure, Zitronensäure, Glukose und freien Aminosäuren. Ausreichende K-Düngung mit geringem Zn-, Mn- und Mo-Gehalt fördert die Polymerisation und senkt dadurch den Gehalt an Glukose und freien Aminosäuren in den Knollen, die direkt oder indirekt das Schwarzwerden der Kartoffelknollen bedingen. 671.

2-68/10-0444 Hagemann, Otto und Kolbe, Gerhard. **Über den Einfluß von Düngesalzen mit unterschiedlicher physiologischer Reaktion auf den Ertrag sowie den Kationenhaushalt der Ackerkrume und des Unterbodens.** Thaer-Arch. **12** (1968) Nr. 8. S. 747-768. — 8 Abb., 6 Tab., 29 Lit. Zus. in Russ., Engl. — nach Zus.
An einem 1949 in Halle angelegten Dauerdüngungsversuch wurde der Einfluß langjähr. angewandter physiol. saurer, neutraler und alkalischer Düngung auf den Ertrag sowie den Kationenhaushalt der Ackerkrume und des Unterbodens (0···60 cm) geprüft. Aus den im Versuchszeitraum 1950 bis 1966 festgestellten Erträgen und den eingetretenen pH-Veränderungen kann geschlossen werden, daß für die meisten der geprüften Kulturpflanzen der pH-Bereich 5,5···6,0 günstig ist. Der durch Kalkdüngung bewirkte Anstieg der pH-Werte auf 7,0···7,3 führt bei mehreren Nutzpflanzen zu einem Ertragsrückgang. Das Absinken der pH-Werte auf 5,0 bewirkt ebenfalls Ertragsminderungen. Unter der Einwirkung der Düngungsvarianten treten deutliche Veränderungen im Kationenhaushalt des Bodens ein.

So wird die Menge an H-Ionen bei der sauren Variante etwa in dem Maße erhöht, wie es theoretisch aus der Zufuhr an $(NH_4)_2SO_4$ zu errechnen ist. Bei der alkalischen Düngungskombination bleibt der H-Wert fast unverändert. Eine Bilanzierung der Ca-Mengen in der Ackerkrume ergibt, daß die Ca-Verluste der sauren Varianten wesentlich höher liegen als die der neutralen und alkalischen. Die ausgewaschenen Ca-Mengen werden bis zu 60 cm Tiefe annähernd vollständig wiedergefunden. Nur bei den mit einer sauren Düngung versehenen Parzellen wird Ca offenbar auch in größere Tiefen verlagert. Die physiol. saure Düngung führt außerdem zur Auswaschung von Mg. Das leichtbewegliche Na wird stärker als Ca und in größere Tiefe ausgewaschen. Der Gehalt des Bodens an fixiertem NH_4 läßt keine eindeutige Abhängigkeit von der verabreichten N-Form erkennen. 671b.

2-68/10-0445 Kozák, M. Néhány hazai lignitpor vizsgálata tenyészedénykisérletekben. **(Die Prüfung einiger ungarischer Lignitpulversorten in Gefäßversuchen.)** Agrokém. és Talajtan [Agrochem. u. Bodenkunde] **16** (1967) Nr. 3. S. 379–390. — Aus: Ung. Agrar-Rdsch. **1968** Nr. 2.

Gepulverte ung. Lignite verschiedener Herkunft (Mátragegend, Hidas und Várpalota), die der Landwirtschaft am ehesten zur Verfügung stehen, wurden in Gefäßversuchen mit kalkhaltigem und saurem Sandboden geprüft zwecks Ermittlung ihres Einflusses auf junge Roggenpflanzen. Die verbreitete Ansicht, daß Lignitpulver die Wirksamkeit der Handelsdünger erhöht, wurde durch die Versuchsergebnisse nicht bestätigt. Die zusammen mit den Handelsdüngern verabreichten Lignitpulver steigerten weder die Erträge noch die Nährstoffaufnahme der Pflanzen, in manchen Fällen setzten sie diese noch herab. Im mehrfaktoriellen Versuch wurde die Wirkung der Inkubation auf die Varianten Lignit und Lignit + NPK untersucht und festgestellt, daß Lignitpulver die während der Inkubation stattfindenden Nährstoffverluste auf kalkhaltigem Sandboden herabzusetzen vermögen. Die Wirksamkeit der Lignitpulver wurde durch ihren Gehalt an löslichen Huminstoffen vorteilhaft beeinflußt. Auf saurem Sandboden war die Wirkung der Inkubation und des Lignits unbedeutend. Lignitpulver können in erster Linie bei der Bereitung verschiedener Komposte mit Erfolg angewandt werden. 671b.

2-68/10-0446 Levin, A. M. und Sviridov, A. S. Primenenie mineral'nych udobrenij pri vyraščivanii kukuruzy na silos na vyščeločennych černozemach Tambovskoj oblasti. **(Anwendung von Mineraldünger beim Anbau von Silomais auf ausgelaugten Schwarzerden des Tambower Gebietes.)** Chimija v sel'skom chozjajstve, Moskva **6** (1968) Nr. 2. S. 8–10. — 3 Tab.

Der Einfluß verschiedener Dosierungen von N, P und K sowie des Düngungstermins auf Ertrag und Qualität der Grünsubst. von Silomais der Sorte 'Bukovinskij 3' wurde untersucht. Die Versuche wurden auf Parzellen von 100 m² schwach ausgelaugter, schwertoniger Schwarzerde mit 4 Wiederholungen durchgeführt. Die Düngung mit NH_4NO_3, einfachem, granulierten Superphosphat (in einigen Varianten mit Phosphoritmehl) und KCl erfolgte entweder während der ersten Kultivierungsarbeiten im Frühjahr (a) oder geteilt (b), wobei zur Herbstfurche P und K, im Frühjahr N gegeben wurde. Die besten Ergebnisse wurden mit je 90 kg/ha N, P und K erzielt. Der Zuwachs an Grünsubst. betrug bei a 191,4 dt/ha (106,7%), bei b 205,2 dt (114,5%). Auch 90 kg/ha N und je 45 kg P und K wirkten günstig. Der Zuwachs betrug bei a 160,6 (90,0%), bei b 171,7 dt (96,0%). Die Teilung der Düngergabe hatte keinen Einfluß auf den Eiweißgehalt der Grünmasse. Die Düngung mit der einfachen oder doppelten N-Dosis nach b wurde, eventuell unter Verwendung von Phosphoritmehl, als bes. wirtschaftlich empfohlen. H. Nürnberger. 671b.

2-68/10-0447 Davtjan, G. S. und Revazjan, R. G. Vlijanie obrabotannych flotacionnych otchodov medno-molibdenovych rud na produktivnost' nekotorych sel'skochozjajstvennych kul'tur. **(Einfluß aufgearbeiteter Flotationsrückstände von Kupfer-Molybdänerzen auf die Leistung einiger landwirtschaftlicher Kulturen.)** Doklady Akademii nauk Armjanskoj SSR, Erevan **45** (1967) Nr. 4. S. 166–170. — 4 Tab., 17 Lit. Orig.: russ.

Flotationsrückstände (F.) der Hüttenindustrie, die außer Mg, Ca, P, K und S noch Fe, Mo, Cu, Mn, Co und Zn enthielten, wurden mit konz. HNO_3 und H_2SO_4 aufgeschlossen und in Gefäßversuchen auf braunem Karbonatboden hinsichtlich ihrer Düngerwirkung bei Klee (K.), Luzerne (L.) und Hirse (H.) untersucht. Jedes Gefäß (5 kg Erde) erhielt als Grunddüngung je kg Boden 0,1 g N als NH_4NO_3, 0,1 g P_2O_5 als $Ca(H_2PO_4)_2$ und 0,05 g K_2O als K_2SO_4. Von F. wurden 1, 2 und 3 mg/kg (berechnet auf Mo-Gehalt) dosiert. Die erzielten

Ertragssteigerungen betrugen bei K. 44%, bei L. 10% und bei H. 22···26%. Analoge Wirkungen wurden erzielt, wenn an Stelle fester F. wäßrige Auszüge davon gegeben wurden. Kontrollversuche mit reinem Ammoniummolybdat zeigten, daß die Wirkung der F. nicht allein auf ihrem Mo-Gehalt beruhten, sondern durch das Zusammenspiel aller enthaltenen Nährstoffe bedingt war. H. Nürnberger. 671b.

2-68/10-0448 Schmid, G.; München, Bayer. Landesanst. für Bodenkult., Pflanzenbau und Pflanzenschutz. **Strohdüngung als Ersatz für Stallmist auf Ackerland.** Kali-Briefe, Fachgeb. 8 9 (1968) Nr. 2. 5 S. — 4 Tab., 7 Lit.
Beim Anbau von 66% Getreide werden in 3 Jahren mit dem Stroh gewöhnlich höhere Mengen an org. Subst. zugeführt als mit 300 dt/ha Stalldung. Die Nährstoffzufuhr mit dem Stroh ist dagegen geringer, und zur Erhaltung der Bodenfruchtbarkeit wird ein Nährstoffausgleich erforderlich. Im Durchschnitt von 4 untersuchten Standorten ergab sich ein Fehlbetrag von 123 kg N, 88 kg P_2O_5 und 153 kg K_2O/ha. V. Koepke. 672.

2-68/10-0449 Kuzjutin, A. V. Nakoplenie organičeskogo veščestva pod mnogoletnimi travami pri različnych obrabotkach počvy. (**Die Anhäufung organischer Substanz unter mehrjährigen Gräsern bei verschiedener Bearbeitung der Böden.**) Doklady TSChA. Moskovskaja ordena Lenina sel'skochozjajstvennaja akademija imeni K. A. Timirjazeva **1967** Nr. 131. S. 171–175. — 3 Tab., 5 Lit.
Die Wurzelrückstände bilden die Grundlage des Humifizierungsprozesses. Ihre Höhe hängt bes. ab von der Masse der oberirdischen Teile und der Bearbeitungstiefe der Böden. Der Versuch wurde 1954 angelegt mit den Varianten: a) 3schichtiges Pflügen 40···45 cm; b) Pflügen mit ausgeschnittenem Streichblech 40···45 cm; c) Lockerung nach Malzew 40···45 cm; d) normale Pflugfurche 25 cm. Der Pflanzenbestand setzte sich aus Luzerne, Klee und Lieschgras zusammen. Mit Vertiefen der Pflugfurche zu mehrjähr. Gräsern stieg der Anteil an Wurzelresten und Humus. Es wird angenommen, daß sich das Wuzelsystem bei tiefer Bodenbearbeitung intensiver erneuert und mehr abgestorbene Teile humifiziert werden können. W. Schäfer. 672.

2-68/10-0450 Spohn, Eberhard. **Hat Kompost eine Zukunft?** Städtehygiene **17** (1966) Nr. 10. S. 226–227.
Für die Anwendung von Komposten stehen verschiedene Möglichkeiten offen. Die Wirkung zeigt sich nicht nur im Ertrag, sondern auch an der Reaktion des Bodens und im Gesundheitszustand der Pflanzen. Die gegenwärtig zur Kompostherstellung als Ausgangsstoffe zur Verfügung stehenden Materialien Müll und Klärschlamm fallen in solchen Massen an, daß die industrielle Verwertung notwendig ist. Diese scheitert z. Z. noch am Fehlen geeigneter Maschinen. Als weitere wichtige Kriterien für eine erfolgreiche Kompostierung werden aerobe, kontrollierte Rotte und sachgemäße Anwendung der verschiedenen Kompostprodukte (Mulch- und Reifkompost) angesehen. H. Winkler. 675.

2-68/10-0451 Baumgärtel, Wolfgang. **Untersuchungen über die zweckmäßige Bemessung der CaO-Düngung im Bezirk Schwerin zur Erreichung optimaler Boden-pH-Werte bis 1970 unter Berücksichtigung der Standorteinheiten D_1 und D_2.** Dipl.-Arb. Rostock, Landwirtsch. Fak. 1967. (71 S.) 4°. (Dipl. 1277) 678.

2-68/10-0452 Kaempffe, G. C. und Lunt, O. R. Availability of various fractions of urea-formaldehyde. (**Die Verfügbarkeit von verschiedenen Fraktionen von Harnstoff-Formaldehyd-Kondensaten.**) J. agric. Food Chem. **15** (1967) Nr. 6. S. 967–971. — 5 Abb., 2 Tab., 9 Lit.
Die in kaltem Wasser lösliche Fraktion (I) von Methylen-Harnstoff wird schnell mineralisiert, wird offenbar jedoch erst pflanzenverfügbar nach Spaltung und Mineralisierung in NH_4^+ oder NO_3^-. Die Verfügbarkeit dieser Fraktion gleicht der von NH_4NO_3. Die in heißem Wasser lösliche Fraktion II von Methylen-Harnstoff wird langsamer als I mineralisiert (etwa 15% pro Woche am Anfang, etwa 1,5% pro Woche im 4.–6. Monat). Die in heißem Wasser unlösliche Fraktion III wird zu etwa 10% pro Jahr mineralisiert. Starkes Wachstum der Pflanzen fördert jedoch die Mineralisierung infolge stärkerer Mikroorganismentätigkeit. Die Verfügbarkeit wurde in Gefäßversuchen mit *Festuca arundinacea* var. *alta* ermittelt. H. Schößler. 680.

2-68/10-0453 Kozák, M. A nitrogénműtrágyák hatékonyságának problémái szélsőséges meszes homoktalajon. (**Probleme der Wirksamkeit von Stickstoffdüngern auf extrem**

kalkhaltigem Sandboden.) Agrártudományi Közlemények, Budapest **26** (1968) Nr. 3/4. S. 298-300. — Aus: Ung. Agrar-Rdsch. **1968** Nr. 2.
In Versuchen auf Kleinparzellen mit Roggen als Testpflanze wurden Gaben von 50, 100 und 200 kg/ha N als Kalkammoniumsalpeter und als Ammoniumsulfat im Herbst oder Frühjahr verabreicht. Auf schwach humosem Sandboden mit extrem hohem Kalkgehalt wirkten 50 kg/ha N günstig, höhere Gaben brachten keine gesicherten Mehrerträge. Frühjahrsdüngung mit 200 kg N erwies sich bei beiden N-Düngern als gesichert wirksamer als die Anwendung der gleichen Gabe im Herbst. Eine Nachwirkung war selbst bei Verabreichung von 200 kg/ha N nicht nachweisbar. Die Wirksamkeit der Handelsdünger und die Aufnahme der Nährstoffe durch die Pflanze werden durch den hohen und aktiven $CaCO_3$-Gehalt gehemmt. Bei schwach humosen Sandböden kann folglich der hohe Gehalt an $CaCO_3$ als Bodenfehler gelten. Die schädliche Wirkung des Kalkes verstärkt sich durch dessen teilweise sehr feine Verteilung. Demzufolge ist die agronom. Kennzeichnung solcher Böden durch Angabe des Anteils an abschlämmbarem, aktivem $CaCO_3$ zu ergänzen. 680.

2-68/10-0454 Bulatkin, G. A.; Tambow, Zonales Agrochem. Labor. Ispol'zovanie ammiačnoj vody pri vyraščivanii podsolnečnika v uslovijach Tambovskoj oblasti. **(Verwertung von Ammoniakwasser bei der Anzucht von Sonnenblumen unter den Bedingungen des Tambower Gebietes.)** Chimija v sel'skom chozjajstve, Moskva **6** (1968) Nr. 3. S. 57-59. — 1 Tab., 7 Lit.
Die Düngung von Sonnenblumen der Sorte 'Černjanka 66' mit a) Harnstoff oder b) Ammoniakwasser (N-Gehalt 20%) untersucht. Die Versuche wurden mit je 60 kg N/ha auf Parzellen von 0,5 ha einer mitteltonigen, schwach ausgelaugten Schwarzerde mit 3 Wiederholungen durchgeführt. Vor der Aussaat wurde a mit dem Düngerstreuer, b mit einem Spezialgerät 10···12 cm tief eingebracht. Der Samenertrag (dt/ha) stieg bei a bzw. b auf 16,3 bzw. 15,8; das entsprach einem Zuwachs von 12,3 bzw. 8,9%. Der Ölgehalt der Samen betrug in beiden Varianten 45%. Die Ölausbeute betrug 7,3 bzw. 7,1 gegenüber 6,5 dt/ha bei ungedüngten Kontrollen. Die Anwendung von b war gegenüber a jedoch wesentlich rentabler. H. Nürnberger. 680.

2-68/10-0455 Günther, Gustav. **Ergebnisse einiger Harnstoffdüngungsversuche.** Erfahr., Erkenntnisse, Anwend. für d. sozialist. Landwirtsch. Bezirkes Gera **4** (1967) Nr. 8. S. 14-15. — 2 Tab., 4 Lit. 680.

2-68/10-0456 Parr, James F. TVA succeeds in formulating NH_3-S solution. **(TVA hat Erfolg bei Herstellung einer NH_3-S-Lösung.)** Agric. Ammonia News, Memphis/Tenn. **18** (1968) Nr. 1. S. 25. 27. 29–30. 32. — 4 Abb., 3 Tab.
Es wird über einen S-Dünger berichtet, der durch Auflösen von elementarem S in flüssigem wasserfreien NH_3 entsteht. Er kann bis zu 17% S enthalten und stellt ein billiges Mittel dar, auf S-Mangelböden mit S zu düngen. Das Alter der NH_3-S-Lösung hatte keinen Einfluß auf den Tr.-Subst.-Ertrag von Mais. Im feuchten Boden ist der NH_3-S-Dünger wirksamer als im trockenen. K. Robowsky/Paulinenaue. 686.

2-68/10-0457 Anonym. Micronutrients via foliar sprays. **(Mikronährstoffe über Blattspritzung.)** Agric. Chemicals **22** (1967) Nr. 10. S. 23-25. — 3 Abb.
Mit zunehmender Düngung von Kulturen treten Mikronährstoff-Mangelerscheinungen hervor, die oft durch Blattbehandlung sehr wirkungsvoll und schnell behoben werden können. Als Regeln für den Erfolg einer Blattbehandlung gelten: Die Pflanze muß sich im Wachstum befinden, sie darf nicht unter Wassermangel leiden, die Luftfeuchte muß hoch genug sein, um eine genügend lange Verweilzeit des Sprühfilms auf den Blättern und damit die Aufnahme der Mikronährstoffe zu gewährleisten. Die Verabreichung ist am günstigsten frühmorgens, da dann i. allg. Tau auf den Pflanzen liegt, die Stomata geöffnet sind und die Photosynthese im Gang ist. Mißerfolge lassen sich meist auf unsachgemäße Handhabung (Störung des Mikronährstoff-Gleichgewichts, zu viel oder zu wenig Netzmittel) zurückführen. Es wird auf spezielle Mikronährstoffpräparate mit Polyflavonoiden als Komplexbildnern (Rayplexe) verwiesen. P. Stoß. 689.

2-68/10-0458 Žabonos, L. D. Primenenie iodistogo kalija i drugich mikroėlementov pri vyraščivanii ogurcov v vesennich teplicach. **(Anwendung von Kaliumjodid und anderer Mikroelemente bei der Anzucht von Gurken in Frühbeeten.)** Chimija v sel'skom chozjajstve, Moskva **6** (1968) Nr. 2. S. 14-16. — 3 Tab., 15 Lit.

Der Einfluß von KJ allein oder in Kombination mit B (Borax), Mn ($MnSO_4$), Mo ($[NH_4]_2MoO_2$), Cu ($CuSO_4$) und Zn ($ZnSO_4$) auf Ertrag und Qualität von Gurken der Sorte 'Nerosimyj' wurde untersucht. a) Samen wurden vor der Aussaat 24 h in den entspr. Lösungen der Salze gequellt (500 mg/l KJ, 600 mg übrige Elemente) oder b) Pflanzen wurden mit der Nährlösung besprüht (100 mg/l KJ, 600 mg übrige Elemente). Der Zuwachs bei a betrug 13,4···22,5% und war allein durch KJ bedingt. Bei b betrug die Steigerung 13,4···27,4%, sie war durch die Kombination KJ, Mn, Mo und Cu bedingt. Die Tr.-Subst.-Masse der Früchte stieg bei gemeinsamer Gabe aller Spurenelemente um 10···40%. Der Zuckergehalt stieg bei a um 30···60, bei b um 30···70%. Die Wirkung wurde bei a durch die Gesamtkombination, bei b durch KJ und Cu verursacht. Der Askorbinsäuregehalt nahm bei a um 20···70, bei b um 40···50% zu. Darüber hinaus kam es in den Früchten zur Akkumulation von J_2. Aufwand und Kosten betrugen bei a ca. 1/5···1/10 gegenüber b. Zur Anzucht von Frühgurken wurde die Düngung mit KJ und $MnSO_4$ empfohlen.

H. Nürnberger. 689.

D. Düngemitteluntersuchung

2-68/10-0459 Makarevič, V. M. und Kojander, A. E. Opredelenie soderžanija obščego azota v složnych udobrenijach chloraminnym metodom. **(Bestimmung des Gehaltes an Gesamt-Stickstoff in Komplexdüngern nach der Chloramin-Methode.)** Agrochimija, Moskva **1968** Nr. 3. S. 123-126. — 2 Tab., 11 Lit.

Liegt N nur als NH_4^+ vor, wird der wäßrige Extrakt direkt analysiert. Anwesenheit von NH_4^+ und Amid-N erfordern vorheriges Kochen mit 5 ml konz. H_2SO_4. Bei Komplexdüngern wird die Probe (80···100 mg N) mit 25···30 ml H_2SO_4/Salizylsäure-Gemisch (60 g Salizylsäure in 1 l konz. H_2SO_4 lösen) und 5 g $Na_2S_2O_3$ versetzt. Nach Beendigung der Gasentwicklung kocht man 10···15 min, versetzt mit 10···15 g $CuSO_4 \cdot 5\,H_2O/K_2SO_4$-Gemisch (1:15), kocht bis zur Entfärbung und verdünnt auf 500 ml. Ein 10 ml-Aliquot wird zunächst mit 2 n NaOH, zuletzt mit 0,1 n NaOH gegen Methylorange neutralisiert, mit 10 ml Phosphatpuffer pH 6,7 (60 g $Na_2HPO_4 \cdot 12\,H_2O + 30$ g $KH_2PO_4 + 100$ g KBr auf 1 l auffüllen) sowie 5 ml 0,6 n Chloraminlösung (75 g $C_7H_7O_2SNCl\,Na \cdot H_2O$ in dunklem Kolben auf 1 l verdünnen) versetzt und 25 min stehengelassen. Nach Zugabe von 3 ml KJ-Lösung (20 g KJ + 0,5 ml 2 n NaOH auf 100 ml verdünnen) und 8 ml 8%iger Oxalsäure wird ausgeschiedenes J_2 mit 0,1 n $Na_2S_2O_3$ (Stärkelösung) zurücktitriert. N-Gehalt der Tr.-Subst. = 0,04669 · K · A (a–c)/ B · P, wobei K = Titer $Na_2S_2O_3$, A = ml Probelösung, B = ml Untersuchungslösung, verwendet zur N-Oxydation mit Chloramin. P = g Tr.-Subst. a = ml 0,1 n $Na_2S_2O_3$ für Blindversuch, c = ml 0,1 n $Na_2S_2O_3$ für Untersuchungslösung. Der rel. Fehler der Methode übersteigt 1,5% nicht, der Zeitbedarf beträgt 30···40 min.

P. Stoß. 690.

2-68/10-0460 Török, L. A hangyasavas nátrium-formiát oldat alkalmazása komposzt vizsgálatokra. **(Die Anwendung einer Ameisensäure enthaltenden Natriumformiatlösung bei der Untersuchung von Kompost.)** Agrokém. és Talajtan [Agrochem. u. Bodenkunde] **16** (1967) Nr. 3. S. 427-431. — Aus: Ung. Agrar-Rdsch. **1968** Nr. 2.

Es wird eine Methode vorgeschlagen, bei der Ameisensäure enthaltende Natriumformiatlösung zur Bestimmung des Gehaltes an leichtlöslichem P, N und K in Komposten und org. Düngemitteln angewendet wird. 690.

VII. PFLANZENBAU AUF DEM ACKER

B. Fruchtwechsel und Fruchtfolgen

2-68/10-0461 Nesterov, V. G. und Afonina, T. P. K voprosu ob optimizacii sevooborotov v chozjajstve. **(Zum Problem der Optimierung der Fruchtfolgen im Betrieb.)** Doklady TSChA. Moskovskaja ordena Lenina sel'skochozjajstvennaja akademija imeni K. A. Timirjazeva **1968** Nr. 136. S. 103-106. — 2 Tab. — nach Zus.

In der Arbeit wird der erste Versuch einer bioökologischen Optimierung der Fruchtfolgen mittels Elektronenrechner beschrieben. Als Ausgangsdaten wurden die langjährigen Angaben der Klima- und Bodencharakteristik benutzt. Die bei dieser Arbeit angewendete Methode ermöglichte die Bestimmung der optimalen Fruchtfolgen für die betr. Boden- und Klimazone. 710.

2-68/10-0462 Foltinek, Herbert. **Mechanisierung und Fruchtwechsel in der Landwirtschaft.** Förderungsdienst, Wien **16** (1968) Nr. 1. S. 1-6.

Wegen der stark angestiegenen Arbeitslöhne werden in der österreichischen Landwirtschaft zunehmend Großmaschinen und Maschinensysteme eingesetzt, die allerdings wieder hohe Anschaffungskosten bedingen. Man ist daher in der Praxis bestrebt, sich weitgehend zu spezialisieren. Das führt bei der pflanzlichen Produktion zu sehr einseitigen Anbaufolgen mit allen sich daraus ergebenden Schwächen und Nachteilen in biol. Hinsicht. Schließlich werden, da Früchte wie Kartoffeln, Raps, Erbsen, Zuckerrüben schwer absetzbar oder kontingentiert sind oder nicht ausreichende Preise erzielen, oft nur noch Weizen und Gerste gebaut, wobei bewußt Ertragsausfälle in Kauf genommen werden. In dieser Situation ist es die wichtigste Aufgabe der Landwirtschaft, durch optimale Bodenbearbeitung und org. Düngung in irgendeiner Form die Bodenfruchtbarkeit möglichst gut zu erhalten. Dies ist auch im Spezialbetrieb bei sachgemäßem Einsatz geeigneter Bodenbearbeitungsgeräte und Durchführung von Stroh- und Gründüngung möglich. Sicherer erscheint aber weiterhin der Weg über eine Fruchtfolge, zumal der Getreidebau so weit vereinfacht worden ist, daß Arbeitskapazitäten frei werden. V. Ehrenpfordt. 718.

2-68/10-0463 Rauhe, Kurt. **Hinweise zur Erarbeitung von Ackerflächenverhältnissen und Fruchtfolgen — dargestellt am Beispiel der Kooperationsgemeinschaft Berlstedt.** Ratschläge, Erfahr., Inform. für d. sozialist. Landwirtsch. Bez. Suhl **6** (1968) Nr. 3. S. 5-8. — 1 Tab., 3 Lit. — nach Zus.

Am Beispiel der Kooperationsgemeinschaft Berlstedt wird gezeigt, wie die acker- und pflanzenbaulichen Grundlagen der gemeinsamen Feldwirtschaft zu erarbeiten sind. Als ersten Schritt gilt es, Flächen gleicher Anbauwürdigkeit zu Fruchtfolgerotationen zusammenzufassen. Hilfsmittel dazu sind die Bodenschätzungsergebnisse, die Karte der Hauptbodenformen und die klimatischen Messungen. Die gemeinsame Bewirtschaftung der Felder ermöglicht trotz sehr unterschiedlicherStandortbedingungen Fruchtfolgefelder von 65···120ha. Die Trennung nach LPG würde dagegen nur Einheiten von 6···38 ha zulassen. Die Ermittlung der Ackerflächenverhältnisse für die einzelnen Rotationen erfolgt mit Hilfe der linearen Optimierung. Variabel sind die Anteile der Pflanzenarten. Als Bedingungen gelten die Höhe der Erträge (orientiert an Spitzenerträgen und Versuchsergebnissen), die biol. begründete Höchstgrenze des Anbaues (Fruchtfolgeregeln), die Vorfruchtanforderungen, die Kennwerte für Humusverbrauch und -ersatz mit demZiel der Erhaltung und Mehrung der Bodenfruchtbarkeit und für die Beregnungsrotationen schließlich noch die Wassermenge je Halbmonat. 718.

2-68/10-0464 Kotovrasov, I. P. und Semčenkov, G. Ja. Osnovnaja obrabotka počvy i ėffektivnost' udobrenij v sevooborote. (**Pflugtiefe und Effektivität der Düngung in einer Fruchtfolge.**) Vestnik sel'skochozjajstvennoj nauki, Moskva **13** (1968) Nr. 2. S. 1-12. — 8 Tab. Zus. in Engl., Franz., Dtsch.

Vff. berichten über 6jähr. Ergebnisse von Versuchen mit verschiedenen Pflugtiefen in Verbindung mit 3 Düngungsstufen in einer 8feldrigen Fruchtfolge. Tiefe Bodenbearbeitung (28···30 cm) nur zu Wi.-Weizen und mittlere Bearbeitung (20···25 cm) zu den anderen Kulturen erhöhte den ha-Ertrag im Mittel von 5 Jahren bei allen Kulturen um 3,1 GE/ha. Tiefe Bodenbearbeitung zu allen Kulturen außer Erbsen ergab 1,6 dt/ha GE Ertragssteigerung im Vergleich zur Kontrolle. Der höchste Ertrag bei Wi.-Weizen wird durch 20 cm tiefes Pflügen erzielt, doch wird als Vorfrucht zu Zuckerrüben bei tiefer Bodenbearbeitung zu Wi.-Weizen ein Zuwachs von 62 dt/ha Rüben erzielt. Die flache Bearbeitung (10 bis 12 cm) führt bei allen Kulturen zu Mindererträgen. W. Schäfer. 718.

2-68/10-0465 Bauer, F. Adatok vetésforgókisérletek hatéves eredményeiből Duna-Tisza közi lepelhomok talajon. (**Angaben über Ergebnisse sechsjähriger Fruchtfolgeversuche auf Sandboden zwischen Donau und Theiß.**) Agrártudományi Közlemények, Budapest **26** (1967) Nr. 3/4. S. 267-289. — Aus: Ung. Agrar-Rdsch. **1968** Nr. 2.

21 Fruchtfolgen in 4 Serien und 3 Gruppen wurden auf Parzellen von 250 m² geprüft: A) Mais, Roggen, Roggen; B) Silomais, Mais, Roggen; C) Silomais, Mais, Roggen, Roggen. In allen Gruppen waren die Behandlungen der ersten 4 Fruchtfolgen: ungedüngt, 1 Gabe Mineraldünger, 2 Gaben Mineraldünger, Stallmist + 1 Gabe Mineraldünger (1 Gabe Mineraldünger entspricht 30 kg N, 15 kg P_2O_5 und 15 kg K_2O/ha und Jahr, die Stallmistgabe 60 dt/ha). Die übrigen Fruchtfolgen erhielten überall 1 Gabe Mineraldünger sowie verschiedene Behandlungen, die die Stallmistgabe und Gründüngung betrafen. Im Durch-

schnitt der 6 Versuchsjahre und der 3 Fruchtfolgegruppen ergaben eine Gabe Mineraldünger 2,7, 2 Gaben Mineraldünger 4,9 und Stallmist + 1 Gabe Mineraldünger 5,6 GE/kj Mehrertrag im Verhältnis zu den ungedüngten. Als in der Gruppe A der Stallmist zu Gerste statt zu Mais verabfolgt wurde, ergab sich ein Mehrertrag von 1,7 GE/kj. Bei B bewirkte Zottelwicken-Roggengemenge als Gründüngung 4,7, als Grünfutter 7,6 GE/kj Mehrertrag im Vergleich zu den ungedüngten. Bei C bewirkte Steinklee als Gründünger 6,1 und als Grünfutter 6,4 GE/kj Mehrertrag gegenüber den ungedüngten. In dieser Gruppe übertrafen die Hauptfrucht-Gründüngung und Hauptfrucht-Grünfutter Fruchtfolgen nur um 2,3 bzw. 1,5 GE/kj die ungedüngten und waren jenen unterlegen, die ihnen gleich, aber mit 1 Gabe Mineraldünger versehen waren. 718.

2-68/10-0466 Hansen, Lorens und Kjellerup, C. M. Saedskifteforsøg på marsk. (**Fruchtfolgeversuch auf Marschland.**) Tidsskr. Planteavl **71** (1968) Nr. 4. S. 444-455. — 2 Abb., 8 Tab. Zus. in Engl.

1958 bis 1965 wurden auf schwerem Marschboden 2 unterschiedliche Fruchtfolgen verglichen: A. jedes zweite Jahr Getreide, dazwischen Rüben und Kleegras, B. Weizen, Rüben, Gerste und 5 Jahre Wiese. Auf Ertragseinheiten umgerechnet (1 EE = 100 kg Weizen oder Gerste) war der Durchschnitt bei A 64,5 EE, bei B 61,9 EE/ha. Alle Flächen wurden gleich hoch gedüngt. Der Kornertrag war sehr schwankend (± 40%), aber bei guter Marktlage rentabel, während Rübenanbau bei den höheren Kosten und unsicheren Erträgen (± 50%) als unrentabel zu bezeichnen war. Kleegras war für Marschboden der sicherste Anbau (± 25%), verursachte niedrige Kosten und ließ sich durch stärkere N-Düngung erheblich steigern. Ob Getreide- oder Grasanbau in der Fruchtfolge stärker betont werden soll, muß nach den Verkaufspreisen entschieden werden. Rentabilitätsrechnungen mit mehreren Varianten sind angegeben. W. Warwel. 718.

2-68/10-0467 Dahlkvist, A. und Åkerberg, E. Några preliminära resultat från försöksverksamheten vid Brinkagården. (**Einige vorläufige Ergebnisse der Versuche auf Brinkagarden.**) Sveriges Utsädesfören. Tidskr. **78** (1968) Nr. 1/2. S. 67-78. — 1 Abb., 9 Tab., 1 Lit. Zus. in Engl.

Den Versuchshof Brinkagården benutzt die Margarinegesellschaft für Versuche in der Ölfruchtkultur und in der viehlosen Landwirtschaft. 10 Versuche (1953-1964) galten der Anwendung von Stallmist. Gegenüber Handelsdünger gab Stallmist bei Wi.-Raps, Wi.-Rübsen und So.-Weizen nur kleine, unsichere, bei Senf, Öllein und Zuckerrüben sichere Mehrerträge (6…7%). Bei Wi.-Weizen bewirkte Stallmist in den nächsten beiden Jahren nach der Düngung eine Ertragserhöhung von 140 kg/ha. — Ein Versuch mit Kalksalpeter, Kalkammonsalpeter und Kalkstickstoff bei einseitigem Getreideanbau ergab in der Reihenfolge abfallende Erträge. Unterschiede im Angriffsgrad von Fußkrankheiten bei Anwendung dieser Dünger waren nicht festzustellen. — Einige Fruchtfolgeversuche bestätigten, daß die Ertragsgröße von vielen Faktoren , u. a. Vorfrucht, Bodenstruktur, abhängig ist, ein statistisch sicheres und eindeutiges Resultat nicht erreicht werden kann. W. Warwel. 718.

2-68/10-0468 Stichin, M. F. Seveoboroty v severo-zapadnoj zone. (**Die Fruchtfolgen in der nordwestlichen Zone.**) Leningrad: Izd. Kolos. 1966. (159 S.) 8°. (1968 A 558) 718.

C. Saat- und Pflanzgut

2-68/10-0469 Gäde, H.; Quedlinburg, VVB Saat- und Pflanzgut. **Entwicklungstendenzen in der Saatgutproduktion und ihre Auswirkungen auf die Organisation von Saatbaubetrieben.** Inform. sozialist. Landwirtsch. Bez. Schwerin **5** (1967) Nr. 6. Sonderbeil. S. 37 bis 40.

Vf. charakterisiert die Saatgutversorgung der DDR und beurteilt den Entwicklungsstand der Saatgutproduktion aus betriebswirtsch. Sicht. Die VVB Saat- und Pflanzgut stützt sich auf 112 volkseigene Saatzuchtgüter, mehr als 500 Saatbau-LPG und mehrere tausend Vertragspartner, die über 16 als Vermarktungsorgane fungierende DSG-Betriebe in vertikaler Kooperation verbunden sind. Den VEG-Saatzucht und den DSG-Betrieben werden mehr Rechte und Eigenverantwortlichkeit übertragen. Die Saatgutproduktion wurde in den letzten Jahren intensiviert. Ansätze für eine industriemäßige Saatgutproduktion sind vorhanden. Die Konzentration wird schrittweise weiter zunehmen. Der Saatbau wird organisch in das Mechanisierungssystem Mähdrusch eingepaßt und integrierender Bestand-

teil der Betriebsorganisation der Saatbaubetriebe. Vielfältige Kooperationsbeziehungen werden zur Steigerung der Produktion und Senkung des Aufwandes führen. Zur Sicherung dieser Entwicklung hat die VVB Saat- und Pflanzgut entspr. Maßnahmen eingeleitet.
C. Tittel. 720.

2-68/10-0470 Gallarate, G. **Der heutige Stand der mit der Normung und internationalen Regelung des Zuckerrübensaatgutes zusammenhängenden Probleme.** Betteraviers europ., Hannover **1964** Nr. 23. S. 51–53. 720.

2-68/10-0471 Hamrán, J. Magpergés-gátlási kisérletek alfanaftil-ecetsavasnátriummal. **(Versuche mit Na-α-Naphthylazetat zur Verhinderung des Samenausfalles.)** Növényvédelem [Pflanzenschutz] **3** (1967) Nr. 4. S. 166–169. — Aus: Ung. Agrar-Rdsch. **1968** Nr. 2.
Wi.-Weizen, Zuckerrübe, Luzerne und Erbse wurden mit Na-α-Naphthylazetat (I) in Aufwandmengen von 5, 10 und 20 mg/l zwecks Verhütung des Samenausfalls behandelt. Bei Wi.-Weizen und Zuckerrübe bewirkten alle 3 Aufwandmengen bedeutenden Mehrertrag an Samen. Samenluzerne gab trotz des nach der Bespritzung niedergegangenen Regens bei Anwendung von 5 oder 10 mg/l einen höheren Ertrag. Über 20 mg/l zeigten sich bereits die schädlichen Folgen der Überdosierung. Bei Erbsen hatten 10 mg/l und 20 mg/l I trotz des nach der Bespritzung erfolgten Regens einen höheren Ertrag bewirkt. 722.

2-68/10-0472 Barde, H. La production, la certification et l'utilisation des semences de maïs. **(Produktion, Anerkennung und Verwendung von Maissaatgut.)** Agric. romande, Lausanne **6** (1967) Nr. 11. S. 129–133. — 3 Tab.
Es wird über die Aufzucht von Hybridmais berichtet. Regelmäßige Kontrollen des Bestandes und das Entfernen der Fahnen von den Mutterpflanzen sind unbedingt erforderlich. Nach der Samenernte werden im Labor Keimfähigkeit und Triebkraft sowie die Reinheit des Saatguts geprüft. Diese muß 98% betragen, der Wassergehalt darf 13,5% nicht überschreiten. In der Schweiz wird Saatgut von 10 frühen und späten Maissorten produziert. Der Aussaattermin liegt zwischen dem 20. April und 5. Mai. Wegen der Gefahr von Frühfrösten ist künstliche Trocknung der Körner unmittelbar nach der Ernte erforderlich. Um eine exakte Aussaat zu ermöglichen, wird das Saatgut kalibriert in den Handel gebracht.
Th. Hoffmann. 722.

2-68/10-0473 Limonard, T. Some remarks on the preparation of agar tests in seed health investigation. **(Einige Bemerkungen über die Gesundheitsprüfung von Saatgut auf Agar-Nährböden.)** C. R. Assoc. internat. Essais Semences, Wageningen **32** (1967) Nr. 3. S. 603–614. — 3 Abb., 4 Lit. Zus. in Franz., Dtsch. — nach Zus.
Die Entwicklung der Verfahren ist beschrieben, welche die Niederländische Staatliche Samenprüfungsstelle bei Anwendung der Agar-Methode benützt. Anfangs hatte Luftverseuchung die praktische Ausführung des Tests gänzlich verhindert. Dies veränderte sich jedoch durch die Konstruierung einer speziellen Impfkammer, in der die Luft durch einen elektronischen Luftreiniger entseucht wurde. Andere Mittel zur biol. Entseuchung der Umwelt wurden abgeschafft. Die gläsernen Petrischalen wurden durch Kunststoffschalen ersetzt. Die Kunststoffschalen werden mit der von Watson et al. (1966) beschriebenen Gassterilisierungsmethode entkeimt. Diese hat in bezug auf Material- und Arbeitskosten viele Vorteile. Ein anderes kostensparendes Mittel ist die Anwendung von getrocknetem Kartoffelbrei für die Herstellung des PDA (Kartoffel-Dextrose-Agars). Hierdurch werden die Kosten ohne Steigerung des Arbeitsaufwandes um 50% gesenkt. Diese Entwicklungen haben zur Schlußfolgerung geführt, daß die zur Verfügung stehende Laborausrüstung und die bezüglichen Kosten keine Faktoren mehr sein können, welche bei der Wahl zwischen der Agar- und Fließpapiermethode entscheidend sind. 725.

2-68/10-0474 Leach, Charles M. The light factor in the detection and identification of seed-borne fungi. **(Der Lichtfaktor beim Nachweis und bei der Identifizierung von Pilzen, die durch Samen übertragen werden.)** C.R. Assoc. internat. Essais Semences, Wageningen **32** (1967) Nr. 3. S. 565–589. — 6 Abb., 2 Tab., 54 Lit. Zus. in Franz., Dtsch.
Vf. gibt einen Übersichtsbericht zur Frage der Anwendung von Licht bei der Gesundheitsprüfung von Saatgut. Bei vielen Pilzarten wird die Sporenbildung, die zur eindeutigen Identifizierung notwendig ist, durch Licht gefördert. Der kurzwellige Spektralbereich dürfte vor allem dafür verantwortlich sein. In den Versuchen waren Schwarzlicht-Fluoreszenzlampen (NUV/360), die Licht von 320···420 nm ausstrahlen, bes. gut geeignet. Tageslicht-Fluoreszenzlampen strahlen ebenfalls genügend kurzwelliges Licht aus, um die Spo-

renbildung auszulösen. Empfehlungen für die Dauer der Bestrahlung, Anbringung der Lampen und Temperatur werden gegeben. C. Tittel. 725.

2-68/10-0475 Broniewski, S. und Szynalska, M. Zależność procesu kiełkowania od temperatury, światła i pory wysiewów. (**Die Abhängigkeit des Keimungsprozesses von der Temperatur, dem Licht und dem Zeitpunkt der Aussaat.**) Biul. Inst. Hodowli Aklimatyzacji Roślin **1967** Nr. 1/2. S. 55-61. — 2 Abb., 8 Tab., 13 Lit.

Das Saatgut von 6 Kulturpflanzenarten wurde untersucht. Die Kennzahlen der Keimgeschwindigkeit für Tomaten wurden in Tageseinheiten errechnet, für die übrigen Arten in Stunden. Gersten-, Bohnen- und Gurkensaatgut wurden in einer Variante unter Freilandbedingungen angekeimt; Radies-, Tomaten- und Hanfsaatgut in mehreren Temperatur- und Belichtungsvarianten. Höhe Temperatur oder rhythmische Veränderung hatten günstigen Einfluß auf die Keimgeschwindigkeit der Mehrzahl der untersuchten Arten. Meistens wirkten die äußeren Faktoren (Temperatur und Licht) komplex ein. Als günstigster Aussaatzeitpunkt erwiesen sich für Gersten- und Bohnensaatgut die Abendstunden, für Hanfsaatgut die 7. Stunde. Vor und nach den Spitzenzeiten der Keimintensität traten starke Depressionen auf, die oft den Wert Null erreichten. Auf der Grundlage der errechneten Kennzahlen für die Keimgeschwindigkeiten wurden die bisher in den Saatgut-Prüflaboratorien angewandten Termine für die Berechnung der Keimenergie einer Revision unterzogen. PRL/CBR. 725.

2-68/10-0476 Hanzelík, F. und Kelemen, P. Deformačná práca zŕn pšenice pri dynamickom zat'ažení. (**Deformationsarbeit der Weizenkörner bei dynamischer Belastung.**) Pol'nohospodárstvo **13** (1967) Nr. 12. S. 913-926. — 8 Abb., 9 Tab., 10 Lit. Zus. in Russ., Engl.

Der Beitrag enthält Messungsergebnisse aus den Jahren 1964 und 1965 bei dynamischer Belastung der Weizenkörner. Die Deformationsarbeit bei den einzelnen Körnern schwankt von 0,100···0,300 Joule, was auf starke Unausgeglichenheit der untersuchten Probe zurückzuführen ist. Die Durchschnittswerte der Deformationsarbeit waren bei der Weizensorte 'Košútska' etwas kleiner als bei 'Diana I'. Die Deformationsarbeit und damit auch die für die Beschädigung der Körner aufgewendete Energie ist vom Bedarf der Körner in der Ähre abhängig. Die Feuchtigkeit der Körner hat keinen wesentlichen Einfluß auf die Größe der Deformationsarbeit im angeführten Feuchtigkeitsintervall. ČSSR/ÚVTI. 725.

2-68/10-0477 Matthews, S. und Bradnock, W. T. The detection of seed samples of wrinkle-seeded peas (Pisum sativum L.) of potentially low planting value. (**Die Prüfung von Samenproben runzelsamiger Erbsen [Pisum sativum L.] mit potentiell geringem Wert.**) C.R. Assoc. internat. Essais Semences, Wageningen **32** (1967) Nr. 3. S. 553-563. — 3 Abb., 3 Tab., 16 Lit. Zus. in Franz., Dtsch. — nach Zus.

63 behandelte und unbehandelte Erbsenproben wurden unter ähnlichen Feldverhältnissen ausgesät wie Früherbsen. Ein Teil jeder Probe wurde im Laboratorium geprüft. Sämtliche Proben wurden auf Keimfähigkeit geprüft und es wurde die elektrische Leitfähigkeit des Wassers gemessen, in dem die Samen eingeweicht worden waren. Bei einigen Proben wurde auch der lösliche Kohlenhydratgehalt des Wassers bestimmt, in dem sie eingeweicht waren. Die Keimfähigkeitsprüfung im Laboratorium ergab nur wenig Hinweise für die Feldkeimfähigkeit. Die elektrische Leitfähigkeit und der Gehalt des Wassers an löslichen Kohlenhydraten zeigte eine hoch signifikante negative Korrelation mit der Feldkeimfähigkeit. Die elektrische Leitfähigkeit und der lösliche Kohlenhydratgehalt des Einweichwassers korrelierten hoch signifikant miteinander. Die Prüfung der elektrischen Leitfähigkeit ist vorteilhafter als die Prüfung des Gehalts an löslichen Kohlenhydrat und kann als ein möglicher Routine-Test für Proben angesehen werden, die auf dem Feld versagen. 725.

2-68/10-0478 Bernhard, A. **Die Säurefuchsin-Methode beschleunigt die Saatgutprüfung bei Getreide.** Saat- u. Pflanzgut **9** (1968) Nr. 4. S. 80-81. — 1 Abb., 2 Lit. 725.

2-68/10-0479 Schachl, M. **Die Brechung der Keimruhe mit Gibberellinsäure.** Bodenkultur, Wien **19** (1968) Nr. 1. S. 37-45. — 4 Tab., 15 Lit. Zus. in Engl. — nach Zus.

In den humiden Klimagebieten ist frisch geerntetes Getreide meist noch nicht keimreif. Dies hat zur Folge, daß es unter gewöhnlichen Bedingungen nur sehr zögernd und unvollkommen keimt. Als Ursache wird eine noch nicht genügende Aktivierung von Hormonen, die durch Mobilisierung von Enzymen den Abbau der Reservestoffe einleiten, angenommen. Da die Gibberelline in ihrem Aufbau den endosperm-mobilisierenden Hormonen sehr ähnlich sind, wenn es sich hierbei nicht überhaupt um endogene Gibberelline handelt, war es naheliegend, die physiol. bedingte Keimruhe durch Beigabe von Gibberellsäure (GS) zu brechen. Wie aus einer Reihe von Veröffentlichungen entnommen werden kann und wie Versuche des Vf. bestätigen, kann die mangelnde Keimbereitschaft, sofern sie physiol. bedingt ist, mit exogenem Gibberellin gebrochen werden. Die Konz. der wäßrigen GS-Lösung hängt von der Stärke der Keimruhe ab, doch dürften 0,02% (200 ppm) mit wenigen Ausnahmen genügen. Da die Reaktion des Endosperms gegenüber GS temperaturabhängig ist, kann die Brechung der Keimruhe und eine Verkürzung der Keimzeiten gesichert erst bei 20 °C erreicht werden. Vergleichsversuche bei 10 °C und die Verwendung von Ceresan als Beizmittel sollten den zeitlichen Vorsprung bei GS-Behandlung gegenüber der Routinemethode und dem starken klimabedingten Mikroorganismenbefall zeigen, der bei 20 °C nicht genügend und über die biochem. Keimprüfungen schon gar nicht erfaßt werden kann. Nach den vorliegenden Ergebnissen mit GS werden zwar schon in kürzerer Zeit Keimwerte erzielt, die jenen bei 10 °C und 12···14 d Keimzeit gleichkommen. Wenn aber die volle Keimreife eingetreten ist, hat GS keinen gesicherten Einfluß mehr auf den Keimungsverlauf. 726.

2-68/10-0480 Ioniță, M., Petreanu, Florica, Czeisler, Ghizela und Lazăr, Şt. Influența unor acizi organici folosiți ca stimulatori asupra calității boabelor de porumb. (**Einfluß einiger organischer Säuren bei Anwendung als Stimulatoren für Maiskörner.**) Inst. agron. Timişoara, Lucrări ştiinț., Ser. Agron. **9** (1966) S. 187–198. — 10 Tab., 1 Lit. Zus. in Russ., Engl.

Auf alluvialem Wiesenboden der Zone des rotbraunen Waldbodens wurden Maiskörner ausgesät, die mit Bernstein-, Glutar- oder Maleinsäurelösung (0,04%) 24 h behandelt worden waren. Die Stimulantien wurden z. T. mit dem Mehl von *Vigna sinensis, Lupinus albus Phaseolus vulgaris, Vicia faba* und *V. villosa* kombiniert (50 g Mehl + 25 ml der entspr. Lösung, 3,33 g der getrockneten und zerbröckelten Masse je Pflanzstelle). Die Analyse der Körner erfaßte Tr.-Subst., Asche, Rohprotein, Glutelin und Zein. — Einige der Behandlungen hatten guten Einfluß auf Ährenertrag, TKM und Schüttdichte. Die Körner hatten geringeren Wassergehalt als die der Kontrolle oder/gleichhohen. Die Behandlung mit Glutarsäure führte zum höchsten Gehalt an Mineralstoffen, und von den Leguminosen wirkte *V. sinensis* bei allen Säuren am besten. Bezüglich Stärkegehalt ergaben sich Differenzen von −5% bis +4%, außer bei Behandlung mit Ackerbohnenmehl + Maleinsäure, die den Stärkegehalt um 47% steigerte. Als Ausnahme bewirkte *V. villosa* zusammen mit Bernsteinsäure eine bedeutende Steigerung des Rohproteingehalts. Bezüglich der Säuren wirkte am besten Glutarsäure und unter den Leguminosen *P. vulgaris*. Die unterschiedlichen Ergebnisse bezüglich Rohprotein, Glutelin und Zein wurden vor allem von der Glutarsäure beeinflußt. E.-M. Ardelt. 726.

2-68/10-0481 Junges, Walter und Neubauer, W. **Tageslänge, Verdunklung und spektrale Energieverteilung des Lichtes beim Vorkeimen früher und später Kartoffelsorten in der Wirkung auf Entwicklung und Ertrag.** Thaer-Arch. **12** (1968) Nr. 9. S. 797–811. — 1 Abb., 5 Tab., 19 Lit. Zus. in Russ., Engl. — nach Zus.

An 12 Kartoffelsorten und -stämmen verschiedener Reifezeit wurde in 2 Jahren im kleinflächigen Feldanbau die Wirkung folgender Pflanzgutvorbehandlungen geprüft: Tageslänge (9h und 15h), spektrale Energieverteilung des Lichtes (Leuchtstofflampen und Folien in 3 Farbtönen), an die Lichtkeimung anschließende Verdunkelung (verdunkelt gegenüber weiterbelichtet). Die Untersuchungen bezogen sich auf verschiedene Entwicklungsmerkmale (Keimlänge, Jugendwachstum, Blühtendenz, Stengelzahl) und auf den Ertrag (Marktware, Zahl geernteter Pflanzknollen, Stärkegehalt). Zur Erzielung eines hohen Marktertrages und einer hohen Zahl von Pflanzknollen war es stets günstiger, im Kurztag vorzukeimen sowie bei frühen Sorten Licht mit hohem Gelbanteil (Gelbfolie oder Leuchtstofflampen „Weißlicht") und bei späten Sorten Licht mit hohem Rotanteil zu verwenden (Rotfolie oder Leuchtstofflampen „Warmton"). Verdunkelung der vorgekeimten Knollen wirkte sich nur beim Marktertrag später Sorten günstig aus, in den übrigen Fällen aber ungünstig. Die durch optimale Konstellation der Behandlungsfaktoren erreichbaren Mehrleistungen der Pflanzen werden auf 4···8% des bei ungezielter Behandlung erreichten Ertrages geschätzt. Die Frage des Zusammenhanges der Wirkungen, bes. die photoperiodische

Wirkung auf Blühtendenz und Knollenbildung, und die Anwendung der Ergebnisse in der Praxis werden diskutiert. 726.

2-68/10-0482 Lertes, E. und Wismath, H.; Frankfurt/M., Battelle-Inst. **Eine Möglichkeit zur Sichtung von Zuckerrübensamen aus den dielektrischen Verlusten.** Saatgut-Wirtsch. **20** (1968) Nr. 3. S. 91-92. — 1 Abb., 3 Tab., 2 Lit.
Versuche mit Zuckerrübensaatgut ergaben, daß zwischen dessen Wassergehalt und der Keimfähigkeit eine Korrelation besteht, welche die Trennung leerer Früchte von normal ausgebildeten durch dielektrische Messungen statt durch Windsichtung oder Siebsortierung ermöglicht. Bei 33 GHz (dielektrischer Dispersionsbereich von Wasser) wurden monokarpes Saatgut einheitlicher Siebgröße sowie monogermes Saatgut mit oder ohne Samenschale mit Hilfe einer einfachen Hohlleitermeßanordnung (Stehwellenmessungen) untersucht. Eine schmematische Darstellung zeigt das Prinzip der Meßanordnung. Die Entscheidung über den praktischen Wert der Methode in der Saatgutaufbereitung und -untersuchung steht noch aus. E. Herwig/Kleinwanzleben. 726.

2-68/10-0483 Budzynska, J. Zdolność kiełkowania nasion łubinu żółtego (Lupinus luteus L.) w zależności od wilgotności nasion i temperatury środowiska w krótkim składowaniu. **(Die Keimfähigkeit des Saatgutes der Gelben Lupine [Lupinus luteus L.] in Abhängigkeit vom Wassergehalt der Samen und der Umwelttemperatur bei kurzer Lagerungsdauer.)** Biul. Inst. Hodowli Aklimatyzacji Roślin **1967** Nr. 1/2. S. 79-84. — 3 Abb., 4 Tab., 24 Lit. Zus. in Russ., Engl.
Saatgut von Futterlupinen der Ernte 1963 mit 9,2; 9,4; 9,7 sowie 21,1; 22,2 und 23,2% Wassergehalt wurde 115 d in Leinensäckchen mit Polyäthylenüberzug, in Glasflaschen und in Leinensäckchen aufbewahrt. Saatgut der Ernte 1964 13,1; 20,2 und 23,2% Wassergehalt wurde 148 d und Saatgut der Ernte 1965 mit von 8,9; 12,4 und 22% Wassergehalt wurde 171 d in Glasflaschen, in Lagerräumen mit natürlich wechselnder Temperatur und im Laboratorium aufbewahrt. Die Keimfähigkeit von Samen mit $> 20\%$ Wassergehalt und Aufbewahrung bei wechselnden Temperaturen, die einer schnellen Trocknung entgegenwirkten, nahm ab. Eine höhere Umgebungstemperatur beschleunigte bei feuchtem Saatgut den Rückgang der Keimfähigkeit. PRL/CBR. 727.

2-68/10-0484 Lowig, E. **Maßnahmen zum Keimfähigkeitsschutz und ihre Auswirkungen auf den Umgang mit Saatgut.** Saatgut-Wirtsch. **20** (1968) Nr. 4. S. 123-124.
Ausreichende Trocknung und Trockenhaltung des Saatgutes ist der einfachste Weg, um den Keimfähigkeitsrückgang während der Lagerung zu verzögern. Kaltlagerung und Luftentzug wirken bei ausreichend getrocknetem Saatgut günstig auf die Erhaltung der Keimfähigkeit. Konditionierte Lagerräume und wasserdampfdichte Papiersäcke kommen für die Lagerung großer Saatgutmengen infrage. Für kleinere Mengen ist die Verpackung mit wasserdampfdichtem Material angebracht. Bes. Bedeutung hat dies für die Erhaltung von Zuchtmaterial und die Überlagerung wertvollen Saatgutes. Die Verwendung keimschützender Verbraucherpackungen ist bes. für empfindliche Gemüse- und Zierpflanzensamen anzustreben. C. Tittel. 727.

2-68/10-0485 Lorenc-Kubis, I. und Polanowski, A. Białka i polipeptydy ziarniaków niektórych gatunków rodziny Gramineae w okresie rocznego przechowywania. **(Eiweißstoffe und Polypeptide des Saatgutes einiger Arten aus der Familie Gramineae während einjähriger Lagerung.)** Biul. Inst. Hodowli Aklimatyzacji Roślin **1967** Nr. 1/2. S. 23-25. — 2 Tab., 9 Lit. Zus. in Russ., Engl.
Untersucht wurde das Verhalten von Proteinen und Polypeptiden des Saatgutes von *Gramineae* aus der Gruppe der Ährengräser, der Schwingel- und der Straußgräser. Das Saatgut wurde bei 45···55% Umgebungsfeuchte aufbewahrt. Vff. stellten bedeutende Unterschiede im Gehalt an wasserlöslichen sowie an fällbaren und in 0,15 mol. Sulfosalizylsäure löslichen Proteinen fest. Den höchsten Albumingehalt hatte das Getreidesaatgut (1,5 bis 2,2% der Tr.-Subst.), einen mittleren die Früchte von Lieschgras, Welschem Weidelgras und Wiesenschwingel, den geringsten Wiesenrispe und der Wiesenfuchsschwanz (0,3%). Die in Sulfosalizylsäure löslichen Proteine unterscheiden das Saatgut der Getreidearten von den übrigen Grasarten. Mit zunehmender Lagerungsdauer erniedrigte sich bei Weizen- und Roggensaatgut der Albumingehalt und der Gehalt der in Sulfosalizylsäure löslichen Proteine bei gleichzeitigem Anstieg der durch Sulfosalizylsäure fällbaren.
PRL/CBR. 727.

2-68/10-0486 Fredriksson, Per; Lund, Swed. Seed Testing Stat. Identification of seeds by means of thin-layer chromatography. I. Festuca ovina L. and Festuca rubra L. (**Identifizierung von Samen durch Dünnschicht-Chromatographie. 1. Mitt. Festuca ovina L. und Festuca rubra L.**) C. R. Assoc. internat. Essais Semences, Wageningen **32** (1967) Nr. 3. S. 541-551. — 2 Abb., 1 Tab., 16 Lit. Zus. in Franz., Dtsch.
Es wurde geprüft, ob die Dünnschichtchromatographie für die Unterscheidung von Samen nahe verwandter Arten geeignet ist. Der Gehalt des Saatgutes von Rot- und Schafschwingel an Phenolverbindungen wurde zu diesem Zweck mit einem bes. Verfahren analysiert. Auf Glasplatten mit Zellstoffbelag konnte bei geringen Mengen in kurzer Zeit eine Abscheidung erzielt werden. Jeweils 0,1 g Saatgut wurde mit 1 ml konz. HCl + 36 ml Methanol extrahiert; zum Teil wurden auch einzelne Samen verwendet. Die Platten wurden in einer 2%igen wäßrigen Ameisensäurelösung chromatographiert. Die Phenolverbindungen auf dem Chromatogramm wurden unter UV-Licht geprüft. 2 Chromatogramm-Typen konnten mit verschiedenen Typen des Härtlichen Schafschwingels in Verbindung gebracht werden. Die Unterscheidung von Rot- und Schafschwingel war möglich. Härtlicher und Gemeiner Schafschwingel konnten durch die Untersuchung einzelner Samen identifiziert werden.
C. Tittel. 728.

D. Saat und Pflege

2-68/10-0487 Cary, John W. Punch planting. (**Lochsaat.**) Crops & Soils **20** (1968) Nr. 5. S. 11-13. — 7 Abb.
In Gewächshaus- und Freilandversuchen wurden Samen von Mais, Pferdebohnen, Zuckerrüben, Möhren und Salat nach guter Saatbettbereitung in lochartige Vertiefungen eingebracht, nur mit der von den Lochrändern herabrieselnden Erde bedeckt und z. T. mit Emulsionen zur Stabilisierung der Bodenstruktur behandelt. Die Tiefe der Löcher variierte je nach Saatgröße von 5···20 cm bei 2,5 cm Dmr. Die Keimlinge waren vor Erosion, Frost und Verschlämmung besser geschützt als normal gedrillte Kulturen. Bei Mais waren die tieferstehenden Pflanzen stärker bewurzelt und zeigten bessere Standfestigkeit. Bei Bohnen wird ein Häufeln günstiger beurteilt als die tiefe Saatablage. Trotz zeitweilig besserer Pflanzenentwicklung nach Lochsaat waren die Ertragsunterschiede zur Normalsaat nicht signifikant. Für die Zukunft wird besserer Feuchtigkeitsanschluß der Samen bei starker Austrocknung der obersten Schicht, die Saatablage unter die von Herbiziden berührten Schichten und die Direktsaat im Frühjahr in chem. abgetötete Pflanzenbestände als aussichtsreich angesehen.
R. Herzog. 732.

E. Ernte und Ernteverfahren

2-68/10-0488 Feiffer, R. **Neue Erkenntnisse zur Qualitätssteigerung beim Mähdrusch. II. Teil.** Agroforum, Berlin **1968** Nr. 2. S. 10-18. — 23 Abb. 740.

F. Konservierung und Lagerung des Erntegutes

2-68/10-0489 Schukking, S.; Wageningen, Inst. voor Bewaring en Verwerking van Landbouwprodukten. Enkele aspecten van het inkuilen. (**Einige Gesichtspunkte des Silierens.**) Landbouwvoorlichting **25** (1968) Nr. 3. S. 113-121. — 2 Abb., 5 Tab.
Bei der Futtergewinnung besteht die Tendenz, mehr als bisher Silofutter zu bereiten. Seit einigen Jahren wird der Silierung von angewelktem Grünfutter große Aufmerksamkeit geschenkt. Die Qualität der Anwelksilage läßt noch zu wünschen übrig, ein weiteres Problem ist die Selbsterhitzung. Zufügen von Konservierungsmitteln ist notwendig, diesen Arbeitsvorgang sollte man, soweit möglich mechanisieren. Der Gebrauch runder Silos nimmt ab, dagegen wird Plast immer häufiger verwendet, und zwar deutet die Entwicklung auf das Abdecken mit starkwandiger Plastfolie hin, was eine Verstärkung des Risikos bedeutet.
E.-M. Ardelt. 758.

2-68/10-0490 Renner, E. **Über den Zusammenhang zwischen Trockensubstanzgehalt und Qualität der Silage. I. Säureverhältnisse im Gärfutter.** Bayer. landwirtsch. Jb. **44** (1967) Nr. 8. S. 953-978. — 6 Abb., 13 Tab., 53 Lit. — nach Zus.
Untersuchungen über den Tr.-Subst.-Gehalt der Silage und dessen Auswirkungen auf die Säureverhältnisse im Gärfutter, die im Einzugsgebiet der Staatlichen Molkerei Weihenstephan durchgeführt wurden, erbrachten folgende Ergebnisse: Die Schwankungsbreite im Tr.-Subst.-Gehalt von Mais- und Rübenblattsilage mit Maximalwerten $< 30\%$ ist im we-

sentlichen durch das Vegetationsstadium zum Erntezeitpunkt bedingt, bei Rübenblattsilage außerdem durch die Herkunft von Zucker-, Gehalts- oder Massenrüben. Bei Gärfutter aus Gras, Klee und Kleegras treten durch das Anwelken größere Schwankungen in den Tr.-Subst.-Werten auf. Mit steigendem Anwelkgrad des Gärfutters ergeben sich eine Zunahme im Milchsäuregehalt, ein Rückgang der Butter- und Essigsäure sowie ein Maximum des Gesamtsäuregehalts bei etwa 26% Tr.-Substanz. Bei der exakteren Beziehung der Säurewerte auf den Tr.-Subst.-Gehalt läßt sich lediglich für die Milchsäure bis etwa 30% Tr.-Subst. im Gärfutter eine Steigerung feststellen. Im Zusammenhang mit den Säureverhältnissen erhöht sich mit dem Tr.-Subst.-Gehalt der Silage deren Punktbewertung nach Flieg. Da der pH-Wert der Silage weitgehend mit dem auf die Tr.-Subst. bezogenen Milchsäurewert zusammenhängt. zeigt er einen ähnlichen Verlauf wie dieser in Abhängigkeit vom Tr.-Subst.-Gehalt. Es ist möglich, daß die Stabilität des Gärfutters bei hoher Tr.-Subst. infolge der niedrigeren Säurewerte, des höheren pH-Wertes und der lockeren Lagerung des Futters zurückgeht. 758.

2-68/10-0491 Bousset, Jean-A. Modifications induites par l'ensilage dans la composition de la fraction glucidique "soluble" d'un ray-grass d'Italie (Lolium italicum). (**Durch Silierung induzierte Veränderungen in der Zusammensetzung der Fraktion der „löslichen" Zucker bei Welschem Weidelgras [Lolium italicum].**) C.R. Acad. Sci., Paris, Sér. D **265** (1967) Nr. 20. S. 1550-1553. — 1 Tab., 10 Lit. 758.

2-68/10-0492 Schmidt, W. und Wetterau, H. **Anwelken von Futterroggen zur Silierung.** Feldwirtschaft **9** (1968) Nr. 4. S. 175-177. 758.

2-68/10-0493 Votoupal, B. Příspěvek k problematice skladování praných brambor. (**Ein Beitrag zur Problematik der Lagerung gewaschener Kartoffeln.**) Rostlinná Výroba **13**(40) (1967) Nr. 12. S. 1299-1306. — 5 Tab., 13 Lit. Zus. in Russ., Engl., Dtsch.
Die Versuche wurden mit 'Erstling', 'Krasava', 'Český Triumpf' und 'Kotnov' vorgenommen. Vorbedingung für die erfolgreiche Lagerung ist die Unterbringung der gewaschenen Knollen in einem trockenen Milieu, das zwar die durch Atmung verursachten Verluste nicht eingeschränkt, aber die durch Fäulnis hervorgerufenen Verluste stark mindert. Nachweisbare Ertragsunterschiede zwischen Beständen aus gewaschenem und ungewaschenem Pflanzgut sowie eine Beeinflussung des Stärkegehaltes der Knollen traten nicht auf. Es war vor allem das Milieu der Lagerung, welches den allgemeinen Zustand der Knollen und ihren Wert beeinflußt hatte. Waschen und nachfolgende Lagerung der reinen Knollen oder die Lagerung ungereinigter Knollen mit anhaftenden Erdresten waren für den Verlauf der Lagerung nicht entscheidend und bewirkten keine unterschiedliche Qualität der Knollen. Der Anteil org. Beimischungen sollte allerdings höchstens 10% betragen. Die Vorbedingung für eine gute Lagerung sind mechanisch und durch Erkrankungen (hervorgerufen bes. durch *Phytophthora* der Kartoffel) unbeschädigte Knollen. ČSSR/ÚVTI. 759.

2-68/10-0494 Sharrock, J. T. R. The estimation of weight loss in stored potatoes. I. Preliminary investigations. (**Die Berechnung des Masseverlustes bei gelagerten Kartoffeln. 1. Mitt. Vorl. Untersuchungen.**) Europ. Potato J., Wageningen **11** (1968) Nr. 1. S. 45-55. — 8 Abb., 6 Lit. Zus. in Franz., Dtsch. — nach Zus.
Es besteht ein Bedürfnis nach einer raschen und einfachen Methode, um den Masseverlust von gelagerten Kartoffeln zu berechnen. 2 indirekte Methoden werden hier beschrieben Bei der 1. Methode werden die durchbohrten Knollen 24 h in Wasser eingelegt und die prozentuale Massesteigerung infolge Wasseraufnahme berechnet. Diese wurde in Beziehung zum Masseverlust gebracht. Die Korrelation zwischen Wasseraufnahme und bekanntem Masseverlust war 0,88. Eine Probe von 150 Knollen wurde benötigt, um den Standardfehler auf $\pm$ 0,5% zu beschränken, und Überprüfungen zeigten, daß die Methode nicht in gleicher Weise anwendbar war bei Proben, die gegen das Keimen behandelt oder nicht behandelt waren. Andere Nachteile bestanden in der Notwendigkeit, kalibrierte Proben zu verwenden und die Zeitdauer von 24 h abzuwarten, bis Ergebnisse vorlagen. Die 2. Methode beruhte auf der Messung der Zusammendrückbarkeit eines Knollenstückes. Der Druck auf das Knollenstück wurde erzeugt, indem Gewichte von 500 p alle 15 s aufgelegt wurden. Die Zusammendrückbarkeit stieg während der Lagerung an und wurde zum Masseverlust in Beziehung gesetzt. Die Korrelation zwischen dem Kompressionswert für 3,5 kp und dem bekannten Masseverlust war 0,97. Schon eine kleine Probe von 30 Knollen begrenzte den Standardfehler auf $\pm$0,5%. Die Methode ist zuverlässig und hat keinen der Nachteile

der Wasseraufnahme-Methode. Die Regression des Masseverlustes (C) auf den Druck von 3,5 kp (D) war: C = −3.774 + 0,1262 D ± 0.002369D. Die Anwendung dieser Gleichung oder direktes Ablesen vom Diagramm ermöglichte die Berechnung des Masseverlustes aus dem Kompressionswert. Alle diese Untersuchungen wurden mit der Sorte 'Record' durchgeführt. Mögliche sorten- und saisonbedingte Unterschiede werden untersucht, und eine Vereinfachung der Methode durch Verwendung von nur einem statt 10 Gewichten wird entwickelt. 759.

2-68/10-0495 Sharrock, J. T. R. The estimation of weight loss in stored potatoes. II. The modified potato press. (**Die Berechnung des Masseverlustes bei gelagerten Kartoffeln. 2. Mitt. Die modifizierte Kartoffelpresse.**) Europ. Potato J., Wageningen **11** (1968) Nr. 1. S. 56-58. — 1 Abb., 1 Lit. — nach engl. Zus. 1. Mitt. vgl. vorst. Ref.
Eine teilweise vollautomatisierte Modifikation der in der 1. Mitt. beschriebenen Kartoffelpresse wird gezeigt, die einzelnen Stufen bei der Kompression der Knollenmasse werden beschrieben, und ein Vergleich zwischen den Kompressionsgeschwindigkeiten bei der modifizierten und der unmodifizierten Presse wird angestellt. 759.

2-68/10-0496 Finger, H.; Kiel, Bundesanst. für Milchforsch. **Lagerungsverluste verschieden geernteter und eingemieteter Futterrüben.** Wirtschaftseigene Futter **14** (1968) Nr. 1. S. 84-89. — 1 Abb., 3 Tab., 2 Lit.
In 3 Jahren wurden jeweils während des Winterhalbjahres auf folgende Art geerntete Futterrüben (Gehaltsrüben; Anteil von Rüben: Blatt ca. 3,7:1) in Feldmieten eingelagert und die Verluste bestimmt: a) geköpfte Rüben, b) Rüben mit abgeschlagenem Blatt, ohne daß der Rübenkörper verletzt wurde, c) Rüben mit Blatt. Auf Grund der Ergebnisse wird empfohlen, für die erste Hälfte der Winterfütterungsperiode a- oder b-Rüben einzulagern, da die Gesamtverluste (einschl. des getrennt geernteten Blattes) an Tr.-Subst. geringer sind, für die 2. Hälfte der Winterfütterungsperiode jedoch c-Rüben einzumieten, da ihre Haltbarkeit hervorragend ist, lediglich das Blatt geht völlig verloren.
H. H. Budzier/Rostock. 759.

G. Versuchswesen

2-68/10-0497 Osváth, J. Öntözéses növénytermesztési kisérletek tervezése. (**Planung von Pflanzenbauversuchen mit Bewässerung.**) Növénytermelés [Pflanzenbau] **16** (1967) Nr. 3. S. 283-302. — Aus: Ung. Agrar-Rdsch. **1968** Nr. 2. 761.

2-68/10-0498 Robinson, J. Incomplete split plot designs. (**Unvollständige Spaltanlagen.**) Biometrics, Blacksburg/Va. **23** (1967) Nr. 4. S. 793-802. — 1 Abb., 2 Tab., 2 Lit.
Die vom Vf. vorgeschlagene unvollständige Spaltanlage erlaubt es, im Gegensatz zu den geläufigen vollständigen Spaltanlagen, eine Anzahl von Stufen des zweiten Faktors zu prüfen, die größer ist als die Anzahl der Kleinteilstücke innerhalb der Großteilstücke. — Es handelt sich um eine teilweise balanzierte Anlage mit unvollständigen Blocks, d. h., nicht alle Paare von Stufen des zweiten Prüffaktors kommen einmal gemeinsam in einem unvollständigen Block (d. h. in einem Großteilstück!) vor. Für 2 faktorielle Versuche ist die unvollständige Spaltanlage zunächst nur als völlig randomisierte Anlage entwickelt worden. Sie kann aber auch für einfaktorielle Versuche Verwendung finden, wobei die Großteilstücke die unvollständigen Blocks bilden, welche allerdings nicht in Wiederholungen zusammengefaßt werden. G. Bätz. 765.

2-68/10-0499 Freeman, G. H. The use of cyclic balanced incomplete block designs for directional seed orchards. (**Die Verwendung zyklisch balanzierter Anlagen mit unvollständigen Blocks für gerichtete Samenspenderanlagen.**) Biometrics, Blacksburg/Va. **23** (1967) Nr. 4. S. 761-778. — 1 Abb., 1 Tab., 12 Lit.
Für die Planung von Samenspenderanlagen bei windbestäubten Gehölzen werden zyklisch balanzierte Anlagen mit unvollständigen Blocks vorgeschlagen. Sie eignen sich für solche Standorte, wo während der Blüte der Wind vorwiegend aus einer Richtung weht und gewährleisten ein gleichmäßigeres Pollengemisch als Polycross-Anlagen. — Die als Spalten angeordneten unvollständigen Blocks umfassen 3 Prüfglieder. Sie stehen nebeneinander in Windrichtung. — Die Samenspender sind in der mittelsten Reihe angeordnet, die Anlage wird durch Pollenspenderblocks in Richtung der Windeinwirkung abgeschlossen. Die Anlagen sind nur für Planungszwecke entwickelt worden und es werden eingehende Hinweise für die Aufstellung von Strukturplänen für 5···40 Kreuzungspartner gegeben.
G. Bätz. 765.

2-68/10-0500 Dospechov, B. A. O razmeščenii variantov v polevom opyte. (**Die Anordnung der Varianten im Feldversuch.**) Doklady TSChA. Moskovskaja ordena Lenina sel'skochozjajstvennaja akademija imeni K. A. Timirjazeva **1968** Nr. 136. S. 107-113. — 4 Abb., 2 Tab. — nach Zus.
Die systematische Anordnung der Varianten nach den Parzellen des Feldversuchs sichert nicht die Gleichheit der nichterfaßten Bodenfaktoren und führt häufig zu einer starken Verfälschung der Varianteneffekte und ergibt einen erhöhten Versuchsfehler. Die zufällige Anordnung der Parzellen trägt zu einer besseren Erfassung der Bodenunterschiede bei, beseitigt die Korrelation zwischen den Varianten und schafft bessere Vergleichsbedingungen. 765.

2-68/10-0501 Sardana, M. G., Sreenath, P. R. und Malhotra, V. P. Size and shape of plots and blocks in field trials with potato. (**Form und Größe von Parzellen und Blocks in Feldversuchen mit Kartoffeln.**) Indian J. agric. Sci. **37** (1967) Nr. 5. S. 338-355.
In einem Blindversuch von 0,29 ha in Zullundur wurden Grundparzellen zu je 4 Stauden gerodet und zu verschiedenen Parzellengrößen und -formen sowie Blocks kombiniert. Bei 5 Varianten/Block fiel s% bis zu einer Parzellengröße von 360 Stauden, bei 12 Varianten nur bis zu 48 Stauden. Danach trat wieder ein leichter Anstieg ein. Lange, schmale Parzellen waren leicht überlegen. Kostenmäßig schnitten die kleinsten Parzellen am günstigsten ab. Die Blockform zeigte keinen bestimmten Trend. Versuchsanlagen mit Vermengung brachten 18···55% Informationsgewinn. Lateinische Rechtecks (Quadrate) waren wenig effektiv. H. Grieß/Groß-Lüsewitz. 765.

2-68/10-0502 Hoffmann, Erich. **Biometrische Probleme der Auswertung von Dauerversuchen.** Thaer-Arch. **12** (1968) Nr. 9. S. 783-796. — 6 Tab., 3 Lit. Zus. in Russ., Engl. — nach Zus.
Nach Definition einiger bei Dauerversuchen anzuwendender Begriffe und der bei Dauerversuchen als Variationsursachen auftretenden Wirkungsfaktoren werden mehrfaktorielle Varianzanalysen dargestellt mit dem Datenmaterial eines über 60jähr. Dauerversuches. Bei diesem Standort konnten durch den Nährstoffreichtum des Bodens die Prüfgliedunterschiede nur verhältnismäßig gering sein und wurden daher durch Witterungseffekte leichter überdeckt. Aber bei allen Dauerversuchen, die nicht sehr extreme Behandlungsunterschiede enthalten, muß erwartet werden, daß der Dauerbehandlungseffekt, der den wichtigsten Prüffaktor solcher Versuche erfassen soll, nicht eindeutig und quantitativ nachgewiesen werden kann, weil er mit anderen, bes. den durch die Witterung verursachten Wirkungen vermengt ist und in Wechselwirkung steht. Ohne Nachweis der Witterungseffekte und ohne jährlich wiederholte Anfangsbehandlung können Dauerversuche nur in grober Annäherung und meist für die in der Versuchsfrage gesuchten Lösungen unzureichend interpretiert werden. 768.

2-68/10-0503 Rasch, Dieter. **Studium der polnischen Erfahrungen bei der Anwendung der mathematischen Statistik in Biologie und Landwirtschaft, um zu einer rationelleren und informativeren Auswertung der Versuche in der DAL zu gelangen.** Studienreise in die Volksrepublik Polen vom 29. 5. bis 18. 6. 1967. Reisebericht. 1967. (35 S.) 4°. (H 470) 768.

2-68/10-0504 Pettigrew, Hugh M. und Mohler, William C. A rapid test for the poisson distribution using the range. (**Ein schneller Test für die Poisson-Verteilung unter Verwendung der Spannweite.**) Biometrics, Blacksburg/Va. **23** (1967) Nr. 4. S. 685-692.
Ein Näherungstest, der auf der Spannweite basiert, wird vorgeschlagen, um zu entscheiden, ob eine kleine Stichprobe aus einer Grundgesamtheit mit einer Poisson-Verteilung stammt. Sei $X_1 \cdots X_k$ eine Stichprobe aus einer Grundgesamtheit mit Poisson-Verteilung, dann wird gezeigt, daß die approximierten Prozentile R_p der bedingten Verteilung von $R =$ Max X_j — Min X_j bei gegebenem Stichprobenmittel X durch $R_p = \sqrt{x}\, W_p$ gegeben sind. W_p sind die Prozenteile der Verteilung von W, der Spannweite einer Stichprobe von Umfang k aus einer normal verteilten Grundgesamtheit. G. Herrendörfer/Dummerstorf. 769.

2-68/10-0505 Lachenbruch, Peter A. An almost unbiased method of obtaining confidence intervals for the probability of misclassification in discriminant analysis. (**Eine fast unverfälschte Methode zur Konstruktion von Konfidenzintervallen für die Wahrscheinlichkeit einer Fehlklassifikation in der Diskriminanzanalyse.**) Biometrics, Blacksburg/Va. **23** (1967) Nr. 4. S. 639-645.

Man wünscht eine Methode zur Konstruktion von Konfidenzintervallen für die Wahrscheinlichkeiten von Fehlklassifikationen (P_1, P_2), die ohne Rücksicht auf die Verteilung der Beobachtungswerte angewendet werden kann, alle Beobachtungswerte verwendet und unverfälschte Schätzungen von P_1 und P_2 liefert. Eine Methode, die diesen Bedingungen näherungsweise genügt, wird vorgeschlagen. Stichprobenexperimente weisen darauf hin, daß die Methode zur Konstruktion approximativer Konfidenzintervalle für P_1 und P_2 verwendet werden kann. G. Herrendörfer/Dummerstorf. 769.

H. Pflanzen der gemäßigten Zone

2-68/10-0506 Boguslawski, E. von. **Zweck der Internationalen Dauer-Versuche und einige Teilergebnisse. II. Mitt.** Z. Acker- u. Pflanzenbau **127** (1968) Nr. 1. S. 20-39. — 17 Abb., 2 Tab., 23 Lit.

In dieser 2. Mitt. wird über einige Grundprobleme und Teilergebnisse der Internationalen Dauerversuche sowie über Fragen der Auswertung berichtet. Zur vertieften Forschung des komplexen Systems der Bodenfruchtbarkeit und ihrer Veränderung wurden 1957 an 18 verschiedenen Standorten Westeuropas gleichartige Versuchsreihen in der Folge Kartoffeln-Wi.-Weizen-Hafer angelegt in 4 genau fixierten Stufen der mineral. Volldüngung ohne org. Düngung. Die Düngung hat den größten Einfluß auf die Ertragsvariation. Die Ertragskurven lassen sich deutlich als Funktion der Mineraldüngung nachweisen. Zur Auswertung der Beziehungen zwischen Witterung und Ertrag wird mit Hilfe der Regressionsrechnung versucht, eine „optimale“ Kombination der Witterungsfaktoren auf den einzelnen Standorten zu finden. Bei der Aufstellung von Nährstoffbilanzen konnte bei N nur in der 4. Düngungsstufe Ausgleich erreicht werden. Bei K ergibt sich nur in der Düngungsstufe 1 eine positive Bilanz, weil hier K und P ohne N gegeben wurde. P zeigte auf allen Standorten und in allen Düngungsstufen eine mehr oder minder positive Bilanz. Eine wichtige Frage der Auswertung betrifft die Eliminierung der Wirkung der Standortfaktoren Klima und Boden. Das umfangreiche Material bietet vielseitige Perspektiven der Auswertung. W. Schäfer. 770.

2-68/10-0507 Fol'mer, N. I. Dejstvie sternevych kulis na urožaj. (**Die Wirkung von Stoppel auf die nachfolgende Ernte.**) Vestnik sel'skochozjajstvennoj nauki, Moskva **13** (1968) Nr. 2. S. 54-56. — 2 Tab., 8 Lit. Zus. in Engl., Franz., Dtsch.

In den steppenartigen Gebieten des nördl. Kasachstan, des westl. Sibirien und südöstl. des Ural entstehen durch Winderosion und Dürre große Schäden. Durch das Überwintern hoher Stoppeln von 35···40 cm bei Weizen und Hafer und 45···50 cm bei Wi.-Roggen bleibt eine hohe Schneedecke auf den Feldern. Durch den Wassergewinn wurden bei So.-Weizen Mehrerträge von 1,6···7,6 dt/ha Korn und bei Silomais 40···64 dt/ha Grünfutter erzielt. W. Schäfer. 770.

2-68/10-0508 Ivanov, P. K. und Kučer, G. S. Uplotnennye posevy kukuruzy i sacharnoj svekly pri orošenii. (**Mischsaaten von Mais und Zuckerrüben bei Bewässerung.**) Doklady Vsesojuznoj ordena Lenina akademii sel'skochozjajstvennych nauk imeni V. I. Lenina, Moskva **1968** Nr. 2. S. 6-7. — 2 Tab.

Während der Vegetationsperiode wurde die Bodenfeuchtigkeit im Bereich über 70% der Feldkapazität gehalten. Die Pflanzendichte betrug 67000 Pflanzen/ha bei Zuckerrüben und 56000 Pfl./ha bei Mais. Es wurden eingesät: a) Mais in Zuckerrüben nach der 1. oder 2. Bearbeitung der Rüben; b) Zuckerrüben in Mais jeweils zwischen die Reihen; c) gemeinsame Aussaat bei 60 cm Reihenabstand. Die Einsaat von Mais nach der 2. Bearbeitung der Rüben brachte den höchsten Ertrag von 199 dt/FE/ha, gegenüber 173 dt/ha bei der Rübenreinsaat. Im Vergleich dazu brachte Maisreinsaat 92 dt/ha, Mais + Zuckerrübeneinsaat 104 dt FE/ha. W. Schäfer. 770.

2-68/10-0509 Poleznye rastenija prirodnoj flory Sibiri. (**Nutzpflanzen der natürlichen Flora Sibiriens.**) Novosibirsk: Izd. Nauka. 1967. (279 S.) 8°. (1968 A 622) 770.

2-68/10-0510 Navolockij, A. Rešajuščee sredstvo uveličenija proizvodstva zerna. (**Eine bedeutungsvolle Maßnahme zur Steigerung der Getreideproduktion.**) Zernovye i masličnye kul'tury, Moskva **3** (1968) Nr. 3. S. 14-18. — 3 Tab.

Mineral. und org. Düngemittel sind das Hauptinstrument zur Steigerung der Erträge. In der UdSSR standen 1960 11,4 Mill. t mineral. Düngemittel für die Landwirtschaft zur Verfügung; 1966 waren es 31 Mill. t und für 1970 ist eine Bereitstellung von 55 Mill. t

vorgesehen. Vf. nennt eine Reihe von durch Düngung erzielter Ergebnisse, Ertrags- und Rentabilitätssteigerungen aus unterschiedlichen Gebieten der UdSSR. Es wird hingewiesen auf die Steigerung der Qualität mit Hilfe der Düngung; auf den geringeren Wasserverbrauch gedüngten Getreides und auf die Bedeutung des Verbleibs von Schnee auf den Feldern als Maßnahme zur Steigerung der Effektivität der mineral. Düngung.
W. Schäfer. 772.

2-68/10-0511 Schmieder, R. **Verwendungszweck, Anpassungsfähigkeit, Ertragssicherheit der Getreidesorten in der DDR.** Agroforum, Berlin **1968** Nr. 3. S. 15-19. — 4 Abb., 1 Tab. — nach Zus.
Für den Praxisanbau sind von jeder Getreideart mehrere Sorten erforderlich, deren Anzahl sich nach den Verwendungszwecken, der Unterschiedlichkeit der Standorteinheiten und nach dem Erfüllungsstand des Forderungsprogrammes richtet. Da nicht alle geforderten Parameter optimal in einer Sorte zu vereinigen sind, müssen z. Z. bei der Sortenzulassung noch gewisse Konzessionen gemacht werden. Die z. Z. in der DDR zugelassenen Getreidesorten werden beschrieben und die sich daraus ergebenden Schlußfolgerungen für die Lagerwirtschaft gezogen. Sie erstrecken sich vor allem auf die getrennte Erfassung, Bearbeitung und Lagerung je nach beabsichtigtem Verwendungszweck. 772.

2-68/10-0512 Schuster, W. **Über die Variabilität von Einzelpflanzenmerkmalen im Bestand bei Weizen und Roggen unter verschiedenen Wachstumsbedingungen.** Z. Acker- u. Pflanzenbau **127** (1968) Nr. 2. S. 131-148. — 5 Abb., 8 Tab., 31 Lit.
Die Variabilität der Einzelhalme wurde an verschiedenen Standorten, in verschiedenen Jahren und bei unterschiedlicher N-Düngung bei Weizen und Roggen für die Merkmale Ährenlänge, Halmlänge, Kornmasse/Ähre und Kornzahl/Ähre untersucht. Weizen hat gegenüber Roggen stärkere Steuungen (s%) sowohl innerhalb eines Bestandes als auch in den Mittelwerten über Jahre, Standorte und N-Düngung. Es bestehen deutliche Unterschiede in der Variabilität zwischen den einzelnen Merkmalen. Dabei stimmen die Arten recht gut überein. Die höchste Variabilität hat die Kornmasse/Ähre, die geringste die Halmlänge. Auf leichtem Boden, also unter ungünstigen Wachstumsbedingungen, zeigt sich in vielen Fällen eine rel. höhere Variabilität als unter günstigen. Es traten jedoch die mannigfaltigsten Wechselbeziehungen auf, so daß diesbezüglich keine klare Aussage möglich ist.
G. Misselwitz. 772.

2-68/10-0513 Wiberg, A. und Olsson, G. Prins vårvete — en sort med kvalitet. (**Sommerweizen 'Prins' — eine Sorte mit Qualität.**) Sveriges Utsädesfören. Tidskr. **78** (1968) Nr. 1/2. S. 79-86. — 5 Tab., 5 Lit. Zus. in Engl.
Der So.-Weizen 'Prins' erschien 1965 im Handel, entstanden aus 'Diamant II' × 'Kärn II', rückgekreuzt mit 'Kärn II'. Im Vergleichsanbau mit Landweizen, 'Diamant II' und 'Kärn II' betrugen die Mehrerträge rel. 21, 12,4 bzw. 6,6%, die Halmstärke 5,8, 6,7 bzw. 7,9. Im Vergleich mit den älteren So.-Weizen 'Svenno' und 'Ring' war 'Prins' in den meisten Versuchsgebieten gleichwertig oder überlegen. Die guten Böden und günstigen Klimate wurden besser ausgenützt. In einigen anderen Eigenschaften, wie Halmfestigkeit, Reifetermin, lag 'Prins' zwischen den älteren Sorten. Auf die Backeigenschaften wurde bes. Aufmerksamkeit gerichtet. Fallzahl und Rohproteingehalt lagen zwischen den Vergleichssorten, das Brotvolumen war 3,5…3,9% höher. W. Warwel. 773.

2-68/10-0514 Milică, C. I., Hurduc, N., Juncu, Ana-Maria, Pîrjol, Liana und Eustaţiu, N. Capacitatea de rezistenţă la ger în diferite perioade din cursul iernii a soiurilor şi a liniilor noi de grîu de toamnă. (**Frostresistenz von Winterweizensorten und einigen neuen Linien zu verschiedenen Winterperioden.**) An. Inst. Cercetări Cereale şi Plante Tehn., Fundulea, Bucureşti, Ser. C **34** (1966, hrsg. 1967) S. 89-103. — 7 Abb., 3 Tab., 6 Lit. Zus. in Russ., Engl. — nach engl. Zus.
1963 bis 1966 wurde die Frostresistenz von 100 Sorten und einigen Linien von Wi.-Weizen unter den Bedingungen künstlicher Frosterzeugung in Kühlschränken und -hallen ermittelt. Die Schäden wurden nach zwei Systemen verzeichnet und durch die aus der Berechnung resultierenden Werte des Schadenindexes festgestellt. Zur Klassifikation der Sorten wurden 6 Frostresistenzstufen je nach dem Schadenindex (0…10) verwendet. Die Frosteinwirkung auf die Fortpflanzungsorgane wurde mit Hilfe mikroskopischer Analysen der Entwicklungsfähigkeit bei Verwendung von 2-, 3-, 5-Triphenyltetrazoliumchlorid und mittels Aufzeichnungen, die auf einem Färbschema mit 3 Entwicklungsstufen (minimal, mittel, maximal)

basieren, festgestellt. Im Winter konnte eine durch die physiol. Besonderheiten der Sorten und Linien bestimmte Veränderung in der Dynamik der Frostresistenz beobachtet werden. Die 4 Typen unterschieden sich durch den Entwicklungsprozeß der Frostresistenz, durch den Beginn der Keimruhe und die Wiederkehr der Frühjahrsvitalität. Die im Forsch.-Inst. in Fundulea entwickelten neuen Linien zeigten unterschiedliche Frostresistenz. Es gab darunter auch einige Linien, die bessere Eigenschaften als die gegenwärtig in Rumänien empfohlenen Sorten zeigten. 773.

2-68/10-0515 Káposzta, J. Az őszi buza talajelőkészitése talajtipustól függően korai elővetemények után. (**Bodenvorbereitung für Winterweizen, vom Bodentyp abhängend, nach frühräumenden Vorfrüchten.**) Kísérletügyi Közlemények, Növénytermesztés [Mitt. landwirtsch. Versuchsstellen Ungarns, Pflanzenbau] **58/A** (1965, hrsg. 1967) Nr. 3. S. 41 bis 60. — Aus: Ung. Agrar-Rdsch. **1968** Nr. 2.

Der Ertrag erhöhte sich bei keiner der Weizensorten 'Karcagi 344', 'Skorospelka 3/b', und 'Bezostaja 1' durch die Tiefe der Bodenbearbeitung (20···22 cm tiefes Pflügen und 14···16 cm tiefes Scheibeneggen) auf Wiesensolonezboden ohne Mineraldünger. Auf Wiesenlehmboden war Pflügen auf 20···22 cm im 3jähr. Durchschnitt am besten. Die Tiefkultur wirkte nicht ertragssteigernd, bei 'Skorospelka 3/b' sogar ertragsvermindernd. Das Scheibeneggen verursachte im Vergleich zum Pflügen auf 20···22 cm Tiefe nur bei 'Skorospelka 3/b' eine Ertragsverminderung, nicht aber bei den anderen beiden Sorten. Bezüglich der Mineraldüngung (a) ohne Düngung, b) 41 kg N und 36 kg P/Katastraljoch (0,575 ha), c) Bodenvorbereitung bei keiner der Weizensorten und auf keinem Bodentyp die Wirksamkeit der Mineraldünger beeinflußte. Die flachere Bodenvorbereitung war im 3jähr. Durchschnitt wirtschaftlicher als die tiefe Bodenbearbeitung. 773.

2-68/10-0516 Nikiforov, O. A. Povedenie rastenij ozimoj pšenicy pri jarovizacii v uslovijach različnogo vnutrisutočnogo svetovogo režima. (**Das Verhalten von Winterweizenpflanzen bei der Jarowisation unter den Bedingungen verschiedener Tageslichtlängen.**) Doklady Vsesojuznoj ordena Lenina akademii sel'skochozjajstvennych nauk imeni V. I. Lenina, Moskva **1968** Nr. 2. S. 4-6. — 1 Tab., 8 Lit.

Zur Diskussion stehen die Wechselbeziehungen von Licht und Dunkel bei hohen Temperaturen bei der Jarowisation von Wi.-Weizen. Die Aussaat erfolgte am 23. 3. 1963 in Gefäße; am 30. 5. wurden die Pflanzen natürlichen Bedingungen ausgesetzt. Geprüft wurden verschiedene Verhältnisse Licht: Dunkel bei 15···20 C°. Die im 9-h-Tag gehaltenen Pflanzen gingen schnell zum Stadium des Ährenschiebens über. Bei 10 h Licht waren die Perioden Schossen und Ährenschieben etwas verzögert. Die Unterbrechung der Nachtzeit um 1 h Licht schließt die Möglichkeit einer erfolgreichen Jarowisation aus.

W. Schäfer. 773.

2-68/10-0517 Zavgorodnij, F. I. Biologičeskaja raznokačestvennost' koloskov pšenicy pri raznych uslovijach pitanija i ee značenie dlja produktivnosti rastenij. (**Biologischer Qualitätsunterschied der Weizenährchen bei unterschiedlichen Ernährungsbedingungen und seine Bedeutung für die Leistung der Pflanzen.**) Priemy povyšenija urožajnosti s.-ch. kul'tur, Kiev **1967** S. 205-212.

Bei der Untersuchung des Düngereinflusses auf die Entwicklung einiger Wi.-Weizensorten mit Bewässerung ergab sich eine unterschiedliche Qualität der Körner aus den verschiedenen Ährenteilen der Sorte 'Bezostaja 1'. Die TKM betrug im unteren Teil der Ähre 43,8, im mittleren 48,5 und im oberen 40,0 g (Ähre insgesamt 44,7 g); der Rohproteingehalt lag entspr. bei 5,69%, 6,01%, 4,77% (Ähre insgesamt 5,57%). Bei 'Belocerkovskaja 198' erhöhte die Düngung die Zahl der Ähren, Blüten und Körner in der Ähre, bei sehr hohen Düngergaben (180 kg/ha N, P und K) sanken jedoch die TKM auf 45,6···41,1 g (Kontrolle 47,1 g) und der Rohproteingehalt der Körner auf 9,88···9,01% (Kontrolle 10,22%). Dafür stieg aber die Zahl der Ähren je m² (~100 Stück), die der Körner von 10600 auf 12300 bis 13100 Stück/m², die Körnermasse von 500 g auf 598 g/m², die Rohproteinmenge von 51,1 g (Kontrolle) auf 57,2···59,6 g/m² Volldüngung verminderte die Zahl der sterilen Ährchen im unteren Ährenteil etwa auf 1/6, im mittleren Teil auf 1/20. N-Düngung steigerte die Zahl der mehrblütigen Ährchen im oberen Teil der Ähre auf das 3fache, im unteren um 30%. Bei mehrmaliger N-Düngung betrug die durchschnittliche Kornmasse je Ähre 1508 mg, die TKM 46,3 g und der Rohproteingehalt 13,79%. SSSR/VINTISCh. 773.

2-68/10-0518 Erdei, P. und Mózsik, L. Az őszi buzák optimális vetésmélysége. **(Optimale Saattiefe für Winterweizen.)** Kísérletügyi Közlemények Növénytermesztés [Mitt. landwirtsch. Versuchsstellen Ungarns, Pflanzenbau] **58/A** (1965, hrsg. 1967) Nr. 3. S. 17 —39. — Aus: Ung. Agrar-Rdsch. **1968** Nr. 2. 773.

2-68/10-0519 Pete, Z. Az őszi buza kelesztő öntözése. **(Bewässerung von Winterweizen beim Aufgang.)** Magyar Mezögazdaság [Ung. Landwirtsch.] **22** (1967) Nr. 36. S. 10. — Aus: Ung. Agrar.-Rdsch. **1968** Nr. 2. 773.

2-68/10-0520 Simeonov, B. und Petrov, J. Proučvane vŭrchu različni predšestvenici za zimnata pšenica i predseitbenata j obrabotka sled zimni žitni kulturi. **(Untersuchung unterschiedlicher Winterweizenvorfrüchte und der Vorsaatbearbeitung des Bodens nach Winterfutterkulturen.)** Rastenievŭdni nauki, Sofija **4** (1967) Nr. 11. S. 45-54. — 1 Abb., 7 Tab., 15 Lit. Zus. in Russ., Engl. NRB/CSNTI. 773.

2-68/10-0521 Szabó, M. A Bezosztája 1 hazai és külföldi versenytársai a fajtakisérletekben. **(Einheimische und ausländische Konkurrenten der Sorte 'Bezostaja 1' in den Sortenversuchen.)** Magyar Mezögazdaság [Ung. Landwirtsch.] **22** (1967) Nr. 42. S. 10-11. — Aus: Ung. Agrar-Rdsch. **1968** Nr. 2. 773.

2-68/10-0522 Bogomolov, A. M. Ob intensivnosti cvetenija rži i prieme dopolnitel'nogo ee opylenija. **(Über die Intensität des Blühens des Roggens und ergänzende Maßnahmen zu seiner Bestäubung.)** Belorusskaja ordena trudovogo Krasnogo Znameni sel'skochozjajstvennaja akademija. Sbornik naučnych trudov, Gorki **49** (1967) S. 33-46. — 2 Abb., 9 Tab., 6 Lit.

Von 1953-1955 wurden mit einer Wi.-Roggensorte in der Beloruss. SSR Feldversuche durchgeführt. Dabei wurde eine Zusatzbestäubung mit einem Strick in verschiedener Häufigkeit angewandt. Es wurde festgestellt, daß Roggen bes. von 8···10 h intensiv blüht. Die zusätzliche Bestäubung brachte weder eine Erhöhung des Ertrages noch eine Erhöhung der K-Masse. Auch die Kornzahl blieb unbeeinflußt. Vf. empfiehlt, die Zusatzbestäubung in verschiedenen Teilen des Landes gleichzeitig zu überprüfen. G. Pannicke. 775.

2-68/10-0523 Heyland, K.-U. **Zahl der Triebe je Pflanze als pflanzenbauliches Problem, dargestellt am Beispiel der Sommergerste.** Z. Acker- u. Pflanzenbau **127** (1968) Nr. 1. S. 40 bis 52. — 10 Abb., 11 Lit.

In 5jähr. Versuchen wird im Feldbestand die Varianz der ertragbestimmenden Merkmale und deren Abhängigkeit untereinander ermittelt. Den Einfluß von zeitlich begrenztem N-, P-, K-Mangel auf diese Merkmale wurde in 2jähr. Wasserkulturversuchen geprüft. — Die Triebzahl (T.) hat eine große Varianz im Feldbestand. Es ergibt sich kein Zusammenhang mit dem Flächenertrag über die Jahre hinweg, es besteht aber innerhalb der Jahre eine positive Korrelation. N-Gaben bzw. N- und K-Mangel erhöhen bzw. verringern die T. erheblich. Die Einzelkornmasse hat die geringste Streuung und ist überwiegend vom Genotyp abhängig. Kornzahl/Ähre (K) und Flächenertrag zeigen innerhalb der Jahre nur lose Beziehungen, über die Jahre hinweg ergeben sich jedoch deutlich positive Korrelationen. Die K. wird von der Gesamtkonstitution der Pflanze, wie Ernährung in der Jugend, hauptsächlich mit K, der Jahreswitterung u. ä. bedingt. Ein wichtiger Faktor zum Erzielen hoher Erträge ist die bewußte Lenkung der T. je Pflanze. Sie muß mindestens durch geteilte N-Gaben begrenzt werden. G. Misselwitz. 777.

2-68/10-0524 Lincke, Gerhard und Märtin, Boto. **Untersuchungen über den Einfluß einiger vorherrschender Unkrautarten auf das Ertragsbild von Sommergerste.** Thaer-Arch. **12** (1968) Nr. 9. S. 847-857. — 8 Tab., 5 Lit. Zus. in Russ., Engl. — nach Zus.

Grundlage der Auswertung eines Feldversuches mit *Sinapis arvensis*, *Avena fatua* und *Polygonum convolvulus* in So.-Gerste bildeten Grünsubst.-, Tr.-Subst.- und Nährstoffbestimmungen an Unkraut und Gerste, Feuchtebestimmungen des Standortes und Untersuchungen an zahlreichen ertragsbestimmenden Faktoren. Auf Grund ihrer Entwicklungsdynamik und zeitlich verschiedener Konkurrenzeinflüsse erwiesen sich die einzelnen Unkräuter als individuell schädigende Arten, die neben unterschiedlichen Korn- und Stroherträgen auch unterschiedliche Gerstenqualitäten verursachten. Die möglichst frühzeitige Unkrautbekämpfung beeinflußt die Ertragsbildung der So.-Gerste am günstigsten, und nur einzelne Arten lassen eine spätere Bekämpfung ohne größere wirtsch. Schäden zu. 777.

2-68/10-0525 Chiang, Lin-Ying und Robertson, J. A. Growth and yield of progeny of nitrogen and phosphorus fertilized barley plants. **(Wachstum und Ertrag der Nachkommen von Gerstenpflanzen, die mit Stickstoff und Phosphor gedüngt wurden.)** Canad. J. Plant Sci. **48** (1968) Nr. 1. S. 57-66. — 2 Abb., 5 Tab., 14 Lit.

Saatgut von mit N und P gedüngter Gerste, aus 5 verschiedenen Gegenden wurden nach der Ernte in 3 Größenklassen sortiert. Mit diesem Saatgut wurde unter Gewächshaus- und Feldbedingungen die Wirkung der Korngröße und Elterndüngung auf Wachstum und Ertrag der folgenden Generation untersucht. N-Dünger erhöht signifikant den Anteil großer Körner, P hat darauf nur geringen Einfluß. Große Körner bringen kräftigere Sämlinge, weniger kranke Ähren, höhere Korn- und Stroherträge als kleine. Große Körner enthalten 1,6···2,3mal so viel verfügbare Kohlenhydrate und 1,6···1,9mal so viel N (Kjeldahl) wie kleine. Offenbar beruht die Überlegenheit der großen Samen auf der größeren Menge energiespeichernder Stoffe, bes. der Kohlenhydrate. N- und P-Düngung der Eltern hatten nur geringen Einfluß auf das Wachstum der folgenden Generation, wenn gleich große Samen ausgesät wurden. Für eine gegebene Samengröße gibt es keine Unterschiede in der Menge der gesamten verfügbaren Kohlenhydrate in den Samen ungedüngter oder N- und P- gedüngter Eltern. G. Misselwitz. 777.

2-68/10-0526 Kirillova, E. G. Polivnoj režim jačmenja v vysokogořjach Pamira. **(Bewässerung der Gerste in den Hochebenen des Pamir.)** Izvestija Akademii nauk Tadžikskoj SSR. Otdelenie biologičeskich nauk, Dušanbe **1967** Nr. 4. S. 3-16. — 2 Abb., 4 Tab., 31 Lit. Orig.: russ.

Auf den sehr hoch gelegenen Wüstenböden herrscht ein permanentes Wasserdefizit. Hohe Lufttrockenheit, niedriger Feinerdeanteil und rauhes Klima, verbunden mit einer sehr kurzen Vegetationszeit, erschweren den Ackerbau. Das So.-Gerstenstroh ist in diesem Gebiet ein wichtiges Rauhfutter; das Korn wird oft nicht reif. Vf. berichtet über 2jähr. Erfahrungen beim Anbau von So.-Gerste mit Bewässerung auf Sandboden verschiedener Korngrößenzusammensetzung. Zur Erzielung stabiler Erträge ist es wichtig, den Wassergehalt der Böden nicht unter 75% Sättigung der Feld-Wk sinken zu lassen; das gilt für die steinigen und feinerdeärmeren Böden ebenso wie für die Böden mit einem höheren Feinerdeanteil. Die Bewässerungsgaben und Termine sind jährlich verschieden. Bei den Böden der gröberen Kornfraktionen werden bis zu 10 Wassergaben je mit 70···85 mm/ha verabreicht. Für die Böden der feineren Kornfraktion sind Gaben von 38···42 mm/ha und insgesamt etwa 270···380 mm/ha notwendig. W. Schäfer. 777.

2-68/10-0527 Tomovčík, J., Turček, J. und Beržinec, J. Príspevok k stanoveniu fyziologickej zrelosti jarných jačmeňov. **(Beitrag zur Ermittlung der physiologischen Reife der Sommergerstensorten.)** Pol'nohospodárstvo **13** (1967) Nr. 11. S. 860-870. — 6 Abb., 1 Tab., 7 Lit. Zus. in Russ., Engl.

Bei der Bestimmung des Reifegrades der Getreidearten wurden bisher die Eosinmethode allgemein benutzt. Da aber diese Methode bei der Bestimmung des Reifegrades von So.-Gerste bisher nicht geprüft wurde, wurde ein diesbezüglicher Versuch durchgeführt. Es zeigte sich, daß diese Methode die Möglichkeit zur Erlangung einer Übersicht über den Verlauf des Reifens und zur Bestimmung der physiol. Reife der So.-Gerste bietet. Die Eosinprobe kann weniger als 3 h dauern, denn das Eosin erscheint in den Stengeln noch nach 2 h. ČSSR/ÚVTI. 777.

2-68/10-0528 Hozyo, Yoshio und Oda, Keisabro. Studies on the stiffness of culms in barley plants (Hordeum sativum, Jessen). 14. The interrelationship of planting density and culm strength. **(Untersuchungen über die Steifheit der Halme von Gerstenpflanzen [Hordeum sativum, Jessen]. 14. Mitt. Der Zusammenhang zwischen Pflanzdichte und Halmstärke.)** Proc. Crop Sci. Soc. Japan **36** (1967) Nr. 1. S. 85-93. — 12 Abb., 2 Tab., 9 Lit. Orig.: jap., Ausz.: engl.

Eine Sorte mit brüchigem Halm ('Sektorisai-Nr. 1') und 3 Sorten mit festem Halm ('Haganemugi', 'Mitake' und 'Dorirumugi') wurden untersucht. Die Parzellen waren 5 m lang, die Reihenbreite betrug 20, 40, 60 und 80 cm. Bei den Feldversuchen erzielte man die erforderliche Reihenbreite durch Vereinzeln der Reihe von 20 cm mit der Hand. Im Gewächshaus wurden verschieden viele Pflanzen in Gefäßen herangezogen. Bei 'Haganemugi' und 'Sekitorisai-Nr. 1' war die Ährenanzahl/Pflanze bei weitem Reihenabstand höher als bei engem. Die Halmstärke dieser beiden Sorten wird durch die Zunahme der Zahl der Ähren/Pflanze verringert. Bei 'Dorirumugi' und 'Mitake' war die Anzahl der Ähren Pflanze bei weitem und engem Abstand gleich. Die Halmstärke dieser beiden Sorten wird durch die Vergrößerung der Reihenweite erhöht. Bei konstanter Anzahl der Ähren/Pflanze wird die Halmstärke durch Vergrößerung des Abstandes zwischen den Pflanzen erhöht (Gefäß- und Feldversuche). Die Bestandesdichte steht mit Halmstärke und Halmwachstum im Zusammenhang. Die Reaktion der Bestockung auf die Pflanzdichte und Reihenweite ist ein bedeutender Faktor bei der Entscheidung über die anzubauende Sorte. 777.

2-68/10-0529 Popow, G. **Orla 234, ein neuer frühreifer Maishybrid.** Mitt. schweiz. Landwirtsch. **17** (1968) Nr. 3. S. 51-56. — 4 Tab.

Die Hybride 'Orla 234' (O.) wurde von 1960 bis 1966 in 42 Sortenversuchen auf ihre Leistung als Körnermais und Silomais geprüft und 1965 in das Richtsortiment des Schweizerischen Saatzuchtverbandes aufgenommen. Die Sorte zeichnet sich durch Frühreife, hohen Ertrag, Standfestigkeit und niedrige Pflanzenhöhe im Körnermaisanbau aus. In den Silomaisversuchen zeigte sie gute Leistungen bei früher Ernte, während bei späterer Ernte andere Hybriden überlegen waren. Bes. Eignung wurde für den Anbau als Silomais in Grenzlagen des Maisanbaues festgestellt. P. Hahn. 782.

2-68/10-0530 Popow, G. **Orla 272, ein neuer mittelfrüher Maishybrid.** Mitt. schweiz. Landwirtsch. **17** (1968) Nr. 3. S. 56-59. — 4 Tab.

Die Maishybride 'Orla 272' (O.) wurde von 1959 bis 1966 in 63 Versuchen als Körner- und Silomais geprüft und 1965 in das Richtsortiment des Schweizerischen Saatzuchtverbandes aufgenommen. Es ist eine Doppelhybride aus 2 amer. Pferdezahnlinien und 2 mittelfrühen Inzuchtlinien aus dem Linthmais. Im Ertrag, Frühreife unv Standfestigkeit entspricht O. der Vergleichssorte 'Orla 266' . O. ist aber infolge kürzerer Pflanzen für die Ernte mit Maispflückmaschinen besser geeignet. In den Silomaisversuchen zeigte O. die gleichen Leistungen wie die mitgeprüften mittelspäten Orla- und INRA-Hybriden. P. Hahn. 782.

2-68/10-0531 Bunting, E. S. Maize in Europe. (**Mais in Europa.**) Field Crop Abstr. **21** (1968) Nr. 1. S. 1-9. — 159 Lit.

Auf Literaturbasis wird ein Überblick über die Maisprobleme in Europa gegeben. Die Anbauflächen in den einzelnen Ländern stehen in Wechselbeziehung zur Schaffung ertragreicher Hybridsorten. Die Erleichterung der Saatgutproduktion über pollensterile Formen ist noch nicht in allen Ländern gelöst. In den Niederlanden, Österreich, Jugoslawien und Italien sind Sortimente zur Erhaltung von Sorten als „Gen-Bank" aufgebaut worden. Im Anbaugeschehen bei Körnermais findet man in erster Linie Unterschiede in der Pflanzendichte, die in Nordeuropa bei 5···7, in Südeuropa bei 2···3 Pflanzen/m² liegt. Die Anwendung von Triazin-Herbiziden ist überall üblich. In N-Europa wird versucht, Kaltkeimer zu entwickeln und Formen zu schaffen, die schnelles Jugendwachstum aufweisen. Dabei sollte u. a. mehr auf die Selektion von tagneutralen Formen geachtet werden. Die zukünftige Entwicklung des Maisanbaues wird in S-Europa durch das Wirksamwerden der heimischen Zuchtfortschritte gekennzeichnet. Aber auch für N-Europa wird eine optimistische Prognose für den Körnermaisanbau gestellt. D. Ebert. 782.

2-68/10-0532 Pavličić, Jelena. Proučavanje morfoloških i bioloških osobina severoevropskih i srednjoevropskih sorata kukuruza u našim uslovima. (**Untersuchung der morphologischen und biologischen Merkmale nord- und mitteleuropäischer Maissorten unter jugoslawischen Bedingungen.**) Savremena Poljoprivreda, Novi Sad **15** (1967) Nr. 7/8. S. 613 bis 624.

In 3 Jahren (1963-65) wurden 66 Sorten (22 ČSSR, 19 VR Polen, 16 DDR und 9 Litauische SSR) nach morphol. und biol. Merkmalen verglichen (Pflanzenhöhe, Blattanzahl, Kolbenlänge, Kornreihenanzahl, Kornanzahl, Kornlänge, Korndicke). Vf. gibt von den 3 Repräsentativsorten je Land die Untersuchungsergebnisse in Tab. an. Die geprüften Maissorten gehörten zu den Reifegruppen sehr früh, früh und mittelfrüh. Die Höhe der Pflanzen erreicht bis 190 cm, der Kolbensitz ist teilweise sehr niedrig (20,5···76,0 cm). Die durchschnittliche Blattzahl schwankt zwischen 10,0 und 17,6. Die Kornreihen je Kolben zwischen 8 und 20, die Kornanzahl je Reihe zwischen 16 und 38. Die Kolbenlänge variierte von 11,3···20 cm. Die Kornlänge betrug 0,66···1,21 cm, die Korndicke 0,68···1,17 cm. Die meisten der geprüften Sorten brachten gute Erträge und sollen im Zuchtprogramm für neue Silagemaissorten Berücksichtigung finden. G. Jury. 782.

2-68/10-0533 Ivanov, N. N. und Kozyrev, A. I. Sposoby poseva v central'nych černozemnych oblastjach. (**Saatmethoden für Mais in den zentralen Schwarzerdegebieten.**) Kukuruza, Moskva **13** (1968) Nr. 3. S. 10–11. — 4 Abb., 4 Tab.

In diesen Gebieten nehmen Futterkulturen 30% der Ackerfläche ein; mehr als die Hälfte davon ist Mais. Der Anbau erfolgt vollmechanisiert. Zwischen den einzelnen Saatmethoden, Quadratnestverfahren und Reihensaat bis zum Reihenabstand von 104 cm bestehen sowohl beim Grünmasse- als auch beim Kornertrag keine Ertragsunterschiede. Von Einfluß ist nur die Pflanzenzahl je ha. W. Schäfer. 782.

2-68/10-0534 Stojković, Lazar. Dinamika porasta prinosa kukuruza i pšenice kao rezultat delovanja kompleksa agrotehničkih mera. (**Dynamik der Ertragserhöhung bei Mais und Winterweizen als Ergebnis der Einwirkung komplexer agrotechnischer Maßnahmen.**) Savremena Poljoprivreda, Novi Sad **16** (1968) Nr. 1. S. 35–42. — 1 Abb., 2 Tab., 6 Lit. Zus. in Dtsch.

Die Auswertung eines 15jähr. Dauerversuches auf Schwarzerde, der neben verschiedenen Fruchtfolgen auch 2 Pflugtiefen- und 3 Düngungsvarianten enthielt, ergab folgendes: Der Höchstertrag wurde in der Fruchtfolge mit mehrjähr. Grasanbau bei 35 cm Pflugtiefe und einer vollen Stallmist- + NPK-Düngung erzielt. Er lag bei Weizen über 300% und bei Mais ca. 125% höher als in der extensiven Versuchskombination. Bei getrennter Betrachtung der Faktoren wurde durch den Mineraldünger der größte Effekt erreicht. Daraus folgen die Stallmistwirkung, der Fruchtfolgeeinfluß und als schwächster Faktor die Pflugtiefe. D. Ebert. 782.

2-68/10-0535 Ponomarev, V. A. Vlijanie kvadratno-gnezdovogo poseva i čisla rastenij v gnezde na urožaj kukuruzy. (**Der Einfluß der Quadratnestaussaat und der Anzahl der Pflanzen im Nest auf den Maisertrag.**) Doklady TSChA. Moskovskaj aordena Lenina sel'skochozjajstvennaja akademija imeni K. A. Timirjazeva **1968** Nr. 136. S. 5–12. — 2 Tab. — nach Zus.

In der Vorgebirgszone des Gebietes Omsk kann man bei Bewässerung gleich hohe Maiserträge sowohl beim Aussaatverband 70 × 70 cm als auch 60 × 60 erzielen, wenn die Bestandesdichte der Pflanzen optimal ist. Höhe und Qualität des Kornertrages sind in beiden Varianten gleich. Der Verband 70 × 70 muß jedoch bevorzugt werden, da die meisten Landmaschinen für den Maisanbau für 70 cm Reihenabstand gebaut sind. Bei der Aussaat von Hybridmais vom Typ des spätreifen 'Krasnodarskij 5' und des sehr spätreifen 'VIR 338' im Verband 70 × 70 cm müssen 4 Pflanzen im Nest verbleiben; bei dem Verband 60 × 60 cm — je 3 Pflanzen im Nest — wird die Bestandesdichte optimal und beträgt 81···83000 Pflanzen je ha. Mit der Erhöhung der Bestandesdichte bis zu optimalen verringert sich die Größe der Ertragsfaktoren nur unbedeutend: Kornertrag je Kolben, TKM, Kolben- und Kornertragsanteil an der Gesamterntesubstanz. Aber die Durchschnittsmasse eines reifen Kolbens und die Anzahl der Kolben je Pflanze gehen bedeutend zurück. Der Kornertrag steigt jedoch im Vergleich zur Kontrolle (70 × 70 cm, 2 Pflanzen im Nest) um 21··· 25% durch die Erhöhung der Bestandesdichte auf das Doppelte und die Menge an vollwertigen Kolben um 35···52%. Bei weiterer Erhöhung der Bestandesdichte bis auf 122000 bis 166000 Pflanzen je ha verringerten sich Menge und Durchschnittsmasse der Kolben je Pflanze und damit der Kornertrag stark. Der ökonom. Nutzeffekt der bei Bewässerung empfohlenen Bestandesdichte von 81000···83000 Pflanzen (70 × 70 cm je 4 Pflanzen und 60 × 60 cm je 3 Pflanzen im Nest) wird durch den Wert des zusätzlichen Kornertrages bestimmt (16,8···20,0 dt/ha). Aber dabei steigen der Saatgutverbrauch um 30 kg/ha und der Aufwand, der mit Ernte, Bearbeitung und Transport des zusätzlichen Ertrages verbunden ist. Der empfohlene Anbau ist jedoch rentabel. 782.

2-68/10-0536 Kappel, Willy. **Untersuchungen über Korngröße und Kornform sowie deren Einfluß auf Saatgutwert, Wachstum, Entwicklung und Ertrag bei Mais** (*Zea mays* L.). Diss. Landwirtsch. Hochschule Bernburg **1967** 147 S.

An *Zea mays* convar. *dentiformis* und *Z. mays* (convar.) *vulgaris*) wurden Untersuchungen an unterschiedlichen Korngrößen innerhalb mehrerer Sorten durchgeführt. Das Merkmal Korngröße wird in hohem Maße durch Jahresverwitterung, Standort, Nährstoffversorgung, Kornsitz am Fruchtstand und Sitz des Fruchtstandes an der Pflanze modifiziert. Unter dem Aspekt der Saatgutkalibrierung werden Untersuchungsergebnisse über die Korngrößenzusammensetzung sowie über die Dimensionen des Maiskornes mitgeteilt. Unter Labor-

bedingungen weisen kleine Körner höhere Quellungs- und Keimgeschwindigkeiten auf, die sich jedoch auf den Feldaufgang nicht auswirkten. Weitere Wertunterschiede traten nur bei qualitätsgemindertem Saatgut zugunsten großer Körner auf. Keimwurzelzahl, Pflanzenlänge im Jugendstadium sowie Zeitpunkt des Fahnen- und Narbenschiebens stehen in positiver Beziehung zur Korngröße. In ertraglicher Hinsicht wurden alljährlich positive Korrelationen nur bei 'Schindelmeiser' gefunden. 'Siloma' dagegen zeigte im Durchschnitt der 4 Versuchsjahre keine Ertragsunterschiede, jedoch 1962 (ungünstiges Jahr) waren großkörnige Fraktionen überlegen. Schlußfolgerungen werden gezogen.
W. Kappel. 782.

2-68/10-0537 Vinogradov, V. N. Optimal'naja listovaja poverchnost' u odnoletnich bobovych kul'tur dlja polučenija vysokich urožaev. (**Die optimale Assimilationsfläche einjähriger Leguminosen.**) Fiziologija rastenij, Moskva **15** (1968) Nr. 2. S. 361-362. — 2 Abb., 1 Tab., 3 Lit.
1 m^2 Blattoberfläche verarbeitet i. allg. 6···12 g CO_2 und bildet etwa 5···12 g Tr.-Subst./d. Für die meisten Feldkulturen rechnet man mit einer optimalen Blattoberfläche von 30000 bis 60000 m^2/ha. In der Literatur findet man Hinweise, daß Hülsenfrüchte für eine optimale Ernte 70000···100000 m^2/ha Blattfläche benötigen. Nach Versuchen mit mehreren Sorten und Arten von Leguminosen kann dies nicht bestätigt werden. Ein Teil der hochwüchsigen Formen lagerte, und so war der Blattapparat teilweise funktionsunfähig. Entscheidend für die Ertragsbildung ist nicht nur die Größe der Assimilationsfläche, sondern auch ihre Funktionstüchtigkeit. W. Schäfer. 790.

2-68/10-0538 Popov, K. I. und Gorševikova, O. L. O formirovanii urožaja gorocha pri raznych srokach seva. (**Die Ertragsbildung von Erbsen bei verschiedenen Aussaatterminen.**) Vestnik sel'skochozjajstvennoj nauki, Moskva **13** (1968) Nr. 3. S. 104-107. — 2 Abb.; 1 Tab., 12 Lit. Zus. in Engl., Franz., Dtsch.
In Versuchen in der Nähe von Kasan wurde über Wachstumsbeobachtungen, Messungen und Probeernten die Ertragsbildung bei Erbsen verfolgt. Der Blattanteil überwiegt während der gesamten Vegetationsperiode; in der 1. Vegetationshälfte steht das Wachstum der vegetativen Organe im Vordergrund, in der 2. Hälfte das der generativen. Bei der späteren Saatzeit ist das Wachstum der Blätter und Stengel schneller abgeschlossen als bei der früheren. Die Umlagerung der Assimilate erfolgt bei der frühen Saatzeit schneller und intensiver. Die Kornausbildung wird beeinflußt durch den Abfluß der Assimilationsprodukte aus den Blättern und durch Migration der Vorräte bes. aus den Stengeln. W. Schäfer. 792.

2-68/10-0539 Bernhard, A. und Rottländer, M. **Untersuchungen über den Feldaufgang von Ackerbohnen.** Saat- u. Pflanzgut **9** (1968) Nr. 4. S. 82-83. — 3 Abb., 1 Tab., 3 Lit. — nach Zus.
Es sollte geklärt werden, ob die im Keimversuch festgestellten anomalen Keimpflanzen im Freiland in der Lage sind, ertragsfähige Pflanzen auszubilden. Aus den Ergebnissen geht hervor, daß die dargestellten anomalen Typen nicht in der Lage sind, bei der generativen Phase durchzuhalten, es sei denn, es bieten sich äußerst günstige Umstände, die jedoch bei der zeitigen Aussaat der Ackerbohne kaum gegeben sind. Hohe Saatguterträge sind daher nur von hoch keimfähigen Partien zu erwarten, deren Keimfähigkeit mindestens den Anforderungen einer Hochzucht entspricht. 795.

2-68/10-0540 Milinković, Vinko. Pojava pigmentacije na sjemenu soje. (**Das Auftreten der Pigmentierung bei Samen der Sojabohne.**) Savremena Poljoprivreda, Novi Sad 15 (1967) Nr. 12. S. 943-948. — 1 Abb., 6 Tab., 5 Lit. Zus. in Engl. — nach engl. Zus.
Die Untersuchung über das Auftreten einer Pigmentierung bei den Körnern der frühreifenden Sojabohne 'Goldsou' und 'Maximir S 45' wurde bei unterschiedlichen Aussaatzeiten zwischen 1954 und 1957 durchgeführt. Mit Hilfe des $\varkappa^2$-Tests wurde ein Zusammenhang zwischen der Intensität der Pigmentierung und dem Aussaattermin festgestellt. Die Aussaat bis Mitte April gab nur 1···2% pigmentierte Körner, während spätere Aussaaten einen höheren Anteil an pigmentierten Körnern ergaben. Die Aussaat Ende Mai gab bei der Ernte 70% pigmentierte Körner. Proben mit einer größeren Anzahl pigmentierter Körner, d. h. bei späterer Aussaat, hatten schwächere Keimfähigkeit und Triebkraft. Für den Anbau der oben erwähnten Sorten ist die Aussaat Mitte April am besten, weil dann der Ertrag bei geringer Pigmentierung und hoher Keimfähigkeit hoch und sicher ist. 805.

2-68/10-0541 Cherubini, Carlos. Descripcioń y valor comparativo de rendimiento de diez variedades de soya obtenidas en Mendoza (Rep. Argentina). (**Beschreibung und vergleichsweiser Ertragswert von zehn in Mendoza [Rep. Argentinien] erhaltener Sojabohnensorten.**) Rev. Fac. Cic. agrarias, Mendoza/Argentina **12** (1965) Nr. 2. S. 225-265. — 3 Abb., 5 Tab., 55 Lit. Zus. in Engl., Dtsch. 805.

2-68/10-0542 Fenelonova, T. M. O roli list'ev nižnego jarusa v produktivnosti korzinki podsolnečnika. (**Über die Rolle der unteren Blätter für die Produktivität der Körbe von Sonnenblumen.**) Doklady Vsesojuznoj ordena Lenina akademii sel'skochozjajstvennych nauk imeni V. I. Lenina, Moskva **1968** Nr. 2. S. 10-12. — 4 Tab., 13 Lit.
Die Forschungen zu dieser Frage wurden von 1963-1965 mit mehreren Sorten in Gefäß- und Feldversuchen durchgeführt. Mit Einstellung des Wachstums des 5. bis 9. Blattes wurde ihre Assimilationsfläche ermittelt. Die Assimilationsfläche der frühreifenden Sorten ist geringer als diejenige der mittleren Sorten. Bei den mittleren Sorten werden bedeutend mehr Blüten gebildet als bei den früheren Sorten. Bei Veränderung des Verhältnisses zwischen Blattfläche und Korbzahl bei Entfernung der unteren Blätter wird eine Verringerung der Zahl der Blüten, Samen und der Masse der Samen beobachtet. Die einzelnen Sorten reagieren unterschiedlich stark auf die Entfernung der unteren Blätter.
W. Schäfer. 820.

2-68/10-0543 Galgóczi, J. A napraforgó permetező trágyázásának kétévi eredményei a szabolcsi homoktalajon. (**Zweijährige Ergebnisse der Blattdüngung der Sonnenblume auf Szabolcser Sandböden.**) Kísérletügyi Közlemények, Növénytermesztés [Mitt. landwirtsch. Versuchsstellen Ungarns, Pflanzenbau] **58/A** (1965, hrsg. 1967) Nr. 3. S. 71-80. — Aus: Ung.-Agrar-Rdsch. **1968** Nr. 2. 820.

2-68/10-0544 Dunton jun., E. M. Effect of fertilizer analysis and irrigation on yield and quality of potatoes in eastern Virginia. (**Wirkung der Düngerzusammensetzung und Beregnung auf Ertrag und Qualität der Kartoffeln in Ostvirginia.**) Amer. Potato J. **45** (1968) Nr. 1. S. 12-16. — 3 Tab., 5 Lit.
Die Düngervarianten waren a) Düngerzusammensetzung 5-10-5, 2000 lb/acre (entsprach der in Ostvirginia üblichen Düngermenge) b) 5-10-10, 2000 lb./acre; c) 10-10-10, 1000 lb./acre; d) 10-10-10, 1000 lb./acre mit zusätzlicher Kalkgabe; 5. 12-24-12, 833 leb./acre mit zusätzlicher Kalkdüngung. Mit der Kalkung wurde nach den ersten 3 Jahren begonnen. Die Beregnung wurde eingesetzt, wenn die Bodenfeuchte unter 50% sank. In den ersten 4 Jahren war 'Irish Cobbler' und in den anderen 6 Jahren 'Pungo' die Versuchssorte. Im 10jähr. Durchschnitt bestand kein gesicherter Unterschied im Ertrag zwischen den Düngungsvarianten, das gilt sowohl für die unberegnete als auch für die beregnete Variante. In 7 Jahren brachten jedoch die beregneten Parzellen einen höheren Ertrag als die unberegneten. Variante b war für die Gesamtinhaltsstoffe am ungünstigsten. Die Jahreswitterung war von sehr großem Einfluß. 'Pungo' neigt zum Keimen bereits bei der Ernte. Die Düngungsvarianten hatten keinen Einfluß auf diese Erscheinung, doch traten bei den beregneten Parzellen stets weniger gekeimte Knollen auf als bei den unberegneten. Die Beregnung über 10 Jahre hatte keinen ungünstigen Einfluß auf die Bodennährstoffe. Geringfügige Veränderungen im pH-Wert waren auf die unterschiedlichen Düngermengen, die verabreicht worden waren, zurückzuführen. Bei neutralwirkenden Düngemitteln und bei gleichzeitiger Kalkdüngung traten keine Veränderungen im pH-Wert auf.
J. Vogel/Groß-Lüsewitz. 832.

2-68/10-0545 Chruščev, V. G., Lufe, L. S. und Serebrenikov, V. S. Opyt obrabotki rentgenovskim izlučeniem kartofelja pered posadkoj. (**Die Behandlung von Kartoffeln vor der Pflanzung mit Röntgenstrahlen.**) Doklady Vsesojuznoj ordena Lenina akademii sel'skochozjajstvennych nauk imeni V. I. Lenina, Moskva **1968** Nr. 2. S. 19-20. — 1 Abb., 2 Tab., 3 Lit.
Es wird über die Bestrahlung von 80 Knollen der Sorte 'Lorch' von jeweils 60···70 g berichtet. Die Stärke der Dosis betrug 600 r/min; die Entfernung von der Anode bis Mitte Objekt 35 cm. Bei Bestrahlung mit 150 r wurde ein Mehrertrag von 26% erzielt ebenso war hier die größte Pflanzenhöhe und die größte Stengelzahl feststellbar. Während bei 500 r der Ertrag dem der Kontrolle entsprach, bewirkte die Bestrahlung mit 1000 r einen Minderertrag von 25%. Bis 300 r war der Aufgang um 3 d früher gegenüber der Kontrolle.
W. Schäfer. 832.

2-68/10-0546 Hoekstra, C. und Wallenburg, C. van. De teelt van Eigenheimers op de klei- en zavelgronden van de Zuidhollandse eilanden. I. **(Anbau von 'Eigenheimer' auf Ton- und Lehmböden der südholländischen Inseln. 1. Mitt.)** Landbouwvoorlichting 24 (1967) Nr. 5. S. 106-109. — 3 Abb., 1 Tab., 2 Lit.

Auf 3 kalkreichen Böden (schwer, mittelschwer, leicht) wurden 3 jähr. Versuche in jeweils mehreren Betrieben einer Bodenklasse mit der Kartoffelsorte 'Eigenheimer' angestellt. Die Unterschiede im mittleren Ertrag waren auf den 3 Böden geringfügig. Die Ertragsunterschiede der Betriebe einer Bodenklasse waren größer als die der verschiedenen Bodengüteklassen. I. allg. waren die Erträge von 'Eigenheimer' auf schweren Böden zufriedenstellend, wenn Bodenbearbeitung und Nährstoffversorgung gut waren.
E.-M. Ardelt. 832.

2-68/10-0547 Hoekstra, C. und Wallenburg, C. van. De teelt van Eigenheimers op de klei- en zavelgronden van de Zuidhollandse eilanden. II. **(Anbau von 'Eigenheimer' auf Ton- und Lehmböden der südholländischen Inseln. 2. Mitt.)** Landbouwvoorlichting 24 (1967) Nr. 6. S. 142-145. — 2 Abb., 1 Tab., 2 Lit. 1. Mitt. vgl. vorst. Ref.

Im 2. Teil wird die Frage der mißgebildeten („puppigen") Knollen untersucht, deren Anteil 1961 und 1962 bedeutend größer war als 1963. Auf schweren Böden entstand die größte Menge von mißgestalteten Kartoffeln. Laborversuche zeigten, daß hohe Temperaturen die Ursache für Mißbildungen sind. Im Freiland können hohe Temperaturen nur in ausgetrockneten Böden entstehen. Der hohe Anteil puppiger Knollen entstand nur dann, wenn eine sehr niederschlagsarme Periode von Regen abgelöst wurde, so daß das Wachstum von neuem begann.
E.-M. Ardelt. 832.

2-68/10-0548 Hoekstra, C. und Wallenburg, C. van. De teelt van Eigenheimers op de klei- en zavelgronden van de Zuidhollandse eilanden. III. **(Anbau von 'Eigenheimer' auf Ton- und Lehmböden der südholländischen Inseln. 3. Mitt.)** Landbouwvoorlichting 24 (1967) Nr. 7. S. 196-200. — 8 Abb., 5 Tab. 2. Mitt. vgl. vorst. Ref..

1961 bis 1963 wurde auf den südholl. Inseln ein Versuch zur Klärung der bondenkundlichen Voraussetzungen des Kartoffelbaues gemacht. Untersucht wurden die Erträge auf den 3 häufigsten Bodenklassen sowie einige Ertragsfaktoren. Der Struktur der Ackerfurche und der Höhe des Häufeldammes wurde bes. Aufmerksamkeit geschenkt. Der Versuch zeigte eindeutig, daß kontinuierliche Versorgung der Kartoffel mit verfügbarer Bodenfeuchtigkeit von größter Bedeutung ist.
E.-M. Ardelt. 832.

2-68/10-0549 Nafornițǎ, Maria, Petreanu, Florica, Lazăr, Șt. und Bătrîna, T. Rezultate experimentale obținute la cartofii timpurii privind utilizarea îngrășămintelor chimice pe un sol aluvial din regiunea Banat. **(Ergebnisse von Versuchen mit Frühkartoffeln bei Anwendung chemischer Düngemittel auf einem Alluvialboden im Banater Gebiet.)** Inst. agron. Timișoara, Lucrări științ., Ser. Agron. 9 (1966) S. 241-251. — 3 Abb., 9 Tab., 7 Lit. Zus. in Russ., Engl.

Die Kartoffelsorte 'Bintje' wurde mit N, P und K einzeln oder kombiniert, in steigenden Mengen gedüngt. Die kombinierte Anwendung von N-, P- und K-Düngern steigerte den Ertrag um 13% gegenüber dem Mittel aller Parzellen und um 24% gegenüber der Kontrolle. Die besten Erträge wurden auf diesem Boden erzielt, wenn das NPK-Verhältnis 1:1:1 betrug; jedoch waren diese Ergebnisse nicht signifikant. Erhöhte Knollenerträge wurden erzielt mit 48 kg/ha N, 54 kg P_2O_5 und 40 kg K_2O. In qualitativer Hinsicht steigerte die Kombination zur alleinigen N-Düngung.
E.-M. Ardelt. 832.

2-68/10-0550 Derco, M. Vplyv syntézy faktorov na úrodu skorých zemiakov v závlahových podmienkách. **(Einfluß der Faktorensynthese auf den Ertrag der Frühkartoffeln unter Bewässerungsbedingungen.)** Rostlinná Výroba 14(41) (1968) Nr. 1. S. 53-84. — 5 Tab., 39 Lit. Zus. in Russ., Engl.

Den größten Einfluß auf die Knollenerträge hatte der Bewässerungshaushalt, die Sorte, die Bestandsdichte und die Nährstoffversorgung. Ökonom. am vorteilhaftesten war folgende Kombination: Sorte 'Climax', Bestandsdichte 6500 Stauden/ha, Bewässerung auf 50···60% Sättigung der nutzbaren WK und durchschnittliche Nährstoffversorgung. Bei der nichtbewässerten Variante und ferner auch bei höherer Bestandsdichte und mittleren Nährstoffgaben war der Stärkegehalt der Knollen höher. Der Stärkegehalt schwankte nur wenig, so daß bei höherem Knollenertrag, bes. bei Bewässerung, trotz niedrigerem Stärkegehalt im Vergleich zur Variante ohne Bewässerung (mit höherem Stärkegehalt) ein höherer Stärkeertrag je Flächeneinheit erzielt wurde. ČSSR/ÚVTI. 832.

2-68/10-0551 Pushkarnath. Seed potato production in the sub-tropical plains of India. **(Pflanzkartoffelerzeugung in den subtropischen Ebenen Indiens.)** Amer. Potato. J. 44 (1967) Nr. 12. S. 429-441. — 6 Abb., 6 Tab., 3 Lit.
Der erfolgreiche Kartoffelbau in den subtropischen Gebieten hängt vor allem von der richtigen Sortenwahl und der Verwendung gesunden Pflanzgutes ab. Es treten vor allem S-, X-, A- ,Y- und Blattrollvirus auf. 80% aller Viruskrankheiten entfallen auf Y- und Blattrollvirus. Die Ertragsminderung durch Abbau beträgt mehr als 50%. Pflanzgut wurde zunächst nur in den nördlichen Höhenlagen erzeugt. Wegen der begrenzten Möglichkeiten der Pflanzguterzeugung im Norden des Landes und der großen Transportentfernungen wurde geprüft, ob auch in den subtropischen Gebieten die Pflanzguterzeugung möglich ist. In den Ebenen wird zwischen Sept. und April 3mal geerntet; früher Anbau von Sept. bis Dez., Hauptanbau von Okt./Nov. bis März, Spätanbau von Dez./Jan. bis April. Untersuchungen über den Aphidenbefall der Kartoffel nach der 100-Blatt-Methode ergaben, daß nur von Mitte Jan. bis Mitte März erheblicher Blattlausbefall auftritt. Kartoffeln des Frühanbaues werden davon überhaupt nicht betroffen, die des Hauptanbaues nur in der letzten Wachstumsperiode. Die Kartoffeln des Spätanbaues dagegen sind dem Aphidenball in bes. Weise ausgesetzt und können durch Virus stark infiziert werden. Zur Pflanzguterzeugung können demzufolge auch die Gebiete der subtropischen Ebenen herangezogen werden, wenn die Kartoffeln zeitig im Herbst gepflanzt, während der Vegetation selektiert werden und das Kraut rechtzeitig vernichtet wird. Die Befunde zeigen, daß in den subtropischen Gebieten erzeugtes Pflanzgut annähernd denselben Gesundheitszustand aufweisen kann wie das in den Gebirgsgegenden angebaute. Die Knollenerträge waren von Pflanzgut, das in den Subtropen erzeugt worden war, höher als von Pflanzgut aus den Gebirgsgegenden. J. Vogel/Groß-Lüsewitz. 832.

2-68/10-0552 Filippov, V. V. Zaguščennye posadki kartofelja raznych sortov na semennye celi. **(Dichteres Auspflanzen verschiedener Kartoffelsorten zur Pflanzgutgewinnung.)** Doklady TSChA. Moskovskaja ordena Lenina sel'skochozjajstvennaja akademija imeni K. A. Timirjazeva **1968** Nr. 136. S. 25-32. — 3 Abb., 3 Tab., 12 Lit. — nach Zus.
Das dichtere Auspflanzen von 90000···95000 Knollen je ha im Verband 70 × 15 cm hat keinen negativen Einfluß auf die Knollenqualität. Der Knollenertrag erhöht sich bei 'Prickul'skij' um 26···40% und bei 'Lorch' um 29···51%. Der Saatgutertrag stieg bei 'Prickul'skij' um 51···58% und bei 'Lorch' um 54···52%. Der Mehraufwand an Saatknollen beim dichteren Pflanzen wird durch den Mehrertrag (das 2...3fache des Meeraufwandes an Knollen vor 50···60 g Durchschnittsmasse) übertroffen. Bei dichterem Auspflanzen steigt der Ertrag an ausgeglichenen Saatkartoffeln, deshalb bleiben auch die Sorteneigenschaften besser erhalten. Auf Grund der Versuchsangaben kann man für den Pflanzkartoffelanbau eine Pflanzdichte empfehlen, die bedeutend über der gewöhnlichen liegt. Dadurch wird der gesamte Kartoffelertrag gesteigert und die Ausbeute an Pflanzgut fast um das Doppelte erhöht. 832.

2-68/10-0553 Cojocaru, C., Naforniţă, Maria, Turcu, V., Mihancea, Georgeta, Petreanu, Florica, Lazăr, Şt. und Bătrîna, T. Contribuţii la studiul desimii de plantare la soiul de cartofi bintje pe un sol aluvial în regiunea Banat. **(Beitrag zur Untersuchung der Pflanzdichte von Kartoffeln der Sorte 'Bintje' bei Anbau auf einem Alluvialboden im Banater Gebiet.)** Inst. agron. Timişoara, Lucrări ştiinţ., Ser. Agron. **9** (1966) S. 253-260. — 4 Abb., 2 Tab., 8 Lit. Zus. in Russ., Engl.
Die geprüften Pflanzdichten waren folgende: 83333, 47619 sowie 42500 Pflanzstellen/ha. Der Versuch wurde nach dem Lateinischen Quadrat angelegt. Der Ertrag wurde nach Quantität und Qualität ermittelt. U. a. wurde der Stärkegehalt bestimmt. Die höchsten Erträge ergaben sich bei 83333 Pflanzstellen. Er lag um 19% über dem Gesamtmittel und um 41,6% über der 3. Variante. Die quantitativen und qualitativen Analysen zeigten ein progressives Ansteigen des Stärkeetrages pro Flächeneinheit mit steigender Pflanzdichte. Bezüglich der Kosten ergaben sich keine größeren Differenzen infolge der bedeutenden Steigerung des Pflanzgutbedarfs bei der ersten Variante. E.-M. Ardelt. 832.

2-68/10-0554 Schippers, P. A. The influence of rates of nitrogen and potassium application on the yield and specific gravity of four potato varieties. **(Einfluß von Stickstoff-**

und Kaliumgaben auf den Ertrag und die Dichte von vier Kartoffelsorten.) Europ. Potato J., Wageningen 11 (1968) Nr. 1. S. 23-33. – 5 Abb., 3 Lit. Zus. in Franz., Dtsch. – nach Zus.

Der Einfluß von 0, 80, 160 und 240 kg N/ha (je zur Hälfte als Salpeter und Ammoniak), je kombiniert mit 1, 100, 200 oder 300 kg K_2O/ha (als Sulfat), auf Knollenertrag, Dichte und Tr.-Subst.-Ertrag wurde an den Sorten 'Aristo', 'Irene', 'Libertas' und 'Ijsselster' auf 12 Versuchsfeldern (sandiger Boden) untersucht. Trotz K-Mangels im Boden verbesserte eine K-Gabe die Tr.-Subst.-Erträge nicht, da die Erhöhung des Knollenertrages durch eine entspr. lineare Abnahme des Tr.-Subst.-Gehaltes (Bestimmung der Dichte) ausgeglichen wurde. Eine Gabe von 80 kg N/ha bewirkte ein bedeutendes Ansteigen des Tr.-Subst.-Ertrages, aber eine weitere Gabe von 80 kg N/ha hatte keinen Einfluß, ausgenommen bei 'Libertas'. die eine schwache Zunahme zeigte. Eine nochmalige Erhöhung der N-Gabe um 80 kg/ha bewirkte bei allen Sorten ein Absinken des Tr.-Subst.-Ertrages, verursachte bei 'Aristo', 'Irene' und 'Ijsselster' eine Abnahme der Dichte, nur 'Libertas' reagierte mit einer Zunahme, gefolgt von einer Abnahme. Die Sorten reagierten in ihrer Dichte unterschiedlich auf die verschiedenen Kombinationen der angewendeten N- und K-Mengen. Nach Umrechnung der Dichte in Tr.-Subst.-Gehalt wurden die Gesamtmengen an Tr.-Subst. und Wasser ermittelt. Bei höheren N-Gaben stieg die Wassermenge deutlich an, was die Transportkosten erhöhte, während der Tr.-Subst. Ertrag nicht zunahm. Die einzige Wirkung der K-Düngung bestand in der Zunahme der Wassermenge in den Knollen. Die sortenbedingten Unterschiede waren beträchtlich. Nach Errechnung des Ertrages an Chips auf der Grundlage der Dichte dürfte die Ertragsabnahme infolge der N-Gabe bei 0% ('Libertas') bis 0,7% ('Aristo') für die ersten 80 kg/ha, und bei 0% ('Libertas') bis 0,8% ('Aristo') für die zweiten 80 kg/ha liegen. Die K-Gabe dürfte eine Ertragsabnahme von 0,3··0,5% pro 100 kg K_2O/ha bewirken. Die Zunahme des Ölgehaltes der Chips dürfte sich im gleichen Rahmen bewegen. 832.

2-68/10-0555 Rasulov, Dž. A. Vlijanie udobrenij na azotnyj obmen i kačestvo klubnej kartofelja v Dagestanskoj ASSR. **(Der Einfluß der Düngung auf den N-Haushalt und die Kartoffelknollenqualität in der Dagestanischen ASSR.)** Agrochimija, Moskva **1968** Nr. 3. S. 24-27.

In Feld- und Gefäßversuchen wurden ein schwerer Gebirgsschwarzerdeboden (pH = 8,2, Humus = 4,7%, leicht hydrolysierbarer N 51 mg/kg) und ein mittlerer schwarzerdeähnlicher Gebirgsrasenboden (pH 7,7, Humus 6,8%, N 100 mg/kg) geprüft. Der höchste Gehalt an Gesamt-N in den Blättern wurde während der Knospenbildung festgestellt. Eine Verdoppelung der Düngergabe von 60 kg/ha NPK zeigte ertragsmäßig keinen Effekt, führte aber zu höherem Rohproteingehalt. Bei einseitiger Düngung verminderte sich der Rohproteingehalt. In den Knollen führte steigende Mineraldüngung zu steigendem N-Gehalt aller Formen und zu sinkendem Stärkegehalt. H. Grieß/Groß-Lüsewitz. 832.

2-68/10-0556 Dunton jun., E. M. Fertilization and irrigation of potatoes in Virginia. **(Düngung und Bewässerung der Kartoffeln in Virginia.)** Amer. Potato. J. **44** (1967) Nr. 12. S. 419-424.

In 10jähr. Feldversuchen mit 75···150 lb./acre NP und K (10-10-10) wurde festgestellt, daß die Bewässerung keine Erhöhung der allg. empfohlenen Norm von je 100 lb. N, P_2O_5 und K_2O (Bandausbringung beim Pflanzen) verlangt. Will man 150 lb. geben, so ist es besser, $^1/_3$ davon bereits zur Vorfrucht zu verabfolgen. Unabhängig von der Bewässerung bewirkte die niedrigste Düngung den niedrigsten Ertrag. In 5 von 8 Jahren stieg der Marktwareertrag durch Bewässerung an, in 2 Jahren sank er ab und in 1 Jahre trat keine Wirkung ein. Bei hohen Düngergaben und fehlender Bewässerung trieben die Augen in größerem Maße vor der Ernte aus. H. Grieß/Groß-Lüsewitz. 832.

2-68/10-0557 Zamotaev, A. I. und Mosin, M. A. Dejstvie preduboročnogo uchoda na urožaj i sniženie mechaničeskich povreždenij kartofelja. **(Die Wirkung von Maßnahmen vor der Ernte auf den Ertrag und die Verminderung der mechanischen Beschädigungen der Kartoffeln.)** Vestnik sel'skochozjajstvennoj nauki, Moskva **13** (1968) Nr. 2. S. 64-68.

1965 wurde bei Moskau auf 2 Bodenarten mit 2 Sorten ein Versuch mit folgenden Varianten angelegt: a) ohne Krautschlagen, b) Kraut 2 Wochen vor der Ernte geschlagen, c) Kraut gezogen, d) Kraut geschlagen und Dämme abgewalzt, nur Dämme abgewalzt. Die Sorte 'Lorch' brachte folgende Erträge: a) 274 dt/ha = 100%, b) 90%, c) 75% d) 92% und e*)

93%. Die Dicke des Periderms und der Anteil mechanisch beschädigter Knollen betrugen a) 8,5 μm bzw. 34% b) 13,7 μm bzw. 32%, d) 16,2 μm bzw. 16%. Durch das Krautschlagen und Abwalzen wurden Boden- und Knollenwassergehalt vermindert. Eine Störung des Wurzelsystems vor der Ernte wird als günstig angesehen. Große Knollen halten einer größeren statistischen jedoch einer niedrigeren dynamischen Belastung stand als kleine.
H. Grieß/Groß-Lüsewitz. 832.

2-68/10-0558 Grigg, Gary T. und Chase, Richard W. The effect of washing potatoes with wash solutions containing chlorine. **(Die Wirkung des Waschens der Kartoffeln bei Verwendung chlorhaltiger Waschlösungen.)** Amer. Potato. J. 44 (1967) Nr. 12. S. 425 bis 428. — 2 Abb.
Ganze und geschnittene Knollen der Sorte 'Onaway' wurden 30 s in Chlorslösungen gewaschen, deren Konz. 50, 100, 500, 1000, 5000 oder 10000 ppm betrug. Anschließend wurden die Kartoffeln bei 60 F und 90% rel. Luftfeuchte gelagert. In anderen Versuchen wurden Waschzeit (30, 60 und 120 s) und Konz. der Lösungen variiert. Schließlich wurde die Wirkung dieser Behandlung auf das Ergrünen und die Wundheilung der Kartoffeln untersucht. Konz. über 1000 ppm führten zur Verfärbung nach 24 h Lagerung. Bei diesen Konz. zeigte sich auf den Schnittflächen eine Dunkelfärbung. Durch die unterschiedliche Waschzeit wurden keine Verfärbungsunterschiede hervorgerufen. Durch keine der Behandlungsvarianten wurde die Neigung der Knollen zum Ergrünen vermindert. Unterschiede in der Wundheilung wurden ermittelt. Die Behandlung geschnittener Knollen führte meistens zur Ausbildung einer stärkeren Schutzschicht. Unterschiede konnten bereits nach 2 d festgestellt werden. Nach 6 d betrugen die Schutzschichten 75 μm bei der nur in Wasser gewaschenen Kontrolle, 81 μm (Konz. der Lösung 100 ppm), 95 μm (500 ppm), 127 μm (1000 ppm) und 196 μm (5000 ppm). Die Lösung kann außerdem verschiedene Krankheitserreger auf der Schnittfläche vernichtet haben, die sich sonst nachteilig auf die Wundheilung auswirken können. J. Vogel/Groß-Lüsewitz. 832.

2-68/10-0559 Keller, E. R. **Bedeutung und Möglichkeiten zur Verbesserung des Faktors Rohware bei der Herstellung von tisch- und küchenfertigen Kartoffelerzeugnissen.** Ind. Obst- u. Gemüseverwert. **53** (1968) Nr. 5. S. 136–139. — 3 Abb. 832.

2-68/10-0560 Kießling, K. **Die Eignung mittelspäter und später Kartoffelsorten für den Zweifruchtanbau.** Agrar-Inform., Potsdam **1968** Nr. 4. S. 29–31. — 4 Tab. 832.

2-68/10-0561 Sommer, H. **Industriemäßige Aufbereitung und Verbesserung der Qualität bei Speisekartoffeln durch zentrale Sortierplätze.** Feldwirtschaft **9** (1968) Nr. 4. S. 162 bis 163. — 3 Abb., 2 Lit. 832.

2-68/10-0562 Anonym. **Empfehlungen zur Verbesserung der Qualität der Speisekartoffeln im Jahre 1968.** Feldwirtschaft 9 (1968) Nr. 4. S. 151–154. 832.

2-68/10-0563 Mignolet, F. **Der Anbau der Zuckerrübe und die Zuckerwirtschaft in Belgien.** Betteraviers europ., Hannover **1966** Nr. 24. S. 14–18. — 1 Abb., 1 Tab.
Die in Belgien unter günstigen Standortbedingungen durchgeführte Zuckerrübenproduktion gestattet jährlich einen Zuckerexport. Zuckerrüben werden vorwiegend auf kleinen Flächen angebaut (< 10 ha). Reichliche org. Düngung, 160···180 kg/ha N ($N:P_2O_5:K_2O = 1:0,75:1,6$) und gute Agrotechnik führten bei 3···4jähr. Anbaufolge in den letzten zwei Jahrzehnten zu beachtlichem Ertragsanstieg. Zur Futterproduktion wird die N-Düngung noch erhöht. Aus arbeitswirtsch. Gründen hat sich Aussaat mit 15···20 cm Kornablage bereits auf etwa 15% der Anbaufläche eingeführt. Die Vergütung für das Vereinzeln nach 7···8 cm Kornablage ist abhängig vom Saatgut- und Herbizideinsatz. Der Pflanzenschutz konnte durch den Warndienst verbessert werden. Die Rübenernte und die Verarbeitung in 23 Zuckerfabriken wird im wesentlichen innerhalb von 8 Wochen bewältigt. Es gibt keine festen Rübenpreise; diese werden jährlich auf Grund des Weltzuckerpreises festgelegt und sind nach Kontingent- und Überproduktionsrüben differenziert.
L. Bachmann/Kleinwanzleben. 834.

2-68/10-0564 Gallarate, G. und Baldoni, R. **Erhebung über die in den CIBE-Ländern verwendeten Saatgutsorten.** Betteraviers europ., Hannover **1966** Nr. 24. S. 51–55.
Von der CIBE (Internationale Vereinigung Europäischer Zuckerrübenanbauer) wurden die Voraussetzungen für die Sortenwahl durch die Rübenanbauer in den Mitgliedsländern (Belgien, Frankreich, Irland, Italien, Niederlande, Österreich, Schweden, Schweiz, Spanien,

Westdeutschland) analysiert. Der Schwerpunkt wurde dabei auf offizielle Sortenlisten gelegt, deren allg. Einführung für alle CIBE-Ländern empfohlen wird. Die Ergebnisse damit im Zusammenhang stehender Einzelfragen werden erläutert, wobei den offiziellen Sortenprüfungen bes. Wert beigemessen wird. Abschließend sind in einem Katalog die in den CIBE-Ländern benutzten Zuckerrüben-Sorten zusammengestellt.

E. Herwig/Kleinwanzleben. 834.

2-68/10-0565 Allvik, N. **Probenahme, Analysen und Kontrolle bei den Rübenanlieferungen in Schweden.** Betteraviers europ., Hannover **1966** Nr. 24. S. 113–115. — 1 Tab.
Die Häufigkeit der Probenahme richtet sich nach der Masse der Einzellieferungen und der gesamten Liefermenge und wird vor Kampagnebeginn nach den Angaben der Rübenanbauer errechnet. Von den abgekippten Rüben werden die Proben (40 kg) mechanisch oder automatisch entnommen. Die Schmutzfeststellung erfolgt in zentralen Waschanlagen. Das Wägen, Proben und Waschen der Rüben führen Fabrikangehörige nach bestimmten Richtlinien aus, deren Durchführung von der Anbauorganisation kontrolliert wird. Die Saccharosegehaltsbestimmung erfolgt nach der Turmix-Methode (kalte wäßrige Extraktion). Die Arbeiten bei dieser Methode sind weitgehend automatisiert. 8 in Serie angeordnete Turmix-Apparate ermöglichen 750 Analysen/8 h. Seit 1965 werden die Rübenanbauer nach den an diesen Anlagen erhaltenen Analysendaten bezahlt. Bei 36 t Rüben/ha werden die Saccharoseanalysen nach 63 d Kampagnedauer beendet, bei höheren Erträgen nach entspr. verlängerter Zeitspanne. Auch die Saccharosegehaltsbestimmungen werden durch die Anbauorganisation kontrolliert. W. Wöhlert/Kleinwanzleben. 834.

2-68/10-0566 Hájek, L. Příspěvek k otázce výnosu a kvality cukrovky při zavlažování. **(Beitrag zum Problem des Ertrages und der Qualität der Zuckerrübe.)** Rostlinná Výroba **14**(41) (1968) Nr. 1. S. 85–94. — 2 Abb., 4 Tab., 22 Lit. Zus. in Russ., Engl.
Die Gesamtmenge des zusätzlichen Wassers bei der Bewässerung entsprach in den einzelnen Versuchsjahren der Grundcharakteristik des Wasseranfalls im betr. Jahr. Das unterschiedliche Wasserangebot und die gesteigerte Düngung wirkten sich durch hochsignifikante Unterschiede im Rüben-, Blatt-, Rüben-Tr.-Subst.- und Amid-N-Ertrag sowie durch signifikante Unterschiede im Zucker- und Blatt-Tr.-Subst.-Ertrag aus. Die Höchstwerte des Zucker- und des Tr.-Subst.-Gehalts (%) in Rüben- und Blatt-Tr.-Subst. wurden bei fehlender Bewässerung und geringem Nährstoffangebot erreicht. Die höchste Abnahme der erwähnten Werte wies die Variante mit häufiger Ergänzungsbewässerung und höherem Nährstoffangebot auf. Die Variationskoeffizienten als Maß der Rübenertragsschwankungen zeigen eine Stabilisierung der Erträge bei Bewässerung und intensiver Düngung. Die Schwankungen der angeführten Kennwerte waren entspr. bei fehlender Bewässerung und schwacher Düngung am größten. ČSSR/ÚVTI. 834.

2-68/10-0567 Baier, J. Vliv stupňovaného dusíkatého hnojení za odlišných povětrnostních podmínek na odběr živin a jejich využití na tvorbu výnosu u cukrovky. **(Einfluß einer abgestuften Stickstoffdüngung unter abweichenden Witterungsbedingungen auf die Nährstoffaufnahme und ihre Nutzung zur Ertragsbildung bei der Zuckerrübe.)** Rostlinná Výroba **13**(40) (1967) Nr. 12. S. 1257–1276. — 6 Abb., 10 Tab., 49 Lit. Zus. in Russ., Engl.
Steigende N-Düngung hatte nicht nur erhöhte N-Aufnahme, sondern auch eine erhöhte Aufnahme der übrigen beobachteten Nährstoffe zur Folge. Der Einfluß eines trockeneren Jahrganges äußerte sich durch geringeren K- und P-Entzug durch die Ernte, während die Unterschiede in der N-Aufnahme klein waren. Die Veränderungen des Nährstoffentzugs hatten Einfluß auch auf das Verhältnis der Nährstoffe. Unter den gegebenen Bedingungen war bes. K im rel. Minimum, und zwar nicht nur bei Steigerung der N-Düngung, sondern auch unter trockeneren Witterungsverhältnissen. Es wurde demnach auch für die Zuckerrübe nachgewiesen, daß die Nutzung der aufgenommenen Nährstoffe zur Ertragsbildung wesentlich vom Verhältnis des N zu dem im rel. Minimum sich befindenden Nährstoff abhängt, welcher im gegebenen Falle das K war. Bei einem Ertrag von 484 dt Rüben und 332 dt Rübenblatt entzogen die Zuckerrübe bei rel. K-Mangel je dt Rüben einschließlich Rübenblatt 0,38 kg N, 0,15 kg P, 0,50 kg K, 0,27 kg Na und 0,18 kg Ca.

ČSSR/ÚVTI. 834.

2-68/10-0568 Vilain, M. und Avronsart, J.; Arras, Stat. d' Agron. Inst. Nat. de la Rech. Agron. Économie de l'eau sous culture de betteraves sucrières. **(Der Wasserhaushalt beim Zuckerrübenanbau.)** Bull. Assoc. franç. Étude Sol **1967** Nr. 4. S. 5–15. — 4 Abb., 5 Tab., 2 Lit

Vff. untersuchten im Gebiet von Arras den Wassergehalt eines Lehmbodens schichtweise bis zur Tiefe von 1,50 m. Werden die in Höhe von 890 bzw. 773 mm in den Versuchsjahren 1965 und 1966 gefallenen Niederschläge berücksichtigt, so ergibt sich hinsichtlich des den Zuckerrüben zur Verfügung stehenden Bodenwassers gute Übereinstimmung mit den Kalkulationswerten nach Turc. Das Minimum an Bodenfeuchtigkeit fiel in der letzten Sept. Dekade mit dem stärksten Wasserbedarf der Rüben zusammen. Trotzdem standen zu dieser Zeit noch 386 mm zur Verfügung; zum Welken kam es erst bei 172 mm Wassergehalt. Dieser Überschuß von mehr als 110 mm wurde von den Rüben jedoch nicht zur Ertragssteigerung ausgenutzt. Somit wurde die Ertragsbildung durch den Faktor Wasser nicht begrenzt. W. Feucht/Kleinwanzleben. 834.

2-68/10-0569 Ignatova, N. Ja. und Lachanov, A. P. Vlijanie uslovij vodosnabženija na fiziologičeskoe sostojanie, produktivnost' i kačestvo sacharnoj svekly. **(Einfluß der Bedingungen der Wasserversorgung auf den physiologischen Zustand, die Ertragsfähigkeit und die Qualität der Zuckerrübe.)** Vestnik s.-ch. nauki, Alma-Ata **1967** Nr. 4. S. 22–29.

In den Jahren 1964 bis 1966 wurde der Einfluß der Bodenfeuchtigkeit (30··90% Sättigung der WK mit Intervallen von 10%) auf den physiol. Zustand und die Ertragsleistung der Zuckerrüben ('Kirgizskaja 8') in Gefäßversuchen untersucht. 60% Sättigung der WK erwiesen sich als optimal. Bei dieser Feuchtigkeit verliefen die Wachstumsprozesse am intensivsten, die Verholzung der Wurzel war minimal, der Zuckergehalt betrug 18,0% (bei 50% 18,7 und bei 70% 17,5%), der Gehalt an schädlichem Stickstoff (0,16%) und an Invertzucker (0,18%) war am niedrigsten; die Aktivität des Wassers erhöhte sich im inneren Wasserwechsel. Der Zuckergehalt ging aber bei optimaler Wasserzufuhr zurück (bei 40% der WK waren es 17,2, bei 90% der WK 17,1 und bei 60% der WK 16,9%), da sich die Speicherung von Zucker in der Frischsubst. der Wurzel in umgekehrter Beziehung zur Wachstumsintensität der Pflanze befindet. SSSR/VINTISCh. 834.

2-68/10-0570 Gruzdev, G. S. und Slovcov, R. I. Vlijanie gerbicidov na urožaj i kačestvo sacharnoj svekly. **(Der Einfluß von Herbiziden auf den Ertrag und die Qualität der Zuckerrübe.)** Doklady TSChA. Moskovskaja ordena Lenina sel'skochozjajstvennaja akademija imeni K. A. Timirjazeva **1968** Nr. 136. S. 89-95. — 4 Tab., 4 Lit. — nach Zus.

Von den untersuchten Herbiziden haben sich bei der Unkrautvernichtung in Zuckerrübenbeständen Eptam, Tillam und Murbetol als am effektivsten erwiesen. Die besten Ergebnisse wurden bei der Anwendung von Eptam in einer Dosis von 6 kg/ha vor der Zuckerrübenaussaat mit unmittelbarer Einbringung in den Boden erzielt. In stark verunkrauteten Beständen vernichtete Eptam bis zu 88% aller Unkräuter und im Ergebnis entsprach der Ertrag fast dem der Kontrolle mit 3maligem Jäten von Hand. Die Herbizide Eptam, Tillam, TChA und Pyramin verschlechterten in den angewendeten Dosen die technologischen Eigenschaften der Zuckerrübe nicht. Der Zuckergehalt in den Wurzeln, die gute Saftqualität und der wahrscheinliche Zuckerertrag aus einer Rübe wurden bei der Anwendung dieser Präparate nicht gesenkt. Alipur und Murbetol senkten den Zuckergehalt und die Qualität des Saftes. Eine Senkung des Zuckerertrages um 0,5···1,0% im Vergleich zur Kontrolle wurde auch bei der Einbringung der Herbizidgemische Eptam + TChA, Eptam + Dalapon und Eptam + DChM beobachtet. 834.

2-68/10-0571 Zimmermann, H. E. **Der Einfluß differenzierter Stecklingsmassen auf den Saatgutertrag und einige Saatguteigenschaften bei monokarpen Zuckerrüben.** Saat- u. Pflanzgut **9** (1968) Nr. 4. S. 89-90. — 5 Tab., 11 Lit. — nach Zus.

Die Untersuchungen an monokarpen Samenträgerbeständen zeigen eindeutigen Zusammenhang zwischen der Masse des Stecklings, seinem Samenertrag und einigen wichtigen qualitativen Saatguteigenschaften. Stellt man den Saatgutertrag und die TKM gegenüber, läßt sich eine Korrelation dergestalt finden, daß hohe Saatguterträge zusammen mit großen Früchten auftreten. Große Früchte sind aber stets das Ergebnis kräftiger Einzelpflanzen. Bei den Beziehungen zwischen Saatgutertrag und Keimfähigkeit zeigt sich dieselbe Tendenz. Steigende Saatguterträge werden von zunehmender Keimfähigkeit begleitet, wie ebenso eine große TKM dieselbe Eigenschaft fördert. Röstel (1964), Busanov und Dronova (1964) weisen nach, daß mit Zunahme der Fruchtgröße Rüben-, Rübenkraut- und Zuckerertrag ansteigen. Signifikante Unterschiede zwischen zunehmender Stecklingsmasse und mittlerer Keimzahl wurden nicht gefunden. 80% Monogermie dürften zunächst für die Praxis ausreichen. Aus den Untersuchungen resultiert die Forderung an die Praxis, die Stecklingsbestände im ersten Vegetationsjahr so zu entwickeln, daß sie unter Bildung eines günstigen Vermehrungsverhältnisses von entspr. Masse sind, weil davon Saatgutertrag und wertvolle Saatguteigenschaften des 2. Vegetationsjahres betroffen werden. 834.

2-68/10-0572 Rösler, L. **Zur Stickstoffdüngung der Futterrübenstecklinge.** Saat- u. Pflanzgut 9 (1968) Nr. 4. S. 91-92. — 2 Tab., 3 Lit. — nach Zus.
In einem Versuch mit Stecklingen der Sorten 'Rote Walze' und 'Super Rote Walze' wurde der Einfluß steigender N-Gaben auf den Anteil und die durchschnittliche Masse der Stecklinge in verschiedenen Größenfraktionen untersucht. Die Gesamtzahl der Stecklinge wurde mit steigender N-Gabe reduziert. Eine ungünstige Beeinflussung erfuhr auch die Ausbeute an maschinenpflanzfähigen Stecklingen. Die durchschnittliche Stecklingsmasse wurde unter dem Einfluß steigender N-Gaben bei allen Größenfraktionen erhöht. Im Interesse einer hohen Ausbeute an pflanzfähigen Stecklingen sollte die N-Düngung nicht zu hoch gewählt werden. Andererseits sollte auf eine bestimmte N-Gabe nicht verzichtet werden, um eine hohe Produktivität der Stecklinge zu gewährleisten. In Abhängigkeit von Boden und Vorfrucht wird eine N-Gabe von 80···100 kg bei einem Nährstoffverhältnis von N:P:K= 1,0:0,75:1,33 empfohlen. Erhöhte N-Düngung hat keinen ungünstigen Einfluß auf die Lagerfähigkeit der Stecklinge. 834.

2-68/10-0573 Graf, M. **Einige Besonderheiten des österreichischen Zuckerrübenanbaues.** Betteraviers europ., Hannover **1964** Nr. 23. S. 11-14. 834.

2-68/10-0574 Graf, M. **Rationalisierung der Vereinzelungsarbeiten im Rübenbau.** Betteraviers europ., Hannover **1964** Nr. 23. S. 56-60. 834.

2-68/10-0575 Ivanička, J. Potreba závlahovej vody u cukrovej repy a jej rozdelenie v prevadzke v oblasti Podunajskej nížiny. (**Der Wasserbedarf zu Bewässerungszwecken der Zuckerrübe und dessen Verteilung im landwirtschaftlichen Produktionsgebiet der Donauebene.**) Rostlinná Výroba **14**(41) (1968) Nr. 1. S. 5-16. — 5 Tab., 19 Lit. Zus. in Russ., Engl. ČSSR/ÚVTI. 834.

2-68/10-0576 Rid. **Die Abhängigkeit der Anwendung des einkeimigen Rübensamens vom Boden und Bodenpflege.** Betteraviers europ., Hannover **1964** Nr. 23. S. 61-62. 834.

2-68/10-0577 Tourliere, Lemaitre und Boursier. **Probleme, die sich durch die Umstellung der Zuckerfeststellung bei der Rübenabnahme in Frankreich ergeben.** Betteraviers europ., Hannover **1964** Nr. 23. S. 76-80. 834.

2-68/10-0578 Kaminskaja, M. E. Novyj sposob predposevnoj obrabotki semjan l'nadolgunca. (**Neues Verfahren der Behandlung von Faserleinsamen vor der Aussaat.**) Doklady TSChA. Moskovskaja ordena Lenina sel'skochozjajstvennaja akademija imeni K. A. Timirjazeva **1967** Nr. 131. S. 75-79. — 3 Tab. — nach Zus.
Die empfohlenen filmbildenden Mittel eignen sich für die komplexe Behandlung von Leinsamen mit chemischen Schädlingsbekämpfungsmitteln, Mikrodüngung und Stimulantien. Am günstigsten ist die Wirkung der filmbildenden Mittel beim Keimen von Samen in ungünstigen Verhältnissen. Dies ist nicht nur bei Kombination der filmbildenden Mittel mit chem. Schädlingsbekämpfungsmitteln festzustellen, sondern auch in den Varianten mit nur filmbildenden Mitteln. Eine geringe Verringerung der Keimungsgeschwindigkeit der mit filmbildenden Mitteln behandelten Leinsamen ist nur bei ungenügender Bodenfeuchte zu beobachten. 846.

2-68/10-0579 Glinskij, M. G. Ručnoj trud otstupaet. (**Handarbeit wird überflüssig.**) Len i konoplja, Moskva **12**(29) (1967) Nr. 6. S. 12-15.
Schemadarstellung der Faserleinaufbereitung unter Verwendung der Trocknungsaggregate VPT-400, TG-800 und UDS-300 sowie der Reinigungsmaschinen OVP-20 und OS-4,5. Getrocknet wird in Abhängigkeit von dem Feuchtigkeitsgehalt bei 40···45 °C 24···36 h. Die Reinigungsmaschinen erreichen eine Reinheit von 90···92%. Die Ernte erfolgt mit der Faserleinkombine LK-4T, die eine Tagesleistung von 7···10 ha bei Erträgen von 14···16 dt Fasern und 3···3,5 dt Samen erreicht. G. Jury. 846.

2-68/10-0580 Yanagisawa, Yukio. Effects of shading on the growth and some properties of fiber cells of flax plant, Linum usitatissimum L. (**Wirkung der Beschattung auf**

Wachstum und einige Eigenschaften der Faserzellen des Leins, Linum usitatissimum L.) Proc. Crop Sci. Soc. Japan **36** (1967) Nr. 4. S. 429-434. – 4 Abb., 4 Tab., 10 Lit. Orig.: jap., Ausz: engl.
Leinpflanzen der Sorte 'Saginaw No. 1' wurden in Gefäßen unter verschiedenen Lichtbedingungen (100% [Kontrolle], 43% und 17% der Sonnenstrahlung) kultiviert. Die Stengel der beschatteten Pflanzen waren länger als die der Kontrollpflanzen. Die Tr.-Subst.-Masse der oberirdischen Pflanzenteile wurde mit sinkender Lichtintensität geringer. Anzahl, Durchmesser und Zellmembranstärke der Faserzellen sanken mit zunehmender Beschattung. Entspr. waren der Fasergehalt/Pflanze und der Faseranteil der Tr.-Subst.-Masse im Stengel geringer, wenn die Lichtintensität sank. Beschattung verkleinerte den α-Zellulose-Anteil der Rohzellulose, ließ aber den Gehalt an β- und γ-Zellulose und Lignin ansteigen. Außer dem Fasergehalt sank auch die Faserqualität durch Beschattung.
E.-M. Ardelt. 846.

2-68/10-0581 L'novodstvo. **(Der Leinbau.)** Moskva: Kolos. 1967. (581 S.) 8°. (1968 A 423) 846.

2-68/10-0582 Priehradný, S. und Zvara, J. Reakcia konopí na základné živiny v nádobových pokusoch. **(Reaktion des Hanfs auf die Grundnährstoffe in Gefäßversuchen.)** Pol'nohospodárstvo **13** (1967) Nr. 11. S. 821-830. – 7 Tab., 8 Lit. Zus. in Russ., Engl.
In Gefäßversuchen wurde die Reaktion des Hanfs auf die Grundnährstoffe, vor allem auf N ermittelt. Bei den Versuchen wurden Böden aus den wichtigsten Hanfanbaugebieten mit unterschiedlichem Vorrat an Hauptnährstoffen verwendet. Hanf reagierte ausgeprägt auf die Düngung mit den Grundnährstoffen. In der Ernährung des Hanfes mit Mineralstoffen nimmt N eine wichtige Stelle ein. N ist vor allem für das Wachstum der vegetativen Masse bedeutsam. Die positive Wirkung von K und P ist durch die Gegenwart von N bedingt. ČSSR/ÚVTI. 847.

2-68/10-0583 Vlijanie kalibrovki semjan (plodov) na urožaj i soderžanie ėfirnogo masla koriandra. **(Einfluß der Kalibrierung der Samen [Früchte] auf den Ertrag und den Gehalt des Korianders an ätherischem Öl.)** Pasport zakončennogo naučnogo issledovanija, rekomendovannogo dlja vnedrenija v proizvodstvo, SIF, VINTISCh **1967** Nr. 208.
Auf schwach ausgelaugtem Schwarzerdeboden wurde der Einfluß einer Kalibrierung der Samen auf den Ertrag und den Gehalt an ätherischem Öl in den Samen untersucht. Von der Sorte 'Alekseevskij' 247 wurden kleine, mittlere und große Samen ausgesät (TKM 4, 6,5 bzw. 9 g). Im Mittel der Jahre 1958 bis 1962 betrug der Ertrag bei Aussaat unkalibrierter Samen 14,88 dt/ha, bei Aussaat fraktionierten Saatgutes 13,44; 14,86 bzw. 15,86 dt/ha. Der Gehalt an ätherischem Öl betrug 1,20 bis 1,26% der abs. trockenen Substanz. Der höchste Ertrag an ätherischem Öl – 17,62 kg/ha – wurde bei Aussaat der großen Samen erhalten. Die Auslese des großfrüchtigen Saatgutes kann mit den Getreidereinigungsmaschinen OS-4,5; OSM-3; OSM-3u; SU-01; Super K-212; Petkus-Gigant; K-531 u. a. erfolgen.
SSSR/VINTISCh. 852.

2-68/10-0584 Móger, J. Korszerü termesztés-technikai módszerek szerepe a dohánytermesztés fejlesztésében. **(Rolle der modernen produktionstechnischen Methoden bei der Entwicklung des Tabakbaues.)** Dohányipar [Tabakindustrie] **14** (1967) Nr. 5. S. 165-171. – Aus: Ung. Agrar-Rdsch. **1968** Nr. 2.
In über wenig Stallmist verfügenden Wirtschaften ist es zweckmäßig, eingesenkte Mistbeete zu verfertigen, in denen als wärmeentwickelndes Material statt Stalldünger auch gerissenes Maisstroh oder Getreidestroh verwendet werden kann. Auch auf Freibeeten können Jungpflanzen gezogen werden, die zur rechten Zeit setzreif sind. Der Ausbau von Wasserleitungssystemen ist nötig. Das Spritzen der Beete ist mit Hilfe von Beregnungsköpfen leicht lösbar. Bei Spritzen zur Krankheitsbekämpfung läßt sich die auf den Geräteträger RS-09 angebrachte Spritzeinrichtung gut anwenden. Das mechanisierte Pflanzen spart 50% Handarbeit. Das mechanisierte Kultivieren hat eine Ersparnis von 70···80% an Handarbeit gegenüber dem Pferdehacken zur Folge. Die Wirtschaftlichkeit wird durch Koppeln der Pflanzenpflege- und -schutzarbeiten weiter gesteigert. In Versuchen wurden die Hack- und Spritzeinrichtung des Geräteträgers RS-09 so gekoppelt, daß in einem Gang zwischen den Reihen kultiviert und zugleich gegen *Peronospora* gespritzt wurde. Vf. bespricht abschließend die Anbaueigenschaften und agrotechnischen Ansprüche des Erder peronosporaresistenten Hybridtabaks 'No 129'. 855.

2-68/10-0585 Reisch, W. **,Bursana' als blauschimmelresistente Burley-Sorte zugelassen.** Dtsch. Tabakbau 47 (1967) Nr. 24. S. 257-260. — 6 Tab., 8 Lit.
Die seit 1964 in der Register- und in der Wertprüfung stehende Burley-Neuzüchtung 'Forchheim PRB 144' wurde ab 1967 unter dem Sortennamen 'Bursana' für den Anbau in der BRD zugelassen. Auf Grund der Vergleichsprüfungen konnten gegenüber der bisherigen Wirtschaftssorte'BadischerBurley E' bei der Neuzüchtung folgende Abweichungen beobachtet werden: Blühbeginn etwa 7 d später, Blattreife 2···4 d später, Pflanzen deutlich größer, mehr Blätter bei geringerem Internodienabstand; mittlere bis gute Resistenz gegen Viruskrankheiten, hohe Feldresistenz gegen *Peronospora tabacina*; Gehalt an Gesamt- und Eiweiß-N etwas höher, Nikotingehalt niedriger. In den übrigen Qualitätsmerkmalen und im Ertrag bestehen keine gesicherten Unterschiede zur Vergleichssorte. Auf Grund ihrer großen Vorteile wird die Neuzüchtung der Praxis zum Anbau empfohlen. J. Merker. 855.

2-68/10-0586 Anonym. Meždunarodno naučno sŭveštanie po tjutjuna u nas. **(Internationale wissenschaftliche Tagung über Fragen des Tabaks in Bulgarien.)** Bŭlgarski tjutjun, Sofija **13** (1968) Nr. 1/2. S. 1-3. — 3 Abb. 855.

2-68/10-0587 Dimitrov, S. Rezultati ot opiti za po-pŭlno izpolzuvane na polivnite plošti pri proizvodstvo na zelen furaž. I. Dobivi ot izpitvanite rastenija i smeski. **(Die Ergebnisse von Versuchen zur intensiveren Nutzung der bewässerten Flächen für die Grünfutterproduktion. 1. Mitt. Die Erträge der geprüften Pflanzen und Pflanzengemische.)** Rastenievŭdni nauki, Sofija **4** (1967) Nr. 11. S. 55-64. — 5 Tab., 13 Lit. Zus. in Russ., Engl.
Erbsen- Sonnenblumen-, Mais-Sonnenblumen und Erbsen-Hafergemische (Erbsen-Gersten-, Weizen-Gerstengemische) wurden als Stoppelfrüchte und als 3. Kultur angebaut. Zum Vergleich wurden Mais als Grünfutter und Mais im Gemisch mit Soja als Stoppelfrucht angebaut. Nach den Ergebnissen kann bei Bewässerung die Fläche 3mal nacheinander bestellt werden, wobei ein höherer Grünfutterertrag (170···224 dt/ha) im Vergleich zu Grünmais oder Mais mit Soja erzielt wird. Als für diesen Zweck geeignet haben sich im zeitigen Frühjahr ausgesäte Erbsen und Sonnenblumen (100···120 kg/ha Erbsen + 35···40 kg/ha Sonnenblumen) mit nachfolgender Aussaat von Mais und Sonnenblumen im Gemisch (20···40 kg/ha Mais + 10···12,5 kg/ha Sonnenblumen) erwiesen, die z. Z. der Knospenbildung bei den Sonnenblumen geerntet wurden. Als 3. Kultur müssen vom 10.-15. August 200 kg So.-Erbsen und 40···50 kg Hafer je ha ausgesät werden. Die direkten Produktionskosten für 1000 kg Grünsubst. sind am niedrigsten, wenn Grünmais als Stoppelfrucht angebaut wird. Beim Anbau von 3 aufeinanderfolgenden Kulturen liegen die Kosten um 0,29 bis 0,39 Lewa höher. NRB/CSNTI. 860.

2-68/10-0588 Gething, P. A., Jones, P. D. und Ross, A. I. The effects of heavy dressings of potash applied to the seedbed of a ley compared with annual dressings. **(Die Wirkung hoher Kaligaben zur Aussaat verglichen mit jährlichen Gaben auf Ley.)** J. Brit. Grassland Soc. **23** (1968) Nr. 1. S. 61-68. — 1 Abb., 5 Tab.
Vf. untersuchten auf 2 Standorten (Penrhyn-Bodenserie und Buntsandstein) die Wirkung einmaliger K-Gaben zur Aussaat (I) im Vergleich zu einer Verteilung auf 3 Jahre (II) (168 bis 448 lb./acre K) auf die Etablierung des Pflanzenbestandes, den Ertrag, die Narbenzusammensetzung, den K-Gehalt der Pflanzen und auf die Verfügbarkeit des K für die Pflanzen. Die Gesamterträge über 3 Jahre wurden nicht signifikant durch die unterschiedliche Verteilung beeinflußt, lediglich bei der niedrigsten Gabe und mehrmaligem Schnitt im Jahr deutet sich eine Überlegenheit der jährlichen Verteilung an. Die Erträge von I waren im 3. Jahr aber geringer als bei II. Die bot. Zusammensetzung wurde nur durch unterschiedliche Nutzung, nicht durch die Düngungsmethode beeinflußt. Der K-Gehalt der Pflanzen sank bei I innerhalb der 3 Jahre von 3,2 auf 1,1%, während er bei II nur von 2,6 auf 1,6% sank. Der Gehalt des Bodens an pflanzenverfügbarem K war am Ende der 3-Jahresperiode bei II höher als bei I. Vff. empfehlen neben einer höheren Gabe zur Aussaat jährl. Nachdüngung. K. Netzband/Paulinenaue. 860.

2-68/10-0589 Bowden, D. M., Taylor, D. K. und Davis, W. E. P.; Agassiz, Brit. Columbia, Canada Dep. of Agric., Res. Stat. Water-soluble carbohydrates in orchardgrass and mixed forages. **(Wasserlösliche Kohlenhydrate in Knaulgras und in Futtergemengen.)** Canad. J. Plant Sci. 48 (1968) Nr. 1. S. 9-15. — 4 Tab., 24 Lit.
Vf. untersuchten den Einfluß der züchterischen Auslese, des Erntezeitpunktes, der Schnittzahl und der Tageszeit auf den Gehalt an wasserlöslichen Kohlenhydraten (I) in Knaulgras

und in Gras-Leguminosen-Gemengen. Bei Ernte im gleichen Entwicklungszustand bestanden Unterschiede zwischen den Zuchtstämmen. Im Verlauf der Vegetation stieg I während der generativen Phasen des Knaulgrases an, bes. stark in den ersten 14 d nach der Anthese. Bei 3schnittiger Nutzung zur Heugewinnung lag I im 1. und 2. Schnitt höher, aber im 3. Schnitt niedriger als in den entspr. Schnitten einer Weidenutzung (6 Schnitte), wobei sowohl beim Knaulgras als auch bei den Leguminosen-Gemengen I mit fortschreitenden Schnitten während der Vegetation abnahm. I lag bei Ernte nachmittags (16^h) um durchschnittlich 3 Einheiten höher als am Vormittag (9^h). W. Franzke. 860.

2-68/10-0590 Gavrilov, I. S. Polevye kormovye kul'tury v nečernozemnoj polose. (**Die Feldfutterpflanzen in der Nichtschwarzerdezone.**) Leningrad: Izd. Kolos. 1967. (270 S.) 8°. (1968 A 402) 860.

2-68/10-0591 Duczmalowa, T. Plon nasion koniczyny czerwonej w zależności od terminu koszenia pierwszego pokosu. (**Der Saatgutertrag des Rotklees in Abhängigkeit vom Mahdtermin des ersten Schnitts.**) Biul. Inst. Hodowli Aklimatyzacji Roslin **1967** Nr. 1/2. S. 171-187. — 7 Abb., 12 Tab., 20 Lit.
Die örtliche Population des Rotklees (var. *praecox*) wurde im Gemenge mit Deutschem Weidelgras (D. W.) ausgesät. Die Zwischensaat wurde bei So.-Gerste vorgenommen, im Jahr der Aussaat wurde keine Stoppelfrucht geerntet. Der Versuch bestand aus 5 Kombinationen, die sich voneinander durch den Erntetermin des 1. und 2. Schnittes unterschieden. Die höchsten Saatguterträge erzielte man bei Gemengen mit D. W. aus dem 2. Schnitt, wenn zum 1. Mal während der Stengelausbildung geschnitten worden war. Der Rotklee vertrug keine Trockenheit während der Knospenbildung. Ein Übermaß an Niederschlägen während der Blüh- und Reifezeit bewirkte das Abfallen einer großen Menge von Blütenständen und wirkte sich auf die Bestäubung ungünstig aus. Es wurde ein Zusammenhang zwischen dem hydrothermischen Koeffizienten nach Sielianinov und der Höhe der Saatguterträge beobachtet. Der Rotklee setzte, um die volle Entwicklung zu durchlaufen, eine Temperatursumme von ca. 1440 °C voraus. Die Länge der Vegetationsperiode betrug durchschnittlich 90 d. PRL/CBR. 863.

2-68/10-0592 Vasil'eva, D. V. und Kurenkova, I. K. Ėffektivnost' kalija pri sistematičeskom udobrenii klevera. (**Die Wirksamkeit von Kalium bei der systematischen Düngung des Klees.**) Doklady TSChA. Moskovskaja ordena Lenina sel'skochozjajstvennaja akademija imeni K. A. Timirjazeva **1968** Nr. 136. S. 83-88. — 6 Tab., 3 Lit. — nach Zus.
In einem Dauerversuch untersuchte man die Wirksamkeit von K-Düngemitteln auf den Klee-Ertrag. In der Arbeit ist eine Ertragsanalyse für 13 Jahre (1954 bis 1966) enthalten. Die dauernde systematische Anwendung von K-Düngemitteln hatte keinen spürbaren negativen Einfluß auf die agrochem. Eigenschaften des Bodens. Kalken erhöhte sofort den K-Bedarf der Kleepflanzen, und die Wirkung der K-Düngemittel nahm bedeutend zu. Die Reihenfolge der Wirksamkeit war bei Kalken $K > P > N$, beim Kalken dagegen $P > K > N$. 863.

2-68/10-0593 Ragless, D. C. und Coleman, W. O.; Adelaide Australia, Dep. of Agric. Growing lucerne for seed. (**Luzerneanbau zur Saatgutgewinnung.**) J. Agric., South Australia 71 (1968) Nr. 7. S. 240-249. — 5 Abb.
Auf Flächen nördlich von Adelaide können bis zu 200 lb./acre Luzernesaatgut erzeugt werden, aber bei Niederschlagsmangel im Frühjahr sinken die Erträge auf weniger als 50 lb./acre. Es wird Reihenaussaat von mit Dünger gemischtem Saatgut empfohlen. Hacken und Einsatz von Herbiziden dienen der Unkrautbekämpfung. Im Frühjahr kann der Bestand vor der Blüte geschnitten werden. Z. Z. der Blüte ist der Bestand gut zu bewässern, damit der Samenansatz gefördert wird. Der Vermehrer sollte durch entspr. Nutzung das Wachstum so beeinflussen, daß die Blüte in eine für die Bestäubung durch Honig-, Blattschneider- und Alkalibienen günstige Zeit (Dez. und Jan.) fällt. Den größten Schaden erleiden die Vermehrungsflächen durch *Etiella* und die Luzernesamenwespe. Insektizide dürfen nur am frühen Morgen oder am späten Nachmittag gespritzt werden, damit die Bienen keinen Schaden erleiden. Geerntet werden kann mit Getreidemähdrescher. Desiccantien (Diquat $1^1/_2$-3 pints/acre in mindestens 20 gal. Wasser mit $1^1/_2$ pints Agral als Netzmittel auf 100 gal. fertiges Präparat) sind zur Beschleunigung der Reife nicht verwendbar,

wohl aber zur Entfernung des grünen Materials unmittelbar vor der Ernte. Es werden Hinweise auf die richtige Maschineneinstellung bei der Ernte gegeben.
Th. Hoffmann. 863.

2-68/10-0594 Sulyok, I. Adatok a lucerna tavaszi vetésidejének helyes megválasztásához. (**Angaben zur richtigen Wahl des Zeitpunktes der Frühjahrssaat von Luzerne.**) Növény termelés [Pflanzenbau] **16** (1967) Nr. 3. S. 269-276. — Aus: Ung. Agrar-Rdsch. **1968** Nr. 2.
Die Luzerne beansprucht während des Anfangs vor allem Wärme; ihr Wasserbedarf ist nicht groß, er kann auch in trockenen Jahren durch richtige Bodenkultur befriedigt werden. Deshalb ist der Anbau dann vorzunehmen, wenn die durchschnittliche Lufttemperatur z. Z. des Aufgangs auf Grund der mehrjähr. Durchschnittstemperaturen oder der meteorol. Prognose voraussichtlich 12 °C erreichen wird. Unkräuter, die weniger wärmebedürftig sind und früher aufgehen, können vor der Aussaat der Luzerne auf mechanischem Wege entfernt werden. Die Luzerne vermag auch bei späterer Aussaat die zugleich mit aufgehenden Unkräuter zu unterdrücken, da sich ihr Aufgehen nicht verzögert. 863.

2-68/10-0595 Bebina, T. P. Rost i razvitie klevera i ljucerny v čistom i smešannych posevach (pokrovnom i bespokrovnom). (**Wachstum und Entwicklung von Klee und Luzerne in reinen und gemischten Beständen mit und ohne Deckfrucht.**) Doklady TSChA. Moskovskaja ordena Lenina sel'skochozjajstvennaja akademija imeni K. A. Timirjazeva **1968** Nr. 136. S. 13-24. — 5 Tab. — nach Zus.
Ohne Deckfrucht entwickeln sich Klee und Luzerne während der ganzen Vegetationsperiode gut. Daher ist der Grün-Subst.-Ertrag im ersten Jahr ziemlich hoch. In gemischten Beständen steigt der Blattanteil am Grünfutterertrag. Das beste Verhältnis von Rotklee zu Luzerne im Gemisch ist 1:1 und 1:3. Von Gerste als Deckfrucht wird der Klee und bes. die Luzerne unterdrückt. Wachstum und ihre Entwicklung verzögern sich, die Masse der oberirdischen Substanz, die Blattfläche und die Nettoassimilationsrate sinken ab, die Entwicklungsphasen treten verspätet ein. Das Sonnenlicht ist einer der wichtigsten Faktoren für Wachstum und Entwicklung der Luzerne, deshalb gedeiht sie besser beim Anbau ohne Deckfrucht. 863.

2-68/10-0596 Baňoch, Z. Příspěvek k pěstováí vojtěšky v závlaze. (**Beitrag zum Luzerneanbau bei Bewässerung.**) Rostlinná Výroba **14**(41) (1968) Nr. 1. S. 29-40. — 2 Abb., 9 Tab., 5 Lit. Zus. in Russ., Engl.
Luzernebestände unter 2 Bewässerungsvarianten und ohne Bewässerung sowie unter mäßiger und hoher Düngung wurden untersucht. Die Bewässerung steigerte die Erträge durchschnittlich um 38 dt/ha, i. J. der höchsten Düngung stieg der Ertrag nur schwach. Die Bewässerung stabilisierte die Erträge. Die Erträge schwankten bei fehlender Bewässerung von 34···134 dt/ha, bei Bewässerung von 117···162 dt/ha Heu. Bei Bewässerung wurden höhere Erträge als in dem ertragreichsten Jahr ohne Bewässerung erzielt. Die Bewässerung wirkte günstig auf die zeitliche Verteilung der einzelnen Schnitte. Für die bessere Nutzung der Bewässerungsbedingungen waren kurzfristiger Luzernebestände vorteilhafter.
ČSSR/ÚVTI. 863.

2-68/10-0597 Manninger, E., Bakondi-Zámory, É. und Soós, T. Szabadföldi lucernakisérletek, különböző formában előállitott rhizobium-oltóanyagokkal. (**Luzerne-Freilandversuche mit unterschiedlichen Formen der Rhizobium-Impfstoffe.**) Agrokém. és Talajtan [Agrochem. u. Bodenkunde] **16** (1967) Nr. 3. S. 409-414. — Aus: Ung. Agrar-Rdsch. **1968** Nr. 2.
Geprüft wurden feuchte (fermentierte und agarhaltige) sowie trockene (gepulverte) Impfstoffe in Freilandversuchen mit Kleinparzellen auf Böden von unterschiedlichem genetischen Typ. Durch die Impfung mit Rhizobien konnten meist gesicherte Mehrerträge erzielt werden. Dem Impfstoff in Pulverform ist der Vorzug zu geben, weil er einfach angewendet werden kann und nicht weniger wirksam ist als andersartige Impfstoffe. Die Wirkung der Impfung manifestierte sich gelegentlich nicht in Mehrerträgen, sondern in dem erhöhten N-Gehalt der Erntesubstanz. 863.

2-68/10-0598 Garda, T. B., Catrina, Elena und Popa, T. Variaţia conţinutului în metale alcaline a lucernei în funcţie de faza de vegetaţie şi de epoca de recoltare. (**Variation des Gehalts an Alkalimetallen in Luzerne in Abhängigkeit von Wachstumsstadium und Erntezeit.**) Inst. agron. Timisoara, Lucrări ştiinţ., Ser. Agron. **9** (1966) S. 355-367. — 7 Abb., 1 Tab., 18 Lit. Zus. in Russ., Engl.

Aus einem Versuch mit 30 Varianten wurden 97 Proben auf K und Na untersucht. Faktor A war die Dauer bis zum 1. Schnitt, Faktor B der Abstand der folgenden Schnitte. Die Luzerne stand im 2. Anbaujahr. Der K-Gehalt der Luzerne variierte zwischen 1,003 und 2,246 g/100 g Tr.-Substanz, der Na-Gehalt zwischen 0,124 und 0,520 g/100 g Tr.-Substanz, aus den in der Literatur angegebenen Werten entspricht. Der K-Gehalt zum 1. bis 3. Schnitt ist am höchsten vor der Knospenbildung und und sinkt mit der Reifung der Pflanzen, der Na-Gehalt am höchsten während der Knospenbildung und während des Blühens und sinkt ebenfalls mit zunehmender Reifung ab. Der K-Gehalt sinkt bei gleichem phänolog. Stadium der Pflanzen vom 1. bis zum 6. Schnittt ab, während der Na-Gehalt im gleichen Fall ansteigt. E.-M. Ardelt. 863.

2-68/10-0599 Girard, J.-Marc und Chevrette, J.-E.; Québec, Univ. Laval, Dép. de Phytotechn. Interaction variété-régie chez le lotier. (**Wechselwirkung Sorte — Nutzungsintensität bei Hornklee.**) Canad. J. Plant Sci. **48** (1968) Nr. 1. S. 102–104. — 2 Tab., 5 Lit.
Die Hornkleesorten 'Empire' und 'Léo' wurden auf ihr Verhalten hinsichtlich Ausdauer bei unterschiedlicher Nutzungsintensität (2 Schnitte 7. 7. und 31. 8.; 3 Schnitte 13. 6., 25. 7. und 5. 9.; 4 Schnitte, Weide simulierend, 3. 6., 3. 7., 3. 8. und 12. 10.) geprüft. Im ersten Nutzungsjahr traten zwischen den beiden Sorten keine signifikanten Ertragsdifferenzen bei den angegebenen Schnitthäufigkeiten auf. Im 2. Nutzungsjahr war 'Léo' bei 2 und 3 Schnitten/Jahr der Sorte 'Empire' signifikant ertragsüberlegen. Bei der 4-Schnittfolge war die Ertragsdifferenz nicht gesichert. Im 3. Nutzungsjahr wurden von allen Varianten der Vorjahre 2 Schnitte genommen. Bei 2 und 3 Schnitten in den Vorjahren war 'Léo' auch hier signifikant überlegen, bei 4 Schnitten in den Vorjahren jedoch wies 'Empire' einen signifikanten Mehrertrag auf. J. Schieblich. 863.

2-68/10-0600 Alekseev, E. D. und Poljakov, P. V. Mikroèlementy i urožaj zelenoj massy kormovych bobov na torfjanych počvach. (**Mikroelemente und der Ertrag an grüner Masse von Ackerbohnen auf Moorböden.**) Vestnik sel'skochozjajstvennoj nauki, Moskva **13** (1968) Nr. 3. S. 111–112. — 1 Tab. Zus. in Engl., Franz., Dtsch. — nach Zus.
Nach Ergebnissen mehrjähriger Versuche steigert Düngung mit Mo, B und Cu auf Moorböden bei Ackerbohne die Erträge an Grünsubstanz und an Protein je ha beträchtlich. 863.

2-68/10-0601 Galgóczi, J. A talaj kémhatásának és mésztartalmának befolyása a kisvárdai Lucerna termesztésére. (**Einfluß der Reaktion und des Kalkgehaltes des Bodens auf den Anbau vom Kisvárdaer Luzerne.**) Magyar Mezögazdaság [Ung. Landwirtsch.] **22** (1967) Nr. 35. S. 8. — Aus: Ung. Agrar-Rdsch. **1968** Nr. 2. 863.

2-68/10-0602 Dent, J. W. und Aldrich, D. T. A.; Cambridge, Nat. Inst. of Agric. Bot. Systematic testing of quality in grass varieties. 2. The effect of cutting dates, season and environment. (**Systematische Prüfung der Qualität von Grassorten. 2. Mitt. Die Wirkung der Schnittermine, der Jahreszeit und Umwelt.**) J. Brit. Grassland Soc. **23** (1968) Nr. 1. S. 13–19. — 2 Abb., 4 Tab., 5 Lit.
Deutsches Weidelgras und Knaulgras wurden in Weideversuchen auf ihre Verdaulichkeit geprüft. Sie war am höchsten im zeitigen Frühjahr (1. April) am niedrigsten am 1. August und stieg dann wieder bis zum letzten Schnitt am 1. November (Weidelgras: 81,3; 75,0; 78,9%; Knaulgras: 77,2; 68,6; 73,1%). Der Rohproteingehalt lag an allen Schnitterminen bei Knaulgras höher als bei Weidelgras (1. Apr. 28,1 bzw. 25,0%; 1. Aug. 15,8 bzw. 15,1%; 1. Nov. 30,0 bzw. 26,8%). Weidelgras hatte einen bedeutend höheren Gehalt an löslichen Kohlenhydraten als Knaulgras (1. Apr. 17,7 bzw. 11,3%; 1. Aug. 16,1 bzw. 8,8%; 1. Nov. 15,3 bzw. 10,4%). In einem Heuschnitt 10 d nach dem Ährenschieben zeigte sich, daß frühe Sorten i. allg. verdaulicher sind als späte. Gründe hierfür sind das langsamere Wachstum der späten Sorten und der Schnitt im Juni bei trockenem und heißem Wetter, das schnell zu einer Verschlechterung der Qualität führt. Bei den 4 geprüften Weidelgrassorten 'Reveille', 'S 24', 'S 23' und 'S 22' fiel die Blattverdaulichkeit vom 6. bis 29. Mai um 0,36%/d. 'Reveille' zeigte während der ganzen Periode eine höhere Blatt- und Stengelverdaulichkeit als die anderen Sorten. An den einzelnen Anbauorten waren Verdaulichkeit und chem. Zusammensetzung der Sorten nicht identisch. Der Grund dafür dürfte in der unterschiedlichen Bodenfruchtbarkeit sowie -feuchtigkeit und in der verschiedenen Tageslänge zu suchen sein. Th. Hoffmann. 864.

2-68/10-0603 Badoux, S., Guyer, H. und Lehmann, J.; Zürich-Oerlikon; Lausanne, Stat. Fédérale d'Essais Agric. Essais de variétés de ray-grass d'Italie 1965-1966. **(Versuche mit Sorten von Welschem Weidelgras 1965-1966.)** Agric. romande, Lausanne 6 (1967) Nr. 11. S. 125-128. — 4 Tab.
Durch Kreuzung von Welschem und Deutschem Weidelgras wurden Hybriden von Welschem Weidelgras erzielt, von denen man eine gute Ausdauer erwartet. Durch Verdoppelung der Chromosomenzahlen gelang die Züchtung von tetraploidem Welschem Weidelgras mit bes. starken Blättern und Stengeln. 16 Sorten von diploidem, hybridem und tetraploidem Welschem Weidelgras wurden hinsichtlich des Ertrages, der Bildung fertiler Triebe, der Frühreife und der Resistenz gegen Blattparasiten untersucht. Die tetraploiden Sorten sind in einfachen Mischungen mit Weißklee oder möglicherweise auch Rotklee verwendbar, reagieren gut auf N-Düngung und eignen sich zur Grünfütterung, Silierung und unter bestimmten Bedingungen zur Trocknung. Ihre Leistung nimmt im 2. Jahr ab. Hybride Sorten sind ebenso wie die diploide Sorte 'Lior' bes. ertragreich im 2. Anbaujahr. Für die Verwendung als Futterpflanzen werden Sorten gewählt, die im Aussaatjahr wenig fertile Triebe bilden. Die meisten Sorten schieben fast zur gleichen Zeit Ähren, eine Staffelung der Erntetermine ist deshalb nicht möglich. Gegen Kronenrost waren die tetraploiden niederländischen Sorten resistenter als die diploiden. In der Westschweiz werden einige Sorten, vor allem 'Lior', durch *Helminthosporium siccans* geschädigt.
Th. Hoffmann. 864.

2-68/10-0604 Mansat, P.; Lusignan, Stat. d'Améliorat. des Plantes Fourragères. Échelonnement des précocités et rendement optimum annuel des graminées fouragères. **(Zeitlicher Futteranfall und Jahresoptimalertrag bei Futtergräsern.)** Bull. techn. Inform., Paris **1968** Nr. 226. S. 17-25. — 13 Tab., 12 Lit.
Im ersten Abschnitt behandelt Vf. die Leistungsfähigkeit einiger Futtergräser (Knaulgras, Schwingelarten, Lieschgras, Deutsches und Welsches Weidelgras) bei Weide- und Futternutzung, den Einfluß des ersten Schnittermines auf den Ertrag sowie den Nährstoffgehalt in verschiedenen Entwicklungsstadien (von 10 cm Wuchshöhe bis Blühstadium). Die Ergebnisse bestätigen bekannte Beziehungen. Einen auffallend niedrigen Durchschnittsertrag an Tr.-Subst. weisen die Wiesenschwingelsorten auf. Der Einfluß des Schnittrhythmus bestätigt gleichfalls die bekannten Beziehungen zwischen Ertrag Zellulosegehalt und Verdaulichkeit. Hinsichtlich der N-Wirkung ergab sich, daß bis zu 60,0 kg/ha ein Ertragsanstieg zu verzeichnen war. Am Schluß wird in einer Tab. der zeitliche Wachstumsverlauf ab 10 cm Wuchshöhe bis zum Erscheinen der Fruchtstände von 55 Sorten, davon 32 französische, der oben genannten Grasarten dargestellt. J. Schieblich. 864.

2-68/10-0605 Heddle, R. G.; Edinburgh, School of Agric. Nitrogenous fertilization of Italian ryegrass in spring. **(Stickstoffdüngung von Welschem Weidelgras im Frühjahr.)** J. Brit. Grassland Soc. **23** (1968) Nr. 1. S. 69-74. — 6 Tab., 4 Lit.
1960/66 wurden 18 Versuche auf gut drainierten Böden, die ausreichenden Niederschlag erhielten, mit Reinbeständen von Welschem Weidelgras durchgeführt, nur in einigen Fällen waren Deutsches Weidelgras und etwas Rotklee in der Narbe. Verschiedene Termine der N-Düngung wurden in ihrer Wirkung auf das frühe Wachstum der Narbe verglichen, ferner die Anwendung von Kalkammonsalpeter und Ammoniumsulfat. Frühe N-Düngung im Febr. bis Anfang März führte zu max. N-Aufnahme und max. Tr.-Subst.-Ertrag des jungen Futters. Düngung nach dem kritischen Termin Mitte März bewirkte niedrigere Erträge. 4…5 °C Bodentemperatur genügt zum Wachstum des Welschen Weidelgrases. Die Erhöhung der N-Menge steigerte den Tr.-Subst.-Ertrag, 1 lb./acre N zusätzlich brachte 9,4 lb./acre Tr.-Substanz. Ohne Rücksicht auf den Termin der Ausbringung waren Kalkammonsalpeter und Ammoniumsulfat in ihrer Wirkung gleich. In 4 Versuchen wurde nach einem frühen ersten Schnitt ein zweiter genommen, um den Wiederaufwuchs festzustellen. Je später die N-Düngung, desto höher waren Tr.-Subst.-Ertrag und N-Gehalt des 2. Schnittes.
Th. Hoffmann. 864.

2-68/10-0606 Knoch, G. **Über einige neuere Ergebnisse des Futterkohlanbaues.** Erfahr. Erkenntnisse, Anwend. für d. sozialist. Landwirtsch. Bezirkes Gera 4 (1967) Nr. 1. S. 14 bis 16. — 4 Tab. — nach Zus.
Drillsaat und Maschinenpflanzung benötigen nahezu die gleiche Anzahl an AKh/ha für Bestellung und Pflege. Durch rechtzeitiges und öfteres Striegeln läßt sich der Aufwand an manueller Hackarbeit zur Drillsaat noch senken. Der höhere Ertrag des gepflanzten

Futterkohls beruht auf seiner größeren Ertragssicherheit in Trockenjahren. Die Erntezeit des Futterkohls sollte verlängert werden. Hauptfruchtanbau mit dem günstigsten Erntetermin im Okt. bietet dazu eine Möglichkeit. Die Erntezeit für die Hauptfrucht liegt um den 15. 10. bis 14. 11. Ab Mitte Nov. liegt der günstigste Zeitpunkt für die Ernte des Zweitfruchtfutterkohls bis Mitte Dezember. 864.

2-68/10-0607 Ioniță, M., Andrei, I., Brădescu, C., Florea, E. und Hegheș, A. Studiul posibilităţilor de asigurare a producţiei de masă verde în cadrul conveierului pe seama porumbului. **(Eine Möglichkeit zur Sicherung des Futterertrags bei Fließbandanbau von Grünmais.)** Inst. agron. Timişoara, Lucrări, ştiinţ., Ser. Agron. 9 (1966) S. 311-328. — 1 Abb., 12 Tab., 12 Lit. Zus. in Russ., Engl.
Auf ungedüngten Tschernosem wurden 3 Maisdoppelhybriden auf 12,5, 25 oder 75 cm Reihenabstand bei 200···220, 100···110 und 40···60 kg/ha Saatmenge angebaut. Von 60 bis 70 cm Höhe der Pflanzen an wurde alle 10 d geschnitten. Das Erntegut wurde getrennt. nach Blättern, Stengeln und Kolben erfaßt. Zu Beginn der Futternutzung wurden die höchsten Erträge bei der engsten Standweite erzielt. Vom 2. bis zum letzten Schnittermin wurden die höchsten Erträge bei 25 cm Reihenweite gemessen. Die Differenzen zwischen den Hybriden waren gering und nicht signifikant. Die Unterschiede zwischen den Erntemengen der verschiedenen Standweiten waren für alle Hybriden und alle Schnitttermine signifikant oder hoch signifikant. Der Blattanteil nimmt mit fortschreitendem Wachstum ab, jedoch unterschiedlich in Abhängigkeit von der Reihenweite. Bei 12,5 cm Reihenweite nahm der Blattanteil von 49···50% auf 29···31% ab, bei 75 cm von 46···53 auf 19···24%. Nach den Ergebnissen kann die Futterernte verlängert werden, wenn in den ersten 2 Julidekaden Bestände von 12,5 cm Reihenweite und danach Bestände von 25 cm Reihenweite geerntet werden. E.-M. Ardelt. 864.

2-68/10-0608 Stählin, A. **Mais als Silofutterpflanze.** Wirtschaftseigene Futter 14 (1968) Nr. 2. S. 164-176. — 2 Abb., 28 Lit. Zus. in Engl., Franz. — nach Zus.
Viele Eigenschaften von Mais als einer subtropischen Pflanze bestimmen trotz Züchtungserfolgen sowohl die Wahl der Sorte als auch die des Standorts für den Anbau des Silomaises. Mit seiner Stellung hinter Zwischenfrüchten sind in den meisten Gegenden außerhalb des Weinklimas Ertragseinbußen und ein größeres Risiko für das Erreichen des richtigen Reifestadiums verbunden; bei ewigem Silomeisbau besteht die Gefahr der Vermehrung spezifischer Schädlinge. Während die Wahl des Standraumes der Einzelpflanze von der Wüchsigkeit der Sorte und der durchschnittlichen Witterung des Standortes bestimmt werden, sorgen Beizung von kalibriertem Saatgut und chem. Unkrautbekämpfung für einen gleichmäßigen Bestand. Morphol. ist ein hoher Kornanteil in der über 25% betragenden Tr.-Subst. der Gesamtpflanze, d. h. biochem. die weitgehende Umwandlung des im Stengel gespeicherten Zuckers in die Stärke der Körner, für das Gelingen einer guten Silage Vorbedingung; diese chem. Zusammensetzung wird erst mit der Teigreife erreicht. 864.

2-68/10-0609 Ioniță, M. Dinamica de creştere a producţiei la diferiţi hibrizi dubli de porumb cultivaţi pentru siloz. **(Dynamik des Wachstums und der Leistung verschiedener Mais-Doppelhybriden bei Anbau für Silage.)** Inst. agron. Timisoara, Lucrări stiint., Ser. Agron. 9 (1966) S. 149-163. — 13 Tab., 6 Lit. Zus. in Russ., Engl. 864.

2-68/10-0610 Ponikiewski, A. Uprawa żyta poplonowego i ziemniaków w świetle badań ekonomiczno-organizacyjnych. **(Der Anbau von Zwischenfrucht-Roggen und von Kartoffeln im Licht ökonomisch-organisatorischer Untersuchungen.)** Nowe Rolnictwo 16 (1967) Nr. 17. S. 16-19. — 1 Abb., 4 Tab.
Die Rentabilität des Grünfutters (zu einem Preis von 12 Złoty/dt berechnet) beginnt bei einem Ertrag von 180···200 dt/ha; die Rentabilität der Kartoffeln (Preis 80 Złoty/dt) beginnt bei einem Ertrag von 160 dt/ha. Die Korrelation zwischen der Ertragshöhe und der Rentabilität der Produktion weist die richtige Rentabilität bei Düngung mit 120 kg N nach (und zwar nur dann, wenn die Erträge das vorher genannte Minimum übertreffen). Über die Rentabilität der Feldproduktion entscheidet der Kartoffelertrag. Trotz der vielversprechenden Ergebnisse, die beim Anbau von Roggen als Grünfutter erzielt wurden, darf man eine Minderung des Kartoffelertrages nicht zulassen, da die Kartoffelproduktion leicht zu einer Defizitproduktion wird. Die Grünfutter- und Kartoffelerträge stehen bei Düngung mit 30 kg N an der Schwelle des Defizits, erst eine Gabe von 120 kg N/ha und die richtige Agrotechnik sichern den ökonom. Nutzen. Die Organisation und die Kalkulationsgrund-

sätze sind für die einzelbäuerlichen Landwirtschaftsbetriebe anders als für die staatlichen Landwirtschaftsbetriebe (Staatsgüter) und Kombinate. PRL/CBR. 865.

2-68/10-0611 **Winterzwischenfrüchte mit weiterwachsender Komponente.** Berlin, Inst. für Acker- u. Pflanzenbau der Humboldt-Univ. Plan-Nr.: 4501-015/7. 111 S. Abschlußber. (5/4. 1968).
Parzellen- und Großversuche im Gebiet des Oderbruches in den Jahren 1961–1965 brachten unter den natürlichen Standortbedingungen (bindige Lehm- und Tonböden, geringe Niederschlagsversorgung) nur unbefriedigende Erträge. Mit einer Aussaatmischung von 180 kg/ha Wi.-Roggen, 40 kg/ha Wi.-Wicke, 7,5 kg/ha Knaulgras, 7,5 kg/ha Wiesenschwingel und 6 kg/ha Wiesenlieschgras konnten bei jährl. N-Gaben von 0···150 kg/ha in 3 Schnitten nur Tr.-Subst.-Erträge von insgesamt 50···80 dt/ha erzielt werden. Neben Wassermangel sind ungünstige Einstrahlungsverhältnisse am Boden unter der Deckfrucht in der Jugendentwicklung der Untersaaten bes. schädlich. Zum Schnittzeitpunkt der Deckfrucht treten durch den plötzlichen Strahlungseinfall Vertrocknungen und Verbrennungen an den Unsaaten auf. 866.

2-68/10-0612 Schuster, W. **Ölrettich-Sommerraps-Gemenge als Stoppelfrucht bei verschiedener Saatzeit.** Z. Acker- u. Pflanzenbau **127** (1968) Nr. 1. S. 53–68. — 2 Abb., 6 Tab., 32 Lit. Zus. in Engl.
Der Stoppelfruchtbau dient der Erhaltung der Bodenfruchtbarkeit und der Produktion zusätzlichen Futters. Auf Grund der nach der Getreideernte oftmals ungünstigen Wachstumsbedingungen und kurzen Vegetationszeit hat sich der Stoppelfruchtbau mit Leguminosen stark zugunsten der sicheren und billigen Kreuzblütler entwickelt. Vf. berichtet über einen vergleichenden Anbau von Ölrettich, So.-Raps und mehreren Gemischen beider Komponenten in den Jahren 1964 bis 1966 auf 3 verschiedenen Standorten bei 2 Saatzeiten. Die höchsten Tr.-Subst.-und auch Rohproteinerträge erbrachte Ölrettich in Reinsaat. Die Gemenge zeigten geringere Ertragsschwankungen in den einzelnen Jahren und auf den verschiedenen Standorten. Bes. bei der späten Saatzeit Mitte bis Ende August konnten teilweise bessere Leistungen erzielt werden als mit Ölrettich in Reinsaat.
W. Schäfer. 868.

I. Pflanzen der Subtropen und Tropen

2-68/10-0613 Podhradszky, J. Adatok a rizsbugák „ablakosságának", részleges léhaszemüségének kérdéséhez Magyarországon. (**Angaben zur Frage der „Schartigkeit" und der teilweisen Körnertaubheit der Reisrispen.**) Kísérletügyi Közlemények, Növénytermesztés [Mitt. landwirtsch. Versuchsstellen Ungarns, Pflanzenbau] **58/A** (1965, hrsg. 1967) Nr. 3. S. 61–69. — Aus: Ung. Agrar-Rdsch. **1968** Nr. 2.
Mit den Sorten 'Dunghan Sali' und 'Kákai 263' wurde anhand 3jähr. Mineraldüngungsversuche der Einfluß von K, P und vor allem N-Düngern auf die physiol. bedingte Schartigkeit der Reisrispen untersucht. In den Versuchen wirkte P mäßigend, N aber steigernd auf die Taubheit der Rispen. Bei günstigen Witterungsverhältnissen kann die Steigerung der Taubheit, verglichen mit der ertragsfördernden Wirkung von N vernachlässigt werden. Wenn aber die Blüte unter ungünstigen Witterungsverhältnissen vor sich geht, was vor allem dadurch auftritt, daß die N-Wirkung die Blüte aufschiebt und verlängert, wird die Schartigkeit neben der Ernteste igerung so stark, daß eine bedeutende Depression in der Ernte vorkommen kann. 872.

2-68/10-0614 Ludlow, M. M. und Wilson, G. L. Studies on the productivity of tropical pasture plants. I. Growth analysis, photosynthesis, and respiration of hamil grass and Siratro in a controlled environment. (**Untersuchungen über die Produktivität tropischer Weidepflanzen. 1. Mitt. Wachstumsanalyse, Photosynthese und Atmung von Panicum maximum und Phaseolus atropurpurpeus in einer kontrollierten Umwelt.**) Austral. J. agric. Res. **19** (1968) Nr. 1. S. 35–45. — 3 Abb., 3 Tab., 37 Lit.
In Klimakammern wurden bei optimalen Temperaturen Wachstum und Substanzproduktion von *Panicum maximum* und *Phaseolus atropurpupeus* in Gefäßen verglichen. Die Tr.-Subst.-Zunahme war bei *Panicum* in der Zeiteinheit höher, nach 4 Wochen Wachstumszeit war die Tr.-Subst.-Masse bei *Panicum* doppelt so hoch wie bei der anderen Art. Die rel. Wuchsrate und die Nettoassimilationsrate waren in der 2.–4. Woche nach der Saat bei *Panicum* größer als bei *Phaseolus*, beide Werte nahmen bei beiden Arten nach der 2.

Wachstumswoche ab. Das Blattflächenverhältnis war in der 2. und 3. Wachstumswoche bei *Panicum* höher als bei *Phaseolus*, in der 4. Woche lag das Verhältnis umgekehrt. Für *Panicum* sank dieser Wert im gesamten Beobachtungszeitraum von 4 Wochen. In der 2.–4. Woche nach der Saat war die Nettoassimilationsrate bei *Panicum* mehr als doppelt, die Respirationsrate 17mal und die Photosyntheserate nahezu 4mal so hoch wie bei *Phaseolus*. J. Bühring/Paulinenaue. 885.

2-68/10-0615 Blasse, W. und Barthold, F.; Marquardt, Inst. f. Obstbau der Humboldt-Univ. Berlin. **Zur Entwicklung der Weltobstproduktion. 3. Mitt. Südfrüchte.** Arch. Gartenbau **16** (1968) Nr. 2. S. 109–128. — 15 Tab. Zus. in Russ., Engl. — nach Zus.

Im Durchschnitt der Jahre 1958 bis 1962 betrug die Weltproduktion bei Apfelsine 19190 kt, bei Zitrone 2245 kt, bei Banane 18385 kt, bei Ananas 2495 kt, bei Dattel 1430 kt, bei Feige 1470 kt und bei Olive 6400 kt. Der Entwicklungsverlauf von 1934/38 bis 1958/62 in den einz. Ländern wird gezeigt und die produktionsstärksten Länder und solche mit überdurchschnittl. Produktionssteigerung werden herausgestellt. Der gegenwärtige Stand der Weltproduktion von Obst und Südfrüchten, getrennt nach Arten, Artengruppen und Erdteilen, wird analysiert. 893.

2-68/10-0616 Lenz, Fritz. **Der Einfluß unterschiedlich hoher Stickstoffgaben auf die Entwicklung einiger Qualitätsmerkmale von 'Valencia Late' Orangen (Citrus sinensis L. Osbeck).** Gartenbauwissenschaft **32**(**14**) (1967) Nr. 2. S. 181–192. — 6 Abb., 2 Tab., 19 Lit. Zus. in Engl., Franz. — nach Zus.

In einem faktoriellen Feldversuch mit Apfelsinen in Australien wurde in den Jahren 1962 bis 1963 und 1963/64 der Einfluß unterschiedlich hoher N-Gaben auf die Entwicklung von Qualitätsmerkmalen der Sorte 'Valencia Late' auf der Unterlage 'Rough Lemon' untersucht. Die Größenentwicklung der Früchte wurde eher durch die Dichte des Fruchtbehanges als durch eine N-Düngung beeinflußt. Das Wachstum der Fruchtschale wurde zu Beginn der Fruchtentwicklung und während der Reifezeit durch hohe N-Gaben gefördert. Als Folge davon war der Schalenanteil der Apfelsinen zur Erntezeit unerwünscht hoch. Der eßbare Fruchtanteil war rel. am größten in N-armen Pflanzen. Der Zuckergehalt des Saftes war geringer und der Säuregehalt höher in den mit N gedüngten Pflanzen. Das Zucker-Säure-Verhältnis war deshalb z. Z. der Reife am günstigsten in N-armen Bäumen. Zwischen den mit N gedüngten und den ungedüngten Bäumen zeigten sich kaum meßbare Wachstumsunterschiede, obwohl Blattanalysen auf einen sehr unterschiedlichen Nährstoffhaushalt in Abhängigkeit von der Nährstoffversorgung hindeuten. Die Ergebnisse werden im Hinblick auf die Bedeutung von Zeitpunkt und Menge der N-Düngung für eine günstige Entwicklung guter Qualitätsmerkmale bei 'Valencia-Late'-Orangen diskutiert. 894.

VIII. GRÜNLAND

A. Allgemeine Literatur, Berichte, Statistiken u. a.

2-68/10-0617 Roth, D. und Bechstädt, O. **Ein Vergleich der Leistungen des Dauergrünlandes mit den Erträgen wichtiger Kulturen der Feldwirtschaft.** Wiss. u. Prax., Erfurt 1968 Nr. 3. S. 25–27. — 2 Abb., 2 Tab., 3 Lit.

Nach Angaben der Statistik liefert das Dauergrünland im Bezirk Erfurt derzeit niedrigere Erträge als die wichtigsten Feldfrüchte. Leistungsvergleiche aus praktischen Betrieben und aus Versuchsbetrieben zeigen jedoch, daß bei intensiver Nutzung das Grünland ähnlich hohe Erträge wie die ertragsstärksten Ackerkulturen bringen kann. Abschließend werden Empfehlungen zur Intensivierung der Grünlandbewirtschaftung an die produktionsleitenden Organe der Landwirtschaft gegeben. K. Müller/Paulinenaue. 901.

2-68/10-0618 O'Toole, M. A. Grassland research on blanket peat in Ireland. (**Grünlandforschung auf terrainbedeckendem Moor in Irland.**) J. Brit. Grassland Soc. **23** (1968) Nr. 1. S. 43–50. — 2 Abb., 2 Tab.

Vf. beschreibt 10jähr. Versuche zur Schaffung leistungsfähiger Pflanzenbestände in der Moorversuchsstation Glenamoy. Die ursprüngliche Vegetation bestand hauptsächlich aus *Mo'linia coerulea*, *Schoenus nigricans*, *Calluna vulgaris*, *Erica* spp., *Eriophorum* spp. *Narthecium ossifragrum* und *Scirpus caespitosus*. Eine Düngung dieses Bestandes mit Ca, P, K, N, Cu und Co brachte nur geringe Erfolge. Vf. empfiehlt Ansaat von *Trifolium repens*, *Lolium perenne*. *Festuca arundinacea* und *F. rubra* auf die unbearbeitete alte Narbe oder

nach leichtem Fräsen. Pflügen oder Abtöten mit Herbiziden erwiesen sich als nicht günstig. Das Gelingen der Neuansaatmethoden, die für Gebiete mit hohen Niederschlägen, geringer Evapotranspiration und hoher rel. Luftfeuchte geeignet sind, hängt weitgehend von der Bewirtschaftung ab. Scharfes Abweiden durch Schafe oder Rinder vor und nach der Aussaat geben der Neuansaat die besten Bedingungen. Ein Teil des ursprünglichen Pflanzenbestandes wird am besten durch Abbrennen beseitigt. Auf so verbesserten Narben wurden ohne N-Düngung Erträge von 67 dt/ha Tr.-Subst. erzielt.
K. Netzband/Paulinenaue. 901.

2-68/10-0619 Jarošenko, P. D. K metodike opredelenija vesa travostoev po vysote osnovnoj massy i proektivnomu pokrytiju. (**Zur Methodik der Massebestimmung von Futterbeständen nach der Höhe der Ausgangsmasse und des zu erwartenden Bestandes.**) Bjulleteń Moskovskogo obščestva ispytatelej prirody [N. S.] **138** (1967) Otdel biologičeskij **72** Nr. 4. S. 120–123.
Ramenskij entwickelte 1938 eine Berechnungsmethode, die auf den Relationen zwischen Bestand und Halmanzahl beruhte. Diese Methode wurde von Ipatov 1962 noch verbessert und fand in den USA, Kanada und bei der Erforschung der Steppe Askanija-Nova Anwendung. Aufgetretene Fehlschätzungen veranlaßten Ramenskij, die Methode weiter zu vervollkommnen. Eine genaue Bestimmung ist nach der Formel $K = r\,(19{,}625 + 0{,}875\,h)$ möglich. Hierbei ist K die projektierte Masse in kg je ar, h die Höhe der oberirdischen Sproßsubst. und r ein Koeffizient, der für jede Art und Form spezifisch ist. Es wurde für die Praxis eine einfachere Methode gefunden, die für Bestände von 20···65 cm anwendbar ist. Die Berechnung erfolgt nach der Formel $B = P \cdot W/200$; hierbei ist B die Gesamtmasse lufttrockener Heusubst. je ha in dt, P die Bestandsdichte in % und W die Höhe der Hauptbestandsbildner in cm. Die Überprüfung dieser Methode an 192 Beispielen mit Erträgen von 8,2···40 dt/ha ergab eine Fehlergrenze von $\pm$ 1,5 dt/ha. Bei niedrigwachsenden Weiden (Weißklee u. a.) mit einer Höhe von durchschnittlich nur 4 cm wird der Divisor auf 60 und bei ca. 6 cm Höhe der Hauptbestand auf 100 verändert. Mit dieser Methode wird in der Ertragsschätzung eine große Wahrscheinlichkeit erreicht. G. Jury. 901.

2-68/10-0620 Bechstädt, O. **Zur biologischen Entwässerung tagwasservernäßter Grünlandstandorte — dargestellt am Beispiel der LPG „Freier Bauer" Kreuzebra, Kreis Worbis.** Wiss. u. Prax., Erfurt **1968** Nr. 3. S. 27–29. — 4 Tab.
Ergebnisse 2jähr. Versuche zur biol. Entwässerung tagwasservernäßter Grünlandstandorte mittels mineral. Düngung zeigen die Möglichkeiten zur Ertragssteigerung auf diesen ertragsschwachen Standorten. Alleinige PK-Düngung (108 kg P_2O_5/ha, 240 kg K_2O/ha) hatte kaum eine Wirkung. Erst starke N-Düngung (240 und 480 kg ha/N) führte zu einem bedeutenden Entwässerungseffekt. Die Radspurentiefe der Erntemaschinen nahm von 30 cm auf 5···8 cm ab. Geringere N-Mengen (60 und 120 kg ha/N) steigerten die Erträge über das Doppelte bzw. Dreifache, mit den hohen N-Mengen wurde der 4···4,5fache Ertrag der ungedüngten Variante erreicht. Die Düngermengen wurden in einer Gabe verabreicht. Als günstigster Zeitpunkt für die Düngung wird der Vegetationsbeginn genannt. Eine ökonom. Kalkulation weist zunehmende Rentabilität bei steigender N-Menge nach.
K. Müller/Paulinenaue. 901.

2-68/10-0621 Blohm, Georg. **Die Betriebswirtschaft der Grünlandnutzung.** Frankfurt/M.: DLG-Verl. 1967. (188 S.) 901.

B. Wiesen

2-68/10-0622 Volger, E. **Abhängigkeit der Grünlandpflanzenbestände vom pH-Wert der Böden.** Wirtschaftseigene Futter 14 (1968) Nr. 1. S. 1–17. — 21 Abb., 4 Tab., 49 Lit.
An ca. 400 Grünlandpflanzenbeständen aus Nordwestdeutschland wurden die Korrelationen zwischen dem pH-Wert der Böden und verschiedenen Eigenschaften des Pflanzenbestandes untersucht. Die Korrelation zwischen pH und mittlerer Reaktionszahl nach *Ellenberg* (R.) war hochsignifikant (Ausnahme tonarmes Anmoor); es bestand lineare Abhängigkeit zwischen pH und R. Auf ton- und humusreichen Böden lag die R. bei gleichem pH höher als auf anderen Böden. Der Futterwert wurde durch steigende pH-Werte günstig beeinflußt (Ausnahme Böden mit hohem Tonanteil). Auf mineralarmen Mooren stieg der Futterwert bei gleichem pH mit der Höhe des Anteils an org. Substanz. Steigender pH-Wert begünstigte die Massenwüchsigkeit der Grünlandpflanzenbestände. Mittlere R. aller Bestän-

de mit guter Wüchsigkeit war 3,0. Für die nordwestdeutschen Grünlandstandorte ergaben sich folgende optimale pH-Werte: Mineralboden 5,1…5,2; Anmoor 5,0; Moor 4,4…4,7.

K. Kloss/Paulinenaue. 925.

2-68/10-0623 Folkman, I. und Lichner, S. Štúdium zmien pokryvnosti niektorých druhov tráv v prirodzenom lúčnom poraste v dlhodobom pokuse. **(Untersuchungen über die Veränderungen der Bodenbedeckungsfähigkeit einiger Grasarten in einem natürlichen Grasbestand in langjährigen Versuchen.)** Pol'nohospodárstvo **13** (1967) Nr. 12. S. 881-894. — 7 Abb., 3 Tab., 11 Lit. Zus. in Russ., Engl.

Bei ansteigenden N-Gaben überwiegen die Gräser immer mehr die übrigen Futterpflanzen, wobei ihr Übergewicht bei hohen PK-Versorgung am ausgeprägtesten ist. Die gleiche, mehrere Jahre hindurch applizierte N-Gabe hat eine immer auffälligere Dominanz der Gräser zur Folge. Von den Gräsern, welche im Grasbestand auf Düngung durch größere Bodenbedeckung reagieren, können nach mehreren Jahren jene Arten in den Hintergrund treten, welche sich an der Ertragsbildung nur im 1. Schnitt beteiligen, z. B. Wiesenrispe, Wiesenfuchsschwanz.

ČSSR/ÚVTI. 925.

2-68/10-0624 Kleter, H. J. Influence of weather and nitrogen fertilization on white clover percentage of permanent grassland. **(Einfluß von Witterung und Stickstoffdüngung auf den Weißkleeanteil in Dauergrünland.)** Netherl. J. agric. Sci. **16** (1968) Nr. 1. S. 43-52. — 5 Abb., 4 Tab., 16 Lit.

Von 1961-1966 wurde auf 19 Versuchsflächen monatlich der Weißkleeanteil in einem *Lolium-perenne-Poa-trivialis*-Rasen untersucht. Er betrug im Mittel 5%; in den Monaten Juli und August war er am höchsten. Durch Wärme wurde Weißklee in allen Monaten der Vegetationsperiode gegenüber den Gräsern gefördert. Am günstigsten wirkten hohe Temperaturen im April. Bei Monatsmitteltemperaturen unter 10 °C sprach der Klee bes. stark auf Temperatursteigerung an. Bei Erhöhung des Monatsmittels um 1 grd stieg der Kleeanteil um 1%. Die Lichtintensität korrelierte ebenfalls positiv mit dem Weißkleeanteil. Helles Licht wirkt bes. anregend auf die Ausläuferbildung, während Wärme die Blattentwicklung fördert. Durch Düngung mit 100 kg ha/N ging der Weißkleeanteil von 5 auf 3,5% zurück. Die kleehemmende Wirkung von N-Düngung war im Sommer stärker als im Frühling oder Herbst.

K. Kloss/Paulinenaue. 925.

2-68/10-0625 Cowling, D. W. Ammonia as a source of nitrogen for grass swards. **(Ammoniak als Stickstoffquelle für Grasnarben.)** J. Brit. Grassland Soc. **23** (1968) Nr. 1. S. 53-60. — 2 Abb., 6 Tab.

Vf. verglich in Hurley auf sandigem Lehm die Wirkung von einmaligen (I) und 4maligen (II) Gaben von Ammoniumnitrat mit einer einmaligen Gabe von Ammoniakwasser (III) bei a) 200 und b) 400 kg/ha N auf den Tr.-Subst.-Ertrag und die N-Aufnahme von Grasland. Außerdem wurden durch Abdecken mit durchsichtiger Polyäthylenfolie nach dem ersten Schnitt und verschieden starker künstlicher Bewässerung unterschiedliche Feuchtigkeitsverhältnisse hergestellt. Folgende Gesamterträge in dt/ha Tr.-Subst. wurden erzielt: Ia 83,9 (trocken) bzw. 94,3 (feucht); Ib 92,1 bzw. 100,9; IIa 75,6 bzw. 83,8; IIb 104,8 bzw. 130,2; IIIa 78,3 bzw. 80,4 und IIIb 92,3 bzw. 100,9. Bei I und III wurde der größte Teil des Jahresertrages im 1. Schnitt erzielt, und die Wirkung auf die weiteren Schnitte war gering. Die N-Aufnahme wurde durch die N-Formen und die N-Verteilung nicht beeinflußt, sondern nur durch die Wasserangebot und Höhe der N-Gabe. Vf. schließt, daß die einmalige Ammoniakgabe brauchbar ist für die Erzielung eines großen ersten Schnittes, wenn zufriedenstellende Ausbringemethoden zur Verfügung stehen, daß für kontinuierlichen Aufwuchs aber geteilte Gaben fester Düngemittel vorteilhafter sind.

K. Netzband/Paulinenaue. 940.

2-68/10-0626 Stählin, A. **Über die Wirkung verschiedener Phosphatformen auf Dauerwiesen.** Z. Acker- u. Pflanzenbau **127** (1968) Nr. 1. S. 69-84. — 4 Tab., 21 Lit.

In 8jähr. Versuchen auf Dauergrünland verschiedener Standorte wurden bei gleicher N- (60 kg/ha) und K_2O- (120 kg/ha) Düngung 60 kg P_2O_5/ha in Form von Super-, Thomas-, Hyper- oder Rhenaniaphosphat oder in Form dieser 4 Düngemittel im jährlichen Wechsel gegeben. Der Einfluß dieser Phosphate auf den Ertrag, die Futterqualität und die botan. Zusammensetzung wurde untersucht. Gegenüber p-freier Düngung wurden durch alle P-Formen höhere Erträge, höherer P-Gehalt und günstigere botan. Zusammensetzung der Pflanzenbestände erreicht. Deutlichen Einfluß auf die Wirkung der P-Formen hatte der Standort, bes. die Bodenreaktion und die Pflanzengesellschaft. Superphosphat förderte in Glatthaferwiesen die Leguminosen, bewirkte aber auf sauren Böden geringere Erträge. Thomas- und Rhenaniaphosphat schnitten auf sauren Böden in qualitativer und quantitativer Hinsicht gut ab, Rhenaniaphosphat auch auf mageren Talglatthaferwiesen. Weniger befriedigend wirkte Hyperphosphat, außer auf den höchsten und sauersten Standorten. Dort wirkte es ähnlich wie Thomasphosphat. Der jährl. Wechsel der P-Formen brachte überdurchschnittliche Ergebnisse hinsichtlich Qualität und Quantität der Erträge. Die standortspezifischen Verhältnisse wurden durch den Einfluß der P-Düngung nicht überdeckt. K. Müller/Paulinenaue. 940.

2-68/10-0627 Clement, C. R. und Hopper, M. J. The supply of potassium to high yielding cut grass. (**Der Bedarf an Kalium für hochertragreiche Mähegrasbestände.**) N.A.A.S. quart. Rev., London **1968** Nr. 79. S. 101-109. — 3 Abb., 2 Tab., 14 Lit.

In eigenen Versuchen wurde entspr. den Ergebnissen in anderen Ländern gefunden, daß Gras bei 2% K-Gehalt in der Tr.-Subst. 95% des Höchstertrages bringt. Dieser Gehalt sollte zur Vorbeuge gegen Hypomagnesämie oder Hypokalzämie nur wenig überschritten werden. Da Gras das gesamte im Boden verfügbare K aufnimmt, ist Düngung nur erforderlich, wenn der Bedarf höher liegt. Gegenwärtig kann jedoch nicht vorausgesagt werden, welche Mengen der Boden nachliefert. Daher muß die zur Bedarfsdeckung aus Boden und Düngung erforderliche K-Menge ermittelt werden. Es wird ein Nomogramm mitgeteilt, mit dessen Hilfe aus dem K-Gehalt und der diesjähr. Düngung des Grases die folgende Düngung abgelesen werden kann. Schließlich wird gezeigt, daß die Erstfrucht nach Graslandumbruch starker K-Düngung bedarf. W. Kreil/Paulinenaue. 940.

2-68/10-0628 Hrazdíra, Z. Zavlažování lúčních porostů. (**Bewässerung von Wiesenbeständen.**) Rostlinná Výroba 14(41) (1968) Nr. 1. S. 41-52. — 11 Tab., 9 Lit. Zus. in Russ., Engl., Dtsch.

Für die Entwicklung des Grasbestandes ist am geeignetsten die Bodenfeuchtigkeit zwischen 60 und 100% Sättigung der Feld-WK. Mit der Bewässerung soll begonnen werden, wenn die Bodenfeuchte auf den angeführten minimalen Wasservorrat absinkt. Die Bewässerung soll den Bodenwassergehalt auf 100% der Feld-WK ergänzen. Unter den gegebenen Bedingungen wurden dem hochproduktiven, 3schürigen Wiesenbestand 200 mm Wasser verabreicht, so daß der durchschnittliche Gesamtverbrauch während der Vegetationsperiode 557 mm betrug. Dadurch stiegen die Heuerträge um 12···43% je nach Zusammensetzung des Grasgemisches und der Düngung . Es wurde der durchschnittliche tägliche Wasserverbrauch der Grasbestände bestimmt, welcher im Verlauf der Vegetationsperiode 3,02 mm ausmachten. Die Bewässerung sofort nach der Heuernte hatte keinen ungünstigen Einfluß auf den Grasbestand, sondern bewirkte intensiven Nachwuchs. ČSSR/ÚVTI. 940.

2-68/10-0629 Philipsen, P. J. J. und Hak, P. S.; Wageningen, Inst. voor Bewaring en Verwerking van Landbouwprodukten. Een bezinning op de hooiwinning. (**Eine Betrachtung über die Heuwerbung.**) Landbouwvoorlichting **25** (1968) Nr. 3. S. 107-112. — 3 Abb.

Die Heuwerbung ist die wichtigste Rauhfutterkonservierungsmethode. Mindestens 70% der jährl. Rauhfutterproduktion der Niederlande werden als Heu gewonnen. Der Wassergehalt sinkt während des Trocknens von ca. 80 auf 17%. Vf. befassen sich ausführlich mit dem Trocknungsprozeß. E.-M. Ardelt. 945.

C. Weiden

2-68/10-0630 Harmati, I. und Bodrogközy, Gy. A dunavölgyi réti talaju legelök (Achilleo-Festucetum pseudovaniae) felülvetése és mütrágyázása. (**Übersäen und Mineraldüngung von Donautal-Weiden [Achilleo-Festucetum pseudovinae] auf Wiesenböden.**) Növénytermelés [Pflanzenbau] **16** (1967) Nr. 3. S. 227-245. — Aus: Ung. Agrar-Rdsch. **1968** Nr. 3.

Auf magerer Schwingelweide (*Achilleo-Festucetum pseudovinae*), welche für das Donautal charakteristisch und deren Wiesenboden reich an N, K und Ca, jedoch arm an P ist und eine flache Humusschicht besitzt, siedelten sich von den Komponenten der ausgesäten Grünlandmischung nur die Leguminosen an. Nur diese wurden konkurrenzfähig und vorherrschend auf den mit P gedüngten Parzellen, während die echten Gräser bei keiner Behandlung in bedeutender Menge erschienen. Auffallend war das Jahr für Jahr wachsende und mächtige Vordringen der Luzerne. Der allein verabfolgte N steigerte erst im 2. Jahr geringfügig den Ertrag, während eine Jahr für Jahr größer werdende Ertragssteigerung durch Düngung mit P erzielt wurde. Seine Wirkung erhöhte sich durch Bewässerung noch bedeutend. Im unbewässerten Versuch war die beste Gabe 61, im bewässerten 91 kg/ha P. 950.

2-68/10-0631 Charles, A. H.; Aberystwyth, Welsh Plant Breeding Stat. Some selective effects operating on white-and red-clover in swards. (**Einige selektive Wirkungen auf Weiß- und Rotklee in Narben.**) J. Brit. Grassland Soc. **23** (1968) Nr. 1. S. 20-25. — 6 Tab., 8 Lit.

Weiß- und Rotkleesorten in Kleegras reagieren auf die Umwelt, die Düngung und Nutzung sowie auf den Graspartner. Vier 4jähr. Versuche wurden 1960 und 1961 an verschiedenen Orten mit *Lolium* spp., *Dactylis* spp., *Phleum* spp., *Festuca arundinacea* und *Holcus lanatus* als Mischungspartner bei unterschiedlicher Nutzung angelegt. Nicht zu häufige Beweidung führte bei Weißklee zu erhöhter Phyllodie. Sein Anteil war in den Varianten mit Welschem Weidelgras (45%) viel höher als in denen mit Rohrschwingel (17%). Die Überlebensrate von Weißklee 'S 100' betrug bei Mähnutzung 46%, bei häufiger Beweidung 24%. Weißklee 'S 100 No Mark' war i. allg. leistungsfähiger als 'S 100'. Die Sorte 'S 184' hielt sich auf ungefrästen Flächen weder auf trockenem noch auf feuchtem Standort. Dagegen hatten die gefrästen Parzellen auf dem trockenen Standort einen Anteil von 33% und auf dem feuchteren von 57% 'S 184'. Der Anteil von Weißklee 'S 100 No Mark' betrug auf den nicht gefrästen Parzellen der feuchteren Standorte 67%, auf den gefrästen dagegen nur 33%. In trockenen Lagen war er auf den gefrästen Flächen höher. In Parzellen mit Rotklee waren die Weißkleepflanzen kleiner als in denen ohne. Aus häufig beweideten Flächen war der Rotklee im 4. Nutzungsjahr völlig eliminiert. Die Nutzung beeinflußte den Termin des Auflaufens von Gräsern und Rotklee. Bei Aussaat von breitblättrigem Rotklee waren die überlebenden Populationen frühblühend. Mischungen von früh und spät blühenden Rotkleesorten wurden nach 4 Nutzungsjahren spätblühend.

Th. Hoffmann. 955.

2-68/10-0632 Roth, Dieter. **Die Entwicklung einer Weideneuansaat auf einem südexponierten Trockenhang und Schlußfolgerungen für eine standortgerechte Ansaatmischung.** Wiss. Z. Friedrich-Schiller-Univ. Jena/Thür., math.-naturwiss. R. **16** (1967) Nr. 4. S. 633-637. — 2 Abb., 4 Tab., 21 Lit.

Eine Neuansaat mit 14 Gras- und Kleearten wurde 5 Jahre lang auf die Entwicklung des Pflanzenbestandes hin beobachtet. Aus den Ergebnissen wird eine Ansaatmischung für trockene Weiden an Südhängen abgeleitet, in der *Dactylis glomerata* und *Poa pratensis* vorherrschen und außerdem in geringen Anteilen *Lolium perenne*, *Festuca rubra*, *Trifolium repens* und *Lotus corniculatus* berücksichtigt werden. Die Untergräser, bes. *Poa pratensis* sollen die Lücken zwischen Horsten von *D. glomerata* ausfüllen helfen.

W. Kreil/Paulinenaue. 962.

2-68/10-0633 Staehler, Hans. **Eignen sich Volldünger für Mähweiden?** Mitt. dtsch. Landwirtsch.-Ges. **83** (1968) Nr. 13. S. 428. 430. 432. — 1 Abb., 3 Tab.

Nach einer kurzen Erörterung der Schwierigkeiten, die die exakte Durchführung von Versuchen auf Mähweiden bereitet, wird über Versuchsergebnisse berichtet, die in der Praxis erzielt wurden. Verglichen wurde die Wirkung der üblichen N-, P- und K-Einzeldünger mit der Wirkung von NPK-Volldüngern. Die P- und K-Einzeldünger wurden in einer Gabe im Frühjahr verabreicht, während die N-Einzeldünger und die NPK-Volldünger in 4 Teilgaben zugeführt wurden. I. allg. wurden mit Volldüngern etwas höhere Weideleistungen erzielt als mit Einzeldüngern. In einem Falle war Volldünger sogar erheblich überlegen. Vf. verweist auf ähnliche Ergebnisse anderer Forscher und folgert, daß die Eignung von Volldüngern für Mähweiden erwiesen ist. Gegebenenfalls könnten die Volldünger auch im Wechsel mit Einzeldüngern oder wirtschaftseigenen Düngern eingesetzt werden.

H. Kaltofen/Paulinenaue. 968.

2-68/10-0634 White, R. E.; St. Lucia, Brisbane, Queensland, C.S.I.R.O., Div. of Trop. Pastures, Cunningham Labor. Nutrient requirements of white clover based pastures on a krasnozem basalt at Maleny, South-Eastern Queensland. (**Nährstoffbedürfnisse von Weißkleeweiden auf einem Krasnozembasalt in Maleny, Süd-Ost-Queensland.**) Austral. J. exper. Agric. Animal Husbandry 7 (1967) Nr. 29. S. 509-514. — 1 Abb., 4 Tab., 9 Lit.

Nach Rodung des tropischen Regenwaldes vor etwa 60 Jahren entstanden auf dem Maleny-Tafelland 1500 ft. über NN mit 70 bis 80 in. jährl. Niederschlag (Krasnozemboden, pH 5,9) sehr ertragreiche Weiden von *Trifolium repens* L. und *Paspalum dilatatum* Poir. 20 Jahre später breitete sich *Pennisetum clandestinum* Hochst. schnell auf den kultivierten Flächen aus. Infolge der Verunkrautung mit *Axonopus affini* Chase nahm in den letzten Jahren die Weideproduktivität stark ab. Zur Feststellung des Nährstoffbedarfs für optimales Weidewachstum wurden Feldversuche mit P, S, $CaCO_3$ und Mo Anfang April 1963 angelegt, indem in die ungestörten Weideflächen Ladino- und Louisiana-Weißklee 1:1 eingesät wurden. Der Bestand wurde zum ersten Mal am 31. 10. 1963 geschnitten und zwischen dem 7. 11. 1963 und dem 4. 5. 1964 alle 14 d jeweils 1 d von etwa 40 Kühen beweidet. Am 20./21. 10. 1964 wurden Proben entnommen. Die Beweidung 1963/64 förderte den Weißklee auf den Flächen mit *Pennisetum*, das jenen gehemmt hatte. Hier war die Düngung ohne Bedeutung. Dagegen zeigte sich auf den *Paspalum*-Varianten bereits 1963 eine signifikante Ertragsreaktion auf Mo ($p < 0{,}001$), P ($p < 0{,}01$) und K ($p < 0{,}05$) sowie eine positive Wechselwirkung von S und Mo ($p < 0{,}05$). 1964 hatte P eine signifikante Wirkung auf den Ertrag und K, Ca und Mo auf den Kleeanteil in der Narbe. Gefäßversuche bestätigten diese Ergebnisse. Empfohlen werden 10 cwt./acre Superphosphat, 1 cwt./acre KCl und 1 oz./acre Mo jährlich. Th. Hoffmann. 968.

2-68/10-0635 Bennett, R. J., Russell, R. D. und Watkin, J. E. Lime and phosphate treatments for reolamation of heather moorland. (**Kalk- und Phosphoranwendung zur Urbarmachung von Heidemoorland.**) J. Brit. Grassland Soc. **23** (1968) Nr. 1. S. 34–39. — 7 Tab.

Vff. berichten über Düngungsversuche im Exmoor (SW-England) mit einmaligen und geteilten Kalkgaben und mit verschiedenen P-Düngemitteln. Eine einmalige Gabe von 9 t./acre $CaCO_3$ erhöhte den pH-Wert im Anwendungsjahr (1958) am stärksten (von 4,4 auf 5,7). Nach 8 Jahren hatte sowohl die angeführte Variante als auch die mit 3 t in 3 aufeinander folgenden Jahren gedüngte Variante ein pH von 6,3. Für den Gras- und Kleeanbau waren Thomas- und Superphosphat gleich wirksam, nordafrikanisches Phosphat dagegen wirkungslos. Geringe N-Gaben sind, zumindest in den ersten Jahren, zur Schaffung leistungsfähiger Grünlandbestände notwendig. K. Netzband/Paulinenaue. 968.

2-68/10-0636 Afanaśev, R. A. und Merzlaja, G. E. Ob orošenii kul'turnych pastbišč. (**Die Bewässerung von Kulturweiden.**) Doklady TSChA. Moskovskaja ordena Lenina sel'skochozjajstvennaja akademija imeni K. A. Timirjazeva **1968** Nr. 136. S. 127–132. — 3 Tab., 9 Lit. — nach Zus.

Bewässerung erhöht den Ertrag gedüngter Weiden bis auf 8000 FE und mehr, wodurch während des Sommers 4···5 Kühe je ha gehalten werden können. Der Ertrag an Weidefutter gleicht sich bei Bewässerung in den Weidedurchgängen aus. Beobachtungen zeigten, daß die Periode für das Nachwachsen der Futterpflanzen bei Bewässerung bedeutend verkürzt wird. Durch die Erhöhung des Proteingehaltes in den Gräsern war das Weidefutter in bezug auf Eiweiß ausbilanziert. Der Gehalt an Mineralstoffen im Weidefutter befriedigte vollkommen den Bedarf der Tiere. Bei langjähr. Nutzung der Kulturweiden wurde der Vorteil der Bewässerung n mit Klar- und Abwasser nachgewiesen. 968.

2-68/10-0637 Michajličenko, B. P. Vlinajie mikroėlementov na produktivnost' kul'turnogo pastbišča. (**Der Einfluß von Spurenelementen auf die Leistung einer Kulturweide.**) Doklady TSChA. Moskovskaja ordena Lenina sel'skochozjajstvennaja akademija imeni K. A. Timirjazeva **1968** Nr. 136. S. 133–138. — nach Zus.

Spurenelemente steigern bedeutend die Erträge von Kulturweiden, bes. in Jahren mit geringen Niederschlagsmengen. Mo allein sowie in Kombination mit Cu, Zn und B trug zu einer Erhöhung des Leguminosenanteils im Pflanzenbestand bei. Der Anteil an Leguminosen erhöhte sich unter dem Einfluß von Cu, Zn und B. Mo allein und in paarigen Kombinationen mit Cu, Zn und B erhöhte bedeutend die Aufnahme der Hauptnährstoffe durch den Pflanzenbestand. Unter dem Einfluß von Cu erhöhte sich die Aufnahme von P und K nur in einem trockenen Jahr. Zn und B wirkten mehr auf die K-Aufnahme. N, P und K wurden vom Pflanzenbestand im Verhältnis 1:0,3:1 aufgenommen. 968.

2-68/10-0638 Alder, F. E., Cowlishaw, S. J., Newton, J. E. und Chambers, D. T. The effects of level of nitrogen fertilizer on beef production from grazed perennial-ryegrass/white-clover pastures. Part 3. An experiment without irrigation. (**Einfluß der Höhe der Stickstoffgabe auf die Rindfleischproduktion auf Weiden aus Deutschem Weidelgras und**

Weißklee. 3. Mitt. Ein Versuch ohne Bewässerung.) J. Brit. Grassland Soc. **23** (1968) Nr. 1. S. 81-87. — 9 Tab., 4 Lit. 968.

2-68/10-0639 Robards, G. E. und Leigh, J. H.; Trangie, New South Wales, A.R.S; Dep. of Agric.; Deniliquin, C.S.I.R.O., Div. of Plant Ind, Riverina Labor. The effect of frequency and time of cutting on the production and quality of a barley grass (Hordeum leporinum) dominant pasture. (**Die Wirkung der Häufigkeit und Zeit des Schnittes auf den Ertrag und die Qualität einer Weide mit Hordeum leporinum Link als Hauptbestandsbildner.**) Austral. J. exper. Agric. Animal Husbandry **7** (1967) Nr. 29. S. 528-532. — 2 Abb., 5 Tab., 11 Lit.
Auf trockenen Flächen in Neusüdwales bringt das einjährige Gras *Hordeum leporinum* Link im Winter und zeitigen Frühjahr noch rel. große Futtererträge, wenn wertvolle Gräser langsam oder gar nicht wachsen. Die Futterqualität nimmt aber nach der Blüte schnell ab. Von Mai bis Nov. 1964 wurde auf Weideflächen, auf denen *Hordeum leporinum* dominierte und außerdem *Vulpia myuros* (L.) K. C. Gmel. sowie *Avena fatua* L. vorhanden waren, in der Nähe von Deniliquin (mittl. jährl. Niederschlagsmenge 15,7 in.) ein Versuch mit 8 Varianten durchgeführt: a) Kontrolle, keine Beweidung, b) Beweidung in jedem Monat, c) in jedem 2. Monat, d) bis h Beweidung im Mai und Nov. sowie in e) bis h zusätzlich im Juni bzw. Juli, Aug., September. Jeweils vor Auftrieb der Schafe wurden Proben entnommen, auf a und b monatlich, die auf ihre botan. Zusammensetzung, den Rohproteingehalt und die Verdaulichkeit untersucht wurden. Die Beweidung alle 2 Mon. führte zu den höchsten Tr.-Subst.-Erträgen von 131 lb./acre, die im Mai, Juni und November zu den niedrigsten von 43 lb./acre. Der Grünsubst.-Ertrag war in den monatlich beweideten Varianten am höchsten mit 1935 lb./acre im Vergleich zu 457 lb./acre bei den im Mai und Nov. beweideten. Die Verdaulichkeit des Futters von den monatlich beweideten Parzellen lag zwischen 62 und 72%, auf den unbeweideten fiel sie im Nov. auf 56%.
Th. Hoffmann. 970.

2-68/10-0640 Mott, Nobert. **Nährstoffverluste bei Weidegang.** Mitt. dtsch. Landwirtsch.-Ges. **83** (1968) Nr. 13. S. 436-439. — 2 Abb., 2 Tab.
Die Verluste werden als Differenz zwischen Bruttoertrag (= gesamte pflanzliche Produktion in kg StW/ha) und Nettoertrag (die über das Tier erzielte Leistung in kg StW/ha) definiert. Sie gliedern sich in Weiderest und Luxuskonsum. Ausschlaggebend für ihre Höhe sind das Alter des Futters z. Z. der Nutzung und die angewandte Weidetechnik. Nicht die geringsten Verluste sind anzustreben, sondern der höchste Nettoertrag. Bei ausschl. Beweidung nimmt der Nettoertrag von 4- bis zu 6maliger Nutzung erheblich zu, obwohl der Bruttoertrag fällt. Der Einfluß des Rohfasergehaltes und der angebotenen Futtermenge auf Futteraufnahme und Weiderest wird anhand 3täg. Untersuchungen mit weidenden Kühen in mehreren Betrieben besprochen (š). Der bei gleichem Futterangebot größere Verzehr in einem Aufwuchs nach Heuschnitt gegenüber einem geilstellenreichen Aufwuchs wird als Luxuskonsum bezeichnet. Portionsweide und Kurztagsweide werden als Maßnahmen gegen den Luxuskonsum herausgestellt.
G. Weiland/Paulinenaue. 970.

2-68/10-0641 Anonym. **Hohe Milchleistungen während der gesamten Weideperiode durch Nährstoffsättigung auf der Weide sichern.** Agrar-Inform., Potsdam **1968** Nr. 4. S. 37-38. 970.

IX. GARTENBAU

A. Allgemeine Literatur, Berichte, Statistiken u. a.

2-68/10-0642 Division of horticultural research for 1965/67. (**Bericht für die Jahre 1965 bis 1967 der Abteilung Gartenbauforschung des C.S.I.R.O.**) Commonwealth sci. ind. Res. Org., Australia, Div. horticult. Res., Rep. **1965/67** 88 S. — 58 Abb., 1 Tab., 45 Lit.
Die Commonwelth Scientific and Industrial Research Organisation unterhält in Australien 2 Forschungseinrichtungen, die sich mit gartenbaulichen Fragen beschäftigen. In der Forschungsstation Adelaide sind 11 Wissenschaftler tätig. Ihr Arbeitsgebiet umfaßt vorwiegend Gefäßhaus- und Laborversuche, während in Merbein 10 Wissenschaftler in Feldversuchen praxisnahe Fragen bearbeiten. Breiten Raum nehmen bei den Forschungsarbeiten die Reben ein. Hier stehen die Prüfung von ausländischen Sorten und Zuchtklonen, die Hybrid- und Mutationszüchtung nach künstlicher Mutationsauslösung im Mittelpunkt. Ferner beschäftigt man sich eingehend mit den Rebvirosen und der Physiologie

der Rebe. — Bei den Hauptkern- und -steinobstarten untersucht man den Einfluß einiger Umweltfaktoren auf das Wuchs- und Ertragsverhalten der Gehölze. Hier erscheint eine mitgeteilte Meßmethode der eingestrahlten Lichtenergie von bes. Interesse. Sie beruht darauf, daß Uranyloxalat unter dem Einfluß des Lichtes die Farbe ändert. Ferner werden umfangreiche Untersuchungen über die Assimilationsleistung der Gehölze betrieben. Den 2. Teil des Berichtes nehmen Autorreferate sämtlicher im Berichtszeitraum von 1965 bis 1967 abgefaßter wiss. Veröffentlichungen der Institutmitarbeiter ein. Diese sind in den führenden Fachzeitschriften der gesamten westlichen Welt erschienen.
R. Illge/Pillnitz. 10 01.

2-68/10-0643 Rittmeyer, M. **iga Erfurt 1968 — Spiegelbild der Entwicklung des Gartenbaues der Deutschen Demokratischen Republik.** Obstbau, Berlin **8** (1968) Nr. 4. S. 63-64. — 1 Abb. 1001.

2-68/10-0644 Krüger. **120 Jahre F. C. Heinemann, Erfurt: Qualitätssaatgut in alle Welt.** Dtsch. Gärtnerpost **20** (1968) Nr. 16. S. 8. — 3 Abb. 1001.

2-68/10-0645 Ciołek, Gerard. Z dziejów kartografii ogrodów. (**Aus der Geschichte der Gartenkartographie.**) Warszawa. 1965. (133 S.) 4° = Min. szkolnictwa wyższego. Rejestr ogrodów polskich Nr. 3. (SR 3523, 3) 1001.

B. Allgemeiner Gartenbau

2-68/10-0646 Honda, Y. und Ishiguro, O. Studies on the storage of fruits and vegetables. I. The effect of the composition of atmospheric gases on the respiration of fruits and vegetables during the storage (Part 1). (**Untersuchungen über die Lagerung von Obst und Gemüse. 1. Mitt. Der Einfluß der Atmosphärezusammensetzung auf die Respiration der Früchte und des Gemüses während der Lagerung** [**Teil 1**].) J. Jap. Soc. horticult. Sci. **36** (1967) Nr. 3. S. 363-372. — 2 Abb., 6 Tab., 27 Lit. Orig.: jap., Ausz.: engl.

In 2 CA-Lagerungsversuchen wurde der Einfluß der Atmosphärezusammensetzung auf die Respirationsrate von eingelagerten Eierfrüchten, Birnen, Spinat und Blumenkohl untersucht. Dabei konnte folgendes festgestellt werde: Durch die gezielte Variation des O_2- und CO_2-Gehaltes der Lagerluft kann die Atmung des Lagergutes herabgemindert werden. Die Respirationsrate ließ sich gegenüber der Normallagerung auf die Hälfte vermindern, wenn die O_2- und CO_2-Konz. jeweils 5% beträgt. Aus dem Ergebnis ergibt sich die Frage, ob die CO_2-Überkonz. oder die O_2-Unterkonz. für die gehemmte Atmung verantwortlich ist. Aus weiteren Untersuchungen leiten die Vff. ab, daß die Respirationsrate des Lagergutes durch die unterschiedliche Atmosphäre verschieden beeinflußt wird. Man unterscheidet 3 Empfindlichkeitsgruppen: 1. Respiration wird durch Verminderung der O_2-Konz. gehemmt. 2. Respiration wird durch Erhöhung der CO_2-Konz. gehemmt und 3. Respiration wird durch die Kombination von 1 + 2 vermindert. Zu den einzelnen Reaktionstypen gehören folgende Arten: 1. Spinat, Bohnen, Erbsen, Salat und Eierfrüchte; 2. Blumenkohl; 3. Erdbeeren, Sellerie, Tomaten, Zwiebeln, Spargel. R. Illge/Pillnitz. 1011.

2-68/10-0647 Reinken, G. **Die Einsatzmöglichkeiten von Gasstrahler-Heizung im Unterglasgemüsebau.** Gartenbauwissenschaft **32**(14) (1967) Nr. 3. S. 273-290. — 3 Abb., 12 Tab., 5 Lit. Zus. in Engl., Franz. — nach Zus.

Bei der Verwendung einer Gasstrahlerheizung der vorliegenden Art in Gewächshäusern ergibt sich zwar ein wesentlich geringerer Gasverbrauch gegenüber der Konvektorheizung, jedoch treten bei Gemüsekulturen, wie Salat, Kohlrabi, und Gurken beachtliche Ertrags- und Qualitätsminderungen auf. Bes. bei stärkerer Verwendung der Gasstrahler während kalter Wintermonate konnten auch bei niedrig wachsenden Gemüsearten, wie Salat und Kohlrabi, starke Beeinträchtigungen des Pflanzenwachstums beobachten werden. Ein Einsatz der Gasstrahlerheizung im Winter bei Tomaten und Gurken würde sicherlich zu sehr schwerwiegenden Beeinträchtigungen des Wachstums dieser Pflanzen führen. Die direkte Einstrahlung der Energie auf den Boden führte zu einer erhöhten Transpiration. Neben verzögertem Ertragsbeginn waren bei der Gasstrahlerheizung auch beachtliche Ertrags- und Qualitätseinbußen und damit verminderte Roherlöse je Flächeneinheit zu verzeichnen. 1024.

C. Gemüsebau

2-68/10-0648 Probleme der Anbaumethodik im Gemüsebau unter Glas. Untersuchungen zur Weiterentwicklung des 12 m-Gewächshauses und des Rollhauses sowie ihrer Einrichtungen. Teil III. Anbaumethodische Untersuchungen im Treibgemüsebau. Großbeeren, Inst. für Gemüsebau der Dtsch.-Akad. der Landwirtsch.-Wiss. zu Berlin Plan-Nr.: 36 80 51-5-07/3. Abschlußber. (5/4. 1968).

In Anlehnung an die internationalen Entwicklungstendenzen auf dem Gebiet des Gemüsebaues wurden unter Glas Fragen der Standweite, der günstigsten Pflanztermine und des Einflusses von Bestandsdichte und Anzahl der belassenen Blütenstände je Pflanze bei Tomate untersucht. Im Gurkenanbau wurden Fragen der Bestandsdichte, Spalierstellung und ihr Einfluß auf Höhe und Frühzeitigkeit des Ertrages untersucht. Weiterhin wurden Untersuchungen zur Herbstnutzung von Gewächshausanlagen mit Gemüse durchgeführt. Die Ergebnisse gestatten die Schlußfolgerungen, daß pflanzenbaulich und arbeitsökon. der Anbau der Schnurgurke gegenüber der bisher üblichen Spalierneigung von 45 ° vorteilhafter ist. Die Anwendung in der sozialistischen Praxis wird bei Pflanzterminen ab Ende Jan. empfohlen. Vorschläge werden unterbreitet zum Anbau der Tomate und zur Herbstnutzung von Gewächshausanlagen. 1130.

2-68/10-0649 Urban, L. **Vergleich von Gemüseerträgen bei der Anzucht in Erdpreßwürfeln, Schnittwürfeln und anderen Töpfen.** Gartenbauwissenschaft **32**(14) (1967) Nr. 4. S. 321 bis 329. — 4 Abb., 5 Tab., 3 Lit. Zus. in Engl., Franz. — nach Zus.

Die Ertragsergebnisse unterschiedlicher Pflanzenanzuchttöpfe wurden bei Frühsalat, Frühkohlrabi, Tomate und Einlegepaprika, bes. hinsichtlich des Wertes des Schnittwürfelverfahrens, verglichen. Ganz deutlich steht die Anzucht in Torfpreßtöpfen vor allem bei Frühgemüse und Tomate an der Spitze. Unterschiede bestehen auch zwischen gepreßten Einzelwürfeln und Schnittwürfeln. Bei den ersteren zeigen die Jungpflanzen einen infolge der größeren Austrocknung geringeren oberirdischen Wuchs, aber ein besseres Wurzelwachstum. Diese Tatsache drückt sich in einem etwas besseren Ertrag aus. Das Schnittwürfelverfahren bringt diesbezügliche Gefahren, da bei zu dichtem Material ertragsmindernde Störungen des Wurzelwachstums auftreten können. 1130.

2-68/10-0650 Buishand, Tj. Plastic tunnel en bodemverwarming in de vollegrondsgroenteteelt. **(Kunststofftunnel und Bodenbeheizung im Freilandgemüsebau.)** Groenten en Fruit, Den Haag **23** (1968) Nr. 33. S. 1499. 1501.

Verschiedene Erfahrungen mit der Anwendung von Bodenbeheizung und sog. Kunststofftunnel (Folienzelte und Folienhäuser) werden mitgeteilt. Bodenbeheizung: nieder.. Erfahrungen mit der Bodenheizung bei Spargel, es konnten Ernteverfrühungen von 5···6 Wochen erreicht werden. Eine Kombination von Bodenbeheizung und Abdeckung mit schwarzer Folie oder Aethafoam (Schaumkunststoff von 3 mm Dicke) brachte bei Heizbeginn 25. 11. eine Ernte vom 15. 12. bis 12. 2. unter Aethaform. Die Versuche müssen fortgesetzt werden. Ergebnisse mit der Bodenbeheizung in der DDR werden mitgeteilt. Folientunnel: In den Niederlanden gibt es noch wenig Erfahrungen. Gute Ergebnisse wurden mit Bleichsellerie, Buschbohne, Radies, Kopfsalat und Melone erzielt. Die jährl. Kosten für Folientunnel betragen 83 hfl/100 m². Es wird befürchtet, daß durch zunehmenden Import aus anderen EWG-Ländern die Preise für sehr frühes Gemüse fallen werden und die Folienanwendung mit ihrer Ernteverfrühung für niederl. Verhältnisse keinen finanziellen Vorteil für die Anbauer bieten wird. B. Spender. 1130.

2-68/10-0651 Baumann, E. **Die Anwendung von Niedermoortorf zur Freilandbodenverbesserung.** Dtsch. Gärtnerpost **20** (1968) Nr. 13. S. 3. — 2 Abb., 4 Tab., 8 Lit.

Für die Freilandverbesserung ist Niedermoortorf zu verwenden. Die Bereitstellung von Niedermoortorf sollte nur noch über Torfgewinnungsbetriebe oder Kooperationseinrichtungen der Landwirtschaft erfolgen. Die sporadische Eigengewinnung kleinerer Mengen geschieht mit zu geringer Arbeitsproduktivität. Die Lieferung von Niedermoortorf erfolgt nach TGL 11215 in 3 Feuchtigkeitsstufen: feucht, 80···88% Wasser; vorgetrocknet, 70 bis 80% Wasser; getrocknet, 60···70% Wasser. Feuchter Niedermoortorf kommt nur für Transportentfernungen bis zu 15 km in Betracht. Roher Niedermoortorf ist zur Bodenverbesserung nicht direkt geeignet. Niedermoortorf sollte entweder kompostiert, mit N versetzt oder gemeinsam mit anderen org. Stoffen gedüngt werden. Niedermoor-Stallmistkomposte brachten auf beregnungsfähigen Flächen bei Sandboden im Gemüseanbau gute Ergebnisse. Um den hohen Kompostierungsaufwand einzusparen, kann Torf mit org. Zusatzstoffen getrennt ausgebracht werden, es ist anschließend sofort zu pflügen. Ernterückstände und Torf, im Verhältnis 2:1 untergebracht, hatten sich in einer Gemüsefruchtfolge bewährt. Weitere Möglichkeiten zum rationellen Torfeinsatz sind: Zusatz von N-Dünger zum Torf (ammonifizierter Torf) oder auf dem Feld ausgebreitetem Niedermoortorf wird Harnstoff zugegeben. G. Banholzer/Großbeeren. 1130.

2-68/10-0652 Salokangas, Kirsti. Finn- ja jiffy-potit taimikasvakutsessa. (**Untersuchungen mit Finnpots und Jiffypots.**) Puutarha [Garten] **71** (1968) Nr. 1. S. 10-12. — 3 Abb., 2 Tab., 2 Lit. 1130.

2-68/10-0653 Kluge, K. **Zweijährige Anbauversuche mit der Blumenkohlsorte „Sitta".** Dtsch. Gärtnerpost **20** (1968) Nr. 13. S. 4. — 1 Tab.
Da die Blumenkohlsorte 'Früherntc' beim Anbau im Frühbeet nicht befriedigte, wurden Versuche mit der neuen Sorte 'Sitta' durchgeführt. Im ersten Versuchsjahr wurden bei einer Ernte ab 12. Mai 1,20 M/Kopf und im 2. Jahr 1,92 M/Kopf im Durchschnitt aller Sortierungen erzielt. Im 2. Versuchsjahr konnten 17% der Größe II, 47% der Größe III und 29% der Größe IV (TGL 6867) zugeordnet werden. 7% waren nicht erntefähig. Der Erlös je m² Kastenfläche wurde 1967 von 6,37 auf 10,00 M gegenüber dem Vorjahr gesteigert. Es standen 6 Pflanzen/Frühbeetfenster. Künftig sollen 8 Pflanzen/Fenster ausgepflanzt werden, um 12,-M/m² zu erreichen. Pflanztermine lagen zwischen dem 10. und 15. 3. G. Banholzer/Großbeeren. 1132.

2-68/10-0654 Betzema, J. und Commandeur, J. C. Wat is de beste zaai — en planttijd voor bewaarkool? (**Was ist die beste Saat- und Pflanzzeit für Lagerkohl?**) Groenten en Fruit, Den Haag **23** (1968) Nr. 35. S. 1577. — 5 Abb.
Verglichen wurden Aussaatzeiten vom 17. 3. bis 28. 4. sowie Pflanzzeiten zwischen 29. 4. und 9. 6., wobei die Kombinationen so gewählt wurden, daß 6···12 Wochen alte Pflanzen ausgepflanzt wurden. Die Erträge bei Ernte am 3. Nov. (2 dänische Weißkohl- und 2 Lagerrotkohlherkünfte) waren bei Aussaat am 17. 3. und Pflanzung am 29. 4. am höchsten, es folgte die Kombination 31. 3./12. 5. Das Aussaatdatum wirkte sich nicht deutlich auf die Erträge aus, dagegen wurden zwischen 1. und letzten Auspflanztermin Ertragsunterschiede von 25% gefunden. Bei früher Pflanzung waren 6 Wochen alte Pflanzen besser, bei evtl. notwendiger späterer Pflanzung (nach Mitte Mai) sollten die Pflanzen 8···10 Wochen alt sein. Unterschiede der Lagerfähigkeit traten nicht deutlich auf. B. Spender. 1142.

2-68/10-0655 Ugarynko, A. und Urbaniak, Z. Wpływ warunków przechowania nasion rzodkiewki na ich wartość produkcyjną. (**Der Einfluß der Lagerungsbedingungen bei Radieschensaatgut auf dessen Produktionswert.**) Biul. Inst. Hodowli Aklimatyzacji Roślin **1967** Nr. 1/2. S. 95-97. — 1 Tab., 5 Lit.
Vff. untersuchten die Keimfähigkeit von Radieschensaatgut der Sorte 'Scharlachrote mit weißer Spitze', das unter 4 verschiedenen Bedingungen aufbewahrt wurde. Vor dem Feldversuch wurde die Keimfähigkeit der Samen im Labor geprüft. Samen mit einem Anfangsfeuchtigkeitsgehalt von 6,8%, der dann zwischen 4,5 und 6,5% schwankte, sowie mit einem mittleren Feuchtigkeitsgehalt während der Aufbewahrung im Hygrostaten und in Leinensäckchen, bewahrte seine hohe Keimfähigkeit. Gute Keimfähigkeit zeigten Samen, die in geschlossenen Behältern mit einem Feuchtigkeitsgehalt von 4,0···7% aufbewahrt wurden. Bei Feuchtigkeitsgehalten $>$ 7% erniedrigte sich die Keimfähigkeit. Die aus schlechter keimenden Samen erhaltenen Pflanzen zeigten auf dem Feld einen normalen Vegetations- und Ertragsverlauf. PRL/CBR. 1152.

2-68/10-0656 Szynalska, M. Wstępne badania nad morfologią selera korzeniowego (Apium graveolens L. v. rapaceum [Mill.] DC.]. Część I. (**Vorläufige Untersuchungen über die Morphologie von Sellerie [Apium graveolens L. var. rapaceum (Mill.) D. C.]. 1. Mitt.**) Biul. Inst. Hodowli Aklimatyzacji Roślin **1967** Nr. 1/2. S. 121-128. — 8 Abb., 4 Tab., 20 Lit. Zus. in Russ., Engl.
Die 3jähr. Untersuchungen wurden an Sellerie der Sorte 'Olbrzymi Praski' durchgeführt. Aufgrund der Verzweigung der Samenstände ließen sich einige Typen unterscheiden. Die Blühdauer betrug etwa 2,5 Monate. Zuerst blühte der höchste Stand des Haupttriebes, dann seine Verzweigungen und die Seitentriebe sowie deren Verzweigungen. Dadurch

befinden sich zur Erntezeit an einer Pflanze Samen verschiedenen Reifungsgrades. Der Wert des Saatgutes wird verringert. PRL/CBR. 1156.

2-68/10-0657 Sweep, J. P. M. Doortelen van kasselderij. **(Durchkultivieren von Sellerie unter Glas.)** Groenten en Fruit, Den Haag **23** (1968) Nr. 31. S. 1414. 1158.

2-68/10-0658 Labelle, R. L., Lind, L. R. und Whitcombe, J. E. Sweet corn — how fresh is fresh? **(Zuckermais — wie frisch ist frisch?)** Farm. Res. **33** (1967) Nr. 4. S. 12 bis 13. — 1 Abb., 2 Tab.,
Vff. untersuchten Dauer und Kennzeichen der Frisch von Zuckermais . Körner wurden grfrostet, nach einigen Monaten aufgetaut und organoleptisch untersucht. Die Vor- und Zubereitung der Proben wird beschrieben. Weiterhin wurden Lagertemperaturen und Zuckergehalt nach dem Auftauen untersucht. R. Beer. 1159.

2-68/10-0659 Imazu, T., Yabuki, K. und Oda, Y. Studies on the carbon dioxide environment for plant growth. II. Effect of carbon dioxide concentration on the growth, flowering and fruit setting of eggplant (Solanum melongena L.). **(Untersuchungen über CO_2 und Pflanzenwachstum. 2. Mitt. Der Einfluß der CO_2-Konzentration auf das Wachstum, die Blüte und den Fruchtansatz von Eierfrüchten [Solanum melongena L.].)** J. Jap. Soc. horticult. Sci. **36** (1967). Nr. 3. S. 275-280. — 4 Abb., 5 Tab., 11 Lit. Orig.: jap., Ausz.: engl.
Die Sorte 'Senryo' wurde in Folienzelten vom 1. April bis 30. Juni 8 h tägl. begast. Die CO_2-Konz. in 4 verschiedenen Varianten eingestellt, 200, 300 (normaler Gehalt der Luft) 900 und 3000 ppm. Nach 20 d machten sich die ersten Unterschiede zwischen den normalen und höheren CO_2-Mengen im Wachstum und Erscheinungsbild der Pflanzen bemerkbar. Am Ende des Versuches zeigte sich beim Vergleich der 3000 ppm-Variante mit der 300-ppm-Variante, daß Frisch- und Tr.-Subst.-Masse der Früchte 1,5···1,6 mal größer waren, die Blattfläche 1,2mal größer war sowohl durch zunehmende Blattgröße als auch Blattzahl; die Nettoassimilationsrate war doppelt so hoch. Wie der CO_2-Gehalt zunahm, nahm das Verhältnis von unnormal kurzgriffeligen oder sonst veränderten Blüten ab. Der Gehalt an Chlorophyll, N, P und K in den Blättern wurde vom CO_2 nicht direkt beeinflußt, die Gesamtmenge in der Pflanze nahm zu. U. Walter. 1160.

2-68/10-0660 Bergann. **Treibgurken mehltaufrei im Hydrospray.** Dtsch. Gärtnerpost **20** (1968) Nr. 13. S. 4. — 2 Lit.
Gurken wurden in Biolaston kultiviert, wobei die totale Besprühung der Pflanzen mit Nährlösung in einer Konz. von 0,1···0,5% bis zu 14 h/d erfolgte. Der Nährlösungsspray wurde um 5^h eingeschaltet und dauerte bis 19^h . Schäden traten nicht auf. Im Hochsommer kam es zu einer starken Veralgung mit Blaualgen, speziell Oszillatorien. Zu diesem Zeitpunkt ist zur intermittierenden Besprühung überzugehen. Der tägl. Nährlösungsspray macht es den Erregern von Echtem Mehltau (*Erysiphe cichoracearum* DC.) unmöglich, auf den Pflanzen Fuß zu fassen. Damit werden früher durchgeführte Untersuchungen, u. a. auch zu Gerste, bestätigt. Durch Hydrosprühverfahren erfolgen Pflanzenernährung und Schädlingsbekämpfung in einem Arbeitsgang. G. Banholzer/Großbeeren. 1162.

2-68/10-0661 Drauschke, W. und Kaufmann, H.-G. **Sinkende Kosten durch neue Wege in der Erdwirtschaft.** Dtsch. Gärtnerpost **20** (1968) Nr. 14. S. 3. — 1 Abb., 1 Tab., 3 Lit.
Zur ökon. Verbesserung der Erdwirtschaft bei Gewächshausgurken wird neben der Strohballenkultur die Nutzung verbesserter Grundbeeterden mit Erfolg durchgeführt. Es wird jährlich nach Abschluß der Kultur nur soviel Erde ausgefahren, daß keine Volumenvergrößerung auftritt. Auf die gefrästen Grundbeete werden etwa 4···5 kg Rapsstroh und 6···8 kg Rindenkompost aufgebracht. Nach gründlicher Erddämpfung werden die Humusstoffe eingearbeitet. Zum Nachfüllen steht org. Material, das sich aus 20 Vol.-% Stroh, 35 Vol.-% Rinderkompost, 15 Vol.-% Torf und 30 Vol.-% Stalldung zusammensetzt, zur Verfügung. Infolge veränderten Arbeitsablaufes, Verringerung der Transportkosten und des Aufwandes für die Lagerung der Ausgangsstoffe können gegenüber dem herkömmlichen Verfahren 25% der Kosten eingespart werden. Im Betriebsmittel konnten die Erträge von 20,3 kg/m² auf 23,4 kg/m² gegenüber dem Vorjahr gesteigert werden. Hierfür sind auch noch andere Faktoren entscheidend. Das neue Verfahren der Erdwirtschaft ist aber zumindest ebenbürtig. G. Banholzer/Großbeeren. 1162.

2-68/10-0662 Riedel, H. **Einlegegurke als Zweitnutzung.** Dtsch. Gärtnerpost **20** (1968) Nr. 12. S. 3-4. — 6 Tab., 7 Lit.
Der Anbau von Einlegegurken in nicht heizbaren Plastfoliengewächshäusern bietet sich an, weil größere Flächen im Sommer zur Verfügung stehen, die Einlegegurke nicht von einer bestimmten Frühzeitigkeit abhängig ist und die Ertragssicherheit im Freilandanbau nicht in jedem Fall befriedigt. Anhand der erzielten Sortierungsverhältnisse, Preise, Erlöse und Kosten beim Anbau von Einlegegurken werden die Kostensätze in Abhängigkeit von der Ertragshöhe dargestellt. Bei einem Ertrag von 8 kg/m² beträgt der Kostensatz 97,9%, bei 10 kg/m² 78,4% und bei 12 kg/m² 65,3%. Daraus wird die Schlußfolgerung gezogen, daß bei einem Ertrag von 9···10 kg/m² die Rentabilität und eine angemessene Akkumulation gesichert werden. Bei Nutzungsfolgen mit Kopfsalat, Kohlrabi und Blumenkohl als Erstnutzung und Einlegegurke als Zweitnutzung können in nicht heizbaren Plastfoliengewächshäusern Kostsätze zwischen 70 und 80 erreicht werden.
G. Banholzer/Großbeeren. 1162.

2-68/10-0663 Anonym. Stammeforsøg med asieagurk 1964-1967. **(Sortenversuch mit Freilandgurken 1964 bis 1967.)** Gartner Tid., København **84** (1968) Nr. 10. S. 150-151. — 1 Tab.
Freilandgurken haben in Dänemark ihre Nordgrenze. Nur 1964 und 1967 wurden beurteilungsfähige Resultate erzielt. Die Durchschnittsergebnisse von 19 Sorten waren: Länge 25 cm, Breite 9 cm, Fleischdicke 2,1 cm, Einzelmasse I. Sortierung 1175 g, Ertrag I. Sortierung 235000 Stück/ha. Die 9 anerkannten Sorten, 3 'Langelands Kaempe', 3 'Dansk Asie', 2 'Ideal', 1 'Profita', übertrafen den Durchschnitt nur in einem oder wenigen Punkten, auch in den Qualitätsmerkmalen, so daß empfohlen wird, die Auswahl sorgfältig daraufhin zu treffen, was in man erster Linie erstrebt. Die Erträge einzelner Sorten waren in den verschiedenen Jahren recht schwankend, andere Sorten waren klimafester und regelmäßiger, aber von geringerem Ertrag. Die anerkannten Sorten sind beschrieben.
W. Warwel. 1162.

2-68/10-0664 Anonym. Opkweek melloenplanten. **(Anzucht von Melonenpflanzen.)** Groenten en Fruit, Den Haag **23** (1968) Nr. 30. S. 1355. — 2 Abb.
Bei der Anzucht von Melonen ist die Temperatur sehr wichtig: Saatbeettemperatur 27 bis 28 °C, nach Pikieren oder Topfen 23···24 °C, wenn Pflanzen wurzelfest, nachts 20 °C, tags 28···30, °C, bei weiterer Anzucht nicht $<$ 20 °C. 7···10 d vor Auspflanzen sind nachts 18 °C zum Abhärten zu geben. Auspflanztemperatur ist Maßstab. Richtiger Auspflanztermin ist wichtig, mit Topfballen pflanzen. Bei Netzmelonen wird getopft, wenn 4···5 Blätter gut sichtbar sind. Zu spätes Topfen führt zur Gefährdung durch Bakterienherzfäule.
D. Stump. 1166.

2-68/10-0665 Deli, J. und Tiessen, H. Interaction of temperature and light intensity on flowering of Calwonder pepper. **(Wechselwirkung von Temperatur und Lichtintensität auf die Blüte der Paprikasorte 'Calwonder'.)** Proc. internat. horticult. Congr., College Park, Md. **17** (1966) Nr. 189. — nach engl. Zus.
Sämlinge wurden bei 12 und 18 °C, 17std. Lichtperiode und einer Lichtintensität von 1600 und 800 ft. c. herangezogen. Die Behandlung dauerte 25 d. Wenn das 3., 4. oder 5. Laubblatt eine Länge von 1 cm erreicht hatte, begann die Behandlung. Bei 12 °C Nachttemperatur erzeugten die Pflanzen mehr Blüten als bei 18 °C. Die geringere Lichtintensität beeinflußte die Sämlinge ähnlich wie die geringeren Temperaturen. Die Reaktion auf die Temperatur- und Lichtbehandlung war intensiver , wenn die Pflanzen das 3. Laubblatt gebildet hatten.
R. Bertullies/Großbeeren. 1168.

2-68/10-0666 Worley, Ray E. und Harmon, S. A. Effect of nitrogen, phosphorus and potassium on yield and plant growth of fall half-runner snap beans. **(Einfluß von Stickstoff, Phosphor und Kalium auf Ertrag und Wachstum windender Buschbohnen bei Herbstanbau.)** Athens: Univ. of Georgia. 1967. (11 S.) 4° = Univ. Georgia, agric. Exper. Stat., Res. Rep. 12. (SR 3417, 12) 1170.

2-68/10-0667 Michov, M. Problemi na proizvodotvoto za zelen fasul za konservnata promišlenost. **(Probleme der Produktion von Gemüsebohnen für die Konservenindustrie.)** Bŭlgarski plodove, zelenčuci i konservi, Sofija **1967** Nr. 7. S. 20-23. — 3 Abb.
NRB/CSNTI. 1170.

2-68/10-0668 Gutschmidt, J. **Objektiv erfaßbare Gütemerkmale von Erbsenrohware für die Verwertungsindustrie und deren Bedeutung für die Qualitätsbestimmung.** Ind. Obst- u. Gemüseverwert. **53** (1968) Nr. 6. S. 163-167.
Verschiedene Methoden zur Bestimmung der optimalen Reife von Gemüseerbsenrohware zur Konservierung werden beschrieben. Für die einzelnen Methoden dienen die physik. Eigenschaften, die chem. Zusammensetzung und morphol. Veränderungen der Erbsenkörner als Kriterium des Reifegrades. Für die praktische Anwendung kommen vorwiegend physik. Methoden in Betracht. Zur Reifegradprüfung wird die Messung des Scherwiderstandes mit dem Tenderometer empfohlen. Für die Beobachtung des Reifeverlaufes der Erbsen hat sich das Texturemeter als sehr geeignet erwiesen.
J. Lanckow/Großbeeren. 1172.

2-68/10-0669 Picco, D. I dipiridilici nella coltura del pomodoro. (**Dipyridyl zur Kultur der Tomate.**) Notiziario Malattie Piante [III.] S.] **3/4** (1967) Nr. 76/77. S. 273-287. Zus. in Engl.
In Parma und Piazenza ist es üblich, daß die Tomatenpflanzen im Freiland einige Wochen vor der letzten Ernte in Bodenhöhe geschnitten werden, um die Fruchtreife zu beschleunigen. Die Ergebnisse dieser Methode wurden verglichen mit der Anwendung von Reglone und Gramoxone 20%ig. Außerdem wurde die Gesundheit der Pflanzen getestet. Das Schneiden der Tomatenpflanzen in Bodenhöhe beschleunigt eindeutig die Fruchtreife, aber die Wirkung ist gering im Vergleich zu der beider chem. Mittel. Hier konnte auch keine Ausbreitung von Pilzkrankheiten beobachtet werden. Es wurde festgestellt, daß die Rückstände der 2 Chemikalien in den Früchten ohne Bedeutung waren. Es ist anzunehmen, daß sich diese Methode weiter ausbreiten wird. U. Walter. 1176.

2-68/10-0670 Anonym. All-year-round tomatoes-new developments near fruition. (**Tomaten während des ganzen Jahres — neue Entwicklungen dem Ziel nahe.**) Grower, London **69** (1968) Nr. 2. S. 70-72.
Ein herkömmliches Gewächshaus, das weitestgehend automatisiert ist, wurde mit Tomaten unter bes. Berücksichtigung des Lichtfaktors (Pflanzen erhielten etwa 16 h Licht tägl.) genutzt. Als Sorten gelangten 'Tiger Tim', 'Mini Monk', 'Mini Bell' und eine nicht benannte Hybridsorte zum Anbau. Für die Kultur in einer Haushälfte wurde am 13. 6. ausgesät. Die Blüte begann Ende Juli. 'Tiger Tim' entwickelte 14 Trauben je Pflanze, von denen einige eine Masse von 2 lb. hatten (1 lb. = 0,454 kg). Bis zum 30. 12. wurden 20 lb. je Pflanze geerntet. In der 2. Hälfte des Hauses wurden am 13. 8. die o. g. Sorten sowie 'Moneycross' und 'Moneymaker' gepflanzt. Dieser Versuch brachte ähnliche Ergebnisse wie der erste, aber 'Mini Monk' und 'Mini Bell' erzeugten zu große unförmige Früchte. Die Nährstoffversorgung wurde entspr. den Empfehlungen der N.A.A.S. durchgeführt. 'Tiger Tim' produzierte Qualitätsfrüchte, aber die Gelbstreifigkeit muß noch durch Hybridisierung ausgeschaltet werden. Meristemkultur wird in der Tomatenproduktion Zukunft haben.
R. Bertes/Großbeeren. 1176.

2-68/10-0671 Vladimirov, Boris und Georgieva, Nadežda. Prinos kŭm biochimičnata i technologičnata charakteristika na njakoi sortove domati za belene. (**Die biochemische und technologische Charakteristik einiger Tomatensorten zur Konservierung ohne Schale.**) Gradinarska i lozarska nauka, Sofija **4** (1967) Nr. 8. S. 55-61. — 1 Abb., 4 Tab., 5 Lit. Zus. in Russ., Engl. 1176.

2-68/10-0672 Dam, J. G. C. van und Hulshof, J. A.; Wageningen, Stichting voor Bodemkartering. De penetrometer als instrument voor het onderzoek naar de geschiktheid van de grond voor de aspergeteelt. (**Das Penetrometer als Instrument für die Eignungsprüfung von Böden für die Spargelkultur.**) Meded. Directie Tuinbouw, s'Gravenhage **30** (1967) Nr. 5. S. 186-190. — 4 Abb., 11 Lit.
Ein Penetrometer, bei dem unterschiedliche Durchmesser besitzende Konen am Ende eines Rohres von Hand in den Boden gedrückt werden und der Bodenwiderstand an einem Manometer angezeigt wird, wurde auf verschiedenen Spargelstandorten eingesetzt. Es wurde eine gute Übereinstimmung zwischen den Penetrometerwerten (kg/cm^2) und den nach der Methode Reijnerink ermittelten Wurzelaufnahmen gefunden. Bodenschichten mit sehr guter Durchwurzelung wiesen Penetrometerwerte bis 3,5 kg auf, während bei Bodenlagen mit Werten $>$ 7 kg keine Spargelwurzeln mehr auftraten. F. Kaufmann. 1190.

2-68/10-0673 Loeser, H. **Porree-Sortenvergleich 1966.** Erwerbsgärtner, Stuttgart **22** (1968) Nr. 10. S. 425-426. — 3 Abb., 2 Tab.

24 Porree-Sorten standen im Vergleich. Ertragszahlen (Brutto- und Nettoerträge), Qualitätsunterschiede, Schaftlänge, Durchmesser, Farbe, Virus- und Mehltaubefall werden in einer umfassenden Tab. gegenübergestellt und durch Angaben über agrotechn. Daten einschl. des Nährstoffgehalts des Bodens ergänzt. Den höchsten Ertrag marktfähiger Ware (483 dt/ha) brachte die Sorte 'Elefant Langschaftiger', während die Sorte 'Riesen von Carentan' mit 233 dt/ha am ungünstigsten abschnitt.
J. Lanckow/Großbeeren. 1194.

2-68/10-0674 Hartmann, H. D. **Anbaumethodische Versuche zu Schnittlauch.** Gartenbauwissenschaft **32** (14) (1967) Nr. 3. S. 263-272. — 1 Abb., 5 Tab., 6 Lit. Zus. in Engl., Franz. — nach Zus.
Es werden die Ergebnisse von Standweiten- und Schnittversuchen während des Sommers bei Schnittlauch mitgeteilt. Eine Sommernutzung des Schnittlauchs führte zwar zu einer Vermehrung der Tochterzwiebeln, gleichzeitig wurde in der Treiberei der Ertrag erheblich vermindert. Dieser Mindererertrag beruht auf einer kleineren durchschnittl. Blattmasse und einer verringerten Blattzahl je Zwiebel. Mit zunehmendem Standraum nahm der Einzelpflanzenertrag zu, der Flächenertrag ab. Der zunehmende Einzelpflanzenertrag beruhte auf einer erhöhten Blattzahl je Pflanze. 1196.

2-68/10-0675 Aladžajkov, Lazar. Životni manifestacii na oštetenite ili eksplantiranite cutni stebla i lisja, i nivnata vrska so održuvanjeto na vidot kaj kromidot (Allium cepa L). **(Die Lebensäußerungen beschädigter oder explantierter Blütenstengel und Blätter und ihr Zusammenhang mit der Erhaltung der Art bei der Zwiebel [Allium cepa L.].)** Godišen zbornik na zemjodelsko-šumarskoit fakultet na univerzitetot. Zemjodelstvo, Skopje **18** (1964, hrsg. 1965) S. 689-697. — Zus. in Russ. — nach russ. Zus.
Wegen des spez. Wachstums trocknen die beschädigten oder explantierten Blütenstengel und Blätter der Zwiebel in der Art der Reproduktionsproduktionsorgane. Die explantierten Blütenstengel können bei Licht aufbewahrt und ohne Anwendung irgendeiner Flüssigkeit bis zur Bildung von 1···5 Früchten mit keimfähigen Samen weiterleben. Die explantierten Blütenstengel und Blätter sind, nachdem sie der Länge nach in zwei Teile zerschnitten wurden, nach 2···5 Tagen an der gesamten Oberfläche trocken. 1197.

2-68/10-0676 Böttcher, Horst. **Versuche zum Einfluß der Mechanisierung von Ernte- und Aufbereitungsarbeiten auf die Lagerfähigkeit von Speisezwiebeln.)** Wiss. Z. Martin-Luther-Univ. Halle-Wittenberg, math.-naturwiss. R. **16** (1967) Nr. 5. S. 767-771. — 4 Tab., 6 Lit. — nach Zus.
In einem einjähr. Versuch wurde der Einfluß der verschiedenen Ernte- und Aufbereitungsverfahren auf die Lagerfähigkkeit von Speisezwiebeln unter Normallagerbedingungen (durchschnittl. Temperatur 5,97 °C, Lagerdauer 103 d) geprüft. Dabei zeigte sich, daß die Putz- und Sortiermaschine „B 902" im Vergleich zu reiner Handarbeit keinen signifikanten Einfluß auf die Lagerungsergebnisse ausübt. Die verschiedenen Ernteverfahren wirkten dagegen in Abhängigkeit von der örtlichen Herkunft stark differenzierend auf den Anteil der marktfähigen Ware und auf die Fäulnis. Aufgrund der gewählten Versuchsbedingungen kann noch kein endgültiges Urteil über die besten Ernteverfahren abgegeben werden.
1197.

2-68/10-0677 Richter, Erna. **Über den Einfluß des Verschließens von Champignon-Brut-Flaschen mit Polypropylenfolie auf den Stoffwechsel des wachsenden Mycels.** Gartenbauwissenschaft **32**(14) (1967) Nr. 3. S. 331-342. — 7 Abb., 9 Lit. Zus. in Engl., Franz. — nach Zus.
In Kulturgefäßen, die nach dem Beimpfen mit Champignonmyzel außer in der üblichen Weise mit Zellstoff noch zusätzlich mit Polypropylenfolie verschlossen worden waren, um sie bei längerer Lagerung im Kühlraum vor dem Austrocknen zu schützen, wurden mit Hilfe der IR-Spektralphotometrie und Flüssigkeits-Gaschromatographie neben Kohlendioxid Äthanol, Azetaldehyd, Äthylazetat, Azeton und Äthylen als Produkte des vegetativen Stoffwechsel des Champignonmyzels gefunden. Die Durchlässigkeit der Polypropylenfolie für Gase und Wasserdampf ist nur gering, und nach den Untersuchungsergebnissen muß es in den mit Polypropylenfolie verschlossenen Kulturgefäßen zur Ausbildung anaerober Verhältnisse kommen. Ein anaerobes Mikroklima kann sich auch durch das feste Verwachsen des Champignonmyzels zwischen den Körnern am Boden von Kulturgefäßen ausbilden, die nur mit Zellstoff verschlossen sind. Da längere Zeit kühl gelagerte Champignonbrut bes. empfindlich gegenüber Alkohol ist, wird das Vorkommen dieses Produktes

des anaeroben vegetativen Stoffwechsels des Champignonmyzels in Kulturgefäßen als Ursache dafür angesehen, daß Brut aus solchen Gefäßen dann auf dem Kultursubstrat nur schlecht oder gar nicht weiterwächst. 1198.

2-68/10-0678 Huhnke, W. und Sengbusch, R. v. **Die Bedeutung der Temperatur bei der Kultur des Champignons insbesondere beim „Till-Verfahren“.** Gartenbauwissenschaft **32**(14) (1967) Nr. 5. S. 387-398. — 6 Abb., 2 Tab., 5 Lit. Zus. in Engl., Franz. — nach Zus.
Die optimale Substrattemperatur für das Champignonmyzelwachstum liegt bei 27 °C, die letale Temperatur bei 36 °C. In der sterilen Anwuchsphase kommt es in großen Gefäßen durch Überschreiten des Temperaturoptimums zur Verzögerung des Myzelwachstums. Bleibt das Substrat in dieser Phase frei von Fremdinfektionen, so wird durch Eigenregulierung (Wuchsminderung) des Myzels ein Überschreiten der Letaltemperatur verhindert. Durch Regulierung der Umgebungstemperatur kann man versuchen, Einfluß auf die Innentemperatur zu nehmen, um diese optimal einzustellen und somit die Anwuchszeit zu verkürzen. Nach dem Aufschütteln und Aufwerten kann es, da dies der Beginn der unsterilen Phase ist, durch aktiv werdende Mikroorganismen zu erheblichen Temperaturerhöhungen im Substrat kommen, die vor allem im warmen Sommer die letale Grenze des Myzelwachstums überschreiten. Überhöhte Temperaturen sind die Ursache für Ertragsminderungen. Um Schäden zu verhindern, muß durch Kühlung die Temperatur im Substrat in zuträglichen Grenzen gehalten werden. Andere Maßnahmen, wie geringe Eiweißaufwertungen, geringe Substratdicken und kleinere Gefäße können zwar durch überhöhte Temperatur hervorgerufene Schäden verhindern, es werden dann aber keine Höchsterträge erzielt. 1198.

D. Obstbau

2-68/10-0679 Schreiber, K.-F., Silbereisen, R. und Weller, F. **Naturbedingte Entwicklungsmöglichkeiten für den Erwerbsobstbau im Rahmen einer landwirtschaftlichen Gesamtplanung in Baden-Württemberg.** Gartenbauwissenschaft **32**(41) (1967) Nr. 4. S. 311 bis 320. — 21 Lit. Zus. in Engl., Franz. — nach Zus.
Als Grundlage für eine standortgemäße Neuordnung des Obstbaus werden in Baden-Württemberg seit längerer Zeit umfangreiche standortkundliche und obstbau-ökologische Untersuchungen und Erhebungen durchgeführt. Aus dem vorliegenden Material wurde für die übergebietliche Planung eine Gliederung des Landes in natürliche Einzellandschaften erarbeitet. Entspr. den jeweiligen Standortverhältnissen dieser Landschaften erfolgte eine Bewertung ihrer natürlichen Eignung für den großräumigen Erwerbsanbau von Obst. Da der Erwerbsobstbau heute mit anderen landbaulichen Kulturen um die besten Standorte konkurriert, ist seine Neuordnung nur im Rahmen einer landwirtsch. Gesamtplanung sinnvoll. Deshalb wurde auf der gleichen Kartengrundlage eine Bewertung der natürlichen Eignung für den Ackerbau als dem stärksten Konkurrenten vorgenommen. Erst aus der Gegenüberstellung beider Einungskarten unter Berücksichtigung weiterer landbaulicher Kulturen ergeben sich die im Rahmen einer landwirtsch. Gesamtplanung notwendigen Hinweise auf die Entwicklungsmöglichkeiten für den Erwerbsobstbau. Dabei zeichnen sich 3 verschiedene Gruppen von Landschaftsräumen ab: 1. mögliche Anbauschwerpunkte; 2. Erwerbsobstbau möglich, aber keine Anbauschwerpunkte; 3. i. allg. keine Möglichkeiten für den Erwerbsobstbau. Diese Gruppen werden je nach den Standortverhältnissen der einzelnen Landschaften weiter unterteilt und in einer ausführlichen Legende erläutert. 1215.

2-68/10-0680 Wucherpfennig, K. und Bretthauer, G. **Zur Verarbeitung von „Frosttrauben“ zu Wein unter besonderer Berücksichtigung der flüchtigen Aromastoffe.** Wein-Wiss. **23** (1968) Nr. 4. S. 174-185. Beil. zu: Dtsch. Weinbau — 4 Abb., 2 Tab., 15 Lit. 1225.

2-68/10-0681 Faustov, V. V. O roli list'ev pri ukorenenii zelenych čerenkov plodovych kul'tur. Soobščenie 3. (**Über die Rolle der Blätter bei der Bewurzelung von Obstgehölzstecklingen. 3. Mitt.**) Doklady TSChA. Moskovskaja ordena Lenina sel'skochozjajstvennaja akademija imeni K. A. Timirjazeva **1967** Nr. 137. S. 5-11. — 4 Tab., 11 Lit.
Die Schnelligkeit der Bewurzelung hängt vom physiol. Zustand der Stecklingsblätter ab. Die Bewurzelungsfähigkeit des Stecklings verringerte sich proportional der verminderten Blattfläche. Das wird auf die schlechtere Versorgung des Stecklings mit Assimilaten durch die geringe Blattfläche zurückgeführt. Stecklinge der Sorte 'Šubinka' bewurzelten ohne

Blätter nicht, während Stecklinge ohne Blattnebenknospen mit Blättern zu 88 und mit Knospen und Blättern zu 83% bewurzelten. Der Beginn der Wurzelbildung fällt mit einer Periode erhöhter Aktivität des Meristems zusammen, die vor allem durch die assimilatorische Tätigkeit der Blätter verursacht wird. Der Einfluß der Blätter auf die Bewurzelungsfähigkeit wurde geprüft und nachgewiesen, daß sich Blätter bewurzeln können. Das wird erklärt durch das langsamere Altern der Blätter gegenüber den verholzenden Trieben. Mit Indolyl-3-Buttersäure (15 mg/l) 14 h behandelte Blätter von schwarzfrüchtigen Ebereschen und der genannten Kirschsorte brachten hohe Bewurzelungsergebnisse. Die Bewurzelung erfolgte sogar an den Blattnerven, so daß die Möglichkeit besteht, vollständige Pflanzen durch Blattstecklinge zu gewinnen. Den günstigsten Einfluß der Blätter auf die Bewurzelung der Stecklinge rufen endogene Wachstumsfaktoren, wie die Auxine, hervor. Weitere Wuchsstoffe wurden untersucht, dabei zeigte sich, daß in isolierten Kirschblättern bei Dunkelheit ein pausenloser Abbau des Eiweißes und der säurelöslichen Phosphorverbindung stattfindet, der durch exogene Wuchsstoffe, wie Chloramphenikol und Tripaflavin, stimuliert wird. Die Blätter wirken diesem Abbau durch Bildung von Inhibitoren entgegen, wodurch ihre Rolle bei der Bewurzelung der Stecklinge hervorgehoben wird.
R. Männel/Pillnitz. 1230.

2-68/10-0682 Stepanova, O. I. Rost plodovych derevev v zavisimosti ot zasolenija počvo-grunta i urovnja gruntovych vod. (**Das Wachstum des Obstbäume in Abhängigkeit von der Versalzung des Untergrundes und des Grundwasserstandes.**) Sadovodstvo, Kiev **5** (1966) S. 51-58.
Kastanienbraune, schwach versalzte Böden mit einem Grundwasserstand von $<$ 1,8 m sind für den Apfel-, Aprikosen- und Pflaumenanbau bei Bewässerung brauchbar. Bei einem Salzgehalt von 0,815% (mit 0,035% Chlorid) in einer Tiefe von 80...100 cm ist noch normales Wachstum möglich. Für diese Böden sind die Sorten 'Pepinka litovskaja' und 'Kalvil sneznij' gut geeignet. Befriedigende Leistungen brachten unter diesen Bedingungen auch die Sorten 'Renet Simirenko' und 'Papirovka'. Pflaumenbäume reagierten empfindlicher als Apfelbäume. 8- bis 9jähr. Pflaumenbäume starben ab, wenn im Wurzelhorizont bei starker Durchfeuchtung ein hoher Karbonatgehalt auftrat und 0,443...0,733% wasserlösliche Salze vorhanden waren. K. Gliemeroth/Pillnitz. 1230.

2-68/10-0683 Illge, R. **Die Stickstoffdüngung im Obstbau.** Obstbau, Berlin **8** (1968) Nr. 4. S. 57-59. — 1 Tab., 5 Lit.
Einleitend werden wichtige Gesichtspunkte des N-Haushalts im Boden besprochen und Empfehlungen über Maßnahmen abgeleitet, die zu einer kontinuierlichen Aufbesserung der N-Bilanz beitragen. Weiter werden die Vor- und Nachteile der in Obstanlagen üblichen Bodenpflegemaßnahmen hinsichtlich ihrer Wirkung auf Humusbildung und Mineralisierung eingeschätzt. Gegenwärtig wird die erforderliche Höhe der mineral. N-Gaben in der Regel nach der Ertragsleistung bzw. -erwartung bemessen. Eine bessere Berücksichtigung der Ertragskapazität der verschiedenen Sorten wäre im Intensivanbau von großem Vorteil. Von den gebräuchlichen N-Düngemitteln sollten die physiol. alkalisch wirkenden mehr auf den leichteren Böden und die physiol. sauer wirkenden vorwiegend auf kalkreichen Böden angewendet werden. Unter Beachtung der relativ schnellen Wirkung der meisten N-Dünger und der hohen Mengen, die heute im Obstbau eingesetzt werden, ist eine Teilung der Gesamtmenge in 3 Gaben vorteilhaft. Es wird empfohlen, die Hälfte im zeitigen Frühjahr und je ein Viertel im Zeitraum Mai/Juni und im Frühherbst zu verabreichen. Alle Maßnahmen der N-Düngung im Obstbau haben sich den entsprechenden Standortbedingungen, dem Witterungscharakter und der beabsichtigten Wirkung auf Wuchs und Ertrag der Bäume sowie dem Boden unterzuordnen. W. Fiedler/Pillnitz. 1230.

2-68/10-0684 Müller, G. **Bodenpflege und Düngung bei Straßenobstbäumen.** Obstbau, Berlin **8** (1968) Nr. 4. S. 55-57. — 2 Abb., 1 Tab., 2 Lit. — nach Zus.
Bei Neupflanzungen an Straßen und Wegen sollten vom Jahr der Pflanzung an Bodenpflege- und Düngungsmaßnahmen durchgeführt werden. Es wurde in 2jähr. Versuchen festgestellt, daß solche Maßnahmen bei Jungbäumen zu einem schnellen und kräftigen Wachstum führen. Ältere Pflanzungen noch durch ökon. vertretbaren Aufwand beeinflussen zu wollen, erscheint schwierig, da die Wurzelkronen schon stark entwickelt sind. Da sich bei Jungbäumen die Bodenpflegestufen „Herbizidanwendung", „Hacken" und „Bedecken" in ihrer Wirkung nicht unterscheiden, kann man von diesen 3 Verfahren das billigste auswählen. In einer weiteren Veröffentlichung wird darüber berichtet. Es kann

schon angedeutet werden, daß wahrscheinlich die Spritzung mit „Azaplant Kombi" in Verbindung mit Düngung des lohnendste Verfahren ist. 1230.

2-68/10-0685 Hidding, A. P. Enkele voorlopige resultaten van plaatgroundverbetering ten behoeve van de fruitteelt. (**Einige vorläufige Ergebnisse der Verbesserung flachgründiger Böden zum Nutzen des Obstbaues.**) Meded. Directie Tuinbouw,'s-Gravenhage **30** (1967) Nr. 12. S. 479-483. — 1 Abb., 4 Tab., 5 Lit.

In den Niederlanden treten häufig Böden auf, deren Oberschicht eine unterschiedlich mächtige Ton- oder Lehmdecke ist, die direkt auf sandigem Untergrund aufliegt. Hier ist die kapillare Wirkung aus dem Untergrund sehr gering und der Grundwasserstand in der Regel sehr tief. Da diese Art von Böden (plaatgronden) für den Anbau von Obst nutzbar gemacht werden soll, wurden verschiedene Möglichkeiten der Verbesserung geprüft, die sich vor allem auf die Anreicherung des Sanduntergrundes mit bindigeren Bestandteilen richtet. Vf. berichtet über solche Versuche aus Wilhelminadorp, wo folgende Varianten getestet wurden: 1. Altes Obstland mit einer 35 cm mächtigen Lehmdecke auf Sand wurde mit einem Spezialpflug 90 cm tief bearbeitet und Birnen der Sorten 'Alexander Lucas' auf Quitte A mit Zwischenveredlung 'Gellerts' gepflanzt. 2. Altes Bauland mit einer 40 cm starken Lehmdecke auf Sand wurde mit einem „Mengrotor" 80 cm tief umgearbeitet und danach mit den Apfelsorten 'Cox Orange', 'Tydemans Early', 'Stark Earliest', 'Winston' und 'Golden Delicious' auf M·IX bepflanzt. 3. Altes Obstland mit einer 30 cm starken Lehmdecke auf Sand wurde zur Hälfte 60 cm tief gepflügt und in der anderen Hälfte mit einem „Mengrotor" 75 cm tief bearbeitet und anschließend mit 1- und 4jähr. 'Golden Delicious', einjähr. 'Cox Orange'/ M IV und 4jähr. Pflaumen der Sorte 'Victoria' bepflanzt. Die Tatsache, daß die bisherigen Ergebnisse noch sehr widersprüchlich sind, wird darauf zurückgeführt, daß von den jungen Bäumen noch keine Reaktion erwartet werden kann, da sie von der intensiven Bodenmischung noch keinen Nutzen ziehen konnten. Außerdem waren die beiden ersten Versuchsjahre, über die berichtet wird, sehr feucht, so daß die Wirkung der Bodenverbesserung auf die Bodenfeuchte ohne Wirkung blieb. Es scheint so zu sein, daß die Bäume auf den Parzellen mit intensiver Bodenmischung gegenüber der unbearbeiteten Kontrolle ein besseres Triebwachstum erkennen lassen, jedoch wird den Triebmessungen kein Vertrauen geschenkt, da der Wuchs durch Schnitt und verschiedene Nährstoffverfügbarkeit in den Bodenbearbeitungsteilstücken modifiziert wird. Jede Mischung von Oberboden mit dem meist schlechter versorgten Untergrund macht eine zusätzliche Düngung erforderlich. Die Versuche lassen erst nach langjähr. Standzeit zuverlässige Aussagen über die Wirkung der tiefgründigen Bearbeitung und Bodenmischung zu.

W. Fiedler/Pillnitz. 1230.

2-68/10-0686 Engel, G. **Herbizidspritzungen als Bodenpflegemaßnahmen im Obstbau.** Erwerbsobstbau **10** (1968) Nr. 1. S. 6-9. — 3 Tab., 5 Lit.

Ein seit 1961 in einer ertragsfähigen Apfelanlage in Klein-Altendorf durchgeführter Bodenpflegeversuch ließ erkennen, daß durch Herbizidbehandlung und Nichtbearbeiten dieser Flächen das Gesamtporenvolumen, der Nährstoffgehalt bezüglich K und P und die pH-Werte im Boden nicht nachteilig verändert worden. Eine Erhöhung des Nährstoff- und Humusgehaltes wurde durch org. Abdeckung und durch Mulchen jährl. Einsaaten erreicht. Häufige maschinelle Bearbeitung störte die Feinwurzelbildung, wodurch bei der triebfreudigen Kombination 'Cox'/M IV der Ertrag gefördert wurde. Bei 'Grieve'/M IV ermöglichte der Herbizideinsatz eine Angleichung des Ertrages an die mit Abstand beste Strohparzelle. — Als zweckmäßigste Bodenpflegemethode für das Meckenheimer Anbaugebiet wird eine Kombination einer Begrünung der Fahrmitten mit einer mehr oder weniger breiten Streifenbehandlung der Baumreihen betrachtet. Dabei wird einjähr. Gründüngungssaaten in Verbindung mit zusätzlicher Einbringung org. Stoffe der Vorzug gegeben.

P. Lux/Pillnitz. 1230.

2-68/10-0687 Popovič, P. D. und Skorina, S. A. K metodike rasčetov pri sostavlenii proektov terrasirovanija sklonov. (**Zur Methodik der Berechnung bei der Aufstellung von Terrassierungsprojekten für Abhänge.**) Sadovodstvo, Kiev **5** (1966) S. 82-90. — 5 Abb., 3 Tab.

Die Terrassierung von Abhängen, die nicht für den Anbau landwirtsch. Kulturen geeignet sind, ist bei der Anlage mehrjähr. Obst- und Weinpflanzungen ein wesentliches Problem. Grundforderungen sind: Verbesserung der Wasser- und Nährstoffverhältnisse des Bodens; Schutz vor Erosion und Gewährleistung gleichmäßiger Wasserverteilung bei Zusatzbewässerung; max. Flächennutzungskoeffizient der Pflanzen; Herstellung einer Mindestbreite

des Streifens und einer bestimmten Querneigung; Belassen eines unberührten Streifens von 0,5···1 m am vorderen Rand der Terrasse. Für die Berechnung der einzelnen Elemente der Terrassenstreifen werden Funktionen angegeben, die von Boden- und anderen Bedingungen bestimmt werden und auf die unterschiedlichen Obstgehölze abgestimmt sind.
R. Schuricht/Pillnitz. 1230.

2-68/10-0688 Tamási, J. A gyümölcsösök célszerü tápanyag-visszapótlása gyökérfejlődési vizsgálatok alapján. **(Zweckmäßige Düngung in Obstanlagen aufgrund von Untersuchungen der Wurzelentwicklung.)** Mezögazdasági Kutatások Föbb Eredményei **1966** (hrsg. 1967) S. 106-110. — Aus: Ung. Agrar-Rdsch. **1968** Nr. 2. 1230.

2-68/10-0689 Wertheim, S. J. Praktijkadvies toepassing van Alar-85. **(Praxisratschläge für die Anwendung von Alar-85.)** Fruitteelt 58 (1968) Nr. 14. S. 477.
Seit 1968 ist der Wachstumsregulator Alar-85 für den niederl. Obstbau freigegeben. Die Anwendung ist bis 4 Monate vor dem Pflücktermin zulässig. Es wird empfohlen, bei Äpfeln die Alarbehandlung nur auf junge, stark wachsende Bäume zu beschränken, um eine Triebverkürzung und verstärkte Blütenknospenbildung hervorzurufen. Bei Birnen beziehen sich die Empfehlungen der Alaranwendung auf die Sorten 'Beurré Hardy' ('Gellerts'), 'Doyenné du Comice' ('Vereinsdechants') und 'Charneux'. Durch Behandlung der Spitzentriebe dieser Sorten kann eine beträchtliche Wuchsverminderung im Spitzenbereich eintreten. Die Ausbringung (0,15···0,30%) soll nur einmal im Jahr erfolgen, wenn die sich am stärksten entwickelten Triebe ungefähr 15 cm lang sind. K. Gliemeroth/Pillnitz. 1231.

2-68/10-0690 Neumann, D. **Internationale Tendenzen der Entwicklung und Anwendung von Anbausystemen für Kernobst.** Obstbau, Berlin 8 (1968) Nr. 4. S. 61-63. — 15 Lit. 1231.

2-68/10-0691 Link, Hermann. **Der Einfluß der Ausdünnung auf Fruchtqualität und Erntemenge bei der Apfelsorte 'Golden Delicious'.** Gartenbauwissenschaft 32(14) (1967) Nr. 5. S. 423-444. — 6 Abb., 4 Tab., 54 Lit. Zus. in Engl., Franz. — nach Zus.
Zur Untersuchung des Einflusses der Fruchtausdünnung auf Fruchtqualität und Erntemenge wurden die Ergebnisse von den Ausdünnungsversuchen 1962 bis 1965 in 9 verschiedenen 'Golden-Delicious'-Anlagen der Bodenseekreise Ravensburg, Tettnang und Lindau herangezogen. Die Auswertung der Versuchsdaten ließ folgende Auswirkungen einer fortwährend gesteigerten Ausdünnungsintensität erkennen: Die mittlere Fruchtmasse stieg linear mit abnehmender Fruchtanzahl je Baum an. Die Korrelation zwischen diesen beiden Merkmalen war nur schwach ($r = 0{,}438$). Die Größenverteilung der Früchte wurde durch Ausdünnen deutlich beeinflußt. Die Erntemenge in der Größenklasse < 60 mm stieg progressiv ($r = + 0{,}67$), diejenige in der Klasse 60···70 mm linear und annähernd proportional mit der Fruchtanzahl je Baum an ($r = + 0{,}73$). Für die Klasse > 70 mm konnte die Übereinstimmung einer beschreibenden Funktion mit den empirischen Werten infolge ungeklärter Streuungsursachen nicht geprüft werden. Die Kurve einer Gleichung 2. Grades könnte hierfür geeignet sein. Die Erntemenge stieg linear, jedoch nicht proportional, mit der Fruchtanzahl je Baum an ($r = + 0{,}91$). Fruchtfarbe und Ausdünnungsintensität waren eng miteinander verbunden. Zunehmende Größe als Folge gesteigerter Ausdünnungsintensität bewirkte auch eine bessere Ausfärbung der Früchte ($r = + 0{,}54$). Darüber hinaus waren Früchte ausgedünnter Bäume intensiver gefärbt als gleich große von unbehandelten. Der Gehalt der Früchte an löslicher Tr.-Subst. wurde weitgehend durch die Grundfarbe im Erntestadium ($r = + 0{,}61$) und durch die Fruchtgröße ($r = + 0{,}25$), also ebenfalls durch die Ausdünnungsintensität, bestimmt. Der Refraktometerwert stieg mit zunehmender Fruchtmasse linear an. Grundfarbe und Größe der Früchte beeinflußten auch den Gehalt der Früchte an titrierbarer Säure. Während der Korrelationskoeff. für den Einfluß der Fruchtfarbe auf den Säuregehalt positiv war ($r = + 0{,}22$), stellten sich für die Beziehung zwischen Fruchtmasse und Säuregehalt bei Früchten von Bäumen mit unterschiedlicher Behangdichte sowohl ein positiver ($r = + 0{,}27$) als auch ein negativer ($r = - 0{,}89$) Korrelationskoeff. heraus. Mit ansteigender Fruchtmasse veränderte sich der Säuregehalt in beiden Fällen linear. 1232.

2-68/10-0692 Luckwill, L. C. The effect of certain growth regulators on growth and apical dominance of young apple trees. **(Die Wirkung von einigen Wachstumsregulatoren auf das Wachstum und die Apikaldominanz junger Apfelbäume.)** J. horticult. Sci. **43** (1968) Nr. 1. S. 91-101.

Apfelbäume der Sorte 'Stark Earliest' wurden mit Gibberellsäure (GS), 2,3,5-Trijodbenzoesäure (TJBS), Chlorcholinchlorid (CCC) und N-[Dimethylamino]bernsteinamidsäure (B-9) behandelt. TJBS, CCC und B-9 reduzierten die Internodienlänge an allen Trieben, während GS sie an unteren Trieben vergrößerte. Die apikale Dominanz wurde durch GS (200 ppm), TJBS (200 ppm) und CCC (5000 ppm) weitestgehend aufgehoben, B-9 hatte darauf keine Wirkung. CCC verursachte nur eine zeitweilige Wachstumsverzögerung. Die Wirkung von B-9 und TJBS hielt während der gesamten Vegetationsperiode an. Es wird angenommen, daß die Wachstumsregulatoren den Gibberellinspiegel beeinflussen, der eine indirekte Wirkung über den Auxinstoffwechsel auf den Nährstofftransport und die apikale Dominanz ausübt. K. Gliemeroth/Pillnitz. 1232.

2-68/10-0693 Elema, R. K. Dunproeven bij appels economisch bekeken. (**Das Ausdünnen des Apfels ökonomisch betrachtet.**) Fruitteelt **58** (1968) Nr. 12. S. 416–418. — 2 Abb., 2 Tab.
Die Untersuchungen zeigten, daß bei chem. Ausdünnung — im Ertragsjahr gespritzt — die Blütenknospendifferenzierung bei alternierenden Sorten, wie 'Cox', stark gefördert wird, so daß eine chem. Ausdünnung im Ertragsjahr bei diesen Sorten zu empfehlen ist. Im 2jähr. Durchschnitt wurden gegenüber der Kontrolle 10 kg Früchte/Baum mehr geerntet. Bei nichtalternierenden Sorten, wie 'Golden Delicious', wird die Erntemenge verringert, aber die Qualität erhöht. Der Nutzen des Ausdünnens ist abhängig davon, in welchem Maße große Früchte entstehen, wie hoch kleine Früchte, Dmr. $<$ 70 mm, bezahlt werden und von den Ernte- und Ablieferungskosten. 1966, einem schlechteren Ertragsjahr als 1967, wurden je ausgedünntem Baum niedrigere Erlöse erzielt als je nicht ausgedünntem Baum. 1967, bei guter Ernte, war das Verhältnis umgekehrt. Das chem. Ausdünnen ist gegenüber dem Ausdünnen von Hand rentabler. Bei ersterem wurden 50 AKh/ha eingespart. R. Männel/Pillnitz. 1232.

2-68/10-0694 Zachariae, A. **Aromaentwicklung von Äpfeln und Birnen und ihre Beziehung zum Erntezeitpunkt.** Gartenbauwissenschaft **32** (14) (1967) Nr. 4. S. 297–309. — 2 Abb., 8 Tab., 16 Lit. Zus. in Engl., Franz. — nach Zus.
Es wurden die Aromen und ihre Entwicklung von 'James Grieve', 'Cox Orangen Renette', 'Golden Delicious', 'Boskoop', 'Clapps Liebling' und 'Alexander Lucas' untersucht, ihre Einzelbestandteile analysiert und in Beziehung zum Erntetermin der Früchte gebracht. Die Untersuchungen führten zu folgendem Ergebnis: Vor der Ernte werden verstärkt niedrigsiedende, nach der Ernte höhersiedende (bes. Butylazetat) Aromabestandteile abgegeben. Neben dieser Tatsache treten bei jeder der untersuchten Früchte (mit Ausnahme von 'Boskoop') um den Erntezeitpunkt charakteristische Veränderungen innerhalb der Zusammensetzung der Einzelaromen auf. Nach anfänglich schwankendem Gehalt erreicht die Aromaabgabe um den Erntezeitpunkt ein Minimum, um danach stark anzusteigen. Die Bonitierung der gelagerten Früchte ergab, daß die z. Z. der geringsten Aromastoffproduktion gepflückten Früchte während der Lagerung die beste Haltbarkeit aufwiesen. Als geeigneter Zeitpunkt, die Ernte der Kernobstfrüchte durchzuführen, wird der Beginn vermehrter Aromaabgabe vorgeschlagen. 1232.

2-68/10-0695 Darbellay, Ch. und Evequoz, M. Mode de fructification des différentes variétés de pommes. (**Das Wesen der Fruchtbildung bei verschiedenen Apfelsorten.**) Agric. romande, Lausanne **7** (1968) Nr. 1. S. 5–7.
Die Apfelsorten lassen sich nach den Besonderheiten ihrer Fruchtbildung in 3 Gruppen einteilen. Die Sorten der 1. Gruppe bilden ihre Früchte im wesentlichen am 1- bis 3jähr. Holz. Zu diesem Typ zählen die wirtschaftlich bedeutungsvollen Sorten wie z. B. 'Golden Delicous', 'Jonathan' und 'Cox', deren größte und qualitativ beste Früchte am 2- bis 3jähr. Holz gebildet werden. Die Sorten der 2. Gruppe bilden ihre Früchte vorwiegend am 4- und mehrjähr. Holz; zu ihr gehören die Sorten 'Gravensteiner'; 'Reine des Reinettes', 'Canada' u a. Zur 3. Gruppe werden solche Sorten zusammengefaßt, die ihre Früchte fast ausschl. an Ringelspießchen bilden. Das sind die Sorten 'Pomme Cloche' und 'Nationale'. Es wird empfohlen, den Schnitt und die Ausdünnung auf diese Gruppenmerkmale auszurichten. K. Gliemeroth/Pillnitz. 1232.

2-68/10-0696 Krapf, B. **Ein Beitrag zur Blockpflanzung und Bestäubung von Apfelbäumen.** Erwerbsobstbau **10** (1968) Nr. 1. S. 14–16. — 2 Tab., 7 Lit.

Anhand wiss. Ergebnisse und aufgrund praktischer Erfahrungen werden die Voraussetzungen einer vollwertigen Fruchtbildung beim Apfel einer Betrachtung unterzogen. An Beispielen werden die Nachteile einer sortenreinen Pflanzung bezüglich der Fruchtbildung und Fruchtentwicklung besprochen, und die Bedeutung der Sicherung einer geeigneten Fremdbestäubung wird herausgestellt. J. Schmadlak/Pillnitz. 1232.

2-68/10-0697 Utermark, H. **Sind engere Pflanzabstände bei Äpfeln möglich?** Mitt. Obstbauversuchsringes Alten Landes **23** (1968) Nr. 2. S. 42-50. — 1 Abb., 4 Tab.
Unter der Voraussetzung, daß durch schwachen Schnitt frühzeitig einsetzende Erträge erreicht und die Bäume spindelförmig erzogen werden, empfiehlt Vf. für das Obstbaugebiet an der Niederelbe folgende Pflanzabstände für Sämlingsunterlagen: 'Horneburger' 6 × 7 m; 'Holsteiner Cox' und 'Ingrid Marie' 5 × 6 m, 'Cox Orange', 'Glockenapfel', 'Laxton' 4 × 6 m, 'Jonared', 'James Grieve', 'Golden Delicious' 3 × 5 m; für Unterlage M VII: 'Ingrid Marie', 'Cox Orange', 'Glockenapfel', 'Laxton' 3 × 5 m; 'Jonared' 3 × 4 m; 'James Grieve', 'Golden Delicious' 2,5 × 4 m; Unterlage M IX: 'Stark Earliest' 2…2,5 × 4 m, 'Golden Delicious' 1,5 × 3 m. Nachteilig von M IX ist die fehlende Standfestigkeit. Die Frage, ob ähnlich schwacher Wuchs wie mit IX durch Spurtypen oder wuchshemmende Mittel erreicht werden kann, läßt sich noch nicht beantworten.
R. Schuricht/Pillnitz. 1232.

2-68/10-0698 Ščerica, L. N. Vlijanie mestonachoždenija čerenka privoja po dline pobega na priživaemost' privivok i vychod sažencev jabloni. **(Der Einfluß der Herkunft des Pfropfreises aus der Veredlungsrute auf das Verwachsen der Veredlungen und die Ausbeute von Apfelbäumen.)** Sadovodstvo vinogradarstvo i vinodelie Moldavii, Kišinev **23** (1968) Nr. 3. S. 52-53. — 1 Abb., 1 Tab.
Vf. berichtet über 3jähr. Veredlungsversuche, bei denen Reiser aus verschiedenen Teilen der Veredlungsrute verwendet wurden. Die Reiser hatten 2 Knospen und stammten aus dem basalen (I), dem mittleren (II) und dem oberen Teil (III) der Veredlungsrute. Sorte 'Papirovka', Unterlage M IV. Je Variante wurden 150 Veredlungen gepflanzt. Vf. hebt folgende Ergebnisse hervor: Bei I waren 80,2%, bei II 89,4% und bei III 65,4% angewachsen. Die Ausbeute 2jähr. Bäume betrug in gleicher Folge 66,5, 75,1 und 39,0%. Die mittlere Länge der einjähr. Veredlungen lag bei 151, 166 und 123 cm. Der Neuwuchs der 2jähr. Bäume zeigte die gleiche Tendenz, ebenso der Durchmesser des Stammes über und unter der Veredlungsstelle. Variante II war in allen Merkmalen den anderen Varianten überlegen.
H. Völkel/Pillnitz. 1232.

2-68/10-0699 Manughevici, E., Caţavela, Şt., Predescu, Gh. und Mihacea, I. Comportarea în pepinieră a unor soiuri de măr altoite pe diferiţi portaltoi vegetativi. **(Das Verhalten einiger Apfelsorten in der Baumschule bei Veredlung auf verschiedene Unterlagen.)** Inst. agron. Timişoara, Lucrări ştiinţ., Ser. Agron. **9** (1966) S. 397-408. — 8 Tab., 8 Lit. Zus. in Russ., Engl.
In 4 Jahren wurde das Verhalten der Sorten 'Golden Delicious', 'Starking' und 'Starcrimson' auf den Unterlagen M VII, M IX, MM 104 und MM 106 untersucht. Auf den beiden letzten Unterlagen entwickelten sich 'Jonathan', 'Golden Delicious', 'Starking' und 'Starcrimson' gut. Sie brachten hohe Ausbeute an erstklassigen Bäumen. 'Starcrimson' und 'Golden Delicious' auf M VII und M IX gaben geringe Ausbeute bei hohen Kosten. Die letztere Kombination zeigt ihre schwache Verträglichkeit schon in den ersten Stadien der Entwicklung. E.-M. Ardelt. 1232.

2-68/10-0700 Schmidle, Alfred. **Die Zwischenveredlung, eine vorbeugende Maßnahme gegen die „Kragenfäule" des Apfels.** Nachr.-Bl. dtsch. Pflanzenschutzdienstes, Braunschweig **20** (1968) Nr. 2. S. 22-24. — 3 Tab., 18 Lit. Zus. in Engl.
Vf. untersuchte Möglichkeiten, dem Auftreten der Kragenfäule des Apfels (*Phytophthora cactorum*) durch Einschaltung von widerstandsfähigen Zwischenveredlungen vorzubeugen. Von 10 geprüften Edelsorten und weiteren 30 Stammbildnern auf M IX mit der Edelsorte 'Cox Orange' erschienen in dieser Hinsicht sehr aussichtsreich 'Maunzen', M VII, 'Danziger Kant', 'Antonowka 1½pfündig', MM 104 und mit Einschränkung auch 'Boskoop'. Die größte Widerstandsfähigkeit gegen *Phytophthora cactorum* wies 'Maunzen' auf. M VII ist in der Resistenz mit 'Maunzen' vergleichbar. Bei der Beurteilung von Zwischenveredlungen sind außer der Widerstandsfähigkeit gegen die Kragenfäule noch andere Faktoren zu berücksichtigen. Hierzu sind die Frosthärte und der Einfluß der Zwischenveredlung auf das Wachs-

tum und den Ertrag der Edelsorte zu rechnen. Vf. weist anhand von Literatur auf das Problem der Höhe der Zwischenveredlung hin. Wenn auch kein absoluter Schutz gegen die Kragenfäule durch Zwischenveredlungen erreicht wird, so kann aber der Krankheit vorgebeugt werden. Deshalb sollte man auf diese Maßnahme nicht verzichten.

K. Margraf. 1232.

2-68/10-0701 Popova, N. E. und Kopytko, P. G. Dozy i sootnošenija mineral'nych udobrenij v molodych jablonevych sadach. **(Höhe und Nährstoffverhältnis der mineralischen Düngung in jungen Apfelanlagen.)** Sadovodstvo, Kiev **5** (1966) S. 28-34. — 5 Tab., 8 Lit.

In Freilandversuchen untersuchten die Vff. den Einfluß eines im Bereich von 1:1:1 bis 1:0,5:0,5 und 1:3:3 variierten NPK-Nährstoffverhältnisses auf die Ertragsleistung der Gehölze und die Nährstoffkonzentration im Boden. Die N-Gaben schwankten zwischen 30 und 90 kg/ha Rein-N. Dabei konnten im wesentlichen folgende Ergebnisse erzielt werden: Der Wuchs der Bäume steigt mit der Höhe der N-Gabe. Die P- und K-Gabe beeinflußt die Gehölze nicht. Durch die N-Düngung steigt der Nitratgehalt in den Bodenschichten bis 60 cm an. Eine Erhöhung des Humusgehaltes des Bodens ließ sich bei hoher N-Düngung bis in 1 m Tiefe nachweisen. Aus ihren Ergebnissen schlußfolgern die Autoren, daß in Apfelanlagen der N-Düngung bes. Bedeutung beigemessen werden muß.

R. Illge/Pillnitz. 1232.

2-68/10-0702 Schönberg, G. **Wechselbeziehungen zwischen Bodenpflege, Stickstoffdüngung, Bodenfeuchte und Sorte bei Apfelniederstämmen.** Obstbau, Berlin **8** (1968) Nr. 4. S. 52-55. — 3 Abb., 4 Tab., 2 Lit.

Es wird über einen in Form einer Spaltanlage angelegten Bodenpflegeversuch mit den Varianten Bearbeitung, Gründüngung und Kurzgrashaltung (Grasmulch) bei unterschiedlicher N-Versorgung und Bodenfeuchte berichtet. N wurde in Mengen von 60, 120 und 240 kg/ha abgestuft. Die Bewässerung erfolgte nach Absinken der Feldkapazität (FK) unter 80%. Die Ergebnisse der ersten beiden Ertragsjahre 1965 und 1966 werden anhand des Stammzuwachses und des Einzelbaum- sowie Flächenertrages der Sorten 'Golden Delicious'/M IV, 'Clivia'/M IV und XI diskutiert. Infolge der überdurchschnittl. hohen Niederschläge in den beiden Versuchsjahren blieb der Faktor Bodenfeuchte bei der Betrachtung unberücksichtigt. Die Ergebnisse zeigten, daß in beiden Versuchsjahren kein signifikanter Einfluß der unterschiedlichen Varianten auf die Zunahme des Stammdurchmessers und des Ertrages bei 'Golden Delicious' und 'Clivia' auf M IV vorlag. Beide Sorten reagierten unterschiedlich auf Kurzgrashaltung, die bei 'Clivia' den Ertrag steigerte, bei 'Golden Delicious' aber senkte. Die hohen Anfangserträge beeinträchtigten die vegetative Leistung bei 'Golden Delicious deutlich. Wechselwirkungen zwischen Bodenpflege und N-Düngung traten in verschiedener Weise in Erscheinung und sind sortenspezifisch. Die Überlegenheit von 'Golden Delicious' über 'Clivia' im Ertrag ist in allen Varianten offenkundig.

W. Fiedler/Pillnitz. 1232.

2-68/10-0703 Degtjaŕ, I. A. Vlijanie udobrenij na vstuplenie jabloni v plodonoyšenie. **(Der Einfluß der Düngung auf den Beginn des Fruchttragens bei Apfelbäumen.)** Sadovodstvo, vinogradarstvo i vinodelie Moldavii, Kišinev **23** (1968) Nr. 1. S. 12-14. — 1 Tab.

In dem Zeitraum 1960 bis 1966 verfolgte der Vf. den Einfluß der org.-mineral. Vorratsdüngung auf den Beginn des Fruchttragens bei 2 Apfelsorten, die auf Sämlingsunterlage und M IV standen. Im einzelnen wurden gegenüber der ungedüngten Kontrollvariante (I) die Wirkung von 400 dt/ha Stalldung (II) in Kombination mit 300 kg/ha P (III), die ausschließl. mineral. Düngung von 300 kg/ha P + 300 kg/ha K (IV) und 300 kg/ha P (V) verglichen. Dabei konnten folgende Ergebnisse erzielt werden: Die Varianten II bis IV sind I und V deutlich überlegen. Dieser Effekt ist vom 2. Versuchsjahr an zu beobachten. Es bestehen aber Wechselwirkungen zwischen den Düngungsbehandlungen und den Unterlagen. Auf der Sämlingsunterlage steigert die ausschließl. mineral. Düngung die Ertragsleistung in den ersten 6 Versuchsjahren nicht. R. Illge/Pillnitz. 1232.

2-68/10-0704 Lemmens, J. Vijf jaar bemestingsonderzoek op lössgrond (Proeftuin Ulestraten). **(5 Jahre Düngungsversuche auf Lößboden. Versuchsanlage Ulestraten.)** Fruitteelt **58** (1968) Nr. 14. S. 480-481. — 1 Abb., 3 Tab.

In einer Niederstammanlage mit der Sorte 'Golden Delicious' auf M IX im Abstand 4 × 2 m wurde der Einfluß unterschiedlicher N-Düngung, 100, 200 und 300 kg/ha N, sowie Stallmistdüngung in Mengen von 300···600 dt/ha bei Offenhalten des Bodens und Grasmulch auf Wuchs, Ertrag und Qualität der Früchte untersucht. Die verschiedene Höhe der N-Düngung ließ sowohl im bearbeiteten Boden als auch bei Grasunterkultur keinen deutlichen Einfluß auf das Wachstum der Bäume erkennen. Der in einer Breite von 1,75 m unter den Niederstämmen ausgebrachte Stallmist veränderte den Wuchs der Bäume ebenfalls in keiner Variante und hatte nur im Grasmulch den Ertrag positiv beeinflußt. Die höchste Stallmistgabe wirkte sich auf den Ertrag nachteilig aus, steigerte aber die Qualität der Früchte. Die Unterschiede in der Ertragsentwicklung zwischen den Varianten offener Boden und Grasmulch ohne Stallmist werden auf die ungenügende Bodenfeuchte im Jahre 1967 zurückgeführt. Die Bäume in Grasunterkultur waren deutlich benachteiligt. In den vorangegangenen Jahren mit hoher Bodenfeuchte war die Situation umgekehrt. Die 1967 erfolgte Bonitur der Berostung der Früchte ergab große Unterschiede zwischen den Varianten offener Boden und Grasmulch. Auf den Parzellen mit Grasunterkultur war die Berostung gefördert worden. Stallmistdüngung setzte die Neigung zur Berostung der Früchte herab, während Steigerung der N-Düngung diese deutlich erhöhte. Der Einfluß der verschiedenen Bodenpflege und Düngung auf die Berostung scheint mit der Feuchtigkeit zusammenzuhängen, denn in den Vorjahren, die witterungsmäßig ganz anders waren, zeigten sich abweichende Verhältnisse. W. Fiedler/Pillnitz. 1232.

2-68/10-0705 Roman, I. S. Vlijanie sideral'nych kul'tur na rost i urožajnost' jabloni v uslovijach Polesja USSR. **(Der Einfluß von Gründüngungskulturen auf Wuchs und Ertragsfähigkeit des Apfels unter den Bedingungen der Waldgegend der ukrainischen SSR.)** Sadovodstvo, Kiev **5** (1966) S. 20-27.
In 5jähr. Freilandversuchen prüfte Vf. die Eignung verschiedener im Frühjahr gesäter Gründüngungspflanzen auf das vegetative und generative Verhalten von Apfelbäumen. Ferner wurden die Probleme des Einflußes der Gründüngungspflanzen auf Bodenfeuchtigkeit, Bodennährstoffgehalt und deren Veränderung während der Vegetationsperiode untersucht. Als Kontrollvariante (I) dienten Parzellen mit ständig offengehaltenem Boden. Als Gründüngungspflanzen wandte man Lupinen (II), Senf (III), Phazelia (IV) und die Selbstbegrünung (V) an. Im einzelnen konnten folgende Ergebnisse erzielt werden: In der Ertragsleistung waren die Versuchsvarianten der Kontrolle um 8···25% überlegen. Am günstigsten schnitt hier die Lupineneinsaat ab. Auch das Triebwachstum wurde durch die Lupineneinsaat am stärksten gefördert. Die Überlegenheit der einzelnen Varianten gegenüber der Kontrolle schwankte zwischen 9 und 44%. Die Bodenfeuchtigkeit war in der Kontrollvariante am höchsten, in den Gründüngungsvarianten lag sie aber nur 0,2···0,8 Masseprozent niedriger. Diese geringsfügigen Differenzen konnten aber erst in der 2. Hälfte der Vegetationsperiode nachgewiesen werden. Die Nitratkonzentration in den oberen Bodenschichten stieg ebenfalls durch die Einsaaten. An der Spitze lag die Lupine. Ähnliches konnte auch für den Gehalt an pflanzenverfügbarem Phosphor und Kalium festgestellt werden. — Abschließend wird festgestellt, daß durch erreichbare Ertragssteigerungen bei Gründüngungseinsaat die Selbstkosten pro dt Äpfel sinken und dadurch die Rentabilität des Apfelanbaues steigt. R. Illge/Pillnitz. 1232.

2-68/10-0706 Weller, F. **Zur Beeinflussung der vertikalen Saugwurzelverteilung von Apfelbäumen durch Bodenpflegemaßnahmen.** Erwerbsobstbau **10** (1968) Nr. 1. S. 4-6. — 1 Abb., 3 Tab., 8 Lit.
Bei 2 Apfelsorten auf M XI wurde die Saugwurzelverteilung bis 2 m Tiefe in Abhängigkeit von der Bodenpflege auf Pseudogley-Parabraunerde untersucht. Die Wurzelspitzen wurden in Bodenproben von 125 cm³ Inhalt ausgezählt, die man 150 cm vom Stamm entfernt entnahm. In den unbewachsenen Varianten (Bodenbearbeitung im Frühjahr mit Sommereinsaat von Gründüngung und Strohmulch) war der Oberboden dichter mit Saugwurzeln durchsetzt als in den Rasenvarianten (Rasen gemulcht und Rasen genutzt). In der Durchwurzelung des Untergrundes bestanden ebenfalls Unterschiede.
G. Schönberg/Pillnitz. 1232.

2-68/10-0707 Kušnirenko, E. F. Soderžanie meždurjadij v sadach i kačestvo urožaja. **(Die Bodenpflege in den Arbeitsgassen von Obstanlagen in Beziehung zur Ertragsqualität.)** Sadovodstvo, vinogradarstvo i vinodelie Moldavii, Kišinev **23** (1968) Nr. 1. S. 14-15. — 1 Tab.
Vf. verglich den Einfluß verschiedener Bodenpflegevarianten (ständiges Offenhalten des Bodens mit und ohne Düngung bzw. Einsaat von Futterpflanzen und Hackfrüchten zur

Gründüngung) auf die inneren Werteigenschaften und den Handelswert der Früchte. Dabei konnten folgende Ergebnisse erzielt werden: Die Einzelfruchtmasse sinkt in den Gründüngungsvarianten deutlich ab. Der Gehalt an löslicher Tr. Subst. und Gesamtzucker in den Früchten wird durch Einsaaten von Futterpflanzen stark erhöht. Sämtliche anderen Fruchtkriterien sind durch die Versuchsbehandlung nicht zu beeinflussen. Für praktische Belange empfiehlt der Vf. die Einsaat von Gründüngungspflanzen (Leguminosen) in die Arbeitsgasse. R. Illge/Pillnitz. 1232.

2-68/10-0708 Polikarpov, V. P. O glubokom rychlenii počvy v plodonosjaščem sadu jabloni na karbonatnom černozeme. **(Tiefenlockerung des Bodens in einer fruchttragenden Apfelanlage auf karbonathaltigen Schwarzerdeböden.)** Sadovodstvo, vinogradarstvo i vinodelie Moldavii, Kišinev **22** (1967) Nr. 11. S. 12–15. — 2 Tab.
In 3jähr. Feldversuchen untersuchte der Vf. den Einfluß der Bodenpflegevarianten einmaliges tiefes Pflügen pro Jahr + mehrmaliges flaches Hacken (I) und ständiges Offenhalten während der Vegetationsperiode (II) auf die Bodenstruktur, den Nährstoffgehalt des Bodens, die Nährstoffkonzentration im Blatt und die Ertragsleistung. Dabei konnten folgende Ergebnisse erzielt werden: Die Variante II ist der Variante I bezüglich der Ertragsleistung deutlich überlegen. Auch die Blatt-Nährstoffkonzentrationen sind hier höher. Die bodenphysik. Zustandsgrößen sind aber in der Variante I günstiger zu beurteilen. Vf. empfiehlt deshalb für praktische Belange eine Kombination beider Pflegesysteme. In 3- bis 4jähr. Abstand sollten die Anlagen 20···22 cm tief gepflügt werden, um Bodenverdichtungen vorzubeugen. Dauerhafte Schädigungen des Wurzelsystems sind bei diesem Vorgehen nicht zu befürchten. R. Illge/Pillnitz. 1232.

2-68/10-0709 Hoekstra, C. Fruitteelt op bedrijven met een sterke variatie in bodemgeschiktheid. **(Obstbau in Betrieben mit starken Bodenunterschieden.)** Fruitteelt **58** (1968) Nr. 14. S. 482–484. — 3 Abb., 1 Tab.
Auf den südholländischen Inseln werden die kalkreichen Lehm- und Tonböden mit zunehmender Tiefe in der Struktur gewöhnlich leichter. Der Untergrund ist in der Regel innerhalb von 120 cm in verschiedene Schichten von Ton, Lehm oder Sand gegliedert, die in ihrer Mächtigkeit sehr unterschiedlich sind. In einer Niederstammanlage dieses Gebietes wurde der Einfluß unterschiedlich mächtiger Ton- oder Lehmdecken auf die Verteilung der Feinwurzeln $<$ 1 mm Dmr. über das Profil und auf die Leistung der Apfelsorten 'Cox Orange'/M IX, 'Jonathan'/M IV und 'Golden Delicious'/M IX untersucht. Je mächtiger die Tondecke, desto günstiger ist die Wurzelverteilung über das gesamte Profil, während sich mit Verringerung der Mächtigkeit die Wurzelzone verkleinert und nach oben verlagert. Diese Erscheinung erfolgt unabhängig von Sorte und Unterlage. Die Tatsache, daß Bäume auf Böden mit relativ dünner Ton- oder Lehmdecke eine verminderte Produktion bringen, ist meistens auf falsche Wahl der Pflanzdichte zurückzuführen. Deshalb erscheint es notwendig, den Pflanzabstand besser der Bodenqualität anzupassen. Da die Bodenschichtung jedoch auf relativ kleinem Raum häufig wechselt, muß man einen Kompromiß eingehen, indem der Pflanzabstand auf den optimalen Ertrag der schlechtesten Stellen eingestellt wird. In solchen Fällen müssen alle Bodenpflegemaßnahmen auf die Feuchteerhaltung gerichtet sein, wie Kurzgrashaltung, Teilmulch auf Baumstreifen und Einsatz der Bewässerung. Da die Investitionen bei der Errichtung intensiver Obstanlagen sehr hoch sind, hält Vf. die Anpflanzung von Obst auf Böden mit in kurzen Abständen wechselnden Bodenschichten zu risikoreich und unverantwortlich. W. Fiedler/Pillnitz. 1232.

2-68/10-0710 Meščerjakov, G. I. Statističeskaja obrabotka dannych ob urožajnosti jabloni. **(Statistische Bearbeitung von Apfelerträgen.)** Vestnik sel'skochozjajstvennoj nauki, Moskva **13** (1968) Nr. 1. S. 114–115. — 2 Tab., 2 Lit. Zus. in Engl., Franz., Dtsch.
Die Einzelbaumerträge von 25 Bäumen 'Pepinka litovskaja' vom 2. bis 7. Ertragsjahr werden angeführt, die Variationsreihe dieser Erträge wird diskutiert. Im 2. Jahr folgten die Erträge noch einer Normalverteilung und schwankten zwischen 17 und 58 kg, ein Jahr später gingen die meisten Bäume zur Alternanz über, welche sich vom 5. Jahr an weiter verstärkte. Es traten auch Gegenläufer auf. Vf. schlägt einige Verfahren zur Berechnung des Durchschnittsertrages vor, welcher durch das arithmetische Mittel nicht immer richtig repräsentiert wird. W. Schuricht. 1232.

2-68/10-0711 Averina, L. I., Teljatnikova, G. N., Ivanova, M. A., Chovanskaja, S. S. und Patutina, L. G. Chranenie jablok srednej polosy SSSR s ispol'zovaniem polie-

tilenovoj plenki. (**Die Lagerung von Äpfeln im mittleren Gebiet der UdSSR unter Ausnutzung von Polyäthylenfolie.**) Izvestija Timirjazevskoj sel'skochozjajstvennoj akademii, Moskva **1968** Nr. 1. S. 166–174. — 6 Tab., 9 Lit.
Vff. untersuchten in 2 Lagerungsperioden den Einfluß der Polyäthylenbeutellagerung auf das Lagerverhalten mehrerer Apfelsorten. Dabei konnten im wesentlichen folgende Ergebnisse erzielt werden: Die Gaspermeabilität der Polyäthylenfolie ist von deren Stärke abhängig, am günstigsten ist der Lagerungserfolg, wenn die CO_2-Konz. im Beutel hoch ist. Um starkem Auftreten von Fleischbräune vorzubeugen, sind die Beutel bei 0···1 °C aufzubewahren. Durch die Beutellagerung werden die Lagerungsverluste auf $^1/_3$ gesenkt. Im Normallager ist die Folienabdeckung von Kistenstapeln ein geeignetes Verfahren, um den Lagerungserfolg zu erhöhen. Durch das Senken der Lagerungsverluste werden die zusätzlichen Kosten der Lagerhaltung in sehr günstigem Maße kompensiert.
R. Illge/Pillnitz. 1232.

2-68/10-0712 Stenvers, N. Bewaarproeven met Goudreinette en Cox's. (**Lagerprüfungen mit 'Boskoop' und 'Cox' Orangen'.**) Groenten en Fruit, Den Haag **23** (1968) Nr. 30. S. 137. — 2 Tab.
Im Gaslager wurden 'Boskoop' und 'Cox' von 2 Herkünften in unterschiedlicher CO_2:O_2-Atmosphäre von Sept. bis Mitte Febr. gelagert. Die Lagerergebnisse wurden unmittelbar nach der Auslagerung und eine Woche nach der Auslagerung ermittelt. Bei 'Boskoop' betrug das CO_2:O_2-Verhältnis in der Lageratmosphäre 0/3, 3/3, 0/9 und 0/21, bei 'Cox' 0/2, 4···5/3, 0/6, 4···5/6, 0/21. Die besten Ergebnisse wurden in dieser Saison beim Verhältnis 3% CO_2:3% O_2 bei 'Boskoop' und 4···5% CO_2:3% O_2 bei 'Cox' erzielt. D. Stump. 1232.

2-68/10-0713 Schaap, A. A. **Zwei neue süße Apfelsorten.** Erwerbsobstbau **10** (1968) Nr. 2. S. 26–27. — 2 Abb.
Es werden die wichtigsten Eigenschaften zweier Kreuzungsnachkommen von 'Golden Delicious' × 'Red McIntosh' beschrieben. 'Sweet Cornelly' ('Zoete Nel') wächst mittelstark und bildet offene pyramidale Kronen aus. Die Bäume sind mit ziemlich großen Blättern dicht belaubt und kommen etwa mit 'James Grieve' zur Blüte. Die Früchte sind groß, regelmäßig gebaut und von gelber Grundfarbe mit einseitiger Rötung. Das weiße Fruchtfleisch ist ziemlich fest, saftig und süß im Geschmack. Die Bäume beginnen sehr zeitig mit dem Ertrag, der regelmäßig und hoch ist. Ende Sept. wird die Pflückreife erreicht. Länger dürfen die Früchte nicht am Baum verbleiben, da sonst die Lagerfähigkeit beeinträchtigt wird. 'Sweet Cornelly' ist im Kühlhaus bis Ende Jan. haltbar. Für 'Sweet Caroline' ('Zoete Lien') werden die gleichen Eigenschaften angegeben. Es handelt sich ebenfalls um eine Kreuzung aus 'Golden Delicious' × 'Red McIntosh', die durch eine goldgelbe Grundfarbe mit orangeroter Deckfärbung bes. ansprechend wirkt. Die Pflückzeit ist Anfang Oktober. Im Kühlhaus sind die Früchte bis Ende Febr. lagerfähig. Beide Sorten sind aufgrund ihrer Wuchsform für die heutigen Anbausysteme geeignet. Das Anzuchtmaterial ist noch virusfrei.
W. Fiedler/Pillnitz. 1232.

2-68/10-0714 Letzig, E. **Ergebnisse von Mostäpfelprüfungen in der Deutschen Demokratischen Republik.** Obstbau, Berlin 8 (1968) Nr. 3. S. 44–46. — 7 Lit.
Der Bedarf an Wirtschaftsobst zur Mostherstellung beim Apfel kann nicht durch Bereitstellung minderer Qualitäten von Tafelobstsorten gedeckt werden, da diese in der Regel nicht geeignet sind. Die rückläufige Tendenz im Anbau von geeigneten Mostapfelsorten sollte durch Pflanzungen an Straßen ausgeglichen werden. Da die Erfahrungen über brauchbare Mostapfelsorten in der DDR noch sehr gering sind, prüfte Vf. 64 Apfelsorten verschiedener Herkunft der Erntejahre 1962 bis 1964, von denen 21 in die engere Wahl genommen wurden. Die Früchte wurden zu Saft verarbeitet, in Flaschen pasteurisiert und nach mehrwöchiger Lagerung einer organoleptischen Prüfung unterzogen. Daneben sind Analysen diätetisch wichtiger Inhaltsstoffe durchgeführt worden. Die erzielten Ergebnisse tragen nur vorläufigen Charakter, da eine 2- bis 3jähr. Untersuchungsperiode zu kurz ist. Vorläufig haben sich die Sorten 'Champagnerrenette', 'Jakob Lebel', 'Rheinischer Bohnapfel', 'Sohländer Streifling' und die schorfresistente Neuzüchtung B VIII 33/16 als gut geeignet erwiesen, während den Sorten 'Rheinischer Krummstiel', 'Altländer Pfannkuchenapfel' und 'Bittenfelder Sämling' bei weiterer Prüfung berechtigte Aussichten auf Eignung zur Vermostung eingeräumt werden. Da eine gute Mostqualität vor allem durch Mischung mehrerer Sorten erzielt wird, empfiehlt Vf. den Anbau verschiedener Sorten an einem Standort. Dabei sollten zum Verschnitt von Säften aus säurearmen Sorten bes. säurereiche Sorten, wie z.B.

'Triérer Weinapfel', angebaut werden. Dann können auch noch Tafeläpfel vermostet werden, sofern sie der TGL 7660 entsprechen. Von einigen geprüften Tafelobstsorten zeigten 'Erwin Baur', 'Jonathan' und 'Elektra' relativ gute Eigenschaften zur Vermostung.
W. Fiedler/Pillnitz. 1232.

2-68/10-0715 Iliev, I. Standartni jabŭlkovi sortove. **(Standardapfelsorten.)** Ovoštarstvo, Sofija **14** (1967) Nr. 9. S. 6-15. — 4 Abb. NRB/CSNTI. 1232.

2-68/10-0716 Gorini, F. und Terzi, A. Studi sulla commercializzazione delle pere Passa Crassana. Nota I. Correlazione tra stadio di maturazione alla raccolta e incidenza dell' imbrunimento interno. **(Untersuchungen zur Handelsfähigkeit der Birnensorte 'Passa Crassana'. 1. Mitt. Korrelationen zwischen den Reifestadien bei der Ernte und dem Teigigwerden.)** Riv. Ortoflorofrutticolt. ital. **51(92)** (1967) Nr. 6. S. 565-578. — 3 Abb., 8 Tab., 8 Lit. Zus. in Engl.
Die Früchte wurden zu unterschiedlichen Terminen von Aug. bis Okt. geerntet. Während der Wassergehalt der Früchte mit der späteren Ernte stark abnahm, stiegen der Zucker- und Säuregehalt an. Unterschiedliche Lagerung bis zum Frühjahr hatte auf diese Parameter nur geringen Einfluß. Beste Haltbarkeit (99%) erreichte man bei 5 °C, 10% CO_2, 2% O_2. Sie nahm durch Lagerung bei 8 °C, 15% CO_2, 18% O_2 und −1 °C, 0% CO_2, 21% O_2 auf 95 und 77% ab. Je früher die Ernte erfolgte, desto stärker trat das Teigigwerden auf. Standort und Witterung modifizieren den Reifeprozeß. S. Kramer. 1235.

2-68/10-0717 Monzini, A. und Terzi, A. Studi sulla commercializzazione delle pere Passa Crassana. Nota II. Prove di maturazione accelerata in celle normali. **(Untersuchungen zur Handelsfähigkeit der Birnensorte 'Passa Crassana'. 2. Mitt. Prüfung der Reifebeschleunigung im Normallager.)** Riv. Ortoflorofrutticolt. ital. **51(92)** (1967) Nr. 6. S. 579-585. — 1. Mitt. vgl. vorst. Ref.
Auf dem Normallager (I) bei 16 °C hielten sich die Birnen 23 d. Bei 12 °C und Luftwechsel (II) erreichte die Haltbarkeit 19 d. Wechselnde Temperaturen und Luftwechsel (III) ermöglichten 17 d Haltbarkeit. Zusatz von Äthylen (IV) verkürzte die Reifezeit auf 13 d. Die unterschiedlichen Behandlungen veränderten die physik.-chem. Fruchteigenschaften nur wenig. Der Befall der Früchte mit *Botrytis cinerea* nahm von I (2,4%) bis zu IV (28%) zu.
S. Kramer. 1235.

2-68/10-0718 Fiorino, P. La propagazione del pero per talea con la tecnica del „riscaldamento basale". Indagini su alcuni fattori che possono influenzare la radicazione. **(Die Vermehrung der Birne durch Steckholz mit Hilfe der Bodenheizung. Untersuchungen über verschiedene die Bewurzelung beeinflussende Faktoren.)** Riv. Ortoflorofrutticolt. ital. **51(92)** (1967) Nr. 6. S. 527-537. — 3 Abb., 7 Tab., 14 Lit. Zus. in Engl.
Für die Bewurzelung von Steckholz ist der Termin gleich nach dem Laubfall der günstigste. Das Steckholz wird 15 cm tief in ein Substrat gesteckt. das durch Bodenheizung eine Temperatur von 20 °C besitzt. Unterschiedliche Substrate (Torf, Vermikulit, Perlite, Perlite-Torf-Gemisch 1:1) hatten keinen Einfluß auf den Bewurzelungserfolg. Zusatz von 4000 ppm IBS oder 6000 ppm IES ergab 64% bewurzeltes Steckholz. 5000 ppm IBS + 2000 ppm Adenin ergaben bei 'Williams' 57% und bei 'Boscs' 76% Bewurzelung. Beste Bewurzelung (65%) trat bei 'Williams' durch 5000 ppm IBS + 2000 ppm Vitamin B_1 ein.
S. Kramer. 1235.

2-68/10-0719 Panov, V. Krušovijat sortiment. **(Ein Birnensortiment.)** Ovoštarstvo, Sofija **14** (1967) Nr. 10. S. 16-23. NRB/CSNTI. 1235.

2-68/10-0720 Bespečal'naja, V. V. Vodoobespečennost' abrikosa v zavisimosti ot uslovij proizrastanija i vozrasta derevev. **(Die Wasserversorgung der Aprikose in Abhängigkeit von den Wachstumsbedingungen und dem Alter der Bäume.)** Sadovodstvo, vinogradarstvo i vinodelie Moldavii, Kišinev **22** (1967) Nr. 11. S. 15-17. — 2 Tab.
Vf. untersucht mit Hilfe der Refraktometermethode die Zellsaftkonzentration in ausgereiften Blättern einjähr. Triebe verschiedener Aprikosensorten. Dabei konnte folgendes festgestellt werden: Es bestehen enge Beziehungen zwischen dem Wassergehalt des Bodens und der Zellsaftkonzentration. Die Zellsaftkonzentration innerhalb eines Jahres ist deutlichen Schwankungen unterworfen. Die absolute Höhe der Zellsaftkonzentration ist aber auch noch eine sortentypische Größe. Zellsaftkonzentrationen über 18% sind als äußerst ungünstig zu beurteilen, Bewässerung ist für praktische Belange hier unbedingt notwendig.
R. Illge/Pillnitz. 1242.

2-68/10-0721 Zvara, Jozef. **Zu einigen Fragen des NPK-Mangels bei der Ernährung von Aprikosenbäumen.** Gartenbauwissenschaft **32** (14) (1967) Nr. 5. S. 415-422. — 4 Tab., 20 Lit. Zus. in Engl., Franz. — nach Zus.
In 5jähr. Versuchen mit Aprikosenbäumen in Vegetationsgefäßen mit Quarzsand wurde ihre Reaktion auf den relativen Mangel an N, P und K in der Nährlösung untersucht. Alljährlich wurden die Tr.-Subst.-Masse der Blätter sowie deren N-, P-, K-, Ca- und Mg-Gehalt bestimmt. Weiter wurden die Anzahl der Blütenknospen, die Gesamtzahl der angesetzten Früchte, die Zahl der ausgereiften Früchte, deren Gesamtmasse und die durchschnittl. Länge des Triebzuwachses ermittelt. Der Gehalt der untersuchten Makroelemente folgte den Mengen der betreffenden Elemente im Nährmedium. Von den untersuchten Nährstoffen hatte N den größten Einfluß auf die Anzahl der Blütenknospen, die Menge der angesetzten und ausgereiften Früchte und deren Masse sowie auch auf die durchschnittl. Länge des Triebzuwachses. Der P- und K-Mangel in der Ernährung der Versuchsbäume dagegen wirkte nur unbedeutend auf die untersuchten Merkmale ein, und die Resultate glichen hier denen der Variante mit voller Ernährung, wo sie die höchsten waren. 1242.

2-68/10-0722 Nyujtó, F. Pándy meggy termékenyülési vizsgálatok. (**Befruchtungsuntersuchungen an der Sauerkirschsorte 'Pándy'.**) Mezögazdasági Kutatások, Föbb Eredményei **1966** (hrsg. 1967) S. 110-115. — Aus: Ung. Agrar-Rdsch. **1968** Nr. 2. 1245.

2-68/10-0723 Stadler, J. D. und Strydom, D. K.; Stellenbosch, Fruit and Food Technol. Res. Inst.; Univ., Agric. Coll. Flower bud development of two peach cultivars in relation to their winter chilling requirements. (**Die Blütenknospenentwicklung bei zwei Pfirsichsorten in Abhängigkeit von ihren Ansprüchen an Winterkälte.**) South African J. agric. Sci. **10** (1967) Nr. 3. S. 831-840. — 3 Abb., 1 Tab., 14 Lit.
In Gebieten mit milden Wintern ist die zur Blütenentwicklung erforderliche Kälte nur selten gegeben. Deshalb wurde an 2 Sorten, die einen geringen und einen hohen Kältebedarf haben, die Entwicklung der Blütenknospen über das ganze Jahr verfolgt. Kurz nach der Blattentfaltung werden die Vorblätter von den Meristemen in den Blattachseln gebildet. Die Differenzierung der Blütenteile beginnt vor dem Triebabschluß der Haupttriebe. Während des späten Herbstes wird die Knospenentwicklung gehemmt. Diese Periode war bei der Sorte mit niedrigem Kältebedarf kürzer als bei der mit hohem. Es wurde beobachtet, daß sich die bereits vorhandenen Blütenteile in dieser Zeit vergrößern. Aufgrund der Ergebnisse wird angenommen, daß die Temperaturschwelle von 45 °F, von der aus zur Erfassung der Kälteeinwirkung die tiefer liegenden Temperaturen summiert wurden, für Vergleiche zwischen Sorten geeignet ist. M. Umhauer/Pillnitz. 1248.

2-68/10-0724 Weaver, G. M., Jackson, H. O. und Stroud, F. D.; Harrow, Ontario, Canadian Agric. Res. Stat. Assessment of winterhardiness in peach cultivars by electric impedance, scion diameter and artificial freezing studies. (**Bestimmung der Winterhärte von Pfirsichsorten durch Untersuchung des elektrischen Widerstandes, Triebdurchmessers und durch künstliche Frostung.**) Canad. J. Plant Sci. **48** (1968) Nr. 1. S. 37-47. — 5 Abb., 1 Tab., 11 Lit.
An 43 Pfirsichsorten wurde die relative Blütenknospenhärte bei niedrigen Januartemperaturen durch Bestimmung der toten Knospen in 3 Jahren erfaßt. Daneben wurde wöchentlich der elektrische Widerstand der Triebe gemessen. Da zwischen ihm und der Frosthärte eine positive, zum Triebdurchmesser eine negative Korrelation besteht, wurde durchMultiplikation von Widerstand und Durchmesser der Einfluß des Durchmessers weitgehend ausgeschaltet. Danach bestand eine signifikante Korrelation zwischen Widerstand und Frosthärte der Knospen. Wird der Durchmesser nicht beachtet, verwischen sich die Unterschiede zwischen den harten, mittelharten und empfindlichen Sorten, die sonst vorhanden sind. Die Widerstandsmessung ist zur Bestimmung der Periodizität und bes. der max. und min. Knospenhärte geeignet. Sie kann bei Ausschaltung des Triebdurchmessers auch Sortenunterschiede bestimmen, was durch künstliche Frostung ermittelt wurde. Die Methode ist nur für tragende Bäume geeignet. Rückschlüsse von nicht tragenden auf tragende Bäume der gleichen Sorte sind nicht möglich, da keine Beziehung gefunden wurden.
M. Umhauer/Pillnitz. 1248.

2-68/10-0725 Heyns, A. J. Control of post-harvest decay in Clingstone peaches by preharvest applications of dicloran. (**Bekämpfung von Nacherntefäule bei 'Clingstone'-Pfir-**

sichen durch Vorernteanwendung von Dicloran.) Deciduous Fruit Grower, Cape Town **18** (1968) Nr. 1. S. 21-22. — 3 Tab., 7 Lit.
Die Lagerung von Pfirsichen ist erforderlich, um die Industrie gleichmäßig beliefern zu können. Zweimalige Spritzung mit DCNA (2,6-Dichlor-4-nitroanilin) 8 und 1 d vor der Ernte erwies sich als gut wirksam gegen *Rhizopus nigricans* und *Monilinia fructicola*, wobei Konz. von 2 lb./100 gal. besser abschnitten als 1 lb./100 gal. Wurden die Früchte unmittelbar nach der Ernte bei 31 °F eingelagert, trat 7 d nach der Ernte auch ohne Fungizidbehandlung keine Fäule in Erscheinung. R. Schuricht/Pillnitz. 1248.

2-68/10-0726 Nicotra, Antonino und Monastra, Francesco. Influenza della inclinazione dei rami sullo sviluppo dei germogli nel pesco. **(Einfluß der Astneigung auf die Entwicklung des Austriebs beim Pfirsich.)** Frutticoltura **30** (1968) Nr. 2. S. 149-154. — 5 Abb., 5 Tab.
Im Jan. 1965 wurden bei der Pfirsichsorte 'Blazing Gold' je Variante 40 Äste in eine unterschiedliche Neigung zur Horizontalen gebracht (I = rd. 90° zur Horizontalen; II = rd. 45° und III = fast horizontal). Der Austrieb aus der Terminalknospe nahm von I (48,6 cm) zu III (44 cm) ab. Der prozentuale Anteil an Seitentrieben in den einzelnen Astabschnitten war unterschiedlich und nahm von der Basis (26%) zur Spitze (42%) zu, wobei mit zunehmender Astneigung die Spitzenförderung abnahm. Die unterschiedliche Neigung der Äste beeinflußte die Dichte des Austriebes nicht (7,6···8 cm), sie nahm aber von der Basis (9,7 cm) zur Spitze (5,7 cm) signifikant zu. Die durchschnittl. Seitentrieblänge wird durch die stärkere Astneigung an der Basis signifikant erhöht, während zur Spitze hin die Trieblänge geringer und zwischen den Varianten ausgeglichener wird. Zwischen senkrecht und horizontal stehenden Ästen besteht in der vegetativen Tendenz insgesamt kein Unterschied, aber die Triebförderung verlagert sich bei den horizontalen Ästen von der Spitze zur Basis.
S. Kramer. 1248.

2-68/10-0727 Rainaldi, G. und Zucconi, F. Reazioni del pesco al trapianto in rapporto alla presenza di residui di pesco stesso nel substrato. **(Reaktion des Pfirsichs auf das Umpflanzen in Beziehung zur Anwesenheit von Pfirsichrückständen im Substrat.)** Riv. Ortoflorofrutticolt. ital. **51 (92)** (1967) Nr. 6. S. 501-516. — 13 Abb., 1 Tab., 15 Lit. Zus. in Engl.
Junge Pfirsichsämlinge wurden am 19.4. in steriles Perlite-Substrat gepflanzt und mit Nährlösung (nach Hoagland) versehen (I). Ein Teil der Sämlinge erhielt einen Zusatz von Pfirsichextrakt: Wasserauszug von Wurzeln im Verhältnis 1:5 bei 50 °C in 48 h (II). Am 9.5. und 8.6. wurden die Sämlinge jeweils umgepflanzt, wobei verschiedene Kombinationen zwischen I und II erfolgten. Wiederholtes Umpflanzen in I führte zu gutem Wachstum, während in II Wuchsdepressionen auftraten wie sie für Bodenmüdigkeit typisch sind. Umpflanzen von I in II führte zur Wachstumsstockung, die aber aufholfähig war, wenn wieder in I umgepflanzt wurde. Umpflanzen von II in I förderte das Wachstum. Es zeigte sich aber auch, daß II die Wuchsdepression mit zunehmendem Alter der Sämlinge überwand. Bei II stellte man typische Wurzeldeformationen fest. S. Kramer. 1248.

2-68/10-0728 Kondrat'ev, V. D. und Levickaja, L. I. Zavjazyvanie plodov i žiznennost' gibridnych sejancev slivy v zavisimosti ot dopolnitel'nogo opylenija. **(Der Fruchtertrag und die Lebensfähigkeit von Hybridsämlingen der Pflaume in Abhängigkeit von der Zusatzbestäubung.)** Sadovodstvo, vinogradarstvo i vinodelie Moldavii, Kišinev **22** (1967) Nr. 11. S. 51-52. — 1 Tab.
Vff. untersuchten den Einfluß einer im mehrstd. Abstand wiederholten Zusatzbestäubung auf den Fruchtertrag, die Keimkraft des Samens und die Wuchsstärke der Sämlinge. Als Kontrollvariante diente die einmalige künstliche Bestäubung. Die Wuchsstärke der Sämlinge überragte hier alle anderen Varianten. Durch die künstliche zusätzliche Bestäubung konnte gehäuft ein Heterosiseffekt induziert werden. R. Illge/Pillnitz. 1250.

2-68/10-0729 Tóth, E. Önmeddő szilvafajtaink legalkalmasabb megporzói. **(Die besten Bestäuber für die selbststerilen Pflaumensorten.)** Mezögazdasági Kutatások, Föbb Eredményei **1966** (hrsg. 1967) S. 124-129. — Aus: Ung. Agrar.-Rdsch. **1968** Nr. 2. 1250.

2-68/10-0730 Tombesi, A. Ricerche sul polline di nocciuolo: rilievi sulla conservabilità. **(Pollenuntersuchungen bei Nüssen: Erhöhung der Haltbarkeit des Pollens.)** Riv. Ortoflorofrutticolt. ital. **51 (92)** (1967) Nr. 6. S. 555-564. — 3 Abb., 4 Tab., 10 Lit. Zus. in Engl.
An 29 Haselnußsorten wurde die Haltbarkeit des Pollens geprüft. Die durchschnittl. Keimfähigkeit zu Beginn der Behandlung lag bei 54%. Bei einer Aufbewahrung des Pollens im

Kühlschrank (2 °C, 50% rel. Luftfeuchte) konnte bis zu 45 d ein gleiches Keimergebnis erzielt werden. Die Keimfähigkeit nahm nach 100 d um 50% ab. Die Länge der Pollenschläuche verminderte sich von 100,6 auf 28,8 μm. Unter Laborbedingungen bei 22 °C betrug die Haltbarkeit des Pollens nur 13 d. Im Freiland sank die Pollenkeimfähigkeit nach 100 d auf 9% und die Länge der Pollenschläuche erreichte nur 8,2 μm. S. Kramer. 1252.

2-68/10-0731 Tombesi, A. Alcuni fattori che influenzano il successo della radicazione di talee semilegnose di nocciuolo con la tecnica della nebulizzazione. (**Einige Faktoren, die den Erfolg der Bewurzelung von Stecklingen der Haselnuß im Sprühnebelverfahren beeinflussen.**) Riv. Ortoflorofrutticolt. ital. **51(92)** (1967) Nr. 6. S. 517-526. — 8 Abb., 4 Tab., 8 Lit. Zus. in Engl.
Vom 30.4. bis 20.7. wurden halbverholzte Stecklinge der Sorte 'Tonda Romana' geschnitten und bewurzelt. Der beste Termin lag zwischen dem 25.5. und 8.6. Im Vergleich zur Kontrolle wird durch Zusatz von 1000 ppm IBS oder NES der Bewurzelungserfolg wesentlich gesteigert. Die Prüfung von 31 Sorten ergab Differenzen von 0···50% im Bewurzelungserfolg. Mikroskopische Untersuchungen wiesen nach, daß die Wurzelbildung aus Kambiumzellen erfolgt. S. Kramer. 1252.

2-68/10-0732 Impiumi, G. und Ramina, A. Ricerche sulla biologia fiorale e di fruttificazione de noce (J. regia). 1. Osservazioni sulla morfologia fiorale e sul trasporto del polline. (**Untersuchungen über die Blütenbiologie und das Fruchten bei Nüssen [J. regia]. 1. Mitt. Beobachtungen über Blütenmorphologie und Pollentransport.**) Riv. Ortoflorofrutticolt. ital. **51(92)** (1967) Nr. 6. S. 538-543. — 3 Abb., 1 Tab., 10 Lit. Zus. in Engl.
An der Walnußsorte 'Di Sorrento' wurde festgestellt, daß sich die Anzahl der Antheren von der Basis zur Spitze des Kätzchens von 18 auf 13 vermindert. Je Anthere wurden 900 und je Kätzchen 1,8 Mill. Pollenkörner ausgestäubt. In 160 m Entfernung vom Baum waren noch 50% des Pollens im Vergleich zur Auffangstelle unter dem Baum zu finden. Die Verteilung des Pollens bis zu dieser Entfernung ist relativ gleichmäßig. S. Kramer. 1255.

2-68/10-0733 Hričovsky, Ivan. Pestovanie a zužitkovanie drobného ovocia. (**Beerenobstanbau und -verwertung.**) Bratislava: Slov. vyd. pôdohosp. 1967. (303 S.) 8°. (1968 A 379) 1257.

2-68/10-0734 Nijsse, L. Op de proeftuin voor kleinfruit te Kapelle-Biezelinge: Praktijkproeven glas-aardbeien. (**Aus dem Versuchsgarten für Beerenobst in Kapelle-Biezelinge: Praxisversuche mit Erdbeeren unter Glas.**) Groenten en Fruit, Den Haag **23** (1968) Nr. 30. S. 1360-1361. — 2 Abb., 3 Tab.
In einem Vergleich der Sorten 'Glasa' und 'Vola' im Jahr 1966/67 wurden Ertragsleistung und Erlöse der Varianten „beheizt" (nach Heizschema) und „kalt" sowie unterschiedlicher Zeitpunkt der Pflanzung ins Gewächshaus (6 Daten) gegenübergestellt. Bei etwas geringeren Erträgen gegenüber Vola konnten durch die frühere Ernte mit 'Glasa' höhere Erlöse je m² in allen Varianten erzielt werden. Für 'Glasa' lag der günstigste Pflanztermin bei früherer Kultur zwischen dem 15. Nov. und Anfang Dezember. Bei anderen Sorten und bei unbeheizter Kultur ist dieses Datum weniger bedeutend und liegt zwischen Anfang Nov. und Mitte Dezember. Ein Sortenvergleich mit Frühbeet fiel 1966/67 sehr günstig aus. Bei gleichem Erntetermin brachte 'Regina' und 'Vola' vor 'Glasa' den höchsten Erlös je m².
D. Stump. 1260.

2-68/10-0735 Free, J. B.; Harpenden, Herts., Rothamsted Exper. Stat. The pollination of strawberries by honey-bees. (**Die Bestäubung der Erdbeere durch Honigbienen.**) J. horticult. Sci. **43** (1968) Nr. 1. S. 107-111. — 2 Abb., 2 Tab., 14 Lit.
Die nicht eindeutigen Ergebnisse anderer Autoren über den Einfluß der Bestäubung durch Bienen gab Veranlassung, weitere Untersuchungen anzustellen. In einem Versuch mit 3 Varianten war das erste Versuchsglied normalen Bedingungen ausgesetzt (I). 2 weitere Versuchsglieder wurden mit Käfigen versehen, von denen in einem ein kleines Bienenvolk eingeschlossen (II), während von dem anderen Bienen u. a. Insekten ferngehalten wurden (III). Obgleich die meisten Erdbeersorten selbstfertil sind, ist eine Bestäubung durch Bienen erforderlich. Im prozentualen Fruchtansatz war II gegenüber III signifikant höher, I nahm ungesichert eine Mittelstellung ein. Die mittlere Fruchtmasse war bei I und II signifikant höher als bei III. Der deutlichste Einfluß zeigte sich auf die Anzahl mißgebildeter Früchte. III hatte über das Doppelte mehr als II und I.
M. Umhauer/Pillnitz. 1260

2-68/10-0736 Lenz, F. und Bünemann, G. **Beziehungen zwischen dem vegetativen und reproduktiven Wachstum in Erdbeeren (Var. Senga Sengana).** Gartenbauwissenschaft 32 (14) (1967) Nr. 3. S. 227-236. — 6 Abb., 2 Tab., 27 Lit. Zus. in Engl., Franz. — nach Zus.
An einjähr. Erdbeerpflanzen ('Senga Sengana') wurde der Einfluß unterschiedlich hoher Fruchtzahlen auf die Verteilung der Trockenmasse in den einzelnen Pflanzenorganen ermittelt. Mit zunehmender Fruchtzahl pro Pflanze verringerte sich die Trockenmasse der vegetativen Organe. Die Früchte waren kleiner und hatten einen geringeren Zucker- und Säuregehalt. Trotz großer Masseunterschiede in den einzelnen Pflanzenteilen war die Gesamttrockenmasse tragender und nichttragender Pflanzen sehr ähnlich. Der Wasserverbrauch stieg zunächst mit zunehmender Blütenzahl pro Pflanze. Während der späteren Fruchtentwicklung jedoch war der Wasserverbrauch in nicht oder wenig tragenden Pflanzen höher als in Pflanzen mit starkem Fruchtbehang. Es konnte keine Verminderung der Nährstoffkonz. (NPK) in den Blattspreiten als Folge starken Fruchtbehanges festgestellt werden. Eine K-Steigerung zu 0,5; 2,5; 5,0; 10,0; 15,0 mval/l ergab geringere Unterschiede in den Fruchtqualitätsmerkmalen als ein unterschiedlicher Fruchtbehang. 1260.

2-68/10-0737 Kelembet, T. S. O srokach posadki zemljaniki. (**Über die Pflanztermine bei Erdbeeren.**) Sadovodstvo, Kiev 5 (1966) S. 115-121. — 6 Tab., 11 Lit.
Der Zeitpunkt des Pflanzens muß jährlich für die einzelnen Zonen festgesetzt werden. Aug. bis Anfang Sept. können für bestimmte Gebiete nur in Jahren mit ausreichenden Frühjahrs- und Sommerniederschlägen als optimale Termine gelten. In trockenen Jahren bewurzeln sich die Pflanzen erst nach dem Fallen reichlicher Niederschläge in der 2. Septemberhälfte. Die Spätherbstpflanzung bringt zwar gute Anwachsergebnisse, jedoch gehen die Pflanzen ungenügend entwickelt in den Winter. Bei Temperaturen < -10 °C und Fehlen einer Schneedecke von ausreichender Dicke erfrieren viele Pflanzen. In diesem Falle ist zeitige Frühjahrspflanzung besser. R. Schuricht/Pillnitz. 1260.

2-68/10-0738 Popovič, A. L. Primenenie poliėtilenovoj plenki pri vyraščivanii zemljaniki. (**Die Verwendung von Polyäthylenfolie für die Erdbeerkultur.**) Sadovodstvo, Kiev 5 (1966) S. 122-128.
Die Erdbeersorten 'Josif Magomet', 'Mutôut, 'Korallevaja 100' und 'Jasnaja' wuchsen unter Polyäthylenfolie besser, bildeten größere Blattflächen und aktivere Wurzeln. Die Beeren reiften 8···10 d früher, und der Ertrag stieg um 30···70%. Diese Kultur hatte wesentliche ökon. Vorteile. K. Gliemeroth/Pillnitz. 1260.

2-68/10-0739 Tompsett, A. A. Cheddar strawberries the new look. (**Neues von den Erdbeeren in Cheddar.**) Agriculture, London 75 (1968) Nr. 2. S. 76-79. — 2 Abb.
Im Gebiet von Cheddar, Somerset, werden etwa 300 acres Erdbeeren angebaut. Während die Gesamtanbaufläche relativ konstant bleibt, ist der Anteil der Erdbeeren, die zur Verfrühung oder Verzögerung der Ernte überbaut werden, auf 20% angestiegen. Als Ursache dafür werden hohe Landpreise und die Notwendigkeit der Verteilung der Erntearbeiten angeführt. Die verschiedenen Bedeckungsverfahren (cloches, Folie) werden kurz beschrieben und die Preisprobleme erörtert. G. Schönberg/Pillnitz. 1260.

2-68/10-0740 Mattingley, W. J. Harvesting of strawberries. (**Ernte von Erdbeeren.**) Agriculture, London 75 (1968) Nr. 3. S. 110-113. — 2 Abb.
Arbeitsstudien zeigten, daß die Arbeitszeit der Pflücker nur zu 71% produktiv, d. h. durch Pflücken, ausgenutzt wird. Die restliche Zeit entfällt auf Wegezeit, Wartezeit an der Waage und die Zeit, die benötigt wird, um die Schachteln, in die die Früchte gepflückt werden, aus den kleineren Feldkisten in die größeren Kisten zu setzen, in denen die Früchte zum Markt transportiert werden. Ein gewisser Anteil an Wegezeiten ist erwünscht, um die einseitige Körperbelastung durch die anstrengende Pflückarbeit zu unterbrechen, jedoch sollten die Reihen nicht länger als 70···90 m sein. Eingespart werden kann die Zeit für das Umsetzen der Schachteln aus den Feldkisten in die Transportkiste, dazu wurde ein spez. Träger entwickelt, mit dem die Transportkisten bereits beim Pflücken verwendet werden können. R. Schuricht/Pillnitz. 1260.

2-68/10-0741 Perroux, L. La culture du fraisier en Belgique. (**Die Kultur der Erdbeere in Belgien.**) Arboricult. fruitière 15 (1968) Nr. 169. S. 40-41. 43. 45. 47. — 3 Abb., 4 Tab. 1260.

2-68/10-0742 Granger, R. L. und Hogue, E. J. Effect of alar on winterhardiness of raspberries. (**Die Wirkung von Alar auf die Winterhärte von Himbeeren.**) Canad. J. Plant Sci. **48** (1968) Nr. 1. S. 100–101.
Durch die im Juni und Juli durchgeführte Behandlung von Himbeerruten (Sorten 'Lantham' und 'Trent') mit Alar-Lösung konnte eine Verminderung des kältebedingten Absterbens der Rutenspitzen erzielt werden. Die Sorte 'Lantham' reagierte stärker als die Sorte 'Trent'. K. Gliemeroth/Pillnitz. 1262.

2-68/10-0743 Jennings, D. L. Observations on some instances of partial sterility in red raspberry cultivars. (**Beobachtungen über einige Fälle von partieller Sterilität bei roten Himbeersorten.**) Horticult. Res., Edinburgh — London **7** (1967) Nr. 2. S. 116–122.
Das Ausbilden von Kümmerfrüchten ist von vielen Himbeersorten bekannt. Hypothetisch erklärte man dies entweder als eine Abbauerscheinung, bedingt durch die ständige vegetative Vermehrung, oder als Virusinfektion. Die Beobachtungen des Vf. deuten daraufhin, daß durch eine Mutation die Dominanzverhältnisse im Chromosomensatz gestört werden und dadurch Homozygotie für ein rezessives Gen bzw. Letalfaktor eintreten kann, welche das Fruchten beeinträchtigen. Für praktische Belange wird empfohlen, Steckhölzer nur von einwandfrei fruchtenden Pflanzen zu schneiden. R. Illge/Pillnitz. 1262.

2-68/10-0744 Ljones, Bjarne und Sakshaug, Knut. Nitrogen effects on composition and yield components of raspberry cultivars. (**Die Wirkungen des Stickstoffs auf Zusammensetzung und Ertragskomponenten einiger Himbeersorten.**) Meld. Norges Landbrukshøgskole **46** (1967) Nr. 12. 19 S.
An mehreren Versuchsstandorten in Norwegen wurde der Einfluß der N-Düngung auf verschiedene Himbeersorten geprüft. Als mögliche Stickstoffdüngungseffekte erfaßte man den Blattnährstoffgehalt, den Gesamtertrag und die Einzelfruchtmasse. Folgende Ergebnisse werden hervorgehoben: Der Blattnährstoffgehalt ist eine sortentypische Größe. Durch N-Düngung wird nicht nur der Blatt-N-Gehalt in verschiedenem Ausmaße erhöht, sondern es sind auch ionenantagonistische Effekte zu beobachten. — Die Zahl der gebildeten Ruten wird durch die N-Düngung nicht beeinflußt. Die Höhe der N-Gabe wirkt aber positiv auf die Länge der Ruten, die Zahl der Früchte pro Rute, die Einzelfruchtmasse und den Gesamtertrag. Ausnahmen bilden hier die Sorten 'Asher' und 'Lloyd Georg', bei denen die reichliche N-Versorgung zum Abwerfen der Früchte führte. Des weiteren konnten sehr viele Wechselwirkungen zwischen der Stärke der Merkmalsausprägung und der Düngung beobachtet werden. R. Illge/Pillnitz. 1262.

2-68/10-0745 Free, J. B.; Harpenden, Herts., Rothamsted Exper. Stat. The pollination of black currants. (**Die Bestäubung der Schwarzen Johannisbeere.**) J. horticult, Sci. **43** (1968) Nr. 1. S. 69–73. — 1 Tab., 13 Lit.
Wenn die Fremdbefruchtung durch andere Sorten zu einer Steigerung des Fruchtansatzes führt, wie in der Literatur berichtet wird, muß der Abstand zwischen den Befruchtersorten einen Einfluß auf die Ertragshöhe ausüben. In vorhandenen Ertragspflanzungen wurden Büsche von angrenzenden Sorten mit solchen in weiterem Abstand verglichen. Da keine Differenzen zwischen den Abständen festzustellen waren, kommt Vf. zu dem Schluß, auch im Hinblick auf die Erntemechanisierung die Sorten in geschlossenen Blocks zu pflanzen. M. Umhauer/Pillnitz. 1265.

2-68/10-0746 Schmadlak, J. und Oehme, R.; Dresden-Pillnitz, Inst. für Obstbau der Dtsch. Akad. der Landwirtsch. Wiss. zu Berlin. **Vergleich von Johannisbeersorten in Vermehrung und Anzucht.** Arch. Gartenbau **16** (1968) Nr. 3. S. 195-202. — 1 Abb., 8 Tab., 4 Lit. — Zus. in Russ., Engl. — nach Zus.
3 schwarze, 4 rote und 1 weiße Johannisbeersorte sowie Steckhölzer aus verschiedenen Zonen des Jahrestriebes wurden sowohl in der Vermehrung als auch später in der Anzucht im Baumschulquartier verglichen. Im einzelnen wurden die Bewurzelungsprozente, die Trieblängen des einjähr. bewurzelten Steckholzes, die Triebanzahl und die Gesamttrieblänge je Strauch, die Qualität und der erzielte Gelderlös ermittelt. 1265

2-68/10-0747 Keipert, K. **Verbesserung der Pflückbarkeit Schwarzer Johannisbeeren durch kräftiges Triebwachstum.** Erwerbsobstbau **10** (1968) Nr. 1. S. 16–17. — 6 Lit.
Wesentliche Voraussetzungen für die Verbesserung der Pflückbarkeit sind lange Einzeltriebe, da an diesen die größten Trauben wachsen. Es bilden sich auch weniger Nebentrauben als an kurzen Trieben. Ausreichende Langtriebbildung setzt optimale natürlich Standorte

voraus. Durch Tiefpflanzung kann man auch nach dem 6. bis 8. Standjahr ausreichende Jungtriebbildung erreichen. Ruten sollen nicht älter als 4 Jahre werden. Reichliche N-Düngung und Gesunderhaltung des Laubes fördern die Langtriebbildung.
R. Schuricht/Pillnitz. 1265.

2-68/01-0748 Mullins, M. G. Regulation of fruit set in the grape vine. (**Die Regulation des Fruchtansatzes bei der Rebe.**) Austral. J. biol. Sci. **20** (1967) Nr. 6. S. 1141-1147.
Entblätterte und dekapitierte Rebenschnittlinge haben die Fähigkeit zur Fruchtbildung ebenso auch in-vitro-Kulturen von Infloreszenzen auf mineralhaltigen Nährböden. Es wird angenommen, daß die Blätter offenbar keine Voraussetzung für die Fruchtbildung sind. Die Potenz zur Fruchtbildung besitzt allein die befruchtete Blüte. Die Realisierung hängt von der Verfügbarkeit der Nährstoffe ab. K. Gliemeroth/Pillnitz. 1270.

2-68/01-0749 Trieb, Gernot und Sievers, Ernst; Geisenheim. Inst. für Rebenzücht. und Rebenveredl. **Weitere Untersuchungen zu den Güte-Mengen-Relationen bei Geisenheimer Rieslingklonen im Jahre 1964.** Wein-Wiss. **23** (1968) Nr. 3. S. 97-110. Beil. zu: Dtsch. Weinbau — 4 Abb., 7 Tab., 16 Lit.
In Fortführung der Untersuchungen zu den Güte-Mengen-Relationen konnten frühere Ergebnisse bestätigt und neue Ergebnisse erzielt werden. Die Mostgewichte der Klone waren lediglich von den Stockerträgen abhängig. Die Triebzahl hatte nicht, wie vermutet war, eine entscheidende Bedeutung für die Höhe des Mostgewichtes. Die Klone zeigten keine Unterschiede in ihrer Relation zwischen Güte und Menge, wohl aber in ihren genetisch bedingten Mostgewichtsleistungen. Für die Klonselektion ergibt sich daraus, daß Klone mit einer absolut hohen Mostgewichtsleistung bes. beachtenswert sind. Als geeignetes Hilfsmittel zur Qualitätsselektion hat sich die Kovarianzanalyse erwiesen.
K. Thiele. 1270.

2-68/10-0750 Negru, P. V. O reakcii kornevoj sistemy vinograda na počvennye uslovija sklonov. (**Über die Reaktion des Wurzelsystems der Rebe auf Bodenverhältnisse in Hanglagen.**) Sadovodstvo, vinogradarstvo i vinodelie Moldavii, Kišinev **23** (1968) Nr. 3. S. 20-23. — 4 Abb.
Die Frostresistenz der Rebe ist eng mit der Entwicklung und Holzausreife der einjähr. Triebe verbunden. Da zwischen den oberirdischen und unterirdischen Pflanzenteilen eine enge Korrelation besteht, konnte der Einfluß der Boden- und mikroklimatischen Verhältnisse am Hang auf die Frostresistenz der einjähr. Triebe an der Entwicklung und Verteilung des Wurzelsystems aufgezeigt werden. Die Untersuchungen wurden an einem Südhang am unteren, mittleren und oberen Teil des Weinberges auf Lehmboden durchgeführt. Es ergab sich, daß die Hanglage keinen Einfluß auf die Durchwurzelungstiefe und Verzweigung der Wurzeln ausübt. Die Mächtigkeit des Humushorizontes beeinflußt stark Verteilung, Masse und Gesamtlänge der Wurzeln. Profilausgrabungen zeigten, daß im humusarmen mittleren Teil des Hanges die Wurzeln horizontal eine dichte Masse bildeten; im humusreichen unteren Teil des Hanges fehlte diese Wurzelschicht. I. allg. bildet die Rebe ein mächtiges und tiefreichendes Wurzelsystem aus, das auf die ökologischen Verhältnisse des Hanges reagiert. R. Männel/Pillnitz. 1270.

2-68/10-0751 Briza, Karlo, Lović ;Rodoljub und Zorzić, Milorad. Uticaj različitih doza ctubriva i odnosa osnovnih hranljivih elemenata na vegetativni potencijal čokota u nekih podloga vinove loze. (**Der Einfluß von unterschiedlichen Düngermengen und Grundnährstoffverhältnissen auf das Wuchsverhalten von Reben auf verschiedenen Tafelrebenunterlagen.**) Savremena Poljoprivreda, Novi Sad **15** (1967) Nr. 11. S. 817-836. — 8 Abb., 7 Tab., 10 Lit.
Im Gefäßversuch mit veredelten Rebunterlagen wurde der Einfluß der variierten Nährstoffversorgung auf das vegetative Verhalten der Kombinationen geprüft. Die NPK-Düngergaben schwankten zwischen 5,1:2,6:9,6 und 10,3:50,4:96,0 g/Gefäß. Die entsprechenden Nährstoffverhältnisse lagen innerhalb des Schwankungsbereiches von 1:0,49:0,94 und 1:4,91:9,36. Folgende Ergebnisse konnten erzielt werden: Die einzelnen im Versuch verwendeten Unterlagen reagierten unterschiedlich auf die Düngungsbehandlung. Die Bewurzelungsintensität uns -stärke ist negativ mit der Höhe der N-Gabe korreliert. Die Höhe der P- und K-Gabe zeigte keinen Einfluß auf die Bewurzelungsintensität. Das Triebwachstum stand ebenfalls in negativer Beziehung zur Höhe der N-Gabe. Es bestanden aber Wechselwirkungen zwischen der Höhe der N-Gabe und den einzelnen geprüften Unterlagen

In ähnlicher Weise wie das Triebwachstum wurde auch die Triebmasse beeinflußt. Aus dem Bestehen von Wechselwirkungen zwischen der Veredlungsgemeinschaft und der Düngungsbehandlung schlußfolgern die Vff. daß in weiteren Feldversuchen düngungsintensive Kombinationen gefunden werden können. R. Illge/Pillnitz. 1270.

2-68/10-0752 Detzel, W. und Maul, D.; Neustadt/Weinstr., Lehr- und Forsch.-Anst. für Wein- und Gartenbau. **Arbeitsbedarf und Kosten beim Heften (Biegen, Gerten) unter Verwendung verschiedener Bindematerialien.** Dtsch. Weinbau **23** (1968) Nr. 8, S. 264-268. — 12 Abb., 2 Tab.

Der Arbeitszeitbedarf und die Kosten sind am niedrigsten bei Verwendung von Weiden. Neben der Weide ist die Drahtschnur das verbreitetste Bindematerial. Die Gesamtkosten liegen nur um 1% höher als bei der Weidenbenutzung. Bindedraht mit Kunststoffmantel kann mindestens 2 Jahre verwendet werden. Die Gesamtkosten sind hier 9% höher als bei der Verwendung von Weiden. Unter den Neuentwicklungen sind diejenigen Materialien und Verfahren am günstigsten, die ähnlich wie die Drahtschnur beschaffen sind und wie diese zur Anwendung gelangen. Verschiedene Kunstoffbänder sind noch zu teuer. Bes. günstig hinsichtlich des Arbeitszeitbedarfs und der Kosten sind Drahtklemmen.
K. Thiele. 1270.

2-68/10-0753 Mrva, J. Listová diagnostika a kontrola správné výživy révy vinné. **(Die Blattdiagnose und die Kontrolle der richtigen Ernährung der Weinrebe.)** Vinohrad, Bratislava **6** (1968) Nr. 2. S. 20-22. — 4 Tab. ČSSR/ÚVTI. 1270.

E. Zierpflanzenbau

2-68/10-0754 Massante, Hanna. **Blumenkauf für die eigene Wohnung.** Gartenwelt **68** (1968) Nr. 4. S. 77-78. 1301.

2-68/10-0755 Anonym. **Die Blumen- und Zierpflanzenproduktion in der Sowjetunion. Bis 1970 = 200 ha und bis 1980 = 750 ha neue Glasflächen. Neben dem kommerziellen Groß-Anbau hat auch der private und kooperative Anbau Bedeutung.** Zierpflanzenbau 8 (1968) Nr. 6. S. 211-212. 1315.

2-68/10-0756 Marco, Joseph de und Breiten, William. How to train chrysanthemums in Bonsai form. **(Wie Chrysanthemen in Bonsai-Form zu ziehen sind.)** Horticult. Soc. New York, Bull. **18** (1968) Nr. 1. S. 4-6. — 6 Abb.

Ursprünglich wurden die Bonsai-Formen aus Samen gezogen, der aus Japan importiert wurde. Aber auch mit Stecklingen dieser Pflanzen und kleinblumiger Sorten, wie z. B. 'Ann Fulton', 'Baby', 'Clara Jameson' usw., sind gute Erfolge zu erzielen. Die bewurzelten Stecklinge werden Anfang Mai flach in kleine Töpfe getopft. Wichtig ist, sie stets ausreichend feucht zu halten. Bis zum Farbezeigen der Knospen ist wöchentlich flüssig zu düngen. Die Pflanzen sollen in voller Sonne stehen, aber vor Wind, starkem Regen und Frost geschützt werden. Ab Mitte Mai werden die Pflanzen durch häufiges Stutzen in die gewünschte Form gebracht. Die Pflanzen werden 4mal verpflanzt unter Entfernung eines Drittel Erde vom Ballen. Vom 6. bis zum 20. 9. wird nicht gestutzt, dann wird noch einmal alles pinziert, und alle überflüssigen Triebe und Blätter werden entfernt. Die Pflanzen werden immer in voller Sonne und so kühl wir möglich gehalten und sind dann Anfang Nov. in Blüte.
U. Walter. 1325.

2-68/10-0757 Wolter, E. **Ausschmückung der Friedhofskapelle nach neuzeitlichen Gesichtspunkten.** Dtsch. Gärtnerbörse, Aachen **68** (1968) Nr. 2. S. 26-27. — 3 Abb. 1325.

2-68/10-0758 Loeser, H. und Essig, W. **Versuche mit Wuchshemmitteln 1966/67.** Dtsch. Gärtnerbörse, Aachen **68** (1968) Nr. 4. S. 51-59. — 12 Abb.

Die jeweils besten Ergebnisse wurden bei folgenden Kulturen mit folgenden Mitteln erzielt: 1. *Achimenes* 'Little Beauty': Cycocel 1%ig gegossen oder B-Nine 5%ig gespritzt. 2. *Antirrhinum*: Cycocel 3%ig gegossen ergab ansprechende blühende Topfpflanzen. 3. *Aphelandra*: Cycocel 1%ig gegossen bei längeren Sorten. 4. Chrysanthemen: Phosfonpulver dürfte für hohe Topfsorten interessant sein, weiter ist B-Nine 5%ig und bei Knospung noch einmal 3%ig gespritzt für viele Sorten interessant; Cycocel 3%ig einmal gegossen ist bei vielen Sorten B-Nine ebenbürtig oder übertrifft es sogar. 5. *Euphorbia pulcherrima* 'Cardinalis': Cycocel 1%ig gegossen bes. auch bei 'Barbara Ecke' und Paul Mikkelsen'. 6. Gloxinie: wahrscheinlich wird man bei guter Kultur ohne Wuchshemmittel auskommen. 7. *Hydrangea* nach dem Aufstellen im Frühjahr Cycocel 4%ig einmal gießen. 8. *Kalanchoe*: Cycocel 2%ig gießen oder B-Nine 9%ig spritzen. 9. *Matthiola*: B-Nine 5%ig gespritzt oder Cycocel 2%ig gegossen ergibt ausgezeichnete Topfpflanzen zum Muttertag. 10. *Rosa*: Cycocel zweimal 2%ig gegossen ist für machne Topfrosen zu empfehlen, die Sorten sprechen verschieden an. 11 *Pelargonium* 'Nittany Lion Red': Cycocel 1%ig gegossen bewirkte eine Blüteverfrühung um 14 d. U. Walter. 1330.

2-68/10-0759 Pawlowski, H.-E. **Die Wirkung von Calzium- und Ammonium-Nitrat auf das Wachstum von Petunien, Chrysanthemen und Begonien. I. Ertragsbildung.** Gartenbauwissenschaft 32(14) (1967) Nr. 3. S. 193-211. — 12 Abb., 13 Lit. Zus. in Engl., Franz. — nach Zus.

Die Wirkung von Kalizumnitrat und Ammoniumnitrat wurde auf der Basis gleicher N-Konz. im Bereich von 25···800 ppm N (25···800mg N in 1 *l* Nährlösung) bei steigenden K_2SO_4-Konz. von 0···1600 ppm K auf die Sproß- und Blüten-Tr.-Subst.-Bildung von Petunien, Chrysanthemen und Begonien geprüft. Das Sproß- und Blütenertragsniveau war in erster Linie von der Höhe des N-Angebotes abhängig. Für die ertragsfördernde Wirkung der K-Steigerung war die N-Konz. der limitierende Faktor, Petunien: Kalzium- und Ammoniumnitrat in Konz. bis zu 100 ppm N waren in ihrer Wirkung auf die Sproß- und Blüten-Tr.-Subst.-Bildung gleich. Im Bereich von 200···800 ppm N wurde die Blüte durch Ammonium- im Vergleich zu Kalziumnitrat verzögert, und zwar um so mehr, je niedriger das K-Angebot war. Chrysanthemen: Das vegetative Wachstum im Kurztag wurde durch Ammoniumnitrat im Vergleich zu Kalziumnitrat stärker gefördert. N-Konz. über 100 ppm in Form von Ammoniumnitrat verzögerten jedoch die Blütenentwicklung so stark, daß die Blüte innerhalb der für diese Sorte normalen Entwicklungszeit von 9 Wochen nicht erreicht wurde. Höhere Kalziumnitrat-Konz. haben dagegen die Blütenentwicklung nicht negativ beeinflußt. Begonien: Kalzium- und Ammoniumnitrat haben die Sproß- und Blüten-Tr.-Subst.-Bildung von Begonien nicht unterschiedlich beeinflußt. 1330.

2-68/10-0760 Pawlowski, H.-E. **Die Wirkung von Calcium- und Ammonium-Nitrat auf das Wachstum von Petunien, Chrysanthemen und Begonien. II. Mineralstoffgehalt.** Gartenbauwissenschaft 32(14) (1967) Nr. 4. S. 359-373. — 8 Abb., 18 Lit. Zus in Engl., Franz. — nach Zus. 1. Mitt. vgl. vorst. Ref.

Kalzium- und Ammoniumnitrat unterschieden sich in ihrer Wirkung auf den N-Gehalt von Petunien, Chrysanthemen und Begonien hauptsächlich dadurch, daß der Gehalt an org. gebundenem N in Abhängigkeit steigender N-Konz. in der Nährlösung bei Ammoniumnitrat erheblich mehr zunahm als bei Kalziumnitrat. In Petunien und Chrysanthemen war vor allem der org. gebundene Nichteiweiß-N-Gehalt bei Ammoniumnitrat wesentlich höher als bei Kalziumnitrat. Das Blüten-Ertragsoptimum von Petunien und Chrysanthemen wurde im Vergleich zum Sproß-Ertragsoptimum in Abhängigkeit steigender N-Gehalte in der Pflanze bei niedrigerem N-Gehalt erreicht. Die Blühverzögerung der Petunien durch Ammonium- im Vergleich zu Kalziumnitrat im Bereich relativ hoher N- und niedriger K-Konz. der Nährlösung war von einem hohen Gehalt an org. gebundenem Nichteiweiß-N in der Pflanze begleitet. Die Blütenentwicklung von Chrysanthemen wurde durch Ammoniumnitrat in Konz. $>$ 200 ppm N weitgehend unabhängig von der Höhe der K-Konz. in der Nährlösung bzw. des K-Gehaltes in der Pflanze über die für diese Sorte normale Entwicklungszeit von 9 Wochen hinaus verzögert. Die Wirkung steigender K-Konz. in der Nährlösung auf den N-Gehalt der Pflanzen zeigen sich darin, daß der Gesamt-N-Gehalt und der org. gebundene Nichteiweiß-N-Gehalt abnahmen, während der Nitrat- und relative Eiweiß-N-Gehalt zunahmen. Im K-Förderungsbereich war mit steigendem Ertrag eine Zunahme des Gehaltes an org. gebundem Nichteiweiß-N verbunden. 1330.

2-68/10-0761 Gugenhan. **Flüssigdüngung im Topfpflanzenbau hochaktuell.** Dtsch. Gärtnerbörse, Aachen 68 (1968) Nr. 10. S. 163-165.

Bei Anwendung flüssiger Volldünger muß man über den Nährstoffbedarf und die Salzverträglichkeit der Pflanzen genau orientiert sein. Ein bes. großer Vorteil dieser Dünger ist, daß sie als Stammlösung angesehen, also sofort verwendet werden können und man sicher ist, daß sich auch alle Bestandteile richtig gelöst haben. Aufgrund der hohen Kosten kommen diese Dünger nur bei hochwertigen Kulturen in Frage. Sehr angenehm ist auch die Eigenschaft, daß sie sehr schnell von der Pflanze aufgenommen werden. Aufgrund ihrer Eigenschaften eignen sich die Flüssigdünger bes zur Kopfdüngung von Topfpflanzen und Schnittblumen und zur Blattdüngung. In Versuchen wurde festgestellt, daß die verschiedensten flüssigen Düngemittel über das Blatt aufgenommen werden. Die 3 in Westdeutschland auf dem Markt befindlichen Flüssigdünger unterscheiden sich im Salzgehalt, im Nährstoffgehalt, im pH-Wert und im Preis. Es folgen detaillierte Angaben darüber. U. Walter. 1330.

2-68/10-0762 **Vorträge der Wintertagungen des Beratungsringes Rheinischer Baumschulen 1963—1967.** Zeitfragen d. Baumschule **20/24** (1963/67, hrsg. 1967) 169 S.
Es werden 11 Referate der Wintertagungen der Jahre 1963 bis 1967 wiedergegeben. Die ersten Referate, die von Fey gehalten wurden, beschäftigen sich mit der wirtschaftlichen Lage der rheinischen Baumschulbetriebe. In allen diesen Referaten kommt der Ruf nach Verbundwirtschaft (Kooperation) zum Ausdruck. Es wird auf die ernste wirtschaftliche Situation aufmerksam gemacht, in die die Baumschulbetriebe durch den Konjunkturrückgang in der Bundessrepublik geraten sind. Es wird versucht, die Ursachen zu analysieren und daraus Schlußfolgerungen zu ziehen. In dem Artickel von Buillon, „Werden Schnittgehölze für Freiland und Treiberei stärkere Bedeutung erlangen?", wird gesagt, daß Ziergehölze (mit Ausnahme von Ballenware, wie z. B. Flieder oder *Prunus triloba*) für die Treiberei zunehmende Bedeutung erlangen werden. Es wird empfohlen, Kooperationsbeziehungen mit einem Zierpflanzenbetrieb einzugehen, der die geschnittenen Zweige treiben kann. Die Treiberei der Schnittgehölze wird als wesentliche Geldeinnahme angesehen, da sie außerhalb der Versandzeiten erfolgt. Es werden die Schnittgehölze genannt, deren Treiberei möglich und lohnend ist. Außerdem erfolgt die Beschreibung fruchttragender Ziergehölze für Schnittzwecke. In dem Artikel von Lehmann „Gehölze für Grabbepflanzung", werden 50 Laub- und 87 Nadelgehölze aufgeführt, die sich für die Grabbepflanzung eignen. Allinger behandelt „Welche immergrünen Laub- und Nadelgehölze braucht die Stadtverwaltung?". Er geht von planerischen Grundgedanken aus, behandelt die klimatischen Faktoren und widmet sich sehr ausführlich der Problematik der „fremden" Gehölze. Er plädiert für eine Verringerung der Gehölzsortimente und die vermehrte Pflanzung immergrüner Gehölze in den Städten. Zuchtziele für Immergrüne werden aus der Sicht des Gestalters dargestellt. De Haas behandelt „Die Nährstoffversorgung von Baumschulgehölzen". Es wird dargelegt, daß bei der Düngung von Gehölzen in erster Linie die Auswirkung auf die Qualität der Pflanzen interessant ist. Die Auswirkungen von Mangel an Kern- und Spurennährstoffen werden beschrieben. Weitere Referate von Möhring beschäftigen sich mit Fragen der Betriebsdurchleuchtung, mit Kreditfragen, mit dem Einheitswert der Baumschulen und dem Kapitalumlauf in der Baumschule.
F. H. Pfützner. 1330.

2-68/10-0763 Raalte, D. van. Handboek der bloemisterij. Deel II. Zaaibloemen en bolen knolgewassen. **(Handbuch der Blumengärtnerei. 2. Teil. Saatblumen und Zwiebel- und Knollengewächse.)** 4. Aufl. Doetinchem: Uitgeversmaatschappij C. Misset. 1967. (334 S. m. Abb. u. Lit.) 8°.
Nach einer leicht verständlichen, ausführlichen Abhandlung der Problematik der Zierpflanzenzüchtung, der verschiedenen Züchtungsverfahren, der Grundlagen der Blütenfarbenentstehung und -bestimmung werden in alphabetischer Reihenfolge Kulturbeschreibungen gegeben. Den einjähr. Schnittblumen folgen Strohblumen und Ziergräser, Beet- und Gruppenpflanzen, Kletter- und Schlingpflanzen, zweijähr. Schnittblumen und Beetpflanzen und die Kultur von Zwiebel -und Knollengewächsen. Entsprechend der Vielzahl der Gattungen und Arten ist jeweils nur eine kurze Ausführung je nach Bedeutung der Art möglich. Vf. führt die in verschiedenen Sprachen gebräuchlichen Namen auf, leitet die Herkunft des botanischen Namens ab, charakterisiert die Grundeigenschaften und gibt Heimat und Einführung der Gattung an. Neben der Kulturbeschreibung werden die in Kultur befindlichen Arten und die wichtigsten Sorten angeführt. Zum Abschluß der wichtigsten Arten wird die verwendete Literatur zitiert. E. Haenchen. 1330.

2-68/10-0764 Raalte, D. van. Handboek der bloemisterij. Deel III. Vasteplanten, bodembedekkers en waterplanten. **(Handbuch der Blumengärtnerei. 3. Teil. Stauden, Bodenbedecker und Wasserpflanzen.)** 4. Aufl. Doetinchem: Uitgeversmaatschappij C. Misset. 1967. (310 S. m. Abb. u. Lit.) 8°.
Ein einleitender allgemeiner Teil bringt geschichtliche Fakten und würdigt den Anteil von Personen und Betrieben in verschiedenen Ländern bei der Einführung und züchterischen Bearbeitung der Stauden. Zusammengefaßt wird auf Gruppen für verschiedene Ansprüche, die wichtigsten Schädlinge und auf Vermehrungsmethoden hingewiesen. Danach werden in

alphabetischer Reihenfolge die hauptsächlichen Stauden-Schnittblumen, Arten, die sich für Gruppen eignen, Bodenbedecker und Wasser- und Sumpfpflanzen behandelt. Bei jeder Gattung werden die bedeutendsten Arten bzw. Sorten mit ihren Hauptmerkmalen besprochen und kurze Kulturhinweise gegeben. Bei wichtigen Kulturen werden tabellarisch Sortenzusammenstellungen angeführt, auf spez. Krankheiten und Schädlinge hingewiesen und wichtige Literatur aufgeführt. E. Haenchen. 1330.

2-68/10-0765 Zimmer, Karl. **Über die Keimung von Neoregelia carolinae (Beer) L. B. Smith.** Gartenbauwissenschaft **32**(14) (1967) Nr. 4. S. 353-358. — 3 Abb., 3 Tab., 3 Lit. Zus. in Engl., Franz. — nach Zus.

Frisches Saatgut von *Neoregelia carolinae* keimt in einem breiten Temperaturbereich von 15···30 °C, bei 25 °C jedoch innerhalb kürzester Zeit. Mit zunehmendem Samenalter verengt sich der Temperaturbereich, in dem eine Keimung noch stattfinden kann. Bei niedrigen Temperaturen von 15 °C läßt nach 36 Wochen die Triebkraft nach. Nach 48 Wochen keimen bei dieser Temperatur nur noch einzelne Samen. Auch bei höheren Temperaturen wurde nach 48 Wochen die Keimung verzögert und beeinträchtigt, und zwar bei 20 °C stärker als bei 25 °C. Daraus folgt, daß Saatgut von *N. carolinae* unter normalen Bedingungen nicht länger als 10···11 Monate gelagert werden kann. Wechseltemperaturen beschleunigen die Keimung gegenüber konstanten Temperaturen nicht. Mit zunehmender tägl. Belichtungsdauer wurde die Keimung beschleunigt, doch keimten auch im Dunkeln etwa 45% der Samen. 1332.

2-68/10-0766 Zimmer, Karl. **Untersuchungen über den Einfluß der Temperatur auf die Keimung von Kakteen-Kultursaatgut. V. Über die Keimung von Espostoa lanata (H.B.K.) Britt. et Rose und Echinocactus grusonii Hildm.** Gartenbauwissenschaft **32** (14) (1967) Nr. 2. S. 173-179. — 4 Abb., 3 Tab., 1 Lit. Zus. in Engl., Franz. — nach Zus.

An Kultursaatgut von *Epostoa lanata* und *Echinocactus grusonii* wurde der Einfluß der Temperatur auf die Keimung untersucht. *Epostoa* keimte bei 10 °C nicht, bei 20 °C optimal. Niedrigere (15 °C) und höhere (25···30 °C) Temperaturen setzten die Keimung signifikant herab. Der Keimbeginn wurde mit zunehmender Temperatur vorverlegt, die mittlere Keimzeit verkürzt. Mit zunehmendem Samenalter scheint eine Verengung des Temperaturoptimums einherzugehen. *Echinocactus* keimt in einem höheren Temperaturbereich. Das Optimum lag zwischen 25 und 30 °C. Niedrigere und höhere Temperaturen setzten die Keimung signifikant herab. Bei 30 °C war die mittlere Keimzeit am kürzesten. Niedrigere und höhere Temperaturen verzögerten die Keimung signifikant. Ungünstige Lagertemperaturen (2 °C) und zunehmende Lagerdauer verringerten oder verzögerten die Keimung ebenfalls signifikant. 1332.

2-68/10-0767 Rünger, W. **Über die Blütenbildung von Mammillaria zeilmanniana.** Gartenbauwissenschaft **32**(14) (1967) Nr. 1. S. 19-25. — 3 Tab., 9 Lit. Zus. in Engl., Franz. — nach Zus.

Pflanzen von *Mammillaria zeilmanniana*, die unter Langtagbedingungen und Temperaturen von 20 °C und darüber, wo sie vegetativ bleiben, bis zu einer Größe von 3,5···4,5 cm Dmr. herangewachsen waren, wurden verschieden lange verschiedenen Temperaturen und Tageslängen ausgesetzt. Bei *M. zeilmanniana* sind 2 Blütenbildungsprozesse zu unterscheiden. Für den ersten sind 9···13 °C und Kurztage am günstigsten. 5 °C ermöglichen noch eine Blütenbildung, und Kurztage sowie Langtage haben hier die gleiche Wirkung. Bei 17 °C kann es nach 70täg. Behandlung nur unter Kurztagbedingungen, nicht jedoch unter Langtagbedingungen zur Blütenbildung. Durch höhere Temperaturen wird die Blütenbildung unterdrückt. Nach der Periode mit niedriger Temperatur fördern Langtage die Blütenbildung. Kurztage verhindern das Blühen jedoch nicht vollständig. 1332.

2-68/10-0768 Häring, Helmut. **Anzucht und Weiterkultur japanischer und indischer Azaleen in der Baumschule.** Dtsch. Baumschule **20** (1968) Nr. 2. S. 31-42. — 3 Tab.

Vf. gibt ausführliche Hinweise zur Erzeugung frostharter, gut verzweigter, kompakter Pflanzen mit reichem Knospenansatz in kürzester Kulturzeit. Es werden zur Vermehrung Angaben über die Qualität der Stecklinge, über das Vermehrungssubstrat, über die Desinfektion des Vermehrungssubstrates und der Stecklinge, über die Vermehrungstemperaturen und über Folienabdeckung gemacht. Hierbei wird eine einfache Methode zur völligen Abdichtung des Luftraumes über dem Vermehrungsbeet beschrieben (Verkleben einer seitlich eingelassenen und einer aufgelegten Folie). Auf Schattierung und notwendige Abhärtung der Stecklinge wird hingewiesen. Über die Weiterkultur der bewurzelten Stecklinge sind aussagekräftige Notizen zur Pflanzweite, über Stutztermine (untergliedert in geographische Regionen), die Anwendung wuchshemmender Mittel und deren Anwendungstermine zu finden. Unter den Ausführungen über das 2. Pikieren und das Aufschulen auf Grundbeete sind bes. die Angaben zur Düngung und über den optimalen Nährstoffspiegel während der Hauptwachstumsperiode hervorzuheben. Auf die Gefahr der Blauspitzigkeit durch falsche Düngung wird hingewiesen. Schließlich beschäftigt sich Vf. in einem weiteren Absatz mit möglichen Pilzkrankheiten und tierischen Schädlingen, wobei jeweils Angaben über Schadbild, Ursache, Verhütung und Bekämpfung der Krankheit oder des Schädlings zu finden sind. Die Arbeit gewinnt außerdem sehr durch mehrere tabellarische Kulturübersichten (1. Kulturjahr, 2. Kulturjahr, Kurzkultur), aus denen Daten zum Termin und zur Art der Arbeit, über Standort und Temperatur, die Stückzahlen/m² und bes. Bemerkungen zur Kultur entnommen werden können. F. H. Pfützner. 1335.

2-68/10-0769 Schie, J. J. van. Ontwatering en bodembehandeling bij de teelt van kasrozen. **(Entwässerung und Bodenbehandlung bei der Hausrosenkultur.)** Vakbl. Bloemisterij **23** (1968) Nr. 9. S. 279. — 1 Tab.
Aus gemeinsamen Untersuchungen des Bodenkundlichen Beratungsdienstes, Wageningen, und des Gartenbauinst. Aalsmeer, geht hervor, daß der Erfolg der Hausrosenkultur im Gebiet von Aalsmeer und Naaldwijk sehr von den Bodenbedingungen abhängt. Da die Rosenkultur über 6 Jahre läuft und Rosen tief wurzeln, ist ein guter Wasser-Luft-Haushalt des Bodens Voraussetzung und muß vor Beginn der Pflanzung hergestellt sein, da größere Eingriffe bei laufender Kultur nicht möglich sind. Die Regulierung des Wasserhaushaltes kann über Dränage erfolgen, bei der Tonröhren den Röhren aus Plast vorzuziehen sind. Die Dränstränge werden rd. 1 m tief und je nach Bodenart im Abstand von 3···6 m verlegt. Die Anschaffungs- sowie laufenden Kosten wurden für 3 unterschiedliche Dränabstände errechnet und können einer Tab. entnommen werden. Auch für Rosen genügt die für gärtnerische Kulturen übliche Bodenbearbeitungstiefe von 25···30 cm bei normalen Böden. Der Untergrund ist allg. porös genug, um eine Durchwurzelung zuzulassen. Nur bei verschlämmten Böden oder bei Bodenverdichtungen ist eine Bearbeitung bis 50 cm Tiefe erforderlich. Vorteilhaft ist eine Bodenverbesserung mit org. Subst. (2,5···4 t Stallmist je a, gegebenenfalls auch Torf), die sorgfältig in die Krume eingearbeitet werden muß. Tiefes Untergraben ist, bes. bei frischer Substanz wie Mist, nicht zu empfehlen, da sie sich in den sauerstoffarmen tiefen Bodenschichten meistens nicht genügend zersetzt. Während der Kultur sollte für Bodenbedeckung gesorgt werden, wofür sich Torf jedoch wegen seiner Wasser bindenden Eigenschaft wenig eignet. R. Peschel. 1340.

2-68/10-0770 Stock, M. **Erfahrungen mit Knollenfreesien.** Gartenwelt **68** (1968) Nr. 4. S. 73-74. — 4 Abb.
Der Freesienanbau ist in der Zunahme begriffen und betrug in der BRD 1966 57 ha. Vor einem Konjunkturanbau wird jedoch gewarnt. Die Knollen müssen nach der Blüte etwa 6 Wochen ausreifen. Temperaturen über 15 °C und Trockenhalten verkürzen die Zeit, jedoch auf Kosten der Knollengröße. Für Märzblüte erfolgt das Präparieren sofort nach der Ernte im Mai. 3···4 Monate werden die Knollen bei 30 °C und 70% rel. Luftfeuchte gelagert, ab Mitte Sept. wird die Temperatur auf 13 °C gesenkt. Für die Blüte im Dez./Jan. werden die Knollen 3···4 Monate bei 2 °C gelagert und dann mit Wärme behandelt. Sämtliche Zwischentermine zur Blüte sind möglich. Als Temperaturen werden angegeben: Pflanzung Mai bis Aug. nicht über 18 °C, Pflanzung Sept. 13···18 °C, Okt. 10···13 °C, Wintermonate 8···10 °C. Auf die Gefahren verschiedener Krankheiten wird hingewiesen. Zur Unkrautbekämpfung werden als Vorauflaufmittel bis 2 d vor dem Erscheinen der Triebspitzen Gramoxone vor allem gegen Ungräser, gegen Dikotyle Reglone verwendet. Nach dem Auflaufen der Unkräuter bis zum 4-Blattstadium läßt sich Tenoran einsetzen.
E. Haenchen. 1340.

2-68/10-0771 Smith, N. G. Pollination and environmental factors affecting fruit-setting in Spencer sweet peas, Lathyrus odoratus L. **(Bestäubung und Umweltfaktoren, die den Fruchtansatz bei Spenzer-Wicken [Lathyrus odoratus L.] beeinflussen.)** J. horticult. Sci. **43** (1968) Nr. 1, S. 33-48. — 3 Abb., 6 Tab., 11 Lit.
Die Ertragsunterschiede bei Wicken zwischen den europäischen und kalifornischen Anbaugebieten dürften mehr auf klimatische als auf bodenbedingte Ursachen zurückzuführen sein. Gewächshausversuche zur Erhöhung der Fruchtbarkeit ergaben, daß die Bestäubungsrate

höher liegt, wenn die Pflanzen durch Wind kräftig bewegt werden. Windersatz kann das Bewegen der Pflanzen per Hand sein, oder man schnippt das Schiffchen kräftig gegen den Stempel. Dabei ist zu beachten, daß die Staubgefäße eher reifen als die Narben. Auch die Stellung der Einzelblüten an den Pflanzen hat Einfluß auf die Sicherheit der Bestäubung. Sog. „clamped-keeled" Typen werden besser bestäubt als die „open-keeled"-Typen. Unter Gewächshausbedingungen erhöhte eine leichte Schattierung die Fertilität. Lichtarmut führte zum Absterben der Blütenknospen. Ein Übermaß an Bodenfeuchtigkeit ließ den Fruchtansatz signifikant sinken. Außerdem zeigte sich eine deutliche Abhängigkeit zwischen Fruchtansatz und Temperaturverlauf in den ersten 5 d nach der Bestäubung, es gelang jedoch noch nicht, den genauen Zeitpunkt der Temperaturempfindlichkeit zu ermitteln. R. Peschel. 1340.

2-68/10-0772 Buys, C., Poortmans, P. und Rudelle, M. Les possibilités de la recherche et l'amélioration de l'œillet cultivé pour la fleur coupée. **(Möglichkeiten zur Verbesserung der Kultur der Nelke.)** Notiziario Malattie Piante [III. S.] 3/4 (1967) Nr. 76/77. S. 75-84. — 3 Lit. 1340.

2-68/10-0773 Redlin, W.-J. **Die Marktentwicklung bei Edelnelken und Treibrosen.** Gartenwelt 68 (1968) Nr. 4. S. 79-80. 82. — 2 Abb., 6 Tab., 4 Lit. 1340.

2-68/10-0774 Rünger, W. und Wehr, B. **Über den Einfluß der Tageslänge auf die Blütenbildung und -entwicklung einiger Sorten von Callistephus.)** Gartenbauwissenschaft 32(14) (1967) Nr. 1. S. 27-38. — 9 Abb., 2 Tab., 16 Lit. Zus. in Engl., Franz. — nach Zus.
Der Einfluß gestaffelter Tageslängen auf Blütenbildung und -entwicklung von Sorten von *Callistephus chinensis* wurde untersucht. Bei der Untersuchung des Einflusses der Tageslänge auf die Blütenbildung wurden Pflanzen, die im Kurztag herangewachsen waren, verschiedenen Tageslängen ausgesetzt. Bei der Untersuchung der Blütenentwicklung erhielten die Pflanzen vor der Tageslängenstaffelung einen Blühimpuls durch eine Langtagperiode. Eine Blütenbildung erfolgt bei 15 °C und höheren Temperaturen sowohl im Kurztag wie im Langtag, im Kurztag jedoch verzögert. Zwischen 13 und 15 Lichtstd. gibt es einen sprunghaften Anstieg in der Blühförderung. Im Kurztag ist die Blütenbildung unregelmäßig. Die Entwicklungsgeschwindigkeit wird dagegen durch Kurztage erhöht. Hier gibt es ebenfalls zwischen 13 und 15 Lichtstd. einen sprunghaften Anstieg in der Verzögerung durch Langtage. Gleichsinnig wird mit zunehmender Tageslänge die Stengelstreckung verstärkt und die Anzahl der Hochblätter vergrößert. 1342.

2-68/10-0775 Funeck, F. **Erfahrungen mit Einjahrsblumen in öffentlichen Anlagen.** Dtsch. Gartenarchitektur 9 (1968) Nr. 1. S. 21-22. — 1 Abb.
Gesichtspunkte bei der Auswahl der Einjahrsblumen sind neben Form und Farbe die Fragen der Ökonomie bei der Anzucht. beim Pflanzen, bei der Pflege am Standort sowie die Haltbarkeit. Im Haushalt des Gartenamtes Berlin-Mitte wird für Einjahrsblumen der Betrag von 15,- M in Ansatz gebracht pro m² und Jahr (Rasen 0,77 M/Jahr, Rosen 5,–M/Jahr.) Das Standardsortiment umfaßt hier 55 Arten und Sorten. Diese sind wie folgt an der Gesamtmenge beteiligt: 28% *Tagetes*, 10% *Verbena rigida*, 7% *Salvia*, 5% *Petunia*, 4% *Lobularia*, 3 %*Ageratum*, 2% *Dahlia* rote Farben, *Gazania*, *Senecio*, *Begonia*, *Pelargonium*, 1% und darunter *Kochia*, *Cleome*, Hanf, *Cobaea*, *Celosia*, *Helianthus*, *Heliotropium*, *Impatiens*, *Nicotiana*, *Mirabilis*, *Perilla*, *Phlox drummondii*, *Ricinus*. — Die Breite des Sortiments ist notwendig, weil jedes Jahr andere Witterungsbedingungen auftreten und mit Ausfällen zu rechnen ist. Das Sortiment bleibt natürlich der ständigen Weiterentwicklung entspr. ständig im Fluß. Stets gilt es aus der Fülle der Einjahrsblumen die herauszufinden, die widerstandsfähig sind, eine lange Lebensdauer haben, Gleichmäßigkeit im Wachstum zeigen, deren Kultureigenschaften und Ansprüche den Erfordernissen der Anzucht, der Pflanzung und der Pflegemöglichkeit entsprechen und in Farbe und Form den Vorstellungen entsprechen. Technisch wird noch erwähnt, daß sich der „Neucapot" bei der Anzucht gut bewährt hat, daß man die Bepflanzungspläne auf den Maßstab 1:100 bringt und von komplizierten Flächenaufteilungen Abstand nimmt. U. Walter. 1342.

2-68/10-0776 Kováts, Z. Palántáról nevelt egynyári virágok magtermesztése őszi vetéssel. **(Saatguterzeugung von aus Jungpflanzen aufgezogenen Einjahrsblumen bei Wintersaat.)** Mezögazdasági Kutatások, Föbb Eredményei **1966** (hrsg. 1967) S. 158-164. — Aus: Ung. Agrar.-Rdsch. **1968** N. 2. 1342.

2-68/10-0777 Skirde, Werner. **Artenkombination und Sortenfragen beim Aufbau von Mischungen für Zier- und Gebrauchsrasen.** Gartenamt **1968** Nr. 3. S. 85-91. — 11 Abb., 2 Tab.
Aus einer Analyse gegenwärtig angebotener Rasenmischungen geht hervor, daß die meisten Mischungen aus einer nicht genau durchdachten Kombination von Gräsern bestehen. Für einen guten Zierrasen werden vor allem ästhetische Ansprüche bei genügender Trittfestigkeit geltend gemacht. Für den Zierrasen eignen sich *Agrostis canina canina*, *A. stolonifera* var. *palustris* bzw. *maritima*, *A. tenuis* und *Festuca rubra commutata* sowie bes. Formen und Sorten von *F. rubra rubra*. Eine Kombination von 80···90% *Festuca rubra* und 10···20% *Agrostis* garantiert bei intensiver Pflege einen guten Zierrasen. Beim Sportrasen wird in erster Linie die Forderung nach Tritt-, Druck- und Reißfestigkeit erhoben. Eine Sportfeldmischung soll sich aus Narbenbildnern, Trittgräsern und Stabilisatoren der Narbe zusammensetzen. Als Narbenbildner werden genannt *Poa pratensis*, *P. trivialis*, *F. rubra*, Trittgräser sind *P. annua* und *Lolium perenne*, als Stabilisatoren gelten *Cynosurus cristatus* und *Phleum pratense*. Ein Gebrauchsrasen stellt eine Kombination der Ansprüche von Zier- und Sportfeldrasen, demzufolge auch eine Artenkombination dar. *F. rubra commutata* und *F. rubra rubra* stellen Grundbausteine des Gebrauchsrasens dar, eventuell ersetzt durch *F. ovina duriuscula*. Die Arten werden ergänzt durch *P. pratensis* und *A. tenuis*. Vf. weist auf die bekannte Problematik der Verwendung von *L. perenne* hin. Es geht ferner ein auf die interessante Frage der Bestandsentwicklung von Rasenansaaten. Für Zierrasen, Gebrauchsrasen, Sportfeldrasen und „Zierwiesen" werden Mischungsbeispiele angeführt. Es wird gesagt, daß der Sortenfrage weit mehr Beachtung als bisher geschenkt werden muß. Von den einzelnen Arten werden die empfehlenswerten Sorten und ihre Verwendungsmöglichkeiten genannt. F. H. Pfützner. 1345.

2-68/10-0778 Skirde, Werner. **Entwicklung, Stand und Ziele der Rasenforschung in Gießen.** Gartenamt **1968** Nr. 3. S. 104-107. — 7 Abb.
Seit 1960 wird in Gießen Rasenforschung getrieben, seit 1964 experimentell, zunächst nur für Zier-, Gebrauchs- und Sportfeldrasen. Heute zeigt sich die Notwendigkeit, die Experimente auf Wirtschaftsrasen auszudehnen. Die Arbeit begann mit dem Aufbau eines Sortiments an Herkünften und Zuchtsorten der wichtigsten Rasengräser. Es folgten Versuche mit Saatmischungen, Saatzeit- und Aussaatmengenversuche. Weiter wurden Fragen der Düngung, der Unkrautbekämpfung und des Schnittes untersucht. Die Ergebnisse aller Untersuchungen werden in 8 Thesen zusammengefaßt, deren Inhalt in anderen Veröffentlichungen schon ausführlicher behandelt wurde. Es werden skizziert: Sortenfrage, Rasenmischungen, Saatmengen, Düngung, Schnitthöhe, Prüfung neuer Arten und Formen. Der Ausblick auf die kommenden Aufgaben zeigt die Schwierigkeiten und den Umfang der Arbeiten, die der Rasenforschung ein weites Betätigungsfeld offenlassen. F. H. Pfützner. 1345.

2-68/10-0779 Aoba, T. Effects of different temperatures on seed germination of garden ornamentals in Allium. (**Der Einfluß unterschiedlicher Temperatur auf die Samenkeimung von Allium-Zierpflanzen.**) J. Jap. Soc. horticult. Sci. **36** (1967) Nr. 3. S. 333-338. — 1 Abb., 3 Tab., 9 Lit. Orig.: jap., Ausz.: engl.
21 *Allium*-Arten wurden überprüft. Die Masse von 100 Samen liegt je nach Art zwischen 69 und 855 mg. Die Keimfähigkeit der Samen wurde bei 5, 13 und 20 °C beobachtet. Die Ergebnisse wurden in einer Tab. zusammengestellt. Die *Allium*-Arten werden in folgende 4 Typen eingeteilt: 1. Keimung erfolgt unter warmen Bedingungen (20 °C); 2. Keimung unter kühlen Bedingungen (5···13 °C); 3. Keimung unter kalten Bedingungen (2 bis 7 °C); 4. Keimung zwischen 5 und 25 °C). Die unter 4 genannten werden meist schon lange als Gemüsepflanzen genutzt. Wahrscheinlich hängt die optimale Keimtemperatur eng mit der Temperatur im Herkunftsland zusammen. Weil die meisten *Allium*-Arten bisher nicht züchterisch bearbeitet worden sind, haben sie diese Eigenschaften beibehalten.
U. Walter. 1345.

2-68/10-0780 Rippl, H. **Stauden, ein vollwertiges Kompositionsmaterial.** Dtsch. Gartenarchitektur **9** (1968) Nr. 1. S. 19-20. — 3 Abb.
Die Staude ist wie kein anderes Pflanzenmaterial zu Zusammenstellungen geeignet. Dazu tragen ihre große Farbenpalette, ihre unterschiedlichen Wuchshöhen, ihr jahreszeitlich bedingter Gestaltwandel und ihre unübersehbare Mannigfaltigkeit bei. Hauptgesichtspunkte bei der Neuanlage eines Parks waren: 1. Das räumliche Gefüge der Staudenpflanzung von mehreren Seiten voll wirksam werden zu lassen, 2. Verwendung von Massenblühern zur

Erhöhung der Publikumswirksamkeit, 3. Dauerflor, deshalb die Polyantharose als Hauptfarbe, die von allen anderen begleitet und gesteigert wird. Im Frühjahr wirkt eine andere Palette. 4. Geringer Pflegeaufwand mit dem Ziel, ohne Totalumpflanzung den Bestand 10 Jahre lang voll wirksam zu erhalten. 5. Pflanzenauswahl so, daß wenig Unkraut auftritt und auch ungelernte Kräfte solche Anlagen pflegen können. U. Walter. 1345.

2-68/10-0781 Scherzer, J. **Erfahrungen mit Stauden im öffentlichen Grün am Beispiel der Stadt Cottbus.** Dtsch. Gartenarchitektur **9** (1968) Nr. 1. S. 21.
Bei der Planung wird zuerst vom Charakter der jeweiligen Staudenpflanzung ausgegangen, dann diese in leichtüberschaubare Flächen eingeteilt, das Pflanzengerüst von den Pflanzflächen abgezogen. Dann werden die einzelnen Arten mit ihren Eigenschaften aufeinander abgestimmt und flächen- und stückmäßig errechnet. Daraus wird die Pflanzenliste zusammengestellt. Der die Pflanzung Ausführende muß ein guter Staudenkenner mit gutem Vorstellungsvermögen für naturhafte Bilder sein. Das Beste wäre, der Projektant legt die Pflanzen selbst aus. — Arbeitserleichternd hat sich die Einteilung nach Blütezeitschwerpunkten erwiesen. — Eine gute Bodenvorbereitung, bes. Lockerung und Unkrautfreiheit, ist Voraussetzung für gute Wirkungen. Es hat sich als nützlich erwiesen, die für Stauden vorgesehenen Flächen im ersten Sommer mit Einjahrsblumen zu bebauen. Zweckmäßig ist es, für die Pflegeanleitung aller Staudenanlagen einer Stadt eine Fachkraft einzusetzen. Gedämpfte Komposterde zur jährlichen Bodenverbesserung ist sehr vorteilhaft. — Das Abdecken von abgeblühten Vorsommerstauden durch Herbststauden oder Gräser ist wichtig. Auch das Zwischenpflanzen von Sommerblumen oder Zwiebeln kann noch zu einer Erhöhung der Wirkung beitragen. U. Walter. 1345.

2-68/10-0782 Reiche, Karlheinz. **Zur Ökonomie von Staudenpflanzungen im öffentlichen Grün.** Dtsch. Gärtnerpost **20** (1968) Nr. 12. S. 8. — 1 Abb.
Zahlen beweisen eindeutig, daß der ökonom. Vorteil auf Seiten der Stauden liegt. Ihre Pflegekosten betragen den 4. bis 5. Teil der der Sommerblumen; der Zeitaufwand ist etwa nur halb so hoch wie bei Sommerblumen. Die verstärkte Verwendung von Stauden hilft mit, die Arbeitsspitzen abzubauen. Bei Anwendung der Staude bestehen umfangreiche Möglichkeiten zur Rationalisierung durch Pflanzenauswahl, Pflanzenanordnung und Anwendung biol. Pflegemaßnahmen. Es besteht die Notwendigkeit, die Qualifikation des Pflegepersonals zu erhöhen. U. Walter. 1345.

2-68/10-0783 Rippl, H. **Die Staude als vollwertiges und selbständiges Gestaltungselement.** Dtsch. Gärtnerpost **20** (1968) Nr. 13. S. 5. — 1 Abb. 1345.

2-68/10-0784 Frohner, W. **Untersuchungen zum optimalen Nährstoffangebot und Nährstoffverhältnis bei Asparagus sprengeri.** Gartenbauwissenschaft **32**(14) (1967) Nr. 4. S. 343 bis 352. — 7 Tab., 4 Lit. Zus. in Engl., Franz. — nach Zus.
Unter Verwendung von Floranid als langsam wirkende N-Quelle wurden Torfkultursubstrate mit verschiedenem Nährstoffspiegel hergestellt. In diesen Substraten wurde *Asparagus sprengeri* mit und ohne Nachdüngung kultiviert. Das höchste Nährstoffangebot bei der Grund- und Nachdüngung führte zu den besten Erträgen. Mit Hilfe von Substratanalysen vor und nach der Kultur bzw. durch Pflanzenanalysen wurde eine Nährstoffbilanz ermittelt. In der Optimalreihe wurden die Nährstoffe zu Versuchsbeginn im Verhältnis $N:P_2O_5:K_2O$ wie 4,9:1:2,4 verabreicht, insgesamt während der ganzen Kulturzeit im Verhältnis 2,76:1:2,84. Aus der Nährstoffbilanz ergab sich, daß eine weitere Erhöhung des N-Angebotes wahrscheinlich vorteilhaft gewesen wäre. Es folgen allg. Betrachtungen über das optimale Verhältnis, in dem die Nährstoffe angeboten werden sollten, soweit sie sich aus der Nährstoffbilanz bzw. aus der Pflanzenanalyse ergaben. 1352.

2-68/10-0785 Søndergård Nielsen, H. Asparagus plumosus-sektionens forsøgsresultater 1967. II. **(Versuchsergebnisse der Asparagus-plumosus-Sektion 1967. 2. Mitt.)** Gartner Tid., København **84** (1968) Nr. 14. S. 219–223. — 2 Abb., 9 Tab.
Die Größe von *A.*-Pflanzen aus Samen war nicht abhängig von der Samengröße. Samensortierung lohnte also nicht, man mußte trotzdem die Pflanzen auslesen. — Unkrautbekämpfung mit CMU schädigte *A.* 15 g Simazin/100 m² etwa 4 Wochen nach dem Auspflanzen sind zu empfehlen, dürfen aber in derselben Kultur nicht wiederholt werden. — Auspflanzung auf Tischen gab selbst bei 40 cm Erdschicht Ertragsminderung. Bei Auspflanzung ins Grundbeet muß also noch tiefer gelockert werden. — Sortierung der Pflanzen nach

Größe bei vegetativer Vermehrung gab nur im ersten Jahr leichte Ertragssteigerung. Dann hatten die kleinen Pflanzen aufgeholt. — Die normale Pflanztiefe (Wurzelhals etwa 2 mm unter Erdoberfläche) mußte eingehalten werden, da sonst Ertragsminderung eintrat. – Wenn *A.* wiederholt in derselben Erde gezogen werden sollte, war zu dämpfen oder mit Chlorpikrin zu behandeln. — Die Auswirkung verschiedener Schnittmethoden auf den Ertrag wird von 3 weiteren Versuchen angegeben. W. Warwel. 1352.

2-68/10-0786 Seibold, Hans. **Kulturwürdige Dracaenen.** Zierpflanzenbau 8 (1968) Nr. 6. S. 207-208. 1352.

2-68/10-0787 Tepe, W. **Versuch mit Terraktiv S 14/10/14 zu Cyclamen.** Zierpflanzenbau 8 (1968) Nr. 5. S. 173. — 2 Abb., 2 Tab.
Terraktiv S enthält 14% N, 10% P_2O_7 und 14% K_2O, ein Nährstoffgehalt wie viele andere auf dem Markt befindliche Dünger, unterscheidet sich aber in den Ballaststoffen, ist z. B. ärmer an Na. Der Chloridgehalt liegt < 1%, Terraktiv ist also als chloridfreier Dünger anzusprechen. Er ist voll wasserlöslich und enthält 1···1,5% MgO sowie B, Cu, Zn, Mo, Mn und Fe. Wie alle diese Dünger hat er sich in der Praxis als Grunddünger und zur Flüssigdüngung im Konzentrationsbereich 2···4‰ gut bewährt. Ein Versuch mit Cyclamen bestätigte die Vermutung, daß dieser ballastarme Dünger bei Überdüngungsfehlern weniger gefährlich ist. Bei 7‰ fällt zwar die Leistung der Pflanze, doch bleiben die Werte der Nährstoffanalyse im verträglichen Bereich. Die günstigste Konz. bei Flüssigdüngung liegt für diesen Dünger bei 3···5‰. U. Walter. 1355.

2-68/10-0788 Fritzsche, G. **Die Kurzkultur der Cyclamen.** Gartenbauwirtschaft, Wien 1968 Nr. 2. S. 26-27. — 6 Abb.
Um in der Cyclamenkultur möglichst rationell zu arbeiten, muß die Kultur möglichst kurz sein. Die richtige Anzucht der Jungpflanzen ist dabei von ausschlaggebender Bedeutung. Sorten, die kleinblättrig sind und sich kompakt aufbauen, verdienen den Vorzug bei der Sortenwahl. Bei Breitsaat, Keimtemperatur von 18···20 °C sind die Sämlinge 8 Wochen nach der Aussaat fertig zum Pikieren. Rechtzeitiges Pikieren sichert flottes Wachstum. Bereits beim Pikieren sollen nur die besten Pflanzen weiterkultiviert werden, alle schwachen sind auszumerzen. J. G. Gründler. 1355.

2-68/10-0789 Hoffmann, K. und Wagner, H. **Gloxinien-Frühkultur.** Dtsch. Gärtnerpost 20 (1968) Nr. 13. S. 8. — 2 Abb.
Der Betriebsteil Quedlinburg des VEG Zierpflanzen, Erfurt, hat sich auf die Produktion von Gloxinien-Jungpflanzen spezialisiert. Gleichzeitig erfolgt dort die Züchtung, deren Ergebnis bisher die Sorte 'Harzglocke' ist, mit 22 Wochen Kulturzeit die früheste Sorte. Der Betrieb ist in der Lage, von Jan. bis März 2mal pikierte Jungpflanzen zu liefern. Die zugekauften Jungpflanzen müssen sofort nach Eintreffen in einem Raum von 22···25 °C untergebracht werden. Die Weiterkultur erfolgt in Weißtorf mit Zusatz von 3 kg $CaCO_3$ und 5 kg Wopil. 10 cm Topfgröße ist ausreichend, ein Zwischentopf ist nicht nötig. Es können jedoch ab März vom Jungpflanzenbetrieb auch Jungpflanzen in Torftöpfen bezogen werden. Die Temperatur muß bis zum Farbezeigen der Knospe bei 22···25 °C liegen. Vor dem Verkauf ist Abhärten zu empfehlen. Die Sorten 'Enzett Harzglocke', 'Fanfare', 'Enzett Roter Samt', 'Berliner Rot' und 'Rotkäppchen' blühen in der genannten Reihenfolge in einem Zeitunterschied von 12···24 d. Die Kultur von *Sinningia*-Fertigware ist sehr rentabel, wenn die Pflanzen durch eine gute Kulturführung schnell zur Blüte kommen. Bei einem Pflanzguteinsatz von 0,22 M pro Jungpflanze und einem Erlös von 2200,— M je 1000 Stück kann ein Kostensatz von 65 erreicht werden. U. Walter. 1355.

2-68/10-0790 Gugenhan, E. **Düngungssteigerungsversuch bei Gloxinien.** Erwerbsgärtner, Stuttgart 22 (1968) Nr. 9. S. 369-371. — 10 Abb.
Es sollte festgestellt werden, welche Unterschiede in Wachstum, Blühwilligkeit und Blühtermin bei Gloxinien auftreten bei der Anwendung verschiedener fester und flüssiger Düngemittel. Die Sorte 'Scharlachkugel' wurde praxisüblich kultiviert. Die Kopfdüngung setzte nach dem Eintopfen ein, wobei die Konz. der verschiedenen Düngerlösungen so gewählt wurden, daß die N-Werte annähernd vergleichbar waren. Es zeigte sich eindeutig, daß bei Verwendung verschiedener Flüssigdünger bei Zugrundelegung gleicher N-Mengen etwa gleiche Resultate zu erzielen sind. Auch die Verwendung eines voll wasserlöslichen Düngers brachte ähnliche Ergebnisse. Wichtig ist nur, die optimale Düngungshöhe zu erreichen,

diese lag hier bei wöchentlicher Düngung bei etwa 40···80 g N je 100 l Lösung. Ebenfalls recht gute Ergebnisse wurden mit den Dauerdüngern Plantosan und Floranid Nitrophoska erzielt. Es muß jedoch nach einer gewissen Kulturzeit eine flüssige Nachdüngung erfolgen.
U. Walter. 1355.

2-68/10-0791 Meinusch, Friedrich. **Gloxinera in Europa.** Zierpflanzenbau 8 (1968) Nr. 4. S. 119–120. — 2 Abb.
Gloxinera sind Kreuzungen der Gattungen *Rechsteineria* und *Sinningia.* Es sind meist grazile Pflanzen von enormer Blühwilligkeit, die aber nur Liebhaberwert besitzen. Vf. beschreibt die Kreuzung von *Rechsteineria leucotricha* und *Sinningia eumorpha.*
U. Walter. 1355.

2-68/10-0792 Rünger, W. **Über die Abhängigkeit der Blütenbildung und -entwicklung mehrerer Kalanchoesorten von Tageslänge und Temperatur.** Gartenbauwissenschaft **32**(14) (1967) Nr. 3. S. 213–225. — 3 Abb., 1 Tab., 12 Lit. Zus. in Engl., Franz. — nach Zus.
Mit 9 *Kalanchoe*-Sorten wurden Untersuchungen über die kritische Tageslänge, den Einfluß der Temperatur während verschieden langer Kurztagperioden und während der Entwicklung des Blütenstandes ausgeführt. Bei etwa 20···25 °C liegt die kritische Tageslänge je nach Sorte etwa zwischen $10^3/_4$ und $12^1/_2$ h täglich. Während der Kurztagperiode liegt das Temperaturoptimum für die Blüteninduktion bei einigen Sorten bei 20 °C, bei den meisten bei 20···25 °C. 10 und 30 °C sind sehr ungünstig, ausgenommen bei der Sorte 'Amethyst', die bei diesen beiden Temperaturen noch reichlich Blüten bildet. Die notwendige Dauer der Kurztagperiode ist bei den meisten Sorten, die schon als kleine Pflanzen blühen, kürzer als bei denjenigen, die erst als größere Pflanzen blühen. Bei allen Sorten wird die Entwicklung des Blütenstandes mit von 15···25 °C zunehmender Temperatur beschleunigt, doch je nach Sorte entwickelt sich der Blütenstand verschieden schnell, die Differenzen zwischen den untersuchten Temperaturen sind verschieden groß. 1355.

2-68/10-0793 Rünger, W. **Über Kurz- und Langtageinflüsse auf noch nicht blühfähige Pflanzen mehrerer Kalanchoesorten.** Gartenbauwissenschaft **32**(14) (1967) Nr. 5. S. 399 bis 407. — 2 Abb., 2 Tab., 4 Lit. Zus. in Engl., Franz. — nach Zus.
Nach den Versuchsergebnissen ist bei den 7 untersuchten *Kalanchoe*-Sorten die Dauer des Jugendstadiums verschieden. Wenn die Pflanzen nach der Keimung im Kurztag stehen und rechtzeitig in den Langtag überführt werden, bleiben sie vegetativ. Der Tageslängenwechsel muß bei 'Tom Thumb', 'Vulkan' und 'Alfred Gräser' spätestens nach dem Erscheinen des 3. und 4. Blattpaares und bei 'Ramona', 'Goldrand' und 'Rotglut' spätestens nach Erscheinen des 9.–10. Blattpaares erfolgen. Durch einen späteren Wechsel vom Kurztag in den Langtag wird die Blütenbildung nicht mehr verhindert. Auch im Jugendstadium ist der Habitus der 7 *Kalanchoe*-Sorten im Kurztag und im Langtag unterschiedlich, doch sind je nach Sorte die Unterschiede verschiedenartig. Ganz allg. sind im Kurztag die Blätter kleiner und sukkulenter und die Internodien und die Blattstiele kürzer als unter Langtagbedingungen. Bei allen untersuchten Sorten haben Kurztage im Jugendstadium eine Wirkung, derzufolge unter den anschließenden Langtagbedingungen eine Wuchsminderung eintritt. Die Wuchshemmung ist um so größer, je länger die Kurztagperiode innerhalb des Jugendstadiums dauert. 1355.

2-68/10-0794 Herklotz, A. und Bölükbaşi, Türkân. **Über den Einfluß konstanter Temperaturen auf die Samenkeimung von Primula obconica Hance 'Bayernblut'.** Gartenbauwissenschaft **32**(14) (1967) Nr. 5. S. 409–413. — 1 Abb., 1 Tab., 7 Lit. Zus. in Engl., Franz. — nach Zus.
Die Samenkeimung von *Primula obconica* 'Bayernblut' kann in einem ziemlich weiten Temperaturbereich erfolgen (2···25 °C). Das Temperaturmaximum (um 30 °C) liegt nur wenig über einer Temperatur, bei der optimale Keimung erfolgt. Mit abnehmender Temperatur unterhalb des optimalen Bereiches (25···15 °C) wird der ungünstige Einfluß niedriger Temperaturen zunehmend stärker. Die durch 30 °C verursachte Blockierung der Samenkeimung wird ohne Nachwirkung aufgehoben, wenn anschließend günstige Temperaturen einwirken. 1355.

2-68/10-0795 Sachs, R. M., Kofranek, A. M. und Shyr, Shiow-Ying. Gibberellin-induced inhibition of floral initiation in fuchsia. **(Gibberellin-induzierte Hemmung der Blüteninduktion bei Fuchsia.)** Amer. J. Bot. **54** (1967) Nr. 7. S. 921–929. — 4 Abb., 6 Tab., 39 Lit.

Bei der Langtagsorte *Fuchsia hybrida* 'Lord Byron' bewirkt Gibberellsäure eine Hemmung der Blüteninduktion im Langtag. Diese Erscheinung, die bei einer Menge von 0,025 μg pro Pflanze erreicht wurde, wurde bei Verwendung von Auxinen, Antiauxinen oder Kininen erst in 10···100facher Konz. erreicht, wobei aber im Gegensatz zur GS-Anwendung eine gleichzeitige Hemmung der vegetativen Entwicklung bewirkt wurde. Die durch GS induzierte Hemmung steigt mit zunehmender Konz. und nimmt mit der Zahl der Langtage, die vor der Behandlung gegeben wurde, ab. Ist die Blüte bereits induziert, läuft die Weiterentwicklung unbeeinflußt von einer GS-Gabe ab. Die Hemmwirkung der GS hält in Abhängigkeit von der Konz. nur wenige Tage an. E. Haenchen. 1355.

2-68/10-0796 Härig, Helmut. **Pelargonien aus Samen.** Zierpflanzenbau 8 (1968) Nr. 4. S. 133. 1355.

2-68/10-0797 Heinrichs, Gerd. **Topfpflanzen-Selbstbedienung für Einzelhändler.** Erwerbsgärtner, Stuttgart **22** (1968) Nr. 16. S. 751-753. — 7 Abb. 1355.

2-68/10-0798 Rees, A. R. The initiation and growth of tulip bulbs. (**Anlage und Wachstum von Tulpenzwiebeln.**) Ann. Bot., London [N. S.] **32** (1968) Nr. 125. S. 69-77. — 3 Abb., 2 Tab., 8 Lit.
Tulpenmutterzwiebeln enthalten Tochterzwiebeln. Zwischen Febr. und Juli wird innerhalb der Tochterzwiebel eine 2. Tochterzwiebelgeneration angelegt, zuerst in den Achseln der äußersten Schalen, im 4-Wochen-Abstand etwa die nächsten, zuletzt in den Achseln der innersten, gleichzeitig mit der Blüte in der Tochterzwiebel (Anfang Juli). Die zuletzt gebildeten Zwiebeln übertreffen größenmäßig bald die der äußeren Schalen. 3 Wachstumsphasen ließen sich unterscheiden: langsames Wachstum im Winter, schnelles im Herbst und Frühjahr. Die herbstliche Wachstumsrate wird beeinflußt durch die Apikaldominanz der Mutterzwiebel. Die Länge der Phasen ist abhängig von der Lage der Tochterzwiebeln; der anfängliche Vorsprung im Zuwachs der inneren Tochterzwiebeln wird in der Herbstphase durch längere Wachstumszeit der äußeren Zwiebeln teilweise ausgeglichen. Im zeitigen Frühjahr wachsen alle Tochterzwiebeln rasch, die schließlich erreichte Zwiebelmasse ist am größten in den innersten Zwiebeln. Optimale Wachstumsbedingungen im Frühjahr erhöhen die Gesamtmasse, fördern also nicht eine bestimmte Tochterzwiebel. Verwendet wurden Zwiebeln der Sorte 'Rose Copland'. R. Hartmann. 1360.

2-68/10-0799 Raalte, D. van. **5 °C-Tulpen. Neuzeitliche Blumenzwiebeltreiberei.** Gartenwelt **68** (1968) Nr. 4. S. 78-79. — 5 Abb.
Vf. behandelt einige Fragen der neueren Blumenzwiebeltreiberei. Bei 5 °C gekühlte Tulpen wachsen in der Treiberei schneller und höher als bei 9 °C gekühlte. Am wirtschaftlichsten sind 5 °-Tulpen wahrscheinlich als Zwischenkultur (Weihnachtsblüte) zu Nelken oder Chrysanthemen z. B. oder in Rollhäusern. Um mit Sicherheit ausreichend entwickelte Zwiebeln zu kühlen, verwendet man dabei auch Zwiebeln aus südeurop. Ländern oder vermehrt (in den Niederlanden) bei Bodenheizung. Nasse Frühjahrsmonate verzögern wahrscheinlich die Wurzelbildung in der Treiberei. Die Bodentemperatur für die Weihnachtstreiberei sollte bei 5°-Tulpen nicht über 13 °C (Südzwiebeln) und 16 °C (niederl. Zwiebeln) liegen, für spätere Blüte nur 13 oder 11 °C. Bes. zu Treibbeginn viel Wasser geben. — In der Kunstlichttreiberei verwendet man neuerdings Fluoreszenz-Leuchtstoffröhren (Gro-Lux, Fluora), deren spektrale Zusammensetzung praktisch mit der Assimilationskurve der Pflanzen übereinstimmt. — Schließlich berichtet Vf. über einige Fragen beim Verkauf vorgetriebener Hyazinthen, u. a. über den neuen Kunststofftopf aus Lisse (Niederlande). Ein Gemisch aus Polystyrol und Wasser schien am geeignetsten, um Wasser auf Vorrat mitzugeben. R. Hartmann. 1360.

2-68/10-0800 Graaff, Jan de und Hyams, Edward. Lilies. (**Lilien.**) London: Thomas Nelson and Sons Ltd. 1967. (142 S. m. 47 Abb.) 8°. 42 s = The Gardener's Library.
Das Buch enthält nicht nur für den Liebhaber interessante Informationen über Züchtung und Kultur von Lilien. Die Autoren berichten über ihre Erfahrungen als Großanbauer (J. de Graaff) und als Amateur (E. Hyams). Nach einem Rückblick über die Geschichte der Lilie werden die an der züchterischen Entwicklung beteiligten Arten vorgestellt. Den Hauptteil des Buches bilden Kulturhinweise und Informationen (Eltern, Vermehrung, Pflanzenschutz) über die bekanntesten Züchtungen. Nicht zuletzt durch 47 Farbaufnahmen

(H. von Wall) wird der Leser mit den wichtigsten Hybriden und deren Herkunft bekanntgemacht. R. Hartmann. 1360.

2-68/10-0801 **Versuche zur Verlagerung der bisher üblichen Veredlungszeit bei Freilandveredlungen in der Baumschule.** Berlin, Inst. für Zierpflanzenbau der Humboldt-Univ. Plan-Nr.: 4501 018 7009/65. 35 S. Abschlußber. (5/4. 1968).
Die Versuche zur Winterveredlung wurden in den Monaten Jan. bis März ausgeführt. Neben der Handveredlung kam bes. die Maschinenveredlung mit der Rebveredlungsmaschine „RH 53 Export" zur Anwendung, die die Arbeitsproduktivität beim Veredeln wesentlich steigert. Unter variierten Temperaturbedingungen lagerten die Veredlungen bis April. Daran schloß sich die Freilandpflanzung an. Nach praxisüblicher Pflege wurde im Okt./Nov. desselben Jahres gerodet. Die Gesamtkulturzeit konnte um ein Jahr verkürzt werden. Der Ertrag an handelsfähigem Pflanzgut lag jedoch erheblich unter dem einer üblichen Anzucht durch Okulation. Die Winterveredlung mit anschließender Freilandaufschulung ist deshalb mit den angewendeten Methoden in Baumschulbetrieben nicht erfolgversprechend. 1380.

2-68/10-0802 Schellekens, A. F. C. M. und Paassen, J. T. M. v. „Beworltelingsonderzoek bij rozen" in het Zuidhollands glasdistrict. (**Untersuchungen zur Durchwurzelung der Rosen im südholländischen Gartenbauzentrum.**) Vakbl. Bloemisterij **23** (1968) Nr. 7. S. 208–209. — 5 Abb.
Das häufige Auftreten von Chlorosen bei Hausrosen in Südholland war Veranlassung, dem vermutlichen Zusammenhang zwischen Chlorose und Durchwurzelung nachzugehen. In die Untersuchungen wurden verschiedene Bodentypen einbezogen. Dabei wurde berücksichtigt, daß die Rose den Boden optimal bis in 1,20 m Tiefe durchwurzelt. Während die Krume von fast allen untersuchten Bodenprofilen ausreichende Voraussetzungen für gute Durchwurzelung bot, zeigten sich in vielen Fällen in 20···60 cm Tiefe Bodenverdichtungen von etwa 10···20 cm Stärke, die sich wegen ihrer geringen Porösität ungünstig auf den Wasserhaushalt und damit auf das Pflanzenwachstum auswirkten. Der Untergrund bot je nach Struktur und Höhe des Grundwasserstandes mehr oder weniger günstige Voraussetzungen für die Wurzeldurchdringung. Bes. im Winterhalbjahr wirkten sich zu hohe Grundwasserstände oder auch stauende Nässe als Folge von Bodenverdichtungen nachteilig auf das Wurzelwachstum aus. Ein direkter Einfluß des Bodenprofils auf die Wurzelbildung ließ sich nicht nachweisen. Wahrscheinlich sprechen auch pH-Wert und Bodentemperatur bei den Erscheinungen der Chlorose mit. Empfohlen wird, vorhandene Bodenverdichtungen zu zerstören und Neubildungen durch Bodenverbesserung (Torfbeimengung) vorzubeugen und die Wasserführung evtl. durch Dränage zu regulieren. Auf feinkörnigen Böden ist das Fräsen wegen der Gefahr der Bodenentmischung zu vermeiden. R. Peschel. 1380.

2-68/10-0803 Albrecht, H. J. **Rhododendron-Stecklingsvermehrung unter Folie.** Obstbau, Berlin **8** (1968) Nr. 3. S. 46–47. — 3 Abb.
Zur Gewinnung von Unterlagen wurde die Sorte 'Cunninghams White' am 13. 10., 28. 10. und 25. 11. 66 geworben und wie üblich geschnitten. Die Blätter wurden nicht eingekürzt. Das Vermehrungsbeet wurde folgendermaßen zurechtgemacht: auf die Zementplatten wurde Folie gelegt, darauf 5 cm Torf und 3 cm Torf-Sand-Gemisch = 2:1. Nach dem gründlichen Wässern wurde gesteckt, die Stecklinge wurden von allen Seiten so dicht mit Polyäthylenfolie (0,1 mm) umhüllt, daß keine Feuchtigkeit heraus konnte. Während der ganzen Zeit (18 Wochen) darf diese Folienhülle nicht entfernt werden, auch nicht für kurze Zeit. Solange sich Tröpfchenbildung zeigt, sind die Feuchtigkeitsverhältnisse in Ordnung. Andernfalls muß auf Undichtigkeiten überprüft und evtl. nachgewässert werden. Die Bodentemperatur lag am Anfang bei 10···12 °C und wurde ab Jan. auf 18···20 °C erhöht. Alle unter Folie befindlichen Stecklinge hatten ein hohes Anwachsergebnis (88···100%), während die nicht unter Folie stehenden Stecklinge nur vom Satz Ende Nov. ein befriedigendes Ergebnis (70%) brachten. Die anderen lagen weit darunter. Außerdem zeigte sich unter Folienhülle eine wesentlich stärkere Bewurzelung. Die Vorteile dieses Verfahrens liegen in den höheren und sichereren Anwachsergebnissen, der Möglichkeit, den Vermehrungszeitraum auszudehnen und dem verminderten Arbeitsaufwand bei der Pflege.
U. Walter. 1380.

2-68/10-0804 Barabits, E. **Eine neuentdeckte ungarische wintergrüne Eiche.** Dtsch. Baumschule **20** (1968) Nr. 2. S. 46.48. — 2 Abb.

In dem in Jeli in Ungarn gelegenen, rd. 70 ha großen Arboretum wurde eine neue wintergrüne Eiche gefunden. Diese Eiche ist nicht mit *Quercus cerris* 'Ambrozyana' Simonkai identisch, wie anfänglich vermutet wurde. Sie wurde *Quercus pubescens* 'Migazziana' Barabits genannt. Die wintergrünen Blätter mit verkehrt eiförmiger Blattspreite dauern bis zum Frühjahr. Die Blätter wachsen während der ganzen Vegetationsperiode, erreichen jedoch höchstens die Länge von 10 cm. Die jungen Blätter sind weichhaarig, an den Triebspitzen ganz klein und stark gewellt. Die eiförmigen, etwas zugespitzten Knospen sind braunrot gefärbt. Die jungen Triebe sind purpurrot und weichhaarig, später braun. Die Originalpflanze ist bis jetzt 1,5 m hoch, strauchartig und noch unfruchtbar.
F. H. Pfützner. 1380.

2-68/10-0805 Bärtels, A. **Juglans im Winter.** Dtsch. Baumschule **20** (1968) Nr. 2. S. 42-45. — 6 Abb., 1 Tab.
Für die wichtigsten *Juglans*-Arten werden Unterscheidungsmerkmale genannt, die es leicht machen, die Arten auch im blattlosen Zustand auseinanderzuhalten. Zunächst wird eine Abgrenzung der *Juglans*-Arten gegenüber den anderen *Juglandaceae* gegeben. Die Arten *J. cinerea*, *J. cordiformis*, *J. mandschurica*, *J. microcarpa*, *J. nigra*, *J. regia* werden näher beschrieben. Es ist bes. die Tab. zu erwähnen, in der die Unterscheidungsmerkmale der Arten nach Zweigen, Endknospen, Seitenknospen, Blattnarben und Mark aufgeführt sind.
F. H. Pfützner. 1380.

2-68/10-0806 Márk, G. Kiültetésre legalkalmasabb floribunda és polyantha rózsák. **(Die zur Kultur geeignetsten Floribunda- und Polyantharosen.)** Mezögazdasági Kutatások, Föbb Eredményei **1966** (hrsg. 1967) S. 169-173. — Aus: Ung. Agrar-Rdsch. **1968** Nr. 2.
1380.

2-68/10-0807 Bärtels, A. **Stewartia pseudocamellia Maxim.** Dtsch. Baumschule 20 (1968) Nr. 4. S. 101-102. — 3 Abb., 1 Lit. 1380.

X. PFLANZENZÜCHTUNG

B. Allgemeine Pflanzeuzüchtung

2-68/10-0808 Astaurov, B. Nasledstvennost' i razvitie — starye problemy segodnja i zavtra. **(Vererbung und Entwicklung — ein altes Problem, heute und morgen.)** Genetika, Moskva **1967** Nr. 10. S. 181-184.
Vf. würdigt die Fortschritte der genetischen Erkenntnisse zu Beginn des Jahrhunderts durch die Anwendung der Chromosomentheorie, stellt aber die Frage „wie arbeitet das Gen?". Die Untersuchungen zur Wirkung der DNS und die Ergebnisse der physiol. Genetik und der Entwicklungsphysiol. weisen dazu den Weg. H. Müller. 1515.

2-68/10-0809 Skiebe, Kurt. **Polyploidie und Idiotyp.** Dtsch. Akad. Landwirtsch.-Wiss. Berlin, Tag.-Ber. **1969** Nr. 101. — 8 Abb., 6 Tab., 50 Lit. Zus. in Russ., Engl. — nach Zus.
Der Idiotyp kann Einfluß auf die Entstehung von polyploiden Pflanzen haben. Dies gilt sowohl für mitotische wie auch für meiotische Polyploidisierung. Erfolgt die meiotische Polyploidisierung über befruchtungsbiol. Vorgänge, dann ist der Einfluß des Idiotyps bes. groß. Er erstreckt sich nicht nur auf die Bildung von Gameten mit der somatischen Chromosomenzahl (unreduzierte Gameten), sondern auch darauf, in welcher Häufigkeit sich die unreduzierten Gameten manifestieren. Der Idiotyp steht ferner in enger Beziehung zum Polyploidieeffekt. Derselbe ist nicht nur auf Allel- und Geninteraktionen zurückzuführen, sondern auch auf das gesamte idiotypische Milieu. Es kommt darauf an, geeignetes idiotypisches Ausgangsmaterial zu polyploidisieren und durch Kombination und Selektion leistungsfähige Populationen zu entwickeln. Kombination und Selektion müssen rel. früh erfolgen, also nicht nur nach der Genomvermehrung, sondern wenn möglich auch schon bei der Polyploidisierung. Dafür ist die meiotische Genomvermehrung besser geeignet als die mitotische. 1515.

2-68/10-0810 Pogan, E. **Polyploidie und Embryologie.** Dtsch. Akad. Landwirtsch.-Wiss. Berlin, Tag.-Ber. **1969** Nr. 101. — 39 Lit. Zus. in Russ., Engl. — nach Zus.
Reduzierte Fertilität experimenteller und natürlicher Polyploidex kann durch haplonte wie auch diplonte Sterilität, anomale Meiose, gestörte Pollenfertilität, Degenerieren von Embryo und Endosperm verursacht werden. Sexuell reproduzierende Anorthoploide sind fast völlig steril. In seltenen Fällen blieben sie in der Natur durch spezielle zytologische Mechanismen

erhalten. Durch unreduzierte Keimzellen entstehen mitunter neue euploide und aneuploide Typen. Orthoploide haben verschiedene Grade von Sterilität. Bei Autopolyploiden ist der Sterilitätsgrad auf Grund meiotischer Störungen sehr hoch. Multivalente bei Autopolyploiden treten als Folge chromosomaler Homologien auf. Allopolyploide sind völlig fertil. Die meisten natürlichen Polyploiden sind intermediäre Typen zwischen Autopolyploiden und Allopolyploiden. Sie zeigen sogar bei sehr hohen Chromosomenzahlen gute Fertilität. Viele Polyploide können apomiktisch reproduzieren. Die Apomixis wird genetisch und durch die Umwelt kontrolliert. Ihre Bedeutung für die Evolution wurde anerkannt. 1515.

2-68/10-0811 Protopopova, E. M. und Šapiro, N. I. O dlitel'nosti suščestvovanija inducirovannych radiaciej potencial'nych narušenij struktur chromosom. (**Über die Dauer der Existenz von potentiellen Veränderungen der Chromosomenstruktur, die durch induzierte Strahlung hervorgerufen wurden.**) Genetika, Moskva 4 (1968) Nr. 1. S. 5-14. — 2 Abb., 5 Tab., 16 Lit.
Die Behandlung von gekeimten bestrahlten Gerstenkörnern mit O_2 führte sofort nach Beginn der Keimung zu 0,5% Chromosomenaberrationen in der Anaphase, 20 h danach zu 0,7% und 30 h danach zu 0,4% (ohne Behandlung 0,6%). Die Behandlung der Pflanzen mit β-Alanin in gleichen Zeitabständen wie oben führten zu 34,6, 33,4 bzw. 37,6% Chromosomenaberrationen (ohne Behandlung 49,6%). Die Ergebnisse weisen auf eine lange Existenz der durch Strahlung hervorgerufenen potentiellen Chromosomenaberrationen hin und bestätigten sich bei *Crepis capillaris*. Durch Bestrahlung lufttrockener Samen von *C. capillaris* und anschließender Behandlung der gekeimten Pflanzen mit β-Alanin und Kolchizin während des ersten mitotischen Zyklus und Einwirkung von Sauerstoff sowie Kolchizin im 2. mitotischen Zyklus, konnte der Nachweis erbracht werden, daß sich die potentiellen Veränderungen der Chromosomen bis in die 2. Zellengeneration erhalten können.
W. Merfert. 1515.

2-68/10-0812 Dubinin, Nikolaj Petrovič und Glembockij, Jakov Lazarevič. Genetika populjacij i selekcija. (**Populationsgenetik und Züchtung.**) Moskva: Izd. Nauka. 1967. (591 S.) 8°. (1968 A 195) 1515.

2-68/10-0813 Genetical research. A collection of papers. (**Genetische Untersuchungen. Artikelsammlung.**) Sofija: Bulg. Acad. of Sci. Press. 1967. (167 S.) 8°. (1968 A 137) 1515.

2-68/10-0814 Uspechi sovremennoj genetiki. 1. (**Die Erfolge der modernen Genetik. Bd. 1.**) Moskva: Izd. „Nauka". 1967. (277 S.) 4°. (1967 B 389, 1—) 1515.

2-68/10-0815 O'Donald, P.; Bangor, Univ. of New Wales. A general model of sexua and natural selection. (**Ein allgemeines Modell der sexuellen und natürlichen Selektion.**) Heredity **22** (1967) Nr. 4. S. 499-518. — 15 Abb., 3 Tab., 6 Lit.
Es wird ein allg. mathematisches Modell der sexuellen Selektion aufgestellt, wobei für den in Frage kommenden Locus Dominanzwirkungen und der Einfluß der natürlichen Selektion berücksichtigt werden. Dabei sind zwischen dem Locus, dessen Allele selektiert werden, und dem Locus, der den Vorrang der Paarung vom weiblichen Partner aus regelt, alle Kopplungsbeziehungen möglich. Sexuelle Selektion geht für ein rezessives Allel viel schneller vor sich als für ein dominantes, da eine Anhäufung von Vorranggenen parallel geht. Die natürliche Selektion wirkt bei einer sexuellen Selektion auf dominante Allele stärker als auf rezessive. Stehen sich natürliche und sexuelle Selektion entgegen, führt eine große Anzahl selektiver Koeffizienten zur Herstellung eines stabilen Polymorphismus. Durch ein stochastisches Modell der sexuellen Selektion ist nachweisbar, daß eine zufallsbedingte genetische Drift in den Populationen bedeutsam wird, die nur über wenige Paarungsvorranggene verfügen und bes. dann, wenn die natürliche Selektion der sexuellen entgegenwirkt. J. Schulze. 1550.

2-68/10-0816 Skiebe, Kurt. **Aktuelle Probleme bei der Hybridzüchtung von Fremdbefruchtern.** Ber. Pflanzenzüchter, Quedlinburg **1965/66** (hrsg. 1967) S. 3-16. — 16 Abb., 18 Lit. — nach Zus.
Hybridsorten sind i. allg. leistungsfähiger als samenechte Sorten. Man sollte daher in der Pflanzenzüchtung möglichst bei allen Fremdbefruchtern Hybridsorten entwickeln. Eine derartige Forderung hat nicht nur Auswirkungen auf die Neu- und Erhaltungszüchtung, sondern auch auf die Züchtungsforschung sowie die Organisation der Züchtung. Einige wichtige Konsequenzen werden besprochen. Dabei wird insbesondere die Meinung vertreten,

daß man Hybridsorten auf der Basis von Populationen entwickeln sollte. Entsprechende Maßnahmen und Zuchtverfahren werden erörtert. 1564.

2-68/10-0817 Winkler, Ulrich; Frankfurt/M., Inst. für Mikrobiol. **Mutationsmechanismen.** Ber. dtsch. bot. Ges. **80** (1967) Nr. 8. S. 470-478. — 7 Abb., 44 Lit.
Punktmutationen lassen in der Regel eine prämutative und eine die Mutation perfektierende Phase erkennen. Prämutative DNS-Veränderungen sind reversibel und nicht vererbbar. Ein Teil der Prämutationen ist nur in replizierender DNS induzierbar, indem bei der DNS-Synthese natürliche Purin- oder Pyrimidinbasen durch entsprechende künstliche ersetzt werden (z. B. Bromurazil-Mutagenese). Prämutationen in ruhender DNS dagegen sind möglich, indem z. B. durch Mutagenbehandlung natürliche DNS-Basen mehr oder weniger direkt verändert werden. — Die Perfektion der Punktmutationen besteht wahrscheinlich immer in einer spez. gestörten DNS-Replikation. Es werden 4 verschiedene Typen von Punktmutationen unterschieden: Transitionen-Basenpaaraustausche der Art (A:T) nach (G:C) oder umgekehrt; Transversionen-Basenpaaraustausche z. B. vom Typ (A:T) nach (T:A) oder (A:T) nach (C:G); Deletion (Verlust); Insertion (zusätzlicher Einbau) eines Basenpaares. Die spez. Wirkungsmechanismen werden anhand der mutagenen Wirkungsweise von salpetriger Säure, Bromurazil und Akridinen erläutert. W. Hentrich. 1565.

2-68/10-0818 Gottschalk, Werner; Bonn, Inst. für Genetik. **Neue Aspekte zum Problem der pleiotropen Genwirkung.** Ber. dtsch. bot. Ges. **80** (1967) Nr. 8. S. 545-553. — 4 Lit.
Bei der Analyse verschiedener Gruppen von Erbsenmutanten, die eine partielle Übereinstimmung ihrer Anomalien aufweisen, konnte durch Kreuzungen nachgewiesen werden, daß die übereinstimmenden Merkmale der Mutanten auf die Wirkung gleicher mutierter Gene zurückzuführen sind, während die abweichenden Merkmale auf die Wirkung gleichzeitig mutierter Nachbargene beruhen. Da im Einzelfall die Unterscheidung zwischen echter Pleiotropie und dem gleichzeitigen Mutieren von Nachbargenen nur durch Bastardierung partiell übereinstimmender Mutanten möglich ist, konnte in den beschriebenen Fällen das anscheinend pleiotrope Wirkungsspektrum von Einzelgenen aufgelöst und verschiedenen Genen zugeordnet werden. W. Hentrich. 1565.

2-68/10-0819 Zagruznyj, P. L. Genetičeskij ėffekt estestvennoj radioaktivnosti. **(Genetischer Einfluß der natürlichen Radioaktivität.)** Citologija i genetika, Kiev **2** (1968) Nr. 1 S. 72-74. — 3 Abb., 4 Lit.
Die Quellung von Samen in Wasser, welches radioaktive Mineralien enthält, steigert das Wachstum und die Erträge der daraus entstandenen Pflanzen. Es wurde die Möglichkeit geprüft, Ra/Rn-haltiges Wasser mit steigendem Gehalt an U, Ra und Rn als Mittel zur Erzeugung von Radiomutationen zu verwenden. Als Ergebnis der Behandlung von Weizen- und Gerstensaatgut mit solchem Wasser gelang es, eine Anzahl ökonomisch wertvoller Mutanten zu erhalten. E.-M. Ardelt. 1565.

2-68/10-0820 Stein, Martin. **Polyploidie und Umwelt.** Dtsch. Akad. Landwirtsch.-Wiss. Berlin, Tag.-Ber. **1969** Nr. 101. — 1 Abb., 5 Tab., 98 Lit. Zus. in Russ., Engl. — nach Zus.
Polyploide Formen haben sich als Wildpflanzen und als Kulturpflanzen unter neuen Lebensbedingungen vielfach durchgesetzt. Diese Tatsache wurde bisher ausschl. als Einfluß der Selektion und Anpassung erklärt. Dabei wird eine große Variabilität der polyploiden Population vorausgesetzt. Die Entwicklung von polyploiden Populationen mit spez. Selektionsvorteilen oder Anpasssungsmerkmalen, die jedoch von großer Bedeutung ist, wurde kaum berücksichtigt. Sie läuft in 2 wichtigen Phasen ab, die von Umweltbedingungen beeinflußt werden. So müssen zunächst polyploide Pflanzen entstehen, damit anschließend Umkombinationen in polyploiden Populationen stattfinden können. Die Entstehung polyploider Pflanzen über unreduzierte Gameten kann durch abnorme Umweltverhältnisse stark gefördert werden, dabei können bestimmte Temperaturbedingungen und die Wasserversorgung großen Einfluß haben. Die Umkombination des genetischen Materials in den polyploiden Populationen sowie die Erhaltung der polyploiden Valenz werden von bestimmten Faktoren, wie Bestäubungsmodus, Lebensform und Vermehrungskoeffizient beeinflußt. Die Wirkung dieser Faktoren wird im Zusammenhang mit den Umwelteinflüssen dargelegt, und auch hierbei werden enge Beziehungen zwischen Polyploidie und Umwelt erkennbar. 1566.

2-68/10-0821 Ceapoiu, N., Stănescu, Z. und Coicov, V. La poliploida come metodo di miglioramento. **(Die Polyploidie als Züchtungsmethode.)** Colocviul interuniversitar

Romåno-Ital. pe Teme Agric., Bucureşti, Ref. **1966** (hrsg. 1967) S. 193–199. — Zus. in Franz., — nach Zus.

Zunächst wird auf die Bedeutung der Polyploidie für die Pflanzenzüchtung hingewiesen. Danach werden chemische Stoffe, die bei der Entwicklung polyploider Formen verwendet werden sowie die Methoden der Behandlung der Polyploiden angegeben. Es wird darauf hingewiesen, daß die Pplyploidiezüchtung bei Zierpflanzen, bei Obstgehölzen und -sträuchern, bei Weinreben, Gemüse, Zucker- und Futterrüben, bei Klee, Hafer, Pfefferminze und mehrjährigen Gräsern erfolgreich war. In der SSR wurde anhand dieser Methode für eine Reihe von polyploiden Zuckerrübensorten wie 'R-Poly 1' und 'R-Poly 7' geschaffen, die im Vergleich zu den diploiden Sorten um 15···20% höheren Rübenertrag und um 12 bis 17% höheren Zuckerertrag liefern. Im Jahre 1967 wurden 50% der Zuckerrübenfläche (100000 ha) mit diploiden Sorten bestellt. Die 1965 und 1966 erzielten Ergebnisse weisen auf die Möglichkeit der Einführung einiger polyploider Zuckerrübensorten hin, die besser sind als 'R-Poly 1' und 'R-Poly 7'. Gute Ergebnisse wurden auch bei der Züchtung tetraploider monogermer Zuckerrüben erzielt und eine Reihe wertvoller Familien geschaffen. Eine Reihe diploider und tetraploider androsteriler pluri- und monogermer Formen wurde gleichfalls erzielt, die durch wiederholte Hybridisierung mit wertvollen '0'-Linien verbessert wurden. Durch Inzucht wurden tetraploide und diploide Inzuchtlinien und Hybriden geschaffen, die um 20···34% höhere Erträge lieferten. Im Rahmen der Arbeiten zur Schaffung von Weizen-Roggen-Hybriden wurden Amphidiploide mit 56 Chromosomen gewonnen, die gegen Gelbrost resistent sind. Polyploide Formen wurden auch bei anderen Pflanzen, z.B. Rotklee, entwickelt. 1566.

2-68/10-0822 Ellerström, S. **Die Beziehung zwischen Aneuploidie und Leistungsfaktoren in polyploiden Populationen.** Dtsch. Akad. Landwirtsch.-Wiss. Berlin, Tag.-Ber. **1969** Nr. 101. — 3 Abb., 8 Tab., 21 Lit. Zus. in Russ., Engl. — nach Zus.

Es wird der Einfluß der Aneuploiden auf die vegetative Leistung sowie den Samenertrag verschiedener autopolyploider Populationen diskutiert. Dabei wird nachgewiesen, daß die Aneuploidie in den meisten Fällen einen recht unbedeutenden Effekt auf die vegetative Leistung ausübt. Wesentlich größer ist der Einfluß in bezug auf die generative Leistung. Allerding wird gezeigt, daß die Aneuploidie für die herabgesetzte Fertilität der Autopolyploiden nur zum Teil verantwortlich ist. Zum Schluß werden verschiedene Möglichkeiten zur Verminderung der Aneuploidiefrequenz dargelegt. 1566.

2-68/10-0823 Jahr, Wolfgang. **Substitution und Polyploidie.** Dtsch. Akad. Landwirtsch Wiss. Berlin, Tag.-Ber. **1969** Nr. 101. — 14 Lit. Zus. in Russ., Engl. — nach Zus.

Die Substitution von Chromosomen bei Polyploiden stellt ein bedeutendes Mittel dar, um neue wertvolle Idiotypen zu entwickeln. Bisher wurden bei den natürlichen allopolyploiden Kulturpflanzen unter Verwendung von nullisomen und monosomen Typen durch Kreuzung von Partnern mit inhomologen oder teilweise homologen Genomen Substitutionsformen hergestellt. Gegenüber diesen Verfahren kann die Zahl der möglichen Substitutionen wesentlich erhöht und der notwendige Aufwand erheblich gesenkt werden, wenn als Kreuzungspartner 2x-Formen verwendet werden, deren Genome mit einem der Genome der allopolyploiden Art zwar homolog, im Genbestand aber sehr verschieden sind. Auch bei Polyploiden mit 4 homologen Genomen zeichnen sich Wege ab, Chromosomensubstitutionen bei entsprechender Partnerwahl mit polyploider oder diploider Valenz zu erhalten, die zu neuen Formen führen. Bei allen Substitutionsmaßnahmen ist darauf zu achten, daß nicht nur Chromosomen ausgetauscht werden, sondern genetisch ausbalancierte Idiotypen entstehen. Aus diesem Grunde ist die Substitution mit der Kombination und Selektion zu verbinden. 1566.

2-68/10-0824 Breslavec, L. P. Poliploidija v selekcii rastenij. Obzor otečestvennoj i inostrannoj literatury. (**Polyploidie in der Pflanzenzüchtung. Übersicht der inländischen und ausländischen Literatur.**) Moskva. 1967. (116 S.) 8° = Minist. s.-ch. SSSR. Lit. obzor Nr. 2. (SR 3354, 2/96) 1566.

2-86/10-0825 Ėksperimental'naja poliploidija v selekcii rastenij. (**Die experimentelle Polyploidie in der Pflanzenzüchtung.**) Novosibirsk: Izd. „Nauka“, Sibirskoe otd. 1966. (347 S.) 4°. (1967 B 401) 1566.

C. Spezielle Pflanzenzüchtung

2-68/10-0826 Györffy, B. **Probleme der Polyploidie bei Kryptogamen.** Dtsch. Akad. Landwirtsch.-Wiss. Berlin, Tag.-Ber. **1969** Nr. 101. — 104 Lit. Zus. in Russ., Engl. — nach Zus.
Die Kryptogamen waren die ersten Objekte der Polyploidieforschung. Die künstliche Polyploidisierung von Hefen, Algen und Moosen gelang. Phänotypische und entwicklungsphysiol. Merkmale wurden untersucht. Ein Zusammenhang zwischen Geschlechtsverteilung und Polyploidiegrad wurde erkannt. Es konnte ein experimenteller Beweis zur Artenabgrenzung auf polyploider Grundlage erbracht werden. Eine Korrelation zwischen morphol. und zytologischen Merkmalen bei Kryptogamen scheint nicht zu bestehen. Problematisch erscheint noch das Zusammenwirken von Gonen, Plasmon und Umwelt. Zukünftige Arbeiten müssen sich mit der weiteren Aufklärung der Verwandtschaftsverhältnisse bei den Kryptogamen beschäftigen und den Entstehungsweg spontan entstandener Polyploidie-Reihen erklären. 1700.

2-68/10-0827 Kiss, A. **Die Bedeutung der Polyploidie bei der Triticale-Züchtung.** Dtsch. Akad. Landwirtsch.-Wiss. Berlin, Tag.-Ber. **1969** Nr. 101. — 2 Tab., 12 Lit. Zus. in Russ., Engl. — nach Zus.
Die Bedeutung der Polyploidie für die *Triticale*-Züchtung wurde lange Zeit unterschätzt. In Versuchen sollte der optimale Polyploidiegrad von *Triticale* bestimmt werden. Zahlreiche Untersuchungen mit den Grundgenomen von Weizen und Roggen (*Triticum aegilopoides* AA, *Aegilops speltoides* BB, *Ae. squarrosa* DD, *Secale sereale* SS), die vorläufig erst theoretische Bedeutung haben, wurden durchgeführt. Aus der Nachkommenschaft von heptaploiden Hybriden (2n = 49) gingen wertvolle *Triticale*-Stämme hervor. Sie wurden im Herbst 1967 in 150 Großbetrieben auf 4600 bis 5000 ha Sandboden in Ungarn ausgesät. Die wirtschaftliche Bedeutung dieser Stämme hat sich in den zurückliegenden Jahren schon gezeigt. *Triticale* stellt ein wertvolles Brot- und Futtergetreide dar. Pro Hektar werden 3···5 dt mehr Körner und 40···70% mehr Eiweiß als bei Roggen geerntet. Der Schluß der Arbeit bringt vergleichende Untersuchungen über die Dreschbarkeit von Roggen und *Triticale.* 1712.

2-68/10-0828 Goud, J. V. Selection history and induced polygenic variability in Triticum aestivum. (**Die Selektionsgeschichte und induzierte polygene Variabilität bei Triticum aestivum.**) Crop Sci. **7** (1967) Nr. 6. S. 678-680. — 1 Abb., 1 Tab., 2 Lit.
Induzierte polygene Mutationen folgen einem Trend, der der früheren Selektionsgeschichte der Weizensorte entgegensteht. 'N. P. 876' besitzt eine schlechte Bestockung, die in den Mutanten oft besser ist. Bei der Sorte 'N. P. 863' mit einer hohen Bestockung zeigt sich nach mutagener Behandlung ein negativer Trend, während bei Nachkommen der Sorte 'N. P. 870' mit einer durchschnittlichen Bestockung keine Veränderung nachweisbar war. Die Variabilität war in allen Populationen erhöht. H. Meyer. 1712.

2-68/10-0829 Laubscher, F. X., Jordaan, J. P., Cillie, F. P., Theron, Hannah J. C., Eisenberg, B. E., Stevens, J. M. und Lochner, T. C. The significance of genetic variability in wheat cultivars. I. (**Die Bedeutung der genetischen Variabilität bei Weizensorten. 1. Mitt.**) South African J. agric. Sci. **10** (1967) Nr. 3. S. 631-640. — 8 Tab., 16 Lit.
12 Weizensorten wurden in 66 verschiedenen Mischungen auf ihre Ertragsleistung geprüft. In die Prüfung wurden außerdem 55 F_2-Generationen aus einer diallelen Kreuzung einbezogen. Der durchschnittliche Ertrag der Mischung lag ähnlich hoch, wie der Ertrag der reinen Sorten. Die Unterschiede in der Leistung der Sortenmischung und den Durchschnittswerten der einzelnen Partner war z. T. recht erheblich. So brachte z. B. die Mischung der ertragreichsten und der ertragsschwächsten Sorte eine Leistung, die noch höher war, als die der ertragreichsten Sorte. In den F_2-Nachkommenschaften (NK) wurde ein um 1,5% höherer Durschnittsertrag ermittelt als ihn die 11 Elternsorten brachten. 19 NK waren ertragreicher als der bessere Elter. Auf Grund der Ergebnisse wird geschlossen, daß beim Weizen eine Mischung verschiedener Genotypen und deren Nutzung möglich ist. Solche Mischungen sollen weniger anfällig für Krankheiten sein und stabilere Erträge bringen. H. Meyer. 1712.

2-68/10-0830 Sasaki, Masayoshi, Osanai, Shunichi, Ozeki, Sachio, Noro, Kozo, Araki, Hiroshi und Ito, Heiichi. Effect of growing location and mass selection in the good quality wheat breeding. I. Grain yield and agronomic characters. (**Der Einfluß des Anbauortes und**

der Massenauslese auf die Züchtung eines Weizens mit guter Qualität. 1. Mitt. Kornertrag und landwirtschaftliche Eigenschaften.) Res. Bull. Hokkaido nat. agric. Exper. Stat. **1967** Nr. 91. S. 1-13. — 3 Abb., 15 Tab., 21 Lit. Orig.: jap., Ausz.: engl.
Die Eigenschaften der Weizensorten 'Rio Negro', 'Norin 29' und 'Norin 75' werden beschrieben und das benutzte Zuchtprogramm angegeben. Die F_2 der Kreuzungen 'Rio Negro' × 'Norin 29' und 'Norin 75' wurden auf Grund ihres spez. Gewichtes in 2 Teile unterteilt und die so gewonnenen 4 Populationen an 2 Orten von F_3 bis F_6 angebaut. Anschließend erfolgte Austausch von Material und Auslese von Linien in F_7 und F_8. In der F_9 und F_{10} wurden an den 2 Orten die aus jeder Population ausgelesenen 10 besten Linien verglichen. In frühen Generationen war der Kornertrag der Populationen dem des besseren Elters nahezu gleich. Durch die beschriebene Massenauslese konnte in der Kombination 'Rio Negro' × 'Norin 75' der Kornertrag erhöht werden. Obwohl die morphol. Unterschiede der an den 2 Orten angebauten Populationen gering waren, wurde an einem Ort eine größere Halmlänge nachgewiesen. Der Anbauort war, ebenso wie die Behandlung, nicht ohne Einfluß auf die Auslese ertragreicher Linien. Der Unterschied in der Richtung der natürlichen Selektion wird hautptsächlich auf den Niederschlag zurückgeführt. H. Meyer. 1712.

2-68/10-0831 Sasaki, Masayoshi, Osanai, Shunichi und Ozeki, Sachio. Effect of growing location and mass selection in the good quality wheat breeding. II. Quality of grain characters and wheat flour. (**Der Einfluß des Anbauortes und der Massenauslese auf die Züchtung eines Weizens mit guter Qualität. 2. Mitt. Die Qualität von Kornmerkmalen und Weizenmehl.**) Res. Bull. Hokkaido nat. agric. Exper. Stat. **1967** Nr. 91. S. 14-25. — 1 Abb., 13 Tab., 13 Lit. Orig.: jap., Ausz.: engl. 1. Mitt. vgl. vorst. Ref.
Testgewicht, TKM, der Anteil glasiger Körner, Proteingehalt, Farinogrammwert und Zelenywert von F_9- und F_{10}-Weizenstämmen, die auf spez. Gewicht selektiert wurden, werden mitgeteilt. Durch Massenauslese wurden Testgewicht und der Anteil glasiger Samen direkt erhöht, Mahleigenschaften, Farinogramm- und Zelenywert indirekt beeinflußt. In 5 F_2-Populationen war der Anteil glasiger Samen, der Proteingehalt und der Valorimeterwert in Samen mit einem höheren spez. Gewicht größer als in dem nicht selektierten Material. Der Index von Ertrag × Zelenywert wurde von 80 Linien an 2 Anbauorten berechnet. Es war durch die beschriebene Auslesemethode möglich, in früheren Generationen auf hohen Ertrag bei guter Qualität zu selektieren. H. Meyer. 1712.

2-68/10-0832 Eastin, Jerry D., Morris, Rosalind, Schmidt, J. W., Mattern, P. J. und Johnson, V. A. Chromosomal association with gliadin proteins in the wheat variety 'Cheyenne'. (**Die Beziehung der Chromosomen zum Gliadinprotein bei der Weizensorte 'Cheyenne'.**) Crop Sci. 7 (1967) Nr. 6. S. 674-676. — 2 Abb., 8 Lit.
Nach Substitution eines 'Cheyenne'-Chromosomes in 'Chinese Spring' wurde der Einfluß der einzelnen Chromosomen auf die Gliadinzusammensetzung bei Weizen untersucht. Es wurden sowohl größere Unterschiede zwischen, als auch innerhalb der einzelnen Genome ermittelt. H. Meyer. 1712.

2-68/10-0833 Dodow, D. **Perspektiven zur Züchtung rostresistener Weizensorten.** Internat. Z. Landwirtsch., Sofia/Berlin **1967** Nr. 6. S. 694-700. — 6 Abb., 4 Lit.
Um zu entscheiden, ob die Schaffung vollresistenter Weizensorten gegen Rost, deren Resistenz über einen längeren Zeitraum erhalten bleibt, möglich ist, muß 1. die „Grenze, sowohl für die reale als auch für die potentielle Pathogenität dieser Parasiten bestimmt werden" und 2. „sind alle Möglichkeiten der Kombination einer praktischen Immunität gegenüber der gesamten Vielfalt aller 3 Rostarten mit den wertvollen wirtschaftl. Merkmalen einzelner Weizensorten, innerhalb einer einzigen Weizensorte, ausführlich zu untersuchen." Auch bei Braun- und Schwarzrost ist die geschlechtliche Hybridisation bei der Vergrößerung der Variabilität wirksam. Vf. beschreibt die benutzte Methode der Kreuzung der beiden Roste und konnte so die in der Natur nicht bekannten Rassen erzeugen. An 2 Prüfungsorten blieben 7···14 Weizensorten resistent. Es wird die Hoffnung zum Ausdruck gebracht, daß es gelingen wird, vollresistente Weizen zu schaffen. H. Meyer. 1712.

2-68/10-0834 McIntosh, R. A., Luig, N. H. und Baker, E. P. Genetic and cytogenetic studies of stem rust, leaf rust, and powdery mildew resistances in Hope and related wheat cultivars. (**Genetische und zytogenetische Untersuchungen über Schwarzrost-, Braunrost- und Mehltauresistenz bei 'Hope' und verwandten Weizensorten.**) Austral. J. biol. Sci. **20** (1967) Nr. 6. S. 1181-1192. — 6 Tab., 25 Lit.

Auf dem Chromosom 7B von 'Hope' wurden gekoppelte Gene für Resistenz gegen Schwarzrost (Rasse 21), Braunrost (Rasse 122) und Mehltau (Rasse S. U. 2) nachgewiesen. Das Gen für Schwarzrostresistenz war rezessiv (sr 17) und war im Keimpflanzen- und auch in späteren Stadien wirksam. Das unvollständig dominante Gen für Braunrostresistenz (Lr 14) zeigte 18% Rekombination mit sr 17. In 2 weiteren Kreuzungen wurden 6,0 und 2,5% Rekombination für Mehltau- und Schwarzrostresistenz ermittelt. Alle 3 Gene sind wahrscheinlich in allen 'Hope'- und H-44-Nachkommen enthalten. Das Gen sr 17 ist unwirksam für die nordamerikanischen und australischen (vor 1954 vorhanden) Rassen. Die Einlagerung dieses Resistenzgens in einigen Weizensorten geht vermutlich auf die Koppelung mit den Genen für Resistenz gegen andere Krankheiten und deren Auslese zurück. Die Resistenz einiger Sorten gegen andere als die genannten Rassen von Schwarz- und Braunrost wird mitgeteilt. H. Meyer. 1712.

2-68/10-0835 Rusanovschi, Gabriela. Contribuţii privind studiul heterozisului la grîu. (**Untersuchungen über die Heterosis beim Weizen.**) An. Inst. Cercetări Cereale şi Plante Tehn., Fundulea, Bucureşti, Ser. C 34 (1966, hrsg. 1967) S. 29-45. — 9 Tab., 12 Lit. Zus. in Russ., Engl. — nach engl. Zus.
Untersucht wurden 20 F_1-Weizenhybriden, die aus Kreuzungen von 9 Sorten von *Triticum aestivum* L., ssp. *vulgare*, erzielt worden waren. Zur Feststellung der Heterosis wurden unter Feld- und Laborbedingungen Beobachtungen, Messungen und Ermittlungen vorgenommen, die varianzanalytisch geprüft wurden. Bei den meisten Hybriden äußerte sich die Heterosis in folgenden Merkmalen: Länge des Haupthalms, Länge der Ähre, Anzahl der fertilen Ährchen, Masse der Samenkörner der Hauptähre, Masse der Körner/Pflanze, Tausendkornvolumen u. a. Einige Eigenschaften der Hybriden, d. h. die Anzahl der fertilen Nebentriebe und Zahl der Körner/Ährchen, zeigten keine Heterosiswirkung. Auf Grund der Untersuchungen erwiesen sich die Sorten 'Bezostaia 1', 'Skorospelka 3 b', 'Bucuresti 1', 'PI 98', 'Triumph' und 'Ponca' als wertvolle Kreuzungspartner. Empfohlen werden folgende Kombinationen: 'Bezostaia 1' × 'Triumph', 'Skorospelka 3 b' × 'Bucuresti 1', 'Triumph' × 'Skorospelka 3 b', 'PI 98' × 'Ponka', 'PI 98' × 'Bucuresti 1'. 'Skorospela 3 b' × 'Ponka'. 1712.

2-68/10-0836 Apel, Peter und Lehmann, Christian O. **Photosyntheseintensität von Winterweizen-Hybriden (F_1) und ihren Eltern (Vorl. Mitt.).** Züchter 37 (1967) Nr. 7/8. S. 377-378. — 1 Tab., 15 Lit.
In 6 Weizenkreuzungen wurde die optimal mögliche Photosynthese gemessen und auf die Fläche des Fahnenblattes bezogen. Bei 2 Kombinationen bestand zwischen der Intensität der Eltern und der F_1 kein signifikanter Unterschied. In 2 Kombinationen waren Unterschiede zwischen den Eltern vorhanden. Die Werte der zugehörigen F_1 lagen zwischen denen der Eltern. In einer Kreuzung war der Wert um 20 bzw. 37% höher als bei den Eltern. Es wird angenommen, daß das Merkmal „Potentielle CO_2-Aufnahme" polygen bedingt ist und aus den Werten der Eltern kein Schluß auf das Ergebnis der F_1 gezogen werden kann. H. Meyer. 1712.

2-68/10-0837 Robertson, L. D. und Curtis, B. C. Monosomic analysis of fertility-restoration in common wheat (Triticum aestivum L.). (**Monosomische Analyse der Fertilitätsrestauration bei Saatweizen [Triticum aestivum L.].**) Crop Sci. 7 (1967) Nr. 5. S. 493-495. — 4 Tab., 14 Lit.
Aus einer Population der Kreuzung von *Triticum timopheevi* × 'Marquis' wurde eine Pflanze selektiert, die sich als Träger von Genen der Fertilitätsrestauration herausstellte. Nach den Ergebnissen der F_2-Analyse und weiteren Testkreuzungen erwies sich, daß die Wiederherstellung der Fertilität dominant vererbt wird und daß 2 Gene daran beteiligt sind. Unter Verwendung der Monosomen von 'Chinese spring' konnte festgestellt werden, daß eines der beiden Hauptgene auf dem Chromosom 1A lokalisiert ist. Die Lokalisation des 2. angenommenen Hauptgenes war nicht möglich, wobei zu bemerken ist, daß es nicht gelang, Pflanzen zu finden, die monosomisch für das Chromosom 3A waren. Es wird nach den Befunden der Testkreuzungen weiterhin vermutet, daß sich auf den Chromosomen 1B, 2A, 3D, 6A und 6B von 'Chinese spring' Modifikationsgene befinden, die, wenn sie fehlen, die normale Wiederherstellung der Fertilität verhindern, obgleich die Hauptgene Rf1 und gegenwärtig sind. H. D. Koch. 1

2-68/10-0838 Priadcencu, Al., Catelly-Moisescu, Lucia und Cernescu, Lidia. Obtinerea materialului inițial prin hibriderea speciei Tr. aestivum cu alopoliploizi (Speltoid și Triticale). **(Gewinnung von Ausgangsmaterial durch Kreuzungen zwischen Tr. aestivum und Allopolyploide [Speltoid und Triticale].)** An. Inst. Cercetări Cereale și Plante Tehn., Fundulea, București, Ser. C **34** (1966, hrsg. 1967) S. 59-69. — 1 Abb., 3 Tab., 14 Lit. Zus. in Russ., Engl. — nach engl. Zus.

Die Untersuchung komplexer Hybriden mit 3 oder 4 Eltern, die man aus Kreuzungen von Allopolyploiden (*Triticum aestivum* × *T. durum* und *Triticale*) mit Weizensorten hoher Qualität und Ertragsfähigkeit erhielt, ließen die von den Eltern gegen Brand übertragene Resistenz und Ertragsfähigkeit erkennen. Durch Kreuzung von chinesischem Weizen mit der autochthonen Form von *Triticale*, die für Brand sehr anfällig ist, erhielt man sehr Brandresistente Hybriden und immune Hybriden. Die Rostresistenz wurde ungleichmäßig auf die Nachkommen übertragen, die eine unterschiedliche Ertragsfähigkeit zeigten. Proteingehalt und Glutengehalt der Körner sind von den Eltern positiv vererbt worden. 1712.

2-68/10-0839 Vardi, Aliza und Zohary, Daniel. Introgression in wheat via triploid hybrids. **(Die Introgression des Weizens über triploide Bastarde.)** Heredity **22** (1967) Nr. 4. S. 541-560. — 3 Abb., 7 Tab., 8 Lit.

Die Untersuchungen wurden an den 2 Kombinationen *Triticum durum* × *T. boeoticum* und *T. durum* × *Aegilops longissima* (2n = 14) durchgeführt. Die F_1-Bastarde waren nicht vollkommen steril und setzten nach Rückkreuzung mit dem tetraploiden Elter Samen an. In der *T. durum* × *T. boeoticum*-Kombination werden in der Regel AB-Eizellen gebildet, die nach Bestäubung mit einem 4x-Weizen in der nächsten Generation vollkommen fertil sind. Die Kreuzung *T. durum* × *Ae. longissima* bildet zumeist ABS-Eizellen. Nach Bestäubung mit tetraploidem Weizen wird ein längerer Zeitraum für die Stabilisierung benötigt. In der F_2 und F_3 waren die meisten Formen zu beobachten, die noch nicht ausbalanciert waren, aber auch eine Heraufregulierung der Chromosomenzahl erkennen ließen (1 F_2-Pflanze hatte 2n = 40 Chromosomen). In F_4 und F_5 wurden 4 Pflanzen mit 2n = 42 Chromosomen festgestellt. H. Meyer. 1712.

2-68/10-0840 Mettin, Dieter. **Wege und Möglichkeiten der Chromosomen-Substitution beim Saatweizen (T. aestivum ssp. vulgare [Vill.] MK).** Dtsch. Akad. Landwirtsch.-Wiss. Berlin, Tag.-Ber. **1969** Nr. 101. — 9 Abb., 4 Tab., 33 Lit. Zus. in Russ., Engl. — nach Zus.

Durch die genomatische Struktur des allohexaploiden Saatweizens [*Triticum aestivum* ssp. *vulgare* (Vill.) MK] mit 2n-6x = 42 Chromosomen, die im haploiden Status aus 7 Gruppen zu je 3 homöologen Chromosomen aus den Genomen A, B und D bestehen, werden aneuploide Abweichungen toleriert. Bei Vorhandensein der entsprechenden kompletten Serien monosomer (2n-1) bzw. nullisomer (2n-2) Individuen können ein oder mehrere Chromosomenpaare aus einer Spender- in eine Empfängersorte umgelagert (substituiert) werden, wodurch die artspez. Chromosomenzahl erhalten bleibt. Für zwischensortliche Chromosomen-Substitutionen werden hierzu die verschiedenen Möglichkeiten bei Verwendung von nulli- bzw. monosomen Empfängern, die besonderen Vorteile durch Einbeziehung von mono-telozentrischen Linien sowie die Verfahren zur Herstellung von Zweifach-Substitutionslinien dargestellt. Es wird weiterhin auf die Methoden, Ergebnisse und Grenzen der zwischenartlichen Chromosomen-Substitution eingegangen. Ausgehend von der Breite des gegenwärtig vorhandenen Monosomen-Materials als Grundlage für alle Substitutionsarbeiten werden vor allem die Bedeutung der Schaffung von neuen aneuploiden Serien sowie die Anwendungsmöglichkeiten und die bisherigen Ergebnisse der Chromosomen-Substitution vor allem bezüglich der genetischen Lokalisation von Weizenmerkmalen sowie im Hinblick auf eine gezieltere Kombinationszüchtung diskutiert. 1712.

2-68/10-0841 Nettevič, É. D., Sanduchadze, B. I., Fedorova, T. N. und Ščeglova, N. S. Reakcija sortov jarovoj pšenicy na citoplazmu Triticum timopheevi Zhuk. (po priznaku steril'nost-fertil'nost' pyl'cy.) **(Reaktion von Sommerweizensorten auf das Zytoplasma von Triticum timopheevi Zhuk. [anhand des Merkmals Sterilität-Fertilität des Pollens].)** Genetika, Moskva 4 (1968) Nr. 1. S. 33-39. — 3 Tab., 14 Lit.

Auf dem Feld bzw. im Gewächshaus wurde die F_1 der Kreuzung [(*Triticum timopheevi* × 'Bison') × 'Charkov'] × 88 Sorten des So.-Weichweizens auf Sterilität des Pollens mikroskopisch untersucht. Dabei erwiesen sich 65 Sorten als Fixatoren (100% steriler Pollen), 22 als partielle Fixatoren (90…99% steriler Pollen). Eine Sorte (PPG-172) restaurierte die

Fertilität des Pollens zu 66,4···89,2%. Bei Selbstung setzten aber nur 4 der partiellen Fixatoren 0,4···0,7 Körner an, die Sorte 'PPG-172' dagegen 34,3···86,1%. Auch die geprüften *T.-durum*-Sorten 'Charkovskaja 46' und '51' sowie die Wi.-Weichweizensorten 'Besostaja', 'Mironowskaja 808', 'PPG-186', 'Uljanowka', u. a. erwiesen sich als Fixatoren der Sterilität.
W. Merfert. 1712.

2-68/10-0842 Athwal, D. S., Phul, P. S. und Minocha, J. L. Genetic male sterility in wheat. (**Genetische Pollensterilität beim Weizen.**) Euphytica, Wageningen **16** (1967) Nr. 3. S. 354-360. — 5 Abb., 3 Tab., 6 Lit.
In einer Kreuzung von *Triticum aestivum* traten sterile Formen auf. Diese Sterilität wird nicht durch sichtbare chromosomale Störungen verursacht, wird rezessiv vererbt und durch 3 Hauptfaktoren mit kumulativer Wirkung hervorgerufen. In den teilsterilen Formen wurden 1 bzw. 2 Gene nachgewiesen. Der Anteil sterilen Pollens wurde durch Modifikationsfaktoren und die Entwicklung beeinflußt. H. Meyer. 1712.

2-68/10-0843 Halloran, G. M. Gene dosage and vernalization response in homocologous group 5 of Triticum aestivum. (**Die Gendosis der Homoeologengruppe 5 von Triticum aestivum und das Vernalisationsverhalten.**) Genetics **57** (1967) Nr. 2. S. 401-407. — 2 Tab., 14 Lit.
Durch eine Erhöhung der Gendosen der Chromosomen 5A, 5B und 5D wurden bei der Weizensorte 'Chinese Spring' die vegetative Phase progressiv verkürzt. 4 Dosen von 5D stellten den Schwellenwert für ein Jarowisationsbedürfnis dar. In diesem Falle war eine Jarowisation nicht nowendig. Bei 5A und 5B wurden diese Schwellenwerte mit 4 Gendosen nicht erreicht. Dieser Wert liegt bei 5B höher als bei 5A. Es wird auf die Bedeutung der genetischen Kontrolle der Jarowisation für die Evolution und Praxis eingegangen. H. Meyer. 1712.

2-68/10-0844 Singh, M. P. Monosomic analysis in wheat. (**Monosomenanalyse beim Weizen.**) Heredity **22** (1967) Nr. 4. S. 591-596. — 2 Tab., 17 Lit.
Die Weizensorte 'Yaqui 53' wurde mit den 21 Monosomen von 'Chinese Spring' gekreuzt und die folgenden Generationen analysiert. Das rezessive Gen sg_1, verantwortlich für ein verzögertes Ährenschieben, wurde auf 5D und das dominante Gen Sg_5 für den Wuchstyp verantwortlich, auf 5B nachgewiesen. Als Genotyp für den Wuchstyp von 'Yaqui 53' wurde sg_1 (5D)sg_2^c(5A)Sg_5(2A)Sg_6(5B) angegeben. Zusätzlich zu den rezessiven Allelen von den Grannenunterdrückern Hd(4B) und B_2(6B) wurde der dominante Faktor B_1(5A) und das rezessive Gen a_2(2D) für Grannenausbildung nachgewiesen. Somit hat 'Yaqui 53' für das Merkmal Begrannung folgende Konstution: hd[(4B)B_1(5A)b_2(6B)a_2(2D)].
H. Meyer. 1712.

2-68/10-0845 Walther, F. **Strahlenbiologische Untersuchungen an Getreidearten. I. Unterschiedliche Strahlensensibilität bei deutschen Winterweizensorten.** Z. Pflanzenzücht. **55** (1966) S. 67-80. — 6 Abb., 3 Tab., 24 Lit.
Lufttrockenes Saatgut von 45 Wi.-Weizen wurden mit 10···30 kr Röntgenstrahlen bestrahlt. Die aufgetretenen Wachstumsdepressionen, die Überlebensrate und die Blattzahlveränderung der Einzelpflanze dienten als Maßstab für die Strahlenresistenz. Die empfindlichsten Sorten hatten nach Bestrahlung mit 20 kr nur noch eine Überlebensrate von 50% ('Anda', 'Carsten VI', 'Rimpau', 'Braun', 'Titus', 'Walthari' und 'Welo'), während die resistenten nach Bestrahlung mit 30 kr noch zu 86% überlebten ('Angus', 'Bastard II', 'Bayro', 'Heine VII', 'Meister' und 'Triumph'). H. Meyer. 1712.

2-68/10-0846 Rana, R. S. und Swaminathan, M. S. Relationship between chimeras and mutations induced by ^{60}Co γ-rays and 2 MeV fast neutrons at specific loci in bread wheats. (**Das Verhältnis zwischen Chimären und Mutationen, die durch ^{60}Co-γ-Strahlen und schnelle Neutronen bei bestimmten Loci des Brotweizens induziert wurden.**) Radiation Bot. 7 (1967) Nr. 6. S. 543-548. — 10 Abb., 2 Tab., 29 Lit. Zus. in Franz., Dtsch.
Samen von *Triticum aestivum*, *T. compactum* und *T. sphaerococcum* (10···11% Wassergehalt) wurden mit 25 kr γ-Strahlen und 1,5 kr schnellen Neutronen (2 MeV) bestrahlt. Die Häufigkeit induzierter Mutationen war nach Bestrahlung mit Neutronen 20mal höher als nach Bestrahlung mit γ-Strahlen. Ermittelt wurde dieses Ergebnis an den Faktoren Q, C und S, den spez. Faktoren von *T. aestivum*, *T. compactum* und *T. sphaerococcum*. Diese Faktoren sind heterozygot in der M_1 leicht zu entdecken. H. Meyer. 1712.

2-68/10-0847 Grinvald, Clara, Diaconu, P. und Banu, M. Efectuliradierii asupra grîului în primul an de tratament. (**Die Wirkung der Bestrahlung auf Weizen im ersten Jahr**

nach der Behandlung.) An. Inst. Cercetări Cereale şi Plante Tehn., Fundulea, Bucureşti, Ser. C **34** (1966, hrsg. 1967) S. 47-58. — 1 Abb., 7 Tab., 23 Lit. Zus. in Russ., Engl. — nach engl. Zus.

Die Weizensorte 'Bezostaja 1' und einige in Rumänien entwickelte Linien, die in den USA mit thermischen Neutronen 3, $4^1/_2$ und 6 h oder in der DDR mit Röntgenstrahlen mit Dosen von 10, 15 und 20 kr behandelt worden waren, wurden untersucht. Die Wirkung der ionisierenden Strahlen verringerte die Keimfähigkeit, reduzierte den Aufgang und die Keimruhe und erhöhte den Anteil der Verluste in der Wachstumsperiode. Man stellte fest, daß die Blätter sich früher als bei den Kontrollpflanzen bildeten. Die Wurzellänge, die Größe der Blätter, die Anzahl der Nebentriebe und der fertilen Ährchen, die Pflanzenhöhe und die Zahl und Masse der Körner der Hauptähre waren vermindert. Die Unterschiede waren mehr oder weniger deutlich in Abhängigkeit von der Dosis. Auffallendere radiobiologische Wirkungen wurden nach Behandlung mit thermischen Neutronen verzeichnet. Die Veränderungen in der Morphologie und Fertilität der Pflanzen bei X_0 und N_0 resultierten aus den Chromosomenaberrationen, die die Zellteilung störten. Neben den in der Lit. beschriebenen Abweichungen wurden multipolare Spindeln beobachtet. 1712.

2-68/10-0848 Priadcencu, Al., Miclea, Clemenţa und Catelly-Moisescu, Lucia. Studiul citogenetic al formelor perene de grîu × pir (F_3-F_4). **(Zytogenetische Untersuchung perennierender Formen von Weizen × Quecke [F_3-F_4].)** An. Inst. Cercetări Cereale şi Plante Tehn., Fundulea, Bucureşti, Ser. C 34 (1966, hrsg. 1967) S. 71-87. — 5 Abb., 4 Tab., 12 Lit. Zus. in Russ., Engl. — nach engl. Zus.

In den Jahren 1963-66 erhielt man perennierende Formen durch Kreuzung von Weizen × Quecke. In der F_3 und F_4 waren die fertilen perennierenden Formen, die resistent gegen Rost waren, aufgespalten; phänotypisch schienen sie mehr oder weniger Weizen zu ähneln. Diese perennierenden Formen reiften spät und zeigten morphol. Eigenschaften eines Zwischentyps sowie Tendenz zur Bildung länglicher Körner unterschiedlicher Größe. Spontanes Auftreten von einigen *Tritium-aestivum-* oder *T.-durum*-artigen Pflanzen mit bedeutender Variabilität hinsichtlich Größe, Farbe und Form der Ähre, Begrannung, Größe und Farbe der Körner wurde beobachtet. Eine größere Zahl der Ähren hatte keine oder kurze Granne. Die karyologischen Untersuchungen ergaben 3 Formen mit 2n = 56 und eine Form mit 2n = 84 Chromosomen. Gleichzeitig stellte man eine große Anzahl spaltender, veränderter perennierender Formen zwischen 2 n = 42 und 2 n = 72 Chromosomen fest. Spaltende Formen mit 2 n = 42···56 Chromosomen in der F_3 und 2 n = 56···72 Chromosomen in der F_4 waren häufig. Es wurde auch eine Form mit 2 n = 36···40 Chromosomen festgestellt. Die Untersuchungen hatten das Ziel, Futterweizen, frühen perennierenden Weizen und wertvolle Eltern zu erhalten, die gegen Krankheiten, vor allem gegen Rost, resistent sind. 1712.

2-68/10-0849 Bohannen, R. **Perspektiven der Entwicklung von Hybridweizen.** Aus: Sel'skoe chozjajstvo za rubežom **1966** Nr. 9. S. 34. (Übers. aus d. Russ.) (TO 1521) 1712.

2-68/10-0850 Fedin, M. A. und Malinovskij, B. N. Izučenie metodov selekcii gibridnoj pšenicy v Kanade. **(Untersuchung der Züchtungsmethoden von Hybridweizen in Kanada.)** Moskva. 1966. (89 S.) 8° = Sel'skochozjajstvennaja nauka i praktika za rubežom Nr. 13. (SR 3354, 13/63) 1712.

2-68/10-0851 MacNeal, F. **Die Bewertung der Heterosis bei drei Weizenhybriden.** Aus: Sel'skoe chozjajstvo za rubežom. **1966** Nr. 5. S. 31. (Übers. aus d. Russ.) (TO 1530) 1712.

2-68/10-0852 Selekcija i semenovodstvo ozimoj pšenicy v Italii. **(Züchtung und Saatgutgewinnung von Winterweizen in Italien.)** Moskva. 1966. (86 S.) 8° = Minist. sel'skogo choz. SSSR Sel'skochozjajstvennaja nauka i praktika z rubežom Nr. 15. (SR 3354, 15/70) 1712.

2-68/10-0853 Ruebenbauer, Tadeusz. **Polyploider Roggen als Winterzwischenfrucht und ein Wachstumsvergleich mit diploidem Roggen.** Dtsch. Akad. Landwirtsch.-Wiss. Berlin, Tag.-Ber. **1969** Nr. 101. — 3 Abb., 3 Tab. Zus. in Russ., Engl. — nach Zus.

Roggen ist eine verhältnismäßig junge Kulturpflanze. Er durchlief seine Entwicklung vom Unkraut zur Nutzpflanze nicht an seinem ursprünglichen Herkunftsort. Mit seiner Ausbreitung erfolgte eine natürliche Selektion auf am besten angepaßte Typen und damit eine Einschränkung der Mannigfaltigkeit. Dadurch bestehen geringe Möglichkeiten, mit Hilfe der Auslese-, Kreuzungs- und Hybridzüchtung wesentliche Verbesserungen zu erreichen. Vf.

erhielt Tetraroggen, der eine größere Variabilität zeigt als diploide Formen. An vegetativen Leistungen wird die Überlegenheit polyploider Populationen demonstriert. So bringt tetraploider Roggen gegenüber diploidem Roggen in der Grünsubst. (179:100), die bes. bei frühem Schnittermin augenfällig wird. Außerdem wird pro ha mehr Eiweiß (165:100) erzeugt. An das Einhalten des Saattermins stellt polyploider Roggen höhere Anforderungen. 1714.

2-68/10-0854 Mettin, Dieter und Müller, Fritz. **Untersuchungen an Valenzkreuzungen beim Roggen (S. cereale L.). 1. Mitt. Ein einfaches Bastardisierungsverfahren sowie einige Bemerkungen über das Verhalten von Triploiden.** Dtsch. Akad. Landwirtsch.-Wiss. Berlin, Tag.-Ber. 1969, Nr. 101. — 10 Abb., 4 Tab., 12 Lit. Zus. in Russ., Engl. — nach Zus.
Unter Verwendung von grün- und hellkörnigen Roggenformen beider Ploidiestufen wurden Valenzkreuzungen mit dem Ziel durchgeführt, neue tetraploide Bastarde über unreduzierte Gameten herzustellen und triploides Ausgangsmaterial zum Aufbau einer Trisomenserie beim Roggen zu schaffen. Das in der Arbeit geschilderte Bastardierungsverfahren gestattet es, alle Kreuzungsprodukte als Xenien zu erkennen und zu selektieren. Die Frequenz von polyploiden Bastarden war in den beiden Kreuzungsrichtungen unterschiedlich; sie betrug im Mittel der 2 Versuchsjahre für die Kombination 4x × 2x 0,412% und für die Kombination 2x × 4x 0,006%. Von diesen polyploiden Nachkommen waren in den beiden Richtungen 17% bzw. 0% triploid. Die Triploiden zeigten in morphol. Hinsicht ein etwa intermediäres Verhalten. Ihre Meiose ist in M I durch das Vorhandensein von durchschnittlich $5^{III} + 2^{II} + 2^{I}$ charakterisiert; AI- und A II-Verteilungsanomalien sind häufig. Die triploiden Pflanzen wurden mit dem 2x-Elter zurückgekreuzt und wiesen einen Kornansatz von 15% auf. Unter den gekeimten Nachkommen befanden sich 18% 14-, 42% 15-, 29% 26- sowie 11% anderschromosomige Pflanzen. Die Identifizierung der trisomen Pflanzen wurde eingeleitet; am Aufbau einer kompletten Trisomenserie wird gearbeitet. 1714.

2-68/10-0855 Jones, R. Neil und Rees, H. Genotypic control of chromosome behaviour in rye. XI. The influence of B chromosomes on meiosis. (**Genotypische Kontrolle des Chromosomenverhaltens bei Roggen. 11. Mitt. Der Einfluß von B-Chromosomen auf die Meiose.**) Heredity 22 (1967) Nr. 3. S. 333-347.
Die Variation in der Chiasmafrequenz nimmt sowohl zwischen als auch innerhalb der Pollenmutterzellen mit steigender Anzahl von B-Chromosomen bei Roggen zu, obwohl keine signifikante Wirkung der B-Chromosomen auf die mittlere Chiasmafrequenz der A-Chromosomen nachzuweisen ist. Die Verteilung der Chiasmata zwischen den Chromosomenarmen der A-Bivalente wird mit zunehmender Frequenz der B-Chromosomen asymetrischer. Ein Konkurrieren der Chiasmata zwischen A- und B-Chromosomen kann nicht nachgewiesen werden. Es ist sehr wahrscheinlich, daß das Verhalten der B-Chromosomen von dem genetischen Hintergrund beeinflußt wird. Die verringerte Fertilität von Pflanzen mit hohen B-Chromosomenzahlen wird teilweise auf das Auftreten von Univalenten zurückgeführt, die durch die anormalen Chiasmaverteilungen bei steigenden B-Chromosomenzahlen entstehen. Es wird erörtert, daß durch die B-Chromosomen in Folge ihres Einflusses auf die Verteilung der Chiasmata, die Rekombinationsmuster beeinflußt werden, was ein Ansteigen der Variabilität in den Nachkommenschaften bewirkt. F. Müller. 1714.

2-68/10-0856 Ruszkowski, Marek und Tarkowski, Czeslaw. Rož'-selekcija agrotechnika. (**Roggen — seine Züchtung und Agrotechnik.**) Varšava: Central'naja sel's-choz. biblioteka. 1967. (138 S.) 4°. (1967 B 348) 1714.

2-68/10-0857 Semenova, M. J. **Der Nutzeffekt der Auslese von Winterroggen auf Winterhärte unter provokatorischen Bedingungen.** Aus: Selekcija i semenovodstvo 1966 Nr. 4. S. 36. (Übers. aus d. Russ.) (TO 1516) 1714.

2-68/10-0858 Kasembe, J. N. R.; Trumpington, Cambridge, Plant Breeding Inst. Phenotypic restoration of fertility in a male-sterile mutant by treatment with gibberellic acid. (**Phänotypische Wiederherstellung der Fertilität bei einer männlich-sterilen Mutante durch Behandlung mit Gibberellsäure.** Nature, London 215 (1967) Nr. 5101. S. 668. — 1 Tab., 6 Lit.
Bei einer spontan männlich-sterilen Mutante der Gerstenvarietät 'Maris Baldric' wurde durch eine einmalige Sprühanwendung von Gibberellsäure die Fertilität wiederhergestellt. Dosierungen von 100 ppm und 300 ppm führten zum Erfolg. Ähren mit wiederhergestellter

männlicher Fertilität hatten Staubgefäße, die größer als bei den normalen männlich-sterilen Pflanzen waren und Pollen mit begrenzter Lebensfähigkeit. Selbstbestäubung im Anschluß an die Bildung von lebensfähigem Pollen führte zur Produktion von Samen, der homozygote männlich-sterile Pflanzen ergab. A. Egerer. 1716.

2-68/10-0859 Gaul, H. und Ulonska, E. **Züchterische Bedeutung von Kleinmutationen. II. Durch Röntgenstrahlen induzierte Variabilität von Kornertrag, Korngröße und Vegetationslänge bei den Gersten Volla und Wisa.** Z. Pflanzenzücht. 58 (1967) Nr. 4. S. 343-368. — 4 Abb., 13 Tab., 7 Lit. Zus. in Engl.
Vorliegender Arbeit ging eine sehr ähnliche mit 'Haisa II' voraus, deren Ergebnisse durch diese bestätigt werden. 'Volla' wurde mit 17 kr Röntgenstrahlen behandelt (23% überlebende) und 'Wisa' mit 15 kr (20% überlebende). Beide Proben wurden an 2 verschiedenen Standorten (Köln-Vogelsang und Weihenstephan) als Einzelpflanzen nachgebaut. Von M_3 bis M_5 wurden individuelle Nachkommenschaften gebaut. Untersucht wurden: Kornertrag, Korngröße und Vegetationslänge. Es wurden 3 Gruppen gebildet, keine Selektion (KS), frühe Selektion (FS) und späte Selektion (SS). Bei KS wurde bis zur M_5 keine Selektion durchgeführt. Es war eine Erhöhung der genotypischen Varianz zu beobachten. Im allg. steigen aber die Ertragsmittel im Vergleich zur Kontrolle von Generation zu Generation an. Durch die natürliche Selektion wird „Selbstverbesserung" angenommen. Durch bewußte Selektionsmaßnahmen werden aber die Mittelwerte schneller verbessert und übertrafen sogar in einigen Fällen die Kontrolle etwas, die den gleichen Selektionsmaßnahmen unterworfen waren. Es ist vorgesehen, die Untersuchungen mit positiver und negativer Selektion fortzusetzen. E. Koch. 1716.

2-68/10-0860 Grinvald, Clara. Rezistența la Ustilago nuda a unor forme de orz de toamnă obținute prin iradierea semințelor. **(Durch Samenbestrahlung erzielte Resistenz gegen Ustilago nuda bei einigen Typen der Wintergerste.)** An. Inst. Cercetări Cereale și Plante Tehn., Fundulea, București, Ser. C 34 (1966, hrsg. 1967) S. 141-147. — 4 Tab., 9 Lit. Zus. in Russ., Engl. — nach engl. Zus.
In den Jahren 1964-66 wurden einige Mutanten untersucht, die durch Bestrahlung mit thermalen Neutronen aus 2 Populationen von Wi.-Gerste erhalten wurden. Außerdem wurden 'Cenad 345' und 'Cenad 396' und einige Linien auf Resistenz gegen *Ustilago nuda* geprüft. Das Material wurde natürlicher und künstlicher Infektion ausgesetzt. Die Ergebnisse zeigten, daß die Typen 11/63 und 100/63 gute Reistenz gegen Brand besitzen und bedeutend besser als die anderen Formen, Sorten und nicht bestrahlten Linien sind. Mittlere bis ausreichende Resistenz wurde bei 7/63 und 24/63 festgestellt, die besser als die Sorten und Linien waren. Die Typenresistenz gegen *U. nuda* wird durch den Genotyp der neuen Formen bestimmt und hat keine funktionellen Ursachen. 1716.

2-68/10-0861 Murcșan, T., Hurduc, N., Milică, C. I. und Juncu, Ana-Maria. Influența oscilațiilor termice asupra fecundării și formării bobului la porumb. **(Einfluß der Temperaturschwankungen auf die Befruchtung und Kornentwicklung bei Mais.)** An. Inst. Cercetări Cereale și Plante Tehn., Fundulea, București, Ser. C 34 (1966; hrsg. 1967) S. 267-283. — 14 Abb., 2 Tab., 9 Lit. Zus. in Russ., Engl. — nach engl. Zus.
Das Welken des Maises in Westrumänien, das in großem Maße in den Maisanbaugebieten auftritt, veranlaßte systematische Untersuchungen zur Feststellung der Ursachen und der entsprechenden Kontroll- und Vorbeugungsmaßnahmen. Während der Wachstumsperiode wurden die Pflanzen in Gefäßen gesteuerten Temperaturschwankungen (30 °C tagsüber und 7° nachts) vor und nach der Befruchtung sowie während der Kornbildung unterworfen. Paralleluntersuchungen über die Wirkung von *Fusarium moniliforme* var. *subglutinans* wurden durch Inokulation im unteren Teil des Stengels vorgenommen. Temperaturschwankungen vor der Befruchtung schädigten die männlichen Fortpflanzungsorgane, wobei die Staubbeutel welkten, so daß die Pollenkörner deformiert, plasmolysiert, dehydriert und unfruchtbar wurden. Rote Blätter traten bei den teilweise oder vollkommen sterilen Pflanzen auf. Temperaturschwankungen, die zwischen dem 5. und 8. Tag nach der Befruchtung auftraten und 5 Tage anhielten, beeinflußten die Kornbildung und -füllung stark, so daß es zur Kornwelke kam. Künstliche Infektion mit *F. moniliforme* verursachte weder Veränderungen in der Kornbildung und -reife noch Kornwelke. 1720.

2-68/10-0862 Manoliu, M., Sarca, Vasilichia, Păcurar, I. und Grünberg, S. Efectul încrucişărilor reciproce asupra dezvoltării elementelor productivităţii la hibrizii de porumb. (**Der Einfluß reziproker Kreuzungen auf die Entwicklung der Ertragsfähigkeit bei Maishybriden.**) An. Inst. Cercetări Cereale şi Plante Tehn., Fundulea, Bucureşti, Ser. C **34** (1966, hrsg. 1967) S. 225-234. — 5 Tab., 5 Lit. Zus. in Russ., Engl. — nach engl. Zus.
Vff. behandeln die Ergebnisse von Untersuchungen, die 1961, 1965 und 1966 bei den Doppelhybriden HD 208, HD 405 und 'Embro 60' durchgeführt wurden. Untersucht wurden die Ertragsfähigkeit, einige Eigenschaften der Pflanze und Kolben. In einigen Fällen kann die Ertragsfähigkeit der Doppelhybriden, die man aus der Vertauschung der Eltern erhielt, bedeutend gegenüber den normalen Doppelhybriden gemindert werden. Die Vertauschung der Inzuchtlinien innerhalb der Einfachhybriden beeinflußte die Ertragsfähigkeit der Doppelkreuzungen bedeutend. Wesentliche Unterschiede wurden in der durchschnittlichen Anzahl der Kolben/100 Pflanzen, der Kolbenlänge, dem Kolbendurchmesser, der Blattfläche und dem Anteil welker Kolben verzeichnet. Bei der Doppelkreuzung 'Embro 60' führte die Vertauschung der Inzuchtlinien innerhalb der Einfachkreuzungen zu einer besseren Übereinstimmung zwischen den Linien BX A und DX C in der Blütezeit. 1720.

2-68/10-0863 Păcurar, I. und Sarca, Vasilichia. Corelaţia între gradul de hibriditate şi producţia unor hibrizi dubli de porumb. (**Korrelationen zwischen Hybridisationsgrad und Ertrag einiger Doppelhybriden von Mais.**) An. Inst. Cercetări Cereale şi Plante Tehn., Fundulea, Bucureşti, Ser. C **34** (1966, hrsg. 1967) S. 259-266. — 1 Abb., 2 Tab., 16 Lit. Zus. in Russ., Engl. — nach engl. Zus.
Bei Untersuchungen über die Korrelation zwischen Hybridisationsgrad und Ertragsfähigkeit einiger Doppelhybriden von Mais in Abhängigkeit von der eigenen Pollenmenge wurden die höchsten Erträge bei Doppelhybriden in der F_1 erzielt, deren Hybridisierungsgrad 100% betrug. Bei den anderen Varianten verringerten sich die Erträge dem Hybridisationsgrad entsprechend, wobei max. Depression bei der ausschließlich aus Einfachhybriden in der F_2 bestehenden Varianten zu beobachten war, bei der der Ertrag 33,1···43,6% geringer als bei der besten Variante war. Außerdem wurde festgestellt, daß das Ausmaß der Ertragverringerung bei den einzelnen Hybriden unterschiedlich ist und von der genetischen Grundlage des entsprechenden Hybriden abhängt. Bei 5%iger Befruchtung der weiblichen Form mit eigenem Pollen verringert sich der Ertrag um 0,75 dt/ha bei 'HD 206', um 1,00 dt/ha bei 'HD 311' und um 1,33 dt/ha bei 'HD 409'. Zur Verhinderung von Ertragsverlusten ist die Kastration auf den Doppelhybridisierungsflächen so schnell und gründlich wie möglich durchzuführen. 1720.

2-68/10-0864 Mureşan, T., Cosmin, O., Sarca, Tr., Ulinici, Victoria, Bica, N. und Ilicevici, S. Capacitatea specifică de combinare a liniilor consangvinizate de porumb româneşti. (**Spezifische Kreuzungseignung rumänischer Mais-Inzuchtlinien.**) An. Inst. Cercetări Cereale şi Plante Tehn., Fundulea, Bucureşti, Ser. C **34** (1966, hrsg. 1967) S. 165-176. — 1 Abb., 6 Tab., 11 Lit. Zus. in Russ., Engl. — nach engl. Zus.
90 Einfachhybriden aus 2 Gruppen dialleler Kreuzungen von jeweils 10 Linien wurden zwischen 1964 und 1966 in Rumänien bei bewässerten und nicht bewässerten Kulturen untersucht. Die Erträge wurden durch Berechnung der spez. Kombinationseignung nach Griffling (1956) und durch Ermittlung der Wechselwirkung zwischen Kombinationseignung und den Jahren sowie Orten analysiert. Die Korrelation zwischen spez. Kombinationseignung und Erträgen der Einfachhybriden wurde varianzanalytisch ermittelt. Es wurde festgestellt, daß die spez. Kombinationseignung ziemlich stabil ist, ihre Wechselbeziehungen zu den Umweltbedingungen mit dem Genotyp differieren und in engem Zusammenhang mit dem Ertrag der Einfachhybriden stehen. Die Wechselwirkung zwischen den Einfachhybriden und den Anbaubedingungen war unbedeutend; die Einfachhybriden hatten gute ökologische Plastizität. 1720.

2-68/10-0865 Manoliu, M. und Grünberg, S. Manifestarea efectului heterozis la porumb şi gradul de depresiune a acestuia în funcţie de baza genetică. (**Heterosiseffekt bei Mais und Depressionsgrad hinsichtlich der genetischen Grundlagen.**) An. Inst. Cercetări Cereale şi Plante Tehn., Fundulea, Bucureşti, Ser. C **34** (1966, hrsg. 1967) S. 245-258. — 3 Abb., 3 Tab., 8 Lit. Zus. in Russ., Engl. — nach engl. Zus.
Vff. beschreiben die Ergebnisse von Untersuchungen, die von 1960-1963 über das Verhalten von Einfach- und Doppelhybriden sowie einiger Sortenhybriden im Hinblick auf die Aus-

prägung des Heterosiseffektes in der F_1 und der Depression in der nächsten Generation durchgeführt wurden. Die Einfachkreuzungen zeigten starke Heterosis in bezug auf die Ertragsfähigkeit, da sie die Elternformen um 133···266% übertrafen. Die Doppelkreuzungen zeigten i. allg. dieselbe Ertragsfähigkeit wie die Elternformen. In der F_2 wurde der Heterosiseffekt i. allg. um die Hälfte reduziert. Bei den Doppel- und Zwischensortenkreuzungen waren Heterosiseffekt und Depression wesentlich geringer ausgeprägt als im Vergleich zu den Einfachhybriden, wobei Zu- und Abnahme des Heterosiseffektes mit der genetischen Grundlage im Zusammenhang standen. Die Variabilitätskoeffizienten der Ertragsfähigkeit waren bei den Einfachhybriden i. allg. kleiner als bei den Inzuchtlinien; die höchste Variabilität wurde bei den Sortenhybriden verzeichnet, die eine heterogenere genetische Grundlage besaßen. 1720.

2-68/10-0866 Penny, L. H., Scott, Gene E. und Guthrie, W. D. Recurrent selection for European corn borer resistance in maize. (**Wiederkehrende Auslese auf Maiszünsler-Resistenz.**) Crop Sci. 7 (1967) Nr. 5. S. 407-409. — 2 Tab., 8 Lit.
Aus einer in Pennsylvanien von Wernham geschaffenen gegen *Helminthosporium turcicum* resistenten Population wurden 5 synthetische Sorten gewonnen, die in 3 Zyklen auf Zünslerresistenz untersucht wurden. Die Inokulation der Eier erfolgte manuell. Insgesamt kann die Resistenz nach 2 Zyklen schon als ausreichend angesehen werden. Dabei unterscheiden sich die Synthetics untereinander nur wenig. Bei 2 Populationen ergaben sich innerhalb der Linien signifikante Differenzen. Das Verfahren wird für die praktische Züchtung empfohlen. H. Müller. 1720.

2-68/10-0867 Țîrcomnicu, Marina und Cosmin, O. Rezistența unor linii și hibrizi de porumb la atacul ciupercii Helminthosporium turcicum Pass. (**Die Resistenz einiger Mais-Inzuchtlinien und -hybriden gegen Befall durch Helminthosporium turcicum Pass.**) An. Inst. Cercetări Cereale și Plante Tehn., Fundulea, București, Ser. C **34** (1966, hrsg. 1967) S. 307-312. — 2 Tab., 16 Lit. Zus. in Russ., Engl. — nach engl. Zus.
1962, 1964 und 1965 wurden Untersuchungen mit eigenen Hybriden und ausländischen Inzuchtlinien und -hybriden in Rumänien durcgeführt. *Helminthosporium turcicum* wurde aus natürlich infizierten Maisblättern auf Czapek-Nährboden angezogen, isoliert und über den Boden auf 30···124 Pflanzen jeder Variante übertragen. Ausreichende Resistenz gegen *H. turcicum* wurde bei 'HD 208' auf extensiven Flächen festgestellt. Die Inzuchtlinien zeigten größere Unterschiede als die Maishybriden. Die Einfachhybriden erwiesen sich resistenter als die Inzuchtlinien. Unter den in den entsprechenden Jahren vorherrschenden Bedingungen war keine der künstlich infizierten Formen ohne Befall. 1720.

2-68/10-0868 Snope, A. J. Meiotic behavior in autotetraploid maize with abnormal chromosome 10. (**Meiotisches Verhalten von autotetraploidem Mais mit abnormalem Chromosom 10.**) J. Heredity 58 (1967) Nr. 4. S. 173-177. — 2 Abb.. 2 Tab., 27 Lit.
Asynaptisches Verhalten von tetraploiden Maisformen führt zu Pollendegeneration und unreduzierten Gameten. Das abnormale Chromosom 10, als K 10 bezeichnet, wurde in normale Tetraploide eingelagert. So erhöhte sich die Frequenz bei unregelmäßiger Teilung beim Chromosom 6 um das Zweifache. Vf. folgert daraus, daß durch K 10 Neozentromere eingelagert werden, die die Orientierung in der Anaphase I für das Chromosom 6 erschweren. Die Beziehungen zu ähnlichen Feststellungen in der Humangenetik werden erläutert. H. Müller. 1720.

2-68/10-0869 Mureșan, T., Cosmin, O., Bica, N., Sarca, Tr., Ulinici, Victoria und Neguț, C. Rezultatele experiențelor cu hibrizi dubli de porumb de perspectivă la I.C.C.P.T. Fundulea. (**Versuchsergebnisse von künftigen Doppelhybriden von im Forschungsinstitut für Getreide- und technische Kulturen, Fundulea, gezüchtetem Mais.**) An. Inst. Cercetări Cereale și Plante Tehn., Fundulea, București, Ser. C **34** (1966, hrsg. 1967) S. 187-196. — 1 Abb., 5 Tab., 8 Lit. Zus. in Russ., Engl. 1720.

2-68/10-0870 Mureșan, T., Cosmin, O., Bica, N., Sarca, Tr., Ulinici, Victoria, Dumitrescu, Anela, Iancu, Doina, Enescu, Steluța, Olaru, C., Ilicevici, S., Suba, T., Banciu, T., Moșneagă, Angela und Neguț, C. Rezultatele experiențelor cu hibrizi dubli de porumb creați la I.C.C.P.T. Fundulea. (**Versuchsergebnisse von im Forschungsinstitut für Getreide- und technische Kulturen, Fundulea, gezüchteten Maisdoppelhybriden.**) An. Inst. Cercetări Cereale și Plante Tehn., Fundulea, București, Ser. C **34** (1966, hrsg. 1967) S. 197-214. — 1 Abb., 11 Tab., 19 Lit. Zus. in Russ., Engl. 1720.

2-68/10-0871 Powell, Jerrel B. und Taylorson, R. B.; Tifton, Univ. of Georgia, Coll. of Agric. Exper. Stat.; U.S. Dep. of Agric., A.R.S. Induced sterility and associated effects of dimethylarsinic acid treatment of pearl millet. (**Induzierte Sterilität und damit verbundene Wirkungen der Behandlung von Perlhirse durch Dimethylarsinsäure.**) Crop Sci. 7 (1967) Nr. 6. S. 670-672. — 4 Abb., 2 Tab., 6 Lit.

Zur Feststellung der möglichen gametoziden Wirkung von Dimethylarsinsäure wurden 2 Dosen und 2 Behandlungszeiten gewählt und deren Einfluß auf Mikrosporogenese, Blütenstruktur, Anthesistermin, Pollenfärbbarkeit, Samenansatz und Stengelbildung untersucht. Das Aufsprühen auf Blätter (183 g/ha) im frühen Wachstumsstadium hatte eine selektive Beeinflussung der Blütenstrukturen zur Folge. Das Gynäzeum wurde stärker modifiziert als das Androezeum. In einem Ährchen traten manchmal verschiedene Stempel auf. Verminderte Zellänge und Verdichtung der Haarzellen der Narbe wurden bei Behandlung mit beiden Dosen beobachtet. Der Samenansatz wurde bei Anwendung der hohen Konz. 5 Wochen nach der Pflanzung am stärksten vermindert. Auch 6wöchige Behandlung war sehr wirksam. Die Behandlung bewirkte verminderte Chromosomenpaarung. Primäre und sekundäre Halme reagierten auf Behandlung mit unterschiedlichem Abfall des Samenertrages.

E. Forbriger. 1722.

2-68/10-0872 Tucker, G. L., Prout, Timothy und Harding, James. Spread of an undesirable gene in populations of Phaseolus lunatus L. (**Verbreitung eines unerwünschten Gens in Populationen von Phaseolus lunatus L.**) Crop Sci. 7 (1967) Nr. 6. S. 619-621.

Handelsübliche Limabohnen haben entweder grüne oder weiße Samenschalen. Grünschaligkeit wird durch ww gesteuert und ist für Feinfrostung geeigneter als die für Trockenbohnen gewünschten weißen Samenschalen. Da ständig Beschwerden über beträchtliches Auftreten weißer Formen in einer zur Frostung bestimmten grünschaligen Sorte 'Concentraded Fordhook' eingingen, wurde eine experimentell bereinigte Population auf die Gründe dieser Erscheinung untersucht. In den Jahren 1963-1965 wurden bei insgesamt 193842 voneinander abstammenden Pflanzen keine Rückmutante gefunden. Die maximale Mutationsrate wurde geschätzt auf $1{,}5 \times 10^{-5}$. Die benutzte Formel war: $P = 1 - (1 - \mu)^N$ oder $P = 1 - e^{N\mu}$. Die Häufigkeit des dominanten Allels in einer unbereinigten Handelsherkunft wurde mit $3{,}1 \times 10^{-3}$ gefunden. Die mathematische Analyse bewies, daß die max. Rückmutationsrate die Verbreitung des unerwünschten W-Allels in der Handelssorte 'Concentraded Fordhook' nicht begründen konnte. Ein Minimal-Selektionsvorteil von 11% für den WW Genotyp konnte die Möglichkeit dieser Schätzung mit der zuvor berechneten mit 40% Nachteil nicht klären. Für diesen offensichtlichen Widerspruch wurden 3 Erklärungsmöglichkeiten herangezogen. 1. Das genetische Milieu und epistatische Wechselwirkungen. 2. W-Allel zeigt eine Häufigkeit, die von der Eignung abhängig ist. 3. Die beiden geprüften Muster hatten verschiedene Umweltverhältnisse und der Genort Ww hatte starke Wechselwirkung mit verschiedener Umwelt. H. J. Troll. 1734.

2-68/10-0873 Smith, R. R., Byth, D. E., Caldwell, B. E. und Weber, C. R. Phenotypic stability in soybean populations. (**Phänotypische Stabilität in Sojabohnen-Populationen.**) Crop Sci. 7 (1967) Nr. 6. S. 590-592.

Die phänotypische Stabilität 7 verschiedener Sojabohnen-Genotypen gegenüber einer Reihe von Umweltfaktoren wurde durch Berechnung für jeden Genotyp untersucht und eine lineare Regression des Ertrages zu dem Mittel aller Genotypen für alle Umwelteinflüsse gefunden. Genotypen mit überdurchschnittlicher Stabilität wurden durch wechselnde Umweltbedingungen weniger beeinflußt. Geringe Abweichungen von Regressionen tendierten dabei zu Regressionskoeffizienten unter 1. Ein positiver Zusammenhang wurde zwischen dem Durchschnittsmittel homogener Tochterlinien und heterogener Mutterlinienleistung beobachtet. Jedoch antworteten heterogene homozygote Linien weniger radikal auf Umweltwechsel als entsprechende homogene homozygote Linien.

H. J. Troll. 1738.

2-68/10-0874 Nasrallah, M. E. und Wallace, D. H.; Ithaca, N. Y., Cornell Univ., Dep. of Plant Breeding. Immunogenetics of self-incompatibility in Brassica oleracea L. (**Immungenetik der Selbstinkompatibilität bei Brassica oleracea L.**) Heredity **22** (1967) Nr. 4. S. 519-527. — 8 Abb., 2 Tab., 15 Lit.

Mit Hilfe der Immundiffusion wurden Antigene in wäßrigen Homogenaten der Stigmata verschiedener inkompatibler Genotypen bei Kohl nachgewiesen. Durch in Kaninchen erzeugte Antisera konnte nachgewiesen werden, daß die Stigmata jedes Genotypes ein spez.

Antigen besitzen, dessen Vorhandensein durch ein definiertes S-Allel bedingt wird. Die genotypspez. Antigene der Stigmata konnten weder im Pollen noch in anderen Geweben derselben Pflanze festgestellt werden. Die Stigmata der Hybriden S_1S_2, S_1S_3 und S_2S_3 enthielten jeweils die elterlichen Antigene, worauf ihre Unverträglichkeit mit Pollen der Elternformen zurückzuführen ist. Die Bestimmung des Genotyps einzelner F_2-Pflanzen auf Grund ihrer Antigene führte zu gleichen Ergebnissen, wie die Aufklärung des Genotyps mit Hilfe reziproker Kreuzbestäubung durch die Elternformen. A. Meinel. 1752.

2-68/10-0875 Speckmann, G. J., Dijkstra, H. und Kate, Hilly A. ten; Wageningen, Netherlands, Foundat. of Agric. Plant Breeding. An efficient method to separate tetraploid from diploid plants after colchicine treatment of turnips (Brassica campestris var. rapa). **(Eine wirksame Methode zur Trennung tetraploider und diploider Pflanzen nach Kolchizinierung von Rübsen [Brassica campestris var. rapa].)** Euphytica, Wageningen **16** (1967) Nr. 3, S. 313-318. — 2 Abb., 4 Tab., 10 Lit.
Zur Trennung tetraploider und diploider Keimpflanzen von *Brassica campestris* var. *rapa* nach Kolchizinierung wurde die Eignung der durchschnittlichen Pollengröße, der Variabilität der Pollenkorngröße sowie der Plastidenzahl der Stomata untersucht. An Standardmaterial (jeweils 20 tetra- und 20 diploide Pflanzen) wurden die Werte ermittelt, die der Klassifizierung zugrunde gelegt wurden (Pollenkorngröße: $<$ 9,2 Mikroeinheiten = diploid, $>$ 9,2 Mikroeinheiten = tetraploid; Grenzdifferenz bei P = 0,05···0,9 Mikroeinheiten; durchschnittliche Plastidenzahl: diploid = 11,4, tetraploid = 19,3). Eine Selektion Tetraploider in C_0 auf Grund der durchschnittlichen Pollenkorngröße (Messungen von 5 Pollen/Pflanze) reduzierte den Anteil Diploider in C_1 beträchtlich; bei Berücksichtigung der Korngrößenvariabilität dieser 5 Pollen nahm der Anteil Tetraploider in C_1 ebenfalls zu. Die Auswahl des geeigneten Kriteriums für die Selektion Tetraploider in C_0 wird weitgehend durch das Ausgangsmaterial beeinflußt. A. Meinel. 1754.

2-68/10-0876 Vulpe, V. V. Studiul unor hibrizi de floarea-soarelui creati pebaza androsterilității și restaurării fertilității. **(Untersuchungen einiger Hybriden der Sonnenblume, die auf der Grundlage der männlichen Sterilität und der Wiederherstellung der Fertilität entwickelt wurden.)** An. Inst. Cercetări Cereale și Plante Tehn., Fundulea, București, Ser. C **34** (1966, hrsg. 1967) S. 391-399. — 2 Abb., 4 Tab., 6 Lit. Zus. in Russ., Engl. — nach engl. Zus.
Es werden Untersuchungen mit 118 einfachen Sonnenblumenhybriden (F_1), die auf pollensteriler Grundlage und wiederhergestellter Fertilität unter günstigen klimatischen Bedingungen in den Jahren 1965 und 1966 entwickelt wurden, beschrieben. Heterosis war in der Entwicklung der Keimblätter, der Stengeldicke, der Reduzierung der Pflanzenhöhe auf Grund der Verkürzung der Internodien, in der Blattentwicklung, der Gleichförmigkeit und der dunkelgrünen Farbe festzustellen. Zur Kontrollsorte 'Vnimk 8931' wurden maximale Steigerungen des Samenertrages von 30···35% verzeichnet, während sich die Ölerträge bis zu 40% erhöhten. Ein wesentlicher Anstieg des Ölgehaltes der Samen wurde bei mehreren Hybriden festgestellt als Folge des geringeren Schalenanteils und des erhöhten Ölgehaltes in den Samen. Ebenso wurde eine Erhöhung des Tausendkornvolumens u. a. Eigenschaften ermittelt. Die Hybriden zeigten in der Regel höhere Resistenz gegen Pilzkrankheiten, vor allem gegen Mehltau. Die Resistenz gegen Stengelbruch und Blattriß, was durch die ungünstigen Steppenwinde verursacht wurde, war verbessert. 1758.

2-68/10-0877 Hopfe, W. **Zuchtmethodische Maßnahmen und ihre Auswirkungen bei Senf.** Ber. Pflanzenzüchter, Quedlinburg **1965/66** (hrsg. 1967) S. 33-36. — 2 Abb., 3 Lit. — nach Zus.
Es wird ein Überblick über die Entwicklung und den Stand der Senfzüchtung im Inst. für Pflanzenzüchtung Groß-Lüsewitz gegeben. Spez. für Senf ausgearbeitete Methoden, die eine strenge Befruchtungsregulation ermöglichen, werden begründet und die erzielten Erfolge dargelegt. Abschließend wird ein Zuchtschema zur Erhaltung und weiteren Verbesserung des neu geschaffenen Zuchtmaterials und der Sorte 'Kastor' mit hoher Kornzahl/Einzelschote und guter Ertragsfähigkeit erläutert. 1760.

2-68/10-0878 Catelly, T., Groza, H., Gorea, T., Mureșan, S. und Fodor, I. Cercetări agrobiologice privind unele soiuri de cartof din colecția Stațiunii Brașov. **(Agrobiologische Untersuchungen einiger Kartoffelsorten aus der Sammlung der Brașovschen Versuchs-**

station.) An. Inst. Cercetări Cereale şi Plante Tehn., Fundulea, Bucureşti, Ser. C **34** (1966, hrsg. 1967) S. 415–429. — 3 Abb., 7 Tab., 14 Lit. Zus. in Russ., Engl. — nach engl. Zus.
Es werden die Ergebnisse von Vergleichsversuchen mit 118 Kartoffelsorten, die von 1963 bis 1966 in Braşov durchgeführt wurden, beschrieben. Die Sorten 'Civa', 'Antares', 'Pionier', 'Emergo', 'Petra' und 'Datura' zeichneten sich durch hohe Erträge aus, die Sorten 'Sedov', 'Mireille', 'Dolfing' und 'Hibinîi 3' durch frühe Knollenbildung. 'Wulkan', 'Gerlinde' und 'Tatranka' traten durch ihren Stärkegehalt und 'Fink', 'Maritta', 'Ewerest' und 'Gerlinde' durch Resistenz gegen schwere Viruskrankheiten und Dörrfleckenkrankheit hervor. Die Eigenschaften der Kreuzungseltern werden beschrieben und die Sorten 'Antares', 'Epoka', 'Gerlinde', 'Ambassadeur', 'Tatranka' und 'Maritta' für die Züchtung empfohlen. 1772.

2-68/10-0879 Ingram, D.S. The expression of R-gene resistance to Phytophthora infestans in tissue cultures of Solanum tuberosum. **(Die Manifestation der R-Gen-Resistenz gegenüber Phytophthora infestans in Gewebekulturen von Solanum tuberosum.)** J. gen. Microbiol. **49** (1967) Nr. 1. S. 99–108.
Bereits früher zeigten Ingram und Robertson, daß Gewebekulturen aus Knollengewebe der Kartoffelsorte 'Majestic' (rr) in Form von Zellaggregaten von 4 mm Dmr. ein gutes Wachstum von *Phytophthora infestans* (Rasse 4) ermöglichen, während der Pilz auf Gewebekulturen der Sorte 'Orion' (R_1) nicht wuchs. Gewebekulturen von weiteren Sorten und *Solanum*-Arten mit den gleichen und anderen Resistenzgenen ['Ulster Torch' (R_1), 'Pentland Beauty' (R_3), *S. demissum* (R_4) und *S. stoloniferum* (R_2)] verhielten sich ähnlich wie natürliches Gewebe, wobei in Knollengewebekulturen von 'Pentland Beauty' R_3 ebenfalls keine Resistenz bewirkte. Das Gewebe der kompatiblen Sorten wurde vollständig von den Pilzhyphen durchwuchert, während Sorten mit dem Resistenzgen R_1 befallsfrei blieben; nur in Ausnahmefällen wurden einzelne Zellen an der Oberfläche und auch meristematische Gewebeteile im Innern, die aus wesentlich kleineren Zellen bestanden, stark befallen. In Zellsuspensionen zeigte sich bei den R_1-Zellen eine signifikante Verminderung der Keimschlauchlänge der Rasse 4, bei rr-Zellen wurde sie nicht beeinflußt. Kulturfiltrate von Zellgewebesuspensionen der Sorte 'Majestic', die mit der Rasse 4 infiziert worden waren, ermöglichten eine ungehinderte Zoosporenkeimung, während solche der Sorte 'Orion' (R_1) mit zunehmender Dauer nach der Infektion steigende Hemmung bewirkten; nach 96 h keimten nur noch 7% der Zoosporen. H. Henniger/Groß-Lüsewitz. 1772.

2-68/10-0880 Ponin, I. Ja. Rezul'taty ocenki ustojčivosti dikich vidov i gibridov kartofelja k kartofel'noj nematode (Heterodera rostochiensis Woll., 1923). **(Ergebnisse von Resistenzprüfungen bei Kartoffelwildarten und -hybriden gegen den Kartoffelnematoden [Heterodera rostochiensis Woll.].)** Nematodnye bolezni seljskochozjajstvennych rastenij **1967** S. 120 bis 123.
Seit dem Jahre 1958 wurden Wildarten der Kartoffel auf Nematodenresistenz geprüft und die Züchtung nematodenresistenter Sorten begonnen. Knollen und Sämlinge der Wildarten und Artbastarde wurden in Töpfen mit 0,5 l Fassungsvermögen angezogen, denen je 500 Zysten zugesetzt wurden. Als Kontrolle diente die anfällige Sorte 'Aquila'. Sehr widerstandsfähig waren die Formen *Solanum tarijense* (Nr. 209), *S. knappei*, K-2061 und *S. garsiae*, K-2737 und K-2935-2: Nematodenweibchen fehlten entweder, oder ihre Zahl überstieg nicht 1…4 auf das gesamte Wurzelsystem bezogen. Von den Artbastarden wurden 1961 55 Stämme auf Resistenz geprüft. Resistente Formen wurden aus der Kreuzung *S. ballsii* × 'Spekula' und 'Carumma' gewonnen; neben vollständiger Nematodenresistenz zeichnen sich diese Formen durch hohe Ertragsfähigkeit (156 bis 229 dt/ha), gute Knollenform und hohe Qualität aus. SSSR/VINTISCh. 1772.

2-68/10-0881 Rothacker, Dieter. **Einige Möglichkeiten und die Problematik der Erzeugung und Verwendung dihaploider Kartoffeln für die Züchtung.** Dtsch. Akad. Landwirtsch.-Wiss. Berlin, Tag.-Ber. **1969** Nr. 101 — 11 Abb., 3 Tab., 43 Lit. Zus. in Russ., Engl. — nach Zus.
Die theoretischen Erwägungen führten dazu, den dihaploiden *Solanum-tuberosum*-Formen Bedeutung für die Kartoffelzüchtung einzuräumen. Unter den Bedingungen des natürlichen Entstehungs- und Verbreitungsgebietes der Kartoffel in Südamerika hat sich eine polyploide Reihe von 2 x-, 3 x-, 4 x- und 5 x-Formen entwickelt. Erst durch die Arbeiten der Amerikaner Hougas und Peloquin wurden die Grundlagen geschaffen, Dihaploide in beliebiger Anzahl herzustellen. Die Auslesetechnik der Dihaploiden aus einer Population,

die noch tri- und tetraploide Pflanzen enthält, konnte so rationalisiert werden, daß man nahezu ohne Chromosomenauszählungen auskommt. Dihaploide sind durch spez., morphol., anatomische und physiol. Charakteristika gekennzeichnet. Die Zellen der Dihaploiden sind grundsätzlich kleiner als die der Tetraploiden. Zur Retetraploidisierung der 2 x-Klone stehen einige wirkungsvolle Kolchizinbehandlungsverfahren zur Verfügung. Kreuzungen zwischen Dihaploiden und Tetraploiden ergeben fast ausschließlich tetraploide Nachkommen. Für die züchterischen Arbeiten werden 3 verschiedene Züchtungsmethoden vorgeschlagen: a) Analytische Methode (nach Chase, 1963), b) Teilanalytische Methode mit Valenzkreuzung auf *S.-tuberosum*-Basis, c) Teilanalytische Methode einschließlich Valenzkreuzung und Einkreuzung von Wildartgenen sowie mehrfache Rückkreuzung. Der gegenwärtige Stand der Arbeiten auf dem Gebiet der Dihaploidiezüchtung wird charakterisiert und ein Ausblick auf die Zukunft gegeben. 1772.

2-68/10-0882 Berezkina, L. L. Primenenie metoda dekapitacii v meżvidovoj gibridizacii kartofelja. **(Die Anwendung der Dekapitationsmethode bei Artkreuzungen der Kartoffel.)** Doklady TSChA. Moskovskaja ordena Lenina sel'skochozjajstvennaja akademija imeni K. A. Timirjazeva **1967** Nr. 131. S. 221–225.

20···25 cm lange Sproßspitzen von *Solanum gibberulosum* wurden zu Blühbeginn abgeschnitten und in fließendes Wasser gestellt. Ca. 7 Blätter verblieben am Stengel. Bei *S. punae* betrug die Stengellänge nur 10···12 cm. Nach Kastration wurden die Blüten mit Pollen der Sorte 'Agra' bestäubt. Nach 1,5···2 Monaten erfolgte die Beerenernte. Bis zu 67% der bestäubten Blüten bildeten Beeren mit je 2···15 Samen. In stehendem Wasser lagen die Ergebnisse darunter. Der Befruchtungserfolg der Feldkontrolle war praktisch gleich 0.

H. Grieß/Groß-Lüsewitz. 1772.

2-68/10-0883 Suchtelen, N. J. van. **Valenzkreuzungen bei der Kartoffel.** Dtsch. Akad. Landwirtsch.-Wiss. Berlin, Tag.-Ber. **1969** Nr. 101. — 3 Abb., 10 Lit. Zus. in Russ., Engl. — nach Zus.

Solanum tuberosum bildet in den Primitiv- und Wildarten eine polyploide Reihe mit der Grundzahl x = 12. Die Züchtung erfordert interspez. Artkreuzungen und Valenzkreuzungen, die z. B. zwischen *S. demissum* (4 x) und *S. tuberosum* (4 x) gut gelingen. Kolchizinbehandlung kann in einigen Fällen die Kreuzbarkeit erhöhen. Aus 4 x-Kulturformen hervorgegangene haploide 2 x-Pflanzen ermöglichen die Züchtung auf diploider Stufe. Dabei ergeben 2 x- × 4 x-Kreuzungen größtenteils 4 x-Nachkommen, die auf unreduzierte Gameten oder auf verdoppelte Gameten der 2 x-Pflanzen zurückzuführen sind. Verdoppelte Gameten sind solche, deren Chromosomenbestand nach einer regulären Meiose verdoppelt worden ist. Die Analyse einer 4 x-Pflanze spricht für solche Gameten. Der züchterische Wert der 4 x-Pflanzen hängt von ihrer Entstehungsart ab. In der Nachkommenschaft von Kreuzungen diploider Kartoffeln treten abweichende tetraploide Pflanzen auf. Eine Klärung dieser Erscheinung wird durch Pollenvergleiche versucht. 1772.

2-68/10-0884 Plaisted, R. L. und Peterson, L. C.; Ithaca, N. Y., Cornell Univ., Dep. of Plant Breeding & Biometrics. Linkage of genes affecting tuber color and chlorotic foliage. **(Kopplung von Genen, die Knollenfarbe und chlorotisches Blatt verursachen.)** Amer. Potato J. **44** (1967) Nr. 11. S. 411–414.

In Kreuzungsnachkommenschaften der Kombination *Solanum tuberosum*-haploid (gefärbte Knollen, normales Blatt) × *S. vernei* (weiße Knollen, chlorotisches Blatt) wurde die Vererbung von Knollenfärbung und Eisenchlorose untersucht. Danach bewirkt ein Gen G Eisenchlorose im homozygot rezessiven Zustand. Es besteht eine enge Koppelung mit dem Genlocus für Athozyan-Pigmentbildung. D. Rothacker/Groß-Lüsewitz. 1772.

2-68/10-0885 Tarasenko, N. D. Dejstvie gamma-lučej i bystrych nejtronov na častotu perestroek chromosom i vyživaemost' sejancev kartofelja. **(Die Wirkung von γ-Strahlen und schnellen Neutronen auf die Häufigkeit des Chromosomenumbaues und das Überleben von Kartoffelsämlingen.)** Genetika, Moskva 4 (1968) Nr. 1. S. 28–32.

6 Mon. alte, 6···8,5 Jahre alte sowie 6 Jahre alte und nach der Bestrahlung 2,5 Jahre gelagerte Kartoffelsamen dienten der Untersuchung. γ-Strahlen in einer Dosis von 15 kr führten zu 2?% Anaphasen und frühen Telophasen mit Chromosomenumbau bei alten Samen. 17,5% der Keimlinge überlebten den 35. Tag. Schnelle Neutronen in einer Dosis von 1,5 kr führten zu 24% Mitosen mit Chromosomenaberrationen, 69% überlebten. γ-bestrahl-

te Samen verloren bei anschließender Lagerung fast völlig ihre Keimfähigkeit, neutronenbestrahlte nicht. H. Grieß/Groß-Lüsewitz. 1772.

2-68/10-0886 Herold, M. **Untersuchungen über die Einsatzmöglichkeiten von Kartoffelverleserodern in Zuchtgärten.** Ber. Pflanzenzüchter, Quedlinburg **1965/66** (hrsg. 1967) S. 55-58. — 1 Abb., 4 Tab., 13 Lit. — nach Zus.

1. Einjährige vergleichende Prüfungen von Klonrodern brachten den Nachweis, daß es möglich ist, Verleseroder zur Ernte von Zuchtklonen oder Versuchsparzellen zu verwenden. 2. Durch zweckentsprechende Anlage der Zuchtgärten und Größe der Klonbeete lassen sich Arbeitsbedingungen und Arbeitsproduktivität gegenüber herkömmlichen Verfahren vorteilhaft verbessern. 3. Die mit einem Verleseroder vom Typ Massay-Ferguson 711 erzielte Qualität entspricht den Anforderungen der Erhaltungszüchtung. Das gilt sowohl hinsichtlich der äußeren Knollenqualität, als auch hinsichtlich der züchterischen Belange einer hohen Trennschärfe zwischen den einzelnen Zuchtklonen während des Rodeablaufes. 4. Aus der Untersuchung wird gefolgert, daß geringfügige technische Veränderungen am Roder MF 711 und eine zweckentsprechende Anpassung des Zuchtschemas hinsichtlich Länge des Klonbeetes zu einer dem derzeitigenStand derTechnik angepaßten verbesserten maschinellen Ernte von Klonbeeten und Versuchsparzellen führt. 1772.

2-68/10-0887 Havel, J.; Praha, ČSSR, Plant Breeding & Seed Product. Enterprise. A new, useful flowering characteristic in Beta vulgaris L. (**Eine neue, wertvolle Blüheigenschaft bei Beta vulgaris L.**) Euphytica, Wageningen **16** (1967) Nr. 3. S. 410-412. — 4 Abb., 5 Lit.

In der ČSSR-Halbzuckerrübensorte 'Chotovka' wurde eine Pflanze gefunden, deren Blüten alle zu gleicher Zeit blühen. Sie sind gleichmäßig angeordnet und alle Knäuel, selbst diejenigen der Zweigspitzen, haben gleiche Größe und reifen zur gleichen Zeit. Die Knäuel sitzen fest am Zweig, so daß sie sich zur Reife nicht lösen und bei der mechanischen Ernte keine Saatgutverluste verursachen. Diese Eigenschaften, die vom Vf. als ökonomisch bedeutend eingeschätzt werden, ließen sich durch weitere Maßnahmen (Anbau und Züchtung) fixieren. Die aus diesen Knäueln hervorgegangenen Pflanzen erwiesen sich als kräftig. Die Pflanzen von 3 Linien, unter 20 entwickelten zeigten, sich den Kontroll-Pflanzen im Ertrag überlegen. Im Tr.-Subst.-Ertrag war nur eine besser als die Kontrolle.
H. E. Fischer/Kleinwanzleben. 1774.

2-68/10-0888 Hendriksen, A. J. Th. **Polyploidie bei Rüben.** Dtsch. Akad. Landwirtsch.-Wiss. Berlin, Tag.-Ber. **1969** Nr. 101. — 4 Abb., 6 Tab., 9 Lit. Zus. in Russ., Engl. — nach Zus.

Bei Zucker- und Futterrüben ist in Holland ein ständiger Rückgang diploider Sorten zu verzeichnen. Das Interesse an tri- und tetraploiden Sorten wächst. Die polyploiden Sorten unterscheiden sich von ihren Ausgangsformen morphol. Die Rübenform ist ausgeglichener. Die Schoßresistenz muß verbessert werden. Eine bessere Krankheitsresistenz ist zu verzeichnen. Ein Nachteil ist die Zunahme des Rohfasergehaltes. Im Zuckergehalt sind keine Unterschiede zu finden. Besondere Bedeutung hat die Aneuploidie in der praktischen Polyploidiezüchtung bei Zuckerrüben. Wege und Methoden werden behandelt. Der Einfluß der Aneuploidiefrequenz auf die Ertragsbildung wird untersucht. Dem Konkurrenzeffekt wird besondere Beachtung geschenkt. Abschließend werden die Möglichkeiten einer prinzipiellen Veränderung der Zuchtschemata bei Einführung der Polyploidie in die Rübenzüchtung diskutiert. 1774.

2-68/10-0889 Schröter, Werner. **Bisherige Ergebnisse bei der Gewinnung von tetraploiden Beta-Rüben mittels Valenzkreuzungen.** Dtsch. Akad. Landwirtsch.-Wiss. Berlin, Tag.-Ber. **1969** Nr. 101. — 4 Tab., 7 Lit. Zus. in Russ., Engl. — nach Zus.

In F_1-Nachkommenschaften aus den Valenzkreuzungen 3 x-ms × 2 x-fertil bzw. 3 x-ms × 4 x-fertil waren 1,1% bzw. 12,0% der realisierten Eizellen diploid. Das deutet darauf hin, daß durch entsprechende Bestäubungsregulierung der Anteil an tetraploiden Zuckerrübenpflanzen durch Valenzkreuzungen in positiver Richtung beeinflußt werden kann. Durch Auslese auf Vitalität und morphol. Blattmerkmale innerhalb der Nachkommenschaften bei Gewächshaus- und Freilandanzucht ließ sich der Anteil an tetraploiden Pflanzen gegenüber den unselektierten Populationen erhöhen, wobei sich die Auslese unter Freilandbedingungen, am Ende der Vegetationszeit durchgeführt, als bes. wirkungsvoll erwies. Die bisherigen

Ergebnisse eröffnen die Möglichkeit, mit Hilfe von Valenzkreuzungen tetraploide *Beta*-Rüben in einer für eine planmäßige Polyploidiezüchtung notwendigen Anzahl herzustellen. 1774.

2-68/10-0890 Curtis, Godfrey J.; Cambridge, Plant Breeding Inst. Graft-transmission of male sterility in sugar beet (Beta vulgaris L.). (**Übertragung von männlicher Sterilität durch Pfropfung bei Zuckerrüben [Beta vulgaris L.].**) Euphytica, Wageningen **16** (1967) Nr. 3. S. 419–424. — 2 Tab., 6 Lit.
1964/65 wurden reziproke Pfropfungen von ms-Pflanzen und O-Typen (Fixatoren der Sterilität) einer einjährigen Zuckerrüben-Linie durchgeführt. Es wurden 3 Monate alte (ca. 10 cm lange) Reiser auf gleichaltrige Unterlagen (I) sowie junge Keimpflanzen (14 Tage nach der Aussaat) reziprok gepfropft (II). Bei I waren in 4 von 28 Fällen die 0-Typ-Reiser völlig steril und in 8 von 19 Fällen zeigten die Reiser der ms-Unterlage partielle Fertilität. Veränderungen der ms-Reiser bzw. der ms-Unterlagen wurden in diesem Fall nicht beobachtet. Bei II waren von 20 0-Typ-Reisern 6 völlig steril und 6 bildeten nur wenig Pollen aus, während die ms-Reiser steril blieben. In den Nachkommenschaften der „umgewandelten" 0-Typ-Reiser traten nur sterile Pflanzen auf. Selbst in den Nachkommenschaften fertiler 0-Typ-Reiser wurden sterile und semisterile Pflanzen beobachtet. Die Ergebnisse stehen im Widerspruch zur N-S-Plasmahypothese von Owen. Die praktisch züchterische Bedeutung dieser Ergebnisse wird darin gesehen, daß bei Vorhandensein von 0-Typen auf diese Weise der komplementäre ms-Partner geschaffen werden kann. Dadurch kann das Risiko der Einführung unerwünschter genetischer Eigenschaften durch eine fremde Plasmalinie umgangen bzw. auf ein Minimum reduziert werden. W. Schröter/Kleinwanzleben. 1774.

2-68/10-0891 Rommel, Mechtild und Hendriksen, A. J. Th.; Zaragoza, Estac. Exper. de Aula Dei; Rilland-Bath, Netherland, Roy. Plant Inst. Note on aneuploid chromosome numbers in some triploid sugar beet hybrids. (**Notiz über aneuploide Chromosomenanzahlen in einigen triploiden Zuckerrüben-Hybriden.**) Euphytica, Wageningen **16** (1967) Nr. 3. S. 407–409. — 2 Tab.
Aus bisherigen Untersuchungen an tetraploiden Zuckerrüben geht nicht hervor, welche Interaktionen zwischen männlichen und weiblichen Gameten bei der Zygotenbildung bestehen. Triploide aus Kreuzungen zwischen pollensterilen diploiden Pflanzen und einem tetraploiden Bestäuber sind geeignet, entsprechende Informationen zu geben. Saatgut von 6 triploiden Hybriden wurde hinsichtlich Blütenmorphologie, Keimung und Anzahl aneuploider Keimlinge untersucht. Obgleich der tetraploide Bestäuber die genetisch unterschiedlichen Mutterpflanzen mit gleichen Mengen aneuploider Pollenkörner versorgte, wurden Differenzen im Anteil der Aneutriploiden ermittelt. Der niedrigste rel. Anteil betrug 11,3, der höchste 19,6%. H. E. Fischer/Kleinwanzleben. 1774.

2-68/10-0892 Bosemark, Nils Olof; Landskrona, Sweden, Hilleshög Sugar Beet Breeding Inst. Genotypic competition in anisoploid sugar beet varieties. (**Konkurrenzbeziehungen der Genotypen bei anisoploiden Zuckerrübensorten.**) Hereditas, Lund **58** (1967) Nr. 1/2. S. 111–134. — 1 Abb., 5 Tab., 21 Lit.
Auf Grund unterschiedlicher Konkurrenzfähigkeit di-, tri- und tetraploider Zuckerrübenpflanzen sind die Erträge bei Vergleich von Rein- und Mischbeständen rel. verschieden. Triploide waren nicht immer am leistungsfähigsten. Es wird vermutet, daß zumindest bei manchen anisoploiden Sorten nicht eine bestimmte Genomstufe, sondern eine durch die Konkurrenzbeziehungen der Genomstufen hervorgerufene besondere Wirkung den Mehrertrag dieser Sorten bedingt. Tetraploide wurden in Mischbeständen durch Diploide unterdrückt. In Reinbeständen dagegen erwiesen sich erstere den letzteren gleichwertig. Der Ertrag der Mischbestände entsprach dem der Reinbestände, da der Minderertrag der Tetraploiden durch den Mehrertrag der Diploiden kompensiert wurde. Manche Ergebnisse deuten auf Überkompensation hin. Vf. nimmt an, daß Änderungen in der genomatischen Zusammensetzung einer Sorte die Leistung der Sorte wenig beeinflußt. Ertragsberechnungen für verschiedene Zusammensetzungen an Hand der Kenntnis des Ertrages der Pflanzen der einzelnen Genomstufen bei bestimmter Zusammensetzung sind daher nicht möglich. Eine der geprüften Sorten erwies sich über mehrere Jahre als bes. leistungsfähig, obwohl die Triploiden dieser Sorte enttäuschten und die Diploiden und Tetraploiden im Reinbestand der anisoploiden Sorte unterlegen waren. Weitere Untersuchungen müssen diese Verhältnisse klären.
H. E. Fischer/Kleinwanzleben. 1774.

2-68/10-0893 Roo, R. de; Merkelbeke-Lemberge, Stat. de la Rech. du l'État d'Ameliorat. des Plantes Grande Cult. La détermination du degré de ploïdie des betteraves fourragères basée sur le nombre de chloroplastes dans les cellules stomatiques. (**Die Bestimmung der Ploidiestufe bei Futterrüben mittels der Chloroplasten-Anzahl in Schließzellen.**) Rev. Agric., Bruxelles **20** (1967) Nr. 9. S. 1265–1274. — 1 Abb., 3 Tab., 5 Lit.

An C_1-Pflanzen der Sorte 'Grünköpfige Ovale' wurde die Ploidiestufe durch Zählung der Chloroplasten in Schließzellen bestimmt. Von der Unterseite der Blätter wurde mittels Rasierklinge ein Teil der Epidermis entnommen, mit Silbernitrat und anschließend mit Hydrochinon behandelt. Je Pflanze wurden 10 Schließzellenpaare auf die Chloroplastenanzahl geprüft, um mit genügender Sicherheit di-, tri- und tetraploide Pflanzen identifizieren zu können. Nach diesen Untersuchungen betrug die Chloroplastenanzahl: $2x = 7{,}33 \pm 0{,}56$; $3x = 9{,}92 \pm 1{,}14$; $4x = 12{,}81 \pm 0{,}57$. Einige Pflanzen erforderten wiederholte Untersuchungen an einem anderen Blatt. Bei etwa 6% war nach der wiederholten Zählung der Chloroplasten die Identifizierung der Ploidiestufe nur durch Chromosomenzählung möglich. G. Gerdes/Kleinwanzleben. 1774.

2-68/10-0894 Zimmermann. **Probleme der modernen Gräserzüchtung.** Ber. Pflanzenzüchter, Quedlinburg **1965/66** (hrsg. 1967) S. 37–41. — 5 Tab., 1 Lit.

Gräserhochzuchten unterscheiden sich von ihren entsprechenden Wildpflanzen weniger als andere Kulturpflanzen, z. B. Rüben und Kartoffeln; häufig ist auch keine markante Leistungsdifferenz gegenüber den Wildpopulationen und zwischen den Sorten nachzuweisen. Vf. zweifelt, ob mit derzeitigem Prüfungssystem überhaupt genotypische Unterschiede erfaßt werden. Massenauslese und Individualauslese mit Prüfung der Nachkommenschaft sind am verbreitetsten. Moderne Verfahren wie Inzuchtheterosis-, Polycross- und Polyploidisierungsverfahren wurden in 18 Jahren auf ihre Leistungsmöglichkeiten geprüft. Durch Inzuchtheterosiszüchtung wurden Stämme gefunden, die 40% Mehrertrag brachten. Ähnliche Effekte ließen sich im Experiment auch mit Polycross erreichen. Die Einführung dieser beiden Verfahren wird von der Effektivität der Vermehrungen abhängen. Der Vermehrungsfaktor ließe sich durch Dünnsaaten erhöhen. Die Polyploidiezüchtung hat bisher keine durchschlagenden Erfolge gebracht. Prüfmethodisch werden Einreihenprüfungen empfohlen. Die Wirksamkeit der Selektion von Einzelpflanzen wird in Frage gestellt. Es wird darauf hingewiesen, daß nicht die Leistung der Einzelpflanzen, sondern deren Kombinationseignung für die Leistung der Sorten entscheidend ist. Die Wirksamkeit des Standortes der Selektion wird diskutiert und die Zuchtziele, die der intensiven Landwirtschaft entsprechen, wie z. B. Bewässerungswürdigkeit, werden herausgestellt. Zusammenfassend regt Vf. gründliche Überprüfung der Methodik in der Gräserzüchtung an. E. Koch. 1780.

2-68/10-0895 Schumann, G.; Dornburg/S., Inst. für Pflanzenzücht. der Friedrich-Schiller-Univ. Jena. **Vergleichende Untersuchungen an polyploiden und diploiden Lolium-Arten. I. Deutsches Weidelgras (Lolium perenne L.).** Z. Pflanzenzücht. **58** (1967) Nr. 4. S. 369–382. — 3 Abb., 3 Tab., 29 Lit. Zus. in Engl.

350 Pflanzen der Sorte 'Lembkes Malchower' wurden mit Kolchizin behandelt. Die Hälfte starb ab. Von 46 frei abgeblühten Klonen der C_1 wurden Jungpflanzen angezogen und zytologisch untersucht. Eine auffallend große Zahl von Pflanzen der C_3, die aus 2 selektierten tetraploiden Klonen hervorgingen, hatte schwache Wuchsleistung und lieferte geringen Samenertrag. Bei Pflanzen mit hoher Samenleistung waren keine signifikanten Korrelationen zwischen Grünmasse- und Samenertrag vorhanden. Im Mittel von 2 Versuchsjahren lieferten 62 polyploide C_5-Familien 17,5% mehr Grünmasse und 3,8% mehr Tr.-Masse als die diploide Vergleichssorte. Tetraploide Formen reiften 5 Tage später als diploide und ergaben 12% höhere Samenerträge. Sie bestockten sich schwächer und hatten wesentlich längere, breitere und dickere Blätter. Signifikante Beziehungen wurden zwischen Blattlänge und Stomatalänge sowie zwischen Stomatazahl und Tr.-Subst.-Gehalt der Blätter gefunden. Züchterische Bearbeitung des tetraploiden Deutschen Weidelgrases wird angeraten. E. Forbriger. 1780.

2-68/10-0896 Dudeck, A. E. und Duich, J. M. Preliminary investigation on the reproductive and morphological behaviour of several selections of colonial bentgrass, Agrostis tenuis Sibth. (**Vorläufige Untersuchung über das reproduktive und morphologische Verhalten verschiedener Auslesen von Gemeinem Straußgras, Agrostis tenuis Sibth.**) Crop Sci. 7 (1967) Nr. 6. S. 605–610. — 2 Abb., 6 Tab., 29 Lit.

Ziel der Untersuchung war die Klärung der Frage, ob Inzucht und Auslese in der praktischen Züchtung von Gemeinem Straußgras mit Erfolg angewendet werden können. Die Pflanzen wiesen signifikante Unterschiede in bezug auf Samenansatz nach Selbstung, freier Abblüte sowie in bezug auf Pollenqualität auf. Nach einer Inzuchtgeneration wurde ein hoher Grad an Selbststerilität gefunden, obgleich einige Pflanzen einen hohen Grad an Selbstfertilität zeigten. Stark selbststerile Elternpflanzen brachten einige weitgehend selbstfertile I_1-Pflanzen hervor. Ein hoher Grad an morphol. Einheitlichkeit innerhalb I_1 und I_2 deutete darauf hin, daß die Elternpflanzen rel. homozygot waren. Etwas verminderte Wüchsigkeit und eine erhöhte Zahl an abgestorbenen Pflanzen wurde mit zunehmendem Inzuchtgrad beobachtet. In der I_2 wurden jedoch viele wüchsige Pflanzen gefunden. Die meisten Pflanzen breiteten sich durch Stolonen aus, die aus Rhizomen hervorgingen. Inzucht und Selektion innerhalb von Inzuchtlinien wird als eine praktische Methode für die Züchtung von Gemeinem Straußgras empfohlen. E. Forbriger. 1780.

2-68/10-0897 Jalal, S. M. und Nielsen, E. L.; Grand Forks, Univ. of North Dakota, Biol. Dep.; Madison, Univ. of Wisconsin, Agron. Dep. Intraplant instability in smooth bromegrass (Bromus inermis Leyss). (**Instabilität innerhalb der Pflanze bei Wehrloser Trespe [Bromus inermis Leyss].**) Euphytica, Wageningen **16** (1967) Nr. 3. S. 385-390. — 18 Abb., 2 Tab., 13 Lit.

Bei Wehrloser Trespe wurde die Variation innerhalb der Pflanze durch Bestimmung der Pollenfärbbarkeit und Größe an 6 mäßig selbstkompatiblen Pflanzen der S_2 und 12 selbstinkompatiblen Pflanzen nach 3maliger freier Abblüte bestimmt. Von jeder Pflanze wurden 2⋯3 Rispen untersucht. Signifikante Unterschiede in der Pollenfärbbarkeit traten zwischen Pflanzen und zwischen verschiedenen Rispen innerhalb der selbstkompatiblen Pflanzen sowie zwischen selbstinkompatiblen Pflanzen, jedoch nicht zwischen den Rispen der gleichen Pflanze auf. Bei beiden Pflanzengruppen waren signifikante Wechselwirkungen in bezug auf Färbbarkeit zwischen den Rispen sowie denen innerhalb der Pflanze vorhanden. Die Erscheinung deutet auf somatische Instabilität oder mangelnde Homogenität der Gewebe innerhalb der Pflanzen hin. Die Verteilungen des Pollendurchmessers der Pflanzen nach 3-maliger freier Abblüte schienen dreigipflig und die der S_2 zweigipflig zu sein. In der Meiose traten multiple Spindeln, Pentaden und Hexaden bei den Quartets auf.
E. Forbriger. 1780.

2-68/10-0898 Alam, Sultanul und Sandal, P. C. Inheritance of cytoplasmic male-sterility in sudangrass. (**Vererbung von zytoplasmatischer männlicher Sterilität bei Sudangras.**) Crop Sci. 7 (1967) Nr. 6. S. 668-669. — 1 Tab., 14 Lit.

Männlich steriles *Sorghum arundinaceum* var. 'Rhodesian' wurde mit 6 Sorten von *S. vulgare* var. *sudanense* gekreuzt und die Vererbung der zytoplasmatischen männlichen Sterilität an Pflanzen der F_2 und Nachkommen von Rückkreuzungen untersucht. Alle F_1-Pflanzen waren männlich fertil. Sie wurden geselbstet und ergaben F_2-Saatgut. Die Rückkreuzungsgeneration wurde durch Bestäubung von 'Rhodesian' mit Pollen der männlich fertilen F_1-Pflanzen erzeugt. Nach den Ergebnissen der Aufspaltung der männlich fertilen in männlich sterile Pflanzen in der F_2 und Rückkreuzungsgeneration wurde männliche Sterilität durch 1 Genpaar bei 1 Kreuzung, durch 2 Genpaare bei 2 Kreuzungen und durch 3 Genpaare bei 1 Kreuzung verursacht. Die Pflanzen waren fertil, wenn wenigstens 1 dominantes Restorergen in 2 von 3 Loci vorhanden war, die die Wiederherstellung der Fertilität bedingen.
E. Forbriger. 1780.

2-68/10-0899 Julén, G. **Erfahrungen bei der Züchtung des tetraploiden Rotklees.** Dtsch. Akad. Landwirtsch.-Wiss. Berlin, Tag.-Ber. **1969** Nr. 101. —3 Tab. Zus. in Russ., Engl. — nach Zus.

Seit 1939 wird in Svalöf mit Rotklee gearbeitet. Die Versuchsergebnisse von über 40 verschiedenen tetraploiden Stämmen, die während dieser Zeit geprüft wurden, zeigen, daß die Ertragsfähigkeit dieser Pflanzen in hohem Grade von der Mannigfaltigkeit des genetischen Materials abhängt. Tetraploide Pflanzen, die aus wenigen diploiden Ausgangsformen hervorgegangen waren, zeigten in fast keinem Fall eine Ertragsverbesserung. Die besten Ergebnisse wurden mit Stämmen erzielt, die auf Pflanzen mehrerer diploider Sorten basieren. Durch systematische Auslese sind die Leistungen noch zu verbessern. Die besten Stämme, die nun geprüft werden, haben einen Tr.-Masseertrag, der um 10% im ersten Erntejahr und um 20⋯30% im 2. Erntejahr über der besten diploiden Sorte des gleichen Typs liegt. Mit der Erweiterung der genetischen Basis hat sich auch der Samenansatz verbessert. Dadurch und durch systematische Auslese ist es möglich gewesen, tetraploide Sorten hervorzubringen, die im Samenertrag fast die gleiche Leistung erreichen wie diploide Sorten. 1780.

2-68/10-0900 Varga, P., Kellner, E., Gumaniuc, Ludmila und Ciurdărescu, G. Studiul soiurilor de lucernă în cîmpul de colecţie de la I.C.C.P.T. Fundulea. (**Untersuchung der Luzernesorten in der Sammlung des Forschungsinstitutes für Getreide- und technische Kulturen in Fundulea.**) An. Inst. Cercetări Cereale şi Plante Tehn., Fundulea, Bucureşti, Ser. C **34** (1966, hrsg. 1967) S. 453-463. — 3 Tab., 3 Lit. Zus. in Russ., Engl. — nach engl. Zus.

Zwischen 1963 und 1966 wurden 110 Luzernesorten aus 17 Ländern in Rumänien untersucht. Die Untersuchungen umfaßten alle in den meisten Luzerneanbauzentren vorhandenen ökologischen Faktoren. Die erzielten Angaben führen zu einer gründlichen Kenntnis des Ausgangsmaterials. Die rumänischen Sorten 'H 652' und 'F 27/55' erwiesen sich als sehr ertragreich, resistent gegen Dürre und winterfest. Auf Grund dieser und vieler anderer Eigenschaften gehören sie zu den besten Sorten der Welt. Hinsichtlich der Erhöhung des Blattanteils und der Verbesserung der Futterqualität können die mexikanische Luzerne und die amerikanische Sorte 'Nomad' als Elternsorten verwendet werden. Zur Erhöhung der Winterfestigkeit sollen schwedische Sorten und die amerikanische Sorte 'Vernal' verwendet werden. Alle 110 untersuchten Sorten waren anfällig für Pilzkrankheiten und bes. für *Pseudopeziza medicaginis.* 1780.

2-68/10-0901 Ellis Davies, W. und Young, Norman R.; Aberystwyth, Welsh Plant Breeding Stat. The characteristics of European, Mediterranean and other populations of white clover (Trifolium repens L.). (**Die hauptsächlichsten Kennzeichen europäischer, mediterraner und anderer Populationen von Weißklee [Trifolium repens L.].**) Euphytica, Wageningen **16** (1967) Nr. 3. S. 330-340. — 2 Abb., 2 Tab., 17 Lit.

Weißklee-Populationen von den britischen Inseln sind kleinblättrig und weisen eine geringe Schwankungsbreite auf. Mediterrane Populationen variieren stärker. Kleinblättrig waren Populationen von Sizilien, Griechenland, der Türkei und Portugal, während andere von Israel, der Türkei und Italien große Blätter hatten. Die meisten anderen europäischen Formen lagen in der Mitte. Im Herkunftsgebiet werden klein- und großblättrige und weiter im Norden nur kleinblättrige Populationen angetroffen. Die Blättchenlänge korrelierte mit Breite und Grünmasse. Das Blühdatum hatte keine Beziehung zu den genannten Merkmalen. Mediterrane Pflanzen, vor allem großblättrige Typen, zeigten stärkere Blattzeichnungen als andere. Die meisten Populationen waren schwachwüchsiger als die gezüchteten Kontrollsorten und nur wenige glichen ihnen. Einige eingeführte Populationen wiesen gutes Herbstwachstum und große Blätter auf. Sie könnten in verbesserte Sorten eingekreuzt werden. In dem Material wurden keine Herkünfte gefunden, die zeitigeres Frühjahrswachstum als die besten Sorten aufwiesen. Großblättriger Klee ist ertragreicher als kleinblättriger. E. Forbriger. 1780.

2-68/10-0902 Pritchard, A. J. und Mannetje, L.'t; St. Lucia, Queensland, Australia, C.S.I.R.O., Cunningham Labor. The breeding systems and some interspecific relations of a number of African Trifolium spp. (**Die Zuchtsysteme und einige Beziehungen zwischen Arten bei einer Zahl afrikanischer Trifolium spp.**) Euphytica, Wageningen **16** (1967) Nr. 3. S. 324-329. — 4 Tab., 13 Lit.

An 12 Arten und Sorten von *Trifolium* aus Afrika wurden Selbstbestäubungs-, Kreuzungs- und Pfropfversuche durchgeführt und Lebensfähigkeit und Keimung des Pollens untersucht. Eine annuelle und 3 perennierende Arten waren allogam und selbstinkompatibel, die anderen annuellen waren autogam. Die Lebensfähigkeit des Pollens wurde nach der Zahl gut entwickelter und färbbarer Pollenkörner ermittelt. Pollenkeimung und Schlauchwachstum waren bei 93···98% rel. Luftfeuchte gut. Unter 80% keimte der Pollen nicht. Bei einigen Arten keimte der Pollen bei hohen Temperaturen (30 °C) und bei anderen bei niedrigen (20 °C) am besten. 67% der Pfropfungen wuchsen an. Auf enge Verwandtschaft der Arten wird geschlossen. Bei Kreuzungsversuchen zwischen 7 Arten wurde geringer Samenansatz erzielt. Die Herstellung von Artbastarden innerhalb dieser Gruppe ist durchaus möglich. E. Forbriger. 1780.

2-68/10-0903 Mackiewicz, H. O. **Untersuchungen an diploidem und polyploidem Futterkohl.** Dtsch. Akad. Landwirtsch.-Wiss. Berlin, Tag.-Ber. **1969** Nr. 101. — 2 Tab., 4 Lit. Zus. in Russ., Engl. — nach Zus.

Durch Untersuchungen an di-, tri- und tetraploiden Formen des Futterkohls *Brassica oleracea* convar. *acephala* var. *medullosa* f. *medullosa* Thellg. konnten neue tri- und tetraploide Formen erzeugt werden. Ferner ging ein neuer tetraploider Futterkohl aus der Kreuzung der tetraploiden Form mit einem tetraploiden Kopfkohl hervor. Morphologie, Leistungsfähigkeit und Selbstfertilität aller angeführten Formen wurden untersucht. Zuchtziel war ein neuer Futterkohl mit größerer Blattmasse. Es konnte gezeigt werden, daß bei Vergrößerung der Chromosomenzahl die Blattgröße zunimmt, die Anzahl der Blätter aber zurückgeht. Morphol. gab es in der F_1, im Gegenteil zur F_2, nur geringe Unterschiede. Die triploide Form hatte die höchste Ertragsleistung. Es bestehen aber Schwierigkeiten bei der Samengewinnung. 6jährige Prüfungen zeigen, daß der tetraploide Bastard im Ertrag den in Polen angebauten Futterkohlarten überlegen ist. Zur Untersuchung der Selbstfertilität der 3 Futterkohlformen wurde sowohl künstliche Bestäubung im Knospen- und Blütenstadium als auch freie Bestäubung zur Kontrolle durchgeführt. Verdoppelung der Chromosomenzahl zeigte bessere Selbstfertilität ohne die Reaktion der Selbststerilität aufzuheben. Bei allen Formen war Knospenbestäubung am günstigsten. 1780.

2-68/10-0904 Johnston, T. D.; Aberystwyth, Great Britain, Welsh Plant Breeding Stat. The measurement of stem toughness in marrow-stem kale using a simple laboratory penetrometer. (**Die Messung der Festigkeit des Stammes von Markstammkohl mit Hilfe eines einfachen Laborpenetrometers.**) Euphytica, Wageningen **16** (1967) Nr. 3. S. 365-369. — 1 Abb., 3 Tab., 1 Lit.

Es wird ein Gerät beschrieben, mit dessen Hilfe Serienuntersuchungen der Holzigkeit von Markstammkohlstämmen schnell und über eine große Variationsbreite von Festigkeitsgraden hinweg durchgeführt werden können. Es wird die Kraft gemessen, die zur Durchdringung des Xylems mit einer standardisierten Sonde notwendig ist. Die mit dem Gerät gewonnenen Werte stimmen gut überein mit in vitro gewonnenen Verdaulichkeitswerten, dem Rohfasergehalt sowie den Ergebnissen der visuellen Einschätzung der Holzigkeit nach Färbung von Stammquerschnitten. Die Untersuchungsergebnisse deuten darauf hin, daß die bisher verbreitete Annahme, glatte Stämme mit großen Internodien seien wünschenswert, nicht in vollem Maße zutrifft, da in vorliegenden Untersuchungen häufig festgestellt werden konnte, daß rauhe Stämme mit kurzen Internodien eine ebenso geringe Holzigkeit zeigten wie die besten glatten Stämme. A. Meinel. 1780.

2-68/10-0905 Doucet, M. und Doucet, Ilaria. Contribuţii la studiul heterozisului la in (**Beiträge zur Untersuchung der Heterosis beim Flachs.**) An. Inst. Cercetări Cereale şi Plante Tehn., Fundulea, Bucureşti, Ser. C **34** (1966, hrsg. 1967) S. 401-413. — 8 Tab., 4 Lit. Zus. in Russ., Engl. — nach engl. Zus.

Zur Untersuchung der Heterosis beim Flachs wurden 12 Hybriden verwendet, die aus einer diallelen Kreuzung von Sorten von 4 verschiedenen ökologischen Gruppen von *Linum usitassimum* L. stammen. Es wurden die Samenertragsfaktoren untersucht: Anzahl der fertilen Kapseln, Zahl der Samen/Pflanze und Masse der Samen/Pflanze. Die Ergebnisse weisen auf starke Ausprägung der Heterosis hin, da bei den Hybriden hohe Ertragssteigerungen erzielt wurden. Der Grad der Heterosis hängt von den für die Hybridisation verwendeten Sorten ab, wobei unterschiedliche Werte bei direkten und reziproken Hybriden erzielt werden. Aus diesem Grund kann die Sorte 'Deta' nur als männliche und die Sorte 'Bolley Golden' nur als weibliche Komponente empfohlen werden. Die Bestimmung der Korrelationskoeffizienten der Ertragsfaktoren zwischen den Hybriden und Elternsorten ergab Signifikanz bei der Zahl der Samen/Pflanze. 1792.

2-68/10-0906 Todua, V. A., Tavdumadze, K. R., Ternovskij, M. F. und Saryčev, Ju. F. Inducirovannyj partenogenez u Nicotiana tabacum L. (**Induzierte Parthenogenese bei Nicotiana tabacum.**) Doklady Akademii nauk SSSR, Moskva **177** (1967) Nr. 2. S. 448-449. — 1 Abb., 16 Lit.

Haploide können zu beträchtlichen Veränderungen in den Populationen, zur Überwindung der Kreuzungsunfähigkeit und zum schnelleren Erreichen eines homozygoten Zustandes führen. Vf. versuchten die Parthenogenese bei Spielarten von *Nicotiana tabacum* var. 'Cuba' zu induzieren, indem sie die kastrierten Blüten von 4 Sorten dieser Form ($2n = 28$) mit bestrahltem Pollen der Sorte 'Suchum 959' ($2n = 48$) bestäubten. Haploide entstanden nur bei der Sorte 'Kuban 272' und bei Anwendung einer Strahlendosis von 3,5···5,5 kr mit ^{60}Co. Es konnten 18 Haploide untersucht und beschrieben werden; sie waren alle völlig steril. J. Merker. 1800.

2-68/10-0907 Brigham, Raymond D. Inheritance of two female-sterile characters in dwarf-internode castor (Ricinus communis L.). **(Die Vererbung von zwei weiblich-sterilen Merkmalen bei Rizinus [R. communis L.] mit verkürzten Internodien.)** Crop Sci. **7** (1967) Nr. 6. S. 648-650. — 2 Abb., 2 Tab., 17 Lit.

In einem Stamm mit verkürzten Internodien traten 2 Merkmale, fs1 und fs2, für weibliche Sterilität auf, die monogen rezessiv bedingt sind. Bei fs1 bleiben die weiblichen Blüten geschlossen, da die Teile der Blütenhülle fest verwachsen sind. Auch die männlichen Blüten, die pollenfertil sind, öffnen sich nur zum Teil. Die epidermalen Zellen des Perianths beider Geschlechter sind abnorm vergrößert, desgl. ist das Perianth selbst um 25…40% gegenüber der Normalform vergrößert. Bei fs2 erscheinen die Blüten beider Geschlechter normal, jedoch erweitern sich die Kapseln nach dem Heraustreten der Narben nicht, so daß die Narben innerhalb weniger Tage vertrocknen, dem das Eintrocknen der Kapseln nachfolgt. Die männlichen Blüten erzeugen fertilen Pollen. J. Schulze. 1800.

2-68/10-0908 Wallace, D. H. und Nasrallah, M. E. Variation in intensity and stability of the incompatibility expression of homozygous "S" alleles in different cabbage inbreds. **(Variation in Intensität und Stabilität der Unverträglichkeitsausprägung homozygoter „S"-Allele bei verschiedenen Kohl-Inzuchtlinien.)** Proc. internat. horticult. Congr., College Park, Md. **17** (1966) Nr. 50. — nach engl. Zus.

4 Kohl-Inzuchtlinien stammten von einer einzigen Elternpflanze ab. 2 der Inzuchtlinien waren reinerbig für den Erbfaktor „S", während die anderen beiden reinerbig für „S_2" waren. R. Bertullies/Großbeeren. 1810.

2-68/10-0909 Skiebe, K. und Schmelzer, K. **Zur Züchtung virusresistenter Hybridsorten beim Spinat (Spinacia oleracea L.).** Z. Pflanzenzücht. **58** (1967) Nr. 4. S. 323-342. — 10 Abb., 1 Tab., 40 Lit. Zus. in Engl.

Unter Ausnutzung der Geschlechtsvererbung wird ein Verfahren zur Erzeugung von Hybridsaatgut auf diploider und polyploider Stufe beschrieben. Bei diploidem Material sind 3, bei polyploidem Material 4 Kreuzungsschritte als Bestandeskreuzungen bis zum Hybridsaatgut erforderlich. Während des 1. und 2. (2x) bzw. 1. bis 3. (4 x) Kreuzungsschrittes müssen aus dem Bestand des mütterlichen Partners bestimmte Geschlechtstypen entfernt werden. Für die Erhaltung der Elternpopulationen wird Saatgutüberlagerung verbunden mit rekurrenter Selektion auf Kombinationseignung vorgeschlagen. Durch Verwendung eines gegen Gurkenmosaikvirus (GMV) resistenten diploiden Partners konnte eine GMV-resistente 2 x-Hybride entwickelt werden. Die geringere Resistenz einer 3 x-Hybride läßt auf einen Gen-Dosis-Effekt bei der Resistenzvererbung schließen. Die Methodik der Resistenzprüfung wird beschrieben. Die Verwendung eines weißen Stammes des GMV ist vorteilhaft. M. Kummer. 1810.

2-68/10-0910 Kampe, F. W. **Neue Verfahren der Hybridzüchtung bei der Säzwiebel (Allium cepa L. var. cepa).** Ber. Pflanzenzüchter, Quedlinburg **1965/66** (hrsg. 1967) S. 17 bis 32. — 11 Abb., 12 Tab., 34 Lit. — nach Zus.

1. In der deutschen Zwiebelzüchtung sind in den letzten Jahrzehnten keine wesentlichen Fortschritte erzielt worden. Durch die Einführung der Hybridzüchtung soll dieser Stillstand überwunden werden. 2. Die Leistungsverbesserungen werden auf Kombinationseffekte zurückgeführt. 3. Der Kombinationseffekt setzt sich aus dem Kreuzungseffekt und dem Mischungseffekt zusammen. Diese Effekte werden beschrieben und definiert. 4. In Versuchen konnte nachgewiesen werden, daß bei der Säzwiebel Mischungseffekte beim Ertrag auftreten, während die Lagerfähigkeit durch die Mischung verschiedner Idiotypen kaum beeinflußt wird. 5. Durch Kombinationseffekte kann sowohl der Ertrag als auch die Lagerfähigkeit wesentlich verbessert werden. 6. Um nach Bestandeskreuzungen zu wertvollen Effekten zu kommen, ist die Erzielung eines hohen Bastardanteiles notwendig. 7. Es wurde ein leicht erfaßbarer Signalfaktor gefunden und beschrieben. 8. Zur Ermittlung von guten Ausgangspopulationen für die züchterische Ausnutzung des Kombinationseffektes wurden 6 Zwiebelsorten im Polycross-, zyklischen und diallelen Test geprüft und die Vor- und Nachteile der einzelnen Verfahren ermittelt. 9. Bei der technischen Durchführung des Testverfahrens ist es erforderlich, daß völlige Übereinstimmung zu den Maßnahmen bei der Saatgutgewinnung besteht. 10. Die Erhaltung der getesteten Idiotypen bis zur Erzeugung des Handelssaatgutes wird durch Saatgutüberlagerung gewährleistet. 11. Durch das Verfahren der wiederkehrenden Selektion wird die Typenerhaltung der bewährten Kreuzungs-

populationen durch ständige Typenverbesserung ersetzt. 12. Zur Ausnutzung dieser Kombinationseffekte bei der Säzwiebel werden 3 Zuchtschemata entwickelt. 1810.

2-68/10-0911 Vinkler, G. N., Smylova, G. I. und Ščerbakov, V. K. Podavlenie estestvennogo mutirovanija kletok u Allium fistulosum L. autoantimutagenami Vicia faba L. i specifičeskaja zaščita ot spontannogo mutirovanija. **(Die Unterdrückung des natürlichen Mutierens von Zellen bei Allium fistulosum L. durch Autoantimutagene von Vicia faba L. und spezifischer Schutz vor spontaner Mutierung.)** Genetika, Moskva **4** (1968) Nr. 1. S. 40 bis 44. — 2 Tab., 13 Lit.
Durch Keimung von 2 Jahre alten Samen bei *Allium fistulosum* L., auf Lösungen des natürlichen Polyphenolkomplexes der Samen von *Vicia faba* var. *major*, konnte der Anteil an Strukturmutationen von 5,91% (Wasser) auf 1,15% (0,01%ige Lösung) bzw. 1,0% (0,5%-ige Lösung) gesenkt werden. Die rel. Veränderung der verschiedenen Mutationstypen nach Behandlung mit obigen Antimutagenen im Vergleich zur Kontrolle (Wasser) betrug: 6,9 bei einzelnen azentrischen Fragmenten, 5,1 bei paarweisen azentrischen Fragmenten, 4,9 bei chromatiden Dizentristen, 3,1 bei chromosomalen Dizentristen. Das Verhältnis von chromatiden zu chromosomalen Dizentristen beträgt bei natürlichem Mutieren 0,028:0,08, nach Wirkung von Antimutagenen 0,028:0,0026. W. Merfert. 1810.

2-68/10-0912 Grozdova, N. Ja. Germafroditnoecvetkovyj plod ogurca. **(Eine hermaphrodite Gurkenfrucht.)** Dokaldy Akademii nauk Azerbajdžanskoj SSR, Baku **23** (1967) Nr. 10. S. 43-44. — 1 Abb., 4 Lit. Orig.: russ.
Bei Gewächshausgurken der Sorte 'Klinskij', die sich jahrelang konstant gehalten hatte, wurden einige Formen gefunden, bei denen sich auf einer Ranke, die nur männliche Blüten trug, eine Frucht entwickelte (die einhäusige Gurke bildet ihre Ranken entweder nur mit männlichen oder nur mit weiblichen Blüten aus). Die Früchte wichen stark von der Normalform ab. Sie enthielten keine Samen und waren im Innern von schleimiger Beschaffenheit. Diese Erscheinung kann weder aus der Lit. noch von Vf. befriedigend erklärt werden. Möglicherweise sind Störungen bei der Gewebedifferenzierung der Blattachsel die Ursache.
U. Bandlow/Kleinwanzleben. 1810.

2-68/10-0913 Rick, Charles M. und Boynton, John E.; Davis, Univ. of California, Dep. of Vegetable Crops. A temperature-sensitive male-sterile mutant of the tomato. **(Eine temperaturlabile männlichsterile Mutante bei Tomaten.)** Amer. J. Bot. **54** (1967) Nr. 5. S. 601-611. — 21 Abb., 9 Lit.
Die Mutante wurde erstmalig 1951 in der Tomatensorte 'San Marzano' in Kalifornien beobachtet. Die Sterilität äußert sich in mißgebildeten Antheren und einer veränderten Blütenkrone. Obwohl einige färbbare Pollenkörner gebildet werden, ist die Mutante funktionell steril. Unter Freilandbedingungen ist zur Sterilitätsausprägung eine Mindesttemperatur von 30 °C und im Gewächshaus von 32 °C unter den gegebenen Umweltbedingungen erforderlich. Unter Gewächshausbedingungen waren bei 35 °C folgende Behandlungsbedingungen zur Sterilitätsausprägung notwendig: 1. 4 h/d für 2 Wochen; 2. 8 h/d für 1 Woche; 3. 48 h Dauerbehandlung; 4. Dauerbehandlung für 4 d bei 29,5 °C und 5. 12 stündige Einwirkung von 40,5 °C. Die Ausprägung der Sterilität erfolgt 3···5 Wochen nach Behandlungsbeginn. Im sensitiven Stadium besitzen die Blütenprimordien einen Durchmesser von $\leqq$ 0,075 mm. In diesem Stadium ist das Meristem noch mitotisch, die Meiose setzt etwa 10 d später ein. Diese temperaturlabile männliche Sterilität wird monogen rezessiv vererbt. Das dafür verantwortliche Gen vms liegt auf dem langen Arm des 8. Chromosoms.
W. Schröter/Kleinwanzleben. 1810.

2-68/10-0914 Nishiyama, I. und Uematsu, S. Radiobiological studies in plants. XIII. Embryogenesis following X-irradiation of pollen in Lycopersicum pimpinellifolium. **(Radiobiologische Untersuchungen an Pflanzen. 13. Mitt. Die Embryogenese von Pollen von Lycopersicon pimpinellifolium nach Röntgenbestrahlung.)** Radiation Bot. **7** (1967) Nr. 6. S. 481-489. — 17 Abb., 3 Tab., 38 Lit. Zus. in Dtsch.
Unbehandelte Narben von *Lycopersicon pimpinellifolium* wurden mit Pollen bestäubt, der unmittelbar zuvor mit Röntgenstrahlen mit Dosen von 3, 6, 10, 50 und 100 kr bestrahlt worden war. Nur nach 100 kr unterblieb das Pollenschlauchwachstum. Pollen anderer Dosen zeigte normal wachsende Pollenschläuche, die auch in die Embryosäcke eindrangen. Mit zunehmender Dosis vergrößerte sich jedoch die Anzahl der Störungen bei der doppelten Befruchtung und Embryo- und Endospermwachstum verlangsamten sich. Ein großer Teil

sich anfangs normal entwickelnder Samenanlagen stellte sein Wachstum zu einem späteren Zeitpunkt ein und verfiel. Nach 50 ebenso wie nach 100 kr bildeten sich überhaupt keine Zygoten mehr. M. Kummer. 1810.

2-68/10-0915 Quagliotti, Luciana. Introduzione allo studi del carattere piccantezza nel peperone (Capsicum sp.). **(Einführung in Untersuchungen über die Schärfe der Paprikafrüchte [Capsicum spp.])** Sementi Elette, Milano **14** (1968) Nr. 1. S. 12-19. — 1 Abb., 46 Lit. Zus. in Engl., Dtsch. — nach Zus.
Vf. gibt die Gründe an, warum auch in Italien bei der Paprikazüchtung der Schärfe der Früchte besondere Beachtung gewidmet werden soll. Die chemischen Eigenschaften des Capsizins und die Methoden der organoleptrischen und quantitativen Analyse, die zur Bestimmung von Capsizin und zur Feststellung seiner Verteilung in den verschiedenen Teilen der Frucht führen, werden behandelt. Die Schärfe scheint nicht durch ein Genpaar bedingt zu sein. 1810.

2-68/10-0916 Molchova, E. **Zytoembryologische Untersuchungen über verschiedene polyploide Formen von Capsicum.** Dtsch. Akad. Landwirtsch.-Wiss. Berlin, Tag.-Ber. **1969** Nr. 101. — 18 Abb., 1 Tab., 13 Lit. Zus. in Russ., Engl. — nach Zus.
Die Untersuchungen befassen sich mit zytoembryologischen Analysen an dem Autotetraploiden *Capsicum annuum* und dessen Verwendung zur Aufhebung der Kreuzungsschwierigkeiten zwischen *C. annuum* L. und *C. pubescens* R. et P. Es wurden Untersuchungen über die Gametenbildung in dem Sesquidiploid von *C. annuum* und *C. pubescens* angestellt. *C. annuum* L. (4 x) wurde mit *C. pubescens* (2 x) gekreuzt. Nach mehreren Versuchen entstand in der F_1 ein Sesquidiploid (3 x). Bei der Untersuchung des weiblichen Gametophyten von *C. annuum* L. (4 x) × *C. pubescens* (3 x) wurden Entwicklungsstörungen an den Embryosäcken im Ein-, Zwei-, Vier- und Acht-Kern-Stadium beobachtet. Für die Bildung des weiblichen Gametophyten bei *C. annuum* (4 x) und dem Sesquidiploid (3 x) ist neben diesem anormalen Verlauf außerdem der Zustand einer unvollständigen Polarisation und Differenzierung in den Embryosäcken kennzeichnend. Die beobachteten Phänomene können als Ursache für die reduzierte Fertilität bei *C. annuum* (4 x) und für die Sterilität bei dem Sesquidiploid (3 x) angesehen werden. Bei der Bildung des männlichen Gametophyten von *C. annuum* (4 x) und im Triploid *C. annuum* x *C. pubescens* werden verschiedene Fälle gefunden, die von der normalen Entwicklung abweichen. 1810.

2-68/10-0917 Davis jun., R. M., Davis, G. N. und Meinert, U. G. H. Genetic and environmental correlations of leaf and fruit shapes of Cucumis melo. **(Genetik und Umweltkorrelationen von Blatt- und Fruchtformen bei Cucumis melo.)** Econ. Bot. **21** (1967) Nr. 4. S. 345-350. — 4 Tab., 12 Lit. 1810.

2-68/10-0918 Schmidt, Hanna. **Die Bedeutung der Apomixis für die Obstzüchtung.** Dtsch. Akad. Landwirtsch.-Wiss. Berlin, Tag.-Ber. **1969** Nr. 96. — 9 Lit. Zus. in Russ., Engl. — nach Zus.
Unter den Obstarten kommt Apomixis in Form von Aposporie und Adventivembryonie vor, Aposporie bei Apfel, Brombeere und vermutlich Schwarzen Johannisbeeren, Adventivembryonie bei *Citrus*, Mango, Mangosteen und Walnuß. Die Ursachen der Apomixis sind noch nicht genügend bekannt. Polyploidie und Bastardierung können bei gegebener genetischer Konstitution Apomixis hervorrufen. Um diese genetische Konstitution aufzuklären, bedarf es weiterer Untersuchungen, wobei beachtet werden muß, daß Apomixis bei *Malus* anders veranlagt ist als bei *Rubus*. Zur Frage der Induktion von Apomixis durch Temperatur- und Wuchsstoffbehandlungen laufen Untersuchungen. Apomixis hat vor allem für die Unterlagenzüchtung bei Apfel, *Citrus*, Mango und Mangosteen sowie evtl. Walnuß Bedeutung. Sie ermöglicht weitgehend virusfreie sortentypische Samenvermehrung der Unterlagen. Am Beispiel des Apfels wurde ein Unterlagenzüchtungsprogramm dargelegt, das seit einigen Jahren vom Vf. durchgeführt wird. 1820.

2-68/10-0919 Gröber, Kurt. **Die Entstehung neuer Formen durch somatische Mutationen bei Kernobst.** Dtsch. Akad. Landwirtsch.-Wiss. Berlin, Tag-Ber. **1969** Nr. 96 — 20 Lit. Zus. in Russ., Engl. — nach Zus.
Durch somatische Mutationen entstandene neue Formen unterscheiden sich i. allg. nur in einem oder wenigen Merkmalen von der Ausgangssorte. Damit bietet die Mutationsmethode

die Möglichkeit, hochleistungsfähige Sorten, unter Wahrung der genotypischen Konstitution, in unerwünschten Eigenschaften zu verbessern. Die angewandte Mutationsauslösung soll und kann die traditionellen Methoden der Pflanzenzüchtung auch in der Obstzüchtung nicht ersetzen. Sie sollte, im Gegenteil, in der züchterischen Praxis, gemäß ihrer spez. Leistungsfähigkeit genutzt werden. Die Kenntnis der genetischen Veranlagung des Zuchtzieles ist dabei nicht unwichtig. Für eine rationelle mutagene Behandlung von Obstgehölzen bieten sich chemische Stoffe an, die in dem Stamm 3- bis 4jähriger Veredlungen leicht infiltriert werden können. Eine hohe Mutationsausbeute beim Obst hängt aber nicht nur vom Einsatz effektiver Mutagene ab. Ebenso wichtig ist die Anwendung geeigneter Verfahren der Entwicklung von Mutanten aus mutierten Zellen und deren Selektion. Für die Selektion von Mutanten sollten in Zukunft auch moderne chemische und phys. Untersuchungsmethoden herangezogen werden. 1820.

2-68/10-0920 Vondracek, J. **Beitrag zur Zuchtwertbestimmung von Apfelsorten** Dtsch. Akad. Landwirtsch.-Wiss. Berlin, Tag.-Ber. **1969** Nr. 96. — 1 Abb., 2 Tab., 17 Lit. Zus. in Russ., Engl. — nach Zus.
Bei verschiedenen Kreuzungskombinationen der Apfelsorten wurde die Abhängigkeit der Länge der juvenilen Phase von der Fertilität der Ausgangskomponenten und von der Wuchsintensität der Hybriden untersucht. Die Durchschnittslänge der juvenilen Phase bewegt sich zwischen 6···10 Jahren. Die juvenile Phase der früh und hoch tragenden Sorten ('James Grieve', 'Glockenapfel', 'Wagener', 'Jonathan', 'Spätblühender Taffetapfel', 'Golden Delicious', 'Ontario', 'Landsberger', 'Goldparmäne', 'Sudeten Renette' und 'Roter Jungfernapfel')ist signifikant kürzer als die der später und weniger zuverlässig tragenden Sorten ('Mutterapfel', 'Marbrée de Wattervliett', 'Laxton's Superb', 'Berlepsch'). Nur die Nachkommen der früh und hoch tragenden Sorte 'Baumann' werden durch die lange juvenile Phase charakterisiert. Bisherige Ergebnisse deuten darauf hin, daß die Sämlinge mit kurzer juveniler Phase fruchtbar sind. Der Fertilitätseintritt kann also als Selektionsmerkmal dienen, mit dessen Hilfe die Hybriden mit langer juveniler Phase auszuschließen sind. Bei Apfelsämlingen ergab sich eine negative Korrelation zwischen dem Wachstum und der Juvenilitätslänge. Um so stärker die Sämlinge wachsen, desto früher werden sie fertil. Durch Begünstigung des Wachstums läßt sich die Juvenilitätslänge verkürzen. Schneller Erfolg dieses Eingriffs liegt aber nicht nur an dieser Korrelation, sondern auch an Vererbungsanlagen für Fertilität und Wachstum. 1820.

2-68/10-0921 Murawski, Heinz. **Beobachtungen über die Ertragsleistung von Apfelklonen und züchterische Möglichkeiten zur Erhöhung des Ertrages beim Apfel.** Dtsch. Akad. Landwirtsch.-Wiss. Berlin Tag.-Ber. **1969** Nr. 96. — 6 Abb., 8 Tab., 5 Lit. Zus. in Russ., Engl. — nach Zus.
1. Im Kronengrundriß und im Kronenvolumen bestehen zwischen den Klonen sehr große Unterschiede. Die kleinsten Kronen hatten Klone aus der Kreuzung 'Cox-Orangen-Rtte'. × 'Geheimrat Dr. Oldenburg'. 2. Auch im Kronenaufbau wurde eine beachtliche Variationsbreite festgestellt. Sie reicht von steil aufrechtwachsenden bis zu flachwinkligen Kronen. 3. Im Ertrag je m² Kronengrundriß und je m³ Kronenvolumen bestehen zwischen den Klonen ebenfalls starke Unterschiede. 4. Es wurde beobachtet, daß die Richtung der Variabilität von Kronengröße, Ertrag und Kronenaufbau durch die Elternsorten bestimmt wird. 5. Am Beispiel der Sorte 'Alkmene' ließ sich nachweisen, daß auch morphol. Merkmale einer genetischen Analyse zugänglich sind. 6. Es wird vermutet, daß die Internodienverkürzung bei Nachkommen der Sorte 'Alkmene' durch ein dominantes Gen bestimmt wird. 7. Aus den Untersuchungen wird der Schluß gezogen, daß es wahrscheinlich durch Kombinationszüchtung möglich ist, Sorten mit einem Kronenaufbau zu schaffen, die morphol. die Voraussetzung für hohen Ertrag besitzen. 1820.

2-68/10-0922 Neumann, Ursula. **Die Struktur der Ertragskapazität und ihre Bedeutung für die Ertragszüchtung beim Apfel.** Dtsch. Akad. Landwirtsch.-Wiss. Berlin, Tag.-Ber. **1969** Nr. 96. — 1 Abb., 2 Lit. Zus. in Russ., Engl. — nach Zus.
Eine Analyse von kronengestaltenden und reproduktiven Merkmalen von 6 Müncheberger Apfelzuchtklonen und 6 Sorten ließ erkennen, daß auf Grund der Ausprägungsstufen dieser Merkmale die sortenspez. Struktur der Ertragskapazität von Verzweigungssystemen geschätzt werden kann. Das Verfahren erleichtert und beschleunigt die Selektion von Klonen mit hoher Ertragskapazität und Eignung für bestimmte Anbausysteme. 1820.

2-68/10-0923 Rejman, A. **Vererbung einiger Fruchteigenschaften bei verschiedenen Apfelsorten.** Dtsch. Akad. Landwirtsch.-Wiss. Berlin, Tag.-Ber. **1969** Nr. 96. — Zus. in Russ., Engl. — nach Zus.

In den Kreuzungsanalysen wurden folgende Ergebnisse erhalten: 1. Den größten Anteil von Sämlingen, der früh mit dem Ertrag begann, ergaben die Kombinationen 'Fameuse' × 'Beforest' und 'Wealthy' × 'Boiken'. 2. Den höchsten Anteil von mittelgroßen Früchten ergaben die Sämlinge aus folgenden Kombinationen: 'Wealthy' × 'Boiken', 'Fameuse' × 'Signe Tillisch', 'Antonówka' × 'Peasgood' und 'McIntosh' × 'Linda'. 3. Die stärkste Färbung der Früchte zeigten die Sämlinge der Kombinationen 'Fameuse' × 'Signe Tillisch' und 'Wintergoldparmäne' × 'Linda'. 4. Eine weiße Färbung des Fruchtfleichses erbten die Sämlinge hauptsächlich in den Kombinationen 'Ananas Berżenicki' × 'Fameuse', 'Fameuse' × 'Beforest'. 5. Früchte mit süßem Weingeschmack erzielte man vor allem von den Kombinationen 'Kurska' × 'Linda', 'McIntosh' × 'Linda', 'Fameuse' × 'Signe Tillisch', 'Wealthy × 'McIntosh' und 'Königin Renette' × 'Linda'. 6. Den größten Genußwert der Früchte besaßen die Sämlinge folgender Kombinationen: 'McIntosh' × 'Linda', 'Königin Renette' × 'Linda' und 'Ananas Berżenicke' × 'Fameuse'. 7. Den höchsten Anteil an Winteräpfeln ergaben die Sämlinge der Kombinationen 'Wealthy' × 'Boiken', 'McIntosh' × 'Linda', 'Kurska' × 'Jonathan' und 'Kurska' × 'Linda'. 8. Die wertvollsten Sämlinge von allen Kombinationen erhielt man dann, wenn einer der Eltern die Sorte 'Linda' war. Wie aus den Untersuchungen hervorgeht, scheint gerade diese Sorte für die Züchtung neuer Apfelsorten sehr wertvoll zu sein. 1820.

2-68/10-0924 Korsak, A. **Die Frostresistenz von 20 Müncheberger Apfelzuchtklonen in Abhängigkeit von den Klimafaktoren im nördlichen Teil Polens.** Dtsch. Akad. Landwirtsch.-Wiss. Berlin, Tag.-Ber. **1969** Nr. 96. — 3 Abb., 1 Tab. Zus. in Russ., Engl. — nach Zus.

In Siejnik bei Olecko, im Masurischen Seengebiet (VR-Polen), wurden je 8 Bäume von 20 Müncheberger Apfelklonen zur Überprüfung ihrer Frostresistenz vergleichsweise mit 'Antonowka', 'Weißer Klarapfel', 'Wealthy', 'Bohnapfel', und 'Pepin Kitajka' im Herbst 1958 angepflanzt. Nach 4 Jahren waren infolge frostbedingter Schäden nur noch von 4 Klonen alle 8 Bäume vorhanden, desgleichen von den Sorten 'Antonowka', 'Weißer Klarapfel' und 'Wealthy'. 11 weitere Klone und 'Bohnapfel' verloren je einen Baum, 3 verloren 2 Bäume und ein Klon sowie 'Pepin Kitajka' je 3 Bäume. Nach dem extremen Klima der Jahre 1962 bis 1964 mit 2 strengen Wintern stellte sich heraus, daß 'Undine', 'Kurzcox', A 10, BV, 58, 38 sowie B VI$_g$, 7,14 zu den frostresistentesten Apfelsorten gerechnet werden können; sie verloren keinen Baum. Eine 2. Gruppe geringerer Resistenz besteht aus 'Erwin Baur', B IIa, 6,41, B V, 68,19 und B IIa, 2,42. Die restlichen Klone erlitten beträchtliche Schäden, und nur wenige Bäume existieren noch. 1964 fruchteten alle Klone bis auf 3, und es konnten erste Bonituren an den Früchten vorgenommen werden. Die reichste Ernte ergab 'Undine'; diese Früchte besaßen auch die längste Lagerfähigkeit. Am frühesten reiften die Früchte von B V, 58,38, die bis zum Jan. aufbewahrt werden konnten. Die Frostresistenz aller Apfelsorten, die in den Versuchsanlagen von Siejnik vorhand ensind, wird eingeschätzt. 1820.

2-68/10-0925 Decourtye, L. **Die Anwendung der Triploidie in der Apfelzüchtung (Frühzeitiges Erkennen triploider Sämlinge).** Dtsch. Akad. Landwirtsch.-Wiss. Berlin, Tag.-Ber. **1969** Nr. 96. — Zus. in Russ., Engl. — nach Zus.

Im Rahmen eines Apfelzüchtungsprogrammes zur Erreichung von Schorfwiderstandsfähigkeit gilt der Grad der Polyploidie der Hybriden als zweites Kriterium der frühzeitigen Selektion. Die Untersuchung triploider Sämlinge aus nicht reduzierten Eizellen und demzufolge Trägern des gesamten genetischen Erbgutes des weiblichen Teils führt zu der Schlußfolgerung, daß sehr häufig Hybriden mit den gewünschten Eigenschaften auftreten. In einem solchen Fall kann die spätere Selektion nur noch für die Gene des haploidenAnteils, der vom Blütenstaub mitgebracht wird, stattfinden, dessen wichtigste vorteilhafte Eigenschaft die Schorfwiderstandfähigkeit ist. Die Selektion auf Triploidie erfolgt durch Chromosomenzählung an den Wurzeln junger Sämlinge. Diese sehr langwierige Methode ermöglicht jedoch unter Berücksichtigung des geringen Auftretens der gesuchten Typen nicht die Isolierung zahlreicher Triploider in jedem Jahr. Verschiedene Züchtungsmethoden wurden versucht: Untersuchung der Sortenunterschiede in der Häufigkeit nicht reduzierter Eizellen, Verwendung eines rezessiven letalen Gens, das gleich $^1/_4$ der diploiden Individuen ausschaltet,

Erfassung eventueller Beziehungen zwischen der Masse der Samen und dem Ploidiegrad der Embryonen oder der Blattform junger Sämlinge. 1820.

2-68/10-0926 Mihatsch, Hans. **Möglichkeiten und Grenzen der Mehltauresistenzzüchtung.** Dtsch. Akad. Landwirtsch.-Wiss. Berlin, Tag.-Ber. **1969** Nr. 96. — 10 Abb., 2 Tab., 21 Lit. Zus. in Russ., Engl. — nach Zus.
Durch langjährige Beobachtungen an Apfelsämlingsmaterial konnte trotz großer Variabilität der Befallstärke die Vererbung der Mehltauresistenz bei *Malus* aufgezeigt werden. Die Sorten 'Dülmener Rosenapfel' und 'Antonowka' erwiesen sich unter den gegebenen ökologischen Bedingungen als bes. gute Resistenzvererber und die Sorte 'Cox Orangen Renette' als bes. schlechter Resistenzvererber. Die Beurteilung der Resistenz der Einzelsämlinge ist nur nach mehrjährigen Beobachtungen empfehlenswert, wobei die Selektionsgrenze für Feldresistenz bei dem Mittelwert 1,5 (des Bewertungsschemas) gezogen wird. Die Untersuchungen ergaben enge Beziehungen zwischen Befallsstärke und Witterungsbedingungen. Strenge Frostperioden und kühle Sommertemperaturen bewirken starke Befallsminderung, wobei mehrjährige Intervalle zu verzeichnen sind. Frühselektion auf Mehltauresistenz auch unter den günstigen Infektionsbedingungen im Gewächshaus kann nach einem Beobachtungsjahr nicht sinnvoll durchgeführt werden und ist mit großen Unsicherheiten behaftet. Zur Frühselektion eignen sich besser die dreijährigen Bewertungen in der Baumschule, wenn die Witterungsbedingungen für Mehltau günstig sind. 1820.

2-68/10-0927 Senger, Ekkehard. **Zu Fragen der Schorfresistenzzüchtung.** Dtsch. Akad. Landwirtsch.-Wiss. Berlin, Tag.-Ber. **1969** Nr. 96. — 2 Abb., 2 Tab., 17 Lit. Zus. in Russ., Engl. — nach Zus.
Nach anfänglicher Beobachtung des Spontanbefalls von Apfelsorten und Apfelwildarten durch den Erreger des Apfelschorfes *Venturia inaequalis* (Cke.) Winter wurden Massen- und Einzelinfektionsverfahren entwickelt. Die Resistenz gegenüber dem Erreger des Apfelschorfes wird vererbt. Zur Einkreuzung der Schorfunanfälligkeit in hochwertigen Kultursorten wurden besonders die Sorte 'Antonowka' und die Apfelwildart *Malus floribunda* verwendet. Definierte Koppelungen der Resistenz mit anderen Eigenschaften konnten nicht festgestellt werden. Durch Kreuzungen innerhalb unanfälliger Sämlinge aus der gleichen Nachkommenschaft können Resistenzmerkmale angehäuft werden. Das Verhalten von Sämlingen nach Infektion durch Apfelschorf ist beeinflußbar. Durch Dunkelheit sowie die Bedingungen im Gewächshaus oder unter Folienzelt wird die Widerstandskraft gegenüber *V. inaequalis* abgeschwächt. Sämlinge, die nach künstlicher Infektion keine sporulierenden Myzelien zeigten, können durch das Auftreten immer wieder neuer Rassen von *V. inaequalis* im Freiland spontan befallen werden. Es erscheint daher angebracht, Feldresistenz anzustreben. 1820.

2-68/10-0928 Murawski, Heinz. **Die Bedeutung der Polyploidie für die Evolution der Pflaume.** Dtsch. Akad. Landwirtsch.-Wiss. Berlin, Tag.-Ber. **1969** Nr. 101. — 7 Abb., 6 Tab., 12 Lit. Zus. in Russ., Engl. — nach Zus.
Bastardierungen zwischen *Prunus cerasifera* und *P. spinosa* sind dort, wo beide Arten in der Natur gemeinsam vorkommen, nicht selten, und sie lassen sich auch künstlich durchführen. Die Bastarde haben 2n = 24 Chromosomen und nehmen morphol. eine Mittelstellung zwischen den Elternarten ein. Ihre Fruchtbarkeit ist sehr schlecht. Bei Veredlung auf fruchttragende Bäume von *P. domestica* ist der Fruchtansatz wesentlich besser. Bedeutungsvoll für den Fruchtansatz ist das Auftreten unreduzierter Gameten, deren Anzahl bei den Veredlungen auf *P. domestica* wesentlich höher ist als bei den Bastarden auf eigener Wurzel. Aus der Vereinigung unreduzierter Gameten entstehen 48chromosomige Bastarde, die morphol. an *P. domestica* erinnern und keiner der Elternarten ähnlich sind. Nach Rückkreuzung der 48chromosomigen allopolyploiden Bastarde mit diploiden und tetraploiden Arten können weitere tetraploide und heptaploide Bastarde entstehen. Durch die Beteiligung unreduzierter Gameten kommt es auch zu höheren Polyploidiestufen. In Abhängigkeit von den benutzten Ausgangsarten, der Kreuzungsrichtung und der Chromosomenzahl der unreduzierten Gameten kann die Genomzusammensetzung der Bastarde sehr unterschiedlich sein. 1820.

2-68/10-0929 Rybin, W. A. **Über Kreuzungen des amphidiploiden Bastards Prunus divaricata × Prunus spinosa mit den Kultursorten der Domestica-Pflaume.** Dtsch. Akad.

Landwirtsch.-Wiss. Berlin, Tag.-Ber. **1969** Nr. 96. — 1 Tab. Zus. in Russ., Engl. — nach Zus.

Die aus Kreuzungsversuchen zwischen amphidiploiden Bastarden *Prunus divaricata* × *P. spinosa* und der Kulturpflanze hervorgegangenen Sämlinge weisen große Ähnlichkeit mit den Kulturpflaumen auf und zeigen keine Fertilitätsstörungen. Bes. beachtlich ist die Fruchtgröße. Beachtung verdient die Tatsache, daß bei den Bastarden zwischen den künstlich erzeugten und hochgezüchteten Pflaumen schon in erster Generation die Kulturmerkmale dominieren. Die Einbeziehung 16- und 32chromosomiger Pflaumen in das Züchtungsprogramm eröffnet die Möglichkeit, wertvolle Eigenschaften dieser Arten in *P. domestica* einzukreuzen. 1820.

2-68/10-0930 Wolfram, Brigitte. **Erste Ergebnisse bei der Züchtung einer schwachwachsenden Kirschunterlage.** Dtsch. Akad. Landwirtsch.-Wiss. Berlin, Tag.-Ber. **1969** Nr. 96 — Zus. in Russ., Engl. — nach Zus.

Durch die bewußte Anwendung züchterischer Methoden, die bisher bei der Unterlagenzüchtung kaum Beachtung fand, soll die Variationsbreite des Materials für Kirschunterlagen vergrößert werden. Dabei finden vor allen Dingen schwachwachsende *Prunus*-Arten aus der Gruppe der Zierkirschen, wie *P. kurilensis*, *P. incisa*, *P. canescens* und *P. wadai* Verwendung. Die in den Jahren von 1960 bis 1966 erhaltenen Kreuzungen der genannten *Prunus*-Arten mit *P. avium* wurden neben frei abgeblühtem Material auf ihre Vermehrbarkeit, vornehmlich als Grünstecklinge im Sprühnebelverfahren, geprüft. Neben der Vermehrbarkeit der *Prunus*-Arten und ihrer Bastarde wurde bereits in kleinem Maßstab die Verträglichkeit mit Kirschsorten in einem dafür angelegten Quartier beobachtet. 1820.

2-68/10-0931 Staudt, G. **Die Genetik und Evolution der Heterözie in der Gattung Fragaria. II. Artkreuzungen F. vesca × F. orientalis und F. viridis × F. orientalis.** Z. Pflanzenzücht. **58** (1967) Nr. 4. S. 309–322. — 2 Abb., 6 Tab., 7 Lit.

Kreuzungen zwischen den primär zwittrigen, diploiden Arten *Fragaria vesca* und *F. viridis* und der heterözischen *F. orientalis* bestätigen die vom Vf. angenommenen Genotypen der ♀-, ♂- und ⚥-Klone von *F. orientalis*. Die Aufspaltungen gestatten die Annahme, daß die Gene, die die Ausbildung funktionsfähiger ♀- und ♂-Organe steuern, in den ⚥-Genomen der 3 Arten identisch sind. Die Supressor-Allele Su^M und Su^F von *F. orientalis* verhindern auch bei Vorhandensein artfremder ⚥-Genome die Ausbildung der ♂- bzw. ♀-Organe. Die Dominanz der Allele in pentaploiden Pflanzen wird dargelegt. Es kann angenommen werden, daß von triploiden Bastarden entweder keine funktionsfähigen aneuploiden Gameten gebildet werden oder aneuploide Bastarde nicht lebensfähig sind. Hauptsächlich waren unreduzierte ♀-Gameten mit 21 und 14 Chromosomen funktionsfähig. Unter den ♂-Gameten kamen besonders 14-chromosomige zur Befruchtung. Eine aus der Selbstung eines triploiden Bastards (2n = 21) hervorgegangene Pflanze mit 2n = 63 Chromosomen kann als Beweis für das Vorkommen von Gameten mit der doppelten somatischen Chromosomenzahl angesehen werden. Die Untersuchungen von Petrov und Tukan (1937) mit F_1-Pflanzen aus *F. vesca* × *F. orientalis* werden diskutiert. Der einfache Mechanismus der Geschlechtsbestimmung bei *F. orientalis* deutet auf ein rel. geringes Alter der Heterözie hin. W. Schuricht. 1820.

2-68/10-0932 Jennings, D. L.; Dundee, Scott. Horticult. Res. Inst. Balanced lethals and polymorphism in Rubus idaeus. (**Ausgeglichene Lethalfaktoren und Polymorphismus bei Rubus idaeus.**) Heredity **22** (1967) Nr. 4. S. 465–479. — 4 Abb., 9 Tab., 18 Lit.

In Großbritannien sind viele Wild-Himbeeren polymorph. Die Gene H und h bestimmen das Vorhandensein oder Fehlen der Haare an der Rute. Für das Pigment der Pflanze sind die Gene T und t verantwortlich. Die vorliegenden Versuche wurden mit verschiedenen Kombinationen und Selbstungen kultivierter Himbeersorten durchgeführt. Es zeigte sich, daß diese beiden Gene mit anderen Lethalen untereinander verbunden sind, sodaß ein balanziertes System vorhanden ist. Damit werden in manchen Kombinationen Inzuchtdepressionen unterdrückt. In diesen Populationen werden rezessive Gene durch die enge Verbindung der Gene H, T, S, D ausgeschaltet. Nur wenn alle Gene rezessiv sind, ist die Chance zum Überleben des Sämlings gering. K. Kluge. 1820.

2-68/10-0933 Zatykó, Jozsef und Simon, István. **Die Anwendung der Gibberellinsäure in der Obstzüchtung.** Dtsch. Akad. Landwirtsch.-Wiss. Berlin, Tag.-Ber. **1969** Nr. 96. — 1 Abb., 2 Tab., 5 Lit. Zus. in Russ., Engl. — nach Zus.

Durch Anwendung von Gibberellinsäure in einer Konzentration von 50 ppm bei der Schwarzen Johannisbeersorte 'Boskoop Giant T.' gelang es, den Fruchtansatz und die Samenzahl beträchtlich zu erhöhen. Durch Behandlung mit Gibberellsäure (50 ppm) 3...5 d nach der Kastration konnten bei den Schwarzen Johannisbeersorten 'Goliath H.', 'Amos Black' und 'Seabrock's Black' auch ohne Befruchtung lebensfähige Nachkommen erzeugt werden. Bei 'Boskoop Giant T.' und 'Silvergieters' war dies in geringerem Maße der Fall, und von den Roten Johannisbeersorten 'Kaukasische Rote', 'London Market' und 'Versailler Weiße' konnten keine apomiktischen Samen erhalten werden. Auch an *Ribes*-Artbastarden ließen sich apomiktische Nachkommen erzeugen. An sterilen *Ribes*-Artbastarden gelingt es, durch Anwendung von Gibberellsäure (50 ppm) frühzeitig die Qualität der Früchte zu erkennen. Durch gekoppelte Gibberellsäure- und Kolchizinbehandlung ist es bei Schwarzen Johannisbeersämlingen gelungen, zahlreiche mixoploide Pflanzen zu erhalten, während das bei reiner Kolchizinbehandlung nicht der Fall war. 1820.

2-68/10-0934 Romisondo, Piero. Il miglioramento genetico del nocciuolo. (**Die züchterische Verbesserung der Haselnüsse.**) Italia agric. **104** (1967) Nr. 12. S. 1297-1312. — 9 Abb., 5 Tab.

Die Produktion von Haselnüssen weist in Italien steigende Tendenz auf. Im Mittel der Jahre 1960/65 wurde 56% der Erzeugung exportiert, wobei im zunehmenden Maße Nüsse ohne Schale gefragt sind. Konkurrierende Exportländer sind die Türkei und Spanien. Züchterische Verbesserung der Haselnüsse ist deshalb erforderlich. Von 15 Sorten werden 4 als geeignet bezeichnet ('Mortavella', 'Tonda Bianca', 'Tonda di Giffoni', 'San Giovanni'). Für Frucht- und Strauchmerkmale und -eigenschaften werden je 13 Zuchtziele für eine optimale Sorte genannt. Die Verwirklichung kann erfolgen durch: 1. Selektion von Einzelsträuchern aus verschiedenen Herkünften und Auffinden spontaner Mutanten; 2. Selbstung brauchbarer Herkünfte bzw. Kreuzungen (auch Artkreuzungen) 3. Auslösen, induzierter Mutationen. Durch Kolchizinierung bei der Samenkeimung können auch tetraploide Formen gefunden werden. S. Kramer. 1820.

2-68/10-0935 Filippenko, I. M. O nasledovanii priznakov u gibridnych sejancev vinograda. (**Über die Merkmalsvererbung bei Hybridreben.**) Sadovodstvo, vinogradarstvo i vinodelie Moldavii, Kišinev **23** (1968) Nr. 1. S. 24-26.

Es wurde Samen der Rebkreuzung 'Zarja severa' × 'Nairi' (Europäerrebe × asiatische) zu 4 verschiedenen Zeitpunkten (1.10., 1.2., 15. 4. und 20. 5.) und unter 2 verschiedenen Bedingungen (Freiland und Gewächshaus) zur Aussaat gebracht. Die Frosthärte, die Dauer der Vegetationsperiode und die Blütenmorphologie der Sämlinge ließen sich nicht durch Aussaatzeit und Bedingungen beeeinflussen. Die im Freiland kultivierten Sämlinge waren dem asiatischen Elter ähnlicher. K. Gliemeroth. 1820.

2-68/10-0936 La Bastide, J. G. A.; Wageningen, Forest Res. Stat. „De Dorschkamp". A computer program for the layouts of seed orchards. (**Ein Computerprogramm für die Anlage von Samenplantagen.**) Euphytica, Wageningen **16** (1967) Nr. 3. S. 321-323. — 1 Abb., 5 Lit. Zus. in Niederl.

Erst mit Hilfe eines Computers war es möglich, eine Anlage vonSamenplantagen aufzustellen. 2 Forderungen wurden dabei realisiert. Die Möglichkeiten der Selbstbestäubungen sind sehr gering, und auf der anderen Seite wird ein Höchstmaß der Kreuzungskomination sämtlicher Partner garantiert. Ein Beispiel mit 30 Klonen in 20 Reihen, wobei jeder Klon zehnmal vertreten ist, zeigt, daß ein Nebeneinander von 2 Klonen in der gleichen Richtung nur einmal vorhanden ist. K. Kluge. 1820.

2-68/10-0937 Rybin, V. A. Citologičeskij metod v selekcii plodovych. (**Die zytologische Methode bei der Obstzüchtung.**) Moskva: Izd. Kolos. 1967. (213 S.) 8°. (1968 A 188) 1820.

2-68/10-0938 Senf, Günter. **Aneuploidie und Fertilität.** Dtsch. Akad. Landwirtsch.-Wiss. Berlin, Tag.-Ber. **1969** Nr. 101. — 8 Abb., 2 Tab., 7 Lit. Zus. in Russ., Engl. — nach Zus.

Die hohe mittlere Fertilität bei *Primula malacoides* der aus einer 2x-×4x-Kreuzung hervorgegangenen autotetraploiden Population A ist in erster Linie auf die aneutetraploiden Individuen mit dem Karyotyp (2A, 2B, 5C, 5D, 5E, 4E, 4G, 5H, 5I) zurückzuführen. Pflanzen mit diesem Karyotyp traten sehr häufig auf. Sie waren nach Selbstbestäubung und nach freiem Abblühen mehr als dreimal so fertil wie die zahlenmäßig eutetraploiden Pflanzen mit $z = 36$ Chromosomen. Alle Pflanzen, die nach Selbstbestäubung mehr als 440 und nach freiem Abblühen mehr als 600 Samen in 5 Kapseln bildeten, hatten z = 37 Chromosomen und den Karyotyp 2A, 2B, 5C, 5D, 5E, 4F, 4G, 5H, 5I. 1830.

2-68/10-0939 Matveyeva, T. **Evolution und Selektion der Freilandstauden und einjährigen Blumen auf Grund spontaner und experimenteller Polyploidie.** Dtsch. Akad. Landwirtsch.-Wiss. Berlin, Tag.-Ber. **1969** Nr. 101. — 20 Abb., 1 Tab., 18 Lit. Zus. in Russ., Engl. — nach Zus.
Es wird ein Überblick über die Evolution der Freilandzierpflanzen gegeben und dargestellt, welche Rolle die spontane Polyploidisierung gespielt hat. Die polyploiden Formen werden mit solchen verglichen, die aus experimenteller Chromosomenverdoppelung hervorgegangen sind. Es zeigt sich, daß die natürlichen mannigfaltiger und wertvoller sind als die künstlichen Polyploiden. Trotzdem lassen sich insbesondere bei der Einführung neuer Zierpflanzenstauden und einjähriger Pflanzen auch brauchbare Polyploide auf künstlichem Wege schaffen. 1830.

2-68/10-0940 Skiebe, Kurt. **Polyploidie bei Begonia semperflorens Krauss.** Dtsch. Akad. Landwirtsch.-Wiss. Berlin, Tag.-Ber. **1968** Nr. 101. — 9 Abb., 2 Tab., 6 Lit. Zus. in Russ., Engl. — nach Zus.
Kurz nach Beginn der züchterischen Entwicklung der Begonie, einer jungen Kulturpflanze, traten spontan polyploide Formen auf, was man aber erst Jahrzehnte später erkannte. Durch eine Resynthese wurde nachgewiesen, daß es sich bei diesen 4x-Formen um reine Allopolyploide handelt, die aus den beiden diploiden Arten *Begonia semperflorens* und *B. schmidtiana* hervorgegangen sind. Es läßt sich zeigen, daß die Allopolyploiden in ihren Leistungen die Eltern deutlich übertreffen. Im Laufe der züchterischen Entwicklung wurden dann aus 4x-Formen und aus 2x- und 4x-Varietäten Hybridsorten hergestellt. Sowohl die 4x- als auch die 3x-Hybridsorten sind den samenechten 4x-Sorten eindeutig überlegen. Aus 3x- × 3x-Kreuzungen wurden in jüngster Zeit neue 4x-Pflanzen hergestellt, die besser als die ersten 4x-Formen sind und sich bes. gut als Hybridpartner für die Erzeugung von 4x- und 3x-Hybridsorten eignen. Die Analyse der Begonienzüchtung zeigt die große Bedeutung der Polyploidie. Es wird auch deutlich, wie stark die Herausbildung von positiven Polyploidieeffekten an die Evolutionsfaktoren Kombination und Selektion gebunden ist. 1830.

2-68/10-0941 Jahr, Wolfgang. **Polyploidie bei Fliederprimeln.** Dtsch. Akad. Landwirtsch.-Wiss. Berlin, Tag.-Ber. **1969** Nr. 101. — 3 Abb., 6 Tab., 10 Lit. Zus. in Russ., Engl. — nach Zus.
Die Fliederprimel *Primula malacoides* ist als Forschungsobjekt für die Untersuchung von Polyploidieeffekten bes. geeignet, da die Entwicklung von einem unbedeutenden Unkraut zu einer wertvollen Kulturpflanze in jüngster Zeit vor sich gegangen ist. Mit spontan auftretenden großblütigen polyploiden Formen wurden Valenzkreuzungen durchgeführt, die zahlreiche neue 4x-Formen ergaben. Durch vergleichende Untersuchungen an einigen Merkmalen wird dargestellt, welche Polyploidieeffekte sich erreichen lassen. Dabei können je nach der Selektionsrichtung Merkmalsausprägungen auftreten, die einmal bei züchterisch wichtigen Eigenschaften weit über die Variationsbreite der 2x-Formen hinausgehen, oder bei unbedeutenden Merkmalen im Bereich der 2x-Formen liegen. Schließlich kann es auch zu Merkmalsmanifestierungen kommen, die auf der diploiden Stufe nicht beobachtet wurden. Bemerkenswerte Ergebnisse zeigten sich hinsichtlich der Entwicklungszeit und Sexualität, verbunden mit einer guten Fertilität, die abweichend von den üblichen Erscheinungen bei Kolchizinpolyploiden sind und auf die meiotische Entstehungsweise zurückgeführt werden. 1830.

2-68/10-0942 Schröck, Otto. **Die Bedeutung der ontogenetischen Entwicklungsphasen für die Methodik der Forstpflanzenzüchtung.** Dtsch. Akad. Landwirtsch.-Wiss. Berlin, Tag.-Ber. **1969** Nr. 96. — 6 Abb., 26 Lit. Zus. in Russ., Engl. — nach Zus.
An Beispielen mehrerer Wald- und Obstbaumarten wird die Abhängigkeit der Variation von Merkmalen und Eigenschaften, die für die züchterische Verbesserung wertvoll sind, von der ontogenetischen Entwicklung dargestellt. Diese Beispiele umfassen die Höhenwuchsintensität, Resistenzeigenschaften, den Eintritt der Blühfähigkeit, das Anwuchs- und Bewurzelungsvermögen von Reisern und Stecklingen bei der vegetativen Vermehrung, die Länge der Holzfasern und den Gehalt der Stengel, Blattstiele und -nerven an Anthozyan sowie morphol. Merkmale, wie Blattform, Bedornung, Bestachelung und Borkenausbildung. Es wird auf die Bedeutung der ontogenetischen Entwicklungsphasen im Zusammenhang

mit der Umweltabhängigkeit der Merkmale für die Frühtestung von Ausgangs- und Zuchtmaterial hingewiesen. Die Frühtestung ist bes. für die Forstpflanzenzüchtung von großer Bedeutung, weil bei den Waldbaumarten erst nach vielen Jahrzehnten die Nutzung und endgültige Beurteilung des Ernteprodukts möglich sind. Durch geeignete Frühtestverfahren für die Massen- und Wertleistung bestimmender Eigenschaften kann der Züchtungsgang erheblich abgekürzt werden. Ein weiterer Weg zur Rationalisierung der Züchtung von Waldbaumarten ist gegeben, wenn es gelingt, durch geeignete Verfahren die Generationsfolge wesentlich zu erhöhen, wodurch gleichzeitig eine schnellere und umfassendere Überführung der Ergebnisse in die Praxis gewährleistet wäre. 1850.

2-68/10-0943 Sakai, Kan-Ichi und Mukaide, Hiromasa; Misima, Japan, Nat. Inst. of Genetics. Estimation of genetic, environmental, and competitional variances in standing forests. **(Schätzung genetischer, umwelt- und konkurrenzbedingter Varianzen stehender Bestände.)** Silvae genetica, Frankfurt a. Main **16** (1967) Nr. 5/6. S. 149–152. — 2 Abb., 3 Tab., 7 Lit.
Die von Sakai und Hatakeyama zur Schätzung genetischer Varianzen in stehenden Beständen von *Abies sachalinensis* 1963 veröffentlichte Methode schlug bei der Untersuchung von *Cryptomeria*-Beständen wegen der zwischen den Bäumen bestehenden Konkurrenz fehl. In die in der Arbeit verwendete Formel wurden unter Annahme 5 bestimmter Voraussetzungen 1 Konkurrenzkomponente und 1 Konkurrenzkoeffizient eingefügt. Es ergab sich, daß in Klonbeständen zwischen den Bäumen keine Konkurrenz besteht, während sie in Kernwuchsbeständen stark oder schwach ist. Die Zwischenbaumkonkurrenz beeinflußt den Stammdurchmesser stark, die Baumhöhe weniger. Die Heritabilitätswerte für den Brusthöhendurchmesser und die Baumhöhe sind bei *Cryptomeria* sehr niedrig, aber die genetische Korrelation zwischen ihnen ist positiv und hoch. Daher ist eine Selektion genetisch überlegener Bäume in mittleren *Cryptomeria*-Beständen schwierig. O. Schröck. 1850.

2-68/10-0944 Gothe, H. **Ein Kreuzungsversuch mit Larix europae D. C., Herkunft Schlitz, und Larix leptolepis Gord. 4. Mitt.** Silvae genetica, Frankfurt a. Main 16 (1967) Nr. 5/6. S. 178–180. — 2 Abb., 2 Tab., 8 Lit. Zus. in Engl.
Die 4. Aufnahme einer 15jährigen Versuchsfläche mit Selbstungs- und Kreuzungsnachkommenschaften von *Larix europaea*, Herkunft Schlitz und *L. leptolepis* ergab, daß der Pflanzenabgang bei Schlitz × Schlitz 0,0%, *L. eurolepis* 4,0%, *L. lepteurolepis* 5,8% und *L. leptolepis* × *L. leptolepis* 6,0% betrug. Die Bastarde scheinen weniger durch die Lärchenminiermotte gefährdet und krebsresistenter zu sein. Die Überlegenheit der Bastarde im Höhen- und Dickenwachstum gegenüber den reinen Arten ist noch vorhanden, aber geringer geworden. *L. lepteurolepis* ist *L. eurolepis* auch jetzt noch in der Wuchsleistung und bes. im Stärkenwachstum überlegen, jedoch geringer als anfänglich. Der Rückgang der Unterschiede ist wahrscheinlich durch das zunehmend ungünstiger werdende Verhältnis des Wuchstemperaments besonders der Bastarde zum Standraum (2 m Dreiecksverband) bedingt.
O. Schröck. 1850.

2-68/10-0945 Hattemer, H. H.; Schmalenbeck, Inst. für Forstgenetik und Forstpflanzenzücht. der Bundesforsch.-Anst. für Forst- und Holzwirtsch.; Hann. Münden, Lehrstuhl für Forstpflanzenzücht. **Variation von Baumhöhe, Brusthöhendurchmesser und Mortalität in einer Feldversuchsserie mit Schwarzpappel-Hybridklonen.** Silvae genetica, Frankfurt a. Main **16** (1967) Nr. 5/6. S. 153–162. — 1 Abb., 14 Tab., 15 Lit. Zus. in Engl.
Die Ergebnisse eines 1959–1961 an 31 Orten angelegten Versuches mit 16 weitverbreiteten Wirtschaftsklonen, der nach 4 verschiedenen varianzanalytischen Methoden je nach der Zahl der vorhandenen kompletten Wiederholungen ausgewertet wurde, werden besprochen. Hinsichtlich der Mortalität bestanden gesicherte Klonunterschiede. In der Baumhöhe liegen die Klone Missouriensis, Gelrica und Drömling an der Spitze, während Marilandica und Forndorf am niedrigsten sind. Im Brusthöhendurchmesser ist dagegen der Klon Drömling führend und Missouriensis fällt stark ab, aber Marilandica und Forndorf haben wieder die niedrigsten Werte. Trotzdem sind aber die 2 Merkmale mit r = 0,720 korreliert. Zwischen ihnen und der Mortalität besteht kein Zusammenhang (r = + 0,050 und r = − 0,265). Die Interaktion zwischen Klonen und Versuchsorten ist für Baumhöhe und Brusthöhendurchmesser sehr ausgeprägt. Bei kurz- bis allenfalls mittelfristiger Beobachtungsdauer haben sich Versuche in kleinen Parzellen für die praktische Sortenprüfung als zweckmäßig erwiesen. O. Schröck. 1850.

XI. PHYTOPATHOLOGIE UND PFLANZENSCHUTZ

A. Allgemeine Literatur, Berichte, Statistiken u. a.

2-68/10-0946 Research Report 1966. Research Station Vineland Station, Ontario. (**Forschungsbericht 1966: Forschungsstation Vineland Station, Ontario.**) Res. Rep., Res. Stat., Vineland Stat., Ontario **1966** (hrsg. 1967) 29 S.

Zum Institut gehören folgende Sektionen: Entomologie, Nematologie, Pestizide und Pflanzenpathologie. Die Arbeit des Instituts umfaßt u. a.: Bekämpfung von Insekten und Milben (Resistenz u. a.), Ökologie von Insekten und Milben (Populationsdynamik von *Panonychus ulmi*, Verhalten, Ökologie und Populationsdynamik von *Grapholitha molesta* u. a.), Pflanzenkrankheiten, Virosen (vor allem an Obstgehölzen, Nematoden (Wechselbeziehungen von Nematoden und Pilzen) u. a. Im Jahre 1966 sind 28 Veröffentlichungen von Mitarbeitern des Institutes erschienen. E. Königsmann. 1901.

2-68/10-0947 Tratat de fitopatologie agricolă. Vol. 1. (**Lehrbuch der landwirtschaftlichen Phytopathologie. Bd. 1.**) Bucureşti: Ed. Acad. RSR. 1967. (508 S.) 8°. (1967 A 1942, 1—) 1901.

B. Krankheiten und ihre Ursachen

2-68/10-0948 Sauer, Günther. **Schäden an der Bepflanzung der Bundesfernstraßen durch Auftausalz.** Gartenbau-Ing., Stuttgart **12** (1967) Nr. 4. S. 68–72; **13** (1968) Nr. 1. S. 10–13. — 5 Abb.

Auftausalze spielen im Straßenwinterdienst eine immer größere Rolle. In der Bundesrepublik setzt man Natriumchlorid ein. Die Schäden treten vermehrt seit dem Winter 1962/63 auf. Vf. betont, daß der schädigende Einfluß des Salzes nicht über den Boden, sondern durch das Bespritzen der Pflanzen mit salzhaltigem Schmelzwasser erfolgt. Hierfür werden in Wort und Bild Beispiele gebracht, z. B. daß die Pflanzen nur im Sprühbereich geschädigt werden, daß an Langsamfahrstellen keine Schäden zu verzeichnen sind, daß größere Pflanzen in der Spitzenregion gesund bleiben, soweit sie außerhalb des Sprühbereiches liegt. Die Empfindlichkeit der einzelnen Gehölzarten weicht z.T. erheblich von den bei der Bodenversalzung gesammelten Erfahrungen ab. Das Salz verursacht vielfach ein Absterben der Knospen und eines mehr oder weniger großen Teils des Vorjahrestriebes. Es kann zum Ablösen der Rinde kommen und zu einer Braunfärbung von Bast und Kambium. Eine Vielzahl von Faktoren bestimmt im Einzelfall den Grad der Schädigung. Daher kann das Bild geschädigter Pflanzungen sehr verschieden sein. Bes. gefährdet sind die Pflanzungen auf den Mittelstreifen der Autobahnen, da sie die Salzdusche von beiden Seiten bekommen. Der Schädigungsgrad kann positiv oder negativ verändert werden durch die Disposition der Pflanze, den Bodenzustand, die Witterung in der vorangegangenen Vegetationsperiode u.a.m. Mit großer Wahrscheinlichkeit werden gering geschädigt: *Acer platanoides*, *A. pseudo-platanus*, *Caragana arborescens*, *Elaeagnus angustifolia*, *Fraxinus excelsior*, *Hippophae rhamnoides*, *Lonicera xylosteum*, *Ribes alpinum*, *Rosa rugosa*, *Symphoricarpus albus* var. *laevigatus*, *Ulmus glabra*. Bes. empfindlich sind die Arten: *Carpinus betulus*, *Cornus sanguinea*, *Corylus avellana*, *Crataegus oxyacantha*, *C. monogyna*, *Fagus sylvatica*, *Ligustrum vulgare*, *Prunus serotina*, *Rosa canina*, *Rubus fruticosus* und *Sambucus racemosa*. Die Aussichten auf ein pflanzenverträgliches Auftaumittel sind z. Z. noch gering. Durch stärkere Auffüllung der Pflanzstellen mit Kulturboden, Bevorzugung der Frühjahrspflanzung und Änderung in der Artenzusammensetzung lassen sich die Salzschäden vermindern. F. H. Pfützner. 1930.

2-68/10-0949 Gigante, Roberto. La vitrescenza dei tuberi di patata. (**Glasigkeit in Pflanzkartoffelknollen.**) Sementi Elette, Milano **14** (1968) Nr. 1. S. 34–43. — 10 Abb., 6 Lit. Zus. in Engl., Dtsch. — nach Zus.

An Pflanzkartoffeln der Sorte 'Bintje' stellte Vf. einen leicht graugetönten, durchsichtigen Teil, gewöhnlich in der Knollenmitte, fest. Derartige Knollen faulen leicht, wenn sie abgetrennt sind. Bes. an anomalen Knollen(Zwiewuchs, Auswuchs, sonstige Mißgestaltung oder bes. lange Knollen) trat die Glasigkeit häufig auf. Auch kam sie vor als Folge von Störungen im Wasserhaushalt des Bodens und nach Hagel während der Knollenentwicklung. 1930.

2-68/10-0950 Gurjanova, O. Z. **Der Einfluß von Industriegasen auf physiologische Prozesse der Nadelgehölze.** Dtsch. Akad. Landwirtsch.-Wiss. Berlin, Tag.-Ber. **1968** Nr. 100. — Zus. in Russ., Engl. — nach Zus.

Untersuchungen über den Einfluß von Industrieabgasen auf pflanzenphysiol. Prozesse befaßten sich bes. mit der Wirkung von SO_2 auf den Gasstoffwechsel von Koniferen unter natürlichen und künstlichen Bedingungen. Höhere SO_2-Konz. senken die Intensität der Photosynthese junger Kiefernsämlinge bereits nach einmaliger mehrstündiger Begasung um 30···40%. Hohe rel. Luftfeuchtigkeit vergrößert das Schadenausmaß. 1 bis 2jähr. Nadeln werden früher und stärker geschädigt als 3- bis 4jähr. Unter natürlichen Bedingungen verringert sich in Kiefernbeständen bis zum Alter der Zuwachs durch den Rückgang der Masse lebensfähiger Nadeln; die Intensität der Photosynthese ändert sich nicht. In älteren Fichtenbeständen dagegen nimmt die photosynthetische Leistung unter anhaltendem SO_2-Einfluß bis auf die Hälfte ab. Vf. unterbreitet Vorschläge für die Forschungsprogramme der Forstinstitute: Studium der Grenzkonz. für die Baumarten, Erarbeitung von Schnelltesten zur Schadensbeurteilung und die Entwicklung von Methoden zum Schutz der Gehölze vor Emissionsschädigungen. 1930.

2-68/10-0951 Börtitz, Siegfried. **Physiologische und biochemische Beiträge zur Rauchschadenforschung. 7. Mitt. Einfluß letaler SO_2-Begasungen auf den Stärkehaushalt von Koniferennadeln.** Biol. Zbl. 87 (1968) Nr. 1. S. 63-70. — 1 Abb., 12 Lit. Zus. in Engl. — nach Zus.

Bei langsam einsetzender, noch umkehrbarer Assimilationsdepression durch SO_2 (0,7···1,4ppm) läßt sich die vorhandene Stärke in Nadeln von Koniferenjungpflanzen bis zu ihrem Schwund mobilisieren; eine mehrtägige Erholungszeit in SO_2-freier Luft führt zur Wiedererlangung der Synthesefähigkeit. Nach einem Zelltod infolge akuter Schädigung, der während oder erst einige Zeit nach einer Begasung auftreten kann, findet sich Stärke in den nekrotischen Geweben, auch wenn vorher ein Stärkeschwund in den noch grünen Nadeln erfolgt war. Die postmortal vorliegende Stärke wird nicht mehr abgebaut. 1930.

2-68/10-0952 Hilkenbäumer, F. und Kohl, W. **Einfluß der Calcium- und Stickstoffversorgung auf die Stippigkeit von Äpfeln.** Erwerbsobstbau 10 (1968) Nr. 1. S. 1-3. — 1 Abb., 5 Tab., 2 Lit.

Zahlreiche Faktoren verursachen die Stippigkeit, von denen die Ca-Versorgung bisher die deutlichste Einwirkung zeigt. Die ständige Zunahme dieser stoffwechselphysiol. bedingten Erkrankung hat dazu geführt, daß jetzt auch Sorten Befall zeigen, wie z. B. 'Golden Delicious', die bisher als rel. widerstandsfähig galten. Da sich durch Ca-Spritzungen nur geringe Ca-Mengen zusätzlich zuführen lassen, halten Vff. eine bessere Versorgung der Bäume mit Ca über den Boden für unbedingt erforderlich. In mehreren Versuchen an verschiedenen Standorten wurde überprüft, inwieweit eine Aufkalkung in unterschiedlicher Höhe, Vorverlegung und Vermehrung der Ca-Spritzungen, Spritzungen mit Spurenelementen und unterschiedliche N-Versorgung das Ausmaß des Befalles beeinflussen. Der stärkste Befall trat an Bäumen auf, die schlecht mit Ca, aber sehr reichlich mit N versorgt waren. Die höchsten N-Gaben (120 kg N/ha) verursachten bei Lageräpfeln einen Stippigkeitsbefall von 51%. Mit verminderter N-Düngung fiel die Befallsquote kontinuierlich ab und betrug bei 100 kgN/ha 37, 80 kgN/ha 21 und 50 kg N/ha nur noch 14%. Der pH-Wert in KCl an diesem Standort betrug 5,2. In Böden mit langjährig guter Ca-Versorgung führten auch rel. hohe N-Gaben (200 kg N/ha) nicht zu Stippigkeit. Vff. fanden, daß Ergebnisse von Ca-Analysen der Rinde in enger Beziehung zur Ca-Versorgung des Bodens stehen und Bäume mit hohen Ca-Werten der Rinde geringere Neigung zur Stippigkeit zeigten. Sie leiten daraus die Empfehlung ab, Ca-Spritzungen im Frühjahr an unbelaubten Bäumen durchzuführen. W. Fiedler/Pillnitz. 1930.

2-68/10-0953 Powell, Dwight; Urbana, Univ. of Illinois, Dep. of Plant Pathol. The combined effect of fungicides and cold temperatures on frost ring russet of apple. **(Die kombinierte Wirkung von Fungiziden und tiefen Temperaturen auf die Frostringberostung des Apfels.)** Trans. Illinois State horticult. Soc. **100** (1966, hrsg. 1967) Nr. 111. S. 145-147. — 1 Tab.

Berostungserscheinungen an Früchten infolge tiefer Temperaturen können durch die Anwendung von Fungiziden mit mehr oder weniger starken phytotoxischen Nebenwirkungen verstärkt werden. Dies war der Fall, als während der Vollblüte an 'Delicious' und 'Golden Delicious' die Temperaturen auf 32 und 25 °F absanken. Spritzungen mit bestimmten Fungiziden unmittelbar vor dem Kälterückfall und danach verstärkten die entstandenen Fruchtberostungen. Keinen signifikanten Einfluß zeigten Cyprex, Dithane und Captan.

Eine deutliche Förderung bewirkten RH 341(?) und 1-Dodezyl-2-methyl-1,4,5,6-tetrahydropyrimidin. Nicht ganz so stark wirkte 'Bayer 4753' (50% N-(Dichlorfluor-methylthio)-N'N'-dimethyl-N-phenyl-sulfamid). F. Daebeler. 1930.

2-68/10-0954 Halbwachs, G. und Hlawatsch, H. **Photooxydation als Ursache von Pflanzenschädigungen durch Teerdämpfe.** Naturwissenschaften **55** (1968) Nr. 2. S. 90. — 1 Lit. 1930.

2-68/10-0955 Höhn, Karl und Hartmann, Elmar; Mainz, Univ., Inst. für Allg. Bot. **Submerser Pflanzenkrebs an Wurzeln.** Planta, Berlin **79** (1968) Nr. 1. S. 10–21. — 4 Abb., 6 Tab., 13 Lit.
Gegenüber *Agrobacterium tumefaciens* ist der Wurzelhals nicht bes. prädisponiert. Sofern entspr. Bedingungen herrschen, können auch im gesamten Wurzelbereich Krebswucherungen entstehen. Gut belüftete und temperierte Nährlösungskulturen mit *Helianthus annuus* und *Lycopersicon esculentum* ermöglichten nach richtiger Impfung den Nachweis einer Tumorentwicklung an allen Teilen der Wurzel. Damit bietet sich die Submerskultur als weitere geeignete Studienmethode für den Pflanzenkrebs an. In der Hydroponikkultur wird durch O_2-Mangel und gleichzeitig suboptimale Temperatur die Krebsbildung gehemmt. War die Temperatur optimal, trat die Bedeutung von O_2 zurück, O_2-Mangel wirkte sich nur ungünstig auf das allg. Wurzelwachstum aus. Eine einfache Beziehung zwischen Wurzel- und Tumorwachstum lag jedoch nicht vor. Es werden Zusammenhänge mit dem Hormonhaushalt der Pflanzen angesprochen. H. Bochow. 1950.

2-68/10-0956 Cook, R. T. A. und Wheeler, B. E. J. Overwintering of cleistocarps, and infection by ascospores, of Erysiphe cichoracearum on Arctium lappa. (**Die Überwinterung von Cleistocarpien und die Infektion durch Ascosporen von Erysiphe cichoracearum an Arctium lappa.**) Trans. Brit. mycol. Soc. **50** (1967) Nr. 4. S. 625–630. — 3 Abb., 4 Lit.
Abgestorbene infizierte Blätter von *Arctium lappa* kamen getrocknet in Netzbeutel aus Terylen und wurden auf brachliegenden Boden gebracht. Vergleichsblätter kamen getrocknet ins Labor. In Abständen von 7 d bestimmten Vff. die Anzahl entleerter und nichtentleerter Cleistocarpien. Die Entleerung lag im Dez. bei 20%, stieg Anfang Jan. auf 36%, um ab Mitte März schnell auf 76% anzusteigen. An den Blättern im Labor. war die Zahl ausgetretener Ascosporen/100 Cleistocarpien bis 20. Jan. mit 22 niedrig. Sie nahm bis zum 17. Febr. rasch zu (172), um danach stetig abzufallen. Während des Winters lag im Labor. die Keimungsrate ausgetretener Ascosporen bei 75⋯50%. 6⋯24 h nach Durchfeuchtung überwinterter Cleistocarpien war die Zahl ausgetretener Ascosporen am größten, hielt aber in geringem Umfang bis zu 6 d an. Ascosporen überwinterter Cleistocarpien infizierten Blattscheiben von *A. lappa* bereits am 1. Tag. Nach 10 d traten Konidiophoren und Konidienketten auf. G. Otto/Pillnitz. 1950.

2-68/10-0957 Parmentier, G.; Gembloux, Stat. de Phytopathol. Sporulation de Phytophthora infestans de By. sur tubercules dans le sol. (**Sporulation von Phytophthora infestans de By. auf Knollen im Boden.**) Parasitica, Gembloux **23** (1967) Nr. 1. S. 46–48. — 2 Lit.
Auf schweren Böden wurde z. Z., als das Kraut erst schwach von *Phytophthora* angegriffen war, an Knollen unter der Erde *Phytophthora*-Sporulation beobachtet. Bei der Sorte 'Erstling' zeigten die Knollen bis zu 10 weiße Büschel; bei 'Bintje' war der Befall schwächer. Die Fruktifikation ging meist von Lentizellen aus und glich jener auf dem Kraut, ähnelte aber in manchen Fällen sporentragenden Polstern von *Fusarium* (auch dann konnten die Konidien auskeimen und Blätter der beiden Sorten infizieren). 4 Wochen vor dem normalen Rodungstermin war festzustellen, daß die Infektionsstellen auf der gleichen oder auf benachbarten Knollen nicht gleichaltrig und auch in verschiedener Weise sekundär von Bakterien oder von *Fusarium* infiziert waren, ohne daß sich eine eindeutige Beziehung zum Termin des Freiwerdens der Konidien am Kraut ergab. Vf. hält daher einen mehr oder weniger selbständigen Lebenszyklus des Parasiten auf der Knolle für möglich, der auch bei praktischen Bekämpfungsmaßnahmen berücksichtigt werden sollte.
W. Junges/Groß-Lüsewitz. 1950.

2-68/10-0958 Ho, H. H. und Hickman, C. J.; London, Univ. of Ontario, Dep. of Bot. Asexual reproduction and behavior of zoospores of Phytophthora megasperma var. sojae. (**Asexuelle Vermehrung und Verhalten der Zoosporen von Phytophthora megasperma var. sojae.**) Canad. J. Bot. **45** (1967) Nr. 11. S. 1963–1981. — 51 Abb., 10 Tab., 33 Lit.

Vf. entwickelten eine Methode zur Massenproduktion von Zoosporen von *Phytophthora megasperma* var. *sojae*. Die Sporangien zeigten vorwiegend keine oder nur gelegentlich eine nicht hervortretende Papille und keimten mit der Bildung eines rel. schnell vergänglichen Vesikels. Auch eine Proliferation der Sporangien war zu beobachten. Die freien Zoosporen verfügen über 2 wellenförmig agierende Geißeln. Die Beweglichkeit der Zoosporen ist bei 15 °C am längsten und nimmt bei extremen Temperaturen (5 und 36 °C), extremen pH-Werten (<5,2 oder >9,3), mechanischen Störungen, Verdünnungen der Zoosporenkonz. und häufigem Kontakt mit festen Oberflächen ab. Enzystierte Zoosporen keimen mit Keimschlauch, durch sekundäre Zoosporen oder seltener auch mit einem ein kleines Sporangium tragenden Keimschlauch. Das wiederholte Ausschlüpfen von Zoosporen war bei 15 °C optimal, während sich die gesamte Zystenkeimung und Keimschlauchbildung bei 25 °C in Gegenwart von Nährstoffen am besten vollzog. H. Bochow. 1950.

2-68/10-0959 Ho, H. H. und Hickman, C. J.; London, Univ. of Ontario, Dep. of Bot. Factors governing zoospore responses of Phytophthora megasperma var. sojae to plant roots. **(Faktoren, die das Verhalten der Zoosporen von Phytophthora megasperma var. sojae gegenüber Pflanzenwurzeln bestimmen.)** Canad. J. Bot. 45 (1967) Nr. 11. S. 1983-1994. — 6 Abb., 1 Tab., 37 Lit.
Zoosporen von *Phytophthora megasperma* var. *sojae* werden von den Wurzeln der Wirtspflanze angezogen und siedeln sich in der Nähe der Wurzeloberfläche an. Dort enzystieren sie sich bald und bilden eine Hülle um die Wurzel, bes. dicht hinter der Spitze. Die Zystenkeimung unterliegt einer Stimulation. Dabei wachsen die Keimschläuche unmittelbar zur Wurzel hin. Wiederholtes Entstehen von Zoosporen unterbleibt. Die Zoosporenansammlung erfolgt unspezifisch und unabhängig von der Wirtseignung oder Anfälligkeit der Pflanze. Untersuchungen mit Wurzelexsudaten und -extrakten von resistenten und anfälligen Sojabohnensorten sowie von Erbsen als Nichtwirtspflanzen erwiesen die chem. Natur der verantwortlichen Stimulantien. Im elektrischen Feld sammelten sich die Zoosporen um den negativen Pol und enzystierten sich dort schnell. Neben den chem. Faktoren scheinen somit auch elektrische Ladungen auf den Wurzeln zur anfänglichen Induktion der Enzystierung der Zoosporen beizutragen. Alle Reaktionen der Zoosporen auf Einwirkungen der Wurzel, mit Ausnahme der Anziehung, konnten auch durch H^+-Ionen-Harz induziert werden.
H. Bochow. 1950.

2-68/10-0960 Byford, W. J.; Higham, Bury St. Edmunds, Broom's Barn Exper. Stat. Laboratory experiments on sugar-beet downy mildew (Peronospora farinosa). **(Laborversuche über den Falschen Mehltau der Zuckerrübe [Peronospora farinosa].)** Ann. appl. Biol. **61** (1968) Nr. 1. S. 47-55. — 14 Tab., 10 Lit.
Vf. untersuchte den Einfluß einiger Umweltfaktoren auf einige Entwicklungsphasen von *Peronospora farinosa betae.* Sporenbildung: Möglich von 0...30 °C und von 60...100% rel. Luftfeuchtigkeit (r. L.); Optimum zwischen 8 und 15 °C sowie >90% r. L. Günstig wirkte sich 6...8 h Belichtung der Blätter aus mit nachfolgender Dunkelheit. Ständige Belichtung hemmte die Sporenbildung. Bei 9 °C und 100% r. L. starke Sporenbildung nach 17...23 h. Lebensdauer der Sporen: Bei <15 °C und >60% r. L. bis zu 7 d. Temperaturen über 20°C töteten die meisten Sporen innerhalb eines Tages. Sporenkeimung: Möglich von 0,5...30 °C; Optimum bei 9...10 °C. Im Freiland gesammelte Sporen keimten meist sehr schlecht. Infektion: Möglich von 0...25 °C; Optimum zwischen 7 und 15 °C. Sie gelingt am besten über den Vegetationspunkt. Die Anfälligkeit der Pflanzen nimmt vom Keimblattstadium an ab. 8 Wochen alte Pflanzen lassen sich jedoch auch noch infizieren. Bei <400 Sporen ist der Infektionserfolg sehr gering. Bis zum Haften der Infektion werden 8...10 h benötigt.
K. Wiesner/Kleinwanzleben. 1950.

2-68/10-0961 Willetts, H. J. Factors influencing the productive of stromata and microconidia by Sclerotinia fructicola (Wint.) Rehm. **(Faktoren, die die Bildung von Stromata und Mikrokonidien bei Sclerotinia fructicola [Wint.] Rehm. beeinflussen.)** Ann. Bot., London [N. S.] **32** (1968) Nr. 125. S. 219-232. — 7 Abb., 1 Tab., 17 Lit.
Die Stromabildung von 3 geprüften Isolaten verlief bei pH 4,0 (1) und bei pH 4,8 (2) optimal. Das Temperaturoptimum betrug 25 °C. Bei dieser Temperatur war auch das Myzelwachstum am besten. Geeignete C-Quellen waren Glukose, Fruktose und Saccharose. Steigende Gaben in Verbindung mit einer geeigneten N-Quelle (Pepton) förderten das Myzelwachstum sowie die Makrokonidien- und Stromabildung. Die Anlage von Mikrokonidien erfolgte nur bei mangelhaft ernährten und überalterten Kulturen. F. Daebeler. 1950.

2-68/10-0962 Skiljagina, T. S.; Nowosibirsk, Zentralsibir. Bot. Garten. Rost i razvitie fitopatogennych gribov v počvennom profile. **(Wachstum und Entwicklung phytopathogener Pilze im Bodenprofil.)** Izvestija Sibirskogo otdelenija Akademii nauk SSSR, Novosibirsk **1967** Nr. 10. Serija biologo-medicinskich nauk Nr. 2. S. 104–111. — 9 Abb., 1 Tab., 25 Lit.

Vf. untersuchte das Verhalten von *Fusarium oxysporum*, *Helminthosporium sativum*, *Verticillium dahliae* und *Penicillium raciborskii* in einem podsoligen Waldboden des Zentralsibir. Bot. Gartens in Tiefen von 10···50 cm. Die Untersuchungen führte er in sterilen und nichtsterilen Böden durch. Dazu brachte man Objektträger, beiderseits mit einer eingetrockneten Sporensuspension der betr. Pilze oder einem Gemisch aus Agar und einer Sporensuspension versehen, bis zu 72 h in die entspr. Bodentiefen ein. Als Kontrolle dienten in gleicher Weise vorbereitete Objektträger, in feuchte Kammern eingelegt. Zur Bonitierung mittels des Mikroskopes hat man die Objektträger zunächst aus dem Boden herausgeholt und in einigen Fällen für eine zweite, spätere Kontrolle in eine feuchte Kammer gelegt. Während sich in sterilem Boden in sämtlichen Tiefen und in der feuchten Kammer alle Pilze gut entwickelten und reichlich sporulierten, waren in unsterilem Boden große Unterschiede im Verhalten der Pilze in Abhängigkeit von der Bodentiefe festzustellen. So zeigte sich eine deutliche Verbesserung der Sporenkeimung mit zunehmender Bodentiefe. Während im Bereich von 0···10 cm praktisch keine Sporenkeimung erfolgte, und sich in Einzelfällen nur ein kurzer, kaum weiterwachsender Keimschlauch bildete, war in einer Tiefe von 10···20 cm bei *Fusarium* eine gute Sporenkeimung zu beobachten. Bei den anderen Pilzen keimten nur vereinzelte Sporen. Der günstigste Bereich lag hier erst bei 20···30 cm Tiefe. In den darunterliegenden Schichten wurde mit zunehmender Tiefe eine Verbesserung des Myzelwachstums und wieder ein Nachlassen der Sporenkeimung beobachtet. Eine nachträgliche Überführung ungekeimter Sporen in die feuchte Kammer blieb ohne Erfolg. Für die Wachstumsgeschwindigkeit des Keimschlauches wurde in der feuchten Kammer ein tägl. Zuwachs von 88, in sterilem Boden von 107 und in nichtsterilem Boden von 4 μm ermittelt. Die deutlich erkennbare Hemmwirkung des nichtsterilen Bodens führt Vf. auf die Anwesenheit antagonistischer Mikroorganismen zurück. K. Frauenstein. 1950.

2-68/10-0963 Wallnöfer, P. und Rehm, H.-J. **Zur Kenntnis der antimikrobiellen Wirkung von Biphenyl und Derivaten des Biphenyls. III. Mitt. Einfluß von Biphenyl und Na-o-phenylphenolat auf die Entwicklung citrusverderbender Schimmelpilze.** Zbl. Bakteriol., Parasitenkunde, Infektionskrankh. Hyg., II. Abt. **122** (1968) Nr. 1. S. 25–41. — 9 Abb., 3 Tab., 5 Lit. Zus. in Engl. — nach Zus.

Für Na-o-phenylphenolat waren bei 6 *Citrus*-verderbenden Schimmelpilzen (*Penicillium italicum*, *P. digitatum*, *Alternaria citri*, *Diaporthe citri*, *Colletotrichum gloeosporioides* und *Trichoderma viride*) eindeutige Grenzhemmkonz. festzustellen. Diese lagen bei Kulturen im flüssigen Nährsubstrat erheblich niedriger als bei solchen, die auf festen Nährböden gezüchtet worden waren. Für Biphenyl ließen sich keine genauen Grenzhemmkonz. ermitteln, da durch seinen rel. hohen Dampfdruck schon bei Anwendung von kleinen Mengen sehr schnell der Sättigungsgrad eines Luftraumes erreicht wird. Der kurzfristige (24 h) und langfristige (10 d) Einfluß von SOPP (Natrium-o-phenylphenolat) und Biphenyl auf das wachsende Myzel von *Citrus*-Verderbern wurde an den o. g. Schimmelpilzen morphol. untersucht. Bei den kurzfristigen Versuchen verursachten beide Hemmstoffe ein mehr oder weniger starkes Anschwellen einzelner Hyphenabschnitte und der Konidien. Diese Erscheinungen sind möglicherweise durch eine Wirkung auf die Zellwände bedingt. — Bei den langfristigen Versuchen waren, mit Ausnahme von *Diaporthe citri*, bei allen anderen Schimmelpilzstämmen Involutionsformen bei Biphenyleinwirkung häufiger und ausgeprägter als bei SOPP. Es waren die Verzweigungsrate — bes. bei *P. digitatum* — heraufgesetzt und die Konidienbildung anfänglich stark gehemmt. Diese Myzelveränderungen bildeten sich im Laufe der Zeit zurück und verschwanden teilweise sogar vollständig. 1950.

2-68/10-0964 Šály, A. Rastlinné hád 'átka a možnosti chemickej ochrany rastlín proti ním. **(Pflanzennematoden und Möglichkeiten eines chemischen Pflanzenschutzes.)** Studijní Inform., Ochrana Rostlin **1968** Nr. 1. 88 S. — 240 Lit. Zus. in Russ., Engl., Dtsch.

Die Arbeit bietet eine Übersicht über Nematodenprobleme und über wirtschaftlich wichtige Pflanzennematoden in der ČSSR sowie über die Möglichkeiten ihrer chem. Bekämpfung. Versuchsergebnisse mit verschiedenen Nematiziden im In- und Ausland, Aufwandmengen und biol. Wirkung der Präparate werden besprochen. ČSSR/ÚVTI. 1960.

2-68/10-0965 Chak, M. M. Izmenenie čislennosti fitonematod na ozimoj rži v uslovijach sevooborota i primenenija udobrenij. (**Die Veränderung der Zahl der Pflanzennematoden an Winterroggen in einer Fruchtfolge bei Düngung.**) Izvestija Timirjazevskoj sel'skochozjajstvennoj akademii, Moskva **1968** Nr. 1. S. 150–155. — 2 Abb., 2 Tab., 13 Lit.

Die Dynamik der Nematodenpopulation an Wi.-Roggen innerhalb einer Fruchtfolge und bei Düngung untersuchte Vf. in langjähr. Feldversuchen (1912–67). Das Gesamtmittel der Nematodenpopulationen war bei allen Behandlungen 1965 1,7mal so hoch wie 1964, und zwar wegen der günstigen Bedingungen. Der Fruchtwechsel senkte die allg. Nematodenpopulation sehr stark. Im Vergleich zum Roggenanbau ohne Fruchtwechsel nahm auch der rel. Anteil an Pflanzennematoden ab. Düngung mit NPK und mit Stalldung steigerte auf einigen Parzellen den allg. Nematodenbestand, der Anteil an pflanzenparasitischen Nematoden blieb gering. Sowohl Fruchtfolge als auch Düngung können die Population der Pflanzennematoden vermindern helfen. E.-M. Ardelt. 1960.

2-68/10-0966 Doncaster, C. C. und Webster, J. M. Clumping of the plant parasitic nematode Ditylenchus dipsaci in water. (**Das Zusammenklumpen des pflanzenparasitischen Nematoden Ditylenchus dipsaci in Wasser.**) Nematologica, Leiden **14** (1968) Nr. 1. S. 131 bis 136. — 2 Abb., Tab., 8 Lit. Zus. in Dtsch.

In Wasser bilden aktive Nematoden durch Zufall Klumpen. Innerhalb der Klumpen sind die einzelnen Tiere in ihrer Bewegung gehemmt. Durch leichte Wasserbewegung können sich Klumpen verdichten oder auflösen. H.-W. Nolte. 1960.

2-68/10-0967 Pillai, J. K. und Taylor, D. P. Effect of temperature on the time required for hatching and duration of life cycle of five mycophagous nematodes. (**Einfluß der Temperatur auf die für das Schlüpfen benötigte Zeit und auf die Dauer des Entwicklungszyklus von fünf mykophagen Nematoden.**) Nematologica, Leiden **13** (1967) Nr. 4. S. 512–516. — 1 Abb., 12 Lit. Zus. in Dtsch.

An *Aphelenchus avenae* Bastian, *Neotylenchus linfordi* Hechler, *Paraphelenchus acontioides* Taylor et Pillai sowie einer bisexuellen und einer parthenogenetischen Form von *Ditylenchus* sp. (ähnlich *D. triformis* Hirschmann et Sasser) untersuchten Vf. den Einfluß der Temperatur auf die einzelnen Entwicklungsstadien. Mit steigender Temperatur nahm die für die Entwicklung der einzelnen Stadien erforderliche Zeit bis zu einem Tiefstpunkt ab. Die Mindestzeit für das Schlüpfen lag bei allen geprüften Arten bei 35 °C, mit Ausnahme von *N. linfordi*, bei der die Mindestzeit schon bei 25 °C erreicht war. Die kürzeste Generationszeit wurde für *N. linfordi* bei 25°, für *Ditylenchus* sp. bei 30° und für *A. avenae* und *P. acontioides* bei 35 °C festgestellt. Bei 39 °C starben Eier und Larven aller Arten ab. Bei 10 °C fand keine Eiablage mehr statt, die Embryonalentwicklung jedoch blieb unbeeinflußt. H. Decker. 1960.

2-68/10-0968 Hirschmann, Hedwig und Triantaphyllou, A. C. Mode of reproduction and development of the reproductive system of Helicotylenchus dihystera. (**Fortpflanzungsweise und Gonadenentwicklung bei Helicotylenchus dihystera.**) Nematologica, Leiden **13** (1967) Nr. 4. S. 558–574. — 7 Abb., 30 Lit. Zus. in Dtsch.

Die Morphologie der paarigen Gonaden geschlechtsreifer Weibchen von *Helicotylenchus dihystera* Cobb und *H. digonicus* Perry wurde untersucht. In beiden Nematodenarten besteht jede Gonade aus folgenden Teilen: dem Ovar, dem schlauchförmigen Ovidukt, der dorsal ausbiegenden, nicht funktionellen Spermatotheca, der drüsigen Tricolumella und dem eigentlichen Uterus. Vor und nach dem Ovidukt befinden sich kurze Verengungen im Genitalweg. Spermatozoen waren weder in der Spermatotheca noch in anderen Teilen des Genitalweges eierlegender Weibchen nachweisbar. *H. dihystera* vermehrt sich auf dem Wege der mitotischen Parthenogenese. Die Larvalentwicklung umfaßt 4 Larvenstadien. Dabei erfolgt die erste Häutung bereits im Ei. Die 3 folgenden Larvenstadien lassen sich auf Grund des Entwicklungsgrades ihrer Gonaden unterscheiden. Die Genitalanlage der L_2 besteht aus 4 Zellkernen, die der L_3 aus 14 Zellkernen und die der L_4 aus 108 Kernen (54 in jeder der beiden Gonaden). Die endgültige Ausbildung der verschiedenen Gonadenteile findet während der 4. Häutung statt. H. Decker. 1960.

2-68/10-0969 Baxter, R. I. und Blake, C. D. Invasion of wheat roots by Pratylenchu thornei. (**Die Einwanderung von Pratylenchus thornei in Weizenwurzeln.**) Nature, London **215** (1967) Nr. 5106. S. 1168–1169. — 1 Abb., 1 Tab., 10 Lit.

4 Wochen alte Weizenpflanzen wurden jeweils mit 1500 oder 6000 Nematoden der Art *Pratylenchus thornei* Sher et Allen infiziert. 2 Wochen darauf untersuchten Vff. die Wurzeln auf ihre Nematodeneinwanderung (Anfärbung mit Flemming'scher Lösung → Fixierung in Chromessigsäure → Alkoholreihe → Aufhellen mit Zedernholzöl). Angenommen, die Befallsstelle an der Wurzel würde „zufällig" gewählt und jedes Wurzelstück hätte damit die gleiche Aussicht, befallen zu werden, müßte die Verteilung der Nematoden in den Wurzeln der Poisson-Kurve entsprechen. Die Beobachtungen zeigten jedoch, daß die Verteilung der Nematoden in den Wurzeln einer negativ binominalen Kurve nahekommt. Hieraus ist zu schließen, daß einige Wurzelteile eine größere Aussicht auf Befall aufweisen als andere. Da keine unterschiedlichen Umweltbedingungen herrschten und auch eine Bevorzugung bestimmter Wurzelteile nicht zu beobachten war, erklären Vff. das Untersuchungsergebnis dahin: der Erstbefall erfolgt zufällig, während nachfolgend weitere Nematoden durch die entstandene Wunde eindringen. Möglicherweise erfolgt eine Anlockung durch die aus der Wunde austretenden Zellinhaltsstoffe. Die Ergebnisse lassen Zweifel an der Gültigkeit verschiedener mathematischer Gleichungen über die Beziehungen zwischen Parasit und Wirt aufkommen, da in diesen vorausgesetzt wird, daß die Nematoden unabhängig voneinander wirken. H. Decker. 1960.

2-68/10-0970 Loof, P. A. A. und Oostenbrink, M. Redescription of Paratylenchus bukowinensis Micoletzky 1922 (Criconematoidea). (**Neubeschreibung von Paratylenchus bukowinensis Micoletzky 1922 [Criconematoidea].**) Nematologica, Leiden **14** (1968) Nr. 1. S. 152–156. — 1 Abb., 6 Lit.

Paratylenchus bukowinensis wurde von Micoletzky nach einem einzigen Weibchen beschrieben. Eine Nachuntersuchung ergab Abweichungen von der Erstbeschreibung, die sich auf die Stachellänge, die Ösophagusausbildung und die Gonadenbereiche beziehen. *P. bukowinensis* gehört zur *curvidens*-Gruppe und ist wahrscheinlich identisch mit *P. curvidens*. H.-W. Nolte. 1960.

2-68/10-0971 Kable, P. F. und Mai, W. F. Influence of soil moisture on Pratylenchus penetrans. (**Der Einfluß der Bodenfeuchtigkeit auf Pratylenchus penetrans.**) Nematologica, Leiden **14** (1968) Nr. 1. S. 101–122. — 7 Abb., 5 Tab., 53 Lit. Zus. in Dtsch.

Populationsschwankungen von *Pratylenchus penetrans* in den Wurzeln von *Prunus mahaleb* werden durch Feuchtigkeitsspannungen im Boden beeinflußt. In sandigen Lehmböden mit konstanter Feuchtigkeitsspannung nehmen Wurzelmasse und Anzahl der Älchen mit Erhöhung der Feuchtigkeitsspannung zu. Die für das Ansteigen der Nematodenpopulation erforderliche Feuchtigkeitsspannung ist größer, wenn der Gehalt an Ton höher ist. Bodentemperatur, Feuchtigkeitsspannung und Bodenart beeinflussen die Überlebensrate. Bei hoher Feuchtigkeitsspannung ist sie im tonigen Sandboden höher als im sandigen Lehm. Die Temperaturgrenzen liegen bei —15 und +37 °C. Das Eindringen der Nematoden in Luzernewurzeln wird durch Erhöhung der Feuchtigkeit erleichtert. Nur Larven IV und Adulte dringen in die Wurzeln ein. H.-W. Nolte. 1960.

2-68/10-0972 Kable, P.F. und Mai, W.F. Overwintering of Pratylenchus penetrans in a sandy loam and a clay loam soil at Ithaca, New York. (**Überwinterung von Pratylenchus penetrans in einem sandigen Lehm- und tonigen Lehmboden bei Ithaca, New York.**) Nematologica, Leiden **14** (1968) Nr. 1. S. 150–152. — 1 Tab., 6 Lit.

Pratylenchus penetrans wird in Obstkulturen auf sandigem Lehm schädlicher als in schweren Böden. — In sandigen Lehmböden überwintern in 15 cm Tiefe 6,3% im Boden und 30,8% der Tiere in den absterbenden Wurzeln. In 30 cm Tiefe überwintern 32,6% im Boden und 28,9% in absterbenden Wurzeln. In tonigen Lehmböden überwintern in 15 cm Tiefe 34,8% im Boden, und 20,9% in absterbenden Wurzeln. In 30 cm Tiefe betragen die Zahlen 1,4 und 24,1%. Die geringere Zahl an überlebenden Überwinterungstieren in tonigen Lehmböden verursacht wahrscheinlich das geringere Auftreten des Schädlings. H.-W. Nolte. 1960.

2-68/10-0973 Ferris, John M. Factors influencing the population fluctuation of Pratylenchus penetrans in soils of high organic content. I. Effect of soil fumigants and different crop plants. (**Faktoren, die die Populationsveränderung von Pratylenchus penetrans in Böden mit hohem Gehalt an organischer Substanz beeinflussen. 1. Mitt. Wirkung der Bodenentseuchungsmittel und verschiedener Kulturpflanzen.**) J. econ. Entomol. **60** (1967) Nr. 6. S. 1708–1714. — 7 Abb., 1 Tab., 15 Lit.

In 7 ausgewählten Feldern von Indiana (USA) wurden in einem Zeitraum von 4 Vegetationsperioden in monatl. Abständen die Populationsdichten von *Pratylenchus penetrans* bestimmt. Einige dieser Felder hatte man während des Untersuchungszeitraumes zu verschiedenen Zeiten mit Nematiziden (DD, Telone, Vorlex) behandelt. Nach einer chem. Bodenentseuchung blieben die Populationen von *P. penetrans* für 2 Vegetationsperioden niedrig, unabhängig von der angebauten Kulturpflanzenart. Bei Abwesenheit dieses „Fumigationseffekts" entwickelten sich hohe Populationsdichten an allen in der Fruchtfolge stehenden Kulturen, wie Zwiebeln, Mais, Kartoffeln, Pfefferminze und Grüne Roßminze (*Mentha spicata* L.). Bei Gewächshausversuchen mit natürlich verseuchtem Boden in 2 unterschiedlichen Populationsdichten war der geringste Populationsanstieg unter dem Einfluß der Zwiebel festzustellen. H. Decker. 1960.

2-68/10-0974 Stelter, H. und Raeuber, A.; Groß-Lüsewitz, Inst. für Pflanzenzucht der Dtsch. Akad. der Landwirtsch.-Wiss. zu Berlin. **Ein Beitrag über die Schadwirkung des Kartoffelnematoden Heterodera rostochiensis Woll.** Biol. Zbl. 87 (1968) Nr. 1. S. 91-96. — 1 Abb., 14 Lit. Zus. in Russ., Engl. — nach Zus.

Die Ertragsabnahme verlief auf verseuchten Flächen in einer nichtlinearen Abhängigkeit von der Anfangsverseuchung. Mit zunehmender Verseuchung ging der Ertragsabfall mehr und mehr zurück. Der Schadeinfluß des Nematoden wirkte sich in der Verminderung der durchschnittl. Knollenmasse und in einer abnehmenden Knollenzahl je Staude aus. Aus dem Vergleich der Erträge von verseuchten und nichtverseuchten Flächen kann man ableiten, daß Witterungseinflüsse offenbar von untergeordneter Bedeutung auf das Schadausmaß sind. 1960.

2-68/10-0975 Townshend, J. L.; Vineland Station, Ontario, Canada Dep. of Agric., Res. Stat. Gamma irradiation of Heterodera schachtii. (**γ-Bestrahlung von Heterodera schachtii.**) Nematologica, Leiden **13** (1967) Nr. 4. S. 586-592. — 3 Abb., 1 Tab., 11 Lit. Zus. in Dtsch.

Vf. behandelte verseuchtenBoden, weiße und gerade ausgefärbte Zysten (beide auf feuchtem Filterpapier) mit 8; 32; 128 und 512 krad. Nach Kultivierung von Zuckerrüben für 45 d erhielt Vf. die meisten Larven aus dem mit 128 krad behandelten Boden und laufend geringere Mengen nach Behandlung mit 32 und 8 krad bzw. von unbehandeltem Boden. Die meisten neuen Zysten (F_1) entwickelten sich nach Behandlung mit 32 krad, geringe Mengen nach Behandlung mit 8 krad und unbehandelt. Aus den F_1-Zysten schlüpften die meisten Larven aus der ursprünglich unbehandelten Kontrolle, weniger aus der mit 8 krad behandelten Variante und nur vereinzelte aus dem ursprünglich mit 32 krad behandelten Material. Eine F_2-Generation entwickelte sich nur aus der ursprünglichen Kontrolle und der 8-krad-Variante. — Aus behandelten jungen braunen Zysten schlüpften nach mittleren Dosierungen die meisten Larven, aus reifen Weibchen von der unbehandelten Kontrolle. Den höheren Schlupf aus behandelten Zysten führt Vf. auf die Ausschaltung eines Hemmfaktors zurück, die geringe Zystenbildung von den F_1-Larven auf Schädigungen der Keimanlagen. H. Stelter/Groß-Lüsewitz. 1960.

2-68/10-0976 Kannan, S.; Madurai, India, Thiagarajar Coll. Activity of dehydrogenases in tomato root-knots infected with the root-knot nematode. (**Die Aktivität von Dehydrogenasen in Wurzelgallen der Tomate, die mit dem Wurzelgallennematoden befallen sind.**) Indian J. exper. Biol. 5 (1967) Nr. 4. S. 266. — 1 Tab., 4 Lit.

An Freilandmaterial, das unter den klimatischen Bedingungen Indiens gewachsen war, prüfte Vf. die Aktivität folgender Dehydrogenasen in mit *Meloidogyne incognita* var. *acrita* infiziertem Wurzelgewebe gegenüber nichtinfiziertem: Dehydrogenase der Bernstein- und Apfelsäure, des Alkohols, Formiats und Glyzerins. — Die Dehydrogenasen wurden nach den bekannten Verfahren (Morton, Colowick und Kaplan, 1955) aus gefriergetrocknetem Wurzelmaterial gewonnen. Nach 30 min Inkubation bei 37 °C wurde die Farbintensität mit einem Lumetron-Kolorimeter bei 420 nm gegen einen TTC-Standard nach Kun und Abood (1949) bestimmt. In allen Fällen war die Aktivität der Dehydrogenasen in dem Gallengewebe signifikant höher als in gesundem Wurzelgewebe. Die Aktivität der Dehydrogenasen von Bernsteinsäure und Glyzerin war gegenüber unbefallen auf das 4fache erhöht. Die gesteigerte Aktivität erklärt auch die erhöhte Rate mobiler Stoffwechselprodukte im Gallengewebe und die stimulierte Respirationsaktivität. Vf. folgert, daß die gesteigerte Fermentaktivität, die zu einem erhöhten Energieumsatz führt, gleichzeitig ein Weg zur Bekämpfung der Infektion sein dürfte. G. Meinl/Groß-Lüsewitz. 1960.

2-68/10-0977 Stein, Wolfgang und Richter, Elfriede; Gießen, Justus Liebig-Univ., Inst. für Phytopathol. **Der Einfluß verschiedener Vorfrüchte auf den Befall von Möhren durch Meloidogyne hapla Chitw. und die Symptomausbildung.** Z. Pflanzenkrankh. (Pflanzenpathol.) Pflanzenschutz **75** (1968) Nr. 2. S. 93-98. — 2 Abb., 1 Tab., 8 Lit. Zus. in Engl.
In 500 g Boden wurde folgender Larvenbesatz ermittelt: Kartoffeln = 12650; Möhren = 2334; So.-Rübsen = 204; So.-Gerste = 17; Mais = 47. Nach Kartoffel- und Möhrenvorfrucht lag der Ertrag nachgebauter Möhren um rd. 40% niedriger als nach So.-Rübsen und den Getreidearten. Ebenso waren die Gallenzahl und die Anzahl beiniger Möhren nach Kartoffeln und Möhren deutlich höher als nach den anderen Vorfrüchten.
H. Stelter/Groß-Lüsewitz. 1960.

2-68/10-0978 Siddiqi, Islam A. und Taylor, Donald P. A redescription of Aphelenchoides bicaudatus (Imamura, 1931) Filipjev & Schuurmans Stekhoven, 1941 (Nematoda: Aphelenchoididae), with a description of the previously undescribed male. (**Eine Neubeschreibung von Aphelenchoides bicaudatus [Imamura, 1931] Filipjev et Schuurmans Stekhoven, 1941 [Nematoda: Aphelenchoididae] mit einer Beschreibung des bisher noch nicht beschriebenen Männchens.**) Nematologica, Leiden **13** (1967) Nr. 4. S. 581-585. — 1 Abb., 6 Lit. Zus. in Dtsch.
Aus einer gemischten Nematodenpopulation, die von einer Farm der Univ. von Illinois stammte, entwickelte sich bei Kultivierungsversuchen auf mit dem Pilz *Pyrenochaeta terrestris* Hansen geimpften Petrischalen innerhalb von 2 Wochen die ursprünglich aus Japan beschriebene mykophage Nematodenart *Aphelenchoides bicaudatus* zur vorherrschenden Art. Die Weibchen besitzen eine gegabelte Schwanzspitze, die Männchen jedoch nicht. Von den *Aphelenchoides*-Arten mit einem gegabelten Schwanzende unterscheidet sich *A. bicaudatus* von *A. hainanensis* (Rahm, 1938) T. Goodey, 1951 in der abs. Länge, den rel. Maßen und dem Schwanz der Männchen. Die letztgenannte Art ist 2- bis 2,5-mal so lang, schlanker und besitzt eine rel. geringere Ösophagus- und Schwanzlänge. Außerdem weist auch das Männchen eine gegabelte Schwanzspitze auf. H. Decker. 1960.

2-68/10-0979 Taksdal, Gudmund; Vollebekk, Norw. Plant Protect. Inst. The ecology of cold hardiness in different populations of the black currant gall mite, Cecidophyopsis ribis. (**Die Ökologie der Kälteresistenz in verschiedenen Populationen der Johannisbeergallmilbe, Cecidophyopsis ribis.**) Entomol. exper. appl., Amsterdam **10** (1967) Nr. 3/4. S. 377 bis 386. — 6 Abb., 3 Tab., 12 Lit. Zus. in Dtsch.
Vf. untersuchte die Kälteresistenz der Johannisbeergallmilbe *Cecidophyopsis ribis* von 3 verschiedenen Standorten: I. Ostnorwegen, II. Westnorwegen, III. England. Die Milben der I. Herkunft überstanden Temperaturen von —18,5 °C am besten, die aus England am wenigsten. Selbst bei + 6°C vermehrten sich nur die Milben der beiden ersten Herkünfte. Tiefe Temperaturen wirken demnach in Norwegen nicht regulierend auf die Populationsdynamik. — Gleichzeitig prüfte Vf. die Kälteresistenz von 5 Sorten der Schwarzen Johannisbeere ('Bang up', 'Silvergieters Schwarze', 'Wellington XXX', 'Booskop Giant' und 'Brodtorp'). Mit einer möglichen Ausnahme der beiden letztgenannten Sorten wurde der Knospenaustrieb trotz einer Behandlung bei —18,5 °C für 16 d nicht geschädigt. Eine Kälteeinwirkung scheint demnach als Bekämpfungsmaßnahme nur gegen die englische Milbenpopulation im Stecklingsmaterial erfolgversprechend. G. Proeseler. 1960.

2-68/10-0980 Heungens, A. Lepidocyrtus pallidus Reuter in de varenteelt. (**Lepidocyrtus pallidus Reuter in der Farnkultur.**) Meded. Rijksfac. Landbouwwetenschappen te Gent **32** (1967) Nr. 2. S. 243-251. — 3 Abb., 4 Tab., 10 Lit. Zus. in Engl., Franz., Dtsch. — nach Zus.
Eine ziemlich hohe homogene Population von *Lepidocyrtus pallidus* verursachte Schaden in Zuchtbeeten von *Adiantum, Nephrolepis, Pteris, Pellaea* und *Microlepia*. Die Kollembolen lassen sich erfolgreich durch Spritzen von Dimethoate-Lösung (0,2%ig) 3 l/m² bekämpfen.
1960.

2-68/10-0981 Bodor, J. **Untersuchungen an der Morphologie in Steinobst schädlicher Wicklerraupen.** Acta phytopathol., Budapest **2** (1967) Nr. 2. S. 127-140. — Aus: Ung. Agrar-Rdsch. **1968** Nr. 2.
An Steinobst sind vorwiegend Raupen der Wicklerarten *Laspeyresia pomonella* L., *L. molesta* Busck., *L. funebrana* Tr. und der Motte *Anarsia lineatella* Zell. schädlich. Die Raupen der einzelnen Arten, die das letzte Entwicklungsstadium erreicht haben, lassen sich von einander auf Grund mikroskopischer und makroskopischer Merkmale unterscheiden. 1960.

2-68/10-0982 **Untersuchungen zur Biologie und Bekämpfung des Pflaumenwicklers (Laspeyresia funebrana Tr.) und anderer Schadinsekten im Obstbau.** Genshagen, Inst. für Landwirtsch. des Bezirkslandwirtschaftsrates Potsdam; Berlin, Inst. für Pflanzenschutz der Humboldt-Univ. Plan-Nr.: 4501 108 7007/65. 100 S. Abschlußber. (5/4. 1968).

In den Jahren 1965–67 wurden in Berlin-Malchow phänol. Kriterien für das Auftreten des Pflaumenwicklers (*Laspeyresia funebrana* Tr.) überprüft, biol. Daten für eine zielgerichtete Bekämpfung ermittelt und Bekämpfungsversuche durchgeführt. Die Imaginalaktivität war mittels Minnesota-Lichtfallen oder Falterzuchten feststellbar. Schlupf, Flug, Eiablage und Eientwicklung erfolgten umweltabhängig. Unter Berücksichtigung dieser Kenntnisse ist eine erfolgreiche Bekämpfung mit chem. Präparaten möglich. Nach Prüfung von Insektiziden der DDR-Produktion im Labor und im Freiland bei künstlicher Anreicherung waren Präparate auf der Basis von Parathion-methyl und Karbaryl bes. geeignet. Beide Wirkstoffe zeigten beachtenswerte ovizide und anhaltende larvizide Wirkung einschließl. einer Tiefenwirkung. 1960.

2-68/10-0983 Morishita, F. S., Jefferson, R. N., Besemer, S. T. und Humphrey, W. A.; Riverside, Univ. of California; San Diego, Agric. Extens. Serv.; Orange Counties. Pseudoplusia includens — a pest of floricultural crops in Southern California. (**Pseudoplusia includens — ein Schädling an Zierpflanzenkulturen in Südkalifornien.**) J. econ. Entomol. **60** (1967) Nr. 6. S. 1758. — 1 Tab., 3 Lit.

In Südkalifornien traten gelegentlich *Plusia*-Larven an Chrysanthemen auf. Man nahm an, daß es sich um den Kohlschädling *Trichoplusia ni* Hübner handele. Zunehmender Befall an landwirtsch. und Zierpflanzenkulturen regte zur Zucht des Schädlings an. Er wurde als *Pseudoplusia includens* Walker bestimmt. In einer Tab. werden 14 Zierpflanzen-Arten aus dem Gewächshaus und Freiland aufgeführt, von denen der polyphage Schädling i.J. 1966 gesammelt wurde. Bekämpfungsmaßnahmen werden als notwendig erachtet. Herta Schmidt. 1960.

2-68/10-0984 B. Balázs, K. Adatok az Orgyia antiqua L. életmidjához. (**Angaben zur Lebensweise von Orgyia antiqua L. [Lep. Lymantriidae].**) Rovartani Közlemények [Folia entomol. hung.] **20** (1967) Nr. 12. S. 202–212. — Aus: Ung. Agrar-Rdsch. **1968** Nr. 2.

Orgyia antiqua ist eine typisch polyphage Art, die auf Obstbäumen, Laubhölzern, Sträuchern, Rosen, sogar auf Nadelbäumen zu finden ist. In Wäldern und Obstgärten tritt sie zuweilen schädlich auf. Ende Apr. schlüpfen die Raupen aus den überwinterten Eiern. Das Raupenstadium erstreckt sich über 30···36 d. Die 1. Generation schädigt von Ende Apr. bis Anfang Juni, sie fliegt bis Mitte Juli. Die 2. Generation schädigt bis Ende Aug. Die Bekämpfung muß sich gegen die überwinternden Eier richten. Gegen die Raupen waren Wofatox und Metasystox als Spritzmittel wirksam. 1960.

2-68/10-0985 Bardner, R. Wheat bulb fly, Leptohylemyia coarctata Fall., and its effect on the growth and yield of wheat. (**Die Brachfliege [Leptohylemyia coarctata Fall.] und ihr Einfluß auf Wachstum und Ertrag des Weizens.**) Ann. appl. Biol. **61** (1968) Nr. 1. S. 1–11. — 4 Abb., 1 Tab., 13 Lit.

In 2jähr. Versuchen wurde Weizen der Sorte 'Capelle' Ende Okt., im Nov., im Dez. und Anfang Jan. gedrillt. Von jeder Versuchsparzelle wurde eine Hälfte mit Polyäthylen-Folie abgedeckt, um eine Eiablage durch die Brachfliege zu verhindern. Der Ende Okt. gedrillte Weizen wurde am geringsten geschädigt, weil die Pflanzen zur Befallszeit bereits 2 Schosse getrieben hatten. Später gedrillter Weizen ergab einen um 22% niedrigeren Ertrag als die Kontrollparzellen. Pflanzen, die die Larvenschädigung überstanden hatten, bildeten manchmal mehrere Stengel mit größeren Ähren und größeren Körnern. Der Weizen auf den Befallsflächen reifte langsamer und ungleichmäßiger. H.-W. Nolte. 1960.

2-68/10-0986 Riedel, Martin. **Zur Biologie, Zucht und Sterilisation der Kohlfliege, Phorbia brassicae Bouché, unter besonderer Berücksichtigung ihres Vorkommens im Rettichanbau.** Bayer. landwirtsch. Jb. 44 (1967) Nr. 4. S. 387–429. — 4 Abb., 29 Tab., 35 Lit.

Die Kleine Kohlfliege, *Phorbia brassicae* Bouché, ist in den Kohl- und Rettichanbaugebieten Bayerns die wirtschaftlich wichtigste Kohlfliegenart. Die Große Kohlfliege, *P. floralis* Fall. fand man nur auf Moorböden. Niedrige Bodentemperaturen im Mai und Juni bewirken eine Diapause im Puppenstadium. Im Spätsommer und Herbst schlüpfen diese überlagerten Puppen und sind hauptsächlich für die 2. Befallswelle verantwortlich. In Unterglaskulturen kommt es nur bei aufeinanderfolgendem Rettichanbau zur Infektion durch in der

Gewächshauserde befindliche Puppen, andernfalls dringen die Fliegen aus dem Freiland durch die Lüftungsfenster ein. — Massenzucht: Zur Eiablage der Weibchen sind die Optimalbedingungen 20 °C, 15 h Tageslänge, eine Diät aus Honig, Sojamehl und Bierhefe sowie ausreichende Wasserversorgung. Als Eiköder dienten Kohlrübenstücke in Plastikschalen. Für die Ernährung der Larven erwiesen sich oberflächlich abgetrocknete Kohlrübenwürfel (2,5 kg für die Aufzucht von 1000 Puppen) in mit Bodenfungiziden behandeltem feuchtem Sand als günstig. 18···22 °C während der 2. Hälfte der Larvalentwicklung verhinderten bei guter Ernährung weitgehend das Eintreten in Diapause (Dauer 80···120 d). Temp. > 23 °C vom Zeitpunkt der Verpuppung an führen zur Wärmeruhe. Sie ist jederzeit umkehrbar und läßt sich zur Synchronisierung der Puppenentwicklung verwenden. — Sterilisation: Bestrahlung der Puppen in den letzten 4 d ihrer Entwicklung (Dunkelfärbung) mit 2 kr bewirkt vollständige Sterilisation beider Geschlechter bei voller Konkurrenzfähigkeit der sterilen Männchen mit gleichgroßen fertilen. Höhere Strahlendosen als 3 kr oder zu frühe Bestrahlung führen zu erheblicher Minderung der sexuellen Aktivität und zu somatischen Schäden. M.-L. Dahl. 1960.

2-68/10-0987 Lounsky, J.; Gembloux, Stat. Entomol. de l'État. Les mineuses de la chicorée Witloof. Du rôle des champs de porte graines en tant que source d'infestation. **(Die Minierfliegen von Chicorée [Sorte 'Witloof']. Über die Bedeutung der Samenträgerbestände als Infektionsquelle.)** Parasitica, Gembloux **23** (1967) Nr. 3. S. 103–106.
An der Chicorée-Sorte 'Witloof' sind Minierfliegenlarven der Gattungen *Napomyza* und *Ophiomyia* (*pinguis*) schädlich. Bes. gefährdet sind solche Bestände, die unmittelbar neben Samenträgerbeständen angebaut werden. Die Höhe des Blattbefalles nimmt mit der Entfernung vom Samenträgerbestand ab. Die Lebensweise der Minierfliegen wird beschrieben. R. Fritzsche. 1960.

2-68/10-0988 Valset, Kåre. Observasjonar over utviklinga til bringebaerfluga, Pegomyia rubivora (Coq.) og vekstreaksjonar etter åtak i bringebaerplanten. **(Beobachtungen über die Entwicklung der Himbeerfliege, Pegomyia rubivora [Coq.], und die Pflanzenreaktionen nach dem Angriff auf die Himbeerpflanze.)** Forskn. Forsøk Landbruket **19** (1968) Nr 1. S. 67–80. — 8 Abb., 2 Tab., 30 Lit. Zus. in Engl.
Nach einer Übersicht über bisherige Funde und Forschungen legt Vf. seine eigenen Beobachtungen dar. Die Himbeerfliege legt ihre Eier einzeln an die Triebspitzen von Himbeere, Johannisbeere, Rose und Spierstrauch. Die Sorte 'Preußen' wird viel häufiger befallen als andere. Die Larve dringt in die Stengel und nagt sich bis zu 40 cm abwärts. Vf. fand während dieser Zeit keine Reaktionen des Triebes. Erst wenn die Larve beginnt, einen kreisförmigen Gang quer zur Längsrichtung anzulegen, der mit einem Loch nach außen versehen ist, zeigen sich Schäden am Trieb. Dieser stirbt entweder völlig ab oder zeigt mehr oder weniger starke Hemmungen. Er kann aber auch, nach Gallenbildung an der Ringstelle, weiterwachsen. Die Schäden werden in verschiedenen Ländern unterschiedlich hoch angegeben (in den USA bis zu 60% der Jahrestriebe). Vf. fand auch Seitentriebe von 2jähr. Trieben befallen. W. Warwel. 1960.

2-68/10-0989 Šmaraev, G. E. und Pereverzev, D. S.; Unionsinst. für Pflanzenbau. Opredelenie ustojčivosti kukuruzy k švedskoj muche. **(Bestimmung der Widerstandsfähigkeit des Maises gegenüber der Fritfliege.)** Vestnik sel'skochozjajstvennoj nauki, Moskva **13** (1968) Nr. 1. S. 29–31. — 2 Abb., 1 Tab. Zus. in Engl., Franz., Dtsch.
Die Widerstandsfähigkeit (W) beruht auf mehreren Faktoren. Dabei sind die Wachstumsgeschwindigkeit der Keimpflanze und die physiol. W des pflanzlichen Gewebes gegenüber den von den Larven ausgeschiedenen proteolytischen Fermenten von bes. Bedeutung. Zur Prüfung der physiol. W wurde im 2-Blattstadium des Maises das Sproßstück über dem Bestockungsknoten mit 1···1,5 cm Länge entnommen und 40 min bei 37 °C mit den Verdauungsfermenten der Fritfliegenlarven inkubiert. Vff. prüften das Verhalten von 41 in- und ausländischen Sorten. Bes. widerstandsfähig waren die Zahnmaisformen, während die Wachs-, Stärke- und Zuckermaisformen sich als anfällig erwiesen.
H. Lehmann. 1960.

2-68/10-0990 Rossem, G. van, Burger, H. C. und Bund, C. F. van de. Schadelijke insekten in 1966. **(Schadinsekten im Jahre 1966.)** Entomol. Ber., Amsterdam **28** (1968) Nr. 3. S. 52–57. — 4 Lit. Zus. in Engl.

Folgende Insektenarten traten i. J. 1966 in den Niederlanden bes. schädigend auf: *Aphis fabae, Hylemyia coarctata, Contarinia tritici, Hydropota griseola, Attagenus gloriosae, A. pellio, Sitophilus linearis, Dryocoetes autographus, Xyloterus lineatus, Euzophera osseatella, Elachista bifasciella, Fenusa dohrnii, Neurotoma saltuum, Frankliniella* sp., *Rhicoecus dianthi, Orsillus depressus.* G. Geißler. 1960.

2-68/10-0991 Pfeiffer, Cl. und Brunet, D. Les cecidomyies des épis de blé facteurs de diminution du rendement en 1966. **(Die Weizengallmücken als Faktoren der Verringerung des Weizenertrages 1966.)** Phytoma, Paris **19** (1967) Nr. 189. S. 17-22. — 5 Abb., 3 Tab. Aus: Dok.-Dienst WTZ Pflanzenschutz- u. Schädlingsbekämpfungsmittel.
Bericht über die Schäden durch die Gemeine oder Gelbe Weizengallmücke (*Contarinia tritici* Kirby) sowie über die Orangefarbene Weizengallmücke (*Sitodiplosis mosellana* Géhin). Zusammen mit anderen Ursachen (Saatfehler, hohe Nässe, Bodenreaktion) verursachten *Cecidomyidae* durchschnittl. 15% Ertragsminderung im Vergleich zum Jahre 1965. 1966 wurden in Südfrankreich in Gemeinschaftsarbeit mehrerer landwirtsch. Institutionen Untersuchungen zum Auftreten (Larvenpopulation, Übergang auf Weizen, Befallsrate, Kornuntersuchungen) und zur Bekämpfung der Weizengallmücke durchgeführt. Diese erfolgte mit Dieldrin (260 g aktive Subst. [a. S.]/ha) und DDT (500 g a. S./ha) im Sprühverfahren (100 l/ha auf 100 m² Parz. bei 6 Wiederholungen). Behandlung A: Dieldrin am 2. 6. und DDT am 9. 8.; Behandlung B: Dieldrin am 2. 6. Erfolg zeigte nur die 2malige Behandlung. 1960.

2-68/10-0992 Rijsten, E. G. **Auftreten und Bekämpfung der Weizensattelmücke in den Niederlanden.** Pflanzenschutz-Nachr. „Bayer" **20** (1967) Nr. 4. S. 675-682. — 3 Abb., 4 Tab.
Die Weizensattelmücke (*Haplodiplosis equestris*) ist in den Niederlanden in den letzten Jahren bes. dort verstärkt aufgetreten, wo man Getreide nach Getreide anbaut. Enge Zusammenhänge bestehen zwischen Auftreten des Schädlings sowie Bodentyp, Witterungsbedingungen und Fruchtwechsel. Larvenzahl und damit Höhe des zu erwartenden Befalles wurden durch Entnahme von Bodenproben ermittelt (10 × 10 × 20 cm). Wirtschaftlicher Schaden ist bei 5…10 Larven/l Bodenprobe zu erwarten. Bekämpfungsversuche mit verschiedenen Phosphorsäureestern allein und in Kombination sowie verschiedenen Behandlungsterminen brachten die besten Erfolge bei 2maliger Behandlung mit 2 l/ha Folidol E 605 bzw. 1 kg/ha DDT 50% WP + 1 l/ha Folidol E 605. K. Geißler. 1960.

2-68/10-0993 Csörgő, A., Pataki, E und Tóth, I. A nyergesgubacs szunyog (Haplodiplosis equestris Wagn.) fellépése Magyarországon. **(Das Auftreten der Sattelmücke [Haplodiplosis equestris Wagn.] in Ungarn.)** Növényvédelem [Pflanzenschutz] **3** (1967) Nr. 4. S. 145 bis 155. — Aus: Ung. Agrar-Rdsch. **1968** Nr. 2.
Die Schädigung der Sattelmücke war bis jetzt in Ungarn unbekannt. Wirtspflanzen der Mücke sind *Agropyron repens* (als Indikatorpflanze zu betrachten), *Lolium multiflorum, Poatrivialis* und *Phleum pratense.* Auf ihnen vermag sich jedoch keine Gradation des Schädlings zu entwickeln, weil ihn natürliche Feinde hier zurückdrängen. Die Massenvermehrung des Schädlings erfolgt nach mindestens 2 niederschlagsreichen Jahren. Zur vorbeugenden Bekämpfung empfiehlt Vf. Vermeidung von Weizen-Monokultur und möglichst rasche Durchführung der Ernte. Zur Zeit der Eiablage ist Spritzung mit Toxaphen erfolgreich. 1960.

2-68/10-0994 Jászai-Virág, E. A Calligypona marginata F. és a C. pellucida F. (Delphacidae) hazai rajzásáról és elterjedéséről. **(Über den Flug und die Verbreitung von Calligypona marginata F. und C. pellucida F. [Delphacidae] in Ungarn.)** Rovartani Közlemények [Folia entomol. hung.] **20** (1967) Nr. 2. S. 9-24. — Aus: Ung. Agrar-Rdsch. **1968** Nr. 2.
Die beiden Zikadenarten treten als Vektoren der Zwergkrankheit des Maises und der Getreideviren (das Streifige Mosaik des Weizens wird auf Roggen, Gerste und Hafer übertragen) auf. Der Höhepunkt des Fluges von *C. marginata* F. fällt in die dritte Aug.-Dekade, der von *C. pellucida* F. ist Mitte Juli zu beobachten. Einige Expemplare von *C. marginata* hat man sogar auf Reisfeldern gesammelt. So ist diese Art vermutlich auch Überträger von Viruskrankheiten des Reises. Als Parasiten beider Arten waren *Strepsiptera*-Arten anzutreffen. 1960.

2-68/10-0995 Michel, H. G. **Zum Auftreten und der Bekämpfung der Johannisbeerblattgallmücke (Dasyneura tetensi Rübs.).** Gesunde Pflanzen **20** (1968) Nr. 3. S. 50–52. — 2 Abb., 5 Lit.

Vf. berichtet über das verstärkte Auftreten von *Dasyneura tetensi* an Schwarzen Johannisbeeren in den letzten Jahren im Südwesten der BRD. Das Schadbild wird beschrieben. Starker Befall kann Triebzuwachs und Ertrag erheblich vermindern. Es ist mit 3···4 Generationen/Jahr, die sich überlagern, zu rechnen. Die Überwinterung erfolgt als Puppe in 0,5 cm Tiefe. Verschiedene P-org. Verbindungen erwiesen sich als nur gegen die Larven wirksam. Wegen der Bienengefährlichkeit sind sie aber erst nach der Blüte einsetzbar. Es sind daher mehrere Behandlungen notwendig. Zur Vorblütebehandlung sollte man ein Endosulfanpräparat verwenden. Wichtig ist eine allseitige Benetzung, auch der neuen Bodenaustriebe. K. Geißler. 1960.

2-68/10-0996 Ricou, Germaine (unter techn. Mitarb. von Doyer, C., Ferret, Raymonde und Gaudin, R.); Rouen, Labor. de Zool. Agric. Recherches sur les populations de tipules. Action de certains facteurs écologiques sur Tipula paludosa Meig. (**Untersuchungen über Tipula-Populationen. Wirkung bestimmter ökologischer Faktoren auf Tipula paludosa Meig.**) Ann. Épiphytics **18** (1967) Nr. 4. S. 451–481. — 8 Abb., 4 Tab., 39 Lit.

Über das Ergebnis von Untersuchungen der Biotope der über das Gebiet der UdSSR bis Großbritannien verbreiteten *Tipula paludosa* Meigen berichtet Vf. Die Populationen bevorzugen die gemäßigten Klimate mit ozeanischem Charakter. Die Art findet sich hier vor allem auf feuchten Wiesen. Klimatische Faktoren beeinflussen die Populationsdynamik. Wichtig ist auch die Höhe der Bodenfeuchtigkeit. Eine Zuchtmethode für das Labor wurde entwickelt. Die Arbeit enthält eine Liste der Krankheitserreger. Viren spielen dabei eine vorrangige Rolle. R. Fritzsche. 1960.

2-68/10-0997 Apablaza, J. U. und Robinson, A. G.; Winnipeg, Univ. of Manitoba, Dep. of Entomol. Effects on three species of grain aphids (Homoptera: Aphididae) reared on wheat, oats or barley and transferred as adults to wheat, oats or barley. (**Wirkungen auf drei Arten von Getreideblattläusen [Homoptera: Aphididae], die auf Weizen, Hafer oder Gerste gezüchtet und als Adulte auf Weizen, Hafer oder Gerste übertragen wurden.**) Entomol. exper. appl., Amsterdam **10** (1967) Nr. 3/4. S. 358–362. — 3 Tab., 2 Lit.

Schizaphis graminum Rondani, *Macrosiphum* (*Sitobion*) *avenae* F. und *Rhopalosiphum maidis* Fitch durchliefen ihre Larvenzeit auf Weizen, Hafer oder Gerste. Man setzte sie als junge Adulte auf Weizen, Hafer und Gerste und zählte nach 6 d die Nachkommen. Nur in wenigen Fällen war wegen geringerer Nachkommenzahl eine Veränderung der „Präkondition" durch die voraufgegangene Wirtspflanze vermutbar. F. P. Müller. 1960.

2-68/10-0998 Dadd, R. H. und Krieger, D. L.; Berkeley, Univ. of California, Dep. of Entomol. and Parasitol. Continuous rearing of aphids of the Aphis fabae complex on sterile synthetic diet. (**Kontinuierliche Zuchthaltung von Aphiden aus dem Aphis-fabae-Komplex auf sterilem synthetischem Nährsubstrat.**) J. econ. Entomol. **60** (1967) Nr. 6. S. 1512–1514. — 2 Tab., 10 Lit.

Vff. benutzten die gleiche Nährlösung, auf der *Myzus persicae* Sulzer, ebenfalls über Parafilm-Membran, 30 aufeinanderfolgende Generationen durchlaufen hatte. Eine Rasse von *Aphis fabae* Scop., die von *Rumex* sp. stammte, befand sich bei Abschluß des Manuskripts in der 30. Generation. Eine zweite *A.-fabae*-Rasse, die man von *Tropaeolum* sp. entnommen hatte, und die im Gegensatz zu der erstgenannten Population nicht *Vicia faba* besiedelte, war infolge späteren Zuchtbeginns bis zur 21. Generation gelangt. Auf dem künstlichen Nährmedium benötigten die Aphiden für die 1. Generation 10 d und erreichten dabei eine etwas höhere Körpermasse als die folgenden Generationen, die für ihre Entwicklung jeweils 12 d beanspruchten. Die Zusammensetzung der Nährlösung ist angegeben. Wie bei *M. persicae* ist die Anwesenheit der Spurenelemente Fe, Zn, Mg und Cu entscheidend für den Erfolg der Zuchthaltung. F. P. Müller. 1960.

2-68/10-0999 Schmidberger. **Die Hopfenblattlaus — heute ein schwer bekämpfbarer Schädling im Anbaugebiet Tettnang.** Hopfen-Rdsch. **19** (1968) Nr. 8. S. 144–146. 1960.

2-68/10-1000 Göllner-Scheiding, Ursula. **Bibliographie der Bestimmungstabellen europäischer Insekten (1880–1963). Teil. I. Apterygota bis Siphonaptera.** Berlin: Akad.-Verl. 1967. (S. 697–958.) 8° = Beitr. Entomol. Bd. 17 Nr. 5/8. 1960.

2-68/10-1001 Schmelzer, Klaus; Aschersleben, Inst. für Phytopathol. der Dtsch. Akad. der Landwirtsch.-Wiss. zu Berlin. **In Europa neue oder wenig beachtete pflanzenpathogene Viren und Virosen.** Nachr.-Bl. dtsch. Pflanzenschutzdienst, Berlin **22**(48) (1968) Nr. 4. S. 71–76. — nach Zus.

Zur Unterrichtung der Pflanzenschutzpraxis über gegenwärtige virologische Probleme werden folgende Virosen und ihre ursächlichen Viren kurz besprochen oder erwähnt: Die Büschelgipfelkrankheit der Kartoffel, die Breitadrigkeit des Salats, die Frühe Verbräunung der Erbse, Viruskrankheiten der *Umbelliferae*, die vom Gurkenmosaikvirus hervorgerufene Welke bzw. Nekrose der Gurke, das Allgemeine Wassermelonenmosaik, Virusbefall an Spargel, Virusbefall an Champignon, die Milde Rübenvergilbung, die Gelbverzwergung der Gerste, das Streifenmosaik der Gerste, das Streifige Mosaik des Weizens, das Maismosaik, die Strichelkrankheit des Knaulgrases, die *Festuca*-Nekrose, das Trespenmosaik, die wichtigsten Hopfenvirosen, die neuesten Nelkenvirosen, Virosen der Pelargonie, der Schwertlilie und der Freesie, Virusbefall an der *Gerbera* sowie an Zier-, Wild- und Forstgehölzen. 1970.

2-68/10-1002 Roland, G., Riga, A., Jadot, R. und François, E.; Gembloux, Stat. de Chim. et de Phys. Agric., Stat. de Phytopathol. Contribution à l'étude du rôle joué par Rhopalosiphoninus tulipaellus Theob. dans l'épidémiologie des virus de la jaunisse de la betterave. (**Untersuchungsbeitrag zur Rolle der Rhopalosiphoninus tulipaellus Theob. bei der Epidemiologie des Rübenvergilbungsvirus.**) Parasitica, Gembloux **23** (1967) Nr. 3. S. 98–102. — 4 Lit. Zus. in Engl.

Im Frühjahr haben Vff. in einem Zuckerrübenbestand Mieten mit vergilbungskranken, ^{32}P-markierten Rüben angelegt, diese teils mit *Myzus persicae*, teils mit *Rhopalosiphoninus tulipaellus* besiedelt und danach mehrmals im Zuckerrübenbestand die Blattlauspopulation sowie die Befallshäufigkeit der Rübenvergilbung bestimmt. Im Gegensatz zu *M. persicae* scheint *R. tulipaellus* keine Rolle bei der Primärausbreitung der Rübenvergilbung zu spielen, da nur wenige Tiere dieser Art im Zuckerrübenbestand gefunden wurden und auch keine Beziehung zwischen Lage der *R.-tulipaellus*-Mieten und Vorkommen der Rübenvergilbung bestand. K. Wiesner/Kleinwanzleben. 1970.

2-68/10-1003 Regenmortel, M. H. V. van. Serological studies on naturally occurring strains and chemically induced mutants of tobacco mosaic virus. (**Serologische Untersuchungen an natürlich vorkommenden Stämmen und chemisch induzierten Mutanten des Tabakmosaikvirus.**) Virology **31** (1967) Nr. 3. S. 467–480. — 5 Abb., 7 Tab., 42 Lit.

Vf. untersuchte serol. die TMV-Stämme J14D1, YA,01, Y-TAMV, G-TAMV, U_2,HR,CV_4 und 02 sowie 16 Nitritmutanten des Tabakmosaikvirus, die bekannte Unterschiede der Primärstruktur gegenüber dem Normalstamm des TMV aufwiesen. In Intragel-Kreuz-Absorptionstesten konnte er für jede TMV-Stammesgruppe Antikörperspezifität nachweisen. Durch Einbeziehung der Proteinuntereinheiten der TMV-Stämme in die Versuche erwies sich, daß die quartäre Struktur des Virusproteins die serol. Eigenschaften beeinflußt. Eine begrenzte Anzahl von Aminosäurerestaustauschen an verschiedenen Stellen der Peptidkette des TMV-Proteins veränderte die serol. Spezifität. Während ein Aminosäurerestaustausch bei einer Mutante die Spornbildung bewirkte, ließen in anderen Fällen bis zu 3 Aminosäurerestaustausche die serol. Eigenschaften unbeeinflußt. Hinsichtlich der Virusklassifizierung waren sowohl die qualitativen als auch die quantitativen serol. Untersuchungsverfahren in ihrer Aussagekraft begrenzt. H. E. Schmidt. 1970.

2-68/10-1004 Hoof, H. A. van; Wageningen, Inst. of Phytopathol. Res. Transmission of tobacco rattle virus by Trichodorus species. (**Übertragung des Tabak-rattle-Virus durch Trichodorus-Arten.**) Nematologica, Leiden **14** (1968) Nr. 1. S. 20–24. — 3 Tab., 5 Lit. Zus. in Dtsch.

In den Niederlanden treten die folgenden 9 *Trichodorus*-Arten auf: *T. anemones*, *T. cylindricus*, *T. nanus*, *T. primitivus*, *T. pachydermus*, *T. similis*, *T. teres*, *T. viruliferus* und eine unbestimmte Art. Alle 9 Arten sind zur Übertragung des Tabak-rattle-Virus fähig. Die Arten unterscheiden sich teilweise in ihrer Vektorbefähigung. So ist *T. nanus* ein schlechter Überträger. Werden ursprünglich virusfreie Nematodenpopulationen an infizierten Pflanzen gehalten, so wird nur in wenigen Fällen das Virus aufgenommen und wieder übertragen. Nur 2 Populationen von *T. primitivus* und eine von *T. pachydermus* waren danach infektiös. In einer weiteren Arbeit wird Vf. nachweisen, daß die Übertragungsfähigkeit der *Trichodorus*-Arten auch von der Herkunft des rattle-Virus abhängt.

G. Proeseler. 1970.

2-68/10-1005 Poláķk, Z., Králík, O. und Čech, M. A virus of tobacco rattle group naturally occurring in Plantago sp. in Chechoslovakia. **(Ein natürlich vorkommendes, aus Plantago sp. in der ČSSR isoliertes Virus der Tabak-rattle-Virus-Gruppe.)** Biol. Plantarum, Praha **10** (1968) Nr. 1. S. 31-36. — 8 Abb., 30 Lit. Zus. in Russ., Tschech.
Das tschechoslow. Isolat ruft bei Differentialwirten von Viren, die zur Gruppe des Tabakrattle-Virus gehören, typische Symptome hervor. Die Eigenschaften des Isolates erinnern an den von Köhler beschriebenen sog. Wintertyp. Es überwiegen 90 und 191 nm als Partikellänge. Das Viruspräparat reagierte mit holländischem Antiserum des o. g. Virus positiv. ČSSR/ÚVTI. 1970.

2-68/10-1006 **Analyse von Hopfenviren und Aufbau virusgetesteter Hopfenklone.** Aschersleben, Inst. für Phytopathol. der Dtsch. Akad. der Landwirtsch.-Wiss. zu Berlin Plan-Nr.: 36 80 45-7-17/5. Abschlußber. (5/4. 1968).
Im Gebiet der DDR wurden das *Arabis*-Mosaik, das Tabakringflecken- und das Gurkenmosaikvirus an der Gattung *Humulus* L. festgestellt. Das kalifornische Gelbfleckenvirus erwies sich nicht mit dem Nekrotischen Kräuselmosaikvirus des Hopfens identisch, das als ein Serotyp des Nekrotischen Ringfleckenvirus der Kirsche identifiziert wurde. Durch die Verimpfung eines blattlausübertragbaren Hopfenvirus sowie eines vorläufig so bezeichneten „Stauchevirus" auf Testpflanzen konnten Voraussetzungen für ihre Identifizierung bzw. Klassifizierung erarbeitet werden. Prüfungen mehrerer Sorten zwecks Aufbau virusgetesteter Hopfenklone ergaben, daß alle Pflanzen durch verschiedene Viren infiziert waren. Infolge der Rationalisierung von Arbeitsgängen bei der Selektion stark erkrankter Pflanzen und sog. „Minusvarianten" konnte man eine Hopfenfläche von 41,65 ha für die Fechsererzeugung voranerkennen. 1970.

2-68/10-1007 Verhoyen, M. und Goethals, M.; Heverlee, Univ. du Louvain, Labor de Phytopathol. Présence en Belgique du virus du brunissement précoce du pois (pea early browning virus). **(Vorkommen des Virus der Frühen Verbräunung der Erbse [pea early browning virus] in Belgien.)** Parasitica, Gembloux **23** (1967) Nr. 4. S. 128-131. — 1 Abb., 5 Lit.
Das durch Nematoden der Gattung *Trichodorus* übertragbare Virus der Frühen Verbräunung der Erbse ließ sich in Belgien erstmals nachweisen. Das stäbchenförmige Virus wurde elektronenoptisch dargestellt. Die Identität wurde serologisch nachgewiesen. Als Testpflanzen dienten *Amaranthus caudatus* Gonthier, *Nicotiana tabacum* (Sorte 'Xanthi'), *Phaseolus vulgaris* (Sorte 'Beka'), *Pisum sativum* ('Josera') und *Vicia faba* (Sorte 'Minor'). R. Fritzsche. 1970.

2-68/10-1008 Meier, W.; Zürich-Oerlikon, Eidg. Landwirtsch. Versuchsanst. **Epidemiologie und Bekämpfung von Erbsenvirosen.** Mitt. schweiz. Landwirtsch. **17** (1968) Nr. 3. S. 37-50. — 4 Abb., 6 Tab., 13 Lit.
Vf. berichtet über das Auftreten der Viruskrankheiten in Drescherbsenbeständen in der Ostschweiz. Dabei handelt es sich vorwiegend um folgende Viren: Blattroll, Gewöhnliches Mosaik und Scharfes Adernmosaik. Wirtspflanzenkreis und Übertragung der 3 Viren durch Blattläuse werden beschrieben und tab. veranschaulicht. Die Vektoreignung verschiedener Klone von *Acyrthosiphon pisum* Harris schwankt entspr. den Ergebnissen von Hinz (1963). Die Verluste lassen sich einschränken durch Sortenwahl, frühe Aussaat und Bekämpfung der Vektoren mit systemischen Insektiziden, die spätestens 6 Wochen vor der Ernte einzusetzen sind. Gegen eine Frühinfektion mit dem Blattrollvirus hat sich eine Saatgutbehandlung mit dem Monazone-Beizmittel M 2871 (1…4%) bewährt. G. Proeseler. 1970.

2-68/10-1009 **Virosen an Gemüsepflanzen.** Aschersleben, Inst. für Phytopathol. der Dtsch. Akad. der Landwirtsch.-Wiss. zu Berlin Plan-Nr.: 36 80 45-7-05/5. Abschlußber. (5/4. 1968).
Das Zwiebelgelbstreifenvirus ließ sich nicht auf 55 Arten aus 22 Familien dikotyler Pflanzen übertragen. Das Tulpenbuntstreifenvirus war nicht durch Blattläuse auf *Allium cepa* übertragbar. In einer Reihe zwiebelbildender *Amaryllidaceae* wurden Viren nachgewiesen; bes. häufig scheint hierbei das Gurkenmosaikvirus (GMV) vorzuliegen. Umfangreiche Untersuchungen liefen über die biol. Eigenschaften des Allgemeinen Wassermelonenmosaikvirus (WMV). Es ist in weiten Teilen Südosteuropas stark verbreitet, war aber, mit einer Ausnahme, nicht in der DDR zu finden. Das Allgemeine WMV wird alljährlich in Form von Wassermelonenfrüchten in die DDR eingeführt. In Wassermelonenfrüchten aus Kuba war das Spezifische WMV anzutreffen. Bei Gurken und Kürbissen treten vielfach vom GMV ver-

ursachte Nekrosen ganzer Pflanzen auf. In Zusammenarbeit mit dem Inst. für Pflanzenzücht. Quedlinburg gelang die Züchtung einer gegenüber dem GMV resistenten Hybridlinie des Spinats. Bei der Gurke wurden Arbeiten zur Schaffung wirtschaftlich wertvoller Sorten mit GMV-Toleranz eingeleitet. 1970.

2-68/10-1010 Posnette, Adrian Frank. Development and present problems in fruit trees virus research. **(Entwicklung und gegenwärtige Probleme in der Virusforschung an Obstbäumen.)** Dtsch. Akad. Landwirtsch.-Wiss. Berlin, Tag.-Ber. **1968** Nr. 97. — Zus. in Russ., Dtsch. — nach Zus.

Während der vergangenen 10 Jahre wurden der Einfluß von Viren auf Obstgehölze und das Vorkommen von Infektionen in vielen Ländern untersucht. Neue Viren wurden beschrieben. Aber die Anzahl derjenigen, die als verschieden betrachtet werden, nahm ab, weil viele Krankheiten nunmehr Stämmen gleicher Viren zugeordnet werden können. Diese Entwicklung ergab sich aus der Übertragbarkeit der Viren von Obstbäumen auf krautige Wirtspflanzen und die damit verbundene Möglichkeit ihrer serol. und elektronenmikroskopischen Untersuchung. Neue Viren wurden auf diese Weise untersucht, doch ist bisher nichts über Identität und Eigenschaften der meisten Viren bekannt, welche die schwersten Krankheiten der Obstbäume verursachen. Die Wärmetherapie wurde bei den häufiger vorkommenden Viren mit Erfolg angewendet, aber die Erzeugung virusfreier Klone ist schneller fortgeschritten als die zu ihrer Verbreitung bei den Obstanbauern erforderlichen Maßnahmen. Außer der Charakterisierung von Viren, die noch nicht auf krautige Wirtspflanzen übertragen wurden, sind folgende Probleme bes. dringend: 1. Die Entdeckung der Vektoren und Viren, die sich in den Beständen ausbreiten, bes. derjenigen, die wirtschaftlich schwer schädigende Krankheiten wie den virösen Besenwuchs oder die Kleinfrüchtigkeit des Apfels verursachen. 2. Die Virusreservoire (Alternativwirte) von Viren, deren Vektoren bekannt sind. 3. Die Verwendung resistenter Sorten oder schwacher Virusstämme, um die durch die Scharkakrankheit oder den virösen Birnenverfall verursachten Schäden zu vermeiden. Zukünftige Untersuchungen sollten die Möglichkeit der Einschränkung der übermäßigen Wüchsigkeit bestimmter Sorten durch Infektion mit ausgelesenen, sich nicht verbreitenden Viren einschließen, die den Fruchtertrag lediglich durch Verminderung der Baumgröße herabsetzen. Durch diese Maßnahme könnte die gleiche Wirkung wie die von schwach wachsenden Unterlagen bei denjenigen Obstkulturen (bes. Süßkirschen) erreicht werden, für die geeignete Unterlagen noch nicht zur Verfügung stehen. 1970.

2-68/10-1011 Novák, Josef B. **Zur Identifizierung einiger Obstbaumvirosen in der Tschechoslowakei.** Dtsch. Akad. Landwirtsch.-Wiss. Berlin, Tag.-Ber. **1968** Nr. 97. — 7 Abb., 6 Lit. Zus. in Russ., Engl. — nach Zus.

Die am Apfel in der ČSSR festgestellte Krankheit mit den Symptomen der braunen Ringfleckigkeit und Chlorotischen Blattfleckung wurde als Virose nachgewiesen. Auf Grund des Vergleiches mit den bisher beschriebenen Ringfleckensymptomen auf den Früchten kann man die Krankheit zu den als „russet ring" oder Grünscheckung bezeichneten Virosen zählen, obwohl manche von den Symptomen mehr an die unter der Benennung „ring spot" beschriebene Virose erinnern. Die Virusübertragung durch den Samen und durch mechanische Inokulation auf *Chenopodium amaranticolor* und *C. quinoa* wurden experimentell bewiesen. Möglicherweise wird die Krankheit durch das Chlorotische Blattfleckenvirus (CBFV) oder durch einen Viruskomplex (mit dem CBFV als Komponente) hervorgerufen. Die Komponente, die die chlorotischen Flecke auf den Blättern verursacht, scheint durch Nematoden übertragbar zu sein. 1970.

2-68/10-1012 Cropley, Roy. Virus interference in fruit trees. **(Virusinterferenz bei Obstbäumen.)** Dtsch. Akad. Landwirtsch.-Wiss. Berlin, Tag.-Ber. **1968** Nr. 97. — 18 Lit. Zus. in Russ., Dtsch. — nach Zus.

Arbeiten über Virusinterferenz bei Obstbäumen wurden referiert. Die Rosettenkrankheit und die Kleinfrüchtigkeit des Pfirsichs bewirken gegenseitigen Schutz, aber ein Virus kann das andere verdrängen, wenn bestimmte Inokulationstechniken Anwendung finden. Schwache Stämme des Pfirsichmosaiks, des Apfelmosaiks, des Pflaumenbandmosaiks und des Birnenblasenkrebses schützen gegen virulente Stämme desselben Virus. Schutz oder Interferenz kommt zwischen Viren der Ringfleckengruppe (Nekrotisches Ringfleckenvirus, Weidenblättrigkeitsvirus) vor. Nicht identifizierte Viren in Äpfeln können Symptome der Runzelblättrigkeit verhindern. 1970.

2-68/10-1013 Bisht, N. S. Virus diseases of fruit trees in India. (**Viruskrankheiten bei Obstbäumen in Indien.**) Dtsch. Akad. Landwirtsch.-Wiss. Berlin, Tag.-Ber. **1968** Nr. 97. — Zus. in Russ., Dtsch. — nach Zus.
In Indien nahm man die Arbeit über Viruskrankheiten von Obstgehölzen vor 12 Jahren auf. Eine große Anzahl verschiedener Obstarten wachsen regional eng nebeneinander. Dies fördert die Ausbreitung von Viruskrankheiten. In diesem Gebiet vorkommende Viren mit ihren verschiedenen Stämmen wurden isoliert und festgestellt, daß sie schwere Schäden an Obstbäumen verursachen. Es gelang, Krankheiten an Pflaume, Apfel, Pfirsich, Birne, Kirsche, Mandel und *Rubus* zu identifizieren und in verschiedene Gruppen von Viren einzuordnen. 1970.

2-68/10-1014 Trifonov, Dimitr. **Latente Apfelviren.** Dtsch. Akad. Landwirtsch.-Wiss. Berlin, Tag.-Ber. **1968** Nr. 97. — 5 Abb., 1 Tab., 27 Lit. Zus. in Russ., Engl. — nach Zus.
Im Jahre 1964 hat man Gewächshaus- und Freilandversuche zur Ermittlung der Infektiosität latenter Apfelviren von auf Sämlingsunterlagen sowie EM- und MM-Klonen gezogenen Apfelsorten durchgeführt. Als Indikatoren dienten *Malus platycarpa*, 'R 12740-7 A', 'Spy 227' und 'Virginia Crab'. Doppelpfropfung (im Gewächshaus) und Doppelokulation (in der Baumschule) wurden angewendet. In die Untersuchungen bezog man 57 Bäume von 24 Sorten sowie 21 Pflanzen vegetativer Unterlagen ein. Die Angaben über Infektiosität der untersuchten Bäume und Pflanzen hinsichtlich der Krankheiten Chlorotische Blattfleckung, Verzwergung an *M. platycarpa*, 'Spy-Epinastie und Verfall' (letal) sowie Stammnarbung sind in Tab. zusammengestellt. 1970.

2-68/10-1015 Hamdorf, Gudrun. **'Hopa', ein Indikator für „Latente Apfelviren".** Dtsch. Akad. Landwirtsch.-Wiss. Berlin, Tag.-Ber. **1968** Nr. 97. — 8 Abb., 5 Tab., 14 Lit. Zus. in Russ., Engl. — nach Zus.
Testungen im Freiland mittels des Indikators 'Hopa' ergaben, daß von 18 Apfelsorten und 191 Mutterbäumen 92,7% Träger „Latenter Viren" waren. Während alle untersuchten Mutterstöcke der Typ-Unterlagen 'M VII' und 'A 2' infiziert waren, ließ sich bei Typ 'M XI' und den Klon-Unterlagen 'MM 104' und 'MM 106' noch ein geringer bzw. hoher Prozentsatz gesunder Pflanzen ermitteln. Nur die von der Obstbauversuchsanst. Jork neugezüchteten Klone 'IX/48', 'XI/45' und 'Maunzen 19' waren frei von den auf 'Hopa' nachweisbaren Viren. Die an 'Hopa' beobachteten Symptome äußerten sich in mehr oder minder stark ausgeprägten roten Blattflecken, die oft nekrotisch wurden. Die Blätter waren deformiert, der Blütenansatz sowie die Blütengröße vermindert. Der Wuchs der Indikatoren war gestaucht. Nach 2 oder 3 Jahren traten Furchen im Xylem sowie Nekrosen an der Verwachsung von Edelreis und Unterlage auf. Während nach Inokulation von Viren, die Epinastie und Kümmerwuchs an 'Spy 227' bzw. Stammnarbung und Nekrosen an 'Virginia Crab' hervorrufen, keine Reaktion erfolgte, verursachten alle Virusherkünfte, die das Chlorotische Blattfleckenvirus allein oder in Kombination mit anderen 'Latenten Viren' enthielten, die erwähnten Blattsymptome nach einer Inkubationszeit von 5 Wochen im Gewächshausversuch. 1970.

2-68/10-1016 Németh, Mária. **Differentialdiagnose von latenten Apfelviren.** Dtsch. Akad. Landwirtsch.-Wiss. Berlin, Tag.-Ber. **1968** Nr. 97. — 2 Tab., 12 Lit. Zus. in Russ., Engl. — nach Zus.
Zur Klärung der Identität der Erreger der Chlorotischen Blattfleckung an 'Spy 227' und 'R 12740-7 A' bzw. des Bandmosaiks von *Malus platycarpa* wurden experimentelle Übertragungen von verschiedenen Apfelherkünften auf Apfel- und Birnenindikatoren durchgeführt. Auf Grund der Reaktionen der einzelnen Indikatoren ließen sich 6 Symptomgruppen aufstellen. Da bestimmte Herkünfte in den ersten beiden Versuchsjahren an 'R 12740-7 A' zu keinen Symptomen führten, an *M. platycarpa* aber Bandmosaik verursachten, wurde zunächst angenommen, daß Bandmosaik an *M. platycarpa* und Chlorotische Blattfleckung an 'R 12740-7 A' nicht durch identische Viren verursacht werden. Im dritten Versuchsjahr traten jedoch auch an 'R 12740-7 A' Krankheitserscheinungen auf, so daß das Vorliegen unterschiedlich starker Stämme des Virus der Chlorotischen Blattfleckung des Apfels wahrscheinlich ist. 'R 12740-7 A' war nicht anfällig gegenüber dem Erreger von Epinastie und Verfall bei 'Spy 227'. Größere Anfälligkeit gegenüber der Chlorotischen Blattfleckung als 'Spy 227' und 'R 12740-7 A' besitzt *Malus eleyi*. *M. orientalis* ist möglicherweise nicht anfällig gegenüber dem Virus der Chlorotischen Blattfleckung, so daß 'Spy'-Verfall und Chlorotische Blattfleckung über 'R 12740-7 A' und *M. orientalis* unterschieden werden können. 1970.

2-68/10-1017 Campbell, Angus Iain. Heat sensitivity of some apple viruses. **(Hitzeempfindlichkeit einiger Apfelviren.)** Dtsch. Akad. Landwirtsch.-Wiss. Berlin, Tag.-Ber. **1968** Nr. 97 — 1 Abb., 5 Tab., 5 Lit. Zus. in Russ., Dtsch. — nach Zus.
Versuche zeigten, daß sich Apfelviren hinsichtlich ihrer Fähigkeit, sich bei 38 °C zu vermehren und in Neuzuwachs einzudringen, unterscheiden. Von 7 geprüften Viren erwiesen sich diejenigen, die Apfelmosaik bzw. Rauhrindigkeit an *Malus platycarpa* verursachen, als am meisten wärmeempfindlich. Das Gummiholzvirus, das Virus der Chlorotischen Blattfleckung und das an 'Virginia Crab' Verfall hervorrufende Virus ließen sich gleichfalls ziemlich leicht inaktivieren, aber das Epinastie- und Verfallvirus von 'Spy 227' und das Stammnarbenvirus von 'Virginia Crab' waren sehr hitzetolerant. Komplexe dieser Viren konnten durch Prüfung von Gewebebereichen aus verschiedenen Teilen der während der Hitzebehandlung gewachsenen Triebe getrennt werden. 1970.

2-68/10-1018 Pomaskow, Juri Iwanowitsch und Mishina, Anna. Properties of some apple and plum virus isolates. **(Eigenschaften einiger Virusisolate von Äpfeln und Pflaumen.)** Dtsch. Akad. Landwirtsch.-Wiss. Berlin, Tag.-Ber. **1968** Nr. 97. — 12 Abb., 2 Tab., 6 Lit. Zus. in Russ., Dtsch. — nach Zus.
Im Verlauf der Untersuchungen von Virusisolaten von Äpfeln, die mit schwerem Mosaik infiziert waren, wurden in einigen Fällen Mischinfektionen festgestellt, wobei eine der Komponenten in ihren Eigenschaften dem GMV 2 oder dem Bandmosaik ähnelt. Die Ergebnisse der Analysen der Isolate von Pflaumen mit Symptomen der Scharkakrankheit und des Bandmosaiks sowie von scharkakranken Pfirsichen zeigen, daß außer dem Erreger der Scharkakrankheit in den geschädigten Pflanzen ein weiterer mit stäbchenförmigen Partikeln und nicht identifizierten Strukturen vorkommt. Das Virus mit den stäbchenförmigen Partikeln ähnelt in seinen Eigenschaften dem TMV, unterscheidet sich aber von ihm in einer Reihe von Eigenschaften. 1970.

2-68/10-1019 Seidl, Vojtěch. **Weitere Versuche mit der virösen Hexenbesenkrankheit des Apfels (proliferation disease).** Dtsch. Akad. Landwirtsch.-Wiss. Berlin, Tag.-Ber. **1968** Nr. 97. — 5 Abb., 2 Tab., 4 Lit. Zus. in Russ., Engl. — nach Zus.
Es wurde eine neue Wurzeltestmethode für die viröse Hexenbesenkrankheit der Apfelbäume entwickelt. Schema dieser Methode: Hilfswurzel des gesunden Sämlings + Wurzelstecklinge des getesteten Baumes + Indikator ('Boskoop'). Dieses Verfahren beseitigt die Nachteile des ursprünglichen Wurzeltestes. Mit der neuen Methode verglichen, brachte der Test mit alleiniger Wurzelrindenpfopfung kein positives Ergebnis in der ersten Vegetation. Der Test durch alleinige Wurzelstecklinge (ohne Indikator) ist nicht geeignet. Mit Hilfe der Wurzeltestmethode wurde die Infektion auf einige bot. Arten des Apfels (*Malus fusca, M. prunifolia, M. ioensis, M. baccata, M. halliana, M. prunifolia* var. *pendula, M. pumila* var. Niedzwetzkyana, *M. robusta, M. sikkimensis* und *M. kansuensis*) übertragen. Die Wärmetherapie der Reiser in der Vegetationsruhe ist unwirksam. 1970.

2-68/10-1020 Refatti, Elvio. Present status of the research on pear „Moria" in Italy. **(Der gegenwärtige Stand der Forschung über die „Moria"-Krankheit der Birne in Italien.)** Dtsch. Akad. Landwirtsch.-Wiss. Berlin, Tag.-Ber. **1968** Nr. 97. — 2 Tab., 39 Lit. Zus. in Russ., Dtsch. — nach Zus.
Die Forschungen über die „Moria"-Krankheit der Birne wurden in den vergangenen 5 Jahren durchgeführt, um die Virusnatur der Erkrankung zu untersuchen. Einige wenige der bei Übertragungsversuchen mit Birnenblattsaugern (*Psylla pyri, P. pyrisuga*) verwendeten Birnenbäume zeigten Symptome, die der „Moria"-Krankheit entsprechen. Die Übertragungsversuche durch Rindenpfropfung erwiesen sich als erfolgreicher, obwohl auch hierbei die Anzahl der positiv reagierenden inokulierten Bäume rel. gering war. Die Inokulationen auf krautige Testpflanzen führten bei verschiedenen Herkünften lediglich zur Isolierung des Ringfleckenmosaikvirus der Birne. Sowohl bei „moria"-kranken Birnbäumen in Ertragsbeständen als auch bei experimentell infizierten Bäumen war oft die eigentümliche Degeneration des Phloems im Bereich der Veredlungszone festzustellen. 1970.

2-68/10-1021 Kegler, Hartmut. **Differentialdiagnose von Viren, die Verfall von Birnen verursachen.** Dtsch. Akad. Landwirtsch.-Wiss. Berlin, Tag.-Ber. **1968** Nr. 97 — 5 Abb., 1 Tab., 6 Lit. Zus. in Russ., Engl. — nach Zus.
Verfallserscheinungen bei Birnen können durch unterschiedliche Schadfaktoren verursacht werden. Bei Frostschädigungen der Rinde treten Kümmerwuchs und Welke an der Baum-

krone auf, während von der Stammbasis oder Unterlage her kräftiger Austrieb erfolgt. Infektionen durch *Pseudomonas morsprunorum* beginnen mit Nekrosen der Blütenstiele, die auf Blätter und Triebrinde übergreifen. Blattchlorosen und Wuchshemmung können durch das pear bark split virus (PBSV), pear bark necrosis virus (PBNV) oder virösen Birnenverfall (BVV) hervorgerufen werden. Das PBSV führt bei 'Beurré Hardy' und 'Poiteau' nach Doppelokulation zu Rindenrissen, das PBNV an 'Beurré Hardy' und 'Schraderhof' nach Doppelokulation zu Rindennekrosen und das BVV nach Rindenpfropfung an 'Gellert' ('Beurré Hardy') zu Blattrötung, Welke und Tod. Die 3 Viren rufen unterhalb der Veredlungszone Hyperplasie und Hypertrophie der Markstrahlenzellen sowie braune Linien der Rindeninnenseite hervor. 1970.

2-68/10-1022 Marenaud, Claude und Bernard, René. Cross protection and interference with some stone fruit viruses. **(Gegenseitiger Schutz und Interferenz bei einigen Steinobstviren.)** Dtsch. Akad. Landwirtsch.-Wiss. Berlin, Tag.-Ber. **1968** Nr. 97. — 9 Abb., 6 Tab., 9 Lit. Zus. in Russ., Dtsch. — nach Zus.

Ein Prämunitätseffekt war zwischen einer schwachen, jedoch nicht reinen Herkunft des Nekrotischen Ringfleckenvirus und einem starken, wahrscheinlich reinen Isolat zu beobachten. Diese Prämunität scheint der durch einen neuen, schwachen und übertragbaren Stamm zu entsprechen. Bei der Vereinigung von einem starken Stamm des Weidenblättrigkeitsvirus und einem schwachen Stamm des Nekrotischen Ringfleckenvirus wurde Synergismus festgestellt. Dieser Effekt wurde bei starken Stämmen beider Viren nicht beobachtet. Vom praktischen Gesichtspunkt her erklärt die Prämunität möglicherweise die Häufigkeit schwacher Ringfleckenstämme in den Plantagen. Die beeinträchtigte Entwicklung von Pfirsichen auf *Prunus-domestica*-Unterlagen erfordert große Anstrengungen bei der Ausmerzung des Weidenblättrigkeitsvirus. 1970.

2-68/10-1023 Cropley, Roy. Synergism and interference between necrotic ringspot virus and prunedwarf virus in fruit trees. **(Synergismus und Interferenz zwischen dem Nekrotischen Ringfleckenvirus und dem Weidenblättrigkeitsvirus bei Obstbäumen.)** Dtsch. Akad. Landwirtsch.-Wiss. Berlin, Tag.-Ber. **1968** Nr. 97. — 2 Tab., 1 Lit. Zus. in Russ., Dtsch. — nach Zus.

Bei der Sauerkirschensorte 'Montmorency' (*Prunus cerasus*) ruft ein Gemisch von Nekrotischem Ringfleckenvirus (NRV) und Weidenblättrigkeitsvirus der Pflaume (WBV) die Sauerkirschenvergilbung hervor, die selten durch WBV allein und nie durch NRV allein verursacht wird. Die Infektion durch beide Viren verminderte das Wachstum stärker als eines der beiden Viren allein. Bei der Kirsche 'F 12/1' (*P. avium*) verursacht das WBV „schockartige" Scheckung und schwache Blattnekrosen im Jahr nach der Infektion, aber keine Symptome in den folgenden Jahren. Das NRV führte zu wiederkehrenden Blattnekrosen und gelber Staubfleckigkeit. Bei Pflanzen, die durch beide Viren infiziert waren, unterdrückte das WBV die Symptome des NRV: Im Jahr nach der Infektion war die Blattnekrose nicht stark; während der folgenden 2 Jahre wurden Blattnekrosen und gelbe Staubfleckigkeit selten gesehen. Im Vergleich zu den Kontrollen war die Verminderung der Baumgröße nach 3jähr. Infektion mit dem WBV (allein oder mit NRV) 2mal stärker als bei Bäumen, die mit NRV allein infiziert waren. Bei 'Italienischer Zwetsche' (*P. domestica*) verursacht das NRV keine Symptome. Das WBV führt zu starker Verzwergung, aber die Symptome blieben für 4 Jahre lokal, wenn einjähr. Bäume inokuliert wurden. Weder Synergismus noch Interferenz wurden zwischen beiden Viren in diesem Wirt festgestellt. 1970.

2-68/10-1024 Keldyš, M. A.; Forsch.-Inst. für Gartenbau des Nichtschwarzerde-Gebietes. Izrastanie maliny infekcionnoe zabolevanie. **(Die Stauche der Himbeere — eine Infektionskrankheit.)** Naučnye doklady vysšej školy. Biologičeskie nauki, Moskva **10** (1967) Nr. 7. S. 111–117. — 3 Abb., 2 Tab., 24 Lit.

Es wird nachgewiesen, daß eine in der UdSSR seit dem Jahre 1938 in zunehmendem Maße an Himbeeren aufgetretene Krankheit mit der als *Rubus*-Verzwergung an Brombeeren bekannten Virose identisch ist. Die Krankheit äußert sich in einer Verkürzung der Internodien und damit verbundenen Stauche der Pflanzen. Die Pflanze bildet unnormal viele, aber mehr oder weniger schwache Triebe, die in vielen Fällen absterben. Die Blütenbildung unterbleibt ganz oder erfolgt in überreichem Maße. Dabei handelt es sich jedoch vorwiegend um sterile Blüten. Die Virusübertragung erfolgt durch die Zikade *Macropsis fuscula* Zett., die etwa 90% der in Himbeeranlagen vorhandenen Insekten ausmacht. Als Überträger kommen nur die Imagines in Betracht. Ihre Überwinterung erfolgt in Gestalt der Eier, die in der Nähe von Seitenknospen in das Stengelgewebe eingesenkt sind und im Frühjahr anschwellen. Ende Mai, bei 15···18 °C beginnt der Massenschlupf. Nach 21 d haben die Nymphen die ersten 3, nach insgesamt 40 d alle 5 Entwicklungsstadien durchlaufen. Die größte Zahl an Nymphen ist von Mitte Juni bis Anfang Juli vorhanden. Die Imagines treten bis Anfang Sept. auf. Die Inkubationszeit bis zur Ausbildung der typischen Symptome dauert 9···12 Mon. Außer *Rubus idaeus* erwiesen sich auch *R. saxatilis*, *R. nemorosus* und *R. henryi* als anfällig. Eine mechanische Übertragung war nicht möglich, wohl aber eine Übertragung durch Pfropfung. Vf. schlägt vor, die Krankheit durch den Anbau widerstandsfähiger Sorten und eine mehrmalige Bekämpfung der Nymphen (Ende Mai bis Ende Juli) mit systemischen Insektiziden soweit als möglich zurückzudrängen. K. Frauenstein. 1970.

2-68/10-1025 Freeman, Jack A. und Stace-Smith, R.; Agassiz, Canada Dep. of Agric. Effects of tomato ringspot virus on plant and fruit development of raspberries. (**Wirkungen des Tomatenringfleckenvirus auf Pflanzen- und Fruchtentwicklung bei Himbeeren.**) Canad. J. Plant Sci. 48 (1968) Nr. 1. S. 25-29. — 1 Abb., 1 Tab., 19 Lit.

Das durch *Xiphinema americanum* Cobb. übertragbare Tomatenringfleckenvirus (ToRFV) ließ sich aus Himbeeren in Britisch Kolumbien erstmalig i. J. 1961 isolieren. Durch Freiland- und Gewächshausversuche wiesen Vff. nach, daß die einzelnen Sorten unterschiedlich starke Schäden erfahren. Die Himbeersorte 'Fairview' reagierte am anfälligsten durch Wuchs- und Ertragsrückgänge. Im 3. Standjahr war der Fruchtbehang um 10···80% vermindert. Die Blätter zeigten Epinastie bzw. wurden frühzeitig abgeworfen. Vff. nehmen an, daß vielfach als Winterschäden angesprochene Verluste auf das ToRFV zurückzuführen waren. Weniger anfällig erwiesen sich die Sorten 'Newburgh', 'Sumner' und 'Willamette'. G. Proeseler. 1970.

2-68/10-1026 Quacquarelli, Antonio und Martelli, Giovanni. Preliminary characterization of a mechanically transmissible virus associated with almond mosaic. (**Vorläufige Charakterisierung eines mechanisch übertragbaren Virus in Verbindung mit dem Mandelbaummosaik.**) Dtsch. Akad. Landwirtsch.-Wiss. Berlin, Tag.-Ber. **1968** Nr. 97. — 8 Abb., 1 Tab., 12 Lit. Zus. in Russ., Dtsch. — nach Zus.

Ein mechanisch übertragbares Virus ließ sich in Apulien (Süditalien) von mosaikerkrankten Mandelbäumen isolieren. Dieses Virus wurde experimentell auf 36 Pflanzenarten von 11 Familien inokuliert. Es führte bei 8 Arten zu Symptomen. Bisher reagierte keine der verwendeten krautigen Wirtspflanzen mit Lokalläsionen. Vff. bestimmten die physikal. Eigenschaften in vitro und führten Versuche zur Virusreinigung durch. Obgleich infektiöse Präparate durch 2 verschiedene Reinigungsverfahren erhalten wurden, erwies sich keine der geprüften Präparationen nach der Dichtegradientenzentrifugation als frei von normalen Pflanzenbestandteilen. Das Virus hat isometrische Partikeln und reagiert offenbar serologisch nicht mit Antiseren von Angehörigen der Ringfleckengruppe. 1970.

2-68/10-1027 Brückbauer, H. **Beobachtungen und Untersuchungen über die Enationenkrankheit der Rebe.** Weinberg u. Keller **15** (1968) Nr. 2. S. 79-112. — 33 Abb., 10 Tab., 66 Lit.

Enationen an Blättern, die meist auf Viruserkrankung hinweisen, wurden bereits i. J. 1891 an Rebenblättern beschrieben, ohne daß eine Erkrankung vermutet wurde. Das Krankheitsbild von Rebstöcken, die mehr oder weniger stark derartige Enationen auf den Blattunterseiten aufweisen, beschreibt Vf. ausführlich. Wichtigste Symptome: verzögerter Austrieb der basalen Knospen, Schwachwüchsigkeit, Rosettenbildung, Blattverfärbungen und -deformationen, Stauche und Verdrehung der Internodien, geringer Ertrag. Die für die Reisigkrankheit eigentümlichen intrazellularen Stäbchen sind nicht vermehrt anzutreffen. Die Krankheit trat in einigen Anlagen Rheinhessens sporadisch stark auf, verschwand aber fast völlig innerhalb von 3 Jahren. Durch Pfropfung war die Enationenkrankheit nicht zu übertragen, ebenso war durch Inokulation auf krautige Testpflanzen nicht der Beweis zu erbringen, daß es sich um eine selbständige Viruskrankheit handelt. Vermutlich gehört diese Enationenkrankheit zum Komplex der Reisigkrankheit; klimatische Faktoren begünstigen das Auftreten. F. Gollmick. 1970.

2-68/10-1028 Das, Sitanath und Raski, D. J.; Davis, Univ. of California, Dep. of Nematol. Vector-efficiency of Xiphinema index in the transmission of grapevine fanleaf virus. (**Wirksamkeit von Xiphinema index als Vektor bei der Übertragung des fanleaf-Virus der**

Weinrebe.) Nematologica, Leiden **14** (1968) Nr. 1. S. 55-62. — 5 Tab., 19 Lit. Zus. in Dtsch.
Xiphinema index Thorne et Allen kann das fanleaf-Virus der Rebe in 15 min aus infizierten Pflanzen aufnehmen und während der gleichen Zeitdauer an virusfreie Testpflanzen abgeben. Für beide Vorgänge reicht eine Zeitdauer von 5 min nicht aus. Virustragende Nematoden erweisen sich selbst nach 3 Mon. als infektiös, wenn sie an Feigenpflanzen gehalten werden. Im wurzelfreien Boden geht dagegen das Virus im Vektor verloren. Die günstigste Bodentemperatur für die Virusübertragung liegt bei 19 °C. Obwohl man infektiöse Nematoden 1 h in 0,013% Methoxyäthylquecksilberchlorid (Aretan) oder 0,1% Dihydrostreptomyzinsulfat legte, blieb ihre Übertragungsfähigkeit erhalten. G. Proeseler. 1970.

2-68/10-1029 Smolák, J. und Hrčák, J. Virus like particles in Ficus elastica Roxb. **(Virusartige Partikeln in Ficus elastica Roxb.)** Biol. Plantarum, Praha **10** (1968) Nr. 1. S. 81-83. — 6 Abb., 2 Lit. Zus. in Russ., Tschech.
In einigen Blättern von *Ficus elastica* mit Chlorose-, Mosaik- und Nekrosesymptomen fanden Vff. virusähnliche Partikeln: a) faserförmige Partikeln von 370···640 nm (⌀ 500 nm) Länge sowie 12···13 nm Breite und b) gerade, stäbchenartige, am häufigsten 98, 181 und 281 nm lange Partikeln, welche dem rattle-Virus ähneln. In ein und derselben Pflanze kamen in der Regel Partikeln beider Typen gemeinsam vor. Sie waren nicht gemeinsam in Pflanzen mit Chlorose- und Nekrosesymptomen anzutreffen. ČSSR/ÚVTI. 1970.

2-68/10-1030 Galzy, Rose. Action de la température 35 °C sur Vitis rupestris atteint de court-noué. **(Wirkung der Temperatur von 35 °C auf Vitis rupestris, die von der Infektiösen Degeneration befallen war.)** Bull. Soc. franç. Physiol. végétale **12** (1966) Nr. 4. S. 391-399. — 7 Abb., 6 Lit. 1970.

2-68/10-1031 Cock, L. J. Virus diseases of lettuce. **(Viruskrankheiten des Salats.)** N.A.A.S. quart. Rev., London **1968** Nr. 79. S. 126-138. 1970.

2-68/10-1032 Dunez, Jean. Contribution à l'étude des virus de type "ring spot" des arbres fruitiers à noyau. **(Beitrag zum Studium von Viren vom Typ „Ringfleckigkeit" an Steinobst.)** Bull. Soc. franç. Physiol. végétale **12** (1966) Nr. 4. S. 377-382. — 3 Abb., 9 Lit. 1970.

2-68/10-1033 Martin, Claude. Contribution à l'étude duphénomène d'hypersensibilité au virus de la mosaique du tabac. **(Beitrag zum Studium des Phänomens Überempfindlichkeit gegen das Tabakmosaikvirus.)** Bull. Soc. franç. Physiol. végétale **12** (1966) Nr. 4. S. 345-354. — 1 Abb., 3 Tab., 7 Lit. 1970.

C. Krankheiten und Wirtspflanzen

2-68/10-1034 Glaeser, Gertrud; Wien, Bundesanst. für Pflanzenschutz. **Das Auftreten wichtiger Schadensursachen an Kulturpflanzen in Österreich im Jahre 1967.** Pflanzenschutzberichte, Wien **37** (1967) Nr. 4/6. S. 67-85. — 1 Abb., 1 Tab.
Auf der Grundlage der vorhandenen Berichterstattung wird ein Überblick über die an landwirtsch. und gärtnerischen Kulturpflanzen in der Zeit von Nov. 1966 bis Okt. 1967 aufgetretenen Schäden einschließl. solchen durch Witterungsunbilden gegeben. Nach einer Darstellung des Witterungsverlaufes in Österreich werden, getrennt nach Kulturarten (Allgemeines, Feldbau, Gemüsebau, Zierpflanzen, Obstbau, Weinbau, Unkraut, Vorratsschädlinge), die wirtschaftlich wichtigen, übernormal stark aufgetretenen sowie fachlich interessanten Schadursachen aufgeführt. Stärke des Auftretens sowie die Verbreitung sind durch Schlüsselzahlen gekennzeichnet. R. Fritzsche. 2000.

2-68/10-1035 Rapilly, F. und Coleno, A. (unter Mitarb. von Skajennikoff, Michèle und Hingand, L.); Versailles, Stat. Centr. de Pathol. Végétale. Incidence des variations de la microflora d'un sol désinfecté sur la genèse de certaines maladies des plantes. II. Étude du comportement de germes introduits dans un sol désinfecté à la vapeur. **(Der Einfluß von Unterschieden in der Mikroflora auf einem sterilisierten Boden auf die Entstehung bestimmter Pflanzenkrankheiten. 2. Mitt. Untersuchungen des Verhaltens der Keimsporen in einem gedämpften Boden.)** Ann. Épiphyties **18** (1967) Nr. 4. S. 495-507. — 6 Abb., 3 Tab., 21 Lit.

Sterilisierter Boden wurde mit *Pseudomonas phaseolicola*, *Erwinia carotovora* und *Botrytis cinerea* infiziert. Die Methode wird beschrieben. Die Entwicklung der einzelnen Organismen an verschiedenen Wirtspflanzen nach der Infektion sowie bei zusätzlicher Anwesenheit von *Actinomucor repens* und die Aktivität einiger funktionaler Gruppen waren Gegenstand der Untersuchungen. R. Fritzsche. 2000.

2-68/10-1036 Byford, W. J.; Higham, Bury St. Edmunds, Broom's Barn Exper. Stat. Host specialization of Peronospora farinosa on Beta, Spinacia and Chenopodium. (**Wirtsspezialisierung von Peronospora farinosa auf Beta, Spinacia und Chenopodium.**) Trans. Brit. mycol. Soc. **50** (1967) Nr. 4. S. 603-607. — 3 Tab., 13 Lit.

In Überkreuzinfektionsversuchen infizierten Sporen des Falschen Mehltaues von *Beta vulgaris*, *Spinacia oleracea* und *Chenopodium album* nur Pflanzen der gleichen Art. Vf. schlägt daher die Aufstellung der formae speciales *betae*, *spinaciae* und *chenopodii* innerhalb der Art *Peronospora farinosa* vor. K. Wiesner/Kleinwanzleben. 2000.

2-68/10-1037 Kranz, J.; Gießen, Justus Liebig-Univ., Tropeninst. **Eine Analyse von annuellen Epidemien pilzlicher Parasiten. I. Die Befallskurven und ihre Abhängigkeit von einigen Umweltfaktoren.** Phytopathol. Z. **61** (1968) Nr. 1. S. 59-86. — 18 Abb., 6 Tab., 29 Lit.

Im Laufe von 2 Jahren untersuchte Vf. an 4 Standorten in Guinea durch monatl. Erhebungen den Einfluß von Niederschlag, Temperatur, Häufigkeit und phänol. Entwicklung der Wirtspflanzen auf den Befallsverlauf von 59 pilzlichen Parasiten auf 42 Pflanzenarten. Zur Beurteilung des Befallsverlaufes verwendete man den Anteil befallener Wirtsarten, die Häufigkeit befallener Wirtsindividuen und die Heftigkeit der Erkrankung. Diese 3 Kriterien waren signifikant und positiv miteinander korreliert. Multivarianten Regressionsanalysen zufolge war die Befallshäufigkeit der Gesamtheit aller Wirt-Parasit-Paare (WPP) mit der Dauer der Vegetationsperiode, der Wirtshäufigkeit und -entwicklung signifikant korreliert. Zwischen Befallshäufigkeit und Monatsmittel der Regenmengen bzw. der Temperaturen bestand kein ursächlicher unmittelbarer Zusammenhang. Beide Klimafaktoren waren jedoch teilweise mit Wirtshäufigkeit und -entwicklung signifikant korreliert. Bei je 13 WPP bestanden entweder keine oder signifikante Korrelationen der Befallshäufigkeit sowohl mit Wirtshäufigkeit als auch Wirtsentwicklung, bei 6 WPP nur mit der Wirtshäufigkeit sowie bei 12 WPP nur mit der Wirtsentwicklung. Dieselbe Pilzart auf verschiedenen Wirten oder alle Parasiten eines Wirtes verhielten sich unterschiedlich. K. Wiesner/Kleinwanzleben. 2000.

2-68/10-1038 Ubrizsy, G. Review of the mycoflora of Hungary. (**Übersicht über die ungarische Pilzflora.**) Acta phytopathol., Budapest **2** (1967) Nr. 2. S. 153-177. — Aus: Ung. Agrar-Rdsch. **1968** Nr. 2. 2000.

2-68/10-1039 Ledge, Günter. **Untersuchungen über das Auftreten und die Bekämpfung einiger wirtschaftlich bedeutender Pflanzenschädlinge und -krankheiten in Auswertung der Unterlagen des Warn- und Meldedienstes in den Jahren 1962—1965 im Bezirk Schwerin.** Dipl.-Arb. Rostock, Landwirtsch. Fak. 1967. (52 S.) 4° (Dipl. 1275) 2000.

2-68/10-1040 Luisetti, J. und Rapilly, F.; Versailles, Stat. Centr. de Pathol., Végétale. Sur une altération d'origine bactérienne des grains de blé. (**Über eine bakteriell bedingte Veränderung an Weizenkörnern.**) Ann. Épiphyties **18** (1967) Nr. 4. S. 483-493. — 1 Abb., 2 Tab., 4 Lit.

Von Körnern von Weich- und Hartweizen, die i. J. 1966 in verschiedenen Gebieten gesammelt wurden, ließ sich neben *Fusarium roseum* Snyd. et Hans. ein Bakterium isolieren. Die Befallssymptome werden beschrieben. Es hat Ähnlichkeit mit Angehörigen der Gattungen *Serratia* Bizio, *Enterobacter* Hormacche et Edwards und anaeroben Arten von *Pectobacterium* Waldee. Es gehört zu den *Enterobactericeae*. Eine Zuordnung zu einer bestimmten Gattung war noch nicht möglich. R. Fritzsche. 2020.

2-68/10-1041 Szunics, L. und Szunics, L.-né. A buza lisztharmat (Erysiphe graminis DC. f. sp. tritici Marchal) kártételéröl. (**Über die Schadwirkung des Weizenmehltaues [Erysiphe graminis DC. f. sp. tritici Marchal].**) Növényvédelem [Pflanzenschutz] **3** (1967) Nr. 4. S. 162-165. — Aus: Ung. Agrar-Rdsch. **1968** Nr. 2.

Die wirtschaftliche Bedeutung des Getreidemehltaues nimmt in Ungarn ständig zu. Die Bestimmung des Schadens erfolgte mittels Korrelationsrechnung und chem. Bekämpfung. Die Korrelationsrechnung wurde anhand des Weizensortimentes (215 Sorten) in einem

2jähr. Versuch mit zufälliger Blockanordnung durchgeführt. Als Testsorte wählte man „Rannjaja 27“, eine ertragreiche, gegen Rost widerstandsfähige, Mehltau-empfindliche Sorte. Die Aussaat erfolgte in beiden Versuchsjahren im Okt., der Mehltauerreger erschien im Frühjahr und befiel die Sorten heftig. Die Korrelationsrechnungen zeigten einen positiven Zusammenhang zwischen Mehltauwiderstandsfähigkeit und TKM. Von den geprüften 215 Sorten waren nur 'Ibis' und 'H-1444' immun. Zur chem. Bekämpfung dienten Wespyn und JF 1230. Nur eine chem. Behandlung war ungenügend wirksam. Der Mehltaubefall übte auf die TKM den größten Einfluß aus. 2020.

2-68/10-1042 Vanderwalle, Roger und Sommereyns, Ghislaine; Gembloux, Belgique, Stat. de Phytopathol. Étude sur l'inoculation artificielle du charbon nu de l'orge et du froment (Ustilago nuda [Jens.] Rostr. et Ustilago nuda f. tritici [Jens.] Schaff.). **(Untersuchung zur künstlichen Infektion des Gerstenflugbrandes, Ustilago nuda [Jens.] Rostr. und des Weizenflugbrandes, Ustilago nuda f. tritici [Jens.] Schaff.)** Parasitica, Gembloux **23** (1967) Nr. 2. S. 66-78. — 3 Abb., 13 Lit. Zus. in Engl.

Vff. infizierten von Gerste und Weizen jeweils 3 eur. und 3 amer. Sorten mit Gersten- bzw. Weizenflugbrand. Das Sporenmaterial hatte man im Vorjahr in Belgien gesammelt und im Vakuum aufbewahrt. Zur Infektion wurden die Koleoptilen in einer Länge von 0,5 bis 1 cm um 2 mm gekürzt, die Pflanzen in eine Sporensuspension unterschiedlicher Dichte eingelegt und kurze Zeit einem verminderten Druck ausgesetzt. Durch das nachfolgende plötzliche Eintreten der Luft wird die Suspension in die Gefäße gedrückt. Im Gegensatz zu früheren Untersuchungen anderer Autoren erwiesen sich sowohl einige eur. Sorten als auch einige amer. Sorten als sehr anfällig — z. B. So.-Gerste: 'Balder' (Eur.) und 'Montcalm' (Amer.), So.-Weizen: 'Ceres' (Amer.) und 'Alfy' (Eur.). Während bei Weizen die Dichte der Sporensuspension keinen Einfluß auf das Infektionsergebnis ausübte, war dieses bei Gerste bei 1 g Sporen/l wesentlich höher als bei Verwendung einer Suspension mit 10 g Sporen/l. Die Länge der Koleoptilen z. Z. der Infektion hatte keinen Einfluß auf den Infektionserfolg. Eine vorausgegangene Warmwasserbeizung hatte sich nicht nachteilig ausgewirkt. Die Auszählung der Brandähren erfolgt nach 6···8 Wochen. Sporen aus natürlichen und künstlichen Infektionen zeigten keinen Unterschied in ihrem Verhalten, bes. ihrer Verwendbarkeit als Infektionsmaterial. K. Frauenstein. 2020.

2-68/10-1043 Vanderwalle, Roger und Sommereyns, Ghislaine. Gembloux, Stat. de Phytopathol. Note sur la variété d'orge Montcalm infectée par Ustilago nuda (Jens.) Rostr. **(Bemerkung über die Infektion der Gerstensorte Montcalm durch Ustilago nuda [Jens.] Rostr.)** Parasitica, Gembloux **23** (1967) Nr. 1. S. 42-44. — 1 Abb., 5 Lit.

An der Gerstensorte 'Montcalm' war Blattbefall durch *Ustilago nuda* (Jens.) Rostr. zu beobachten. Vf. erläutert die Symptome. Die Blätter zeigen zunächst lange chlorotische Streifen. An diesen Stellen erscheinen später die schwarzen Sporenlager. Chlamydosporen wurden isoliert. R. Fritzsche. 2020.

2-68/10-1044 Kuznecova, M. N.; Moskau, Akad. der Wiss. der UdSSR. Patologičeskie izmenenija épidermy zernovok kukuruzy, poražennych Ustilago maydis (DC.) Cda. **(Pathologische Veränderungen der Epidermis von Maiskörnern durch Befall mit Ustilago maydis [DC.] Cda.)** Doklady Akademii nauk SSSR, Moskva **176** (1967) Nr. 3. S. 722-724. — 1 Abb., 2 Tab., 4 Lit.

Gesunde und infizierte Maiskörner der Sorte 'Voronežskaja 76' waren i. J. 1965 in der Ukraine gesammelt worden. Die daraus hergestellten mikroskopischen Präparate hat man nach Färbung mit Gentianaviolett bzw. Kongorot mit dem Okularschraubenmikrometer vermessen. Die in der Epidermis gesunder Körner gebildeten Zellen besitzen geradlinig verlaufende Wände und liegen regelmäßig in einer Reihe. Die Zone der Zellteilung befindet sich dabei am unteren Teil des Kornes. Gelegentlich sind in der äußeren Epidermis Spaltöffnungen zu finden. Bei einem Vergleich gesunder und infizierter Fruchtknoten zeigte sich, daß nicht nur die äußere Epidermis befallener Fruchtknoten eine Schädigung aufwies, sondern auch die sonst kleinen, länglichen Zellen der inneren Epidermis wesentlich vergrößert waren und einzelne Spaltöffnungen enthielten. Die Funktion der Spaltöffnungen ist nicht geklärt. Möglicherweise sind sie an der Atmung beteiligt. Es beginnt eine intensive Zellteilung, die schließlich zur Hypertrophie epidermaler Zellen führt. Vf. erörtert die Möglichkeit, daß Brandsporen über Spaltöffnungen eindringen, die die Fähigkeit zum Schließen verloren haben. K. Frauenstein. 2020.

2-68/10-1045 Čaša, Z. Příspěvek ke studiu některých vztahů mezi mikroklimatem a zdravotním stavem zavlažovaných brambor. Předběžné sdělení. (**Beitrag zur Untersuchung einiger Beziehungen zwischen dem Mikroklima und dem Gesundheitszustand bewässerter Kartoffelbestände. Vorl. Mitt.**) Rostlinná Výroba **13**(**40**) (1967) Nr. 12. S. 95–104. — 3 Tab., 27 Lit. Zus. in Russ., Engl., Dtsch.

Die Untersuchungen hatten das Ziel, den Einfluß der Bewässerung auf das Mikroklima im Bestand der Sorte 'Meise' und auf den Befall mit Kraut- und Knollenfäule zu ermitteln. Bewässerung beeinflußte wesentlich die Feuchtigkeitsverhältnisse, weniger ausgeprägt die Temperaturverhältnisse, im Mikroklima des Kartoffelbestandes. Die Erhöhung der rel. Luftfeuchtigkeit betrug bei der bewässerten Parzelle 21%. Die größten Feuchtigkeitsschwankungen wurden in den bodennahen Schichten des Bestandes festgestellt. Bei den bewässerten Kartoffelpflanzen war ein schnelleres Wachstum festzustellen. Auf der bewässerten Variante trat die Kraut- und Knollenfäule früher auf. ČSSR/ÚVTI. 2030.

2-68/10-1046 Sahai, Davendra. A new disease of potato tubers caused by Gilmaniella humicola Barron. (**Eine neue Krankheit der Kartoffelknollen durch Gilmaniella humicola Barron.**) Current Sci., Bangalore **36** (1967) Nr. 23. S. 645–646. — 1 Abb., 1 Lit.

Aus dem indischen Zentral-Kartoffelforschungsinstitut Simla wird berichtet, daß an Knollen nach der Ernte 1966 rund um die Lentizellen und die Augen nekrotische Flecke aufgetreten waren. Während der Lagerung von März bis Juni 1966 bei 15…25 °C entwickelten sich an den infizierten Knollen hervorspringende nekrotische Schädigungen von 2…4 mm an den Lentizellen und 3…6 mm an den Augen. Die Infektionen entwickelten sich nicht in das Knolleninnere; die befallenen Knollen blieben fest. Fast alle Augen befallener Knollen wurden zerstört, so daß diese Kartoffeln für Pflanzzwecke unbrauchbar wurden. Die Untersuchungen des nekrotischen Gewebes ergaben, daß es sich um Infektionen durch den Pilz *Gilmaniella humicola* Barron handelt. Bisher wurde der Pilz im Boden ermittelt, und zwar in England, Ägypten und Kanada. Er ließ sich u. a. auch im Pferdedung in Indien nachweisen sowie an Rüben in Irland. J. Vogel/Groß-Lüsewitz. 2030.

2-68/10-1047 Schoene, Karin. **Untersuchungen zur Anfälligkeit von Kartoffelknollen gegenüber Fusarium coeruleum (Lib.) Sacc., dem Erreger der Weißfäule.** Phytopathol. Z. **60** (1967) Nr. 3. S. 201–236. — 36 Abb., 6 Tab., 44 Lit. Zus. in Engl.

Richtungweisend für die Untersuchungen waren Beobachtungen über eine scheinbare Beziehung zwischen Schalenbeschaffenheit und Anfälligkeit der Knollen. An der Sorte 'Olympia' wurde geprüft, welche Beziehungen zwischen der prä- und postinfektionellen Lagertemperatur (2, 4, 9 und 16 °C ± 1; 30 °C), der Schalenbeschaffenheit (rauhe, rauhglatte und glatte Schale), dem Wassergehalt (Tr.-Subst.-Gehalt), der Keimung und Wundkorkbildung einerseits und der Anfälligkeit der Knollen andererseits bestehen. Die Mazerierbarkeit und O_2-Aufnahme des Gewebes von Knollen mit unterschiedlichem Schalencharakter wurden ermittelt. Es ließen sich 3 Infektionstypen unterscheiden: 1. „abgekapselte Infektion", 2. „verdeckte Fäule", 3. „offene Fäule". Der Infektionserfolg war am geringsten bei Knollen, die bei 4 °C vorgelagert waren. Die Anfälligkeit war höher 1. bei rauhschaligen Knollen, 2. mit zunehmender prä- und postinfektioneller Lagertemperatur (von 2…16 °C; 30 °C), 3. mit steigendem Tr.-Subst.-Gehalt, 4. nach Keimung, 5. mit zunehmender Lagerung. Glattschaligkeit und hoher Wassergehalt hatten meist geringen Befall zur Folge. In der Wundkorkbildung zeigten sich zwischen rauh- und glattschaligen Knollen keine Unterschiede. Das Gewebe rauhschaliger Knollen wurde stärker mazeriert. Bei Knollen mit glatter Schale war die O_2-Aufnahme intensiver. Die Kultur des Pilzes und die Infektionsmethode werden beschrieben. H. Oertel/Groß-Lüsewitz. 2030.

2-68/10-1048 Wallen, V. R., Wong, S. I. und Jeun, Julie; Ottawa, Canada Dep. of Agric., Cell Biol. Res. Inst. Isolation, incidence, and virulence of Ascochyta spp. of peas from the soil. (**Isolierung, Vorkommen und Virulenz bodenbürtiger Ascochyta spp. der Erbsen aus dem Boden.**) Canad. J. Bot. **45** (1967) Nr. 12. S. 2243–2247. — 6 Abb., 3 Tab., 12 Lit.

Der Erreger der Erbsenfußkrankheit, *Ascochyta pinodella*, und der Brennfleckenerreger, *A. pinodes*, ließen sich leicht nach Anbau von Erbsen nach Erwärmen des Bodens auf 100 °C (für 12 … 15 h) und nachfolgendem Ausgießen der Bodenproben in Agarplatten mit Zusatz von Bengalrosa und Chlortetrazyklin isolieren. *A. pinodella* war fast immer in Böden zu finden, die unmittelbar Erbsen getragen hatten. Aber auch aus Böden, die 1…5 Jahre nicht mit Erbsen bestellt waren, ließ sich der Pilz isolieren. Der reisolierte Erreger war zumeist schwach pathogen, erreichte aber nach mehreren Wirtspassagen wieder die typische Virulenz. *A. pinodes* konnte weniger häufig aus dem Boden isoliert werden, erwies sich jedoch als virulenter. Die Untersuchungsergebnisse weisen zumindest für kanadische Verhältnisse auf die bes. Bedeutung bodenbürtiger Infektionen in der Epidemiologie des Erbsenfuß- und Brennfleckenkrankheitskomplexes hin. H. Bochow. 2040.

2-68/10-1049 Braverman, Samuel W.; Geneva, N.Y., U.S. Dep. of Agric., A.R.S., Crops Res. Div. Disease resistance in cool-season forage, range, and turf grasses. **(Krankheitsresistenz der Futter-, Weide- und Rasengräser der kühleren Gebiete.)** Bot. Rev. **33** (1967) Nr. 4. S. 329-378. — 232 Lit.

Die in den wärmeren und feuchten östlichen und südöstlichen Teilen der USA angebauten Grassorten entsprechen nicht den Erfordernissen und müssen durch bessere abgelöst werden. Als Grundlage für künftig durchzuführende Zuchtarbeiten hat Vf. die bereits in der Literatur dargelegten Erfahrungen über das Resistenzverhalten der in kühleren Gebieten angebauten Gräser gegen pilzliche Krankheitserreger (Rost- und Brandpilze, Echter Mehltau, Blattfleckenpilze bes. der Gattung *Helminthosporium*, Auswinterungspilze wie *Fusarium*- und *Typhula*-Arten sowie einige für die einzelnen Grasarten bes. wichtige Pilzgattungen), gegen Bakterien und Viren zusammengestellt. Angaben zur Biologie und Bekämpfung der Krankheitserreger sind nicht enthalten. Insgesamt sind verschiedene Grasarten aus 11 Gattungen erfaßt: *Agropyron*, *Agrostis*, *Arrhenatherum*, *Bromus*, *Dactylis*, *Elymus*, *Festuca*, *Lolium*, *Phalaris*, *Phleum* und *Poa*. K. Frauenstein. 2050.

2-68/10-1050 Manocha, M. S. und Shaw, Michael; Saskatoon, Univ. of Saskatchewan, Dep. of Biol. Electron microscopy of uredospores of Melampsora lini and of rust-infected flax. **(Elektronenmikroskopie der Uredosporen von Melampsora lini und von rostinfiziertem Flachs.)** Canad. J. Bot. **45** (1967) Nr. 9. S. 1575-1582. — 25 Abb., 16 Lit.

Als Ergebnis elektronenoptischer Untersuchungen beschreiben Vff. die Feinstruktur der reifen Uredosporen von *Melampsora lini*, die Keimschlauchbildung und die gesamte Entwicklung des infizierenden Pilzes im Gewebe von *Linum usitatissimum*. Die gefundenen Verhältnisse ähneln, abgesehen von kleinen Einzelheiten, den bereits untersuchten Feinstrukturen bei *Puccinia graminis tritici*. Sowohl bei reifen Uredosporen als auch bei den Keimschläuchen von *M. lini* ließen sich in den Kernen keine Nukleoli finden. Sie waren aber vorhanden im interzellularen Myzel, den sporogenen Hyphen, den sich entwickelnden Uredosporen und bes. auffällig in den beiden Haustorien-Kernen. Unter dem Gesichtspunkt der spez. Bildung von Infektionsstrukturen keimender Uredosporen weisen diese Beobachtungen auf die Notwendigkeit weiterer Untersuchungen hin. H. Bochow. 2060.

2-68/10-1051 Kühnel, Waltraude; Kleinmachnow, Biol. Zentralanst. der Dtsch. Akad. der Landwirtsch.-Wiss. zu Berlin. **Zum Auftreten von Didymella bryoniae (Auersw.) Rehm an Gewächshausgurken.** Nachr.-Bl. dtsch. Pflanzenschutzdienst, Berlin **22**(48) (1968) Nr. 4. S. 69-71. — nach Zus.

Erstmalig in der DDR trat *Didymella bryoniae* (Auersw.) Rehm an Hausgurken, vorwiegend unter Folienzelten, auf. Das Schadbild und der Erreger werden beschrieben. Vf. zeigt Infektionsbedingungen und Bekämpfungsmaßnahmen anhand der ausgewerteten Literatur auf. 2070.

2-68/10-1052 Kapeller, K. A Rhizoctonia solani Kühn terjedése fűszerpaprika vetőmaggal és az ellene való védekezés lehetősége. **(Verbreitung von Rhizoctonia solani Kühn durch Paprikasamen und die Möglichkeiten einer Bekämpfung.)** Növényvédelem [Pflanzenschutz] **3** (1967) Nr. 4. S. 170-175. — Aus: Ung. Agrar-Rdsch. **1968** Nr. 2.

Nach mehrjähr. Untersuchungen ist *Rhizoctonia solani* Kühn in Saatgutproben des einheimischen Paprikas vorhanden. Es ließen sich aus Samenproben ferner isolieren: *Fusarium* sp., *Alternaria* sp., *Penicillium* sp. und *Colletotrichum* sp. Dies ist bei der Bodendämpfung von Bedeutung. Es ist zweckmäßig, zusätzlich Fungizide anzuwenden. Falls man gedämpfte Erde benutzt, sind zur Behandlung der Deckerde 1,5 kg/m³ TMTD, im Falle infizierten Bodens in Abhängigkeit vom Befallsgrad 1,5···2,5 kg/m³ TMDT, oder Olpisan bzw. Brassicol in einer Aufwandmenge von 2,5 kg/m³ zu empfehlen. 2070.

2-68/10-1053 Wiebe, H.-J. **Untersuchungen über den Blattrandbrand bei Kopfsalat.** Gartenbauwissenschaft **32**(14) (1967) Nr. 5. S. 375-385. — 8 Abb., 1 Tab., 9 Lit. Zus. in Engl., Franz. — nach Zus.

Bei Kopfsalat (Sorte 'Kordaat') waren 2 Blattbrandsymptome zu beobachten. In Gefäßversuchen beeinflußten N-Düngung und Salzkonz. im Boden nicht die Entstehung des Trockenrandes an den äußeren Blättern der Pflanze. Dagegen nahm das Auftreten von Nervenbräune an den Blättern, die an der Kopfbildung beteiligt waren, mit steigender N-Düngung und steigender Salzkonz. im Boden zu. Der bereits schädigende Salzgehalt im Boden lag dabei um so tiefer, je höher die N-Düngung war. Zwischen dem osmotischen Wert im Preßsaft der Blätter und dem Auftreten der Nervenbräune bestanden keine Beziehungen. NH_4^+-Ionen wirkten bei gleicher Ionenkonz. schädigender als NO_3^--Ionen. 2070.

2-68/10-1054 Glaeser, Gertrud; Wien, Bundesanst. für Pflanzenschutz. **Eine wenig bekannte Blattfleckenkrankheit des Salat.** Pflanzenarzt, Wien **20** (1967) Nr. 12. S. 148–149. — 1 Abb.

In einer Gärtnerei in Oberösterreich kam es im Apr. 1967 zu großen Ausfällen in Salatkulturen. Als Ursache konnte man den Pilz *Marssonina panattoniana* ermitteln. Diese i. allg. seltene Krankheit ruft zunächst stecknadelkopfgroße, wasserdurchtränkte, später braun werdende Flecke auf den Salatblättern hervor, die der Wirkung eines Schrotschusses ähneln. Fruchtwechsel, tiefes Einpflügen der Salatreste sowie Spritzungen mit Kupfer-, Captan- und Manebpräparaten oder Stäuben mit Thiuram, Captan oder Zineb sind geeignete Bekämpfungsmaßnahmen. K. Naumann. 2070.

2-68/10-1055 Böttcher, H. **Gefährliche Fäulniserkrankung an gewaschenen und abgepackten Möhren.** Dtsch. Gartenbau **15** (1968) Nr. 3. S. 79. — 2 Lit.

Bei gewaschenen und in Plastfolie verpackten Möhren können Fäulniserkrankungen auftreten. Diese Erscheinung war auch an Möhren, die in perforierten Beuteln verpackt waren, zu beobachten. Zuerst bildet sich ein grauer Belag, der in kurzer Zeit schmierig und schwarz wird. Es handelt sich um den pilzlichen Erreger *Chalaropsis thielavoides* Peyr. Da der Erreger unbeschädigte Pflanzenteile in der Regel nicht befallen kann, dringt er über verletzte Stellen der Epidermis bei und nach dem Waschvorgang ein. Die günstigste Temperatur für die Vermehrung des Pilzes liegt bei 18 °C. Es kommt darauf an, bei Vermarktungsstationen und der Aufstellung von Maschinen die Möglichkeiten der Desinfektion vorzusehen sowie die Aufbewahrung und den Transport unter Kaltlagerbedingungen durchzuführen. G. Banholzer/Großbeeren. 2070.

2-68/10-1056 Aksenova, V. A., Rubin, B. A., Savčenko, R. V. und Brynza, A. I. Vlijanie zaraženija Botrytis cinerea na svojstva i funkcii ribosom tkanej kapusty. (**Der Einfluß der Infektion von Botrytis cinerea auf die Eigenschaften und Funktion des Ribosoms im Gewebe von Kohlpflanzen.**) Doklady Akademii nauk SSSR, Moskva **178** (1968) Nr. 3. S. 741–744. — 3 Abb., 2 Tab., 16 Lit.

Vff. untersuchten mit Hilfe der Elektrophorese die durch eine Infektion mit *Botrytis cinerea* im Eiweißstoffwechsel einer widerstandsfähigen ('Amager') und einer anfälligen Kohlsorte (Sorte 'Nr. 1') hervorgerufenen Veränderungen. 3 d nach der Infektion wurden in einer Ultrazentrifuge mit einer Geschwindigkeit von 37240 U/min zunächst die Ribosomen von dem Zytoplasma getrennt und bei beiden der Eiweißgehalt ermittelt. Durch die Infektion war bei 'Amager' im Gegensatz zur Sorte 'Nr. 1' eine bedeutende Zunahme der Gesamtmenge an Ribosomen zu verzeichnen. Das Verhältnis RNS : Eiweiß entsprach in allen Fällen mit 30···40% RNS: 60···70% Eiweiß dem Normalfall. Wie die Untersuchung des löslichen Eiweißes im Zytoplasma zeigte, steht die Ribosomneubildung bei widerstandsfähigen Pflanzen mit dem Eiweißstoffwechsel in enger Verbindung. So erhöht sich bei der widerstandsfähigen Sorte die Anzahl der sauren Eiweißkomponente durch die Infektion um 1, die der alkalischen um 1···2. Bei der anfälligen Kohlsorte dagegen bewirkte die Infektion eine Verringerung der sauren und alkalischen Fraktionen um jeweils 1 Komponente. Vff. folgern aus den Ergebnissen, daß Infektionen in pflanzlichen Geweben Veränderungen im Eiweißstoffwechsel hervorrufen, deren Charakter und Stärke in enger Beziehung zur Widerstandsfähigkeit der Pflanzen stehen. K. Frauenstein. 2070.

2-68/10-1057 Borecki, Z. und Lyskanowska, K. Erwinia amylovora (Burr.) Winsl. in Poland. (**Erwinia amylovora [Burr.] Winsl. in Polen.**) Phytopathol. Z. **61** (1968) Nr. 2. S. 157–166. — 8 Abb., 14 Lit.

Der Feuerbrand — hervorgerufen durch *Erwinia amylovora* — wurde in Polen erstmalig i. J. 1966 in einem Versuchsobstgarten bei Gdansk an 8jähr. Birn- und Apfelbäumen und einjähr. Apfelbäumen nachgewiesen. Die Krankheitssymptome erschienen zuerst an den

Zweigen, die zu welken begannen und sich rostbraun verfärbten. An den Ästen und Stämmen traten krebsartige Schädigungen auf. Die Früchte der befallenen Bäume waren wäßrig grün mit rotbraunen Flecken. Der Krankheitsverlauf war sehr heftig und führte in einer Saison zum Verlust von 50% der Birnbäume. Gestalt und Eigenschaften des Bakteriums werden beschrieben. D. Stump. 2080.

2-68/10-1058 Minkevič, I. I.; Unionsinst. für Pflanzenschutz. O parazitizme gribov roda Cytospora na jablone. (**Über den Parasitismus von Vertretern der Gattung Cytospora auf Apfel.**) Bjulleteń Glavnogo botaničeskogo sada, Moskva **1967** Nr. 66. S. 77–81. — 2 Abb., 3 Tab., 9 Lit.
In vielen Gebieten der UdSSR ließ sich wiederholt ein stärkeres Auftreten von *Cytospora capitata* Sacc. et Schulz. und *C. personata* Fr. an Apfel nachweisen. Da sich beide Pilze nur aus abgestorbenen Geweben isolieren ließen, war die Frage ihrer Pathogenität gegenüber Apfel umstritten. Vf. infizierte deshalb Apfelzweige, indem er diese künstlich verletzte, Pilzmyzel in die Wunde einführte, die Infektionsstelle mit einer durchsichtigen Folie umhüllte und diese beiderseits der Infektionsstelle mit einem Band luftdicht an dem Zweig befestigte. In der auf diese Weise entstandenen feuchten Kammer konnten sich beide Pilzarten gut entwickeln, breiteten sich jedoch nur in den die Verletzung umgebenden abgestorbenen Zellen aus und waren in keinem Fall im gesunden Gewebe nachweisbar. In die Prüfungen wurden 12 Apfelsorten einbezogen. Vf. hält damit für erwiesen, daß beide *Cytospora*-Arten nur anderweitig geschädigte Apfelbäume besiedeln, als eigentliche Krankheitserreger und damit als Ursache des Absterbens der Apfelbäume aber nicht in Betracht kommen. K. Frauenstein. 2080.

2-68/10-1059 Nagy, Sz. und Hegy, Gy. A körte és a birs fabreás barnafoltosság betegségének és a védekzés lehetöségének 1966. évi vizsgálata. (**Im Jahre 1966 durchgeführte Untersuchungen über die Fabrea-Blattbräune der Birne und Quitte und die Möglichkeiten der Bekämpfung.**) Növényvédelem [Pflanzenschutz] **3** (1967) Nr. 4. S. 185–193. — Aus: Ung. Agrar-Rdsch. **1968** Nr. 2.
Fabrea maculata (Lév.) Atk. = *Entomosporium maculatum* Lév. trat infolge der kühlen, regnerischen Witterung i. J. 1966 in den Baumschulen (auf Wildbirne und Quitte), ferner in Quittenanlagen epidemisch auf. Die Symptome erschienen, außer dem allg. Befall der Blattspreite, zuweilen auch auf dem Blattstiel, an Trieben und auf Quittenfrüchten. Die Krankheit verursacht empfindliche wirtschaftliche Schäden. Eine Rückinfektion (aus einer Malz-Agar-Kultur) ließ die Symptome innerhalb einer Woche entstehen. Der Erreger überwintert als Myzel am Fallaub. Die über die Vegetationszeit wöchentlich durchgeführten Spritzungen hatten kurative Wirkung. Curitan wirkte sehr gut. Cuproxol und Aspor brachten auch gute Bekämpfungsergebnisse. 2080.

2-68/10-1060 Strümpel, Hans; Hamburg, Staatsinst. für Angew. Bot. **Zur Ätiologie der durch Aphelenchoides fragariae und Corynebacterium fascians verursachten Erdbeerkrankheit.** Nachr.-Bl. dtsch. Pflanzenschutzdienstes, Braunschweig **20** (1968) Nr. 2. S. 17–21.
Vf. infizierte im Labor unter konstanten Versuchsbedingungen Erdbeersämlinge der Sorte 'Senga Sengana' mit *Aphelenchoides fragariae* oder *Corynebacterium fascians* und mit beiden Erregerarten. Die aus der Literatur als „Blumenkohlkrankheit" bekannten Symptome traten nur nach Infektion mit beiden pathogenen Organismen auf. Das gleiche gilt für den Symptomkomplex Herzlosigkeit ("open centre plants"). Blattgallen wurden ausschließl. durch *C. fascians* verursacht. An den nur mit *A. fragariae* infizierten Pflanzen beobachtete Vf. keine Krankheitssymptome. Als Ursache nimmt er auf Grund der festgestellten geringen Vermehrung eine zu niedrige Nematodenzahl an. Ch. Janke. 2080.

2-68/10-1061 Hegedüs, A. und Nyerges, E. **Untersuchungen über die Verhütung von Botrytisschaden an Rebenvermehrungsmaterial.** Wein-Wiss. **23** (1968) Nr. 2. 49–75. Beil. zu: Dtsch. Weinbau.
Neben dem als Schädiger an Pfropfreben auftretenden Pilz, *Botrytis cinerea*, konnten Vff. noch etwa 40 Pilzarten am Rebholz ermitteln. Es kann aber offenbar nur *Botrytis* tiefer in das Innere des Holzes eindringen. Dabei bildet sich außen ein scharf abgegrenzter Fleck. *Alternaria tenuis* tritt ebenfalls rel. häufig auf, verursacht aber nur schwache Verfärbung. Die übrigen Pilzarten am Rebholz, die je nach Lagerungsbedingungen unterschiedlich häufig auftreten, sind harmlose Saprophyten. Bei Prüfungen zur Desinfektion des Rebholzes mit 4 Fungiziden erzielte Orthocid das beste Ergebnis. Leider konnte mit dem von

anderer Seite so erfolgreich eingesetzten Chinosol noch kein Vergleich angestellt werden. Für die Rebenveredlungspraxis empfiehlt sich, das Holz und auch das zum Vortreiben benutzte Sägemehl mit Orthocid (12 g/l) zu behandeln. Bes. günstig wirkt sich eine derartige Behandlung bei Winterveredlungen aus, wenn die Kisten mit den Pfropfreben noch längere Zeit lagern müssen. F. Gollmick. 2090.

2-68/10-1062 Staňková-Opočenská, E. und Soukup, J. Vliv výživy na odolnost podnoži „Pávova červeného šípku" proti černé skvrnitosti způsobené houbou Actinonema rosae (Lib.) Fries. **(Einfluß der Ernährung auf die Resistenz der Rosenunterlage 'Pávův červený šípek' gegen von Actinonema rosae verursachten Sternrußtau der Rose.)** Vědecké Prace výzkumného Ústavu okrasného Zahradnictví v Průhonicích 4 (1967) S. 79–85. — 2 Abb., 2 Tab., 9 Lit. Zus. in Russ., Engl., Dtsch.

Die Rosenunterlage 'Pávův červený šípek' ist gegenüber Sternrußtau sehr empfindlich. Eine Erhöhung der P-Gaben um 50% im Gefäßversuch ließ den Anteil erkrankter Pflanzen um 30% sinken. In der P-Mangel-Variante erhöhte er sich dagegen um 30%. Ein höherer Kalkgehalt begünstigte das Unterlagenwachstum. Die Wirkung der übrigen Nährstoffe war unbedeutend. Die Unterlage reagiert empfindlich auf Düngerkonzentrate. 5 g Düngemittel je 1 Substrat mit einem Verhältnis von N:P:K:CaO:Mg wie 1:2,36:2,47:1,43:0,18 wirkten optimal. ČSSR/ÚVTI. 2100.

2-68/10-1063 Šavrova, L. A.; Polar-Alpiner Bot. Garten der Kola-Zweigstelle der Akad. der Wiss. der UdSSR. O boleznjach dekorativnych rastenij semejstva ljutikovych. **(Über Krankheiten an Zierpflanzen aus der Familie der Hahnenfußgewächse.)** Bjulleteń Glavnogo botaničeskogo sada, Moskva **1967** Nr. 66. S. 81–86. — 4 Abb., 2 Lit.

Von insgesamt 16 an *Trollius*, *Aquilegia*, *Delphinium* und *Anemone* im Gebiet von Murmansk im Zeitraum von 1963–65 beobachteten Krankheitserregern sind 6 in größerem Umfang aufgetreten. In dieser Arbeit beschreibt Vf. diese 6 Erreger: *Ascochyta aquilegia* (Rab.) Hoehn. tritt ab Ende Juni bis zum Ende der Vegetationsperiode vorwiegend an älteren Pflanzen von *Aquilegia* sp. stärker in Erscheinung und führt zu einem vorzeitigen teilweisen oder völligen Absterben der Pflanzen. Zur Bekämpfung eignen sich Zineb (0,3 bis 0,5%) oder eine 1%ige Suspension von TMTD mit 50% Wirkstoff. Echter Mehltau schädigt an *Trollius* (*Sphaerotheca* sp.) und an *Delphinium* (*Erysiphe communis* Grev. f. *delphinii* Rabh.). In beiden Fällen waren sowohl Konidien als auch Cleistothecien zu finden. Außer kolloidem Schwefel eignet sich zur Bekämpfung auch Kupfer-Seifenbrühe. Der auf *Trollius* auftretende Rostpilz *Puccinia trollii* Karst. scheint wirtstreu zu sein, da sowohl die Teleutosporenlager auf *Trollius* gebildet werden als auch die Basidiosporen wiederum *Trollius* infizieren. Eine Bekämpfung soll mit 1%iger Kupferkalkbrühe möglich sein. Verbreitet auf allen kontrollierten Hahnenfußgewächsen waren *Sclerotinia libertiana* Fuck. und *Botrytis cinerea* Pers., die bes. in feuchten, kühlen Jahren größeren Schaden anrichteten, indem sie zum Faulen und vorzeitigen Absterben der Pflanzen führten. Zur Bekämpfung schlägt Vf. 1%ige Kupferkalkbrühe oder eine 1%ige Suspension von 50%igem TMTD vor. Eine Bodendesinfektion zur Abtötung der Sklerotien soll mit DNOC möglich sein. K. Frauenstein. 2100.

2-68/10-1064 Wagenbreth, D.; Eberswalde, Inst. für Forstwiss. Bereich Forstschutz der Dtsch. Akad. der Landwirtsch.-Wiss. zu Berlin. **Die Wirkung von Hitzeschocks auf die Rostanfälligkeit von Pappelblättern.** Phytopathol. Z. **61** (1968) Nr. 1. S. 87–97. — 5 Abb., 36 Lit. Zus. in Engl.

Hitzeschocks auf Pappelblätter von 90 s Dauer führten bei 50 °C zu einer rel., z. T. auch abs. Rostresistenz für etwa 10 d. 42,5···45 °C bewirkten erhöhte Rostanfälligkeit, 55 °C den Tod der Blätter. J. Hollnagel. 2150.

D. Maßnahmen des Pflanzenschutzes

2-68/10-1065 Wagner, Franz. **Die physikalisch-mechanischen Pflanzenschutzmethoden und ihre Wandlungen.** Bayer. landwirtsch. Jb. 44 (1967) Nr. 6. S. 757–763.

Zahlreiche, wichtige Probleme des Pflanzen- und Vorratsschutzes wie auch der Schädlingsbekämpfung sind durch physikal.-mechanische Methoden lösbar. Als Beispiele derartiger z. T. im Entwicklungsstadium befindlicher Methoden werden aufgeführt: akustische Vertreibung von Schadvögeln, Fallen gegen Vögel und Nagetiere, elektrische Fliegenfallen, Abflammen von Böden zur Unkrautbekämpfung, Einsatz ionisierender Strahlen gegen Vorratsschädlinge und zur Austriebs- und Reifeverzögerung lagernder Ernteprodukte (Kartoffeln, Zwiebeln und Südfrüchte.) J. Hollnagel. 2400.

2-68/10-1066 Wenzl, H. **Grundfragen der schätzenden Ermittlung des Befalles durch Krankheiten.** Bodenkultur, Wien **19** (1968) Nr. 1. S. 63-78. — 2 Tab., 46 Lit. Zus. in Engl. — nach Zus.
Im Rahmen einer Besprechung von Problemen der schätzenden Ermittlung des Krankheitsbefalles werden vor allem die folgenden Fragen behandelt: 1. Zahl der Glieder der Beurteilungsskalen, unter Betonung der Vorteile einer neunteiligen Skala und der Notwendigkeit eines eigenen Skalenwertes für das Fehlen eines Krankheitsauftretens. 2. Umfang der Befallsstufen, der einer Gesetzmäßigkeit zu entsprechen hat. Im Bereich starken Befalles sind abs. große, jedoch rel. kleine Unterschiede zwischen benachbarten Grenzwerten, im Bereich geringen Befalles dagegen abs. kleine, jedoch rel. große Unterschiede von Vorteil. Eine neunteilige Skala, deren oberste Stufe 9 den Bereich von etwa 75···100% und deren Stufe 2 die Werte 0···1% umfaßt, kann nach dem Prinzip gleitender Quotienten erzielt werden. 3. Bildskalen als Hilfsmittel der Befallschätzung, die mehr als bisher Verwendung finden sollten. Bildlich wiedergegebene Grenzwerte sind wesentlich brauchbarer als Darstellungen von Mittelwerten der Befallsbereiche. 2420.

2-68/10-1067 Tesche, M. **„Netzbodengefäße" für Untersuchungen an vom Boden aus erkrankten Keimpflanzen.** Phytopathol. Z. **61** (1968) Nr. 2. S. 197-199. — 1 Abb., 6 Lit.
Vf. entwickelte sog. „Netzbodengefäße", um die Wirkung phytotoxischer Subst., die über die Keimwurzeln in Keimpflanzen gelangen, prüfen zu können. Die aus hitzebeständigem PVC-Rohr (5 cm Dmr.) hergestellten Gefäße bestehen aus 2 Teilen. Das Oberteil ist 1,5 cm hoch und am Boden durch ein mit PVC-Kleber befestigtes Dederonnetz (Maschenweite 1,06 mm) begrenzt. Auf das Netz werden geeignetes Keimbettmaterial und da hinein das Saatgut gegeben. Das Unterteil ist 5 cm hoch, am Boden geschlossen und nimmt neben Wasser die zu prüfende Subst. oder auch eine bestimmte Reinkultur von Mikroorganismen auf. Die Keimwurzeln wachsen durch das Dederonnetz hindurch und kommen mit den zu prüfenden Subst. oder Mikroorganismen in Berührung, ohne daß schwer zu trennende Wechselbeziehungen zwischen den Wurzeln der Wirtspflanzen, pathogenen Organismen und „harmlosen" Bodenbewohnern auftreten können. G. Loßner. 2420.

2-68/10-1068 Kremer, Fr. W. und Unterstenhöfer, G.; Leverkusen, Farbenfabrik Bayer A.G., Biol. Inst. **Zur Verrechnung von Ergebnissen aus Pflanzenschutzversuchen unter Verwendung der Methode von Townsend und Heuberger.** Pflanzenschutz-Nachr. „Bayer" **20** (1967) Nr. 4. S. 625-628. — 6 Lit.
Der Schädigungsgrad P (auch Wirkungsgrad eines Präparates) läßt sich nach folgender Formel berechnen:

$$P = \frac{\text{Summe}\,(n \times \text{v})}{Z \times N} \times 100$$

P = Befallsgrad oder Schädigungsgrad
n = Zahl der Pflanzenteile in jeder Kategorie
v = Zahlenwerte der Kategorien (Skalenwerte)
Z = Zahlenwert der höchsten Kategorie
N = Gesamtzahl der Pflanzenteile

Die Befallskategorien sind in der Regel von 0 bis 5 abgestuft; dabei bedeuten 0 = unbefallen und 5 max. Befall. Die Berechnungsmethode setzt voraus, daß N unabhängig von dem Ausmaß des Krankheitsauftretens ist. Werden infolge der Vernichtung des Blattwerkes neue Blätter gebildet, so führt diese Methode zu großen Fehlern.
J. Hollnagel. 2420.

2-68/10-1069 Söding, Hans und Dörffling, Karl; Hamburg, Staatsinst. für Allg. Bot. **Papierchromatographischer Nachweis mittels einer neuen Testmethode von baktericiden Substanzen in Pflanzenextrakten und deren möglicher Zusammenhang mit Wachstumshemmstoffen.** Arch. Mikrobiol. **60** (1968) Nr. 2. S. 182-200. — 9 Abb., 20 Lit.
Ätherische Pflanzenextrakte wurden mit Isopropanol/Wasser/Ammoniak (80:15:5) auf Papierstreifen chromatographiert, die Chromatogramme in Abschnitte zerlegt, diese mit den Testkeimen geimpft, 1 d in einer feuchten Kammer aufbewahrt und dann auf Nähr-

agar ausgelegt. Hierdurch kann man ein ganzes Chromatogramm gleichzeitig in einer Petrischale auswerten. Durch die verschiedenen Abschnitte lassen sich die R_f-Werte der bakteriziden Subst. gleich ermitteln. Bei Vorhandensein bakterizider Subst. bleibt die Bakterienvermehrung aus oder ist gehemmt. Getestete Pflanzen (Ahorn, Erbse und Sonnenblume) enthielten bakterizide Stoffe. Die verwendeten Testkeime (*Pseudomonas fluorescens*, *Aerobacter aerogenes*, *Serratia marcescens*) reagierten nicht immer gleichartig.
H. H. Budzier/Rostock. 2420.

2-68/10-1070 Pitcher, R. S. und Flegg, J. J. M. An improved final separation sieve for the extraction of plant-parasitic nematodes from soil debris. (**Eine verbesserte Siebmethode für die Gewinnung von pflanzenparasitischen Nematoden aus Bodenrückständen.**) Nematologica, Leiden **14** (1968) Nr. 1. S. 123–127. — 1 Abb., 1 Tab., 6 Lit. Zus. in Dtsch.
Dorylaimoiden sterben oft bei längerem Aufenthalt im Extraktionswasser. Als Todesursache wurde Kupfer im Wasser festgestellt, wenn Siebe aus Phosphorbronze verwendet werden. Auch Baumwoll- oder andere Textilfilter können Verluste verursachen. Vff. empfehlen daher Filter aus Nylongaze. H.-W. Nolte. 2420.

2-68/10-1071 Dunin, M. S. und Gordejčuk, A.I.; Moskau, Landwirtsch. Akad. Ob ispol'zovanii izoljatorov raznych tipov pri polučenii antivirusnych syorotok. (**Über die Verwendung von Isolierräumen verschiedener Typen zur Erlangung von Virus-Antiseren.**) Vestnik sel'skochozjajstvennoj nauki, Moskva **13** (1968) Nr. 2. S. 46–53. — 4 Abb., 5 Tab., 28 Lit. Zus. in Engl., Franz., Dtsch.
In Pflanzen von *Nicotiana-tabacum* erfolgte die Vermehrung von X- und Y-Virus, um unter Verwendung der Preßsäfte Antiseren herstellen zu können. Dazu ist es notwendig, die Pflanzen in Isolierräumen zu halten. Vff. untersuchten die Verwendungsmöglichkeit von 6 verschiedenen Modellen, die dem Karkassen- und dem Balkentyp angehören. Die Karkassenmodelle sind aus 6 mm starkem Draht gefertigt und besitzen eine zylindrische Form. Das Drahtgestell ist entweder mit einer oben zugebundenen Polyäthylenfolie (I) überzogen oder teils mit I und teils mit Gaze (II) oder nur mit II bespannt. Die Balkenmodelle sind größer, haben Quaderform und verglaste sowie mit II bespannte Wände. Vff. ermittelten Lichtdurchlässigkeits-, Temperatur- und Feuchtigkeitswerte der einzelnen Modelle. Desgleichen verglichen sie das Wachstum von Tabakpflanzen in bezug auf Höhe, Blattanzahl und Blattgröße. H. Lehmann. 2420.

2-68/10-1072 Bockmann, H.; Kiel-Kitzeberg, Biol. Bundesanst. **Fruchtfolgehygiene im Getreidebau.** Gesunde Pflanzen **19** (1967) Nr. 10. S. 201–206. — 3 Abb., 3 Lit.
Die aus der Anfälligkeit und Empfindlichkeit der Getreidearten gegenüber pilzlichen Fußerkrankungen und Haferzystenälchenbefall resultierenden Erfordernisse für die Fruchtfolgegestaltung werden für Anbaukonzentrationen mit einem Getreideanteil von 70···75% erörtert. Auf Grund der höheren Empfindlichkeit des Weizens gegen Fußkrankheiten und des Hafers gegen Nematoden sollten diese beiden Halmfrüchte nach Möglichkeit am Anfang einer Getreiderotation stehen, während Gerste und Roggen nachfolgend einzuordnen sind. Es wird erwogen, Roggen und Gerste in der Fruchtfolge enger nach sich selbst und nach Weizen und Hafer zu stellen, um die noch möglichen Anbaupausen (wenigstens 2 Jahre) für Blattfrüchte zwischen 2 bes. gegen Pilz- und Nematodenbefall empfindliche Getreidearten legen zu können. Auch durch Einbeziehung einer richtigen Wahl der Sorten, Saatzeit und Saatstärke kann man die Fruchtfolgehygiene wirksam unterstützen. H. Bochow. 2450.

2-68/10-1073 Hagen, K. S. und Bosch, R. van den. Impact of pathogens, parasites, and predators on aphids. (**Die Wirkung von Krankheitserregern, Parasiten und Prädatoren auf Blattläuse.**) Annu. Rev. Entomol. **13** (1968) S. 325–384. — 413 Lit.
Da auf dem Prager Symposium vom Jahre 1965 über aphidophage Insekten die Prädatoren im Mittelpunkt standen, legt diese Zus. das Schwergewicht auf Parasiten und Krankheitserreger. Parasiten sind aus den folgenden Gruppen bekannt: *Aphidiidae*, *Aphelinidae*, *Encyrtidae*, *Mymaridae* und parasitische *Diptera*. Das Wesentliche in der Lebensweise der betr. Gruppen arbeiteten Vff. heraus. Auf Kosten dieser Parasiten leben eine Reihe von Hyperparasiten aus den verschiedensten Gruppen. Obwohl es eine Vielzahl von Veröffentlichungen über die natürlichen Feinde der Blattläuse gibt, wissen wir noch sehr wenig über deren wirkliche Bedeutung. Das Studium der Populationsdynamik der Blattläuse muß demzufolge entscheidend verbessert werden. Wichtig ist auch die Kenntnis der Populationsdichte, oberhalb derer die Schäden wirtschaftlich ins Gewicht fallen. Bes. erfolgreich waren

biol. Bekämpfungsmaßnahmen gegen Blattläuse bisher dann, wenn es sich um eingeschleppte Arten handelte. H. Königsmann. 2470.

2-68/10-1074 Burges, H. D.; Slough, Buckinghams., A.R.C., Pest Infestat. Labor. Standardization of Bacillus thuringiensis products: homology of the standard. (**Die Standardisierung von Bacillus thuringiensis-Produkten: Homologie des Standards.**) Nature, London **215** (1967) Nr. 5101. S. 664-665. — 1 Tab., 2 Lit.
Bekämpfungsmittel, die auf *Bacillus thuringiensis* basieren, enthalten 2, z. T. sogar 3 aktive Komponenten: Die Sporen, den Kristall des toxischen Proteins und das Exotoxin. Gegenüber *Lepidoptera* ist der Kristall der entscheidende Faktor. Der Test tritt daher an die Stelle des Sporenzählens, um die Toxizität eines Präparates festzulegen. Es hat sich aber gezeigt, daß z. B. ein Produkt „S" bei *Anagasta* 10,6mal stärker wirkt als das Produkt „Bakthane", bei *Galleria* hingegen 76,3mal. Vf. erörtert die sich aus dieser starken Abhängigkeit vom Testtier ergebenden Probleme der Standardisierung und zeigt Lösungsmöglichkeiten auf. E. Königsmann. 2470.

2-68/10-1075 Franz, J. M., Hrsg. (unter Mitarb. von Simon, H. R.). **Bibliographie über biologische Bekämpfung. XII.** Paris: Le François. 1968. (87 S. m. 1517 Lit.) 8° = Entomophaga **13** (1968) Nr. 1. 2470.

2-68/10-1076 Reinbergs, E., Edgington, L. V., Metcalfe, D. R. und Bendelow, V. M.; Guelph, Univ. of Ontario; Winnipeg, Canada Dep. of Agric., Res. Stat. Field control of loose smut in barley with the systemic fungicides Vitavax and Plantvax. (**Freiland-Bekämpfung des Gerstenflugbrandes mit den systemischen Fungiziden Vitavax und Plantvax.**) Canad. J. Plant Sci. **48** (1968) Nr. 1. S. 31-35. — 3 Tab., 2 Lit.
Saatgutbeizung mit Vitavax(2,3-Dihydro-5-karboxanilido-6-methyl-1,4-oxathiin) zu 113 und 227 g je 45,5 kg Gerstensaatgut verhinderte unter feldmäßigen Bedingungen den Flugbrand vollständig. Bodenbehandlung mit 5,6 und 11,2 kg/ha Plantvax (2,3-Dihydro-5-karboxanilido-6-methyl-1,4-oxathiin-4,4-dioxid) brachte den gleichen Bekämpfungserfolg. Während Vitavax in der geringeren Aufwandmenge bei starkem Befall gegenüber ungebeizt einen signifikanten Mehrertrag bewirkte, waren die höhere Aufwandmenge und Plantvax phytotoxisch (verminderte Wuchshöhe, verzögerte Reife, geringere Schüttdichte und TKM). Die Beizung zur Saatzeit schützte nicht vor Blüteninfektionen.
J. Hollnagel. 2500.

2-68/10-1077 Malone, J. P.; Belfast, Northern Ireland, Min. of Agric. Mercury-resistant Pyrenophora avenae in Northern Ireland seed oats. (**Quecksilberresistente Pyrenophora avenae in nordirischem Körnerhafer.**) Plant Pathol. **17** (1968) Nr. 1. S. 41-45. — 2 Tab., 9 Lit.
Von 104 untersuchten Proben zeigten 84 Befall durch *Pyrenophora avenae*. Der Erreger war von 25 Proben gegen eine Saatgutbehandlung mit org. Hg-Beizen resistent. Den besten Bekämpfungserfolg brachte eine Schlämmbeizung mit Thiuram. J. Hollnagel. 2500.

2-68/10-1078 Naumann, K.; Aschersleben, Inst. für Phytopathol. der Dtsch. Akad. der Landwirtsch.-Wiss. zu Berlin. **Mehrjährige Untersuchungen zur Bekämpfung von Pseudomonas lachrymans (Sm. et Br.) Carsner in Freilandbeständen.** Arch. Gartenbau **16** (1968) Nr. 3. S. 203-214. — 3 Abb., 1 Tab., 26 Lit. Zus. in Russ., Engl. — nach Zus.
In über 3jähr. Feldversuchen zur Bekämpfung von *Pseudomonas lachrymans* in Gurkenbeständen verminderte mehrfacher Einsatz (etwa 5 Spritzungen) von Spritzcupral 45 (1%ig) unter Zugabe von Fekama-Haftmittel (0,2%ig) oder Mineralöl (10%ig) den Blattbefall erheblich. In der Mehrzahl der Fälle erhöhte sich nach Anwendung dieser Mittelkombinationen der Ertrag an samenreifen Früchten signifikant um etwa 40%. Ebenso verbesserte sich der Anteil der zur Samengewinnung brauchbaren Früchte wesentlich. Die Anwendung von Streptomyzin (400 ppm) oder Streptomyzin-Kombinationen mit Oxytetrazyklin (200 ppm) vermochte selbst bei Zusatz von oberflächenaktiven und die Stoffaufnahme fördernden Subst. (DMSO, Glyzerin) den Befall mit *Ps. lachrymans* nur geringfügig zu verringern. Der Einsatz von Maneb (0,2%ig) wirkte sich nur in einem Jahr (1964) befallsmindernd aus, versagte aber 1965. Kupfer-8-oxychinolin- und 8-Hydroxychinolinsulfat waren ohne Wirkung. Es wird betont, daß die chem. Bekämpfung nur in Verbindung mit pflanzenhygienischen Maßnahmen zu einem befriedigenden Erfolg führen kann.
2500.

2-68/10-1079 Henniger, H. und Hahn, W. **Die Verhütung von Schwarzbeinigkeit und Knollennaßfäule.** Feldwirtschaft 9 (1968) Nr. 4. S. 165-168. — 3 Abb., 2 Tab., 3 Lit. — nach Zus.
Vff. schildern die Ursachen und Krankheitserscheinungen der Knollennaßfäule und der damit verbundenen Schwarzbeinigkeit sowie den Krankheitsverlauf, die Mechanismen der Widerstandsfähigkeit und ihre Veränderungen unter dem Einfluß von Umweltbedingungen. Auf Grund dieser Erkenntnisse schlagen Vff. Maßnahmen zur Verminderung der Naßfäuleschäden und der Schwarzbeinigkeit bei der industriemäßigen Speisekartoffelerzeugung vor. Verminderung der Beschädigungen und Belüftung sowie Abtrocknung unmittelbar nach der Ernte stellen die entscheidenden Faktoren dar. 2500.

2-68/10-1080 Maas, Georg; Fischenich, Biol. Bundesanst., Inst. für Gemüsekrankh. und Unkrautforsch. **Über Wechselbeziehungen bei Winterroggen zwischen der Anwendung von Triallat, der Beizung und den Temperaturen während des Auflaufens.** Nachr.-Bl. dtsch. Pflanzenschutzdienstes, Braunschweig 19 (1967) Nr. 12. S. 184-185. — 1 Abb., 1 Lit. Zus. in Engl.
Auflaufschäden können bei Wi.-Roggen nach Anwendung von Triallat auftreten, wenn hohe Bodentemperaturen (um 20 °C) das Herbizid während der Keimung zur Verdampfung bringen. Überbeizungen (Methoxyäthylenquecksilbersilikat + Hexachlorbenzol) vergrößern den Schaden. Ein gesundes Auflaufen wird erreicht, indem man den Roggen bei richtiger Dosierung von Triallat sowie der Hg-haltigen Beize erst 3 d nach dem Triallateinsatz aussät. J. Hollnagel. 2500.

2-68/10-1081 Chandobina, L. M. und Kuznecova, T. A.; Moskau, Univ. Vlijanie TMTD na okislitel'nyj obmen morkovi i ustojčivost' ee k vozbuditelju fomoza. (**Der Einfluß von TMTD auf den Sauerstoffhaushalt der Möhre und ihre Widerstandsfähigkeit gegenüber dem Erreger der Phoma-Krankheit.**) Chimija v sel'skom chozjajstve, Moskva 6 (1968) Nr. 2. S. 23-26. — 6 Tab., 12 Lit.
Vff. untersuchten Ursachen des durch Saatgutbeizung von Möhren mit TMTD (4 g/kg eines 50%igen Präparates) hervorgerufenen Ertragsanstiegs. TMTD stimulierte die Atmungsintensität der Möhrenblätter geringfügig, dagegen die der Möhrenkörper in beträchtlichem Maße. Der O_2-Verbrauch übertraf bei durch *Phoma rostrupii* infizierten wesentlich den gesunder Möhrenkörper. Da TMTD das Kupfer der Cu-haltigen Fermente bindet, sanken die Fermentaktivitäten, bes. die der Polyphenoloxydase. Die Aktivität der Fe-haltigen Fermente Zytochromoxydase, Peroxydase und Katalase stieg dagegen an und damit auch die terminale Oxydation. Die Aktivierung des O_2-Haushaltes hatte eine erhöhte Widerstandsfähigkeit der Möhre gegenüber *P. rostrupii* zur Folge. Die Anwendung von TMTD empfiehlt sich zur Saatgutbeizung, zur Behandlung geernteter Möhren und der Stecklinge vor dem Auspflanzen. H. Lehmann. 2500.

2-68/10-1082 Dancs, K., Csorba, Z., Ferencz, V. und Pozsár, B. Fungicidek alkalmazásának rádiobiológiai értékelése az almafa varasodása elleni védekezésben. (**Radiobiologische Wertung der Anwendung von Fungiziden bei Apfelschorfbekämpfung.**) Agrártudományi Közlemények, Budapest 26 (1967) Nr. 3/4. S. 313-325. — Aus: Ung. Agrar-Rdsch. 1968 Nr. 2.
Nach 11 Behandlungen mit Captan, Zineb und Dithianon verminderte sich der Blatt- bzw. Fruchtbefall von 31…51 bzw. 60…85% auf 25 bzw. 20%. Kupferoxychlorid führte zu Verbrennungserscheinungen an Früchten. Captan und Zineb waren bei 'Jonathan', 'Golden Delicious' und 'Starking' auf die Früchte nicht toxisch. Dithianon verursachte bei der sehr empfindlichen Sorte 'Golden Delicious' Verbrennungen. Die 3 erstgenannten Fungizide förderten bis zum Ende der Vegetationsperiode das Triebwachstum im Vergleich zur unbehandelten Kontrolle um 44…64%. Befall durch *Venturia inaequalis* verminderte die Photosynthese um 23%, die Chlorophyllsynthese und die Eiweißsynthese um etwa 30%. Spritzungen mit org. Fungiziden erhöhten dagegen die photosynthetische Leistung um 19…37, die Chlorophyllsynthese um 20…26 und die Eiweißsynthese um 31…84%. 2500.

2-68/10-1083 Heungens, A. DBCP-behandelingen op Azalea indica L. in serres. (**DBCP-Behandlungen von Rhododendron indicum in Gewächshäusern.**) Meded. Rijksfac. Landbouwwetenschappen te Gent 32 (1967) Nr. 1. S. 137-150. — 4 Abb., 3 Tab., 16 Lit. Zus. in Engl., Franz., Dtsch. — nach Zus.

In den Genter Azaleenbetrieben nahmen Chlorosen und Nekrosen zu. Solche Pflanzen haben ein wenig entwickeltes Wurzelsystem. Es galt zu ermitteln, ob DBCP wegen seines direkten und indirekten Einflusses auf die Bodenfauna und -flora eine allg. Ertragsvermehrung in der Azaleenkultur unter Glas bewirkt. In altem Fichtenboden wurden auf 9 Betrieben Versuche durchgeführt und auf einem 10. Betrieb 4 Gefäßversuche in einem neuen Fichtenboden. 3 Tab. enthalten Angaben und Ergebnisse. Typische phytotoxische Symptome erscheinen bei Überdosierung und in wenigen Fällen bei einer Verabreichung von 4 kg Nemagon-20 (19% DBCP) /a. Bei 2···3 kg ist bisweilen eine Ertragsvermehrung zu beobachten. 2500.

2-68/10-1084 Zadoks, J. C., Groenewegen, C. A. M. und Zandvoort, R.; Wageningen, Labor. of Phytopathol., Plant Protect. Serv. On heat treatment of Chrysanthemum morilifolium against Puccinia horiana. (**Über Hitzebehandlung von Chrysanthemum morilifolium gegen Puccinia horiana.**) Netherl. J. Plant Pathol. **74** (1968) Nr. 1. S. 25–27.— 1 Abb., 2 Tab., 1 Lit. Zus. in Niederl.
Vf. prüfte den von Hellmers (1964) gemachten Vorschlag einer Wärmebehandlung (37···40 °C, 20 h) an Weißrost erkrankter Chrysanthemen experimentell nach. Künstlich mit *Puccinia horiana* infizierte 'Indianapolis White G 4' werden im Temperaturbereich von 30···52 °C in Plastikbeuteln während 8 verschiedener Zeiträume (0 bis 48 h) behandelt und anschließend bei 22 °C im Haus weiterkultiviert. Der Spielraum zwischen völliger Abtötung des Pilzes und Schädigung der Terminalknospe der Chrysanthemen ist sehr eng, so daß man die Maßnahme nur zur Rettung erkrankter Mutterpflanzen, nicht aber allg. empfehlen kann. Als günstig erwiesen sich 45 °C, 8 h und 35 °C, 48 h. Auf Grund der bisherigen Erfahrungen schlägt Vf. die Errechnung wirksamer Bereiche nach der Formel: $e = 4t + 188$ vor, in der e die Expositionsdauer, t die Temperatur bedeuten. Herta Schmidt. 2500.

2-68/10-1085 Beetz, K.-J. **Erfahrungen mit der Botrytisbekämpfung im Weinbau.** Weinberg u. Keller **15** (1968) Nr. 2. S. 63–78. — 6 Abb., 6 Tab., 19 Lit.
Botrytis cinerea Pers. hat sich im Weinbau zu einer immer größeren Gefahr entwickelt. Alle empfohlenen indirekten Bekämpfungsmaßnahmen haben sich als unzureichend erwiesen. Die Ablösung der Kupfermittel, die noch eine gewisse Wirkung hatten, durch org. Fungizide hat die Situation zunächst verschärft, bis es gelang, auch *Botrytis*-wirksame org. Mittel zu entwickeln. In neuester Zeit kommen nun auch Fungizide zum Einsatz, die eine direkte *Botrytis*-Bekämpfung ermöglichen. Bei Spritzversuchen i. J. 1967, einem ausgesprochenen *Botrytis*-Jahr, mit Basfungin 0,2%ig ließ sich bei 'Riesling' der Befall um 50 und bei 'Müller-Thurgau' um 40% senken. Die Erträge in den zusätzlich mit Basfungin behandelten Parzellen lagen bei 'Müller-Thurgau' um 40 und bei Riesling um 20% höher als bei den Kontrollen. Zur Technik der *Botrytis*-Bekämpfung gibt Vf. Hinweise, weil diese den Sorten und der Witterung angepaßt werden muß. Die Dauerwirkung des Mittels reicht nur 14 d. Die erste Behandlung muß in die abgehende Blüte erfolgen und bis Ende Aug. fortgesetzt werden. Auswirkungen des Basfungins auf den Gärverlauf der Moste und den Geschmack bestehen trotz der späten Anwendung nicht. F. Gollmick. 2500.

2-68/10-1086 Liebl, H.; **Zur Bekämpfung der Frühinfektion des Hopfens durch die Peronospora.** Hopfen-Rdsch. **19** (1968) Nr. 6. S. 100–102. 104–106. — 3 Abb., 1 Tab., 11 Lit.
Die Frühinfektion (Primärinfektion) durch die Hopfen-*Peronospora* geht bes. vom Dauermyzel im Wurzelstock des Hopfens aus. Vom Markteil dringt der Pilz in die Rindenschichten vor und bildet bei 15 °C Konidien. Gute Bekämpfungserfolge wurden mit frühen Fungizidanwendungen (Spritzung bei 5 und bei 30···40 cm Wuchshöhe des Hopfens) erreicht. Verwendung fanden Cu-haltige oder -freie Präparate, Fentinazetat und auch antibiotische systemische Fungizide. J. Hollnagel. 2500.

2-68/10-1087 Bongiovanni, G. C. Prove di lotta con nematocidi fumiganti contro i nematodi della bietola (Heterodera schachtii Schm. e Meloidogyne spp.). (**Bekämpfungsversuche mit Nematiziden gegen Rübennematoden [Heterodera schachtii Schm. und Meloidogyne spp.].**) Notiziario Malattie Piante [III. S.] **3/4** (1967) Nr. 76/77. S. 155–175. — 12 Tab., 20 Lit. Zus. in Engl.
In 6 Parzellenversuchen mit Zuckerrüben prüfte Vf. verschiedene Nematizide, die teils im Herbst, teils unmittelbar vor der Aussaat in den Boden eingearbeitet wurden. Der Besatz mit Zysten von *Heterodera schachtii* mit lebendem Inhalt schwankte in den Versuchen von 8···41/100 g Boden. Im Mittel der Versuche erzielte man folgende Zuckerertragszunahme:

430 kg/ha 1,3-Dichlorpropen (50%) + 1,2-Dichlorpropan (50%) 41% (6 Versuche; Schwankungsbereich 8…111%); 295 kg/ha Dichlorpropen (60%) + 1,2-Dichlorpropan 31% (3; 24…35%); 289 kg/ha, 1,3-Dichlorpropen (90…93%) 23% (1; 11…36%); 379 kg/ha 1,2-Dibromäthan (4%) 3% (6; — 18…24%). In keinem Versuch war die Anwendung der Nematizide rentabel. K. Wiesner/Kleinwanzleben. 2500.

2-68/10-1088 Shorey, H. H., Hale, R. L. und Voth, V. Comparisons of soil and foliar applications of acaricides for control of the two-spotted spider mite on strawberries in Southern California. (**Vergleiche der Boden- und Blattapplikationen von Akariziden zur Bekämpfung der Gemeinen Spinnmilbe an Erdbeeren in Südkalifornien.**) J. econ. Entomol. **60** (1967) Nr. 6. S. 1722-1724. — 3 Tab., 5 Lit.
Die Gemeine Spinnmilbe, *Tetranychus urticae* Koch, ist wahrscheinlich der bedeutendste Arthropodenschädling in den südkalifornischen Erdbeerpflanzungen, die als einjähr. Kulturen im Aug. oder Nov. angelegt werden. Granuliertes Phorate (2,244 kg/ha), beim Auspflanzen in die Pflanzfurchen appliziert, schützte bei einer Wirkungsdauer von 6 Mon. die Nov.-Pflanzungen bis Juni vor Spinnmilbenschäden, während für die Aug.-Pflanzungen im März zusätzliche Maßnahmen erforderlich sind. Ähnlich appliziertes Disulfoton befriedigte nicht. Auch seitlich neben die Pflanzfurchen ausgebrachtes Phorate war weniger wirkungsvoll. Zum Schutz der Aug.-Pflanzungen im Frühjahr testete man verschiedene Blattspritzmittel. Dicofol und Dimethoat (1,122 kg/ha) bewirkten für mehrere Wochen eine mehr als 80%ige Verminderung des Milbenbefalls, jedoch war diese Behandlung nicht wirksamer als eine 6 Mon. früher erfolgte Applikation von Phorate in den Boden. Tetradifon (1,222 kg/ha) und TEPP (2,244 kg/ha) waren getrennt appliziert unwirksam, während die Kombination beider Mittel eine etwa 70%ige Milbenbekämpfung erzielte. Mit Morestan und Binapacryl ließ sich im Gegensatz zu anderen Autoren gleichfalls nur ein geringer Bekämpfungserfolg erreichen. Periodische Freilassungen von im Insektarium gezüchteten Raubmilben (*Phytoseiulus persimilis* Athias-Henriot) können gleichfalls mit der Abnahme der Phoratewirksamkeit abgestimmt werden. R. Klunker. 2500.

2-68/10-1089 Erbenová, M. Účinnost postřiku třešní ve vegetačním klidu na molovku pupenovou. (**Wirkung der Spritzung von Kirschbäumen gegen die Kirschblütenmotte.**) Zahradnické Listy, Praha **61** (1968) Nr. 2. S. 62. — 1 Abb., 2 Tab.
Den übermäßigen Kirschblütenfall verursacht in der Regel die Kirschblütenmotte, *Argyresthia pruniella*. Jede einzelne Raupe vernichtet eine größere Anzahl von Blütenknospen. Der Schädling läßt sich leicht im Eistadium durch Spritzen mit Nitrosan oder Arborol bekämpfen. Dabei erreichte die Behandlung eine 90%ige Wirkung. ČSSR/ÚVTI. 2500.

2-68/10-1090 Harding, James A. Chemosterilization of male European corn borers by feeding of tepa and apholate to larvae. (**Chemosterilisierung der Männchen des Maiszünslers durch Aufnahme von Tepa und Apholate mit der Nahrung durch die Larven.**) J. econ. Entomol. **60** (1967) Nr. 6. S. 1631-1632. — 2 Tab., 4 Lit.
7 d alte Larven von *Ostrinia nubilalis* Hübner fraßen 72 h von einer synthetischen Nahrung, der Apholate oder Tepa in verschiedenen Konz. oberflächlich aufgetragen waren. Die aus diesen Larven hervorgegangenen Männchen waren steril; nach der Kopulation mit unbehandelten Weibchen legten diese nur wenige schlüpffähige Eier. Beide Verbindungen hatten keinen Einfluß auf die Lebensdauer der Imagines und die Eierzeugung. Tepa verringerte allerdings die Kopulationsrate. W. Lehmann. 2500.

2-68/10-1091 Kolbe, W.; Leverkusen, Farbenfabriken Bayer AG, Abt. Pflanzenschutz-Wiss. **Untersuchungen über die Bekämpfung der Rübenfliege (1957—1967) unter Berücksichtigung der Blattlausbekämpfung.** Pflanzenschutz-Nachr. „Bayer" **20** (1967) Nr. 4. S. 645-674. — 4 Abb., 7 Tab., 120 Lit.
Versuche zur Bekämpfung der Rübenfliege dienten der Erprobung neuer Wirkstoffe. Bei der Bewertung der Mittel galt als Anfangswirkung der Termin nach der Spritzung, an dem mehr als 95% der Larven abgetötet waren. Das Ende der Wirkungsdauer galt an dem Tag als erreicht, an dem weniger als 50% der Larven abgetötet waren. Keiner der geprüften 122 Wirkstoffe hatte längere Wirkungsdauer als 15 d. Der Verdünnungseffekt infolge des starken Blattzuwachses wird als begrenzender Faktor bei der Dauerwirkung der Präparate bezeichnet. Die alljährlichen Wirkungsschwankungen, in Abhängigkeit von Witterung, Wachstumsrhythmus der Rüben und Befallszeitpunkt, bespricht Vf. am Beispiel von Dipterex. Insektizide Granulate (z. B. Disyston-Granulat) konnten sich wegen des epidemischen

Auftretens der Rübenfliege in der Praxis noch nicht durchsetzen, obwohl das Ausbringungsverfahren weitgehend anwendungsreif ist. Diesen prophylaktischen Maßnahmen wird für Gebiete ohne Warndienst Bedeutung beigemessen. Um gleichzeitig mit der Rübenfliege auftretende Blattläuse gezielt und erfolgreich bekämpfen zu können, wurde das Präparat Dipterex MR entwickelt. Es vereinigt die langanhaltende Dauerwirkung des Dipterex gegen die Rübenfliege mit der etwa ebenso langen Wirkung des Metasystoxsulfoxids auf Blattläuse. In diesen Versuchen galt die Dauerwirkung als beendet, wenn mehr als 1 *Myzus persicae* bzw. mehr als 10 *Aphis fabae* je Rübenpflanze gezählt wurden. 13 bis 16 Tage nach Behandlung ließ ein Wiederanstieg des Befalls das Ende der Mittelwirkung gegenüber beiden Blattlausarten erkennen. G. Müller/Kleinwanzleben. 2500.

2-68/10-1092 Gončarova, N. G. Differencirovannyj kompleks mer bor̆by s listovoj smorodinnoj galliccj. (**Verschiedene Bekämpfungsmaßnahmen gegen die Johannisbeergallmücke.**) Izvestija Timirjazevskoj sel'skochozjajstvennoj akademii, Moskva **1968** Nr. 1. S. 138–149. – 8 Abb., 6 Tab., 12 Lit. Zus. in Engl.

Die durch die Mücke verursachten Schäden sind im Ausmaß unterschiedlich. Das beruht auf der ungleichen Dauer der Bildung junger Blätter. Natürliche Feinde der Mücke spielen eine erhebliche Rolle bei der Verminderung des Schädlings. Um ihre Zusammensetzung und Zahl zu bestimmen, ist es nötig, die Vermehrung der Mücken vorherzusagen und Bekämpfungsmaßnahmen zu ermitteln. Die biol. und agronom. Bedeutung einiger agrotechnischer Maßnahmen steigern die Widerstandsfähigkeit der Pflanzen gegen die Mücke und vermindern die Schäden. Mehrere moderne Pflanzenschutzmittel wurden getestet und der beste Bekämpfungszeitpunkt der Mücken ermittelt. Chlorophos, Rogor und einige andere erwiesen sich als sehr wirksam. E.-M. Ardelt. 2500.

2-68/10-1093 Burrage, R. H., Menzies, J. A. und Zirk, E. Soil treatments with broadcast or band applications of organophosphorous or carbamate insecticides for prevention of wireworm damage to potatoes. (**Bodenbehandlungen mit breitwürfig oder im Bandverfahren verabreichten organischen Phosphor- oder Karbamatinsektiziden zur Verhütung von Drahtwurmschäden an Kartoffeln.**) J. econ. Entomol. **60** (1967) Nr. 6. S. 1489–1492.

Von 12 breitwürfig bzw. im Bandverfahren kurz vor bzw. bei den Granulaten mit dem Auspflanzen verabreichten Insektiziden erbrachten das Granulat N-2790 (O-Äthyl-S-phenol-äthylphosphordithioat) und Zinophos (R) (0,0-Diäthyl 0-2-pyrazinyl phosphorthioat), oberflächlich kurz vor dem Pflanzen ausgebracht und 10···15 cm tief eingearbeitet, die besten Bekämpfungsergebnisse. Die Aufwandmenge betrug 5,6 kg/ha. Mehr als 90% der Knollen waren bei Anwendung der genannten Insektizide frei von Drahtwurmschäden. Der Ertrag in fast allen behandelten Parzellen war größer als in den unbehandelten, unabhängig von Drahtwurmschäden. Vff. nehmen eine schon bei anderen Insektiziden und Kulturpflanzen bekannte ertragssteigernde Wirkung an. Bei hohen Gaben (11,2 kg/ha) trat bei N-2790 und Bay 37289 ein unangenehmer Geschmack auf. Auf Farbe und Zustand der Kartoffeln war ein signifikanter Einfluß nicht festzustellen.
K. Neitzel/Groß-Lüsewitz. 2500.

2-68/10-1094 Rout, G. und Senapati, B. **Versuche zur Bekämpfung der Senfblattlaus mit Insektiziden.** Pflanzenschutz-Nachr. „Bayer" **20** (1967) Nr. 4. S. 683–688. – 3 Tab., 6 Lit.

Bekämpfungsversuche gegen *Lipaphis erysimi* Kalt., die in Indien regelmäßig an Senf und anderen landwirtsch. genutzten Kreuzblütlern schädlich auftritt, erstreckten sich auf 5 systemische Insektizide. Die Ausbringung der Mittel erfolgte zu Beginn der Blüte durch Spritzen und (mit 4facher Aufwandmenge) durch Bodenbehandlung. Eine 2. Behandlung folgte 15 d nach der ersten, eine 3. Behandlung 16 d nach der zweiten. In einer dritten Versuchsserie benutzte man alle 5 Insektizide zur Saatgutbehandlung. Zur Erfolgskontrolle diente die Populationsdichte der Aphiden 3, 7 und 14 d nach der 1. Spritzung oder Bodenapplikation, sowie der Körnerertrag. Metasystox (i) 0,1%ig, Menazon 0,05%ig und Dimethoate 0,1%ig hatten sowohl als Spritz- wie auch als Bodenbehandlungsmittel bessere Wirkung als Phosphamidon 0,02%ig und Mevinphos 0,1%ig sowie das nur zur Blattspritzung als Vergleichsmittel verwendete Parathion (0,025%ig). Blattspritzung und Bodenapplikation waren i. allg. gleich gut, Saatgutbehandlung dagegen nur wenig wirksam.
F. P. Müller. 2500.

2-68/10-1095 **Untersuchungen über die synergistische und antagonistische Wirkung von Virusinfektionen und Chemikalien bzw. physikalischen Faktoren auf pflanzliches Gewebe.** Leipzig, Abt. Landwirtsch. Bot. des Inst. für Phytopathol. der Karl-Marx-Univ. Plan-Nr.: 4502 15/02i 7008/4. 49 S. Abschlußber. (15/4. 1968).

Unter Einbeziehung verschiedener Sorten und Stämme von *Nicotiana tabacum* L. und *Solanum tuberosum* L. sowie verschiedener Viren wurde untersucht, wie bestimmte Chemikalien bzw. physikal. Behandlungsweisen auf gesunde und virusinfizierte Pflanzen einwirken. Dabei wurde vor allem geprüft, ob und unter welchen Voraussetzungen subletale Dosen von Chemikalien, die das Wachstum gesunder Pflanzen kaum beeinträchtigen, virusinfizierte Pflanzen zum Absterben bringen. Nach Behandlung mit verschiedenen Subst., vor allem einigen s-Triazinpräparaten, konnten unter bestimmten Voraussetzungen alle mit Mosaikviren i.w.S. infizierten Pflanzen vernichtet werden, während die gesunden Kontrollen die Behandlung ungeschädigt überstanden. Mit dem Blattrollvirus der Kartoffel befallene Stecklinge und Pflanzen ließen sich weniger sicher abtöten. Bestimmte Umweltfaktoren können jedoch auch bei Befall mit Mosaikviren beträchtliche Reaktionsabweichungen zur Folge haben, die im gegenwärtigen Stadium der Arbeiten die Anwendung der Ergebnisse im Rahmen der Praxis unterbinden. In weiteren Untersuchungen konnte man ein s-Triazin auffinden, dessen Wirkung nicht so stark von Umweltbedingungen abhängig ist. 2500.

2-68/10-1096 Schmitt, N. **Wie man in Dänemark Stare vertreibt.** Erwerbsobstbau 10 (1968) Nr. 2. S. 29.

Der auf Tonband aufgenommene Warnruf (nicht den Angstschrei, wie ihn die Amerikaner verwenden) wird über mehrere kleinere, in Preßstoffolie eingebaute Lautsprecher in die Kirschanlagen übertragen. Zur Einsparung des Bedienungsmannes erfolgt die Starenabwehr in Dänemark automatisch. Alle 5 min 15 s ertönt der Warnruf. Zwischendurch sind größere Intervalle mit einem nachfolgend länger anhaltenden Warnruf eingelegt. Der Erfolg ist gut, mit Ausnahme der letzten Tage der Saison, in denen der Hunger offenbar größer ist als die abschreckende Wirkung. Die Stare verlassen einige Sekunden nach Ertönen des Rufes die Bäume. Auf gleiche Erfolge in verschiedenen Gebieten der BRD wird hingewiesen. P. Lux/Pillnitz. 2500.

2-68/10-1097 Wallnöfer, Peter. **Zum Problem der Pflanzenschutzmittelrückstände im Boden und deren Einfluß auf die Bodenmikroflora.** Bayer. landwirtsch. Jb. 44 (1967) Nr. 6. S. 740-747. — 3 Abb., 17 Lit.

Im Boden gibt es viele Faktoren, durch die Wirkstoffrückstände im Laufe der Zeit völlig ausgeschaltet oder inaktiviert werden können. Neben der Auswaschung durch Niederschläge spielt vor allem der mikrobielle Abbau eine große Rolle. Grundsätzlich sei vorausgeschickt, daß es nur sehr wenige Mittel gibt, die schon innerhalb von Tagen abgebaut werden. Die Möglichkeiten der Inaktivierung durch Mikroorganismen zeigt Vf. anhand einiger Beispiele auf: 1. Herbizide (2,4-D, Simazin, Harnstoffderivate), 2. Insektizide (DDT, Phosphorsäureester), 3. Fungizide (Thiurame, Thiokarbamat). Generell wird für alle neuen Wirkstoffgruppen ein Wirkungsspektrum auch gegen Bodenmikroorganismen gefordert. R. Bech. 2505.

2-68/10-1098 Homonnay, F. und Cschi, É. Dyfonate, uj hatásos növényvédőszer a talajlakó kártevők ellen. (**Dyfonate, ein neues wirksames Pflanzenschutzmittel gegen Bodenschädlinge.**) Magyar Mezögazdaság [Ung. Landwirtsch.] 22 (1967) Nr. 38. S. 14. — Aus: Ung. Agrar-Rdsch. **1968** Nr. 2. 2505.

2-68/10-1099 Mandel'baum, Ja. A., Sojfer, R. S., Mel'nikov, N. N. und Fedosenko, L. G.; Unions-Forsch.-Inst. für Chem. Pflanzenschutzmittel. Akaricidnaja i fungicidnaja aktivnost' dialkilamidov O-alkil-S-(-N-alkilkarbamoilmetil)-ditiofosfatov. (**Akarizide und fungizide Wirksamkeit von Dialkylamiden von O-Alkyl-S-[N-alkylkarbamoylmethyl]-dithiophosphaten.**) Chimija v sel'skom chozjajstve, Moskva 6 (1968) Nr. 2. S. 27-28. — 2 Tab., 4 Lit.

Um die Abhängigkeit der bioziden Wirkung von der Struktur P-org. Verbindungen zu untersuchen, synthetisierten Vff. Dialkylamide der allg. Formel $R_2NPS(OR')(SCH_2CONHR'')$ (I). Die Synthese erfolgte nach dem Schema $R_2NPSCl_2 + NaSCH_2CONHR'' + NaOR' \rightarrow I + 2\ NaCl$. Für 18 Verbindungen stellten Vff. folgende Werte zusammen: n_D^{20}, d_4^{20}, akarizide Wirkung (II) gegenüber *Tetranychus urticae*, fungizide Wirkung (III) gegenüber Sporen von *Phytophthora infestans* und *Venturia inaequalis*, gegenüber Myzel von *Botrytis cinerea*, *Fusarium moniliforme*, *Aspergillus niger* und *Venturia inaequalis* sowie bakterizide Wirkung gegenüber *Xanthomonas malvacearum*. Eine bes. hohe II zeigten die Diäthylamide von O-Methyl-S-(N-äthylkarbamoylmethyl)-dithiophosphat und O-Methyl-S-(N-methylkarbamoylmethyl)-dithiophosphat sowie dessen O-Äthyl-Analogon. In weiteren Prüfungen unterlagen sie jedoch dem Methylmercaptophos. Die III der angeführten Verbindungen erreichte nicht die Werte von Dichlone. H. Lehmann. 2505.

2-68/10-1100 Didrbek, K. und Martinec, V. Chemicke přípravky na ochranu okrasných rostlin. (**Chemische Präparate zum Schutz der Zierpflanzen.**) Zahradnické Listy, Praha **61** (1968) Nr. 2. S. 44.
Vff. zählen in- und ausländische für den Zierpflanzenbau geeignete Präparate auf. Die beiden Insektizide Fenitrothion und Dichlorvos bewähren sich im Einsatz in Gewächshäusern. In den Handel werden Metathion E 50 und Brevinyl E 50 (beide ČSSR) kommen. Das schweiz. Präparat Anthio zeigt gute Wirkung gegen Schildläuse. Wepsyn kommt als Fungizid gegen Echten Mehltau an Rosen, Hortensien, *Gerbera*, Gloxinien und Begonien zum Einsatz. Es tötet 0,2%ig auch Schildläuse ab. Das japan. Präparat Aphidan ist zu empfehlen. ČSSR/ÚVTI. 2505.

2-68/10-1101 Reber, Hans. **Untersuchungen über die fungizide Wirksamkeit von Entseuchungsmitteln in verschiedenen Bodentiefen.** Gartenbauwissenschaft **32**(**14**) (1967) Nr. 3. S. 291-295. — 3 Abb., 3 Lit. Zus. in Engl., Franz. — nach Zus.
Bei Anwendung praxisüblicher Aufwandmengen dringt Terabol (Methylbromid) tiefer in den Boden ein als Larvacide (Chlorpikrin) und Trapex (Methylisothiozyanat in Xylol). Als Kriterium für die Eindringungstiefe diente die Abnahme der Pilzkeimzahlen in verschiedenen Bodentiefen. 2510.

2-68/10-1102 Hoffmann, G. M., Stephan, B. R. und Drosihn, U. G. **Methylbromid als Bodenentseuchungsmittel. Fungizide Wirkung und Anwendung bei Nelken.** Gartenwelt **68** (1968) Nr. 4. S. 71-73. — 4 Abb.
Laborversuche mit Terabol an *Phialophora cinerescens*, *Fusarium oxysporum*, *Verticillium albo-atrum* und *Sclerotinia sclerotiorum* zeigten eine gute fungizide Wirkung, nur *S. sclerotiorum* war widerstandsfähiger. Für die Wirkung sind die Methylbromid-Konz., die Einwirkungsdauer und die Temperatur maßgebend. Pilzproben wurden in Gewächshausboden vor der Begasung mit 50 g/m² CH_3Br vergraben. Bis zu 20 cm Bodentiefe waren binnen 4 d alle Testorganismen abgetötet, bei 80 cm überlebten noch 10%; Sklerotien von *S. sclerotiorum* wurden kaum geschädigt. Im Laufe weiterer 8 d wurden bis in 60 cm fast alle Keime der ersten 3 Arten vernichtet. Bei einem Anbauversuch mit Nelken auf künstlich infiziertem Boden waren nach 4 Mon. auf unbehandelten Parzellen nur noch 3,0, auf entseuchten noch 91,5% der Pflanzen gesund. Teilweise waren nach Terabol-Entseuchung nichtparasitäre Schäden an Nelken festzustellen. Die Ursachen liegen in einer Spaltung von Methylbromid in seine Bestandteile. Dadurch erhöht sich die Bromidaufnahme, die die Schäden bewirkt. Durch Torfzusatz und hohe Wassergaben vor der Pflanzung ließ sich der Anteil geschädigter Pflanzen verringern. E. Haenchen. 2510.

2-68/10-1103 Prončenko, T. S., Andreeva, E. I., Skalozubova, A. V. und Obuchova, V. I.; Unions-Forsch.-Inst. für Chem. Pflanzenschutzmittel. Èffektivnost' fentiurama i fentiuram-molibdata v kačestve protravitelej semjan. (**Die Wirkung von Phenthiuram und Phenthiuram-Molybdat auf die Qualität der Saatgutbeizung.**) Chimija v sel'skom chozjajstve, Moskva **6** (1968) Nr. 2. S. 20-22. — 5 Tab., 19 Lit.
Phenthiuram (40% TMTD, 10% Kupfertrichlorphenolat, 20% γ-HCH) (I), Phenthiuram-Molybdat (I + 4,8% Ammoniummolybdat) (II), 40% TMTD + 20% γ-HCH (III) und 10% Kupfertrichlorphenolat + 20% γ-HCH (IV) wurden als Saatgutbeizmittel an Erbsen mit 2...8 g/kg geprüft. I und II wirkten im Laborversuch hinsichtlich Keimung und Bekämpfungserfolg besser als III und IV. In Freilandversuchen ergaben I und II einen deutlichen Anstieg der Grünmasse- und Körnererträge. Die optimale Beizmittelaufwandmenge betrug für Erbsen und Sojabohnen 4...6 und für Ackerbohnen 3...4 g/kg. Ferner bewährte sich die Beizung mit I bei Salat, Radieschen, Gurke, Möhre, Zwiebel und Kohl mit 3 sowie bei Weizen, Roggen, Hafer, Gerste und Mais mit 2 g/kg. H. Lehmann. 2510.

2-68/10-1104 Amer, Soheir und Ali, Enaam M.; Cairo-Dokki, U.A.R., Nat. Res. Centre. Effects of phenols on the plant. (**Wirkungen von Phenolen auf die Pflanze.**) Beitr. Biol. Pflanzen **44** (1968) Nr. 1. S. 59-65. — 2 Abb., 2 Tab., 7 Lit.

An *Triticum aestivum*, *Zea mays*, *Gossypium barbadense*, *Pisum sativum* und *Vicia faba* prüften Vff. den Einfluß von 8 verschiedenen Phenolen auf die Keimung und das Keimlingswachstum. Gesättigte Lösungen von Naphtholen oder Pentachlorphenol beeinträchtigten die Keimung nur insignifikant, p-Nitrophenol (0,1%) hemmte bei allen Arten, 2,4-Dichlorphenol (0,1%) sowie gesättigte Lösungen von o-Nitrophenol bei *Triticum* und *Gossypium*. 2,4-Dichlorphenol und o-Nitrophenol wirkten nicht auf *Vicia* und nur schwach auf *Zea*. p-Chlorphenol hemmte die Keimung von *Triticum* (völlig), *Zea*, *Vicia* und *Pisum*. Bes. widerstandsfähig gegen die Phenole war *Zea*. Das Auflaufen der Sämlinge von *Vicia* wurde durch p-Nitro-, 2,4-Dichlorphenol und α-Naphthol, das Sproßwachstum durch p-Nitrophenol signifikant gehemmt. Auf *Vicia*-Pflanzen aufgesprühte Lösungen von p-Nitro- und 2,4-Dichlorphenol wirkten phytotoxisch. G. Ballin. 2510.

2-68/10-1105 Davis, B. N. K.; Abbots Ripton, Huntingdon, Monds Wood Exper. Stat. The soil macrofauna and organochlorine insecticide residues at twelve agricultural sites near Huntingdon. **(Bodenmakrofauna und Rückstände von organischen Chlorinsektiziden in zwölf landwirtschaftlichen Gebieten bei Huntingdon.)** Ann. appl. Biol. **61** (1968) Nr. 1. S. 29–45.
Von Apr. bis zur Ernte wurden auf 10 landwirtsch. genutzten Flächen und in 2 Obstanlagen mit Hilfe von Fallen die Insektenfauna sowie die übrige Nichtvertebratenfauna gesammelt. Vf. beobachtete die Auswirkung von Aldrin-, Dieldrin-, DDT-, BHC-Bodenbehandlung auf die Populationsdichte und -entwicklung im Vergleich zu unbehandelten Flächen. Außerdem ermittelte er die Insektizidrückstände in den gefangenen Tieren. Es ließ sich nachweisen, daß Bodeninsektizide auf dem Wege über die Bodenmakrofauna von Vögeln aufgenommen werden können. Die aufgenommenen Mengen waren allerdings so niedrig, daß es nicht zu Vergiftungen kam. R. Fritzsche. 2515.

2-68/10-1106 Heinisch, E., Beitz, H. und Hartisch, J.; Kleinmachnow, Biol. Zentralanst. der Dtsch. Akad. der Landwirtsch.-Wiss. zu Berlin. **Über die Kontamination landwirtschaftlich und gärtnerisch intensiv genutzter Böden in der DDR mit DDT und Lindan.** Nachr.-Bl. dtsch. Pflanzenschutzdienst, Berlin **22**(48) (1968) Nr. 4. S. 61–67. — nach Zus.
Die Untersuchungen von 1035 Bodenproben auf ihre DDT- und Lindanrückstände ergaben eine erhebliche DDT-Kontamination der Böden. Die Proben entstammten 222 Standorten aus 13 Bezirken der DDR und wurden aus den Bodenhorizonten von 0…5 und 5…15 cm gezogen. Nur 4,6% aller untersuchten Böden waren DDT-frei. 10,9% wiesen > 2 ppm DDT auf, dabei betrug der höchste gemessene Wert 12,0 ppm. In 335 Fällen ließen sich Bestandteile des techn. DDT nachweisen. Diese besitzen gegenüber dem DDT eine geringere Verweilzeit im Boden. Sie sind vor allem in Böden nach einer Behandlung mit ölhaltigen Formulierungen bzw. nach überwiegendem Kartoffel- oder Rapsbau zu finden. Die nur jeweils in den Jahren 1963–66 behandelten Böden zeigten eine deutliche Abnahme der Rückstände mit zunehmender Verweilzeit. Geordnet nach der Formulierung kann man eine Zunahme der Persistenz bzw. der Höhe der Rückstände in der Reihenfolge Stäubemittel, Spritzpulver, Bodenstreu- und Inkrustiermittel, Aerosprüh- und Nebelmittel erkennen. Außerdem ergibt sich bei letzteren die Tendenz einer Zunahme der DDT-Kontamination mit der Bodentiefe. Geordnet nach der hauptsächlich angebauten Kultur nimmt die Höhe der Rückstände im Boden von den Kartoffeln über Raps und Gemüse nach den Obstanlagen hin zu, bei denen 34,8% aller Böden mehr als 2 ppm DDT enthalten. Von den 1035 Bodenproben enthielten nur 169 (16,3%) Lindan, die überwiegend in den Konz.-Bereichen bis 0,5 ppm liegen und vor allem von Gemüseanlagen stammen. 2515.

2-68/10-1107 Nash, Ralph G. und Woolson, Edwin A. Persistence of chlorinated hydrocarbon insecticides in soils. **(Beständigkeit von chlorierten Kohlenwasserstoff-Insektiziden in Böden.)** Science, Washington **157** (1967) Nr. 3791. S. 924–927. — 2 Abb., 10 Lit.
Der Gehalt von technischem Aldrin, Chlordan, Endrin, Heptachlor, Dilan, Isodrin, HCH und Toxaphen erreichte in einem sandigen Lehmboden nach 14 Jahren 40, 40, 41, 16, 23, 15, 10 bzw. 45%. Der Gehalt von reinem Aldrin und techn. Dieldrin war nach 15 Jahren 28 bzw. 31%, der von techn. DDT lag in 3 Bodenarten noch nach 17 Jahren bei 39%. Auslaugung, Verflüchtigung, Lichtzersetzung, mechanische Beseitigung und wahrscheinlich auch die biol. Zersetzung machen nur ein Minimum des Abbaues im Boden aus. Die ge-

sammelten Werte geben die obere Grenze der Beständigkeit von den genannten Insektiziden im Boden an. Der zeitliche Abbau wird graphisch gut veranschaulicht.
R. Bech. 2515.

2-68/10-1108 Lawler, P. D. und Rogers, L. J. Effect of DDT in photosynthesis in certain varieties of barley. (**Wirkung von DDT auf die Photosynthese gewisser Gerstensorten.**) Nature, London **215** (1967) Nr. 5109. S. 1515-1516. — 3 Abb., 7 Lit.
Scheinbar gleichförmige Gerstensorten zeigen Unterschiede in ihrer Reaktion auf DDT oder seine Analoga. Einige Sorten waren widerstandsfähig gegenüber DDT, während andere einige Tage nach der Behandlung Chlorosen aufwiesen. Die Untersuchungen erfolgten je an einer empfindlichen und einer widerstandsfähigen Sorte unter Laborbedingungen. Vff. bestimmten die Aktivität von Photosynthese oder Respiration bzw. ihre Veränderung nach DDT-Behandlung. Die Ergebnisse deuten an, daß DDT in den empfindlichen Sorten die Lichtverwertung und damit auch die Photosynthese beeinflußt. Weitere Forschungen sind notwendig, um die genauen Ursachen dieser Wirkung des DDT zu finden.
R. Bech. 2515.

2-68/10-1109 Beitz, Horst. **Untersuchungen zur Ermittlung von Karenzzeiten für Kirschen nach der Behandlung mit Phosphon- und Dithiophosphorsäureestern.** Nachr.-Bl. dtsch. Pflanzenschutzdienst, Berlin 22(48) (1968) Nr. 4. S. 67-69. — nach Zus.
Vf. führte vergleichende Untersuchungen zur Dynamik von Phosphon- und Dithiophosphorsäureestern an Kirschen durch. Die eingesetzten Wirkstoffe Tribuphon, Trichlorphon, Dimethoat und Amidithion sind auf Kirschen unbeständig. Die Geschwindigkeit des Abbaus nimmt in dieser Reihenfolge ab. Auf Grund der Ergebnisse wird für Trichlorphon- und Tribuphonpräparate eine Karenzzeit von 5 d, für Dimethoatpräparate von 7 und für Thiocron von 10 d vorgeschlagen. 2515.

2-68/10-1110 Lord, K. A., May, Margaret A. und Stevenson, J. H. The secretion of the systemic insecticides dimethoate and phorate into nectar. (**Ausscheidung der systemischen Insektizide Dimethoat und Phorate im Nektar.**) Ann. appl. Biol. **61** (1968) Nr. 1. S. 19-27. — 5 Abb., 4 Lit.
In Gefäßversuchen wurden Wurzelbehandlungen mit Dimethoat und Phorate an Fuchsien, Brunnenkresse und Bohnen vorgenommen. 25 mg Dimethoat auf 5-cm-Töpfe ausgebracht, machten den Nektar der Pflanzen toxisch für Bienen und *Drosophila melanogaster*. Gleiche Mengen Phorate und Disulfoton brachten keinen toxischen Effekt. Gaschromatographische Untersuchungen zeigten, daß 4 d nach der Behandlung mehr Dimethoat als Phorate im Nektar von Fuchsien und Kresse vorhanden war. Gaschromatographische Untersuchungen an Bohnen, die mit 0,5 und 50 mg Dimethoat je Gefäß behandelt wurden, ergaben eine direkte Abhängigkeit der Dimethoat-Menge im Nektar von der verwendeten Konz. Sie war am größten 4 d nach der Behandlung. Die Versuche wurden bei 15···25 °C durchgeführt.
R. Bech. 2515.

2-68/10-1111 Scheinpflug, H. und Jung, H. F.; Leverkusen, Farbenfabriken A.G., Biol. Inst. **Die Verwendung von organischen Phosphorverbindungen zur Bekämpfung von pilzlichen Krankheitserregern bei Kulturpflanzen.** Pflanzenschutz-Nachr. „Bayer" 21 (1968) Nr. 1. S. 79-91. — 11 Abb., 37 Lit. — nach Zus.
Es wird versucht, einen Überblick über die wichtigsten Handels- und Versuchspräparate aus der Gruppe der org. Phosphorverbindungen mit fungitoxischer Wirkung zu geben. In den ersten 3 Abschnitten werden org. Phosphorverbindungen mit spezifischer fungitoxischer Wirkung behandelt. Dabei werden Präparate mit Wirkung auf Reiskrankheiten, auf Echte Mehltaupilze sowie den Pilz *Rhizoctonia solani* getrennt besprochen. Gerade unter den org. Phosphorverbindungen sind solche zu finden, die eine ausgeprägte kurative Wirkung haben, also den Pilz noch in der Pflanze erfassen können. Im vierten Abschnitt wird auf die Literatur eingegangen, die die Anwendung insektizider org. Phosphorverbindungen gegen pilzliche und bakterielle Krankheitserreger behandelt. 2515.

2-68/10-1112 Eisenbrandt, K.; Aschersleben, Inst. für Phytopathol. der Dtsch. Akad. der Landwirtsch.-Wiss. zu Berlin. **Hexamycin, ein fungizides Hexaenantibiotikum.** Z. Chem., Leipzig 7 (1967) Nr. 8. S. 311-312. — 4 Lit. Aus: Dok.-Dienst WTZ Pflanzenschutz- und Schädlingsbekämpfungsmittel.
Vf. gelang die Isolierung eines neuen Hexaenantibiotikums (I), für das er die Bezeichnung Hexamyzin vorschlägt. Es ließ sich aus einem zur Familie der *Streptomycetaceae* gehören-

den Mikroorganismus (aus Bodenproben der Umgebung von Aschersleben) isolieren. Auf Grund der bisher ermittelten chem. und physikal. Eigenschaften und Strukturhinweise wird als Arbeitshypothese ein vorläufiger Konstitutionsvorschlag angeführt. Hexamyzin hemmt das Wachstum einer Reihe pflanzenpathogener Pilze (Konz. μg Hemmstoff/ml Agar), z. B. *Alternaria brassicae* (Berk.) Sacc. (2···4), *Cercospora beticola* Sacc. (2···4), *Cladosporium cucumerinum* Ell. et Arth. *(8-16)*, *Botrytis cinerea* Pers. (0,1···0,5). *B. allii* Munn. (2···4), *Fusarium culmorum* (W. G. Sm.) Sacc. (8···16), *Helminthosporium papaveris* Saw. (1···2), *Rhizoctonia solani* Kühn (2···4), *Sclerotinia sclerotiorum* Lib. (2···4) und *Verticillium albo-atrum* Rke. et Berth. (32···64). 2535.

2-68/10-1113 Mandre, M. Chimioterapevtičeskoe vlijanie antibiotičeskich veščestv na rezistentnost' nekotorych dekorativnych rastenij. (**Chemisch-therapeutische Wirkung antibiotischer Stoffe auf die Resistenz einiger Zierpflanzen.**) Izvestija Akademii nauk Estonskoj SSR. Biologija, Tallin **17** (1968) Nr. 1. S. 61–67. — Orig.: estn., Ausz.: russ., engl. — nach russ. Zus.
Den Einfluß antibiotischer Stoffe ermittelte Vf. auf die Resistenz der Rosen gegen Mehltau und die der Nelken gegen Rost. Eine 0,005%ige wäßrige Griseofulvinlösung und eine 0,022-%ige wäßrige Streptomyzinlösung übten eine heilende Wirkung aus, und zwar bei Hydrokultur im Gewächshaus (Zuführung durch die Wurzeln) und im Freiland nach der Spritzung. 2535.

2-68/10-1114 Frey, W. **Bericht über die 11. Sitzung des „Ständigen Ausschusses für Vorratshaltung und Schädlingsbekämpfung".** Nachr.-Bl. dtsch. Pflanzenschutzdienstes, Braunschweig **20** (1968) Nr. 2. S. 25–28.
Es werden kurze Inhaltsangaben zu den Referaten gemacht, die während der am 28. 6. 1967 in Detmold stattgefundenen Sitzung des „Ständigen Ausschusses für Vorratshaltung und Schädlingsbekämpfung" gehalten wurden. Unter anderem standen folgende Fragen und Probleme zur Diskussion: Aktuelle Fragen des Vorratsschutzes im Getreidelager (Frey), Rückstände von Vorratsschutzmitteln in Brotgetreide (Bressau), Bedeutung ionisierender Strahlen zur Bekämpfung von Getreideschädlingen (Wohlgemuth), Mikroflora des Getreides und ihre Bedeutung für die Lagerfähigkeit und die Qualität der Getreideprodukte (Spicher). B. Hinz. 2540.

XII. UNKRAUTBEKÄMPFUNG

A. Allgemeine Literatur, Berichte, Statistiken u. a.

2-68/10-1115 Andersson, Åke; Uppsala, Coll. of Agric., Res. Informat. Centre. Report of the weed control conference at Uppsala, 1967. (**Bericht über die Unkrautbekämpfungskonferenz in Uppsala 1967.**) Weed Res. 7 (1967) Nr. 4. S. 371–373.
Veranstalter der im Jan. 1967 stattgefundenen Konferenz war das Agric. Coll. in Uppsala. Folgende Themen wurden vorgetragen: Erne: Toxizität von Herbiziden gegenüber Haustieren (Absorption, Hauttoxizität, Verteilung im Körper, Ausscheidung, karzinogene und genetische Wirkungen), Gummesson und Svensson: Bekämpfung der Quecke mit Emisol F (Amitrol-T) im Haferbestand, Hagsand: Bekämpfung perennierender Unkräuter (*Deschampsia caespitosa, Agropyron repens, Tussilago farfara*) in Nordschweden, Granström: Neuere Herbizide in verschiedenen Kulturen (Ioxynil und Bromoxynil in Getreide, Triallat gegen Wildhafer, Buturon gegen *Agrostis spica-venti*, Picloram und Nitrofen in Kohl, Pyrazon und Lenacil in Zuckerrüben), Svensson: In Dienstleistung bei Bauern durchgeführte chem. Unkrautbekämpfung, Eliasson: Herbizideinsatz zur Gehölzbekämpfung und Ottosson: Chem. Unkrautbekämpfung im Gartenbau. — In Verbindung mit dieser Konferenz fand ein Treffen des Weed Committee of the Scandinavian Agric. Res. Workers Assoc. statt. H. Lehmann. 2701.

B. Herbizide

2-68/10-1116 Ziegler, H. und Vogt, Irmgard. **Über die Abscheidung von C^{14}-Flurenol durch Guttation.** Z. Pflanzenkrankh. (Pflanzenpathol.) Pflanzenschutz, Sonderh. 4 (1968) S. 115–117. — 1 Tab., 7 Lit. Zus. in Engl. — nach Zus.
Wird ^{14}C-markierter 9-Hydroxyfluorenkarbonsäure-(9)-butylester (in Position 9 markiert) Blättern von Haferkeimlingen zugeführt, so lassen sich keine gasförmigen radioaktiven Produkte nachweisen. Dagegen enthält die Guttationsflüssigkeit nach relativ kurzer Zeit

ansehnliche Mengen radioaktiver Substanzen. Dies dürfte der erste Nachweis der Abscheidung eines Herbizids durch Guttation sein. 2710.

2-68/10-1117 Prendeville, G. N., Eshel, Y., Schreiber, M. M. und Warren, G. F.; Lafayette, Purdue Univ., Dep. of Bot. and Plant Pathol.; Dep. of Horticult.; U.S. Dep. of Agric. A.R.S., Crops Res. Div. Site of uptake of soil-applied herbicides. **(Ort der Aufnahme von Bodenherbiziden.)** Weed Res. 7 (1967) Nr. 4. S. 316-322. — 3 Abb., 12 Lit. — Zus. in Franz., Dtsch.

Vff. prüften an Mais, *Sorghum* und Erbse die mögliche Aufnahme verschiedener Herbizide über Wurzel und unterirdische Sproßteile. Mais und Erbse nahmen 2,4-D, Naptalam, Simazin, Diuron und Dalapon-Na hauptsächlich über die Wurzel auf. 2,4-D und Naptalam verursachten Wurzelschäden. Die Aufnahme beider Herbizide erfolgte in geringerem Maße auch über die unterirdischen Sproßteile. EPTC, Chlorpropham und Trifluralin wurden vornehmlich durch den Sproßteil aufgenommen. Ausschließliche Behandlung der Wurzelzone beeinflußte das Blattwachstum kaum, während die Wurzeln starke Schäden erlitten. Dinoseb hatte eine Kontaktwirkung und schädigte sowohl Sproß als auch Wurzel. Bei Behandlung der Sproß- + Wurzelzone trat ein additiver Effekt auf. Die Aufnahme von Chlorthalmethyl erfolgte bei *Sorghum* über den Sproß. Bei ausschließlicher Wurzelbehandlung traten kaum Schäden an den Wurzeln auf, und das Sproßwachstum blieb fast unbeeinflußt. H. Lehmann. 2710.

2-68/10-1118 Teuteberg, A. **Der Einfluß der Herbizidanwendung auf die Bodenmikroflora.** Erwerbsobstbau **10** (1968) Nr. 1. S. 10-11. — 1 Abb., 2 Tab., 5 Lit.

An Bodenproben aus einem obstbaulichen Versuch mit den Bodenpflegevarianten ganzflächig mechanisch offengehalten (I), mit Simazin + Aminotriazol ganzflächig offengehalten (II) und Gründüngung (III) wurden Keimzahlbestimmungen und Bodenatmungsmessungen vorgenommen. Die Keimzahlen für Bakterien und Aktinomyzeten waren ab Mai bei II niedriger als bei I. Ab Juli lagen die Werte von III 70···100% höher als von I. Von Juni bis Aug. waren die Keimzahlen für Aktinomyzeten von II bis über die Hälfte geringer als von I. Für die Pilze ermittelte Vf. keine signifikanten Differenzen. Die CO_2-Bildung ergab ein den Keimzahlen entsprechendes Ergebnis. Unter den Aktinomyzeten wurde durch die Herbizidanwendung der Anteil an Antagonisten gegen *Phytophthora cactorum* und *Bacillus mesentericus* nicht verändert. G. Otto/Pillnitz. 2710.

2-68/10-1119 Rész, A. **Untersuchungen in Herbizid-Dauerversuchen. 2. Quantitative Veränderungen in der Bodenmikroflora durch elfjährige Anwendung bestimmter Herbizide.** Z. Pflanzenkrankh. (Pflanzenpathol.) Pflanzenschutz, Sonderh. 4 (1968) S. 147-150. — 2 Abb., 5 Lit. Zus. in Engl. — nach Zus.

Nach 11maliger, jährlicher Behandlung von Versuchsparzellen mit MCPA, 2,4-D, DNOC und Kalkstickstoff konnte in Freilandversuchen keine quantitative Veränderung der Mikroflora des Bodens festgestellt werden. Eine nach der Applikation festgestellte Drückung der Mikrobenzahl klingt spätestens in 3···4 Wochen ab. Der Wiederaufbau der ursprünglichen Population kann durch Witterungseinflüsse stark beeinflußt werden. 2710.

2-68/10-1120 Maštakov, S. M. Fiziologičeskie reakcii rastenij na vozdejstvie gerbicidami. **(Physiologische Reaktionen von Pflanzenarten auf Herbizide.)** Sel'skochozjajstvennaja biologija, Moskva 3 (1968) Nr. 1. S. 64-71. — 5 Abb., 4 Tab., 14 Lit. Zus. in Engl. — nach engl. Zus.

Vf. untersuchte Aufnahme und Verteilung der Herbizide in den Pflanzen, Photosynthese und Verhalten der Chloroplasten, Atmung, N-Stoffwechsel und Gehalt an endogenen, biol. aktiven Verbindungen. Diese Prozesse sind eng mit der Resistenz der Pflanzen gegenüber Herbiziden verbunden. Je empfindlicher die Arten, desto stärker die Veränderungen der Stoffwechselprozesse bei den mit Herbiziden behandelten Pflanzen. 2710.

2-68/10-1121 Desmoras, J., Ganter, P., Jacquet, P. und Laurent, M. Études sur le mode d'action du phénylcarbamoloxy-2 N-éthylpropionamide, isomère D. Application au dosage des résidus dans les plantes. **(Untersuchungen über die Wirkungsweise des Karbanilsäureesters des D-Milchsäureäthylamids und die Rückstände in Pflanzen.)** Weed Res. 7 (1967) Nr. 4. S. 261-271. — 4 Abb., 3 Tab., 5 Lit. Zus. in Engl., Dtsch.

Der Karbanilsäureester des D-Milchsäureäthylamids (11561 R. P.) besitzt graminizide Eigenschaften als Vor- und Nachlaufherbizid in Luzerne und anderen Leguminosen.

In den Versuchen beeinträchtigte er die Zell- und Gewebedifferenzierung. Die Hill-Reaktion wurde nicht beeinflußt. Der Wirkstoff wird in den Pflanzen unterschiedlich stark abgebaut. Anilin ist ein Abbauprodukt, das bald wieder ausgeschieden wird. An Luzerne, Salat und Chicorée wurden 50 und mehr Tage nach der Behandlung mit 2…4 kg/ha 11561 R. P. chem. und biol. nur geringe Rückstände (< 0,2…1,4 ppm) ermittelt.
H. Krüger. 2710.

2-68/10-1122 Bovey, R. W. und Davis, F. S. Factors affecting the phytotoxicity of paraquat. **(Faktoren, welche die Phytotoxizität von Paraquat beeinflussen.)** Weed Res. 7 (1967) Nr. 4. S. 281-289. — 3 Abb., 5 Tab., 5 Lit. Zus. in Franz., Dtsch.
Der Einfluß der Temperatur auf die herbizide Wirkung von Paraquat wurde im Gewächshaus und Freiland an verschiedenen Pflanzen untersucht. Blattnekrosen an *Avena sativa*, *Pisum sativum* u. a. traten nach Behandlung mit Paraquat bei 5 °C etwa 48 h später als bei höheren Temperaturen auf. Nach weiteren 48 h waren die Schadsymptome alle gleich stark. Ähnliche Ergebnisse wurden an *Ilex vomitoria* im Freiland erzielt. Erhöhte Paraquat-Konz. verstärkten die Ausbildung von Blattnekrosen an *Ulmus alata*, *Ilex vomitoria* und anderen Testpflanzen; jedoch in unterschiedlicher Stärke. Der Behandlungszeitpunkt hatte bei verschiedenen Pflanzenspezies unterschiedlichen Einfluß auf die Herbizidwirkung.
H. Krüger. 2710.

2-68/10-1123 Putnam, A. R. und Ries, S. K. Factors influencing the phytotoxicity and movement of paraquat in quackgrass. **(Faktoren, welche die Phytotoxizität und den Transport von Paraquat in Quecken beeinflussen.)** Weed Sci. **16** (1968) Nr. 1. S. 80-83. — 2 Abb., 5 Tab., 12 Lit.
Im Freiland wurden Versuche mit Paraquat gegen 6…8 in. hohe Queckentriebe 14 d nach Verabreichung von 66 lb./acre N als Ammoniumnitrat durchgeführt. Die Behandlungszeit war 14^h bei 75 °F und 20^h bei 60 °F. Die Behandlung kurz vor Dunkelheit war wirksamer als die am Nachmittag. Durch Zugabe von Netzmitteln (0,5%) wurde die Wirkung von 1 lb./acre Paraquat verbessert. Die Netzmittel waren u. a. X-77 (Alkylarylpolyoxyäthylen-Glykol, freie Fettsäuren, Isopropanol), PM 4114 (Tergitol-NP27, Isopropanol), WK (Dodekyläther des Polyäthylens). Im Gewächshaus wurde in N-Steigerungsversuchen eine zunehmende Paraquat-Wirkung mit zunehmendem N-Gehalt in der Nährlösung erzielt. Es wurde auch eine Hemmung des Austriebes von Lateralknospen an den Rhizomen nach Paraquat-Behandlung beobachtet. H. Krüger. 2710.

2-68/10-1124 Grimmett, S. G. und Weiss, P. W. Response of grasslands Manawa ryegrass (Lolium perenne L. × L. multiflorum Lam.) and Tallarook subterranean clover (Trifolium subterraneum L.) to four herbicides. **(Reaktion von Bastard-Weidelgras [Lolium perenne L. × L. multiflorum Lam.] und Bodenfrüchtigem Klee [Trifolium subterraneum L.] auf vier Herbizide.)** Weed Res. 7 (1967) Nr. 4. S. 360-363. — 2 Tab., 3 Lit.
Lolium perenne L. × *L. multiflorum* Lam. und *Trifolium subterraneum* L., 2 wichtige Weidepflanzen in Neu-Südwales (Australien), sind bei Blankansaat im Jugendstadium stark durch Unkräuter gefährdet. In Parzellenversuchen wurden daher die Wirkstoffe Amitrol, Simazin, Prometryn in Aufwandmengen von 4, 8, 12 oz./acre (280, 560, 1120 g/ha) und Dalapon in Aufwandmengen von 1, 2 und 4 lb./acre (1,12; 2,24; 4,48 kg/ha) auf ihre Verwendbarkeit in diesen Kulturen im Vor- und Nachauflaufverfahren geprüft. Nur Simazin im Vorauflaufverfahren und Prometryn im Nachauflaufverfahren erwiesen sich bei einer Gabe von 8 oz./acre (560 g/ha) als genügend unkrautwirksam und gleichzeitig als ausreichend verträglich für beide Arten, so daß ihr Einsatz in dieser Menge aussichtsreich erscheint. Allerdings waren durch Prometryn *Polygonum aviculare*, *Poa annua* und *Rumex crispus* und durch Simazin *Polygonum aviculare* nur schlecht zu bekämpfen.
W. Merbach. 2710.

2-68/10-1125 Hurle, K. **Untersuchungen in Herbizid-Dauerversuchen. 1. Vorl. Mitt. über den Abbau von Dinitro-o-kresol (DNOC) im Boden nach langjähriger Anwendung.** Z. Pflanzenkrankh. (Pflanzenpathol.) Pflanzenschutz, Sonderh. 4 (1968) S. 145-146. — 1 Abb., 3 Lit. Zus. in Engl. — nach Zus.
DNOC wurde nach langjähr. Anwendung im Boden unter den Witterungsbedingungen des Jahres 1967 rasch abgebaut, bis auf einen geringen Rest, der sich als sehr persistent erwies. 2710.

2-68/10-1126 Kirkland, K. Inactivation of MCPA in soil. **(Inaktivierung von MCPA im Boden.)** Weed Res. 7 (1967) Nr. 4. S. 364–367. — 2 Tab., 7 Lit.
Die Inaktivierung von 2-Methyl-4-chlor-phenoxyessigsäure (MCPA) erfolgte in Böden, die vorher mehrere Jahre mit diesem Herbizid behandelt worden waren schneller als in unbehandelten Kontrollböden. Das wurde in Feldversuchen mit Hilfe einer Bio-Schnelltestmethode (Hemmung des Wurzelwachstums von Hirse) nachgewiesen und durch eine Zunahme der dieses Herbizid abbauenden Mikroben in den betreffenden Parzellen erklärt. — Da jedoch in einigen Fällen die durch diese Methode ermittelten MCPA-Mengen bereits unmittelbar nach der Ausbringung außerordentlich niedrig lagen (bis zu 4% der ausgebrachten Menge) und dieser Befund auf Verluste durch die Probenaufbereitung und das Testverfahren zurückzugehen schien, müssen weitere Versuche den adaptiven Abbau von MCPA durch Mikroorganismen im Boden bekräftigen. W. Merbach. 2710.

2-68/10-1127 Kesner, C. D. und Ries, S. K. The interaction of diphenamid and two soil fungi in the growth of tomato. **(Die Wechselwirkung von Diphenamid und zwei Bodenpilzen bezüglich des Wachstums der Tomate.)** Weed Sci. **16** (1968) Nr. 1. S. 55–57. — 4 Tab., 9 Lit.
In Gefäßversuchen (Quarzsand, Nährlösungen) wurde der Einfluß verschiedener Konz. und Kombinationen von Diphenamid (N,N-Dimethyl-2,2-diphenylazetamid) und der Filtrate zweier Bodenpilze (*Trichoderma viride* (Tode) Harz und *Aspergillus candidus* Link) auf das Wachstum (Trockenmasseertrag) junger Tomatenpflanzen geprüft. — Durch niedrige Konz. (0,001…1 ppm) erhöhte sich unter günstigen Umweltbedingungen (28 °C Tages- und 22 °C Nachttemperatur) der Trockenmasseertrag gegenüber den unbehandelten Kontrollen, während höhere Konz. (10 ppm) des Herbizids bei längerer Einwirkung (10…15 d und mehr) Schädigungen hervorriefen. Die Bodenpilzfiltrate führten allein und mit Diphenamid kombiniert ebenfalls zu Wachstumsstimulierungen, wobei allerdings die Kombination mit Diphenamid nicht besser abschnitt als die Pilzfiltrate allein. Diphenamid blieb ohne Einfluß auf den Trockenmasse-Ertrag der Tomatenpflanzen, wenn diese vorher 24 h mit Filtraten von *A. candidus* vorbehandelt worden waren, umgekehrt führte jedoch eine Behandlung mit Filtraten dieses Pilzes 2, 4 und 8 d nach einer Diphenamid-Vorbehandlung zu einer Hemmung der Trockenmassebildung. — Unter dem Einfluß höherer Konz. der Filtrate beider Bodenpilze verringerte sich auch das Keimwurzellängenwachstum von Tomatenkeimpflanzen beträchtlich. Diese Wirkung konnte durch höhere Gaben von Diphenamid (1 und 10 ppm) verhindert werden. W. Merbach. 2710.

2-68/10-1128 Ries, S. K., Zabik, M. J., Stephenson, G. R. und Chen, T. M. N-glucosyl metabolite of pyrazon in red beets. **(Ein N-Glukosyl-Metabolit von Pyrazon in Roten Rüben.)** Weed Sci. **16** (1968) Nr. 1. S. 40–41. — 1 Abb., 5 Lit.
Nach Fischer wird Pyrazon in Pflanzen, Böden und Nährlösungen durch Abspaltung des Phenylringes abgebaut. Neuerdings stellten jedoch Stephenson und Ries in Roten Rüben einen Metaboliten des Pyrazons fest, der den Phenylring noch besitzt. — Dieser Metabolit wurde 96 h nach der Behandlung von Roten Rüben mit Pyrazon, das im Phenylring ^{3}H-markiert war, durch verschiedene Extraktions- und Reinigungsverfahren (Wasser, Benzen, Methanol, Äthanol) aus den Blättern dieser Pflanzen isoliert und mit Hilfe der Dünnschichtchromatographie, der Gaschromatographie und der Infrarotspektroskopie als N-2-Chlor-4-phenyl-3(2 H)-pyridazon-glukosamin identifiziert. Die Toleranz von Beta-Rüben gegenüber Pyrazon wird auf den Umbau zu diesem Metaboliten zurückgeführt. W. Merbach. 2710.

2-68/10-1129 Hogue, E. J. und Warren, G. F. Selectivity of linuron on tomato and parsnip. **(Selektivität von Linuron bei Tomate und Pastinake.)** Weed Sci. **16** (1968) Nr. 1. S. 51–54. — 6 Abb., 9 Lit.
In Gefäßversuchen erwies sich Pastinake (*Pastinaca satica* L. 'Harris Model') im Gegensatz zu Tomate (*Lycopersicon esculentum* Mill. 'Kokoma') gegenüber dem herbiziden Wirkstoff Linuron, 3(3,4-Dichlorphenyl)-1-methoxy-1-methylharnstoff, als sehr tolerant. Unterschiedliche Verlagerung und unterschiedlicher Stoffwechsel des Linurons in diesen beiden Pflanzenarten scheinen die Ursache dafür zu sein. Während ^{14}C-markiertes Linuron aus Nährlösungen durch die Tomatenwurzeln leicht aufgenommen und vornehmlich in die Blätter verlagert wurde, hielt Pastinake den Wirkstoff größtenteils in den Wurzeln zurück, so daß nur geringe Mengen davon in die Blätter gelangten. Diese wurden, wie dünnschichtchromatographische Untersuchungen zeigten, zu (nicht identifizierten) Meta-

boliten umgebaut. In Tomatenblättern fand sich fast ausschl. unverändertes Linuron vor. — Die Photosynthese, gemessen durch die $^{14}CO_2$-Fixierungsrate, wurde von dem Herbizid in Tomaten schnell und vollständig unterdrückt, während sich bei Pastinake nur eine vorübergehende Hemmung nachweisen ließ. Linuron zeigte also die gleiche Wirkungsweise wie die früher synthetisierten Phenylharnstoffherbizide.

W. Merbach. 2710.

2-68/10-1130 Hofstra, G. und Switzer, C. M. The phytotoxicity of propanil. (**Die Phytotoxizität von Propanil.**) Weed Sci. **16** (1968) Nr. 1. S. 23-28. — 8 Abb., 2 Tab., 10 Lit.

Propanil (3,4-Dichlorpropionanilid) wirkt selektiv in Reis, Kartoffel und Tomate. Versuche in Tomate mit 3/4 lb./acre Propanil zeigten Schadsymptome an Unkräutern nach einigen Tagen. Bei 1 und 1,5 lb./acre trat eine Kontaktwirkung schon nach wenigen Std. ein. Empfindliche Unkräuter waren *Polygonum persicaria*, *Chenopodium album* und *Amaranthus retroflexus*. Das Wachstum der Tomaten wurde eine Woche lang reduziert. Die Einwirkung von Propanil auf Zell- und Chloroplastenmembranen wurde nachgewiesen. Atmung und Photosynthese sind bei empfindlichen und resistenten Arten beeinflußt worden. Bei letzteren war 6 h nach der Behandlung eine normale Photosynthesetätigkeit wieder vorhanden. In toleranten Pflanzen soll Propanil enzymatisch abgebaut werden.

H. Krüger. 2710.

2-68/10-1131 Anonym. Simazine ups plants' protein. (**Simazin bewirkt eine Erhöhung des pflanzlichen Eiweißes.**) Chem. & Engng. News **45** (1967) Nr. 8. S. 23-24. — Aus: WTZ Dok.-Dienst Pflanzenschutz- u. Schädlingsbekämpfungsmittel.

Simazin in geringen Konz. erhöhte die Eiweißbildung in Pflanzen. In Konz. von 0,01 bis 0,08 ppm wirkte Simazin nicht als Herbizid, sondern steigerte die Nitrat-Reduktase-Aktivität solcher Pflanzen, die ihren N-Bedarf durch Nitrate statt durch Ammonsalze decken. Die Erhöhung des Proteingehaltes in den Samen und Blättern der Pflanzen kann bis zu 80% betragen. Die Untersuchungen wurden mit Roggen, Erbsen, Salat und Gurken durchgeführt. Die Erhöhung der Eiweißbildung durch Simazin ist temperaturabhängig.

2710.

2-68/10-1132 Karnatz, H. **Über den Einfluß des Mischungsverhältnisses von Simazin und Aminotriazol auf den Unkrautbekämpfungserfolg.** Mitt. Obstbauversuchsringes Alten Landes **23** (1968) Nr. 2. S. 54-56. — 2 Abb., 2 Tab., 1 Lit.

Amitrol wird von grünen Blättern und Wurzeln aufgenommen, zerstört das Chlorophyll und beeinträchtigt Oxydations- und Reduktionsvorgänge innerhalb der Zelle. Es wirkt schnell, besitzt aber kaum eine Vorauflaufwirkung und wird schnell inaktiviert oder durch Niederschläge ausgewaschen. Simazin wirkt nur über die Wurzel. Infolge der geringen Wasserlöslichkeit dringt es nur oberflächlich in den Boden ein und hat eine sog. Vorauflaufwirkung. Neben diesen Einzelwirkungen besteht bei Mischpräparaten ein sogenannter Synergismus, der sich vor allem in einer Steigerung der Breitenwirkung äußert. Versuche mit unterschiedlichen Mischungsverhältnissen ergaben auf humosem Sandboden den besten Bekämpfungserfolg bei einem Verhältnis von 2:1 (Simazin:Amitrol) bei allen 3 Aufwandmengen von 15, 20 und 25 kg/ha (50% aktive Substanz). Das Mischungsverhältnis 1:2 hat die schlechteste Wirkung auf die Reduktion von Unkräutern, 3:1 und 4:1 nehmen eine Mittelstellung ein. Ein Präparat mit den beiden Komponenten im Verhältnis 2:1 (Domatol) unter Zusatz von MCPA dürfte im Obstbau am vorteilhaftesten sein.

P. Lux/Pillnitz. 2710.

2-68/10-1133 Gabbott, P. A. und Barnsley, G. E.; Manchester, Geigy Ltd.; Anglesey, Marine Sci. Labor. 2-azido-4-alkylamino-6-alkylamino-s-triazines: a new group of herbicidal triazines. (**2-Azido-4-alkylamino-6-alkylamino-s-triazine: eine neue Gruppe herbizider Triazine.**) J. Sci. Food Agric. **19** (1968) Nr. 1. S. 16-19. — 1 Abb., 3 Tab., 14 Lit.

Vff. prüften 20 verschiedene 2-Azido-4-alkylamino-6-alkylamino-s-triazine hinsichtlich ihrer phytotoxischen Wirkung gegenüber Mais, Hafer, Deutsches Weidelgras, Erbse, Lein, Senf und Zuckerrübe im Vor- und Nachauflaufverfahren. Außerdem bestimmten sie die Hemmung der Hill-Reaktion. Die biol. Aktivität stieg mit zunehmender Alkylierung der Aminogruppen, mit wachsender Kettenlänge der Alkylsubstituenten bis zu 5···6 C-Atomen und mit zunehmender Verzweigung der Alkylketten. Phytotoxizität und Hemmung der Hill-Reaktion ergaben i. a. übereinstimmende Werte. Die größte Aktivität wies

2-Azido-4-äthylamino-6-t-butylamino-s-triazin auf. Es zeichnete sich bes. durch seine Wirksamkeit gegen annuelle Gräser bei Anwendung im Nachauflaufverfahren aus.
H. Lehmann. 2710.

2-68/10-1134 Banting, J. D. Factors affecting the activity of di-allate and tri-allate. **(Faktoren, welche die Aktivität von Diallat und Triallat beeinflussen.)** Weed Res. 7 (1967) Nr. 4. S. 302-315. — 3 Abb., 5 Tab., 23 Lit. Zus. in Franz., Dtsch.
Verwendet wurde ein schwerer Tonboden mit einem Gehalt von 74% Ton und 4% org. Substanz. Diallat und Triallat wurden als Emulsionskonzentrate (4 lb./Imp. gal. ~ 1,8 kg/4,5 l) dem Boden bis 5 cm zugemischt. *Avena fatua* wurde im 1,5···2-Blattstadium ebenso vernichtet wie im Boden bei einer Aussaattiefe von 5···15 cm. Mit steigendem Gehalt an org. Substanz verringerte sich die Wirkung beider Herbizide. Durch die Gasphase von Diallat wurden zahlreiche *Avena*-Keimlinge im Boden abgetötet. Triallat war im Boden beständiger als Diallat. Diallat wirkte gegen *Avena fatua* intensiv bei einer Bodenfeuchtigkeit von 15%. Als Kriterium der Wirkung galt die Sproßlänge in % zur unbehandelten Kontrolle.
H. Krüger. 2710.

2-68/10-1135 Höhener, H., Henauer, A. und Triginer, H. **Feldversuchsergebnisse mit einem neuen, selektiven Getreideherbizid gegen Ungräser und einjährige Samenunkräuter.** Schweiz. landwirtsch. Mh. **46** (1968) Nr. 2. S. 68-81. — 10 Abb., 2 Tab., 5 Lit. — nach Zus.
Es wird über ein neues Harnstoffpräparat, ein Getreideherbizid, berichtet. Das Präparat besitzt eine hohe Wirksamkeit gegen Ungräser, bes. Ackerfuchsschwanz (*Alopecurus myosuroides*) und Windhalm (*Apera spica-venti*). Gleichzeitig konnte eine hohe Wirksamkeit gegen zahlreiche dikotyle Samenunkräuter nachgewiesen werden, wobei bes. die gute Wirkung gegen Klettenlabkraut (*Galium aparine*), Kamille (*Matricaria*) und Knöterich-Arten (*Polygonum*) hervorzuheben ist. In zahlreichen Ertragsversuchen wurde die Verträglichkeit bestimmt.
2710.

2-68/10-1136 Chem, T. M., Seaman, D. E. und Ashton, F. M. Herbicidal action of molinate in barnyardgrass and rice. **(Herbizide Wirkung von Molinat in Echinochloa crus-galli und Reis.)** Weed Sci. **16** (1968) Nr. 1. S. 28-31. — 1 Abb., 3 Tab., 17 Lit.
S-Äthyl-hexahydro-1-H-azepin-1-karbothioat (Molinat) wird mit etwa 10 lb./acre vom Reis vertragen. In Gewächshausversuchen wurde nachgewiesen, daß Molinat nach einer Blattbehandlung von Reis und *Echinochloa* hauptsächlich akropetal in den Pflanzen geleitet wurde. Bei Wurzelbehandlung wurde der Wirkstoff in beiden Pflanzenarten leicht transportiert. Hühnerhirse nahm die größte Menge über die Koleoptile auf, eine geringere Menge über das Mesokotyl und die Wurzeln. Die Anwendung von Molinat auf die Bodenoberfläche ergab eine geringere Schädigung des Reises mit zunehmender Pflanzentiefe. Bei Einarbeitung des Herbizids in den Boden stieg die Wirkung mit zunehmender Pflanzentiefe.
H. Krüger. 2710.

2-68/10-1137 Stupnikov, A. A. und Mamleev, S. R. Opredelenie 2,4-D v fiziologičeski zrelom zerne s polej, obrabotannych gerbicidami. **(Die Bestimmung von 2,4-D in physiologisch reifem Getreide von mit Herbiziden behandelten Feldern.)** Chimija v sel'skom chozjajstve, Moskva **6** (1968) Nr. 3. S. 34-37. — 3 Tab., 15 Lit. 2710.

2-68/10-1138 Michajlova, M. F. Piščevoj režim i mikrobiologičeskaja aktivnost' počvy v posevach gorocha, obrabotannych gerbicidami. **(Nährstoffhaushalt und mikrobiologische Aktivität des Bodens in mit Herbiziden behandelten Erbsen.)** Chimija v sel'skom chozjajstve, Moskva **6** (1968) Nr. 3. S. 44-46. — 2 Tab., 13 Lit. 2710.

2-68/10-1139 Schindler, Otto. **Topusyn — ein neues Herbizid zur Unkrautbekämpfung in Gemüse- und Markstammkohl.** Erfahr., Erkenntnisse, Anwend. für d. sozialist. Landwirtsch. Bezirkes Gera 4 (1967) Nr. 3. S. 22-23. 2710.

C. Unkraut und Unkrautbekämpfung

2-68/10-1140 Hurter, J., Berüter, J. und Bosshardt, H. P. **Zur Resistenz der Graminee Imperata cylindrica L. gegenüber dem herbiziden Wirkstoff Simazin.** Experientia, Basel **24** (1968) Nr. 3. S. 217. — 5 Lit. Zus. in Engl.
Das in hohem Maße gegen Simazin resistente Gras *Imperata cylindrica* L. kann nach früheren Untersuchungen von Hurter nur geringe Mengen dieses Wirkstoffes zu weniger

aktiven Verbindungen abbauen. Es wurde daher vermutet, daß das Fermentsystem der photosynthetischen Sauerstofffreisetzung in dieser Pflanze simazinunempfindlich sein könnte. Mit Hilfe der Warburg-Methode wurde jedoch gezeigt, daß isolierte Chloroplasten aus *I. cylindrica* L. in ihrer Sauerstoffentwicklung durch 10^{-6} Mol Simazin gleichermaßen um 50% gehemmt waren wie Chloroplasten aus simazinempfindlichen Spinatpflanzen. Die Simazin-Resistenz von *I. cylindrica* L. kann daher nicht auf die Unempfindlichkeit des O_2-freisetzenden Systems dieser Pflanze zurückgeführt werden.
W. Merbach. 2720.

2-68/10-1141 Johannes, H. **Über die Anwendung von Herbiziden an Gewässern.** Mitt. biol. Bundesanst. Land- u. Forstwirtsch. Berlin-Dahlem **1967** Nr. 126. 118 S. — 33 Abb., 24 Tab., 76 Lit. 2720.

2-68/10-1142 Neururer, H. **Die Konkurrenz zwischen Kulturpflanzen und Unkräutern als wichtiger und beeinflußbarer Faktor in der fortschrittlichen Agrikultur.** Z. Pflanzenkrankh. (Pflanzenpathol.) Pflanzenschutz, Sonderh. 4 (1968) S. 31-36. — 24 Lit. Zus. in Engl. 2725.

2-68/10-1143 Curran, P. L.; Dublin, Univ. Coll., Agric. Biol. Dep. Avena fatua: The common wild oat. (**Avena fatua: Der Flughafer.**) J. Dep. Agric., Dublin **64** (1967) S. 149 bis 161. — 65 Lit.
Vf. gibt einen Überblick zur Bestimmung von *Avena fatua*, wobei bes. Unterschiede zur überwinternden Art *A. ludoviciana* herausgestellt werden. Aufgrund morphol. und physiol. Unterschiede innerhalb der Art *A. fatua* wurden die Subspezies *fatua* (I) und *septentrionalis* var. *valdepilosa* sowie die I-Varietäten *pilosa*, *pilosissima* und *glabrata* beschrieben. Vf. stellt ausführlich den Entwicklungszyklus des Flughafers unter bes. Berücksichtigung der Samendormanz und der Samenpersistenz im Boden dar. Neben acker- und pflanzenbaulichen Bekämpfungsmaßnahmen (Düngung, Aussaatstärke u. a.) kommt dem Einsatz von Herbiziden die größte Bedeutung zu. Als Herbizide werden TCA, Dalapon, Propham, Barban und Diallat angeführt. Der Gefahr einer weiteren Verbreitung dieses gefährlichen Ungrases ist unbedingt zu begegnen. H. Lehmann. 2730.

2-68/10-1144 Chancellor, R. J.; Kidlington, Oxford, Weed Res. Org. The incidence of dormancy in two-node stem and rhizome fragments of Polygonum amphibium L. (**Das Auftreten von Dormanz bei Sproß- und Rhizomstücken mit zwei Nodien von Polygonum amphibium L.**) Weed Res. **7** (1967) Nr. 4. S. 323-330. — 1 Abb., 4 Tab., 8 Lit. Zus. in Franz., Dtsch.
Von unter Freilandbedingungen wachsendem Sumpfknöterich wurden in monatlichen Intervallen Rhizome und oberirdische Sprosse entnommen, um zu prüfen, ob Dormanz vorliegt. Sprosse und Rhizome wurden in der Internodienmitte geschnitten, so daß Stücke mit jeweils 2 Knoten entstanden. Diese Stücke wurden im Gewächshaus in Erde gepflanzt. 3 Wochen nach dem Pflanzen erfolgte die Auswertung durch Zählen der neuen Sprosse. Die Knospendormanz betrug durchschnittlich 4,3%, sie schwankte zwischen 0 und 23%. Bei reifen Knospen lag die Dormanz noch niedriger, sie betrug durchschnittl. 1,3%. Somit lag bei den in England und Westdeutschland durchgeführten 2jähr. Untersuchungen keine Ruheperiode vor. H. Lehmann. 2735.

2-68/10-1145 Dancau, B. und Bachthaler, G. **Standortkundliche und pflanzenbauliche Betrachtungen der Unkrautflora in Fruchtfolgeversuchen an vier Ackerstandorten Südbayerns (vorl. Mitt.).** Z. Pflanzenkrankh. (Pflanzenpathol.) Pflanzenschutz, Sonderh. 4 (1968) S. 37-53. — 4 Tab., 9 Lit. Zus. in Engl. 2735.

2-68/10-1146 Molnar, V., Donaldson, T. W. und Parsons, W. T.; Frankston, Dep. of Crown Lands and Survey, Vermin and Noxious Weeds Destruct. Board, Keith Turnbull Res. Stat. Yield increases of wheat following the control of skeleton weed with picloram. (**Ertragsanstieg bei Weizen nach vorangegangenener Bekämpfung des Großen Knorpellattichs mit Picloram.**) J. Austral. Inst. agric. Sci. **33** (1967) Nr. 4. S. 345-346. — 2 Tab., 2 Lit.
Picloram (3, 4, 6 und 12 oz./acre aktive Substanz) wurde im 3- bis 4-Blattstadium des Weizens und Rosettenstadium des Großen Knorpellattichs (*Chondrilla juncea*) gespritzt. Der Weizenertrag sank infolge dieser Behandlung auf 35···8% des Ertrages der unbehandelten Kontrolle. Dagegen stieg der Weizenertrag auf 283···387% an, wenn die Behandlung

9 Monate vor der Aussaat erfolgte. Die Anwendung von jeweils 3 oz./acre 9 und 2,5 Monate vor der Aussaat führte zu einer Ertragssteigerung von 475%. H. Lehmann. 2740.

2-68/10-1147 Amme, M.; Quedlinburg, VVB Saat- und Pflanzgut. **Chemische Unkrautbekämpfung in Mähdruschfrüchten — Voraussetzung für hohe Saatgutqualität.** Saat- u. Pflanzgut **9** (1968) Nr. 2. S. 36-39. — 3 Tab.

Vf. fordert neben acker- und pflanzenbaulichen Bekämpfungsmaßnahmen einen verstärkten Einsatz von Herbiziden. Anzustreben sind der Aufbau einer Herbizidrotation und der Einsatz von Herbizidkombinationen. Anwendungsmöglichkeiten von Herbiziden in Getreide, Gräsern, Ackerbohnen, Erbsen, Sommerwicken und Lupinen werden unter Anführung von Handelspräparat, Behandlungszeitpunkt, Aufwandmenge und bes. Hinweise mitgeteilt. H. Lehmann. 2740.

2-68/10-1148 Sipos, L. **Bekämpfung von Ackerfuchsschwanz und Unkräutern im Wintergetreide.** Z. Pflanzenkrankh. (Pflanzenpathol.) Pflanzenschutz, Sonderh. **4** (1968) S. 275 bis 278. — 3 Tab., 2 Lit. Zus. in Engl. — nach Zus.

In den Feldversuchen 1967 hatten sich von 10 neuen Versuchsprodukten der BASF, die gegen Ackerfuchsschwanz und Unkräuter in Wi.-Getreide geprüft wurden, bes. 4 gut bewährt. Es handelt sich um die Versuchsmittel BAS 2103 H, BAS 2160 H (Buturon + BAS 2103 H), BAS 2430 H und BAS 2440 H (BAS 2430 H + BAS 2103 H). Alle 4 Versuchsmittel waren für Wi.-Getreide gut verträglich und gegen Ackerfuchsschwanz den beiden Vergleichsmitteln deutlich überlegen. Die besten Ergebnisse, insgesamt gesehen, brachten die beiden Mischprodukte BAS 2160 und BAS 2440 H. 2740.

2-68/10-1149 Friessleben, G. **Uvon-Kombi in Kartoffeln bei eingeschränkter Pflege.** Feldwirtschaft **9** (1968) Nr. 4. S. 168-170. — 4 Abb., 2 Tab. — nach Zus.

Bei Anwendung von Uvon-Kombi im Kartoffelbau können die mechanischen Pflegemaßnahmen eingeschränkt oder vollkommen unterlassen werden. In Versuchen brachten unkrautfreie Kartoffelbestände, die mit Herbiziden behandelt wurden, teilweise höhere Erträge als die ortsüblich gepflegten Parzellen. 2740.

2-68/10-1150 Winner, C. und Schäufele, W.; Göttingen, Inst. für Zuckerrübenforsch. **Ein Beitrag zur Frage der Mittelwahl bei Anwendung neuerer Herbizide in Zuckerrüben.** Zucker **21** (1968) Nr. 6. S. 139-143. — 4 Tab., 7 Lit. Zus. in Engl., Franz.

Bei der chem. Unkrautbekämpfung in Zuckerrüben sind die techn. Probleme weitgehend geklärt. Die Schwierigkeiten liegen jetzt in der richtigen Wahl der von den natürlichen Standortfaktoren, dem Arbeitskräftebesatz, dem Anbauverfahren und den Witterungsbedingungen abhängigen Mittel und Applikationsverfahren. Hierzu stellen Vff. einige Überlegungen an und stellen die Einsatzmöglichkeiten der in der BRD vorhandenen Herbizide, unterteilt nach vorbeugender und gezielter Mittelanwendung, in einer Übersicht dar. Auf die Möglichkeit der Ungrasbekämpfung mit TCA (NaTA) bei Anwendung im Frühjahr vor der Aussaat wird hingewiesen. An neuen Herbiziden zur Bekämpfung dikotyler Unkräuter stehen Gatnon (Bodenherbizid, vor oder unmittelbar nach der Aussaat) und Betanal (Kontaktherbizid, gegen aufgelaufene Unkräuter) zur Verfügung. Beide Mittel haben sich in Versuchen der Vff. gut bewährt. Betanal war zum Teil der Nachauflaufbehandlung mit Pyramin überlegen. K. Wiesner/Kleinwanzleben. 2740.

2-68/10-1151 Schmidt, H. und Meyer, J.; Kappeln; Husum, Pflanzenschutzamt Land Schleswig-Holstein. **Entwicklungstendenzen der chemischen Unkrautbekämpfung in Betarüben.** Gesunde Pflanzen **20** (1968) Nr. 3. S. 58-60. 62-64. — 2 Tab.

Aus der Sicht Schleswig-Holsteinischer Verhältnisse werden einige Erfahrungen mitgeteilt. Der Durchbruch in der chem. Unkrautbekämpfung in *Beta*-Rüben kam mit dem Pyramin. Wenn nach der Vorauflaufspritzung mit diesem Herbizid mehr als 10…15 mm Niederschlag fallen, kann auf eine Behandlung nach dem Vereinzeln verzichtet werden. Auf stark humosen Böden ist die Vorauflaufspritzung mit Pyramin wenig wirksam. Hier hat das neue Herbizid „Betanal" Abhilfe geschaffen, das bei Nachauflaufbehandlung gegen eine Reihe wichtiger Unkräuter bis zum 4-Blattstadium eingesetzt werden kann. Vor- und Nachteile sowie die Einsatzbereiche beider Herbizide werden erörtert. Mit dem Murbetex O scheint auch auf stark humosen Böden Vorauflaufbehandlung möglich. In Versuchen der Vff. war es in der Unkrautminderung der Nachauflaufbehandlung mit Pyramin und Betanal überlegen. Die Quecke kann mit 20…25 kg/ha NaTA 3 Wochen vor der Aussaat, der Ackerfuchsschwanz mit 12···15 kg/ha NaTA unmittelbar vor Aussaat erfolgreich bekämpft werden, ohne daß Schäden an den Rüben auftreten. K. Wiesner/Kleinwanzleben. 2740.

2-68/10-1152 Sellke, K. und Koßmann, K. **Unkrautbekämpfung in Zucker- und Futterrüben im grünen Rübenbestand.** Zucker **21** (1968) Nr. 7. S. 183-190. — 2 Abb., 7 Tab., 9 Lit. Zus. in Engl., Franz.
Anhand chem. Analysen und biol. Versuche beschreiben Vff. Eigenschaften und Wirkung des Herbizids Betanal. Der Wirkstoff, 3-Methoxykarbonylaminophenyl-N-(3'methylphenyl)-karbamat (Gruppenname: Phenmedipham), weist so gut wie keine akute und chronische Giftigkeit für Warmblüter auf. Bei normaler Aufwandmenge (1 kg/ha aktive Substanz) gibt es bei normalem Erntetermin in Rübe, Blatt und Rohzucker keine Rückstände. Der Verarbeitungsvorgang in der Zuckerfabrik wird nicht beeinflußt. Vom Boden wird der Wirkstoff sofort adsorbiert, so daß nach Umbruch mit Betanal behandelter Rübenschläge die Nachfrucht ohne Risiko frei gewählt werden kann. Andererseits ist die Vorauflaufwirkung gegen Unkräuter gleich Null. In allen untersuchten Bodenarten waren nach 6 Monaten 90···98% des Wirkstoffes abgebaut. Betanal wirkt nur auf aufgelaufene Unkräuter. Sie sind am empfindlichsten, wenn sie das erste echte Blattpaar entwickelt haben. Der Wirkstoff übt durch Unterbindung des Elektronentransports bei der Hill-Reaktion auf die Photosynthese hemmende Wirkung aus. Sie wächst mit steigender Temperatur. Für *Beta*-Rüben ist Betanal selbst bei 4facher Aufwandmenge verträglich. Unterschiedliche Sortenempfindlichkeit konnte bisher nicht festgestellt werden. Vorsaat- oder Vorauflaufbehandlungen mit anderen Herbiziden haben keinen nachteiligen Einfluß auf die Spritzung mit Betanal. Nach belg. Untersuchungen ist die Mischung mit Grasherbiziden möglich. K. Wiesner/Kleinwanzleben. 2740.

2-68/10-1153 Linscott, Dean L. EPTC: Key to establishing legumes easily. (**EPTC: Schlüssel zum Aufwuchs von Leguminosenreinsaaten.**) Crops & Soils **20** (1968) Nr. 5. S. 17.
Zur Applikation von EPTC schlägt Vf. 3 Methoden vor: 1. Ausbringung von Handelsdünger und EPTC-Granulat in einem Arbeitsgang durch ein kombiniertes Gerät, 2. Versetzen des Düngemittels mit ETPC, so daß eine Ausbringung mit dem Düngerstreuer möglich ist und 3. Kombination von Spritzgerät mit Drillmaschine, wobei EPTC auf den Boden der Drillfurche gespritzt werden soll. Alle Methoden ermöglichen, daß ETPC in den Boden eingearbeitet wird. Zur Bekämpfung annueller Gräser sind im Bandspritzverfahren 1,68 bis 2,24 kg/ha EPTC notwendig. Das unkrautfreie Band ist 10 cm breit. Zur Bekämpfung dikotyler Unkräuter ist gegebenenfalls eine Nachauflaufanwendung mit 2,4-DB erforderlich. Bei sehr starker Verunkrautungsgefahr empfiehlt Vf., außer dem Bandspritzen bereits vor dem Drillen 2,24 kg/ha EPTC in den Boden einzuarbeiten. H. Lehmann. 2740.

2-68/10-1154 Česalin, G. A. und Spivak, L. Š. Ėffektivnost' arezina i gerbana v posevach kormovogo ljupina. (**Wirksamkeit von Aresin und Herban in Futterlupinensaaten.**) Chimija v sel'skom chozjajstve, Moskva **6** (1968) Nr. 2. S. 29-31. — 4 Tab., 9 Lit.
Aresin = N-(4-Chlorphenyl)-N'-methoxy-N'-methylharnstoff und Herban = N'-(Hexahydro-4,7-methanoindan-5-yl)-N,N-dimethylharnstoff erwiesen sich in 3jähr. Feldversuchen als aussichtsreiche Herbizide im Futterlupinenanbau. Die Anwendung erfolgte im Vorauflaufverfahren (2···5 d nach der Lupinenaussaat). Die optimalen Aufwandmengen betrugen bei ungünstiger Bodenfeuchtigkeit 1,5 und bei ausreichender 1 kg/ha (Wirkstoff). *Chenopodium album*, *Setaria glauca*, *S. viridis*, *Panicum crus-galli*, *Digitaria sanguinalis*, *Erodium cicutarium* und *Agropyron repens* wurden zu 74···82% vernichtet. Der Grünmasseertrag der Lupinen stieg um 21···67%, ohne daß phytotoxische Erscheinungen zu beobachten waren. H. Lehmann. 2740.

2-68/10-1155 Monstvilajte, Ja. Ju.; Lit. Forsch.-Inst. für Ackerbau. Uničtoženie sornjakov gerbicidami v čistych posevach ljupina i v smešannych posevach ljupina s kukuruzoj. (**Unkrautbekämpfung mit Herbiziden in Lupinenreinsaaten und in Lupine-Mais-Gemenge.**) Chimija v sel'skom chozjajstve, Moskva **6** (1968) Nr. 2. S. 34-35. — 3 Tab., 5 Lit.
Zur Unkrautbekämpfung in Lupinenreinsaaten und Lupine-Mais-Gemenge bewährten sich Simazin (0,5···1 kg/ha), Chlorazin (2···2,5), DNOC (2,5···3) und Pentachlorphenol (5···6). Phytotoxische Erscheinungen traten nicht auf. Die Herbizide beeinflußten weder den Alkaloid- noch den Eiweißgehalt der Samen. Die Wirkung von 10 kg/ha TCA war in trocke-

nen Jahren völlig ungenügend. Der höchste Grünmasseertrag wurde erzielt, wenn Lupinen und Mais gemeinsam in der Drillreihe zur Aussaat kamen und zwischen den Drillreihen eine 2malige Bodenlockerung (Einarbeitung des Herbizids!) erfolgte. H. Lehmann. 2740.

2-68/10-1156 Bereżnaja, Z. G. Ispytanie gerbicidov v posevach belogo ljupina. (**Die Prüfung von Herbiziden in Weißer Lupine.**) Doklady TSChA. Moskovskaja ordena Lenina sel'skochozjajstvennaja akademija imeni K. A. Timirjazeva **1968** Nr. 136. S. 97–101. — 3 Tab., 12 Lit. — nach Zus.
Simazin (1,5, 3 und 6 kg/ha), Prometryn (0, 3 und 6 kg/ha), Linuron (3 und 6 kg/ha), Randox (4 und 8 kg/ha) und Eptam (4 und 8 kg/ha) wurden geprüft. Die häufigsten Unkräuter waren einjähr. Gräser (graublauer und grüner Fennich und Hühnerhirse). Die besten Ergebnisse wurden mit 8 kg/ha Eptam und Randox vor der Aussaat erzielt. Ein Ausdünnen der Bestände durch die Einbringung dieser Herbizide wurde nicht beobachtet. Hinsichtlich der Verunkrautung unterschieden sich die Varianten mit Eptam und nicht von der Kontrolle mit Jäten. Im Vergleich zur Kontrolle ohne Jäten verringerte sich die Verunkrautung auf 1/4…1/5. Simazin, Prometryn, Linuron sind in Beständen der Weißen Lupine auf Schwarzerdeboden nicht wirksam. 2740.

2-68/10-1157 Burnside, O. C. Control of wild cane in soybeans. (**Bekämpfung von wildem Zuckerrohr [Sorghum bicolor] in Sojabohnen.**) Weed Sci. **16** (1968) Nr. 1. S. 18–22.— 2 Abb., 4 Tab., 7 Lit.
Sorghum bicolor kommt häufig in Flußtälern, bes. in Gebieten mit starkem *Sorghum*-Anbau vor. Es kann 3…12 ft. hoch werden. Im Boden bleiben die Samen lange keimfähig. *S. bicolor* ist ein starker Konkurrent für die Kulturpflanzen. In Gewächshaus- und Freilandversuchen wurden verschiedene Herbizide in Kombination mit Einarbeitung und bei verschiedener Keimtiefe von *Sorghum* angewendet. Am wirksamsten waren Trifluralin (1…2 lb./acre) und Vernolate (3 lb./acre). Wurde Trifluralin oberhalb der *Sorghum*-Keimzone eingearbeitet, war der Bekämpfungserfolg besser als bei Plazierung des Herbizids unterhalb der Keimzone. Herbizidanwendung war wirksamer als mechanische Bekämpfung. Die höchsten Sojabohnenerträge wurden bei kombinierter Anwendung erzielt. Die Sojapflanzen wurden anfangs durch Trifluralin geschädigt. H. Krüger. 2740.

4-68/10-1158 Brummund, Martin. **Zur Unkrautbekämpfung bei Serradella.** Dtsch. Akad. Landwirtsch.-Wiss. Berlin, Tag.-Ber. **1967** Nr. 95. — 1 Abb., 3 Tab., 2 Lit. Zus. in Russ., Engl. — nach Zus.
Das Wachstum und der Samenansatz bei Serradella werden in entscheidendem Maße durch das verfügbare Wasser in der Zeit bis zur Blüte begrenzt. Die Unkräuter sind ernsthafte Wasserkonkurrenten der Serradella, so daß bes. in trockenen Jahren die Verunkrautung zu erheblichen Ertragsminderungen führt. Eine mechanische Unkrautbekämpfung ist nur sehr begrenzt möglich. Die Bekämpfung von Quecken kann durch 100 kg/ha Agrosan in Kombination mit nachfolgender mechanischer Pflege im Vorherbst erreicht werden. Zur Bekämpfung dikotyler Samenunkräuter sind mehrjähr. Versuche durchgeführt worden, wobei eine größere Anzahl von Herbiziden getestet wurde. Die besten Ergebnisse wurden mit DNOC-Präparaten erzielt. Sie zeigten bei der Anwendung nach dem Auflaufen i. allg. eine gute herbizide Wirkung ohne ertragsbeeinflussende Schäden an der Kulturpflanze. Die Versuche zur Erkundung weiterer Möglichkeiten des Herbizideinsatzes werden fortgeführt. 2740.

2-68/10-1159 Boomsma, G.; Purmerend, Rijkslandbouwconsulentschap voor Zuidelijk Noordholland. Nieuwe mogelijkheid voor chemische bestrijding van kweekgras. (**Neue Möglichkeiten der chemischen Bekämpfung der Quecke.**) Landbouwvoorlichting **25** (1968) Nr. 3. S. 135–137. — 1 Abb., 1 Tab.
Die Verqueckung der Ackerböden nimmt ständig zu, z. T. als Folge des Zurückweichens dikotyler Unkräuter. Chem. Mittel müssen daher stärker als bisher in der Queckenbekämpfung eingesetzt werden. Am häufigsten wird TCA angewendet, und zwar im Nov. nach dem Pflügen der Winterfurche durch Sprühen. TCA-Granulat, das öfter gestreut wird, scheint nicht die gleiche gute Wirkung zu haben. Für die Praxis werden Hinweise über Art und Menge der Anwendung gegeben. E.-M. Ardelt. 2740.

2-68/10-1160 Fedorov, V. G. Primenenie TChA i 2,4-D na posadkach kartofelja. (**Die Anwendung von NaTCA und 2,4-D in Kartoffeln.**) Chimija v sel'skom chozjajstve, Moskva **6** (1968) Nr. 3. S. 40–41. — 2 Tab., 18 Lit. 2740.

2-68/10-1161 Sviridov, I. S. Posledejstvie simazina i atrazina na sornjaki i kartofel' na pojmennych zemljach. **(Die Nachwirkung von Simazin und Atrazin bei Unkräutern und Kartoffel auf Überschwemmungsböden.)** Chimija v sel'skom chozjajstve, Moskva 6 (1968) Nr. 3. S. 37-39. — 3 Tab. 2740.

2-68/10-1162 Kabiersch, W. **Folgewirkungen von Mecoprop bei Kartoffeln im 1. und 2. Nachbau.** Z. Pflanzenkrankh. (Pflanzenpathol.) Pflanzenschutz, Sonderh. 4 (1968) S. 137. — 1 Lit. Zus. in Engl. 2740.

2-68/10-1163 Schulze, J. und Schröter, S. **Ausaat und Pflege der Zuckerrüben beim Einsatz von Herbiziden in der LPG Marzahna, Kreis Jüterbog.** Agrar-Inform., Potsdam 1968 Nr. 4. S. 35-37. — 3 Tab., 4 Lit. 2740.

2-68/10-1164 Oka, T. Herbicides applicable to sugar beets. **(Herbizideinsatz im Zuckerrübenanbau.)** Bull. Sugar Beet Res., Tokyo, Suppl. **1965** Nr. 6. S. 118-123. — 3 Tab. Orig.: jap., Ausz.: engl. 2740.

2-68/10-1165 Iwanaga, A. und Tazume, S. On the weed control by herbicides in the cultivation of sugar beet. **(Unkrautbekämpfung mit Hilfe von Herbiziden im Zuckerrübenanbau.)** Bull. Sugar Beet Res., Tokyo, Suppl. **1965** Nr. 6. S. 124-131. — 4 Tab., 2 Lit. Orig.: jap., Ausz.: engl. 2740.

2-68/10-1166 Uchimura, C. und Imamura, M. Studies on the effects of herbicides on sugar beet growth in the warmer region of Japan. **(Untersuchungen über die Wirkung von Herbiziden auf Zuckerrüben unter den Wachstumsbedingungen der wärmeren Region Japans.)** Bull. Sugar Beet Res., Tokyo, Suppl. **1964** Nr. 4. S. 15-20. — 1 Abb., 7 Tab., 2 Lit. Orig.: jap., Ausz.: engl. 2740.

2-68/10-1167 Baart, E. A. D. und Zonderwijk, P. Bestrijding van eenjarige onkruiden in aardappelen. **(Bekämpfung einjähriger Unkräuter in Kartoffeln.)** Wageningen: Proefstat. Akker- en Weidebouw. 1967. (26 S.) 4° = Gestencilde Versl. Interprovinciale Proeven Nr. 121. (SR 2670, 121) 2740.

2-68/10-1168 Neidlinger, T. J., Furtick, W. R. und Goetze, N. R. Susceptibility of annual bluegrass and turfgrasses to bensulide and three uracil herbicides. **(Empfindlichkeit von Poa annua und Rasengräsern gegen Bensulide und drei Urazil-Herbizide.)** Weed Sci. **16** (1968) Nr. 1. S. 16-18. — 1 Abb., 1 Tab., 4 Lit.

Poa annua ist häufig im Saatgut von Rasengräsern vertreten und wird daher zu einem Bekämpfungsproblem. Im Aug. wurden verschiedene Rasenflächen, bestehend aus *Agrostis palustris* und *A. tennuis*, mit 15 und 30 lb./acre Bensulide (N-2-Merkaptoäthyl)-benzolsulfonamid-S-(0,0-diisopropyl-dithiophosphorsäureester) behandelt. *P. annua* wurde durch die höchste Aufwandmenge stark geschädigt. Die Rasengräser blieben ungeschädigt. Es wird angenommen, daß Bensulide über die Wurzeln der flachgesäten *P. annua* gewirkt hat. Im Vorauflauf- und Nachauflaufverfahren wurden Bromacil, Terbacil und DP 733 (5-Brom-3-tert-butyl-6-methylurazil) eingesetzt. 0,2 lb./acre Terbacil und 0,4 lb./acre Bromacil wirkten im Vorauflaufverfahren am günstigsten. Die Nachauflaufbehandlung war weniger erfolgreich. H. Krüger. 2750.

2-68/10-1169 Milaščenko, N. Z. und Cholmov, V. G. Uluščenie pojmennych lugov s pomošč'ju gerbicidov. **(Die Verbesserung der Überschwemungswiesen mit Herbiziden.)** Chimija v sel'skom chozjajstve, Moskva **6** (1968) Nr. 1. S. 37-40. — 5 Tab., 5 Lit. 2750.

2-68/10-1170 Teuteberg, Arnulf; Bonn, Univ., Inst. für Obstbau. **Der Einfluß einer Herbizidbehandlung auf antibiotisch wirksame Mikroorganismen des Bodens.** Z. Pflanzenkrankh. (Pflanzenpathol.) Pflanzenschutz 75 (1968) Nr. 2. S. 72-86. — 5 Abb., 3 Tab., 31 Lit. Zus. in Engl.

In einer Apfelanlage (tiefgründige Parabraunerde hoher Basensättigung aus Lößlehm) erfolgte im Herbst 1960, 1962 und Frühjahr 1965 eine ganzflächige Anwendung von insgesamt 10 kg/ha Simazin + Aminotriazol (I). 1965 und 1966 wurden Bodenproben aus 0…10 cm Tiefe gezogen, um den Herbizideinfluß auf die Bodenmikroflora, bes. auf Antagonisten von *Bacillus mesentericus* (*B. m.*) und *Phytophthora cactorum* (*P. c.*) zu untersuchen. Im Vergleich dazu standen Parzellen mit mechanischer Unkrautbekämpfung (II) sowie Gründüngung (III). Die CO_2-Produktion des Bodens, der Besatz an *B. m.*-

Antagonisten, Bakterien und Aktinomyzeten war bei I geringer als bei II und III. *P. c.*-Antagonisten der Aktinomyzetenpopulation wurden durch I nicht wesentlich beeinflußt. Die bei I geringeren Keimzahlen dürften auf einer direkten Herbizidwirkung, einem reduzierten Unkrautwuchs und unterbliebener Bodenbearbeitung beruhen. Nach einer einmaligen Behandlung der Baumstreifen einer Sauerkirschenanlage mit 15 kg/ha Simazin + Aminotriazol + MCPA war 3,5···6 Monate danach kein hemmender Einfluß auf Antagonisten von *B. m.* und *Gloeosporium fructigenum* nachzuweisen.

H. Lehmann. 2760.

2-68/10-1171 Holz, W. **Chemische Unkrautbekämpfung auf Grünland.** Landwirtsch.-Bl. Weser-Ems **115** (1968) Nr. 20. S. 13-14. — 2 Abb. 2750.

2-68/10-1172 Marlow, H.; Quedlinburg, Inst. für Pflanzenzücht. der Dtsch. Akad. der Landwirtsch.-Wiss. zu Berlin. **Neue Ergebnisse der chemischen Unkrautbekämpfung im Gemüsesamenbau.** Saat- u. Pflanzgut **9** (1968) Nr. 5. S. 98-101.
Nachstehend werden die wichtigsten Ergebnisse mitgeteilt. Mit *) gekennzeichneten Präparate sind durch die Biol. Zentralanstalt anerkannt. Buschbohnen: Vorauflaufspritzung: 3 kg/ha Patoran (Metobromuron), 1,5 kg/ha VH 310 (Monulinuron), 1,5 kg/ha VH 283 (Linuron), 1,8 kg/ha Hedolit-Konz. *) (DNOC), 2 kg Hedolit-Konz. + 1,2 kg Herbicid Leuna M (MCPA) je ha, 2 kg Hedolit-Konz. + 1 kg W 6658 (Simazin) je ha; Nachauflaufspritzung (laubabgeschirmt): 3 kg/ha Patoran, 3 kg Hedolit-Konz. + 1,5 kg W 6658 je ha, 2,5 kg/ha Uvon (Prometryn), 2,5 kg/ha Uvon-Kombi (Prometryn + Simazin). Kopf-, Grün- und Rosenkohl: Pflanzlinge: 1 l/ha Topusyn *) (Desmetryn) ab 5. Laubblatt des Kohls; Samenträger: 1 l/ha Topusyn, *) 1,5···2,0 kg/ha W 6658 *), auch beide kombiniert möglich. Kohlrabi: 1 l/ha Topusyn in feldüberwinternde Kohlrabisamenträger, aber Schadsymptome möglich. Freilandgurken: 6···8 kg/ha Grelutin *) (Alanap) vor dem Auflaufen der Gurken, 8 kg Grelutin + 3 l Gramoxone (Paraquat) je ha. Spinat 10···16 kg/ha Fl 63 (Propham + Chlorpropham + Proximpham). M. Amme. 2760.

2-68/10-1173 Stiehl, A. **Anbauerfahrungen und Versuchsergebnisse bei der Unkrautbekämpfung in Kopfkohl.** Gemüse, Stuttgart-München **4** (1968) Nr. 4. S. 90. 92.
Die beiden Herbizide Semeron und Ramrod wurden hinsichtlich ihrer herbiziden Wirkung mit dem Einsatz von geperltem Kalkstickstoff verglichen. Als optimale Kalkstickstoffmenge wurden 80···100 kg/ha N ermittelt. Die Herbizide wurden 3 Wochen nach der Pflanzung des Kopfkohls bei feuchtem, unkrautfreien Boden und abgetrockneten Pflanzen ausgebracht. Semeron wurde in Aufwandmengen von 1,2 und 1,5 kg/ha und Ramrod in solchen von 6 und 8 kg/ha eingesetzt. An den Kohlpflanzen traten keine Schädigungen auf. Am besten wirkte Semeron, was sich im Gegensatz zu den beiden anderen Mitteln durch eine lang anhaltende Wirkung auszeichnet. Auch als man die Herbizide bei Frühkohl zu einem Zeitpunkt einsetzte, als das Unkraut bereits aufgelaufen und z. T. bis 3 cm hoch war, brachte Semeron die besten Ergebnisse. Es bewährte sich weiterhin auch Ende Juni und im Juli bei außergewöhnlich hohen Niederschlägen. J. Lanckow/Großbeeren. 2760.

2-68/10-1174 Kolesnikov, V. A., Ladonin, V. F., Popov, N. G., Kovaleva, V. I. und Kulik, A. V. Ėffektivnost' gerbicidov pri različnych sposobach ich primenenija na posevach stolovoj svekly i morkovi. (**Die Wirkung von Herbiziden bei unterschiedlicher Anwendungsart auf Ansaaten von Roter Rübe und Möhre.**) Chimija v sel'skom chozjajstve, Moskva **6** (1968) Nr. 5. S. 46-50. — 5 Tab., 5 Lit.
Im Moskauer Gebiet wurden Propazin (1,5 kg/ha) in Möhren sowie Alipur (1,5) und Pyramin (4) in Roten Rüben nach folgenden Verfahren appliziert: Einbringung in 5···6 cm Bodentiefe (I), Einarbeitung in die Bodenschicht 0-10 cm und Ausbringung auf die Bodenoberfläche. Herbizid und ertragssteigernde Wirkung waren nach I wesentlich schlechter als nach Anwendung der anderen Verfahren. Auf leichten Böden im Gebiet um Jakutsk in Roten Rüben mit Alipur (0,72 und 1,2) und Pyramin (3 und 4) sowie in Möhren mit Propazin (1 und 1,5) angelegte Versuche ergaben, daß eine Einarbeitung des Herbizids in den Boden bei der Saatbettvorbereitung besser war als I. Die Wirkung ließ sich noch durch nachfolgende Bewässerung (350 m^3/ha) verbessern. Im Altai-Gebiet (Schwarzerde) bewährten sich in Möhren 1966 I und 1967 Einarbeitung in die Bodenschicht 0···8 cm. Die Ausbringung auf die Bodenoberfläche schnitt am schlechtesten ab. Bei Charkow in Roten Rüben durchgeführte Versuche ergaben die besten Erfolge mit Tillam (5,5) sowie Pyramin (6) bei Einarbeitung in die Bodenschicht 0···7 cm.

H. Lehmann. 2760.

2-68/10-1175 Medvedev, B. N., Aleksašin, V. I. und Peńkov, L. A. Ėffektivnost' gerbicidov na posevach ogurcov. **(Wirksamkeit von Herbiziden auf Freilandgurken.)** Chimija v sel'skom chozjajstve, Moskva **6** (1968) Nr. 5. S. 51–52. — 1 Tab.
Vff. prüften in Freilandversuchen die Einsatzmöglichkeit von N-(3,4-Dichlorphenyl)-methakrylamid (Dicryl). Die Aufwandmengen betrugen je ha 1, 2 und 4 kg/800 l. Hauptunkräuter waren *Stellaria media*, *Chenopodium album* und *Capsella bursa-pastoris*; ferner traten *Polygonum convolvulus*, *Thlaspi arvense* und *Matricaria* spp. stärker auf. Mit 1 kg/ha Dicryl ließen sich im Stadium des 1. bis 3. echten Blattes der Gurke die Unkräuter zu 80 bis 90% vernichten, ohne daß die Gurke Schäden erlitt. H. Lehmann. 2760.

2-68/10-1176 Hornig. **Erfahrungen mit Patoran zur Unkrautbekämpfung in Buschbohnen.** Gemüse, Stuttgart-München **4** (1968) Nr. 4. S. 88. 90.
Die Aufwandmenge an Patoran beträgt 3 kg/ha. Überdosierungen durch Überlappungen der Spritzbahnen, durch Änderung der Fahrgeschwindigkeit oder des Druckes sowie durch Einsatz fehlerhafter Düsen müssen vermieden werden. Je höher die Niederschlagsmenge in den ersten Wochen nach der Aussaat ist, desto stärker ist mit Pflanzenschädigungen zu rechnen. Zur Verminderung des durch die Niederschläge hervorgerufenen Risikos sollte bei schweren und humusreichen Böden eine Saattiefe von 3 cm und bei leichten bis mittelschweren Böden eine solche von 4···5 cm bevorzugt werden. Patoran war Aresin (1,5 kg/ha) und Alipur (4 kg/ha) überlegen. Bes. wurden Melde, Kreuzkraut und Klettenlabkraut besser erfaßt. Es wird gefordert, daß Sortenneuzüchtungen einer entspr. Prüfung der Verträglichkeit gegenüber Herbiziden unterzogen werden. J. Lanckow/Großbeeren. 2760.

2-68/10-1177 Gugenhan, E. **Unkrautbekämpfung bei Spinat.** Erwerbsgärtner, Stuttgart **22** (1968) Nr. 23. S. 1118.
Ein aus den USA kommendes neues selektives Mittel, Venzar, mit dem Wirkstoff Lenazil, wurde bei Herbstspinat angewendet. Zum Vergleich stand noch ein Restposten Stentan, das inzwischen wieder zurückgezogen wurde, zur Verfügung. Auf dem stark verunkrauteten, schweren Boden wurde das Mittel nach Vorschrift als Vorauflaufmittel nach der Aussaat angewendet. Eine Auswertung am 20. Sept. ergab folgendes: Mit Venzar behandelt war der Bestand praktisch unkrautfrei, 6···10 keimendes Kreuzkraut/m². Wachstum des Spinats war normal. Bei Stentan war eine mittlere Verunkrautung festzustellen. Unbehandelt war die Verunkrautung sehr stark, pro m² waren mindestens 1000 Unkrautpflanzen vorhanden, vor allem Vogelmiere, Taubnessel, Kreuzkraut, Melde und Hirtentäschel. Der Ertrag in kg/m² lag bei Venzar bei 1,080 kg, Stentan 0,960 kg und unbehandelt 0,920 kg. Es entstand eine Belastung durch die Mittelkosten von 1,8 Pf/m². U. Walter. 2760.

2-68/10-1178 Lange, A. H., Elmore, C. L., Morehead, G. W., Stilwell, E. K., McRitchie, S. M., Chaney, D. W., Smith, J. J., Hendricks, L. C. und Roberts, K. O. Herbicides for control of annual weeds in California apples and pears. **(Herbizide zur Bekämpfung einjähriger Unkräuter in kalifornischen Apfel- und Birnenanlagen.)** Calif. Agric. **21** (1967) Nr. 3. S. 10–12. — 3 Abb., 3 Tab.
Obgleich die Vorauflaufherbizide Simazin und Diuron in Kalifornien weit verbreitet sind, werden sie in zu geringem Umfang in Baumschulen und in Obstanlagen nur im Frühjahr angewendet. Umfangreichen Versuchen zufolge sind beide Präparate anderen überlegen. In Obstanlagen werden Simazin mit 2···4 lb./acre im Herbst nach der Ernte und Diuron mit 3,2 lb./acre ebenfalls im Herbst oder die gleiche Menge je zur Hälfte im Herbst und Frühjahr empfohlen. Toxische Erscheinungen an Blättern verursachte nur Diuron an frisch aufgeschulten Gehölzen bei höheren Aufwandmengen, verstärkt durch ungünstige Bodenverhältnisse. Auf sehr leichten und gleichzeitig humusarmen Böden werden beide Herbizide nicht empfohlen. P. Lux/Pillnitz. 2760.

2-68/10-1179 Lange, A. H., Day, B. E., Jordan, L. S. und Russell, R. C. Pre-emergence herbicides for weed control in walnuts. **(Vorauflaufherbizide zur Unkrautbekämpfung in Walnußanlagen.)** Calif. Agric. **21** (1967) Nr. 1. S. 2–4. — 3 Abb., 1 Tab.
Zur Unkrautbekämpfung werden in Kalifornien auf 140000 acres > 1 Mill. US-$ ausgegeben. Trotzdem werden Verluste durch Unkräuter in Höhe von 2,72 Mill. Dollar hingenommen. Versuchen zufolge lassen sich einjähr. Unkräuter billiger chem. bekämpfen. durch Ganzflächen-, Baumstreifen- oder Baumscheibenspritzungen. Außer Ölspritzungen nach dem Auflaufen der Unkräuter wird vor dem Auflaufen Diuron mit 2,4···4,0 lb./acre, gelöst in 40···60 gal. Wasser (151···227 l) nach der Ernte, jedoch vor Einsetzen der Regenperiode, empfohlen. In Gebieten mit schweren Böden und hohen Niederschlägen ist eine zweite

Anwendung im Frühjahr ratsam. Auf leichten Böden und bei schlecht entwickelten Bäumen ist von einer Anwendung abzusehen. Ebenfalls nach der Ernte ist eine befriedigende Unkrautvernichtung mit Simazin (2,5···5,0 lb./acre) zu erreichen. P. Lux/Pillnitz. 2760.

2-68/10-1180 Lange, A. H., Agamalian, H., Humphrey, W. A. und Voth, V. Weed control studies in strawberries. **(Versuche zur Unkrautbekämpfung bei Erdbeeren.)** Calif. Agric. 21 (1967) Nr. 12. S. 8-9. — 3 Abb., 3 Tab.

In Kalifornien ist es üblich, den Boden zur Unkrautbekämpfung mit Methylbromid oder einer Methylbromidchlorpikrinbrühe zu behandeln und mit einer durchsichtigen Polyäthylenfolie abzudecken. Den Mitteln gegenüber resistente Unkrautarten erfordern hohe Beseitigungskosten, weil sie unter der Folie wachsen können. Von 8 geprüften Vorauflaufherbiziden, die vor und nach der Pflanzung angewendet werden können, eignen sich nur Diphenamid mit 4 lb. und DCPA mit 8 lb./acre. Beide Präparate bewirken eine Unkrautabtötung um mindestens 80%, ohne wesentliche Ertragsminderungen zu verursachen. Alle übrigen geprüften Präparate töteten die Unkräuter nur bis max. 60% ab. Die Erdbeersorte 'Shasta' zeigte leichter phytotoxische Schäden als die Sorten 'Lassen' und 'Solana'. 3 lb./acre Simazin verursachten einige nicht den Ertrag beeinflussende chlorotische Schäden an den Blättern. Es wurde nach der Behandlung beregnet und danach der Boden mit Folie abgedeckt. Allg. wurden nur Diphenamid und DCPA empfohlen.
P. Lux/Pillnitz. 2760.

2-68/10-1181 Widmer, R. E., White, D. B. und Gray, W. H. Preemergence weed control in garden chrysanthemums. **(Vorauflauf-Unkrautbekämpfung in Freiland-Chrysanthemen.)** Weed Sci. **16** (1968) Nr. 1. S. 42-45. — 4 Tab., 6 Lit.

In 3jähr. Parzellenversuchen wurden auf 2 Standorten (St. Paul — Schlufflehm, Morris — toniger Lehm) zu frischgepflanzten *Chrysanthemum morifolium* Ram. 19 granulierte Herbizide in 2 Raten verabreicht, nachdem zuvor 9 allg. vorkommende Unkräuter ausgesät worden waren. Nur Trifluralin in einer Aufwandmenge von 8 lb./acre, (8,96 kg/ha) bewirkte eine ausgezeichnete Unkrautbekämpfung auf beiden Standorten, während 4 lb./acre (4,48 kg/ha) des gleichen Herbizids, 6 lb./acre (6,72 kg/ha) Amiben oder 3 lb./acre (3,36 kg/ha) Dichlobenil eine gute bis befriedigende Wirkung hatten. 8 lb./acre (8,96 kg/ha) Prometryn bekämpften die Unkräuter zwar auch vorzüglich, riefen aber schwere Schäden an den Chrysanthemen hervor. W. Merbach. 2760.

2-68/10-1182 Adamson, R. M. und Crossley, J. H. Annual flower plant growth as affected by soil-incorporated herbicides. **(Die Beeinflussung des Wachstums einjähriger Sommerblumen durch in den Boden eingebrachte Herbizide.)** Weed Sci. **16** (1968) Nr. 1. S. 60-62. — 3 Tab., 7 Lit.

In 2jähr. Parzellenversuchen wurden 1 lb./acre (1,12 kg/ha) und 2 lb./acre (2,24 kg/ha) Trifluralin, 4 lb./acre (4,48 kg/ha) und 8 lb./acre (8,96 kg/ha) Diphenamid, 4 lb./acre (4,48 kg/ha) EPTC, 10 lb./acre (11,20 kg/ha) Bensulfid sowie 5 lb./acre (5,60 kg/ha) Swep in den Boden eingearbeitet und auf ihre Eignung als Vorpflanz-Herbizide in 15 einjähr. Sommerblumenarten geprüft. Nur Trifluralin zeigte neben guter Unkrautwirksamkeit auch eine ausreichende Toleranz gegenüber den Blumen (mit Ausnahme von Phlox und Petunie). Mit Diphenamid (beide Aufwandmengen) und EPTC konnten zwar die Unkräuter gut bekämpft werden, aber beide Herbizide wurden nur von einigen Blumenarten vertragen. Bensulfid und Swep schädigten die Blumen nicht, waren jedoch zu wenig wirksam.
W. Merbach. 2760.

2-68/10-1183 Rankov, V., Surlekov, P. und Velev, V. Rezul'taty ispytanija gerbicidov v posevach nekotorych ovoščnych kul'tur. **(Resultate der Prüfung von Herbiziden in Saatgemüse.)** Voprosy produktov i kačestva ovoščnych kul'tur. Meždunarodnaja konferencija. BAN. Sbornik, Plovdiv **1967** (hrsg. 1968) S. 155-159. — 2 Tab., 6 Lit.
NRB/CSNTI. 2760.

2-68/10-1184 Korčagina, V. A. und Smaševskaja, G. A. Izučenie ėffektivnosti amibena na posevach soi i tomatov v uslovijach Dal'nego Vostoka. **(Wirkung von Amiben auf Sojabohne und Tomate im Fernen Osten.)** Chimija v sel'skom chozjajstve, Moskva **6** (1968) Nr. 6. S. 43-46. — 4 Abb., 4 Tab., 14 Lit. 2760.

2-68/10-1185 Kraševinnikov, N. N. und Nikitina, G. V. Primenenie prometrina v posevach gorocha. **(Die Anwendung von Prometryn in Erbsen.)** Chimija v sel'skom chozjajstve, Moskva **6** (1968) Nr. 2. S. 32-33. — 3 Tab., 7 Lit. 2760.

2-68/10-1186 Krŭsteva, M. Granuliranite cherbicidi za borba s plevelite v jabŭlkovi nasaždenija. (**Granulierte Herbizide zur Unkrautbekämpfung in Apfelanlagen.**) Ovoštarstvo, Sofija 14 (1967) Nr. 12. S. 19-20. – 2 Tab. NRB/CSNTI. 2760.

2-68/10-1187 Weed control in peas. (**Unkrautbekämpfung in Erbsen.**) London: Min. Agric., Fisheries and Food. 1967. (7 S.) 8° = Min. Agric., Fisheries and Food, Advisory Leaflet 376. (SR 713, 376) 2760.

2-68/10-1188 Kampe, W., Neustadt/Weinstr., Bezirkspflanzenschutzamt. **Herbizide in der Korbweidenkultur.** Gesunde Pflanzen **20** (1968) Nr. 1. S. 18-20. – 1 Abb., 1 Tab., 1 Lit. In Korbweiden (*Salix americana*) wird ab 2. Standjahr, solange Gräser und dikotyle Samenunkräuter vorherrschen, vor dem Weideaustrieb mit Domatol (Simazin + Amitrol), 5…7,5 kg/ha, gearbeitet. Bei Vorhandensein von *Convolvulus arvensis* und *Cirsium arvense* werden Prefix (7,5% aktive Substanz [a. S.] Chlorthiamid) oder Casoron G (7,5% a.S. Dichlobenil) mit 80 kg/ha auf unkrautfreiem Boden vor Vegetationsbeginn gestreut. Mit diesen Mitteln können *Ranunculus* spec. nicht bekämpft werden. M. Amme. 2770.

Redaktionsschluß: 24. 6. 1968

Herausgeber: Deutsche Demokratische Republik · Deutsche Akademie der Landwirtschaftswissenschaften zu Berlin, Institut für Landwirtschaftliche Information und Dokumentation, 108 Berlin, Krausenstraße 38/39; Chefredakteur: Dr. Werner Kleeberg, 108 Berlin, Krausenstraße 38/39; Fernsprecher: 225161. Verantwortliche Redaktion der Abteilung II – Pflanzliche Produktion: Phytopathologie und Pflanzenschutz: Prof. Dr. Alfred Hey, Berlin, und Prof. Dr. Maximilian Klinkowski, Aschersleben; Pflanzenbau: Prof. Dr. Gustav Könnecke, Halle; Pflanzenzüchtung: Prof. Dr. Rudolf Schick, Groß-Lüsewitz, Kreis Rostock; Hauptredakteur: Dr. Wilfried Stenz, 108 Berlin, Krausenstraße 38/39; Fernsprecher: 225161. Verlag: Akademie-Verlag GmbH, 108 Berlin, Leipziger Straße 3–4; Fernsprecher: 220441, Telex-Nr. 112020, Postscheckkonto Berlin 35021. Bestellnummer dieses Heftes: 1030 II – XIII/10. Das Landwirtschaftliche Zentralblatt, Abt. Pflanzliche Produktion, erscheint monatlich. Einzelheft 25,– M; einseitig bedruckte Ausgabe 29,– M. Jahresbezugspreis 300,– M; einseitig bedruckte Ausgabe 348,– M; Sonderpreise für die DDR: Einzelheft 20,– M; einseitig bedruckte Ausgabe 24,– M. Jahresbezugspreis 240,– M; einseitig bedruckte Ausgabe 288,– M. Preise einschl. Register, zuzüglich Porto- und Versandkosten. Gesamtherstellung: VEB Druckerei „Thomas Müntzer“, 582 Bad Langensalza. Veröffentlicht unter der Lizenznummer 1291 des Presseamtes beim Vorsitzenden des Ministerrates der Deutschen Demokratischen Republik.

NAMENVERZEICHNIS

2–68/10–0001–1188

Ab Jahrgang 1964 beziehen sich die hinter dem Autorennamen angegebenen Zahlen auf die Signatur des Dokumentationsmaterials

Signatur in [Klammer] bedeutet Bibliographie, mit Stern * bedeutet Buchbesprechung

INHALTSVERZEICHNIS

Anmerkung:

Die System-Nr. ist rechts unten am Schluß jeder Informationseinheit, die Signatur links oben angegeben.

32403

Umrechnung von ausländischen Einheiten in metrische Einheiten

(Stand 1. 1. 1966)

Länge

1 in.	25,4 mm
1 ft.	30,5 cm
1 yd.	91,4 cm
1 mile (stat.)	1609,3 m

Geschwindigkeit

1 ft.p.m.	0,051 cm/s
1 m.p.h.	4,47 cm/s
	1,609 km/h

Fläche

1 sq. in.	6,452 cm^2
1 sq. ft.	929,03 cm^2
1 sq. yd.	0,836 m^2
1 acre	0,405 ha
1 sq. mile	2,59 km^2
1 feddan (Ägypten, Sudan)	0,42 ha
1 Katastraljoch (VR Ungarn)	0,575 ha

Raum und Volumen

1 cu. in.	16,39 cm^3
1 cu. ft.	28,32 l
1 cu. yd.	764,6 dm^3
1 acrefoot	1233,48 m^3
1 reg. ton	2,83 m^3
1 gal. (Brit.)	4,546 l
1 gal. (USA)	3,785 l
1 bu. (Brit.)	36,368 l
1 bu. (USA)	35,242 l
1 qt. (Brit.)	1,36 l
1 qt. dry (USA)	1,102 l
1 qt. liquid (USA)	0,946 l
1 pt. (Brit.)	0,568 l
1 pt. dry (USA)	0,551 l
1 pt. liquid (USA)	0,473 l

Masse

1 oz. (Brit.) (USA)	28,35 g
1 lb. (Brit.) (USA)	0,4536 kg
1 cwt. (Brit.)	50,80 kg
(USA)	45,36 kg
1 long ton (USA)	1,016 t
1 ton (Brit.)	1,016 t
1 short ton (USA)	0,907 t
1 bag (Süd-Afrika) = 150 lb.	68,04 kg

Menge/Fläche

1 lb./acre	1,12 kg/ha

Kraft

1 lb. force (Brit.) (USA)	0,4536 kp
1 long ton force (USA)	1,016 Mp
1 ton force (Brit.)	1,016 Mp
1 short ton force (USA)	0,907 Mp

Druck

1 lb.force/sq.in.	$7{,}031 \cdot 10^{-2}$ at
	51,715 Torr
1 lb.force/sq.ft.	$4{,}883 \cdot 10^{-4}$ at
	0,3591 Torr
1 lb.force/sq.yd.	$0{,}543 \cdot 10^{-4}$ at
	$3{,}990 \cdot 10^{-2}$ Torr

Dichte

1 lb./cu.in.	27,68 g/cm^3
1 lb./cu.ft.	16,019 kg/m^3
1 lb./cu.yd.	0,593 kg/m^3
1 lb./gal. (Brit.)	0,0998 kg/dm^3
1 lb./gal. (USA)	0,1198 kg/dm^3
1 cwt./gal. (Brit.)	0,1766 kg/dm^3

Leistung

1 ft. lb./s	0,1382 kpm/s
1 h.p.	76,04 kpm/s
	1,014 PS
	745,7 W

Arbeit, Energie

1 lb. in.	$1{,}15 \cdot 10^{-2}$ kpm
1 lb. ft.	0,1383 kpm
1 h. p. h.	1,0139 PSh
	0,74548 kW
	641,10 kcal
	$2{,}7375 \cdot 10^5$ kpm

Temperatur

1 °F = 5/9 °C oder °K

Temp. °F = 5/9 (Temp. °F − 32) °C

Temp. °F = 5/9 (Temp. °F − 32) + 273 °K

Wärmemenge

1 BTU	0,2522 kcal
1 BTU/sq.in.	390,8 $kcal/m^2$
1 BTU/sq.ft.	2,713 $kcal/m^2$

Wärmeleitzahl

1 BTU/in. hr. °F	20,77 W/m grd
	17,858 kcal/m h grd
1 BTU/ft. hr. °F	1,731 W/m grd
	1,488 kcal/m h grd

Wärmeübergangs- und Wärmedurchgangszahl

1 BTU/sq. ft. hr. °F	5,681 W/m^2 grd
	4,886 $kcal/m^2$ h gr

Beleuchtungsstärke

1 foot candle (Brit.)	10,76 lx

Vorsätze zur Bildung von Vielfachen und Teilen von metrischen Einheiten

(Vorsätze, die in Klammern stehen, sind in der DDR nicht gebräuchlich)

Vorsatz	Kurzzeichen	Bedeutung
Tera	T	10^{12}
Giga	G	10^9
Mega	M	10^6
(Myria	ma	10^4)
Kilo	k	10^3
Hekto	h	10^2
Deka	da	10^1
Dezi	d	10^{-1}
Zenti	c	10^{-2}
Milli	m	10^{-3}
(Dimi	dm	10^{-4})
Mikro	µ	10^{-6}
Nano	n	10^{-9}
Piko	p	10^{-12}
(Femto	f	10^{-15})
(Atto	a	10^{-18})

MIX
Papier | Fördert
gute Waldnutzung
FSC® C083411

Zeitfracht Medien GmbH
Ferdinand-Jühlke-Straße 7
99095 Erfurt, Deutschland
produktsicherheit@kolibri360.de